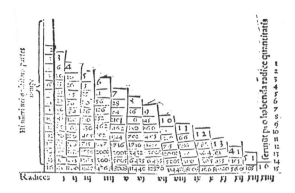

非凡的阅读

从影响每一代学人的知识名著开始

知识分子阅读，不仅是指其特有的阅读姿态和思考方式，更重要的还包括读物的选择。在众多当代出版物中，哪些读物的知识价值最具引领性，许多人都很难确切判定。

"文化伟人代表作图释书系"所选择的，正是对人类知识体系的构建有着重大影响的伟大人物的代表著作，这些著述不仅从各自不同的角度深刻影响着人类文明的发展进程，而且自面世之日起，便不断改变着我们对世界和自然的认知，不仅给了我们思考的勇气和力量，更让我们实现了对自身的一次次突破。

这些著述大都篇幅宏大，难以适应当代阅读的特有习惯。为此，对其中的一部分著述，我们在凝练编译的基础上，以插图的方式对书中的知识精要进行了必要补述，既突出了原著的伟大之处，又消除了更多人可能存在的阅读障碍。

我们相信，一切尖端的知识都能轻松理解，一切深奥的思想都可以真切领悟。

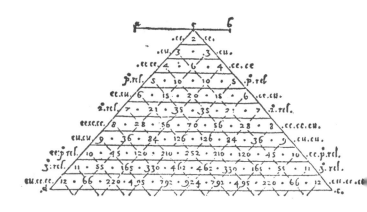

Disquisitiones
Arithmeticae

邵 林 / 译

算术研究（全新插图本）

〔德〕卡尔·弗里德里希·高斯 / 著

重庆出版集团 重庆出版社

图书在版编目（CIP）数据

算术研究/（德）卡尔·弗里德里希·高斯著；邵林译. —重庆：
重庆出版社，2020.4（2024.7重印）
书名原文：Disquisitiones Arithmeticae
ISBN 978-7-229-14655-9

Ⅰ. ①算… Ⅱ. ①卡… ②邵… Ⅲ. ①算术 – 研究
Ⅳ.①O121
中国版本图书馆CIP数据核字（2019）第277295号

算 术 研 究
SUANSHU YANJIU

〔德〕卡尔·弗里德里希·高斯 著　邵林 译

策 划 人：刘太亨
责任编辑：陈渝生
特约编辑：陆言文
责任校对：李春燕
封面设计：日日新
版式设计：曲　丹

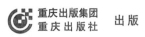重庆出版集团
重庆出版社　出 版

重庆市南岸区南滨路162号1幢　邮编：400061　http://www.cqph.com
重庆博优印务有限公司印刷
重庆出版集团图书发行有限公司发行
全国新华书店经销

开本：720mm×1000mm　1/16　印张：35.5　字数：607千
2020年4月第1版　2024年7月第4次印刷
ISBN 978-7-229-14655-9
定价：68.00元

如有印装质量问题，请向本集团图书发行有限公司调换：023-61520678

本书所探讨的内容是整数，所以书中少有提到分数及无理数。人们通常把讨论如何从一个不定方程的无穷多个解中选出哪些是整数，或至少是有理数（通常是正有理数）解的学问，叫作不定分析或丢番图分析。本书不是要彻底研究这一学科，而仅是针对这个学科的一个十分特殊的部分；较之于整个学科，大致类似简化方程和解方程的学问——代数学——与整个分析学的关系一样。如同我们把所有关于数量的讨论都放在分析学的大标题下一样，我们把整数（以及分数——在它们由整数所确定的意义下）作为算术学的恰当的研究对象。然而，人们口中常说的算术学，不外乎是计数与计算的学问（用恰当的符号表示数，例如十进制表示法及其运算）。算术学还经常涉及到这样一些与算术毫无关系的问题（如对数理论），或者关于所有数量的问题。因此，将前面的内容称为"初等算术"是恰当的，以便与"高等算术"区别开来。高等算术的研究范围包括了对整数性质的一般研究。本书将只讨论高等算术。

欧几里得在他的《几何原本》的第七卷以及其后几卷中以古代学者惯用的方法优美而严谨地讨论的一些问题，属于高等算术的范畴，但其讨论的内容都是本学科的基础内容。丢番图的知名著作致力于研究不定分析问题，他取得了丰富的成果；考虑到这些问题的难度，加上丢番图处理这些问题时使用的巧妙方法，尤其是当时作者手头几乎没有多少数学工具可以使用，人们因而对作者的独特思维和熟练手法极其关注。解决这些问题主要是靠灵活的技巧，而不需要掌握深刻的数学原理。由于这些问题非常特殊而不能产生普适的结论，所以，如果说丢番图的著作开创了新时代，这是因为此书最早呈现了代数学所特有的技巧，而不是因为它以新的发现丰富了高等算术。为高等算术做出更多贡献的是现代的学者们，其中皮耶·德·费马，莱昂哈德·欧拉，约瑟夫·拉格朗日以及阿德里安·马里·勒让德（以及另外少数几位）开启了这座科学神殿的大门，并揭示了其中的宝藏是何等丰富。我在此就不一一罗列他们的成果，因为这些成就在勒让德为欧拉《代数学》所作序中已经列出，在拉格朗日最近的著作（我很快就要提到）中也可以找到；在本书合适的位置，我也会引用其中的很多成果。

本书的目的是介绍我在高等算术领域的研究。由于我五年前就承诺要出版此书，因而书中既有当时就开始的研究，也有后来的研究。为了不让人诧异为什么本书几乎从高等算术的最初步知识开始探讨，还要重新拾起许多已被其他人积极研究过的成果，我必须解释，当我1795年初开始转而进行这个领域的研究时，我并不知道现代学者在此领域中的发现，也没有找到这些发现的方法。当时的情况是这样的：在忙于其他研究时，我遇到了一个极不寻常的算术定理（如果我没记错的话，这就是本书第108条所说的那个定理），因为我觉得这条定理如此优美，还因为我怀疑它与更加深刻的结果有关，所以我全身心投入其中，以求能够理解它背后的原理并取得严格的证明。当我成功解决了这个问题后，我被这一类问题深深吸引，爱不释手。于是，随着一个结论引出另一个结论，我在拜读到其他学者的著作之前，就已经完成了本书前四章所介绍的绝大部分内容。最后，当我有可能拜读这些天才人物的著作后，我才认识到我所深入思考的大部分内容都是早已知道的东西。但是，这只是更为增加了我的兴趣，并让我努力尝试沿着他们的足迹进一步发展算术研究，第5、第6和第7章收录了这部分研究结果。过了一段时间，我开始考虑发表我的研究成果，并说服自己保留早期研究的成果，这是因为，当时还没有一本书把其他学者的工作收集在一起，它们分散在一些研究院的学术论文中；其次，很多研究的结论是全新的，且其中大多数结论还是用新方法讨论的；最后，后期的结论与以前的结论之间有着千丝万缕的关联，如果不一开始重提前面的结论，后面的新结论就无法解释清楚。

恰在此时，一部杰出的著作——《数论》问世，其作者是勒让德。彼时，勒让德已经在高等算术领域做出了非常大的贡献。在书中，他不仅把当时所发现的所有结果都收集在一起并加以系统整理，而且添加了许多他本人的新成果。因为当我注意到这本书时，我的作品的大部分已经交到了出版商的手中，所以我无法在我书中的类似章节参考这本书。但是我感到必须对一些篇章做些补充注释，我相信这位声名赫赫的先生能够理解，不会感到被冒犯。

四年来，本书的出版遇到了许多困难。在这一段时间里，我不仅继续过去已经开始进行的研究（当时为了避免本书篇幅过大，我决定分离出这些研究，准备在另外的地方发表），而且也从事许多新的研究。此外，许多我过去只是稍有触及而当时觉得似乎不必详细讨论的问题（例如，第 37 条，第 82 条以及其他若干条），也得到了进一步发展，并产生了一些看来是值得发表的更一般的结论。最后，主要由于第 5 章的内容，本书的篇幅变得大大超出我原来的预期，使我只得削减了最初打算写的不少内容，特别是删去了整个第 8 章（本书有几处提到了第 8 章，它讨论了任意次代数同余方程的一般处理）。一旦有可能，我会发表这些内容，它们的篇幅可以轻易地构成与本书篇幅相同的一本书。

在讨论几处难题时，我采用了综合性证明并省去了结果推导过程。这是为了尽可能地简洁。

第 7 章讨论的是分圆理论或分正多边形理论，虽然与算术无关，但其中的原理完全基于高等算术。几何学者们也许会因为这个事实感到惊讶，但（我希望）他们会乐于看到由这种处理方法衍生出的新结论。

以上就是我要请读者注意的一些事情。本书的优劣我不好加以评判。我衷心希望本书能够取悦那些关心科学发展的人士，不论是为他们提供一直寻找的问题的解法，还是为他们开启通向新发现的途径。

卡尔·弗里德里希·高斯

导读：高斯——离群索居的王子

上帝创造了整数，其余一切都是人造的。

——利奥波德·克罗内克

数是各类艺术最终的抽象表现。

——瓦西里·康定斯基

历史上间或出现神童，神童常常出现在数学、音乐、棋艺等方面。卡尔·弗雷德里希·高斯，一位数学神童，是各式各样的天才里最出色的一个。就像狮子号称万兽之王，高斯在数学家之林中称王，他有一个美号——数学王子。高斯不仅被公认为是 19 世纪最伟大的数学家，并且与阿基米德、牛顿并称为历史上三个最伟大的数学家。现在阿基米德和牛顿的名字早已进入了中学的教科书，他们的工作或多或少成为大众的常识，而高斯和他的数学仍遥不可及，甚至于在大学的基础课程中也很少出现。但高斯的肖像画却赫然印在 10 马克——流通最广泛的德国纸币[1]上，直到 2002 年马克被欧元取代。

与自然数的"情谊"

1777 年 4 月 30 日，高斯出生在汉诺威公国（今下萨克森州）的不伦瑞克市郊外（现属市区）。其时德意志民族远未统一，除了汉诺威，尚有奥地利、

---

〔1〕原德国马克纸币共 8 种，从 5 马克到 1000 马克。10 马克纸币的反面是统计学里的正态（高斯）分布曲线。除了他和一位诺贝尔生理学医学奖得主以外，另外几位分别是诗人、作家、音乐家、画家和建筑师，包括童话作家格林兄弟和钢琴家克拉克·舒曼。

普鲁士、巴伐利亚等邦国。在高斯的祖先里，没有一个人可以说明为什么会产生高斯这样伟大的天才。他的父亲是个普通的劳动者，做过石匠、纤夫、花农。他的母亲是他父亲的第二任妻子，做过女仆，没受过什么教育。她甚至忘了高斯的生日，只记得是星期三，耶稣升天节前八天，高斯后来自己把它算了出来。不过母亲聪明善良，有幽默感，并且个性很强。她以 97 岁高寿仙逝，高斯是她的独养子。

据说高斯在两岁时就发现了父亲账簿上的一处错误。9 岁那年，他在公立小学念书，一次，老师为了让学生们有事可干，让他们从 1 到 100 把这些整数加起来，高斯几乎立刻就把写好结果的石板面朝下放在自己的课桌上。当所有的石板都被翻过时，这位老师惊讶地发现只有高斯得出了正确的答案：5 050，但是没有演算过程。事实上，高斯已经在脑子里对这个算术级数求了和，他注意到了 1+100=101，2+99=101，3+98=101，等等，共 50 对数，从而答案是 50×101 或 5 050。高斯在晚年常幽默地宣称他在会说话之前就会计算，还说他问了大人字母如何发音，就自己学着读起书来。

高斯的早熟引起了不伦瑞克公爵费迪南的注意，这位公爵的名字也叫卡尔，是个热心肠且始终如一的赞助人。高斯 14 岁进卡洛琳学院（现不伦瑞克技术大学），18 岁入哥廷根大学。当时的哥廷根大学仍默默无闻，事实上，它才创办不到 60 年。有了高斯的到来，这所日后享誉世界的大学才变得重要起来。起初，高斯在做个语言学家抑或数学家之间犹豫不决，他决心献身数学已是1796 年 3 月 30 日的事了。当差 1 个月满 19 岁时，高斯对正多边形的欧几里得作图理论（只用圆规和没有刻度的直尺）做出了惊人的贡献，他发现了它与费马素数之间的秘密关系。特别是，他给出了作正十七边形的方法，这是一个有着两千多年历史的数学悬案。

那一年可谓是高斯奇迹年，就在他发现正十七边形作图理论 9 天以后，即4 月 8 日，他发展了同余理论，首次证明了二次互反律，这样就彻底解决了二次同余方程的可解性判断问题。5 月 31 日，高斯提出了后人称为素数定理的猜想，也即不超过 x 的素数的个数为 $x / \ln x$，这个猜想直到 100 年后才被证明；又过了 50 余年，用初等方法证明它的两人之一因此获得了菲尔兹奖。7 月 10日，高斯证明了费马提出的三角形数猜想。10 月 1 日，他发表了有限域里一个多项式方程解数问题的研究，这使得一个半世纪后法国数学家韦伊提出了他的著名猜想。

高斯初出茅庐，就已炉火纯青，而且，以后的 50 年间他一直保持这样的水准。不过，高斯取得博士学位的学校是在同属下萨克森州的黑尔姆斯泰特大学，那里不仅离他的故乡更近，还有一位当时德国最好的数学家普法夫。值得一提的是，这所创办于 1576 年的古老大学于 1810 年并入了哥廷根大学，而普法夫却去了哈雷大学。高斯所处的时代，正是德国浪漫主义盛行的时代。受时尚的影响，高斯的私函和讲述中充满了美丽的词藻。高斯说过："数学是科学的皇后，而数论是数学的女王。"那个时代的人们也开始称高斯为"数学王子"。事实上，纵观高斯一生的工作，其中似乎也带有浪漫主义的色彩。

数论是最古老的数学分支之一，主要研究自然数的性质和相互关系。从古希腊的毕达哥拉斯时代起，人们就沉湎于发现数的神秘关系，优美、简洁、智慧是这门科学的特点。俄国画家瓦西里·康定斯基甚至认为："数是各类艺术最终的抽象表现。"就像其他数学神童一样，高斯首先迷恋上的也是自然数。高斯在 1808 年谈道："任何一个花过一点功夫研习数论的人，必然会感受到一种特别的激情与狂热。"现代数学最后一个"百事通"希尔伯特是 19 世纪后期重新崛起的哥廷根数学学派的领军人物，其传记作者在谈到该大师放下代数不变量理论转向数论研究时指出：

数学中没有一个领域能够像数论那样，以它的美——一种不可抗拒的力量——吸引着数学家中的精华。

另一方面，我也注意到一些不曾研究过数论的伟大数学家，如帕斯卡尔、笛卡尔、牛顿和莱布尼兹，他们都把后半生的精力奉献给了哲学或宗教，唯独费马、欧拉、拉格朗日、勒让德、高斯、狄里克雷这几位对数论有着杰出贡献的数学家，却终其一生都不需要任何哲学和宗教。或许，这是因为他们心中已经有了最纯粹、最本质的艺术——数论。值得一提的是，对一些优美的数学定理或公式，高斯经常一而再、再而三地给出新的证明，例如被他称为"皇冠上的宝石"的二次互反律，高斯一共给出了 6 种证明方法。即便在今天，这个定律仍与中国剩余定理一样，出现在每一本基础数论教程中。

这里我想引用印度数学天才拉曼纽扬的故事说明数论学者与自然数的"情谊"。这位来自印度最南端泰米尔纳德邦的办事员具有快速且深刻地看出数的复杂关系的惊人才华。著名的英国数论学家G·H·哈代在 1913 年"发现"了他，并于次年邀他来剑桥大学。哈代在有一次去探望病中的拉曼纽扬时告诉后者，自己刚才乘坐的出租汽车车号是 1729 。拉曼纽扬立即回答："这是一个很有意思的数，1 729 是可以用两种方式表示成两个自然数的立方和的最小的数。"（既等于 1 的三次方加上 12 的三次方， 又等于 9 的三次方加上 10 的三次方。）哈代又问，那么对于四次方来说，这个最小数是多少呢？拉曼扭扬想了想，回答说："这个数很大，答案是635 318 657。" （既等于 59 的四次方加上 158 的四次方， 又等于 133 的四次方加上 134 的四次方。）

现代数论的新纪元

1801 年，年仅 24 岁的高斯出版了《算术研究》，从而开创了现代数论研究的新纪元。书中出现了有关正多边形的作图，方便的同余记号、二次型理论、类数问题以及优美的二次互反律的首次证明。高斯还把复数引入数论，这即是后人所称的高斯整数环。除了第 7 章（最后一章）给出的代数基本定理的首次严格证明（他的博士论文结果）以外，其余各章讲的都是数论。在这部著作出版以前，数论只有若干零散的定理和猜想，高斯把前人的结果和自己的原创性工作结合起来，使其成为了有机的整体和一门严格的数学分支。

值得一提的是，这部伟大的著作在高斯 21 岁时即已完稿，高斯曾把它寄到法国科学院，却遭到拒绝，而高斯自己将它出版了（费迪南公爵支付了印刷费）。与高斯的前期论文一样，它是用拉丁文写成的，这是当时科学界的世界语，然而由于受 19 世纪初盛行的国家主义的影响，高斯后来改用德文写作。此书当年极少有人读懂，但年长的拉格朗日在巴黎看到后，随即致函祝贺高斯："您的《算术研究》已立刻使您成为第一流的数学家。"晚辈同胞、直觉主义先驱克罗内克则赞叹其为"众书之王"。在那个世纪的末端，德国数学史家莫里茨·康托尔这样评价道：

《算术研究》是数论的宪章。高斯总是迟迟不肯发表他的著作，这给科学带来的好处是，他付印的著作在今天仍然像第一次出版时一样正确和重要。他的出版物就是法典，比人类其他法典更高明，因为不论何时何地从未发觉出其中有任何一处毛病，这就可以理解高斯暮年谈到他青年时代第一部巨著时说的话："《算术研究》是历史的财富。"他当时的得意心情是颇有道理的。

在《算术研究》出版的第二年，高斯就当选为圣彼得堡（这座城市是 18世纪大数学家欧拉钟爱的第二故乡）科学院外籍院士，同时，俄罗斯方面也向他提供了教授职位，但这被他婉言谢绝了。4 年以后，为了不使德意志失去这位最伟大的天才，包括洪堡在内的多位学者和政要联名推荐，高斯被破格聘任为哥廷根大学数学教授兼天文台台长，全家一起搬入新落成的天文台，高斯担任这一职位直到去世。

关于《算术研究》，流传着这样一个故事。1849 年 7 月 16 日，哥廷根大学为高斯获得博士学位 50 周年举行庆祝会，当进行到某一程序时，高斯准备用《算术研究》的一张原稿点烟，当时在场的柏林大学教授狄里克雷像见到渎圣罪行一样大吃一惊，他立刻冒失地上前从高斯手中抢下这一页纸，并将它一生珍藏。狄里克雷的遗著编辑者在他死后从其文稿中找到了这张原稿。

狄里克雷比高斯小 27 岁，在他上大学那会儿，整个德意志民族只有高斯一个有名望的数学家，而后者却不怎么喜欢教学。狄里克雷只好远赴巴黎留学，师从法国数学家傅里叶和泊松。不过狄里克雷始终携带着高斯的《算术研究》，可以说，狄里克雷是第一个真正读懂这本书的人。留学巴黎期间，狄里克雷证明了费马大定理在指数为 5 和 14 时成立。这个结果曾轰动一时，因为指数为 3 和 4 的情形分别是由欧拉和费马本人解决的。狄利克雷后来娶了同胞作曲家门德尔松的妹妹为妻。在高斯去世以后，他被哥廷根聘请继任了高斯的职位。

与艺术家一样，高斯希望他留下的都是十全十美的艺术珍品，他认为任何丝毫的改变都将破坏其内部的均衡。他常说："当一幢建筑物完成时，应该把脚手架拆除干净。"高斯对于严密性的要求也非常苛刻，这使得一个定理从直觉的形式到完整的证明，中间有一段漫长的过程。此外，高斯十分讲究逻辑结构，他希望在每一个领域中，都能树立起一致而普遍的理论，从而将不同的定理联系起来。鉴于上述原因，高斯很不乐意公开发表他的东西。他的著名警句是：宁肯少些，但要成熟。为此，高斯付出了高昂的代价，包括把非欧几何学和最小二乘法的发明权与罗巴切夫斯基、鲍耶和勒让德共享，这就如同费马把解析几何和微积分的发明权让给了笛卡尔、牛顿和莱布尼兹。

说到鲍耶，他是匈牙利历史上最伟大的数学家，其父亲老鲍耶也攻数学，是高斯在哥廷根念书时最要好的朋友。1797 年，他曾陪同高斯徒步到不伦瑞克探望高斯双亲。等到高斯走出房间，他的母亲迫不及待地询问鲍耶自己儿子的前途如何。当听到回答"他是全欧洲最伟大的数学家时"，老人家已经老泪纵横，那年的高斯才 20 岁。老鲍耶毕业后回到匈牙利娶妻生子，而在随后的半个世纪里仍与高斯保持书信往来。当他把儿子发明非欧几何学的消息和结果告诉老同学时，他并没有得到足够的鼓励和任何帮助。小鲍耶后来郁郁寡欢，晚年专心于文学创作，默默无闻地度过了一生。

从做出有关正多边形发现的那天起，高斯便开始了著名的数学日记，他以密码式的文字记载下了许多伟大的数学发现，这种记载共持续了十八年。有意思的是，高斯的这本日记直到 1898 年才被找到。日记包括一百多条很短的注记，其中有数值计算结果，也有简单的数学定理，例如，关于正多边形作图问题，高斯在日记中含蓄地写道：

圆的分割定律，如何以几何方法将圆十七等分。

值得一提的是，这项结果在两个月后出版的《新知文献》杂志上就发表出来了，而当时的汉诺威科学并不发达。又如 1796 年 7 月 10 日的记载：

$$num \ = \ \triangle \ + \ \triangle \ + \ \triangle$$

这意指"每个自然数均可表为不超过三个三角形数之和"。此处三角形数是指按点排列可以构成正三角形状的数，例如 1，3，6，10，15……这是 17 世纪法国数学家费马猜想的一个特例。后者说的猜想是：当 n 大于 2 时，每个自然数均可表成不超过 n 个 n 角形数之和。高斯还在这条日记旁边写上了"Eureka！"即"我发现了！"（这是阿基米德在浴桶里悟出浮体定律时说的话。）就像莫扎特一样，高斯年轻时候风起云涌的奇思妙想，使得他还来不及做完一件事，而另一件事又出现了。

多才多艺的天才

高斯不仅是数学家，还是那个时代最伟大的物理学家和天文学家之一。在《算术研究》问世的同一年，即 1801 年的元旦，意大利天文学家皮亚齐在西西里岛观察到在白羊座（Aries）附近有光度 8 等的星移动，这颗现在被称作谷神星（Ceres）的小行星质量只有月球的 1/50。它在天空出现了 41 天，在扫过 8 度角之后，它就在太阳的光芒下没了踪影。当时天文学家无法确定这颗新星是彗星还是行星，这个问题很快成了学术界关注的焦点，甚至成了哲学问题。

比高斯年长 7 岁的哲学家黑格尔那时正任教于离哥廷根不远的耶拿大学，此时的黑格尔还只是个无薪讲师。他写文章嘲讽天文学家——不必那么热衷去找寻第 8 颗行星，黑格尔认为用他的逻辑方法可以证明太阳系的行星不多不少正好是 7 颗。而几个月过去了，这场争论仍未见分晓。年轻的高斯也对此产生了兴趣，他想：既然天文学家通过观察找不到谷神星，那么可否利用数学方法找到它呢？高斯相信，天文学是离不开数学的，开普勒正是凭借着自己的数学才能，发现了行星运动三大定律；牛顿也是凭着渊博的数学知识，发现了万有引力定律。

果然，在欧拉工作的基础上，高斯用自己发明的最小二乘法简易地计算出了行星轨道。他根据皮亚齐的观测资料，只用一个小时便算出了谷神星的轨道形状，并预测了它的下一次出现。不管黑格尔有多么不高兴，那年的最后一个夜晚和次年的第一个夜晚，两位天文爱好者在德国的两座城市把望远镜对准天空。不出所料，这颗最早被发现的、迄今仍是同类中最大者的小行星准时出现在了高斯指定的位置，这应是高斯后来得以出任哥廷根天文台台长的重要原因。

高斯在物理学方面最引人注目的成就，是其在 1833 年和物理学家韦伯一同发明了有线电报。只比狄利克雷年长 1 岁的韦伯在洪堡召开的一次学术会议上做了一个报告，台下的高斯听后对其十分欣赏，随后不久便将其引荐延聘到哥廷根。由于各自擅长理论和实践，加上韦伯性格温和谦让，两人可谓是黄金搭档，他们开始了愉快而卓有成效的合作。次年，高斯在给鲍耶的信中情意深切地提到"我的生活因为他的出现而变得更加精彩，他的性格非常亲切，他还富有天赋"。不过 4 年后，哥廷根发生了反对废除自由宪法的"七君子事件"，韦伯与 6 位文科教授（包括高斯的女婿和童话作家格林兄弟）失去了教职。在这场政治较量中，高斯作为哥廷根最有威望的教授并没有挺身而出，而是选择了明哲保身。韦伯被迫去莱比锡任教（格林兄弟到了卡塞尔），直到 12 年后才重返哥廷根，接替高斯担任天文台台长，但没有再担任教职。

高斯和韦伯的电报术利用了丹麦人奥斯特的电磁转向与电流方向垂直原理（1820 年）和英国人法拉第的电磁感应原理（1831 年）。这项发明使得高斯的声望首次超出学术圈进入公众，但他们的商业意识不太强。他们一直自己使用着那台电报机，直至其 1845 年被一次闪电打坏。而其时，电报产业早已如火如荼地在英国和美国发展起来了。有趣的是，作为一名科学家，高斯是韦伯的恩师；而作为磁场感应的单位，就 1 平方米的面积而言，1 高斯在数值上只有 10^{-4} 韦伯。

对于天文台台长高斯来说，望远镜是不可或缺的工具，除了望远镜用来观察天空外，高斯还用自制望远镜推动了光学研究。1843 年，高斯的光学巨著《光折射研究》出版，书中首次提出了光的焦距、焦面和焦点等概念。他利用几何学的方法，证明了不论透镜有多厚，光的折射均可以用薄透镜或单折射面的简单公式来研究推导。而在此以前，欧拉、拉格朗日和莫比乌斯都只考虑薄透镜的折射，但实际面临的应用问题并非如此。

在流体静力学方面，高斯写过一篇重要论文《关于力学的一个新的普遍原理》（1829 年），其中提出了后人所称的高斯最少约束原理：任何一组相互影响并受外界影响的质点，在任何时刻其运动的方式必尽可能地接近自由运动，也就是最少约束运动（此处的约束是以每个质点离开自由运动轨迹的距离的平方乘上质量后，对所有质点求和来决定的）。高斯曾感叹说："自然对于一个物理运动方式的修正，与数学家对他的观察数据修正一样，都是采用最小二乘法进行的。"

除此以外，高斯在测地学、水工学、电动学等方面也有杰出的贡献。即使是数学领域，我们谈到的也只是他年轻时在数论领域里所做的部分工作，在其漫长的一生中，高斯几乎在数学的每个领域都有开创性的工作。前文提及的最小二乘法便是一种数学优化技巧（通过平面上的一组坐标值来确定一条直线的方程），这是高斯当年用以找寻谷神星的数学工具，后来被他写进了著作《天体运动论》（1809 年）。最小二乘法如今在测绘学中有着广泛的应用，不过因为法国数学家勒让德曾独立发现并发表在先（1806 年），两人有过不太愉快的优先权之争。1829 年，高斯还给出了最小二乘法的优化效果强于其他方法的证明。

在椭圆函数（椭圆函数是一种双周期的亚纯函数，最初是从求椭圆弧长时导出的，这直到今天仍是数学的研究热点）方面，在高斯发表了《曲面论上的一般研究》之后大约一个世纪，爱因斯坦评论说："高斯对于近代物理学的发展，尤其是对于相对论的数学基础所做的贡献（指曲面论），其重要性是超越一切，无与伦比的。"而高斯对椭圆函数的先驱性发现和非欧几何学方面的划时代工作，都没有在生前发表。正是高斯在《算术研究》里对这片未经开采的处女地的暗示，引导后来的阿贝尔和雅可比开展了一场著名的数学竞赛。

在堪称现代数学史上最伟大发现的非欧几何方面，高斯是对"欧氏几何是自然界和人类思想的固有性质"的最早的怀疑者之一（拥护者中有牛顿和康德）。建立系统性几何学的第一人——欧几里得，其著作中的部分思想被称为公理（通过逻辑构建整个系统的出发点）。在这些公理中，平行公理显得尤为突出。依照这条公理，通过给定直线外的任意一个点只能作一条直线与该直线平行。许多人试图从其他公理推出这一公理，但没有一个证明是正确的。而高斯是最早意识到可能存在平行公理不适用的几何学的人之一，后来他自己证实了这一点，并且，其新的几何学内部是相容的。

1830 年前后，当俄国的罗巴切夫斯基和鲍耶已先后发表他们的非欧几何学时，高斯才宣称他早在 30 年前就得出了同样的结果。事实上，在 1799 年 9 月的一则日记里，高斯这样记载，"在几何基础的问题上，我们得到了很好的结果。"同年底，他在给老鲍耶的信中写道："面积任意大的三角形的存在性与欧氏平行公理是等价的。而在非欧几何学里，所有三角形的面积都不能超过一个界限。"1824 年，高斯在给一位业余数学家的信中写道："由三角形内角和小于 180 度的假设中可以导出一种奇异的几何，这种几何与欧氏几何大不相同，但其本质却是相合的。"对此，老鲍耶十分理解，他说："很多事物仿佛都有那么一个时期，届时，它们在许多地方同时被人们发现了，正如在春季看到紫罗兰处处开放一样。"

离群索居的王子

在高斯的时代，几乎没有什么人能够分享他的想法或向他提供新的观念。每当他发现新的理论时，却找不到人可以讨论。这种孤独的感觉经年累月积存下来，造就了他高高在上、冷若冰霜的心境。这种智慧上的孤独，在历史上只有很少几个伟人感受过。高斯从不参加公开争论，他对辩论一向深恶痛绝，认为那很容易演变成愚蠢的喊叫，这或许是他从小对粗暴专制的父亲的一种心理上的反抗。高斯成名后很少离开哥廷根，只在 1828 年去柏林（普鲁士王国首都）参加过一次学术会议（发现韦伯那次）。

高斯甚至厌恶教学，也不热衷于培养和发现年轻人，自然就谈不上创立什么学派。这主要是由于高斯天赋之优异，因而在心灵上离群索居。不过，这不等于说高斯没有出类拔萃的学生，他所教授过的黎曼堪称史上最伟大的数学家之一（在就读于哥廷根时期，黎曼有两年曾到柏林师从于雅可比和狄里克雷），戴特金和艾森斯坦也对数学做出了杰出贡献。而由于高斯的登峰造极，这三个人中也只有黎曼（在狄利克雷死后继承了高斯的数学教授职位）被认为和高斯比较亲近。黎曼虽说生前只发表了 10 篇论文，他却是复变函数论、解析数论、几何学、常微分方程、实分析、数学物理和物理学等领域的开拓者。而黎曼猜想则已成为数学史上的不朽谜语，被公认为是最伟大的数学猜想。韦伯记得晚年的高斯谈起黎曼的工作时十分激动，并对其给予了罕见的高度赞扬。高斯也曾对年长黎曼 3 岁的艾森斯坦寄予厚望，如果他不是在 29 岁英年早逝，就很可能成为黎曼的强有力的竞争者。

比高斯晚一辈的大数学家雅可比和阿贝尔都曾抱怨高斯对他们成就的漠视。雅可比比狄利克雷大一个多月，他们两人都是柏林最顶尖的数学家，也都在数论领域做出过重要贡献。雅可比用自守形式的方法给出了费马四角形数（平方数）猜想的一个漂亮证明；而狄利克雷在柏林任职期间证明了算术级数上存在无穷多个素数，把两千多年前欧几里得的结果做了推广。而这样的雅可比却一直没能与高斯结成亲密的友情，在 1849 年哥廷根那次庆祝会上，远道而来的雅可比坐在高斯身旁的荣誉席上。不过当他想找话题谈数学时，高斯未予理睬。这可能是时机不对，当时的高斯几杯甜酒下肚，有点不能自制，即使换个场合，结果恐怕也是一样。在给他兄弟论及那场宴会的一封信中，雅可比写道："你要知道，在这 20 年里，他（高斯）从未提及我和狄利克雷……"一年以后，雅可比因患天花去世，年仅 47 岁。相比之下，狄利克雷做上布雷斯劳大学教授（隶属普鲁士，今波兰弗罗茨瓦夫大学）却是高斯（还有洪堡）写的推荐信。需要提及的是，狄利克雷虽然数学天赋优异，但因为拉丁文不及格，未能获得巴黎大学的博士学位。回国以后，他向波恩大学提交的申请同样没有成功，不过获得了荣誉博士学位。

阿贝尔的命途多舛，他与后来的同胞易卜生、格里格、蒙克和阿蒙森一样，是最早在自己领域里取得世界性成就的挪威人。他是一个伟大的天才，却过着贫穷的生活，同时代人对其毫无了解。阿贝尔在 20 岁时解决了数学史上的一大问题，即证明了用根式解一般五次方程的不可能性，他将短短 6 页"不可解"的证明寄给欧洲一些著名的数学家，而高斯自然也收到了一份。阿贝尔在引言中满怀信心，以为数学家们会亲切地接受这篇论文。不久，这位乡村牧师的儿子阿贝尔获得政府的资助，开始了他一生唯一的一次远足，当时的他想以这篇文章作为敲门砖。阿贝尔此行最大的愿望就是拜访高斯，但高斯高不可攀，只是将论文瞄了几行，便把它丢在了一旁，仍然专注于自己的研究工作。阿贝尔只得在从巴黎去往柏林的旅途中，带着渐增的痛苦绕过哥廷根。26 岁那年，阿贝尔死于肺病和营养不良。他去世后的第三天，一封信件姗姗来迟，而在这封信里，柏林大学向他提供了一个教职。

高斯虽然孤傲，但令人惊奇的是，他春风得意地度过了中产阶级的一生（高斯 22 岁获博士学位，25 岁当选圣彼得堡科学院外籍院士，30 岁任哥廷根大学数学教授兼天文台台长），没有遭受到冷酷现实的打击——这种打击时常无情地加诸于每个脱离现实环境而生活的人。这或许是因为高斯讲求实效和追求完美的性格有助于让他抓住生活中的简单现实。虽说高斯不喜欢荣耀浮华，但在他成名后的 50 年间，荣耀浮华就像雨点似的落在了他身上，几乎整个欧洲都卷入了这场授奖的风潮，他一生共获得 75 种形形色色的荣誉，包括在 1818 年被英王乔治三世[1]赐封为"参议员"，又在 1845 年被赐封为"首席参议员"。

高斯有过两次婚姻，第一个妻子死于难产后，不到 10 个月，高斯又娶了第二个妻子。高斯始终没有忘记费迪南公爵的恩情，他一直对他的赞助人在 1806 年惨死于拿破仑手下这件事耿耿于怀，因而拒不接受法国大革命的信条和由此引发的民主思潮的影响，他的学生都称他为保守派。从这点来看，高斯可以说是贵族专制社会体系中最后的也是最伟大的文化结晶。

高斯很喜欢文学，他把歌德的作品遍览无遗，却不怎么推崇。由于与生俱来的语言特长，高斯阅读外文得心应手。他精通英语、法语、俄语、丹麦语，对意大利语、西班牙语和瑞典语也略知一二，他的私人日记是用拉丁文写的。高斯在 50 岁时又开始学习俄语，部分原因是为了阅读年轻诗人普希金的原作。不过高斯的语言天赋在数学家中并不算最突出的，使爱尔兰人在数学领域享有盛誉的神童哈密尔顿在 13 岁时就能够流利地讲 13 种外语。高斯还爱看蒙田、卢梭等人的作品，却不怎么喜欢莎士比亚的悲剧，不过他选择了《李尔王》中的两行诗作为自己的座右铭：

> 大自然啊，我的女神，
> 我愿为你献身，终生不渝。

高斯最钦佩的英语作家是苏格兰人司各特，他几乎阅读了后者所有的作品。有一次， 高斯在司各特爵士有关自然景观的描述中找到了一个错误（满月是从西北方向升起来的）而狂喜不已。他不仅在自己那本书上把它纠正过来，还跑到哥廷根书店把其他未售出的书都改了。

和所有伟大的数学家一样，抽象符号对高斯来说并非虚幻而不真实的。有

---

〔1〕乔治三世在位时（1760—1820 年），哥廷根隶属三个国家：大英帝国、爱尔兰和汉诺威公国。哥廷根大学是由英王乔治二世（1727—1760 年间在位）于 1737 年所建。

一次他谈道："灵魂的满足是一种更高的境界，物质的满足是多余的。至于我把数学应用到几块泥巴组成的星球，或应用到纯粹数学的问题上，这一点并不重要。但后者常常带给我更大的满足。"高斯的身体一直不错，但他的第二任妻子早他 24 年便已离世。在晚年受到病魔袭击之前，高斯一直没有在宗教或精神上花时间。心脏病不断摧毁着他的意志，1848 年，高斯写信给他最亲密的朋友说：

　　我经历的生活，虽然像一条彩带飞舞过整个世界，但也有其痛苦的一面。这种感受到了年迈的时候更是不能自持。我乐于承认，如果换一个人来过我的生活的话，也许会快乐得多。另一方面，这更使我体会到生命的空虚，每一个接近生命尽头的人，都一定会有这种感觉……

　　高斯还说过："有些问题，如果能解答的话，我认为比解答数学问题更有超然的价值，比如有关人类和神的关系，我们的归宿，我们的将来，等等。这些问题的解答，远超出我们能力之所及，也非在科学的范围内能够做到的。"

　　高斯曾被形容为"能从九霄云外的高度按照某种观点掌握星空和深奥数学的天才"。他将自己的数种天赋——有创造力的直觉、卓越的计算能力、严密的逻辑推理、十全十美的实验——和谐地组合在了一起，这种能力的组合使得高斯出类拔萃，在人类历史上几无对手。通常，只有多才多艺的阿基米德和牛顿能与他相提并论（最多加上欧拉）。当然，爱因斯坦也属于同一水准，但爱因斯坦有所局限，因为他所依赖的数学工具不是自己创造的；另外，爱因斯坦也不是实验家，他的理论需要别的科学家检验。

　　1855 年 2 月 23 日清晨，高斯在睡梦中平静地与世长辞，享年 77 岁。他曾经要求在他的墓碑上刻一个正十七边形，但事与愿违，因为雕刻工坚持认为正十七边形刻出来后几乎与圆一模一样。作为一种弥补，人们在其故乡不伦瑞克的高斯纪念碑的基座上，刻下了一颗有 17 个尖角的星。

浙江大学数学系教授、博士生导师　蔡天新
2012年5月

目 录 CONTENTS

自 序 / 1

导读：高斯——离群索居的王子 / 4

第 1 章　同余数概论（第 1 ~ 12 条）/ 1

　　第 1 节　同余的数，模，剩余和非剩余 ……………………（2）

　　第 2 节　最小剩余 ………………………………………（4）

　　第 3 节　关于同余的基本定理 ……………………………（5）

　　第 4 节　一些应用 ………………………………………（8）

第 2 章　一次同余方程（第 13 ~ 44 条）/ 9

　　第 1 节　关于质数、因数等的初步定理 …………………（10）

　　第 2 节　解一次同余方程 …………………………………（17）

　　第 3 节　对于给定模求与给定剩余同余的数的方法 ………（22）

　　第 4 节　多元线性同余方程组 ……………………………（26）

　　第 5 节　一些定理 ………………………………………（29）

第 3 章　幂剩余（第 45～93 条）/ 37

　　第 1 节　首项为 1 的几何数列各项的剩余构成周期序列 ………（38）

　　第 2 节　对于模 p（质数），数列周期的项数是数 $p-1$ 的因数

　　　　　　 ………………………………………………………………（40）

　　第 3 节　费马定理 ……………………………………………………（42）

　　第 4 节　有多少数对应于某个项数为 $p-1$ 的因数的周期 ……（44）

　　第 5 节　原根，基和指标 ……………………………………………（48）

　　第 6 节　指标的运算 …………………………………………………（49）

　　第 7 节　同余方程 $x^n \equiv A$ 的根 …………………………………（51）

　　第 8 节　不同系统的指标间的关系 …………………………………（59）

　　第 9 节　适合特殊目的的基数 ………………………………………（62）

　　第 10 节　求原根的方法 ……………………………………………（63）

　　第 11 节　关于周期和原根的几条定理 ……………………………（66）

　　第 12 节　威尔逊定理 ………………………………………………（67）

　　第 13 节　模是质数方幂 ……………………………………………（72）

　　第 14 节　模为 2 的方幂 ……………………………………………（78）

第 4 章　二次同余方程（第 94～152 条）/ 81

　　第 1 节　二次剩余和非剩余 ………………………………………（82）

　　第 2 节　当模是质数时，小于模的剩余的个数等于非剩余的个数

　　　　　　 ………………………………………………………………（84）

　　第 3 节　合数是不是给定质数的剩余或非剩余的问题，取决于它

　　　　　　的因数的性质 ……………………………………………（86）

　　第 4 节　合数模 ……………………………………………………（88）

　　第 5 节　给定的数是给定质数模的剩余或非剩余的一般判别法

　　　　　　 ………………………………………………………………（94）

　　第 6 节　给定的数作为剩余或非剩余的质数的研究 …………（95）

第 7 节　剩余为 -1 ···（96）

第 8 节　剩余为 +2 和 -2 ···（99）

第 9 节　剩余为 +3 和 -3 ···（103）

第 10 节　剩余为 +5 和 -5 ···（106）

第 11 节　剩余为 +7 和 -7 ···（109）

第 12 节　为一般性讨论做的准备 ···································（110）

第 13 节　通过归纳法发现的一般的（基本）定理及其推论

···（116）

第 14 节　基本定理的严格证明 ·······································（123）

第 15 节　证明条目 114 的定理的类似的方法 ···············（130）

第 16 节　一般问题的解法 ···（132）

第 17 节　以给定的数为其剩余或非剩余的所有质数的线性形式

···（135）

第 18 节　其他数学家关于这些研究的著作 ···················（140）

第 19 节　一般形式的二阶同余方程 ·······························（142）

第 5 章　二次型和二次不定方程（第 153～307 条）/ 143

第 1 节　型的定义和符号 ···（144）

第 2 节　数的表示：行列式 ···（145）

第 3 节　数 M 由型（a，b，c）表示时所属表达式 $\sqrt{(b^2-ac)}$

（mod M）的值 ···（146）

第 4 节　正常等价与反常等价 ···（150）

第 5 节　相反的型 ···（152）

第 6 节　相邻的型 ···（154）

第 7 节　型的系数的公约数 ···（155）

第 8 节　一个给定的型变换为另一个给定的型时所有可能的同

型变换的关系 ···（157）

第 9 节　歧型 ……………………………………………………（164）

第 10 节　关于一个型既正常又反常地包含于另一个型的情况
　　　　　的定理系 ………………………………………………（165）

第 11 节　关于由型表示数的一般性研究以及这些表示与代换
　　　　　的关系 ………………………………………………（171）

第 12 节　行列式为负的型 ……………………………………（177）

第 13 节　特殊的应用：将一个数拆分成两个平方数，拆分成
　　　　　一个平方数和另一个平方数的两倍，拆分成一个平方
　　　　　数和另一个平方数的三倍 …………………………（192）

第 14 节　具有正的非平方数的行列式的型 ………………（196）

第 15 节　行列式为平方数的型 ………………………………（237）

第 16 节　包含在与之不等价的型中的型 …………………（245）

第 17 节　行列式为 0 的型 ……………………………………（250）

第 18 节　所有二元二次不定方程的一般整数解 …………（253）

第 19 节　历史注释 ……………………………………………（260）

第 20 节　将给定行列式的型进行分类 ……………………（262）

第 21 节　类划分为层 …………………………………………（266）

第 22 节　层划分为族 …………………………………………（270）

第 23 节　型的合成 ……………………………………………（281）

第 24 节　层的合成 ……………………………………………（312）

第 25 节　族的合成 ……………………………………………（313）

第 26 节　类的合成 ……………………………………………（317）

第 27 节　对于给定的行列式，在同一个层的每个族中存在相
　　　　　同个数的类 …………………………………………（321）

第 28 节　不同的层中各个族所含类的个数的比较 ………（322）

第 29 节　歧类的个数 …………………………………………（331）

第 30 节　对于给定的行列式，所有可能的特征有一半不属于
　　　　　任何正常原始族 ……………………………………（338）

第 31 节　对基本定理以及与剩余为 -1, +2, -2 有关的其他
　　　　　定理的第 2 个证明 ……………………………………（339）

第 32 节　对不适合任何族的那一半特征的进一步讨论 ………（342）

第 33 节　把质数分解为两个平方数的特殊方法 ……………（345）

第 34 节　关于三元型讨论的题外话……………………………（347）

第 35 节　如何求出这样一个型，由它加倍可得到给定的属于
　　　　　主族的二元型 ………………………………………（384）

第 36 节　除了在条目 263 和 264 中已经证明其不可能的
　　　　　那些特征外，其他所有的特征都与某个族相对应…（386）

第 37 节　把数和二元型分解为三个平方数的理论 …………（388）

第 38 节　费马定理的证明：任何整数都能分解成三个三角数
　　　　　或者四个平方数 ……………………………………（398）

第 39 节　方程 $ax^2+by^2+cz^2=0$ 的解 …………………（400）

第 40 节　勒让德先生讨论基本定理的方法 …………………（406）

第 41 节　由三元型表示零 ……………………………………（411）

第 42 节　二元二次不定方程的有理通解 ……………………（414）

第 43 节　族的平均个数 ………………………………………（415）

第 44 节　类的平均个数 ………………………………………（418）

第 45 节　正常原始类的特殊算法：正则和非正则行列式 ……（423）

第 6 章　前面讨论的若干应用（第 308～334 条）/ 433

第 1 节　将分数分解成更简单的分数 …………………………（435）

第 2 节　普通分数转换为十进制数 ……………………………（437）

第 3 节　通过排除法求解同余方程 ……………………………（444）

第 4 节　用排除法解不定方程 $mx^2+ny^2=A$ ………………（448）

第 5 节　当 A 是负数时，解同余方程 $x^2 \equiv A$ 的另一种方法 …（455）

第 6 节　将合数同质数区分开来并确定它们的因数的两种方法
　　　　…………………………………………………………（459）

第 7 章　分圆方程（第 335 ~ 366 条）/ 469

第 1 节　讨论把圆分成质数份的最简单情况 ………………（471）

第 2 节　关于圆弧（它由整个圆周的一份或若干份组成）的三
　　　　角函数的方程并归为方程 $x^n-1=0$ 的根 …………（472）

第 3 节　方程 $x^n-1=0$ 的根的理论（假定 n 是质数）………（476）

第 4 节　以下讨论的目的之声明 ……………………………（478）

第 5 节　Ω 中所有的根可以分为某些类（周期）…………（480）

第 6 节　关于这些周期的各种定理 …………………………（482）

第 7 节　由前面的讨论解方程 $X=0$ ………………………（494）

第 8 节　以 $n=19$ 为例，运算可以简化为求解两个三次方程
　　　　和一个二次方程 ………………………………………（497）

第 9 节　以 $n=17$ 为例，运算可以简化为求解四个二次方程
　　　　…………………………………………………………（501）

第 10 节　关于根的周期的进一步讨论——有偶数个项的和是
　　　　　实数 ………………………………………………（506）

第 11 节　关于根的周期的进一步讨论——把 Ω 中的根分成两
　　　　　个周期的方程 ……………………………………（507）

第 12 节　证明第 4 章中提到的一个定理 …………………（510）

第 13 节　把 Ω 中的根分成三个周期的方程 ……………（512）

第 14 节　把求 Ω 中根的方程化为最简方程 ……………（517）

第 15 节　以上研究在三角函数中的应用——求对应于 Ω 中每
　　　　　个根的角的方法 …………………………………（522）

第 16 节　以上研究在三角函数中的应用——不用除法从正弦
　　　　　和余弦导出正切、余切、正割以及余割 …………（524）

第 17 节　以上研究在三角函数中的应用——对三角函数逐次

　　　　降低次数的方法 ……………………………………（527）

第 18 节　以上研究在三角函数中的应用——通过解二次方程

　　　　或者尺规作图能够实现的圆周的等分 ……………（532）

附注 ……………………………………………………………（535）

附表 ……………………………………………………………（537）

第 1 章　同余数概论

（第 1～12 条）

第1节 同余的数，模，剩余和非剩余

1

假如数 b 和数 c 之差能够被数 a 整除，则称 b 和 c 对于 a **同余**；反之则称 b 和 c 对于 a **不同余**。我们将数 a 叫做**模**。如果 b 和 c 同余，则 b 和 c 互为对方的**剩余**，如果不同余，则称其互为**非剩余**。

这里的数必须是正整数或者负整数[1]，而不是分数。例如，-9 和 16 对于模 5 同余；-7 对于模 11 是 15 的剩余，但对于模 3 是 15 的非剩余。

因为 0 能被任何数整除，所以对于任何模来说每个数都与其自身同余。

2

给定数 a，它对于模 m 的所有剩余都在式 $a+km$ 中，其中 k 是任意整数。由此可以推导出下文给出的显而易见的定理，对这些定理做直接证明是很容易的。

从现在起用符号"$\equiv$"来表示同余，必要时可以在后面加上圆括号并写出模；例如，$-7 \equiv 15 \,(\mathrm{mod}\ 11)$，$-16 \equiv 9 \,(\mathrm{mod}\ 5)$ [2]。

---

[1] 显然，模必须取绝对值，即无正负符号。

[2] 采用这个符号是因为相等和同余之间非常相似。勒让德因为这个原因，在他的著作中（后面会经常引述此著作）同余和相等使用了同样的符号。为了避免混淆，我们对同余和相等的符号做了区分。

3

定理

给定 m 个连续整数 a，$a+1$，$a+2$，…，$a+m-1$ 和另一个整数 A；那么对于模 m，这些整数中有且仅有一个数与 A 同余。

如果 $\dfrac{a-A}{m}$ 是整数，则 $a \equiv A$；如果 $\dfrac{a-A}{m}$ 是正分数，则假定 k 是最接近它且大于它的正整数（或者如果此分数为负分数，则 k 是最接近它，且绝对值小于它的绝对值的整数）。这时，$A+km$ 将处于 a 和 $a+m$ 之间，这就是要求的数。显然，所有的商 $\dfrac{a-A}{m}$，$\dfrac{a+1-A}{m}$，$\dfrac{a+2-A}{m}$，…，均处于 $k-1$ 和 $k+1$ 之间，所以它们中的整数不可能多于一个。

第 2 节　最小剩余

4

因此，对于模 m，每个数在数组 0，1，2，…，$m-1$ 和数组 0，-1，-2，…，$-(m-1)$ 中都恰有一个剩余，我们将它们称为**最小剩余**。显然，如果 0 不是剩余，那么最小剩余总是成对出现，一个为**正**，一个为**负**。如果它们的绝对值不相等，那么必有一个的绝对值小于 $\frac{m}{2}$；否则它们的绝对值都等于 $\frac{m}{2}$。因而，每个数总有一个剩余的绝对值小于模的 $\frac{1}{2}$，这个剩余叫作**绝对最小剩余**。

例如，对于模 5，-13 的最小正剩余为 2（它也是绝对最小剩余），而 -3 是它的最小负剩余。对于模 7，5 是它自身的最小正剩余，而 -2 是它的最小负剩余，也是**绝对最小剩余**。

第 3 节　关于同余的基本定理

5

建立起这些概念以后，我们来整理一下关于同余的一些比较明显的性质。

对合数模同余的两个数，一定对这个模的每个除数也同余。

如果若干个数对于同一个模都有相同的剩余，那么，它们彼此都同余（对于同一个模）。

在下面这些定理中，我们也假定模都是相同的。

同余的数有相同的最小剩余；不同余的数有不同的最小剩余。

6

给定数 A，B，C，…，以及数 a，b，c，…，如果数 a，b，c，…对于同样的模与数 A，B，C，…同余，即 $A \equiv a$，$B \equiv b$，$C \equiv c$，等等，那么，$A + B + C + \cdots \equiv a + b + c + \cdots$。

如果 $A \equiv a$，$B \equiv b$，那么 $A - B \equiv a - b$。

7

如果 $A \equiv a$，那么 $kA \equiv ka$。

如果 k 是正数，那么条目 7 只是条目 6 的特殊情况，使 $A = B = C = \cdots$，$a = b = c = \cdots$。如果 k 为负，则 $-k$ 为正。因此，$-kA \equiv -ka$，因而 $kA \equiv ka$。

如果 $A \equiv a$，$B \equiv b$，则 $AB \equiv ab$，因为 $AB \equiv Ab \equiv ba$。

8

给定任意数 A，B，C，…，以及数 a，b，c，…，若数 a，b，c，…与数 A，B，C，…对于同样的模同余，即 $A \equiv a$，$B \equiv b$，…则这两组数的乘积也同余，即 $ABC\cdots \equiv abc\cdots$。

从条目 7 知 $AB \equiv ab$，同理 $ABC \equiv abc$，并可以推广到任意多个因数。

若所有数 A，B，C，…都相等，且所有数 a，b，c，…都相等，可得定理：**若 $A \equiv a$ 且 k 是正整数，则 $A^k \equiv a^k$。**

9

设 X 是不确定数 x 的形如 $Ax^a + Bx^b + Cx^c + \cdots$ 的代数函数，其中 A，B，C，…都是任意整数；a，b，c，…都是非负整数。那么，如果 x 的取值关于某个模同余，则对应的 X 的值也对于这个模同余。

令 x 取值 f，g 且 $f \equiv g$，从定理 7 知 $f^a \equiv g^a$ 且 $Af^a \equiv Ag^a$，同理 $Bf^b \equiv Bg^b$，…。因此：$Af^a + Bf^b + Cf^c + \cdots \equiv Ag^a + Bg^b + Cg^c + \cdots$，证讫。

本定理可以推广到含多个不确定数的函数，这很好理解。

10

因此，如果用连续的全部整数替换 x，函数 X 的对应值就成为最小剩余，并构成一组序列。其中，间隔 m（m 是模）个项后，重复的项会出现，即此序列是以 m 个项为周期并无限重复。例如，令 $X = x^3 - 8x + 6$ 且 $m = 5$，那么，对于 $x = 0$，1，2，3，4，…，X 的值关于模 5 有这些最小正剩余：1，4，3，4，3，1，4，…，其中前 5 个数 1，4，3，4，3 是无限重复的。反过来，如果给 x 依次赋予负值，序列的周期相同，但项的顺序相反。可知，整个序列不会出现这个周期之外的其他项。

11

在上例中，X 不能与 0 或者 2 关于模 5 同余，X 更不能等于 0 或者 2。因此等式 $x^3 - 8x + 6 = 0$ 和 $x^3 - 8x + 4 = 0$ 都没有整数解，也没有有理数解。更普遍地，如果 X 是不确定数 x 的函数，形式为：$x^n + Ax^{n-1} + Bx^{n-2} + \cdots + N$，其中 A，B，C，$\cdots$ 是整数，n 为正整数（众所周知，所有代数方程都可以简化为这个形式）。显然，如果对于某个模同余关系 $X \equiv 0$ 不能成立，则方程 $X = 0$ 没有有理根。第 8 部分[1]将对此判别法进行充分探讨。但从这个例子可以看到这些研究的实用性。

────────────────

[1] 高斯为《算术研究》设计了 8 个部分，并且已经基本上写好了处理高阶同余的第 8 部分。但是，他决定只发表 7 个部分以节约出版费用。见作者序。

第 4 节　一些应用

12

　　算术论著中很多常用结论都基于本部分探讨的定理。例如，判定给定的数是否可以被 9，11 或任何其他数整除的法则。对于模 9，所有 10 的幂都和 1 同余；因此如果一个数形如 $a+10b+100c+\cdots$，则对于模 9，它和数 $a+b+c+\cdots$ 有相同的最小剩余。因此，如果把一个数用十进位表示法表示，再把每个位置的数字相加，而不考虑它们的数值，它们的和与这个数有相同的最小剩余；因此如果前者可以被 9 整除，那么后者就能被 9 整除，反之亦然。对于除数 3 也是如此。而且，因为相对于模 11，$100 \equiv 1$，总有 $10^{2k} \equiv 1$，$10^{2k+1} \equiv 10 \equiv -1$，一个形如 $a+10b+100c+\cdots$ 的数与 $a-b+c\cdots$ 对于模 11 有相同的最小剩余。由此可以立刻推导出著名的法则。我们可以容易地推导出所有类似的法则。

　　从上述论证里还可以发现支配着算术运算验算法则的原理。具体说来，就是如果某数是由几个数通过加、减、乘或幂运算所得到的，那么用这几个数对于任意模（通常使用 9 或 11，因为在十进制系统中容易找到剩余，正如刚才看到的那样）的最小剩余代替它们，并做相同的运算。如果得到的结果与该数同余，则运算正确，否则运算有误。

　　既然这些结论和类似结论都已为大家熟知，在此便不做赘述。

第 2 章　一次同余方程

（第 13～44 条）

第1节 关于质数、因数等的初步定理

13

定理

两个正数如果都小于某个质数，则它们乘积不能被这个质数整除。

设 p 为质数，若正数 $a < p$，则找不到任何小于 p 的正整数 b，使得 $ab \equiv 0 \pmod{p}$。

证明

若定理错误，则存在数 b，c，d，…，都小于 p，使得 $ab \equiv 0$，$ac \equiv 0$，$ad \equiv 0$，…$\pmod{p}$。令 b 为其中最小的数，比 b 更小的数都不具备这个性质。显然 $b > 1$，因为如果 $b = 1$，则 $ab = a < p$（通过假设）并且无法被 p 整除。既然 p 是质数，则它不能被 b 整除，但 p 处于 b 的两个连续倍数之间，即 mb 和 $(m+1)b$。令 $p - mb = b'$，b' 是正数且 $b' < b$。现在，因为假设 $ab \equiv 0 \pmod{p}$，有 $mab \equiv 0$（参见条目7）。使 $ap \equiv 0$ 减去之，则 $a(p - mb) = ab' \equiv 0$，即 b' 为数 b，c，d，…中的某个数，且比它们中最小的数更小，这是荒谬的，证明完毕。

14

如果 a 和 b 都不能被质数 p 整除，则乘积 ab 也不能被 p 整除。

设 α，β 是数 a，b 对于模 p 的最小正剩余。它们都不是 0（通过假设）。如果 $ab \equiv 0 \pmod{p}$，则 $\alpha\beta \equiv 0$，因为 $ab \equiv \alpha\beta$。但这与前一条定理矛盾。

欧几里得已经在他的《几何原本》（第 7 章，32 页）中证明了这则定理。但是我们不想忽略这条定理，因为很多现代作者对这条定理要么论证不充分，要么完全忽略了这条定理；而且这个简单的案例可以让我们理解方法的本质，以后要用同样的方法解决更加艰深的问题。

□ **1570年的《几何原本》首版英译本**

《几何原本》全书共13章，由欧几里得于约公元前300年写成，书中主要讨论了平面几何（第1—6章）、数论（第7—9章）、无理数（第10章）和立体几何（第11—13章）。此书是现代数学的基础，在西方，它是仅次于《圣经》而流传最广的书籍。

15

如果数 a，b，c，d，…都不能被质数 p 整除，则它们之积也不能被 p 整除。

根据前一条定理，ab 不能被 p 整除；因此 abc 也不能被 p 整除；类似地，$abcd$，…也不能被 p 整除。

16

定理

一个合数只能用一种方式拆分为质因数的乘积。

证明

由基本知识知道，任何合数可以拆分为质因数的乘积，但是，它一般被错误地、理所当然地认为这种拆分不能通过几种不同的方式。假设一个合数

$A = a^{\alpha}b^{\beta}c^{\gamma}\cdots$，其中 a，b，c，$\cdots$为不相等的质数，除此之外还可以用其他方式拆分为质因数。首先，在第 2 种质因数体系中，不可能出现除了 a，b，c，$\cdots$之外的任何其他质数，因为由质数 a，b，c，$\cdots$组成的合数 A 不可能被任何其他质数整除。类似地，在第 2 种质因数体系中任何质因数 a，b，c，$\cdots$都不能缺失，否则就不能整除 A（参见条目 15）。那么这两种将合数 A 拆分为质因数的方式的不同只在于某些质因数出现的次数比另外质因数多。令其中某个质因数为 p，在第 1 种因数分解中出现 m 次，在第 2 种因数分解中出现 n 次，令 $m > n$。现在从每个质因数体系中去掉 n 次 p，结果 p 在一个系统中出现 $m-n$ 次，在另一个出现 0 次。即，对合数 A/p^n 有两种因数分解的方式，其中一种不含因数 p，另外一种含 $m-n$ 个因数 p，这与上面的结论矛盾。

17

因此，如果合数 A 是合数 B，C，D，$\cdots$的乘积，可知 B，C，D，$\cdots$的所有质因数，全都是 A 的因数，而且每个因数在 A 的因数分解中出现的次数和在 B，C，D，$\cdots$的因数分解中出现的总次数是相等的。因此，可得一种可以判定 B 是否整除 A 的方法。B 能够整除 A 的条件是，在 A 和 B 的因数分解中，B 中所含的质因数在 A 中都有，且 B 中质因数出现的次数不超过在 A 中出现的次数。如果这两者任意一条不能满足，则 B 不能整除 A。

从组合演算中可知，如上文 a，b，c，$\cdots$是不同质数，$A = a^{\alpha}b^{\beta}c^{\gamma}\cdots$，则 A 有（$\alpha+1$）（$\beta+1$）（$\gamma+1$）$\cdots$个不同的除数，包括 1 和它自己。

18

如果 $A = a^{\alpha}b^{\beta}c^{\gamma}\cdots$，$K = k^{\kappa}l^{\lambda}m^{\mu}\cdots$，质数 a，b，c，$\cdots$，k，l，m，$\cdots$都各不相同，那么 A 和 K 没有除了 1 之外的公约数。换句话说，它们之间互质。

给定许多个数 A，B，C，$\cdots$，它们的最大公约数可以按如下方式找到。

使所有的数分解为它们的质因数，从这些质因数中提取出 A，B，C，…共有的质因数（如果一个都没有，则这些数没有公约数）。然后记下每个质因数在 A，B，C，…中出现的次数，或者说记下每个质因数在 A，B，C，…中的方幂数。最后给每个质因数赋予其在 A，B，C 中出现的最小方幂之后，它们的乘积就是要求的最大公约数。

求最小公倍数时，方法如下：先收集能整除 A，B，C，…中任何一个数的所有质数；再给它们赋予在 A，B，C，…中最大的方幂；最后求它们的乘积，其结果为要求的最大公倍数。

例如：令 $A = 504 = 2^3 \times 3^2 \times 7$，$B = 2\,880 = 2^6 \times 3^2 \times 5$，$C = 864 = 2^5 \times 3^3$。对于 A，B，C，有公共因数 2，3，最小方幂分别为 3，2，则最大公约数为 $2^3 \times 3^2 = 72$；所有质数分别为 2，3，5，7，最大方幂分别为 6，3，1，1，则最小公倍数为 $2^6 \times 3^3 \times 5 \times 7 = 60\,480$。

因为证明简单，所以此处省略。而且，从基本知识可知如何将数 A，B，C，…进行因数分解。

19

如果数 a，b，c，…都和某个数 k 互质，则它们的乘积 abc …也和 k 互质。

因为数 a，b，c，…与 k 都没有公共的质因数，而且因为乘积 abc…中没有属于 a，b，c，…的质数之外的质数，因此乘积 abc…与 k 没有公共质因数。因此从前文知，k 与 abc…互质。

如果数 a，b，c，…互质，且每个数都可以整除数 k，则它们的乘积能整除 k。

从条目 17、18 可以容易得出这条结论。因为，如果 p 是乘积 abc…中出现了 π 次的质除数，可知，数 a，b，c，…中的某个数必定含有相同的质除数 π 次。因此 k 也包含 p——这个整除 k 的数——π 次。相似地，对乘积 abc…的所有其他质除数也成立。

因此，如果两个数 m 和 n 都对于几个模 a，b，c，…同余，且这几个模互质，那么，这两个数也对于模的乘积同余。因为 $m-n$ 能够被 a，b，c，…中的每一个整除，$m-n$ 也可以被它们的乘积整除。

最后，若 a 和 b 互质，且 ak 能被 b 整除，则 k 也能被 b 整除。因为 ak 既能被 a 整除，又能被 b 整除，它也能被 ab 整除，即：$\dfrac{ak}{ab}=\dfrac{k}{b}$ 为整数。

20

假设 a，b，c，…为互不相等的质数，且 $A=a^{\alpha}b^{\beta}c^{\gamma}\cdots$，如果 A 是某个方幂，例如 k^n，那么，所有的指数 α，β，γ，…都能被 n 整除。

因为数 k 没有除 a，b，c，…外的质因数。令 k 含 α' 次因数 a，则 k^n 或 A 含 $n\alpha'$ 次因数 a，因此 $n\alpha'=\alpha$ 并且 $\dfrac{\alpha}{n}$ 是整数。与此类似，$\dfrac{\beta}{n}$，…也是整数。

21

当 a，b，c，…互质，而且乘积 $abc\cdots$ 是方幂，例如 k^n，那么 a，b，c，…每个数都是 n 次方幂。

令 $a=l^{\lambda}m^{\mu}p^{\pi}$，…，其中，$l$，$m$，$p$，…都是不同的质数，由假设知，它们都不是数 b，c，…的因数。因此乘积 $abc\cdots$ 含有 λ 次因数 l，μ 次因数 m，…。由前一条知，λ，μ，π，…都可以被 n 整除，因此

$$\sqrt[n]{a}=l^{\frac{\lambda}{n}}m^{\frac{\mu}{n}}p^{\frac{\pi}{n}}\cdots$$

是整数。对 b，c，…同样成立。

我们的研究从这些关于质数的结论开始，现在转而探讨更接近我们目的的主题。

22

假设数 a，b 都能够被另一个数 k 整除。若它们关于模 m 同余，且 m 与 k 互质，则 $\dfrac{a}{k}$ 和 $\dfrac{b}{k}$ 关于相同的模同余。

由假设可知，$a-b$ 可以被 k 整除，也可以被 m 整除，因此（参见条目 19）$\dfrac{a-b}{k}$ 可以被 m 整除，即 $\dfrac{a}{k} \equiv \dfrac{b}{k}$（$\bmod m$）。

如果让其他假设不变，令 m 和 k 有最大公约数 e，则 $\dfrac{a}{k} \equiv \dfrac{b}{k}$（$\bmod \dfrac{m}{e}$）。因为 $\dfrac{k}{e}$ 和 $\dfrac{m}{e}$ 互质，且 $a-b$ 可以被 k 和 m 整除，所以 $\dfrac{(a-b)}{k}$ 可以被 $\dfrac{k}{e}$ 和 $\dfrac{m}{e}$ 整除，因此可以被 $\dfrac{km}{e^2}$ 整除，即 $\dfrac{(a-b)}{k}$ 可以被 $\dfrac{m}{e}$ 整除，也就意味着 $\dfrac{a}{k} \equiv \dfrac{b}{k}$（$\bmod \dfrac{m}{e}$）。

23

若 a 和 m 互质，e 和 f 相对于模 m 非同余，则 ae，af 相对于模 m 非同余。

这里只是条目 22 的逆定理。

显然，如果把 a 与 0 到 $m-1$ 中的每个整数相乘，并把每个乘积简化为对于模 m 的最小剩余，那么这些最小剩余都不相等。并且，因为一共有 m 个剩余，所有剩余都不大于 m，所以，从 0 到 $m-1$ 的数都出现在这些剩余中。

24

给定数 a，b；x 为不确定数或者是变量。表达式 $ax+b$ 对于模 m 可以与任何数同余，其条件是 m 与 a 互质。

令与表达式 $ax+b$ 同余的数为 c，令 $c-b$ 对于模 m 的最小正剩余为 e。

从前一条定理可知，必定有一个值 $x < m$ 使得乘积 ax 对于模 m 的最小剩余为 e；令这个值为 v，则有 $av \equiv e \equiv c - b$，因此 $av + b \equiv c \pmod{m}$。这就是需要做的。

25

任何用类似等式的方式提出两个同余的量的表达式，称为**同余式**。如果它包含一个未知数，当能够求出一个值（**根**）满足同余式时，这个同余式是**可解**的。现在我们明白了同余式的可解与不可解的含义。提到等式的一些区分方法，也可以对同余方程使用。**超越**同余方程的例子会在下文中出现；关于代数同余方程，按照未知数的最高次幂，可以分为一次，二次和更高次的同余方程。类似地，对于含几个未知数的同余方程组，我们可以探讨如何对其进行**消元**。

第 2 节　解一次同余方程

26

根据条目 24，**当模和 a 互质时，一次同余方程 $ax + b \equiv c$ 总是有解。**假定 v 是 x 的一个合适的值，也就是说，同余方程的一个根，可知：所有对于模与 v 同余的数都是方程的根（参考条目 9），所有的根都必须与 v 同余。因为，如果 t 是另一个根，$av + b \equiv at + b$，那么，$av \equiv at$ 并且 $v \equiv t$（参考条目 22）。我们总结：同余式 $x \equiv v \,(\bmod\ m)$ 给出了同余方程 $ax + b \equiv c$ 的所有解。

因为通过互余的 x 的值解同余方程，得出的解总是伴随在一起的，而且就因为这一点同余的数可以按照等价考虑，我们将这种解看作同余方程的唯一的、相同的解。因为同余方程 $ax + b \equiv c$ 没有其他解，所以，我们就说它有且仅有一个解，或说它有且仅有一个根。例如，同余方程 $6x + 5 \equiv 13 \,(\bmod\ 11)$ 除了那些与 5 同余（mod 11）的数没有别的根。这个结论不适用于高次同余方程或未知数被乘以一个与模非互质的数的一次同余方程。

27

现在剩下的事是补充一些关于如何求解同余方程的知识。首先我们观察到：假设模与 a 互质，形如 $ax + t \equiv u$ 的同余方程的解依赖于 $ax \equiv \pm 1$；因为如果 $x \equiv r$ 满足后者，$x \equiv \pm(u - t)r$ 就满足前者。因为同余方程 $ax \equiv \pm 1 \,(\bmod\ b)$ 等价于不定方程 $ax = by \pm 1$，并且我们现在已经熟悉如何求解这种方程，所以我们只要写出求解不定方程的算法即可。

假设数 A，B，C，D，E，$\cdots$ 按照下述方式依赖于 α，β，γ，δ，$\cdots$

$$A = \alpha, \ B = \beta A + 1, \ C = \gamma B + A, \ D = \delta C + B, \ E = \varepsilon D + C, \ \cdots$$

为了简便，按照如下方式记录

$A = [\alpha]$，$B = [\alpha, \beta]$，$C = [\alpha, \beta, \gamma]$，$D = [\alpha, \beta, \gamma, \delta]$，$\cdots$ [1]

现在讨论不定方程 $ax = by \pm 1$。式中 a，b 是正数，我们可以假设 $a \not< b$。现在，就像求两个数的最大公约数的算法一样，我们通过通常的除法形成等式

$$a = \alpha b + c, \quad b = \beta c + d, \quad c = \gamma d + e, \quad \cdots$$

使得 α，β，γ，$\cdots$，c，d，e，$\cdots$ 都是正整数，并且 b，c，d，e 一直递减直到得到等式 $m = \mu n + 1$，这是必然的。结果就是

$$a = [n, \mu, \cdots, \gamma, \beta, \alpha], \quad b = [n, \mu, \cdots, \gamma, \beta]$$

如果我们取 $x = [\mu, \cdots, \gamma, \beta]$，$y = [\mu, \cdots, \gamma, \beta, \alpha]$，当 α，β，γ，$\cdots$，μ，n 项数为偶数，我们就有 $ax = by + 1$；当 α，β，γ，$\cdots$，μ，n 项数为奇数，$ax = by - 1$。证明完毕。

28

欧拉是提出这种类型的不定方程的通解的第一人。在他的方法中，他用其他变量代替 x，y，现在这个方法大家很熟悉。拉格朗日处理这个问题的方法有些不同。正如他指出的，从连分数的理论可知，如果分数 $\dfrac{b}{a}$ 可以变换为连分数

---

〔1〕这种关系可以更加普遍地讨论，我们可能在其他情况下讨论。这里我们只给出两种对目前的探讨有用的命题：

1）$[\alpha, \beta, \gamma, \cdots, \lambda, \mu] \cdot [\beta, \gamma, \cdots, \lambda] - [\alpha, \beta, \gamma, \cdots, \lambda] \cdot [\beta, \gamma, \cdots, \lambda, \mu] = \pm 1$，其中 α，β，γ，$\cdots$，λ，μ 的项数为偶数时取 +号，项数为奇数时取 -号。

2）数的顺序可以颠倒：$[\alpha, \beta, \gamma, \cdots, \lambda, \mu] = [\mu, \lambda, \cdots, \gamma, \beta, \alpha]$。证明简单，这里略去。

$$\cfrac{1}{\alpha+\cfrac{1}{\beta+\cfrac{1}{\gamma+\cdots+\cfrac{1}{\mu+\cfrac{1}{n}}}}}$$

并且，如果把最后部分 $\frac{1}{n}$ 删去，结果就变回普通分数 $\frac{x}{y}$。当 a 和 b 互质，即 $ax=by\pm1$。而且，从两种方法可以推导出同样的算法。拉格朗日的研究出现在*Hist. Acad. Berlin*（1767）第 173 页，以及他为欧拉的《代数》法语译本所写的附录上。

29

　　模与 a 不互质的同余方程 $ax+t\equiv u$ 容易简化为上述情况。令模为 m，δ 为 a 和 m 的最大公约数。可知，满足模为 m 的同余方程的 x 的值也满足模为 δ 的同余方程（参考条目 5）。但是由于 δ 整除 a，则 $ax\equiv0\,(\mathrm{mod}\,\delta)$，因此，除非 $t\equiv u\,(\mathrm{mod}\,\delta)$，即 $t-u$ 能够被 δ 整除，否则同余方程无解。

　　现在，令 $a=\delta e$，$m=\delta f$，$t-u=\delta k$，那么 e 与 f 互质。又，$ex+k\equiv0\,(\mathrm{mod}\,f)$ 与 $\delta ex+\delta k\equiv0\,(\mathrm{mod}\,\delta f)$ 等价，即满足两者中一个的 x 值也一定满足另一个，反之亦然。因为，当 $\delta ex+\delta k$ 能够被 δf 整除时，$ex+k$ 就能够被 f 整除，反之亦然。我们在上面已经看到了怎样求解同余方程 $ex+k\equiv0\,(\mathrm{mod}\,f)$，因此可知，如果 v 是 x 的一个值，那么 $x\equiv v\,(\mathrm{mod}\,f)$ 给出了同余方程的全部解。

30

　　当模为合数时，有时运用下面的方法更加简便。

　　令模为 mn，同余方程为 $ax\equiv b$。首先，求对于模为 m 的同余方程，并

且假设 $x \equiv v \pmod{m/\delta}$ 满足方程，式中 δ 是数 m 和 a 的最大公约数，显然，满足模为 mn 的同余方程 $ax \equiv b$ 的 x 的任何值也满足模为 m 的同余方程 $ax \equiv b$，而且 x 的表达式为 $v + (m/\delta)x'$，式中 x' 是未知数，但是反过来却不对，因为不是所有的形如 $v + (m/\delta)x'$ 的数都满足模为 mn 的同余方程。确定 x' 的值，使得 $v + (m/\delta)x'$ 是同余方程 $ax \equiv b \pmod{mn}$ 的解，可以从解同余方程 $(am/\delta)x' + av \equiv b \pmod{mn}$ 或解等价的同余方程 $(a/\delta)x' \equiv (b - av)/m \pmod{n}$ 得到。那么，求解任何模为 mn 的一次同余方程可以简化为求解两个模分别为 m 和 n 的同余方程。显然，如果 n 又是两个因数的乘积，求解这个模为 n 的同余方程就在于求解模分别为 n 的两个因数的两个同余方程。总之，求解模为合数的同余方程在于求解模为这个合数的因数的同余方程。如果需要，这些因数可以取质数。

例：假如要求解 $19x \equiv 1 \pmod{140}$。首先对模为 2 求解，得到 $x \equiv 1 \pmod{2}$。令 $x = 1 + 2x'$，方程就变成 $38x' \equiv -18 \pmod{140}$ 或者等价方程 $19x' \equiv -9 \pmod{70}$。如果再次对于模为 2 求解这个方程，就有 $x' \equiv 1 \pmod{2}$，再令 $x' \equiv 1 + 2x''$，方程就变成 $38x'' \equiv -28 \pmod{70}$ 或者 $19x'' \equiv -14 \pmod{35}$。对模为 5 求解，得到 $x'' \equiv 4 \pmod{5}$。令 $x'' = 4 + 5x'''$，方程就变成 $95x''' \equiv -90 \pmod{35}$ 或 $19x''' \equiv -18 \pmod{7}$。由此解出 $x''' \equiv 2 \pmod{7}$，并且令 $x''' = 2 + 7x''''$，得到 $x = 59 + 140x''''$，因此，$x \equiv 59 \pmod{140}$ 是同余方程 $19x \equiv 1 \pmod{140}$ 的全部解。

31

等式 $ax = b$ 的根可以表示为 $\dfrac{b}{a}$，类似地，我们用 $\dfrac{b}{a}$ 表示同余方程 $ax \equiv b$ 的根，并加上同余方程的模来与等式的根相区分。例如，$\dfrac{19}{17} \pmod{12}$ 表示任何对于模 12 同余 11[1] 的数。我们前面的研究表明，当 a 和 c 的最大公

---

[1] 它同样可以表示为 $\dfrac{11}{1} \pmod{12}$。

约数不能整除 b 时，$\dfrac{b}{a}$（mod c）没有任何实际意义（或者你更愿意用这个假想的表达式）。除此之外，表达式 $\dfrac{b}{a}$（mod c）总有真实值且有无限多个。当 a 与 c 互质时，它们都和 c 同余，或者当 δ 是 c 和 a 的最大公约数时，它们都和 $\dfrac{c}{\delta}$ 同余。

人们可以对这些表达式做类似于简分数的运算。我们这里指出一些可以轻易地从前面讨论中推导出来的性质。

1. 如果对于模 c，$a \equiv \alpha$，$b \equiv \beta$，那么表达式 $\dfrac{a}{b}$（mod c）和 $\dfrac{\alpha}{\beta}$（mod c）等价。

2. $\dfrac{a\delta}{b\delta}$（mod $c\delta$）和 $\dfrac{a}{b}$（mod c）等价。

3. 当 k 和 c 互质时，$\dfrac{ak}{bk}$（mod c）和 $\dfrac{a}{b}$（mod c）等价。

我们还可以引用很多类似的定理，但是它们都很简单，对后续的讨论也不太有用，我们继续进行其他讨论。

第 3 节　对于给定模求与给定剩余同余的数的方法

32

从上面的结论，解决问题**"对于给定的模，求与给定剩余所同余的数的方法"**是很容易的，在下面的讨论中也会很有用。指定模 A，B，我们求数 z，对于模 A，B 分别与数 a，b 同余。所有 z 的值都形如 $Ax+a$，x 是未知数，而且要满足 $Ax+a \equiv b \pmod{B}$。现在如果数 A，B 的最大公约数是 δ，同余方程的完整解的形式为 $x \equiv v \pmod{B/\delta}$ 或者用等价的等式表达，$x = v + kB/\delta$，k 为任意整数。因此，公式 $Av+a+kAB/\delta$ 包括了 z 的所有值，即 $z \equiv Av+a \pmod{AB/\delta}$ 是这个问题的完整解。如果我们在模 A，B 的基础上再加一个模 C，并且对于模 C，$z \equiv c$，我们可以按照同样的方式开展，因为先前两个条件已经合并为一个。因此，如果 AB/δ 和 C 的最大公约数为 e，并且假设同余方程 $(AB/\delta)x+Av+a \equiv c \pmod{C}$ 的解为 $x \equiv w \pmod{C/e}$，那么问题的解完全可以通过同余方程 $z \equiv ABw/\delta + Av+a \pmod{ABC/\delta e}$ 得到。我们观察到 AB/δ 是 A 和 B 的最小公倍数，ABC/δ 是数 A，B 和 C 的最小公倍数，那么容易推出不论有多少个模 A，B，C，…，如果它们的最小公倍数是 M，全部的解都可以用 $z \equiv r \pmod{M}$ 来表示。但是当并非所有的辅助同余方程都可解时，我们断定这个问题存在不可解的情况。但是显然，当所有的数 A，B，C，…互质时，这种情况是不可能发生的。

例如，令数 A，B，C，a，b，c 分别为 504，35，16，17，-4，33。这里的两个条件 $z \equiv 17 \pmod{504}$ 和 $z \equiv -4 \pmod{35}$ 等价于一个条件 $z \equiv 521 \pmod{2\,520}$，加上条件 $z \equiv 33 \pmod{16}$，我们最终得到 $z \equiv 3\,041 \pmod{5\,040}$。

33

当所有数 A，B，C，…都互质，可知它们的乘积是它们的最小公倍数。在这种情况下，多个同余式 $z \equiv a \pmod{A}$，$z \equiv b \pmod{B}$，$z \equiv c \pmod{C}$ …合起来就与单个同余式 $z \equiv r \pmod{R}$ 等价，式中 R 是数 A，B，C，…的乘积。反过来，单个条件 $z \equiv r \pmod{R}$ 也可以分解为多个条件，即如果 R 以任意方式分解为互质的因数 A，B，C，…，那么条件 $z \equiv a \pmod{A}$，$z \equiv b \pmod{B}$，$z \equiv c \pmod{C}$，…就把原始条件全部涵盖。这条结论不仅提供了一个发现方程无解的快捷的方法，也是一种令人满意的、优雅的运算方式。

34

如上，令 $z \equiv a \pmod{A}$，$z \equiv b \pmod{B}$，$z \equiv c \pmod{C}$。将所有模都分解为互质的因数：A 分解为 $A'A''A'''$，…；B 分解为 $B'B''B'''$，…；使得数 A'，A''，…，B'，B''，…要么都是质数，要么都是质数幂。如果数 A，B，C，…中的任何一个数已经是质数或质数幂，则不用分解。可知，上述条件可以用下面的条件来代替：$z \equiv a \pmod{A'}$，$z \equiv a \pmod{A''}$，$z \equiv a \pmod{A'''}$，…；$z \equiv b \pmod{B'}$，$z \equiv b \pmod{B''}$，…；…。现在如果不是所有的数 A，B，C，…都互质（例如 A 和 B 非互质），显然 A，B 的所有质除数并非都各不相同。在因数 A'，A''，A'''，…中必定有一个因数在 B'，B''，B'''，…能够找到等于它，或是它的倍数，或是它的除数的因数。假设第一个可能性是 $A' = B'$。那么条件 $z \equiv a \pmod{A'}$ 和条件 $z \equiv b \pmod{B'}$ 必定相同，即 $a \equiv b \pmod{A' \text{ 或 } B'}$，因此其中一个可以忽略。但是如果 $z \equiv a \pmod{A'}$ 不成立，这个问题就无解。其次，假设 B' 是 A' 倍数，那么条件 $z \equiv a \pmod{A'}$ 就一定包含在条件 $z \equiv b \pmod{B'}$ 中，即从后者推出的 $z \equiv b \pmod{A'}$ 必须与前者相同。由此可以推出条件 $z \equiv a \pmod{A'}$ 可以忽略，

除非它与其他条件矛盾（如果这样问题便无解）。当所有多余的条件都忽略以后，因数 A'，A''，A'''，…；B'，B''，B'''，…；…中剩下的模就都是互质的。然后我们就能确定问题是否可解，并按照上文描述的方法求解。

35

例如，如果按照上文（参考条目 32），$z \equiv 17 \,(\mathrm{mod}\ 504)$，$z \equiv -4 \,(\mathrm{mod}\ 35)$ 和 $z \equiv 33 \,(\mathrm{mod}\ 16)$，那么这些条件可以分解为下面的条件：$z \equiv 17 \,(\mathrm{mod}\ 8)$，$z \equiv 17 \,(\mathrm{mod}\ 9)$，$z \equiv 17 \,(\mathrm{mod}\ 7)$，$z \equiv -4 \,(\mathrm{mod}\ 5)$，$z \equiv -4 \,(\mathrm{mod}\ 7)$，$z \equiv 33 \,(\mathrm{mod}\ 16)$。在这些条件中，$z \equiv 17 \,(\mathrm{mod}\ 8)$ 和 $z \equiv 17 \,(\mathrm{mod}\ 7)$ 可以忽略，因为前者已经包含在条件 $z \equiv 33 \,(\mathrm{mod}\ 16)$ 中，后者同于条件 $z \equiv -4 \,(\mathrm{mod}\ 7)$。还剩条件

$$z \equiv \left|\begin{array}{l} 17\ (\mathrm{mod}\ 9) \\ -4\ (\mathrm{mod}\ 5) \\ \\ -4\ (\mathrm{mod}\ 7) \\ 33\ (\mathrm{mod}\ 16) \end{array}\right.$$

并且从这些条件我们有 $z \equiv 3\,041 \,(\mathrm{mod}\ 5\,040)$。显然，通常这样做会比较方便：把从同一个条件推导出的剩下的条件分别重新组合：例如，当条件 $z \equiv a \,(\mathrm{mod}\ A')$，$z \equiv a \,(\mathrm{mod}\ A'')$，…中的一些被去掉之后，剩下的全部条件可以用 $z \equiv a$ 取代，它的模是 A'，A''，A'''，…中所有剩下的模的乘积。因此，在我们的例子中，条件 $z \equiv -4 \,(\mathrm{mod}\ 5)$，$z \equiv -4 \,(\mathrm{mod}\ 7)$ 都被条件 $z \equiv -4 \,(\mathrm{mod}\ 35)$ 所取代。进一步可知，就简化计算来说，去掉多余的条件并不是无关紧要的。但是，讨论这些内容或其他具体的技巧并不是我们的目的，这些方法的学习通过自己实践比听他人讲述更加容易。

36

当所有的模 A，B，C，D，…都彼此互质，通常采用下面的方法更好。确定一个数 α，它对于模 A 同余于1，而对于剩余所有模的乘积同余为 0，即 α 是 $BCD\cdots$ 乘以表达式 $1/BCD\cdots$（$\bmod A$）的一个值（优先选取最小值）（参考条目 32）。类似地，令 $\beta \equiv 1$（$\bmod B$）及 $\beta \equiv 0$（$\bmod ACD\cdots$），$\gamma \equiv 1$（$\bmod C$）及 $\gamma \equiv 0$（$\bmod ABD\cdots$），…。因此，如果我们求 z 使得它对于模 A，B，C，D，…分别同余于 a，b，c，d，…，我们可以取

$$z \equiv \alpha a + \beta b\, \gamma c + \delta d + \cdots (\bmod ABCD\cdots)$$

因为，显然 $\alpha a \equiv a$（$\bmod A$）且剩下所有的数 βb，γc，δd，…都对于模 A 同余为 0，所以 $z \equiv a$（$\bmod A$）。对于其他的模可以做类似证明。当我们解几个同样类型的问题，它们中的所有的模 A，B，C，…的值保持不变，那么这种解法要优于前一种解法，因为 α，β，γ，…取同样的值。在年代学中有这样的问题：给定某年的小纪，黄金数以及太阳活动周，确定它的儒略年份。在这里可以取 $A=15$，$B=19$，$C=28$；因为表达式 $1/(19 \times 28)$（$\bmod 15$）或 $1/532$（$\bmod 15$）的值是 13，所以 $\alpha = 6\,916$，按照同样的方法可得 $\beta = 4\,200$ 和 $\gamma = 4\,845$。因此，我们要求的数是 $6\,916a + 4\,200b + 4\,845c$ 的最小剩余，其中 a 是小纪，b 是黄金数，c 是太阳活动周。

第 4 节　多元线性同余方程组

37

　　关于一元一次同余方程我们已经阐述得比较充分，下面讨论多元同余方程组。如果我们完整地讨论每一项内容，本章就会没完没了地继续下去。因此，我们建议只讨论值得我们注意的一些问题，并且只探讨这些问题的某几个方面，以后有机会再充分讨论。

　　1. 如同求解方程组一样，同余方程的个数必须和待求未知数的个数相同。

　　2. 因此，我们提出同余方程组

$$ax+by+cz\cdots \equiv f \pmod{m} \tag{A}$$

$$a'x+b'y+c'z\cdots \equiv f' \pmod{m} \tag{A'}$$

$$a''x+b''y+c''z\cdots \equiv f' \pmod{m} \tag{A''}$$

方程组中方程的个数与未知数 x，y，z，…的个数是一样的。

　　现在我们确定数 ξ，ξ'，ξ''，…，使得

$$b\xi+b'\xi'+b''\xi''+\cdots=0$$

$$c\xi+c'\xi'+c''\xi''+\cdots=0$$

并且，所有这些数都是整数，没有公约数。显然，从线性方程理论可知这是可能的。类似地，我们确定数 v，v'，v''，…；ζ，ζ'，ζ''，…；…，使得

$$av+a'v'+a''v''+\cdots=0$$

$$cv+c'v'+c''v''+\cdots=0$$

$$a\zeta+a'\zeta'+a''\zeta''+\cdots=0$$

$$b\zeta+b'\zeta'+b''\zeta''+\cdots=0$$

　　3. 显然，如果同余方程 A，A'，A''，…，乘以 ξ，ξ'，ξ''，…，然后乘以 v，v'，v''，…；…然后相加，我们就得到如下的同余方程组

$$(a\xi + a'\xi' + a''\xi'' + \cdots)\, x \equiv f\xi + f'\xi' + f''\xi'' + \cdots$$

$$(bv + b'v' + b''v'' + \cdots)\, y \equiv fv + f'v' + f''v'' + \cdots$$

$$(c\zeta + c'\zeta' + c''\zeta'' + \cdots)\, z \equiv f\zeta + f'\zeta' + f''\zeta'' + \cdots$$

为了简便，我们按如下形式记录

$\Sigma\, (a\xi)\, x \equiv \Sigma\, (f\xi)$ ，$\Sigma\, (bv)\, y \equiv \Sigma\, (fv)$ ，$\Sigma\, (c\zeta)\, z \equiv \Sigma\, (f\zeta)$ ，$\cdots$

4. 不同的情况必须区分清楚。

首先，当所有系数 $\Sigma\, (a\xi)$ ，$\Sigma\, (bv)$ ，$\Sigma\, (c\zeta)$ ，$\cdots$ 都和同余方程的模 m 互质时，我们可以按照已经总结的结论求解，完整解可以通过同余式 $x \equiv p\, (\bmod\, m)$ ，$y \equiv q\, (\bmod\, m)$ ，$\cdots$ 给出。[1]

例如，给定同余方程组

$$x + 3y + z \equiv 1, \quad 4x + y + 5z \equiv 7, \quad 2x + y + z \equiv 3\, (\bmod\, 8)$$

我们求得 $\xi = 9$ ，$\xi' = 1$ ，$\xi'' = -14$ ，所以有 $-15x \equiv -26$ 和 $x \equiv 6\, (\bmod\, 8)$ 。同理求得 $15y \equiv -4$ ，$15z \equiv 1$ ，所以有 $y \equiv 4$ ，$z \equiv 7\, (\bmod\, 8)$ 。

5. 其次，当并非所有系数 $\Sigma\, (a\xi)$ ，$\Sigma\, (bv)$ ，$\Sigma\, (c\zeta)$ ，$\cdots$ 都与模互质时，令 α ，β ，γ ，$\cdots$ ，分别为模 m 和 $\Sigma\, (a\xi)$ ，$\Sigma\, (bv)$ ，$\Sigma\, (c\zeta)$ ，$\cdots$ 的最大公约数。可知除非这些数能够分别整除 $\Sigma\, (f\xi)$ ，$\Sigma\, (fv)$ ，$\Sigma\, (f\zeta)$ ，否则这个问题是无解的。但是，如果这些条件得到满足，则第 3 部分中的同余方程可以由下列形如 $x \equiv p\, (\bmod\, m/\alpha)$ ，$y \equiv q\, (\bmod\, m/\beta)$ ，$z \equiv r\, (\bmod\, m/\gamma)$ ，$\cdots$ 的同余式完全解出；或者，也可以这样表达，有 α 个不同的 x 的值 [与 m 不同余，例如 p ，$p + m/\alpha$ ，$\cdots$ ，$p + (\alpha - 1)\, m/\alpha$] ，$\beta$ 个不同的 y 的值，$\cdots$ 满足这个同余方程组；显然，所给的这组同余方程的所有解（如果有解）将在它们中求得。但是，这个结论不可逆，因为，一般地，不是 x 的所有值，y 的所有值，z 的所有值，$\cdots$ 的全部组合都给出了问题的解，而

---

[1] 这条结论需要证明，但我们这里没有给出。从我们的分析只能得出未知数 x ，y ，$\cdots$ ，的其他值一定不能解这个同余方程组，但我们并没有证明这些值能够满足方程，因为这组方程可能是无解的。在处理线性方程组时也常出现类似错误。

只是它们中的某些满足了一个或更多的限制性同余条件的组合给出了问题的解。但是，因为下面的讨论并不需要这个问题的所有解，我们将不做进一步讨论，这里只举一个例子来演示一下。

给定这个同余方程组

$$3x + 5y + z \equiv 4, \quad 2x + 3y + 2z \equiv 7, \quad 5x + y + 3z \equiv 6 \ (\text{mod } 12)$$

这里 ξ, ξ', ξ''; v, v', v''; ζ, ζ', ζ'' 分别等于 1，-2，1；1，1，-1；-13，22，-1。由此可得 $4x \equiv -4$，$7y \equiv 5$，$28z \equiv 96$。由此我们可以得出 x 有 4 个值，即 $x \equiv 2$，5，8，11；y 有 1 个值，即 $y \equiv 11$；z 有 4 个值，即 $z \equiv 0$，3，6，9 $(\text{mod } 12)$。为了知道 x 的值和 z 的值的哪些组合可以使用，我们在所给的这组同余方程中用 $2 + 3t$，11，$3u$ 分别替代 x，y，z，同余方程组变成

$$57 + 9t + 3u \equiv 0, \quad 30 + 6t + 6u \equiv 0, \quad 15 + 15t + 9u \equiv 0 \ (\text{mod } 12)$$

它们等价于

$$19 + 3t + u \equiv 0, \quad 10 + 2t + 2u \equiv 0, \quad 5 + 5t + 3u \equiv 0 \ (\text{mod } 4)$$

由于其中的第一式应有 $u \equiv t + 1 \ (\text{mod } 4)$，当把这个值代入其他 2 个同余方程，也能满足这 2 个同余方程。我们总结，x 的值 2，5，8，11（分别令 $t \equiv 0$，1，2，3 得到）必须分别与 $z \equiv 3$，6，9，0 结合，我们一共可以得到 4 组解

$$x \equiv 2, \ 5, \ 8, \ 11 \ (\text{mod } 12)$$
$$y \equiv 11, \ 11, \ 11, \ 11 \ (\text{mod } 12)$$
$$z \equiv 3, \ 6, \ 9, \ 0 \ (\text{mod } 12)$$

那么我们就结束了本章的讨论内容。不过我们还要补充几条根据相似的原理得出的定理，这些定理我们以后经常要用到。

第 5 节 一些定理

38

问题

求小于给定正数 A，且与 A 互质的正数的个数。

为了简便，我们在给定的数前面加上前缀 φ 来表示与之互质且小于它的正数的个数。因此，我们求 φA。

1. 当 A 为质数，显然所有从 1 到 $A-1$ 的数都与 A 互质，那么在这种情况下

$$\varphi A = A - 1$$

2. 当 A 是质数幂，例如 $A = p^m$，所有能被 p 整除的数都与 A 不互质，但是其他的数都与 A 互质。所以在 $p^m - 1$ 个数中，必须摒弃这些数：p，$2p$，$3p$ $\cdots$ $(p^{m-1} - 1)p$。因此剩下的数有 $p^m - 1 - (p^{m-1} - 1)$ 个，即 $p^{m-1}(p-1)$ 个。则

$$\varphi A = p^{m-1}(p-1)$$

3. 剩下的情况可以通过以下定理简化为前两种情况：如果 A 分解为互质的因数 M，N，P，$\cdots$，则

$$\varphi A = \varphi M \cdot \varphi N \cdot \varphi P \cdots$$

为证明之，令与 M 互质且小于 M 的数为 m，m'，m''，$\cdots$，所以它们的个数为 φM。类似地，令分别与 N，P，$\cdots$ 互质且小于 N，P，$\cdots$ 的数为 n，n'，n''，$\cdots$；p，p'，p''，$\cdots$；$\cdots$，所以每组数的个数分别为 φN，φP，$\cdots$，显然，所有与乘积 A 互质的数一定分别对于单独的因数 M，N，P，$\cdots$ 互质，并且反之亦然（参见条目 19）；而且，所有对于模 M 与 m，m'，m''，$\cdots$ 中的任何一个数同余的数都与 M 互质，并且反之亦然。对于 N，P，$\cdots$ 也有类似的结论。那么问题就可以简化如下：确定有多少小于 A 的，且对于模 M 与 m，m'，m''，$\cdots$ 中的其中一个数同余，且对于模 N 与 n，n'，n''，$\cdots$ 中的其中一个数同余，$\cdots$。但是从条目 32 条可知，对于模 M，N，P，$\cdots$ 中的

每一个都有给定剩余的所有的数一定是对它们的乘积 A 同余的。因此，小于 A 且对于模 M，N，P，…都有给定剩余的数有且只有一个。因此，我们要求的个数就等于 m，m'，m''，…的各个值，n，n'，n''，…的各个值，p，p'，p''，…的全部组合个数。从组合理论，组合的个数为

$$\varphi A = \varphi a^{\alpha} \cdot \varphi b^{\beta} \cdot \varphi c^{\gamma} \cdots = a^{\alpha-1}(a-1) b^{\beta-1}(b-1) c^{\gamma-1}(c-1)\cdots,$$

或者，更优雅地表示为

$$\varphi A = A \cdot \frac{a-1}{a} \cdot \frac{b-1}{b} \cdot \frac{c-1}{c} \cdots$$

例：令 $A = 60 = 2^2 \times 3 \times 5$，那么 $\varphi A = (1/2) \times (2/3) \times (4/5) \times 60 = 16$。与 60 互质的数有 1，7，11，13，17，19，23，29，31，37，41，43，47，49，53，59。

这个问题的第一个解法出现在欧拉的论文 *Theorema arithmetica nova methodo demonstrata* 中。这个解法在另一篇名为 *Speculationes circa quasdam insignes proprietates numerorum* 的论文中重复出现。

39

如果我们把函数 φ 定义为：φA 表示不大于 A 且与 A 互质的数的个数。显然，$\varphi 1$ 不等于 0，而等于 1。在其他情况下没有任何变化。采用这个定义后，我们得到如下定理

如果 a，a'，a''，…都是 A 的因数（包括 1 和 A），那么 $\varphi a + \varphi a' + \varphi a'' + \cdots = A$。

例：令 $A = 30$，那么 $\varphi 1 + \varphi 2 + \varphi 3 + \varphi 5 + \varphi 6 + \varphi 10 + \varphi 15 + \varphi 30 = 1 + 1 + 2 + 4 + 2 + 4 + 8 + 8 = 30$。

证明

将所有与 a 互质且不大于 a 的数乘以 A/a；同样地，将所有与 a' 互质且不大于 a' 的数乘以 $A/a'\cdots$，我们就会得到（$\varphi a + \varphi a' + \varphi a'' + \cdots$）个都不大于 A 的数。但是：

1. 所有这些数都不相等。因为显然由同一个除数 A 所生成的数都不相等。现在如果由两个不同的除数 M 和 N 以及两个与 M 和 N 互质的数 μ 和 ν 得出两个相等的数，即，如果 $(A/M)\mu = (A/N)\nu$，就有 $\mu N = \nu M$。假设 $M > N$，因为 M 与 μ 互质，又因为 M 可以整除 μN，所以 M 必须整除 N，那么一个较大的数就整除一个较小的数，这是不可能的。

2. 所有的数 1，2，3，$\cdots A$，都包含在这些数中。令 t 为不大于 A 的任意正整数，δ 是 A 和 t 的最大公约数。那么 A/δ 就是 A 的除数且与 t/δ 互质。显然，这个数 t 可以在由除数 A/δ 生成的数中找到。

3. 由此可以推出这些数的个数为 A，所以

$$\varphi a + \varphi a' + \varphi a'' + \cdots = A$$

证明完毕。

40

令数 A，B，C，D，$\cdots$的最大公约数为 μ。我们总是可以确定数 a，b，c，d，$\cdots$，使得：$aA + bB + cC + \cdots = \mu$。

证明

首先只考虑两个数 A 和 B，并且令它们的最大公约数为 λ。那么同余方程 $Ax \equiv \lambda (\mathrm{mod}\, B)$ 是可解的（参考条目30）。令同余方程的根 $x \equiv \alpha$，$(\lambda - A\alpha)/B = \beta$。那么我们可以得到 $\alpha A + \beta B = \lambda$。

如果有第三个数 C，令 λ' 是 λ 和 C 的最大公约数，并且确定数 k，γ 使得 $k\lambda + \gamma C = \lambda'$，那么 $k\alpha A + k\beta B + \gamma C = \lambda'$。

显然，λ' 是数 A，B，C 的公约数，实际上是它们的最大公约数，因为如果有更大的公约数 θ，我们就能得到 $k\alpha \dfrac{A}{\theta} + k\beta \dfrac{B}{\theta} + \gamma \dfrac{C}{\theta} = \dfrac{\lambda'}{\theta}$ 是整数，这是不可能的。

所以我们令 $k\alpha = a$，$k\beta = b$，$\gamma = c$，$\lambda' = \mu$ 就完成了证明。

如果有更多的数，我们可用同样的方式展开。并且，如果数 A，B，C，

D，…没有公约数，显然我们能得到 $aA+bB+cC+\cdots=1$。

41

如果 p 是质数且我们有 p 个元素，其中可以有任意多个元素相同，但不能全部相同，那么这些元素的所有不同的排列个数可以被 p 整除。

例：5 个元素 A，A，A，B，B 可以以 10 种不同的方式排列。

这个定理的证明可以轻松地从大家熟悉的排列理论推导出。因为，如果在这些元素中有 a 个元素是 A，b 个元素是 B，c 个元素是 C，…（数 a，b，c，…中的任何数均可为1），那么 $a+b+c+\cdots=p$。并且排列的个数将会是

$$\frac{1\times2\times3\times\cdots\times p}{1\times2\times3\times\cdots\times a\times1\times2\times3\times\cdots\times b\times1\times2\times3\times\cdots\times c\times\cdots}$$

现在可知此分数的分子可以被分母整除，因为排列数必须是整数。但是，分子能被 p 整除，然而由小于 p 的因数构成的分母不能被 p 整除（参考条目15）。因此，排列数可以被 p 整除（参考条目19）。

但是我希望仍会有些读者欢迎下面的证明。

考虑相同元素的两种排列。假设元素的顺序的区别仅在于一个排列中第 1 个元素出现在另一个排列的不同的位置上，而其余所有元素仍按照相同的顺序排列在它前后两边。进一步假设，如果我们考虑一个排列中的第 1 个和最后 1 个元素，看到这两个元素在另外一个排列中第 1 个元素紧随着最后 1 个元素出现，这两种排列我们称之为**相似排列**。[1] 因此，在我们的例子中，排列 $ABAAB$ 和 $ABABA$ 是相似排列，因为，在前一个排列中位于第 1，第 2，…的位置的元素，在后一个排列中占据了第 3，第 4，…的位置，所以

---

〔1〕如果把相似排列设想为表示在一个圆周上，使得最后一个元素与第一个元素相连，那么这些排列就完全一样了，因为在圆周上没有什么位置可以成为第一个或者最后一个。

它们是按照相同的接替顺序排列。现在因为任意排列包含 p 个元素，明显我们能够找到 $p-1$ 个排列与其相似，只需将第 1 个排列中的第 1 的位置的元素向后移到第 2，第 3，…的位置。显然，如果这些排列都不相同，排列数可以被 p 整除，因为排列数是所有不相似的排列的 p 次整数倍。假设我们有两组排列 $PQ\cdots TV\cdots YZ$；$V\cdots YZPQ\cdots T$，其中一组是通过另一组的元素向前移动得出的。进一步假设两组排列是相同的，即 $P=V$，…，令前一组排列中排第 1 位的元素 P 在后一组排列中为第 $n+1$ 个。那么在后一组排列中第 $n+1$ 个元素就与前一个排列中的第 1 个元素相等，第 $n+2$ 个元素就与第 2 个相等，第 $2n+1$ 个就与第 1 个相等，第 $3n+1$ 个就与第 1 个相等，…。一般地，后一个排列的第 $kn+m$ 个元素等于前一个排列的第 m 个元素（前提是当 $kn+m$ 大于 p，我们或者考虑排列 $V\cdots YZPQ\cdots T$ 是不断地从头开始重复，或者可以把它看作从 $kn+m$ 中减去小于它且数值上是最接近它的 p 的倍数之差）。因此，如果确定数 k 使得 $kn \equiv 1 \pmod p$，这是可以做到的。因为 p 是质数，那么一般可以得到第 m 个元素与第 $m+1$ 元素相同，或每一项都与后一项相同，即，所有元素都相同，这与假设矛盾。

42

如果两个函数形如

$$x^m + Ax^{m-1} + Bx^{m-2} + Cx^{m-3} + \cdots + N \qquad (P)$$

$$x^\mu + ax^{\mu-1} + bx^{\mu-2} + cx^{\mu-3} + \cdots + n \qquad (Q)$$

它们的系数 A，B，C，$\cdots N$；a，b，c，$\cdots n$ 都是有理数但不都是整数，并且如果（P）和（Q）的乘积为 $x^{m+\mu} + \mathfrak{A}x^{m+\mu-1} + \mathfrak{B}x^{m+\mu-2} + \cdots + \mathfrak{Z}$，

那么，不是所有的系数 $\mathfrak{A}$，$\mathfrak{B}$，$\cdots$，$\mathfrak{Z}$ 都能为整数。

证明

将所有系数 A，B，$\cdots$，a，b，$\cdots$用最简分数表示，任意选择一个质数 p，它整除这些分数中的一个或多个分母。假定 p 能够整除（P）中一个分数

系数的分母，如果我们用（Q）除以 p，可知在（Q）$/p$ 中至少有一个分数系数的分母以 p 作为它的因数（例如，第一项的系数 $1/p$）。不难看出，在（P）中总是有一项的分数系数的分母含有的 p 的方幂大于所有在它前面的分数系数的分母所含有的 p 的方幂，且不小于所有在它后面的项的分数系数的分母所含有的 p 的方幂。令这一项为 Gx^g，并且令 G 的分母中 p 的方幂等于 t。在（Q）$/p$ 中可以找到相似的一项。令这一项为 Γx^y，并且令 Γ 的分母中 p 的方幂等于 τ。显然，$t+\tau$ 的值至少等于2。现在我们证明在（P）和（Q）的乘积中的项 x^{g+y} 的系数是分数，分母含 p 的 $t+\tau-1$ 次幂。

令（P）中在 Gx^g 前面的项分别为 $'Gx^{g+1}$，$''Gx^{g+2}$，$\cdots$，在 Gx^g 后面的项分别为 $G'x^{g-1}$，$G''x^{g-2}$，$\cdots$；类似地，令 Γx^y 前面的项为 $'\Gamma x^{y+1}$，$''\Gamma x^{y+2}$，$\cdots$，在 Γx^y 后面的项为 $\Gamma'x^{y-1}$，$\Gamma''x^{y-2}$，$\cdots$。显然，在（P）和（Q）$/p$ 的乘积中，项 x^{g+y} 的系数为 $G\Gamma+'G\Gamma+''G\Gamma''+\cdots+'\Gamma G'+''\Gamma G''+\cdots$

项 $G\Gamma$ 是一个分数，如果用最简分数的形式表达，它的分母中会含有 p 的 $t+\tau$ 次幂。如果其他任意一项为分数，那么，它的最简形式中的分母一定只能含有较低次的 p 的幂。因为，这些分母中的每一项都是两个因数的乘积，而这两个因数，要么是其中的一个含有的 p 的方幂不大于 t，而另一个含有的 p 的方幂则小于 τ；要么是其中的一个含有的 p 的方幂不大于 τ，而另一个含有的 p 的方幂则小于 t。因此，$G\Gamma$ 可表示为 $e/(fp^{t+\tau})$，而其他所有的项都可以表示为 $e'/(f'p^{t+\tau-\delta})$，式中 δ 是正数，e，f，f' 都不含因数 p，这些项的和式为

$$(ef'+e'fp^\delta)/(ff'p^{t+\tau})$$

它的分子不能被 p 整除，所以这个分数不可能经过简化使其分母所含的 p 的方幂比 $t+\tau$ 低。因此，在（P）和（Q）的乘积中，项 x^{g+y} 的系数为

$$(ef'+e'fp^\delta)/(ff'p^{t+\tau-1})$$

即，这是一个分母含有 p 的 $t+\tau-1$ 次幂的分数。 证明完毕。

43

　　m 次同余方程 $Ax^m + Bx^{m-1} + Cx^{m-2} + \cdots + Mx + N \equiv 0$，它的模是不能整除 A 的质数 p，不能有多于 m 种不同的解法，即，它不能有多于 m 个对于 p 不同余的根（参考条目 25 和 26）。

　　假如这条定理不成立，那么我们就有不同次数 m，n，…的同余方程分别有多于 m，n，…个根。设其中最低的次数是 m，那么所有类似的较低次的同余方程都符合我们的定理。因为我们已经讨论过一次同余方程（参考条目 26），这里的 m 会大于或等于 2。令同余方程

$$Ax^m + Bx^{m-1} + Cx^{m-2} + \cdots + Mx + N \equiv 0$$

至少有 $m+1$ 个根 $x = \alpha$，$x = \beta$，$x = \gamma$，…。我们假定（这是合理的）所有的数 α，β，γ，…都是正的且小于 p，并且 α 是其中最小的。现在在这个同余方程中令 $y + \alpha$ 替换 x，结果就是

$$A'y^m + B'y^{m-1} + C'y^{m-2} + \cdots + M'y + N' \equiv 0$$

显然，如果 $y \equiv 0$，$y \equiv \beta - \alpha$ 或 $y \equiv \gamma - \alpha$，…都能满足同余方程，那么，所有这些根都各不相同，它们的个数为 $m+1$。但是因为 $y \equiv 0$ 是方程的根，N' 能够被 p 整除。因此，m 个值 $\beta - \alpha$，$\gamma - \alpha$，…中的每一个都将满足同余方程

$$y\left(A'y^{m-1} + B'y^{m-2} + \cdots + M'\right) \equiv 0 \, (\mathrm{mod}\, p)$$

由于这 m 个值都大于 0 小于 p，所以它们也都将满足

$$A'y^{m-1} + B'y^{m-2} + \cdots + M' \equiv 0 \, (\mathrm{mod}\ p) \, （参考条目 22）$$

即 $m-1$ 次同余方程有 m 个根。而这与我们的定理矛盾（显然 $A' = A$，所以满足不能被 p 整除的要求），因为，我们已经假定对所有次数小于 m 的这样的同余方程定理是成立的。

44

　　我们这里假定模 p 不能整除最高次项的系数，但定理并不限于这种情况。因为，如果首项系数，或者还有其他项的系数被 p 整除，可以安全地忽略这些项，原先的同余方程简化为较低次的同余方程，除非这个同余方程的全部原系数均被 p 整除，否则首项系数将不被 p 整除，这同余方程就将是一个恒等的同余式，其未知数的值则完全不确定。

　　这个定理首先由拉格朗日提出和证明（*Hist. Acad. Berlin*，1768，第 192 页）。此定理也出现在勒让德的论文 *Recherches d，Analyse indeterminée* 中。在 *Novi comm. Acad. Petrop* 中，欧拉证明了同余方程 $x^n - 1 \equiv 0$ 不存在多于 n 的不同的根。尽管这只是一种特例，但这位著名数学家使用的方法可以很容易应用于所有同余方程。他之前在 *Novi comm. acad. Petrop.* 上解决了一个更加特殊的情形，但这种方法不能应用于一般情形。在第 8 章 [1]，我们会演示证明这则定理的另一种方法。尽管乍一看来这些方法似乎不同，想要对这些方法做比较的专家会发现它们的原理都是一样的；但是，因为这则定理在这里仅仅是作为一个引理来讨论，并且对其完整阐述与本章的关系不大，因此我们不会停下来专门讨论合数模。

---

〔1〕第 8 章没有发表。

第 3 章　幂剩余

（第 45 ~ 93 条）

第1节　首项为1的几何数列各项的剩余构成周期序列

45

定理

在任何几何数列 1，a，a^2，a^3，……中，除了首项 1 之外，还有另外一项 a^t 对于与 a 互质的模 p 同余于 1，且指数 $t < p$。

证明

因为模 p 是与 a 互质的数，因此模 p 与 a 的任何次幂都互质，此数列中没有一项被 p 整除，但是每一项将同余于数 1，2，3，$\cdots$，$p-1$ 中的一个。因为这些数的个数是 $p-1$，显然，如果我们考虑这个数列的项数比 $p-1$ 多时，它们的最小剩余不会完全不同。所以，在项 1，a，a^2，a^3，$\cdots$，a^{p-1} 中，至少可以找到两项彼此同余。因此令 $a^m \equiv a^n$，且 m 大于 n。两边除以 a^n，我们得到 $a^{m-n} \equiv 1$（参考条目 22），这里 $0 < m-n < p$。证明完毕。

例：在数列 2，4，8，$\cdots$ 中，对于模 13 同余于 1 的第一项是 $2^{12} = 4\,096$。但是还在这个数列中，对于模 23，我们有 $2^{11} = 2\,048 \equiv 1$。类似地，数 5 的 6 次幂 15\,625 对于模 7 同余于 1，而对模 11 则是 3\,125，即数 5 的 5 次幂。因此在一些情况下指数小于 $p-1$ 的方幂就已经同余于 1，但是在其他情况下必须达到 $p-1$ 次幂。

46

当继续考察此数列中同余于 1 的项后面的项时，则从开始起的同样的那些余数将会再次出现。因此，如果 $a^t \equiv 1$，则有 $a^{t+1} \equiv a$，$a^{t+2} \equiv a^2$，…，直到项 a^{2t}，它的最小剩余又是 1，并且剩余的周期重新开始。因此形成由 t 个剩余构成的周期，一个周期结束之后就会从第 1 项重复开始；除出现在周期里的项之外，任何其他项都不可能出现在整个数列中。一般地，我们有 $a^{mt} \equiv 1$ 和 $a^{mt+n} \equiv a^n$。根据我们的符号可以用下式表达：如果 $r \equiv \rho \pmod{t}$，那么 $a^r \equiv a^\rho \pmod{p}$。

47

这则定理帮助我们求得不论指数多大的方幂的剩余，只要我们找到了同余于 1 的方幂。例如，如果我们要求 $3^{1\,000}$ 被 13 去除后所得的剩余，因为 $3^3 \equiv 1 \pmod{13}$ 得出 $t \equiv 3$；所以从 $1\,000 \equiv 1 \pmod{3}$，得出 $3^{1\,000} \equiv 3 \pmod{13}$。

48

当 a^t 是同余于 1 的最小次幂（除了 $a^0 = 1$，这种情况我们不在这里考虑），构成剩余周期的所有的 t 项都是彼此不同的，这一点从条目 45 的证明可知。在这种情况下，条目 46 的逆定理也成立：如果 $a^m \equiv a^n \pmod{p}$，我们有 $m \equiv n \pmod{t}$。因为如果 m，n 对于模 t 不同余，那么它们的最小剩余 μ，v 就不同。但是，如果 $a^\mu \equiv a^m$，$a^v \equiv a^n$，则 $a^\mu \equiv a^v$，即并非所有小于 a^t 的方幂都不同余，这与我们的假设矛盾。

因此，如果 $a^k \equiv 1 \pmod{p}$，那么 $k \equiv 0 \pmod{t}$，即 k 可以被 t 整除。

到目前为止，我们仅讨论了与 a 互质的任意模；现在我们专门讨论质数模，在此基础上我们做更一般的研究。

第 2 节　对于模 p（质数），数列周期的项数是数 $p-1$ 的因数

49

定理

如果 p 是不能整除 a 的质数，那么对于模 p 同余于 1 的 a 的最小次幂 a^t，指数 t 要么等于 $p-1$，要么是 $p-1$ 的因数。

参考条目 45 中的例子。

证明

我们已经看到，t 要么等于 $p-1$ 要么小于 $p-1$，那么，剩下的只要证明在后一种情况下 t 总是 $p-1$ 的因数。

1. 取所有项 1，a，a^2，$\cdots$，a^{t-1} 的最小正剩余，并记作 α，α'，α''，$\cdots$。因此 $\alpha \equiv 1$，$\alpha' \equiv a$，$\alpha'' \equiv a^2$，$\cdots$。显然，所有这些剩余都互不相同，因为如果两项 a^m，a^n 有相同的剩余，我们就会有（假设 $m>n$）$a^{m-n} \equiv 1$，而 $m-n<1$，这是不可能的。因为根据假设，比 a^t 小的任何方幂都不同余于1。而且，所有的数，α，α'，α''，$\cdots$ 都属于数列 1，2，3，$\cdots$，$p-1$，但并没有将数列中全部的数取尽，因为 $t<p-1$。令 (A) 表示所有数，α，α'，α''，$\cdots$ 的整体。因此 (A) 一共有 t 项。

2. 从 1，2，3，$\cdots p-1$ 中任取一个不属于 (A) 的数 β，以之乘以所有的数 α，α'，α''，$\cdots$，并以 β，β'，β''，$\cdots$ 表示这些乘积的最小剩余，它们的个数也等于 t。所有这些剩余不仅本身是互不相同的，而且也和所有的数 α，α'，α''，$\cdots$ 是互不相同的。如果前一个结论不成立，我们就有 $\beta a^m \equiv \beta a^n$，两边除以 β，有 $a^m \equiv a^n$，这和我们已经证明的矛盾。如果后一个结论不成立，我们有 $\beta a^m \equiv a^n$；因此当 $m<n$，$\beta \equiv a^{n-m}$（β 与 α，α'，α'' 其中一个

数同余，与假设矛盾）。如果最后 $m > n$，两边同时乘以 a^{t-m}，我们有 $\beta a^t \equiv a^{t+n-m}$，或者因为 $a^t \equiv 1$，$\beta \equiv a^{t+n-m}$，这同样是荒谬的。令 (B) 表示所有数 β，β''，β''，…的整体，它的项数为 t。所以我们现在从 1，2，3，…，$p-1$ 已经有了 $2t$ 个数。并且，如果 (A) 和 (B) 包含了所有这些数，那么 $(p-1)/2 = t$，从而定理得到证明。

　　3. 但是如果有些数遗漏了，令其中一个数为 γ。将所有的数 α，α'，α''，…乘以 γ，令这些乘积的最小剩余为 γ，γ'，γ''，…，并把这些最小剩余的整体用 (C) 表示。因此，(C) 就有 t 个互不相同的数 1，2，3，…，$p-1$，它们与 (A) 和 (B) 中的数也各不相同。前两个结论可以用第 2 部分中的同样的方法来证明。对于第 3 个结论，如果我们有 $\gamma a^m \equiv \beta a^n$，则 $\gamma \equiv \beta a^{n-m}$ 或者 $\gamma \equiv \beta a^{t+n-m}$，分别对应于 $m < n$ 或者 $m > n$。在这两种情况下，γ 都与 (B) 中的一个数同余，这与假设矛盾。所以我们有数列 1，2，3，…，$p-1$ 中的 $3t$ 个数，如果不再有数遗漏，则有 $t = (p-1)/3$，定理得证。

　　4. 但是如果还有数遗漏，我们进一步构造第 4 组数的整体 (D)。可知因为数 1，2，3，…$p-1$ 是有限的，最终会被取完。所以数 $p-1$ 是 t 的倍数，t 是数 $p-1$ 的因数。证明完毕。

第 3 节 　费马定理

50

因为 $\dfrac{p-1}{t}$ 是整数，可以通过在同余式 $a^t \equiv 1$ 两边自乘 $\dfrac{p-1}{t}$ 次，得出 $a^{p-1} \equiv 1$，或者说，**当 p 是不整除 a 的质数时，$a^{p-1}-1$ 总被 p 整除**。

这则定理因为它的优美和实用性而值得注意。它通常被称为费马定理——名称来自于发现它的人（见费马所著 *Opera Mathem*，第 163 页）。虽然他说已经找到了证明方法，他并没有给出证明。欧拉率先在他的论文 *Theorematum quorundam ad numeros primos spectantium demonstratio* 中发表了证明。证明是基于展开 $(a+1)^p$，从展开式的系数的形式很容易发现 $(a+1)^p-a^p-1$ 总是可以被 p 整除，因此，只要 a^p-a 可以被 p 整除，那么 $(a+1)^p-(a+1)$ 也一定可以被 p 整除。那么，因为 1^p-1 总是可以被 p 整除，2^p-2 也是如此，3^p-3 也是如此，以此类推，a^p-a 也是如此。并且如果 p 不能整除 a，$a^{p-1}-1$ 将能够被 p 整除。著名的兰伯特在 *Nova acta erudit* 第 109 页给出了类似的证明。但是，因为展开二项式的方幂的方法看起来不符合数论的风格，欧拉在 *Novicomm. acad. Petrop* 上给出了另外一种证明，完全符合我们在上一条中的证明。我们后面还会再给出一种证明。这里我们将根据类似欧拉第一个证明的原理，补充另一个推论。下面的定理对其他研究也将会是有用的，而费马定理只是它的一种特殊情况。

51

如果 p 是质数，那么多项式 $a+b+c+\cdots$ 的 p 次幂对于模 p 同余于表达式 $a^p+b^p+c^p+\cdots$。

证明

显然，多项式 $a+b+c+\cdots$ 的 p 次幂是由形如 $xa^\alpha b^\beta c^\gamma\cdots$ 的数组成，其中 $\alpha+\beta+\gamma+\cdots=p$ 并且 x 是 p 个元素（它们是 a，b，c，$\cdots$ 分别出现 α 次，β 次，γ 次，$\cdots$）的不同的排列的个数。但是在条目 41 我们已经证明，除非所有的这 p 个元素都相同——数 α，β，γ，$\cdots$ 中的某一个数等于 p，并且其余所有的数等于 0 ——否则数 x 一定总是被 p 整除。由此可以推出 $(a+b+c+\cdots)^p$ 中的所有的项，除 a^p，b^p，c^p，$\cdots$ 之外，都可以被 p 整除；并且当我们处理一个对于模为 p 的同余式时，我们总是可以安全地忽略那些项，从而得到 $(a+b+c+\cdots)^p \equiv a^p+b^p+c^p+\cdots$。证明完毕。

如果所有的数 a，b，$c\cdots$ 都等于 1，一共有 k 个，那么，可得出上个条目中的 $k^p \equiv k$。

第4节　有多少数对应于某个项数为 $p-1$ 的因数的周期

52

现在，我们讨论一些通过升幂而同余于 1 的数。我们知道，在每种情况下所产生的最小指数必须是 $p-1$ 的因数。问题来了，是不是所有 $p-1$ 的因数都以这种方式出现？而且，如果取出所有不能被 p 整除的数，并将它们按照使其方幂同余于 1 的最小指数来归类，那么对应于每个指数有多少个数？首先，我们只考虑从 1 到 $p-1$ 的所有正数就足够了；因为，显然地，彼此同余的数必须升到相同的方幂才能同余于 1。因此，每个数和它的最小正剩余的指数相同。我们必须搞清楚，就这一点上，数 1，2，3，…，$p-1$ 是如何依照数 $p-1$ 的每个因数来分布的。如果 d 是数 $p-1$ 的一个因数（这些因数包括 1 和 $p-1$ 本身），为了简便，用 ψd 表示小于 p 且在它所有同余于 1 的方幂中 d 次幂是最小的正数的个数。

53

为了便于理解，举一个例子。对于 $p=19$，依照 18 的因数 1，2，3，6，9，18 的分布如下

1	1
2	18
3	7, 11
6	8, 12
9	4, 5, 6, 9, 16, 17
18	2, 3, 10, 13, 14, 15

因此，在这种情况下，$\psi 1=1$，$\psi 2=1$，$\psi 3=2$，$\psi 6=2$，$\psi 9=6$，$\psi 18=$

6。不难看出，每个指数所对应的数的个数等于不大于这指数且与它互质的数的个数。换句话说，在这种情况下（如果沿用条目 39 的符号），$\psi d = \varphi d$。下面证明这里的结论在一般情况下都成立。

假设有属于指数 d 的一个数 a（它的 d 次幂同余于 1 而所有的低次幂都不同余于 1），那么它的所有方幂 a^2，a^3，a^4，$\cdots$，a^d 或者它们的最小剩余将具备第 1 个性质（它们的 d 次幂都同余于1）。这一点还可以这样来表述：数 a，a^2，a^3，a^4，$\cdots$，a^d 的最小剩余（它们是各不相同的）都是同余方程 $x^d \equiv 1$ 的根，而这个同余方程不能有多于 d 个根。因此可知，除了数 a，a^2，a^3，a^4，$\cdots$，a^d 的最小剩余外，从 1 到 $p-1$ 之间的其他的数的 d 次幂一定不同余于 1。因此，所有属于指数 d 的数可在数 a，a^2，a^3，a^4，$\cdots$，a^d 的最小剩余中来找出。其中哪些数是，有多少，可以按照如下方法来求。如果 k 是与 d 互质的数，那么 a^k 的所有指数小于 d 的方幂都不能同余于 1。因为，令 $1/k \pmod d \equiv m$（参考条目31），就有 $a^{km} \equiv a$；并且，如果 a^k 的 e 次幂同余于 1 且 $e<d$，也有 $a^{kme} \equiv 1$，因而 $a^e \equiv 1$，与假设相矛盾。因此，明显有 a^k 的最小剩余属于指数 d。但是，如果 k 与 d 有公约数 δ，a^k 的最小剩余就不会属于指数 d。因为，这时它的次幂已经同余于 1［因为 kd/δ 可以被 d 整除，即 $kd/\delta \equiv 0 \pmod d$，所以 $a^{kd/\delta} \equiv 1$］。我们推断，属于指数 d 的数的个数等于 1，2，3，$\cdots$，d 中与 d 互质的数的个数。但是，必须要记住：这个结论的基础是已经存在一个数 a 属于指数 d。于是，问题停留在是否存在一些指数，使得没有任何数属于它们。因此，本结论局限于要么 $\psi d = 0$，要么 $\psi d = \varphi d$。

54

令 d，d'，d''，$\cdots$，是数 $p-1$ 的全部因数。因为所有的数 1，2，3，$\cdots$ $p-1$ 是依据这些除数来归类的，所以

$$\psi d + \psi d' + \psi d'' + \cdots = p-1$$

但是条目 40 中已经证明了 $\varphi d + \varphi d' + \varphi d'' + \cdots = p-1$，并且从上一条可以推出，$\psi d \leqslant \varphi d$，但是 ψd 不会大于 φd。对于 $\psi d'$ 和 $\varphi d'$，$\psi d''$ 和

$\varphi d''$，…，也有类似的结论。所以，如果在 ψd，$\psi d'$，$\psi d''$，…中有一项或者几项是分别小于相应的 φd，$\varphi d'$，$\varphi d''$，…中的项，那么上面第一个和就不可能等于第 2 个和。因此，我们最终推断出 ψd 总是等于 φd，这与 $p-1$ 的大小无关。

55

上面的定理的一个特殊情况值得我们注意。**总是存在这样的数，它的同余于 1 的最小次幂是 $p-1$，而且这样的数的个数等于 1 到 $p-1$ 中的与 $p-1$ 互质的数的个数。** 因为这个定理的证明不像乍看起来那么简单，而且因为这则定理的重要性，我们须要补充一种与上面不太一样的证明。这种方法的多样性可以帮助我们理解更加深奥的问题。将 $p-1$ 分解为它的质因数，那么 $p-1=a^{\alpha}b^{\beta}c^{\gamma}\cdots$，其中 a，b，$c\cdots$都是不相等的质数。我们分两步来进行证明：

1. 总是可以找到一个数 A（或者几个数），它属于指数 a^{α}，类似地，可以找到数 B，C，…，分别属于指数 b^{β}，c^{γ}，…。

2. 所有数 A，B，C，…的乘积（或者乘积的最小剩余）属于指数 $p-1$。

证明如下：

1. 令 g 为 1，2，3，… $p-1$ 中的某个数，它不满足同余方程 $x^{(p-1)/a}\equiv 1$（mod p），因为这个同余方程的次数小于 $p-1$，所以这些数不可能都满足它。那么，如果 g 的 $(p-1)/a^{\alpha}$ 次幂 $\equiv h$，那么 h 或者它的最小剩余属于指数 a^{α}。

显然，h 的 a^{α} 次幂同余于 g 的 $(p-1)$ 次幂即它不同余于 1。因此，h 的 $a^{\alpha-2}$，$a^{\alpha-3}$，…次幂更不可能同余于 1。但是，同余于 1 的 h 的最小次幂的指数（h 所属的指数）必须能够整除 a^{α}（参考条目48），又因为 a^{α} 只可能被它自身和 a 的更低的方幂整除，所以 a^{α} 一定是 h 所属的指数。证明完毕。用类似的方法可证明存在这样的一些数，它们分别属于 b^{β}，c^{γ}，…。

2. 假设所有数 A，B，C，…的乘积不属于指数 $p-1$ 而属于更小的数 t，

那么 t 整除 $p-1$（参考条目 48），也就是说，$(p-1)/t$ 是一个大于 1 的整数。显而易见的是，这个商一定要么是质数 a，b，c，…中的一个，要么至少被它们中的一个整除（参考条目 17）。例如，假设 $(p-1)/t$ 被 a 整除（对于 b，c，…，证明都是一样的），那么 t 整除 $(p-1)/a$，因此乘积 $ABC\cdots$ 的 $(p-1)/a$ 次幂同余于 1（参考条目 46）。但是，因为每一个指数 b^β，c^γ，… 都整除 $(p-1)/a$，所以所有的数 B，C，…（A 除外）的 $(p-1)/a$ 次幂都显然将同余于 1。因此，我们得出

$$A^{(p-1)/a}B^{(p-1)/a}C^{(p-1)/a}\cdots \equiv A^{(p-1)/a} \equiv 1$$

那么，可以推出，A 所属的指数应当能够整除 $(p-1)/a$（参考条目 48），即 $(p-1)/a^{\alpha+1}$ 是个整数。但是 $(p-1)/a^{\alpha+1}=(b^\beta c^\gamma\cdots)/a$ 不可能是整数（参考条目15）。因此，可以推断我们的假设是矛盾的，也就是说，$ABC\cdots$ 的乘积确实属于指数 $p-1$。证明完毕。

第 2 个证明似乎比第 1 个长，但第 1 个没有第 2 个来得直接。

56

这则定理有力地证明了，在数论研究中必须小心谨慎，不能把还未证明的定理当作已经证明的定理来使用。兰伯特先生在我们前文引述的论文（见 *Nova acta erudit.* 第 127 页）中提到了这则定理，但是没有提到证明这则定理的必要性。除了欧拉先生在 *Novicomm.Acad Petrop* 上的论文 *Demostrationes circa residua ex divisione potestatum per numeros primos resultantia* 之外，还没有人尝试过给出证明。尤其是在他论文的第 37 条中，他花了大量的篇幅讨论证明的必要性。但是这位最精细的人给出的证明有两处缺陷。一处是在论文第 31 条，他默认同余方程 $x^n \equiv 1$（用我们的符号翻译他的论证）确实只有 n 个不同的根，但是之前并没有证明这个方程不能有多于 n 个根；另一处是论文第 34 条的公式仅仅是通过归纳法推导出的。

第 5 节　原根，基和指标

57

按照欧拉先生的说法，我们把属于指数 $p-1$ 的数称为**原根**。那么，如果 a 是原根，方幂 a，a^2，a^3，$\cdots$，a^{p-1} 的最小剩余都各不相同。那么，容易推出在这些最小剩余中将出现 1，2，3，$\cdots$，$p-1$ 中的每个数，因为这两组数的所含数的个数相同。这就意味着，任意一个不被 p 整除的数一定同余于 a 的某个方幂。这个性质非同寻常，它非常有用，能简化与同余式有关的算术计算，正如对数的引入简化了普通的算术运算。我们任意选择某个原根 a 作为**基**或**基数**，用它表示所有不能被 p 整除的数。并且，如果 $a^e \equiv b$ (mod p)，就称 e 为 b 的**指标**。例如，如果对于模 19 我们取原根 2 作为基数，那么就有

数	1	2	3	4	5	6	7	8	9	10	11	12	13	14	15	16	17	18
指标	0	1	13	2	16	14	6	3	8	17	12	15	5	7	11	4	10	9

而且，显然地，对于固定的基数，每个数有很多指标，但是它们都对于模 $p-1$ 同余；所以，当遇到指标的问题，对于模 $p-1$ 同余的指标可以视作是等价的，正如对于模 p 同余的数也被视作等价一样。

第 6 节 指标的运算

58

关于指标的定理与关于对数的定理是完全相似的。

任意多个因数的乘积的指标对于模 $p-1$ 与各个因数的指标的和同余。

一个数的方幂的指标对于模 $p-1$ 与这个数的指标与幂指数的乘积同余。

因为上述定理比较简单，这里省去对它们的证明。

从上文可知，如果要构造出这样一张表，表中给出所有的数对于不同的模的指标，可以忽略所有比模大的数以及所有的合数。本书结尾给出了一张样表（表1）。此表第 1 列是从 3 到 97 的所有质数以及质数幂，这些数将作为模；在下一列，和这些数相邻的，是那些被选作为基数的数；接下来是连续质数的指标。在每一列第 1 排，这些质数按照同样的顺序排列，这样便于找到对应一个给定质数关于给定模的指标。

例如，如果 $p=67$，基数为 12，Ind 60 $\equiv$ 2Ind 2 + Ind 3 + Ind 5（mod 66）$\equiv 58+9+39 \equiv 40$。

59

如果 a，b **都不能被 p 整除，形如 a/b（mod p）的表达式的值**（参考条目 31）**的指标对于模 $p-1$ 同余于分子 a 的指标与分母 b 的指标的差。**

令 c 是表达式的任意一个值，则 $bc \equiv a$（mod p），所以

$$\text{Ind } b+\text{Ind } c \equiv \text{Ind } a \text{（mod } p-1）$$

以及

$$\text{Ind } c \equiv \text{Ind } a - \text{Ind } b$$

那么，如果有两张表，其中一张表给出任意整数对于任意质数模的指

标，另一张表给出属于给定指标的整数，那么，所有的一次同余方程都能轻易解出，因为它们能简化为模为质数的同余方程（条目 30）。例如，给定同余方程 $29x + 7 \equiv 0 \pmod{47}$，简化为 $x \equiv (-7)/29 \pmod{47}$。从而有 $\mathrm{Ind}\, x \equiv \mathrm{Ind}\,(-7) - \mathrm{Ind}\, 29 \equiv \mathrm{Ind}\, 40 - \mathrm{Ind}\, 29 \equiv 15 - 43 \equiv 18 \pmod{46}$。现在 3 的指标是 18，所以 $x \equiv 3 \pmod{47}$。我们还没有给出第 2 张表，但到了第 6 章我们给出另一张表，可以实现相同的作用。

第 7 节　同余方程 $x^n \equiv A$ 的根

60

在条目 31 中，我们用一个特殊符号表示一次同余方程的根。接下来，我们使用另一个特殊符号来表示最简高次同余方程的根。就如同 $\sqrt[n]{A}$ 表示方程 $x^n = A$ 的根，加上模后，$\sqrt[n]{A}$（mod p）就表示同余方程 $x^n = A$（mod p）的任意根。我们将把它所能取到的对模 p 不同余的值称为表达式 $\sqrt[n]{A}$（mod p）所取的值，因为所有对模同余的数是看作等价的（参考条目 26）。显然，如果 A，B 对于模 p 同余，则表达式 $\sqrt[n]{A}$（mod p）和表达式 $\sqrt[n]{B}$（mod p）是等价的。

现在，如果已经给定 $\sqrt[n]{A} \equiv x$（mod p），就有 $n \cdot \mathrm{Ind}\, x \equiv \mathrm{Ind}\, A$（mod $p-1$）。由上个条目的运算法则，从这个同余方程中可以推导出 $\mathrm{Ind}\, x$ 的值，并得到对应的 x 的值。不难发现，x 所取的值的个数将和同余方程 $n \cdot \mathrm{Ind}\, x \equiv \mathrm{Ind}\, A$（mod $p-1$）的根的个数相同。显然，当 n 与 $p-1$ 互质时，$\sqrt[n]{A}$ 只能取一个值。但是，当 n，$p-1$ 有一个最大公约数 δ，只要条件 $\mathrm{Ind}\, A$ 能够被 δ 整除成立，$\mathrm{Ind}\, x$ 就有 δ 个对模 $p-1$ 不同余的值，因而 $\sqrt[n]{A}$ 有同样多个对模 p 不同余的值；如果这个条件不成立，$\sqrt[n]{A}$ 就没有真实的值。

例：求表达式 $\sqrt[15]{11}$（mod 19）的值。我们必须求解同余方程 $15\mathrm{Ind} \equiv \mathrm{Ind}\, 11 \equiv 6$（mod 18），求得3个值，$\mathrm{Ind}\, x \equiv 4$，10，16（mod 18），那么对应的 x 的值分别是6，9，4。

61

即使在有了必要的表格后使用这个方法有多么便捷，也不要忘了它只是间接的方法。因此，弄清楚直接方法解决这些问题有多么强大，是非常有用的。这里只讨论从前几章可以推导出的结论；需要更加深入研究的其他讨论放到第8章[1]进行。

从最简单的情况 $A=1$ 开始讨论，也就是求同余方程 $x^n \equiv 1 \pmod{p}$ 的根。在取某个原根作为基数以后，必定有 $n \cdot \mathrm{Ind}\, x \equiv 0 \pmod{p-1}$。现在，如果 n 是与 $p-1$ 互质的数，这个同余方程就只有一个根，即 $\mathrm{Ind}\, x \equiv 0 \pmod{p-1}$。在这种情况下，$\sqrt[n]{1} \pmod{p}$ 只有一个唯一的值，即 $\sqrt[n]{1} \equiv 1$。但是当数 n，$p-1$ 有一个（最大）公约数 δ，同余方程 $n \cdot \mathrm{Ind}\, x \equiv 0 \pmod{p-1}$ 的完整解就是 $\mathrm{Ind}\, x \equiv 0 \pmod{(p-1)/\delta}$（条目29），即，对于模 $p-1$，$\mathrm{Ind}\, x$ 应当与下面的数中的一个同余

$$0,\ \frac{p-1}{\delta},\ \frac{2(p-1)}{\delta},\ \frac{3(p-1)}{\delta},\ \cdots,\ \frac{(\delta-1)(p-1)}{\delta}$$

也就是说，$\mathrm{Ind}\, x$ 就有 δ 个对于模 $p-1$ 不同余的值；所以，在这种情况下，x 也取 δ 个不同的（对于模 p 互不同余）值。因此，我们看出表达式 $\sqrt[\delta]{1}$ 也有 δ 个不同的值，其指标恰好是上面所给出的那些值。因此，表达式 $\sqrt[\delta]{1} \pmod{p}$ 完全等价于 $\sqrt[n]{1} \pmod{p}$；也就是说，同余方程 $x^\delta \equiv 1 \pmod{p}$ 与同余方程 $x^n \equiv 1$ 有完全相同的根。但如果 δ 和 n 不相等，则前者的阶数较低。

例 $\sqrt[15]{1} \pmod 9$ 有 3 个值，因为 15 和 18 的最大公约数是 3；而且，它们也是表达式 $\sqrt[3]{1} \pmod{19}$ 的值。这些值是 1，7，11。

62

由简化的方法可知，我们只要求解那些 n 是数 $p-1$ 的因数的形如 $x^n \equiv 1$ 的同余方程即可。后面我们会发现，尽管现在的结论还不足以证明这一点，但这种形式的同余方程可以进一步简化，但是，当 $n=2$ 时，这种情况现在

[1] 第8章未发表，见作者自序。

就可以处理。显然，表达式 $\sqrt[2]{1}$ 的值只有 +1 和 -1，因为它的值不可能超过 2 个，并且除非模为 2，+1 和 -1 总是不同余的；如果模为 2，$\sqrt[2]{1}$ 只能有 1 个值。可以推出，当 m 与 $(p-1)/2$ 互质时，+1 和 -1 也将是表达式 $\sqrt[2m]{1}$ 的值。如果所讨论的模 p 使得 $(p-1)/2$ 是质数，那么总将发生这样的情况（如果恰有 $p-1=2m$，那么所有的数 1，2，3，…，$p-1$ 都是根）。例如，当 $p=3$，5，7，11，23，47，59，83，107，…，作为推论可得，无论取哪个原根为基数，Ind $(-1) \equiv (p-1)/2 \, (\bmod\, p-1)$。这是因为 2 Ind (-1) $\equiv 0 \, (\bmod\, p-1)$，所以，要么 Ind $(-1) \equiv 0$，要么 Ind $(-1) \equiv (p-1)/2$ $(\bmod\, p-1)$。但是，0 总是 +1 的指标，而 +1 和 -1 总有不同的指标（除了 $p=2$ 的情况，这里不讨论这种情况）。

63

在条目 60 中我们证明了表达式 $\sqrt[n]{A}$ $(\bmod\, p)$ 要么有 δ 个不同的值，要么没有任何值，其中 δ 表示数 n 和 $p-1$ 的最大公约数。现在，我们已经证明当 $A \equiv 1$ 时，$\sqrt[n]{A}$ 与 $\sqrt[\delta]{A}$ 是等价的，更一般地，我们证明 $\sqrt[n]{A}$ 总是可以简化为另一个表达式 $\sqrt[\delta]{B}$，使得 $\sqrt[n]{A}$ 等价于 $\sqrt[\delta]{B}$。如果我们用 x 表示 $\sqrt[n]{A}$ 的某个值，则有 $x^n \equiv A$，进一步，令 t 为表达式 $\delta/n \, (\bmod\, p-1)$ 的某个值，从条目 31 可知，t 有真实的值。现在，$x^{tn} \equiv A^t$，但是 $x^{tn} \equiv x^{\delta}$，因为 $tn \equiv \delta \, (\bmod\, p-1)$。因此，$x^{\delta} \equiv A^t$，因此，$\sqrt[n]{A}$ 的任何值都也是 $\sqrt[\delta]{A^t}$ 的一个值。因此，每当 $\sqrt[n]{A}$ 有真实值时，它就完全等价于 $\sqrt[\delta]{A^t}$。这是因为，前者不可能有和后者不一样的值，也不可能有比后者更少的值，除了在某些情况下，$\sqrt[n]{A}$ 可能有非真实值而 $\sqrt[\delta]{A^t}$ 有真实值。

例：如果要求表达式 $\sqrt[21]{2}$ $(\bmod\, 31)$ 的值。数 21 和 30 的最大公约数是 3，3 是表达式 $\dfrac{3}{21}$ $(\bmod\, 30)$ 的一个值。因此，如果 $\sqrt[21]{2}$ 有真实值，它就等价于表达式 $\sqrt[3]{2^3}$，或 $\sqrt[3]{8}$。实际上，后者的全部值 2，10，19也满足前者。

64

为避免做徒劳无功的试算，应当找出一种法则来判断 $\sqrt[n]{A}$ 是不是有真实值。如果有指标表就很容易做到。因为，从第 60 条可知，如果以任意原根作为基数，A 的指标能够被 δ 整除，那么 $\sqrt[n]{A}$ 就有真实值；反之，$\sqrt[n]{A}$ 就没有真实值。然而，即便没有这样一张表，还是可以确定 $\sqrt[n]{A}$ 有没有真实值。令 A 的指标等于 k。如果 k 可以被 δ 整除，那么 $k(p-1)/\delta$ 就可以被 $p-1$ 整除，反之亦然。但是数 $A^{\frac{p-1}{\delta}}$ 的指标就是 $k(p-1)/\delta$。那么，如果 $\sqrt[n]{A}$（$\bmod p$）有真实值，$A^{\frac{p-1}{\delta}}$ 就同余于 1；反之就不同余于 1。那么，在上一条目的例子中，我们有 $2^{10}=1\,024 \equiv 1\,(\bmod 31)$，所以我们推断 $\sqrt[21]{2}$（$\bmod 31$）有真实值。同理，我们发现，当 p 形如 $4m+1$ 时，$\sqrt[2]{-1}\,(\bmod p)$ 总有一对真实值；当 p 形如 $4m+3$ 时，$\sqrt[2]{-1}\,(\bmod p)$ 没有真实值，因为 $(-1)^{2m}=1$，而 $(-1)^{2m+1}=-1$。这则优美的定理通常被表述成：**如果 p 是形如 $4m+1$ 的质数，总能找到一个平方数 a^2 使得 a^2+1 被 p 整除；但是如果 p 是形如 $4m-1$ 的质数，这样的平方数就不存在。** 欧拉先生在 *Novicomm. Acad. Petrop* 上用这种方法证明了这则定理。在此之前的 1760 年，他就已经给出这则定理的另一种证明。在之前的一篇论文里，他还没有得到这一结论。后来，在 *Nouv.mem. Acad. Berlin* 上，拉格朗日先生也给出了这则定理的证明。我们会在专门讨论这个问题的下一章给出另外一种证明。

65

讨论完如何将表达式 $\sqrt[n]{A}$（$\bmod p$）简化为 n 是 $p-1$ 的因数的表达式，并且找到了判别 $\sqrt[n]{A}$（$\bmod p$）有没有真实值的方法之后，我们现在讨论 n 是 $p-1$ 的因数的情况。首先，我们指出这个表达式的所有不同值之间的关系，然后，我们讨论求出该表达式的值的某种方法。

首先，当 $A \equiv 1$，且 r 是表达式 $\sqrt[n]{A}$
（mod p）的任意一个值，或者说 $r^n \equiv 1$
（mod p）时，那么 r 的方幂也是这个表达
式的值；r 属于的指数是多少，表达式就
有多少个不同的值（条目 48）。因此，如
果 r 是属于指数的一个值，r 所有的方幂
r，r^2，r^3，$\cdots$，r^n（1 可以代替最后一个）给
出了表达式 $\sqrt[n]{1}$（mod p）的所有的值。我
们将在第 8 章解释有什么样的方法可以帮
助我们求出属于指数 n 的那些值。

其次，当 A 不同余于 1，且表达式
$\sqrt[n]{A}$（mod p）的一个值 z 为已知时，按照
如下方法可以求得它的其他值。令表达式
$\sqrt[n]{1}$ 的值为1，r，r^2，$\cdots$，r^{n-1}（像我们已
经指出的那样），那么表达式 $\sqrt[n]{A}$ 的所
有值是 z，zr，zr^2，$\cdots$，zr^{n-1}，事实上，所

□ **莱昂哈德·欧拉**

莱昂哈德·欧拉（Leonhard Euler，
1707—1783年），瑞士数学家、物理学
家。近代数学先驱之一，也是有史以来最
伟大的数学家之一，在数学的多个领域
（包括微积分、数论和图论等）都做出过
重大贡献。在力学、光学和天文学等学
科，他也有突出贡献。

有这些值都满足同余方程 $x^n \equiv A$。因为，任取其中一个值，假设它 $\equiv zr^k$，由
于 $r^n \equiv 1$ 且 $z^n \equiv A$，显然，zr^k 的 n 次方幂 $z^n r^{nk}$ 同余于 A。由条目 23，容易发
现这些值都是各不相同的。因此，表达式 $\sqrt[n]{A}$ 除了这 n 个值外，不能有其他
值。那么，如果表达式 $\sqrt[2]{A}$ 的一个值是 z，另外一个值就是 $-z$。根据以上讨
论，必定有这样的结论：如果没有同时求得 $\sqrt[n]{1}$ 的所有值，是不可能求出表
达式 $\sqrt[n]{A}$ 的所有值的。

66

我们准备做的第二件事，就是搞清楚什么时候表达式 $\sqrt[n]{A}$（mod p）的
一个值可以被直接确定（当然，预先假设 n 是 $p-1$ 的因数）。当表达式 $\sqrt[n]{A}$

（mod p）的某个值同余于 A 的方幂，就会出现这种情况。这种情况经常会出现，我们应当讨论一下。如果这样的值存在，令它为 z，即 $z \equiv A^k$，且 $A \equiv z^n$（mod p）。于是有，$A \equiv A^{kn}$，因而，如果能够找到一个数 k，使得 $A \equiv A^{kn}$，A^k 就是我们要求的值。但是，这个条件等价于 $1 \equiv kn \pmod{t}$，式中 t 是 A 所属的指数（参考条目 46, 48）。但为了使得这个同余式成立，必须保证 n 和 t 互质。在这种情况下，我们就有 $k \equiv 1/n \pmod{t}$，然而，如果 t 和 n 有最大公约数，那么就不存在同余于 A 的方幂的值 z。

67

按照这种解法，t 必须为已知条件；我们看一下 t 为未知的情况下如何继续求解。首先，显然，如果 $\sqrt[n]{A}$（mod p）要有真实值，t 必须能够整除 $\dfrac{p-1}{n}$，我们这里总是做这个假设。令 y 是这些真实值中的一个，那么我们就有 $y^{p-1} \equiv 1$ 和 $y^n \equiv A \pmod{p}$。后者通过自乘到 $\dfrac{p-1}{n}$ 次幂，就得到了 $A^{\frac{p-1}{n}} \equiv 1$。所以，$\dfrac{p-1}{n}$ 可以被 t 整除（参考条目 48）。现在，如果 $\dfrac{p-1}{n}$ 是与 n 互质的数，上一条目中的同余方程 $kn \equiv 1$ 对于模 $\dfrac{p-1}{n}$ 可解；对于这个模，满足同余方程的值 k，显然也满足同余方程 $kn \equiv 1 \pmod{t}$，因为模 t 整除 $\dfrac{p-1}{n}$（条目 5），那么，目的就达到了。如果 $\dfrac{p-1}{n}$ 不与 n 互质，从 $\dfrac{p-1}{n}$ 中消除所有那些同时整除 n 的质因数。那么，就得到了一个与 n 互质的数 $\dfrac{p-1}{nq}$，这里 q 表示被消除的所有那些质因数的积。现在，如果上一条目的条件成立，即 t 是与 n 互质的数，那么，t 就是与 q 互质的数，因而可以整除 $\dfrac{p-1}{nq}$。因此，如果我们解同余方程 $kn \equiv 1 \left(\bmod \dfrac{p-1}{nq}\right)$（这个方程是可解的，因为 n 与 $\dfrac{p-1}{nq}$ 互质），那么，对于模 t，解得的 k 的值就同样满足这个同余方程，而这正是所要求的。整个方法主要在于找到一个数来取代未知数 t。然而，我们必须记住，当 $\dfrac{p-1}{n}$ 不与 n 互质时，假设上一条目中的条件成立。如果该条件不成立，那么所有的结论就都不成立。如果忽略了这一点，按照所给的步骤做下去，将得到一个值 z，它的 n 次幂不同余于 A，那么这就表明这个条件不成立，所以这个方法就完全不能使用。

68

但是，即便是在这种情况下，做所说的这些步骤也常常是有好处的，并且研究这个不正确的值与真正的那些值之间的关系也是有价值的。因此，假设我们按所说的步骤确定了 k 和 z 的值，但 z^n 不同余于 $A\ (\mathrm{mod}\ p)$。那么，只要能确定表达式 $\sqrt[n]{\dfrac{A}{z^n}}\ (\mathrm{mod}\ p)$ 的所有值，再把这些值乘以 z，就求得了 $\sqrt[n]{A}$ 的所有值。因为，如果 v 是表达式 $\sqrt[n]{\dfrac{A}{z^n}}$ 的一个值，我们就有 $(vz)^n \equiv A$。但是，表达式 $\sqrt[n]{\dfrac{A}{z^n}}$ 比 $\sqrt[n]{A}$ 更简单，因为 $A/z^n\ (\mathrm{mod}\ p)$ 所属的指数通常比 A 所属的指数更小。更准确地说，如果数 t，q 的最大公约数是 d，$A/z^n\ (\mathrm{mod}\ p)$ 就属于指数 d。下面我们来证明。如果 z 以它的值代入，我们得到 $A/z^n \equiv 1/A^{kn-1}\ (\mathrm{mod}\ p)$。但是，$kn-1$ 可以被 $(p-1)/nq$ 整除，$(p-1)/n$ 可以被 t 整除（参考上一条目），也就是说，$(p-1)/nd$ 可以被 t/d 整除。但是，t/d 和 q/d 是互质的（根据假设），那么 $(p-1)/nd$ 也可以被 tq/d^2 整除，或 $(p-1)/nq$ 被 t/d 整除。因而，$kn-1$ 可被 t/d 整除，并且 $(kn-1)d$ 被 t 整除。由此可以得到 $A^{(kn-1)d} \equiv 1\ (\mathrm{mod}\ p)$，我们可以推导出 A/z^n 的 d 次幂是同余于 1 的。容易证明，A/z^n 不可能属于比 d 小的指数；我们不作深入阐述，因为不需要这条结论。那么，除了 t 整除 q，且 $d=t$ 这一特殊情况外，可以确定 $A/z^n\ (\mathrm{mod}\ p)$ 所属的指数总是比 A 所属的指数小。

但是，得到了所属的指数比 A 所属的指数要小的 A/z^n 后的优势是什么？优势就是，比起以 A/z^n 的形式出现的数来说，以 A 的形式出现的数更多；而且，如果我们要求解形如 $\sqrt[n]{A}$ 且模都相同的众多表达式，我们的优势就是一次计算可以得到很多结果。因此，举例来说，如果我们知道了表达式 $\sqrt{-1}\ (\mathrm{mod}\ 29)$ 的值（它们是 ± 12），我们总是至少能确定表达式 $\sqrt{A}\ (\mathrm{mod}\ 29)$ 的一个值。从上一条目容易看出，当 t 是奇数时，我们如何直接确定类似表达式的一个值，并且，当 t 是偶数时，d 就等于 2，但 -1 除外，没有数属于指数 2。

例：求 $\sqrt[3]{31}$（mod 37）的值。这里 $p-1=36$，$n=3$，$\dfrac{p-1}{3}=12$，所以 $q=3$。因为要使得 $3k \equiv 1$（mod 4），这只要取 $k=3$ 就成立。由此得 $z \equiv 31^3$（mod 37）$\equiv 6$，并且，实际上我们得到 $6^3 \equiv 31$（mod 37）成立。如果已知表达式 $\sqrt[3]{1}$（mod 37）的值，那么就能确定表达式 $\sqrt[3]{6}$ 的其余的值。$\sqrt[3]{1}$（mod 37）的值是 1，10，26，它们乘以 6，就得到其余两个值 $\sqrt[3]{31} \equiv 8$，23。如果要求表达式 $\sqrt{3}$（mod 37）的值，那么这里有 $n=2$，$\dfrac{p-1}{n}=18$，所以 $q=2$。因为要使得 $2k \equiv 1$（mod 9），所以 $k \equiv 5$（mod 9）。进而有 $z \equiv 35 \equiv 21$（mod 37）。但 21^2 不同余于 3，而同余于 34，不过，$\dfrac{3}{34}$（mod 37）$\equiv -1$ 并且 $\sqrt{-1}$（mod 37）$\equiv \pm 6$。由此求得正确的值为 $\pm 6 \times 21 \equiv \pm 15$。

关于这种表达式的计算，这些基本上就是我们所能介绍的。我们知道，直接法往往较为冗长，数论中几乎所有的直接法都是这样。尽管如此，我们还是要将它们的实用性演示给大家。但是，逐一解释每种具体的技巧就不是我们此书的目的了，凡是在这个领域研究的人自然会对它们越来越熟悉。

第 8 节　不同系统的指标间的关系

69

现在回来讨论我们所谓的原根。我们已经证明，如果取任意一个原根作为基数，那么，所有的指标与 $p-1$ 互质的数也是原根，并且除了这些之外没有其他的原根，我们就同时知道了原根的个数（条目 53）。一般地，选择哪个原根作为基数可以由我们自己说了算。这里正如对数运算一样，可以有很多不同的系统[1]。我们来看一下这些系统之间有什么样的联系。令 a，b 为两个原根，m 是另外一个数。当取 a 作为基数时，假设 b 的指标同余于 β，数 m 的指标同余于 μ（mod $p-1$）。但当取 b 作为基数时，假设 a 的指标同余于 α，数 m 的指标同余于 v（mod $p-1$）。现在，$a^{\beta} \equiv b$，且 $a^{\alpha\beta} \equiv b^{\alpha} \equiv a$（mod p）（通过假设），所以 $\alpha\beta \equiv 1$（mod $p-1$）。通过类似的过程，我们求得 $v \equiv \alpha\mu$，且 $\mu \equiv \beta v$（mod $p-1$）。因此，如果我们有一张基数为 a 的指标表，可以方便地将它转换成另一张基数为 b 的指标表。因为，如果基数为 a，b 的指标同余于 β，基数为 b，a 的指标就同余于 $\frac{1}{\beta}$（mod $p-1$），并且将这个数乘以这张表中的所有指标，就得到了基数为 b 的所有的指标。

70

尽管一个给定的数因不同的原根作为基数会产生不同的指标，但它们都

---

〔1〕但是，它们的不同之处在于，对于对数来说，不同的系统有无限个，而这里系统的个数就等于原根的个数。因为，显然，相互同余的基数产生的系统也是相同的。

有一个共同点——每个指标和 $p-1$ 的最大公约数都是一样的。因为，如果给定的数以 a 为基数的指标是 m，以 b 为基数的指标是 n，并且我们假设这两个数与 $p-1$ 的最大公约数分别是不相等的 μ、ν，那么，其中一个必定大于另一个。例如，$\mu > \nu$，因而 μ 就不能整除 n。现在，假设 b 是基数，令 α 为数 a 的指标，我们就有（参考上一条目）$n \equiv \alpha m \pmod{p-1}$，因此，$\mu$ 能够整除 n，这与假设矛盾。证明完毕。

我们还可以观察到，一个给定的数的指标和 $p-1$ 的最大公约数不取决于原根，因为这个最大公约数等于 $(p-1)/t$。这里的 t 是这个数所属的指数。因为，如果任何基数的指标是 k，则 t 就是这样的最小整除（0 除外），使得它和 k 的乘积是 $p-1$ 的倍数（参考条目48，58），也就是表达式 $0/k$ $(\mod p-1)$ 的最小值（0除外）。从条目 29 不难推出，t 等于数 k 和 $p-1$ 的最大公约数。

71

总是可以取到这样的基数，使得属于指数 t 的数对这个基数的指标是任意指定的这样一个数，只要它与 $p-1$ 的最大公约数等于 $(p-1)/t$。我们用 d 表示这个除数，令指定的指标同余于 dm，并且当取某个原根 a 为基数时，令所给数的指标同余于 dn；m 和 n 就与 $(p-1)/d$ 即 t 互质。那么，如果 ε 是表达式 $dn/dm \pmod{p-1}$ 的一个值，并且它同时与 $p-1$ 互质，a^ε 就是一个原根。以这个原根为基数，那么所给的数就有我们想要的指标 dm（因为，$a^{\varepsilon dm} \equiv a^{dn} \equiv$ 所给的数）。为了证明表达式 $dn/dm \pmod{p-1}$ 有与 $p-1$ 互质的值，我们按照如下方式进行。这个表达式等价于 $n/m [\mod (p-1)/d]$，或者等价于 $n/m (\mod t)$（参考条目 31 性质 2），并且它的所有值都与 t 互质；因为，如果任何值 e 与 t 有公约数，这个除数一定也能整除 me，因而也能整除 n，因为 me 相对于模 t 同余于 n。但是这与假设相矛盾，因为假设要求 n 与 t 互质。因此，当所有 $p-1$ 的质因数都整除 t，那么表达式 $n/m (\mod t)$ 的所有值都与 $p-1$ 互质，并且这些值的个数为 d。但是，当 $p-1$ 还有不能

整除 t 的质除数 f, g, h, …, 那么, 取表达式 n/m（mod t）的一个值同余于 e。但是, 因为所有的数 t, f, g, h, …, 都是两两互质的数, 那么能够找到这样的数 ε 相对于模 t 同余于 e, 并且, 对于模 f, g, h, …分别同余于任意与相应的模互质的数（参考条目 32）。这样一个数一定不能被 $p-1$ 的任一质因数整除, 因而与 $p-1$ 互质, 这正是我们要求的。最后, 从组合理论不难推出这样的值的个数就等于

$$\frac{p-1}{t} \cdot \frac{f-1}{f} \cdot \frac{g-1}{g} \cdot \frac{h-1}{h} \cdot \cdots$$

但为了不至于离题太远, 这里就省去了证明。对于本书的目的来说, 这是没有必要深入探讨的。

第 9 节　适合特殊目的的基数

72

一般地，尽管可以任意选取某个原根作为基数，但有的时候，某些原根会比其他原根有特殊优势。在表 1 中，当数 10 是原根时，总是取它作为基数；在其他情况下，总是这样选取基数——使得数 10 的指标是所有可能的指标中最小的，即，令它等于 $(p-1)/t$，t 是数 10 所属的指数。我们会在第 6 章说明这样做的好处，第 6 章使用的表虽然作用不同，但却和本章是同一张表。像我们在上一条目看到的，这里还是留有一些选择的自由。因而，我们总是选择满足条件的最小的原根作为基数。那么，对于 $p = 73$，这里 $t = 8$ 且 $d = 9$，a^{ε} 有 $\dfrac{72}{8} \times \dfrac{2}{3}$ 个值，即 6 个值，它们分别是 5，14，20，28，39，40，那么就可以选择最小的值 5 作为基数。

第 10 节　求原根的方法

73

求原根的方法大部分可以归结为试错法。如果把条目 55 中阐述的内容与后面关于解同余方程 $x^n \equiv 1$ 的内容结合起来，那么，这基本上就是通过直接法所能完成的一切了。欧拉（参见 *Opuscula Analytica*，第 1 版，152 页）承认，挑选出这些数是极其困难的，它们的性质是数的性质里最神秘的。但是，通过以下的方法可以轻而易举地确定它们。熟练的数学家们知道如何通过各种手段简化繁琐的计算过程，就这一点来说，个人的经验比书本的说教更管用。

1. 随意选取一个与模 p（我们总是用 p 这个字母代表模）互质的数 a。通常情况下，如果我们能够选出最小的数，就能简化计算——例如，选取数 2。接下来确定它的周期（参考条目 46），即，依次计算它的各次幂的最小剩余直至出现最小剩余等于 1[1] 的幂 a^t，如果 $t = p-1$，则 a 是原根。

2. 然而，如果 $t < p-1$，那么选取另一个包含在 a 的周期内的数 b，并且通过同样的方法找出它的周期。如果我们用 u 表示 b 所属的指数，我们发现 u 不可能等于 t 或者是 t 的因数；

因为，只要 u 等于 t 或者 t 的因数，就有 $b^t \equiv 1$；这是不可能的，因为 a 的周期中已经包含了所有 t 次幂同余于 1 的数（参考条目 53）。如果 $u = p-1$，b 就是一个原根；但是，如果 $u \neq p-1$，而 u 是 t 的倍数，那么，我们就得到了一个数，它属于更大的指数，因而我们就更接近找到一个属于最大的

---

〔1〕没有必要知道这些方幂本身的值，因为每一个方幂的最小剩余可以轻易地通过前一个方幂的最小剩余来得到。

指数的数的目标。如果 $u \neq p - 1$，u 也不是 t 的倍数，那么，我们一定能找到一个数，它所属的指数大于 t 和 u，即指数等于 t 和 u 的最小公倍数。令这个公倍数为 y，并将 y 分解为两个互质的因数 m 和 n，并使得它们中的一个整除 t，另一个整除 u[1]。结果，$a^{m} \equiv A$，$b^{n} \equiv B \pmod{p}$，并且乘积 AB 属于指数 y。因为，A 属于指数 m，B 属于指数 n；且 m 和 n 互质，乘积 AB 就属于指数 mn。我们可以用与条目 55 中第 2 部分的证明几乎同样的方法证明之。

3. 如果 $y = p - 1$，AB 就是原根；如果 $y \neq p - 1$，我们就像前面一样，需要再取另一个不在 AB 的周期中出现的数。这个数要么是原根，要么就属于一个大于 y 的指数，或者我们可以利用它（像之前一样）找到一个所属指数大于 y 的数。因为我们通过重复这样的做法所得到的这些数是属于严格递增的指数，所以我们最后一定可以找到一个属于最大指数的数。这个数就是原根。这就是需要做的。

74

举一个例子可以让上面的做法更加清楚。令 $p = 73$，我们来求它的原根。我们首先来试验数 2，它的周期是

$$1, \ 2, \ 4, \ 8, \ 16, \ 32, \ 64, \ 55, \ 37, \ 1, \ \cdots$$

$$0, \ 1, \ 3, \ 4, \ 5, \ 6, \ 7, \ 8, \ 9, \ \cdots$$

因为 2 的 9 次幂同余于 1，所以 2 不是原根。我们来试验一个不出现在这个周期里的数——比如 3。它的周期是

---

[1] 由条目 18，我们能看出如何轻松地做到这一点。把 y 分解为因数不同的质或质数的方幂的乘积。每一个因数将整除 t 或者 u（或者同时整除两者）。考察这些因数是整除 t 还是整除 u，来指定它们分别属于哪一个；如果同时整除两者，则可任意指定。令所有指定属于 t 的因数的乘积为 m，其他因数的乘积等于 n，显然，m 整除 t，n 整除 u，且 $mn = y$。

$$1,\ 3,\ 9,\ 27,\ 8,\ 24,\ 72,\ 70,\ 64,\ 46,\ 65,\ 49,\ 1,\ \cdots$$

$$0,\ 1,\ 2,\ 3,\ 4,\ 5,\ 6,\ 7,\ 8,\ 9,\ 10,\ 11,\ 12,\ \cdots$$

所以 3 不是原根。但是 2 和 3 所属的指数（数 9 和 12）的最小公倍数是 36，按照上一条目我们将其分解为因数 9 和 4 的乘积。取 2 的 9/9 次幂，3 的 12/4 次幂，我们得到乘积 54，它属于指数 36。如果我们最后计算 54 的周期，并尝试一个不含在这个周期中的数（例如 5），我们会发现它是一个原根。

第 11 节　关于周期和原根的几条定理

75

在离开这个论题之前，我们再列举几个定理，它们的简洁值得我们注意。

任意一个数的周期中所有的项的个数，或者说这个数所属的指数如果是奇数，则这些项的乘积同余于 1；如果这个数所属的指数是偶数，则这些项的乘积同余于 −1。

例：对于模 13，数 5 的周期包含这些项——1，5，12，8，它们的乘积 $480 \equiv -1 \pmod{13}$。

对于相同的模，数 3 的周期包含这些项——1，3，9，它们的乘积 $27 \equiv 1 \pmod{13}$。

证明

令该数所属的指数为 t，该数的指标为 $(p-1)/t$，如果我们选择恰当的基数（参考条目 71），就总是可以做到这一点。那么该数的周期中，所有项的乘积的指标与下式同余

$$(1+2+3+\cdots+t-1)\,\frac{p-1}{t} = \frac{(t-1)(p-1)}{2}$$

即，当 t 是奇数时，同余于 $0 \pmod{p-1}$；当 t 是偶数时，同余于 $\frac{p-1}{2}$ $\pmod{p-1}$。在前一种情况，乘积同余于 $1 \pmod{p}$；在后一种情况，乘积同余于 $-1 \pmod{p}$（条目 62）。证明完毕。

第 12 节 威尔逊定理

76

如果上面定理中的数是原根，那么它的周期就包含所有的数 1，2，3，…，$p-1$，所以，它们的乘积总是同余于 -1（除了 $p=2$ 的情况之外，$p-1$ 总是偶数；当 $p=2$ 时，-1 和 $+1$ 是等价的）。这个优美的定理通常表述为：**小于一个给定质数的所有正整数的乘积加 1 被这个质数整除**。它最早是由华林发表，并归功于威尔逊先生（参见 *Meditationes Algebraicae* 第 3 版，剑桥出版社，1782 年，380 页）[1]。但是他们两个人都没有能够证明这则定理，华林承认证明这则定理比较困难，因为设计不出表示质数的符号。但我们认为，要推出这样的真理要靠思想而不是符号。后来，拉格朗日先生给出了证明（*Nouv.mém. Acad. Berlin*，1771 年）[2]。他的证明是通过考虑乘积 $(x+1)(x+2)(x+3)\cdots(x+p-1)$ 的展开式中的系数来完成的。如果令这个乘积为 $x^{p-1}+Ax^{p-2}+Bx^{p-3}+\cdots+Mx+N$，那么，系数 A，B，$\cdots$，M 就都能被 p 整除，且 N 就等于 $1\times2\times3\times\cdots\times(p-1)$。当 $x=1$ 时，这个乘积就可以被 p 整除；但另一方面它同余于 $1+N\,(\bmod\ p)$，因而 $1+N$ 就必然被 p 整除。

最后，欧拉在 *Opuscula Analytica* 第 329 页给出了证明，它和我们上面的证明是一致的。既然这么杰出的数学家都如此看重这条定理，我们不妨再补充一个证明。

---

[1] 拉格朗日参考的是 1770 年第 1 版的第 218 页。

[2] 第 125 页。

77

当对于模 p，a 和 b 这两个数的乘积同余于 1 时，我们就按照欧拉的说法称这两个数是关联数。那么，根据上一章，任何小于 p 的正数，在小于 p 的数中有且只有一个关联数。容易证明的是，在数 1，2，3，$\cdots$，$p-1$ 中，只有 1 和 $p-1$ 是与它自身关联的数；因为，这样的数就是同余方程 $x^2 \equiv 1$ 的根。并且，因为这是一个二阶同余方程，它不可能有多于 2 个的根；即，它的根是 1 和 $p-1$。去掉这两个数后，剩下的数 2，3，$\cdots$，$p-2$ 都有成对的关联数，它们的乘积就同余于 1。因而，所有的数 1，2，3，$\cdots$，$p-1$ 的乘积就同余于 $p-1$ 或同余于 -1。证明完毕。

例如，对于 $p=13$，数 2，3，4，$\cdots$，11 按照下面的方式关联：2 和 7，3 和 9，4 和 10，5 和 8，6 和 11，即，$2 \times 7 \equiv 1$，$3 \times 9 \equiv 1$，$\cdots$。因此，$2 \times 3 \times 4 \times \cdots \times 11 \equiv 1$；因而 $1 \times 2 \times 3 \times \cdots \times 12 \equiv -1$。

78

更一般地，威尔逊定理可以表述成：**所有小于某个给定的数 A 且同时与 A 互质的数，它们的乘积对于模 A 同余于 +1 或者 -1。**当 A 等于 4，或 A 形如 p^m 或 $2p^m$ 时，其中 p 是不等于 2 的质数，1 取负号；其他所有情况下，1 都取正号。威尔逊定理属于前一种情况。例如，当 $A=15$ 时，数 1，2，4，7，8，11，13，14 的乘积同余于 1（mod 15）。为了简洁，我们省去证明，在此仅指出：证明可以按照上一条目进行，除非是同余方程有多于 2 个的根的情况，因为这种情况下就要特殊对待。如果我们加入接下来很快就要讨论的非质数模，我们也可以像在条目 75 里那样从指标的讨论中找到证明。

79

我们现在回到对（条目 75 中的）其他定理的讨论。

任意数的周期的所有项的和同余于 0。 正如条目 75 中的例子，$1+5+12+8=26 \equiv 0 \pmod{13}$。

证明

令所讨论的数的周期为 a，该数所属的指数为 t，那么周期中所有的项的和就同余于

$$1+a+a^2+a^3+\cdots+a^{t-1} \equiv \frac{a^t-1}{a-1} \pmod{p}$$

但是 $a^{t-1} \equiv 0$；因此，这个和总是同余于 0（参考条目 22），除非 $a-1$ 能被 p 整除，或 $a \equiv 1$；因此我们必须排除这种情况，除非我们愿意把唯一的一项称为**周期**。

80

当 $p \neq 3$ 时，所有原根的乘积都同余于 1；当 $p=3$ 时，仅有一个原根 2。

证明

如果取任意一个原根作为基数，则所有原根的指标就是所有小于 $p-1$ 且与 $p-1$ 互质的数。但是，这些数的和，即所有原根的乘积的指标，是同余于 $0 \pmod{p-1}$ 的，因而这个乘积同余于 $1 \pmod{p}$。因为，显然地，如果 k 是一个与 $p-1$ 互质的数，则 $p-1-k$ 也是与 $p-1$ 互质的数，因而那些与 $p-1$ 互质的数的和，是由那些其和能被 $p-1$ 整除的数对构成（k 不可能等于 $p-1-k$，除非是 $p-1=2$ 即 $p=3$ 的情况）——显然，在所有其他情况下 $(p-1)/2$ 都不可能与 $p-1$ 互质。

81

所有原根的和要么同余于 0（当 $p-1$ 能被平方数整除时），**要么同余于**
$\pm 1 \pmod{p}$（当 $p-1$ 是不等质数的积时：如果质数的个数为偶数，则取正号；如果质数的个数为奇数，则取负号）。

例1：对于 $p=13$，所有的原根是 2，6，7，11，它们的和 $26 \equiv 0 \pmod{13}$。

例2：对于 $p=11$，所有的原根是 2，6，7，8，它们的和 $23 \equiv +1 \pmod{11}$。

例3：对于 $p=31$，所有的原根是 3，11，12，13，17，21，22，24，它们的和 $123 \equiv -1 \pmod{31}$。

证明

我们在前面（条目 55 第 2 部分）已经指出，如果 $p-1=a^\alpha b^\beta c^\gamma$，…（其中 a，b，c，…是互不相等的质数），且 A，B，C，…是分别属于指数 a^α，b^β，c^γ，…的任意整数，那么，乘积 ABC…就是原根。容易证明的是，任意原根都能够表达为这种乘积的形式，而且这个表达式是唯一的[1]。

由此推出，我们可以用这些乘积代替原根。但是，因为在这些乘积中，必须将 A 的所有值，B 的所有值，…组合起来，从组合理论可知，所有这些乘积的和就等于 A 的所有值的和，B 的所有值的和，C 的所有值的和，…的乘积。令 A，B，…的所有值分别用 A，A'，A''，…；B，B'，B''…；…表

---

〔1〕这样确定数 a，b，c，…，使得 $a \equiv 1 \pmod{a^\alpha}$ 且 $a \equiv 0 \pmod{b^\beta c^\gamma \cdots}$；$b \equiv 1 \pmod{b^\beta}$ 且 $b \equiv 0 \pmod{a^\alpha c^\gamma \cdots}$；…（参考条目 32）。因而，$a-b+c \equiv 1 \pmod{p-1}$（参考条目 19）。现在，如果任意原根 r 表示为乘积 ABC…的形式，我们就有 $A \equiv r^a$，$B \equiv r^b$，$C \equiv r^c$，…；并且 A 就属于 a^α 的指数，B 属于 b^β 的指数，…，那么，A，B，C…的乘积就同余于 $r \pmod{p}$；显然，A，B，C，…不能用任何其他方式来确定。

示，所有原根的和就会同余于下式：

$$(A+A'+\cdots)(B+B'+\cdots)\cdots$$

现在我可以说，如果指数 $\alpha=1$，和 $A+A'+A''+\cdots\equiv-1\,(\mathrm{mod}\,p)$，但是，如果 $\alpha>1$，这个和就同余于 0，并且对于剩下的指数 β，γ，$\cdots$ 也有类似的结论。如果我们能证明这些结论，我们的定理的正确性就可以得到证明。因为，当 $p-1$ 可以被平方数整除时，指数 α，β，γ，$\cdots$ 中就一定有一个大于 1，因此，同余于所有原根的和的乘积，它的因子中必有一个同余于 0；因此，这个乘积本身也同余于 0。但是，当 $p-1$ 不能被平方数整除，所有指数 α，β，γ，$\cdots$ 就都等于 1，因而，所有原根的和就同余于这样的因子的乘积：即它们都同余于 -1，它们的个数和数 a，b，c，$\cdots$ 的个数一样。因此，按照这些数的个数是偶数还是奇数，所有原根的和就同余于 ±1。我们下面证明这些结论。

1. 当 $\alpha=1$ 且 A 是一个属于指数 a 的数，那么，属于指数 a 的剩下的数还有 A^2，A^3，$\cdots$，A^{a-1}，但是 $1+A+A^2+A^3+\cdots+A^{a-1}$ 是完整的周期之和，因而和式同余于 0（*参考条目 79*），所以，$A+A^2+A^3+\cdots+A^{a-1}\equiv-1$。

2. 然而，当 $\alpha>1$，且 A 是属于指数 a^α 的一个数，如果我们从 A^2，A^4，$\cdots$，$A^{a^\alpha-1}$ 中去掉 A^a，A^{2a}，A^{3a}（*参考条目 53*），我们就得到了属于这个指数的剩下的数；它们的和同余于下式：

$$1+A+A^2+\cdots+A^{a^\alpha-1}-(1+Aa+A2a+\cdots+A^{a^\alpha-a})$$

即同余于两个周期之差，因而同余于 0。证明完毕。

第 13 节　模是质数方幂

82

到目前为止，我们所探讨的内容都以质数模为前提。接下来讨论当模是合数的情况。然而，这里出现的定理不像前面的情况那么优美，也无须使用微妙的技巧去发现这些定理（因为使用前面讲过的原理就可以推导出这里几乎所有的定理），那么详尽地讨论所有的情况是没有必要也是烦琐枯燥的。所以，我们只讨论哪些情况与之前有相同的性质，哪些情况有它们自己独特的性质。

83

针对一般情况，条目 45 到 48 的定理已经得到证明。但是条目 49 的定理必须做如下更改：

如果 f 表示与模 m 互质且小于 m 的数的个数，即 $f = \varphi m$（参考条目 38），**且如果 a 是与 m 互质的一个给定的数，那么 a 的对于模 m 同余于1的最小方幂的指数 t 就等于 f 或者是 f 的一个因数。**

如果我们用 m 替换 p，用 f 替换 $p-1$，并且取与 m 互质且小于 m 的数来代替 $1, 2, 3, \cdots, p-1$，条目 49 中定理的证明在这种情况下是成立的。所以读者自己可以回到条目 49 来做这个证明。但是，条目 50 和 51 里面讨论的其他那些定理在这里不能直接应用，必须采用迂回的方式。关于条目 52 和后面的那些定理，就模是质数幂和模可以被多于一个质数整除的不同情况，它们的区别是非常大的。因此，我们单独讨论后一种情况。

84

如果 p 是质数，且模 $m = p^n$，那么我们有 $f = p^{n-1}(p-1)$（参考条目 38）。现在，如果我们将条目 53 和 54 中的定理用于这个情况下，并按照前一条目做出必要的改变，我们就会发现，只要我们首先证明形如 $x^t - 1 \equiv 0 \pmod{p^n}$ 的同余方程不可能有多于 t 个不同的根，那两个条目中的定理在这种情况下依然成立。我们在条目 43 中通过使用更加一般的结论证明了对于指数模它是成立的；但这条定理仅针对质数模成立，在合数模的情况下不适用。然而，我们会用一种特殊的方法证明在这种情况下这条定理是成立的。在第 8 章我们会更加容易地证明它。

85

我们现在证明这条定理：

如果数 t 和 $p^{n-1}(p-1)$ 的最大公约数为 e，那么同余方程 $x^t \equiv 1 \pmod{p^n}$ 就有 e 个不同的根。

令 $e = kp^v$，式中 k 不包含因数 p。因此，k 整除数 $p-1$。那么，对于模 p，同余方程 $x^t \equiv 1$ 就有 k 个不同的根。如果我们分别用 A，B，C，…表示这些不同的根，那么，对于模 p^n 的同样的同余方程的每个根一定对于模 p 同余于数 A，B，C，…中的一个。现在我们来证明：同余方程 $x^t \equiv 1 \pmod{p^n}$ 有 p^v 个根对于模 p 同余于 A，有相同多个根对于模 p 同余于 B，…。由此推出，正如我们之前所说的，所有的根的个数等于 kp^v，也就是 e。下面我们首先证明：如果 α 是对于模 p 同余于 A 的根，那么

$$\alpha + p^{n-v}, \quad \alpha + 2p^{n-v}, \quad \alpha + 3p^{n-v}, \quad \cdots, \quad \alpha + (p^v - 1)p^{n-v}$$

也是该同余方程的根。然后，我们证明：在对于模 p 同余于 A 的数中，只有形如 $\alpha + hp^{n-v}$（h 表示任意整数）的数是该同余方程的根。因此，显然只有 p^v 个不同的根。对于同余于 B，C，…的根，这个结论也成立。最后，我们证

明：总是能够找到一个对于模 p 同余于 A 的根。

86

定理

如果按照上一条目，t 是一个被 p^v 整除，但不能被 p^{v+1} 整除的数，我们有 $(\alpha + hp^\mu)^t - \alpha^t \equiv 0 \pmod{p^{\mu+v}}$ 并且同余于 $\alpha^{t-1}hp^\mu t \pmod{p^{\mu+v+1}}$。

当 $p = 2$ 且 $\mu = 1$ 时，定理的第二部分不成立。

通过展开二项式可以证明这条定理，前提是我们能证明第 2 项以后所有的项都能被 $p^{\mu+v+1}$ 整除。但是，因为讨论系数的分母会陷入争论，我们选择下面的方法。

我们首先假设 μ 大于 1 且 v 等于 1，那么我们就有

$$x^t - y^t = (x-y)(x^{t-1} + x^{t-2}y + x^{t-3}y^2 + \cdots + y^{t-1})$$

$$(\alpha + hp^\mu)^t - \alpha^t = hp^\mu[(\alpha + hp^\mu)^{t-1} + \alpha(\alpha + hp^\mu)^{t-2} + \cdots + \alpha^{t-1}]$$

但是

$$\alpha + hp^\mu \equiv \alpha \pmod{p^2}$$

所以，$(\alpha + hp^\mu)^{t-1}$，$\alpha(\alpha + hp^\mu)^{t-2}$，$\cdots$ 中的每一项都同余于 $\alpha^{t-1} \pmod{p^2}$，并且，它们的和就同余于 $t\alpha^{t-1} \pmod{p^2}$；那么它就是 $t\alpha^{t-1} + Vp^2$ 的形式，式中 V 是某个整数。那么，$(\alpha + hp^\mu)^t - \alpha^t$ 就有如下的形式：

$$\alpha^{t-1}hp^\mu t + Vhp^{\mu+2}$$

即同余于 $\alpha^{t-1}hp^\mu t \pmod{p^{\mu+2}}$ 且同余于 $0 \pmod{p^{\mu+1}}$。

因而，对于这种情况，定理得证。

如果现在仍假定 $\mu > 1$，但对于另外的一些 v 值定理不成立，那么，就一定应该有一个界限值，在到达这个界限之前，此定理总是成立的。超出这个界限之后，此定理就不成立。令使定理不成立的 v 的最小值等于 φ。显然，如果 t 能够被 $p^{\varphi-1}$ 整除，但不能被 p^φ 整除，则定理就仍然成立。反之，如果我们用 tp 代替 t，定理就不成立。那么，我们有

$$(\alpha + hp^{\mu})^{t} \equiv \alpha^{t} + \alpha^{t-1} hp^{\mu} t \ (\mathrm{mod}\ p^{\mu + \varphi})$$

或者等于 $\alpha^{t} + \alpha^{t-1} hp^{\mu} t + up^{\mu + \varphi}$，其中，$u$ 是整数。但是，因为对于 $v=1$，定理已经得证，我们有

$$(\alpha^{t} + \alpha^{t-1} hp^{\mu} t + up^{\mu + \varphi})^{p} \equiv \alpha^{tp} + \alpha^{tp-1} hp^{\mu + 1} t + \alpha^{tp-t} up^{\mu + \varphi + 1} \ (\mathrm{mod}\ p^{\mu + \varphi + t})$$

因而

$$(\alpha + hp^{\mu})^{tp} \equiv \alpha^{tp} + \alpha^{tp-1} hp^{\mu} tp \ (\mathrm{mod}\ p^{\mu + \varphi + 1})$$

即，如果用 tp 代替 t，定理成立，因为 $v=\varphi$。但是这与假设矛盾，因此，定理对于 v 所有的值都成立。

87

现在，还剩下 $\mu=1$ 的情况没有讨论。通过使用完全类似于上个条目的方法，我们可以不用二项式定理证明以下各式

$$(\alpha + hp)^{t-1} \equiv \alpha^{t-1} + \alpha^{t-2} (t-1) hp \ (\mathrm{mod}\ p^{2})$$
$$\alpha (\alpha + hp)^{t-2} \equiv \alpha^{t-1} + \alpha^{t-2} (t-2) hp$$
$$\alpha^{2} (\alpha + hp)^{t-3} \equiv \alpha^{t-1} + \alpha^{t-2} (t-3) hp$$
$$\cdots$$

因此，由它们的和得到的多项式（项数为 t）就同余于下式

$$t\alpha^{t-1} + \frac{(t-1) t}{2} \alpha^{t-2} hp \ (\mathrm{mod}\ p^{2})$$

但是，因为 t 可以被 p 整除，所以，除了当 $p=2$ 的情况外（上一条目提到了这个情况），$(t-1) t/2$ 就都可以被 p 整除。然而，在其他的情况下，我们有 $(t-1) t\alpha^{t-2} hp/2 \equiv 0 \ (\mathrm{mod}\ p^{2})$，并且像上一条目一样，多项式和同余于 $t\alpha^{t-1} \ (\mathrm{mod}\ p^{2})$。剩下的证明按照同样的方式进行。

除了 $p=2$ 的情况之外，一般的结果就是

$$(\alpha + hp^{\mu})^{t} \equiv \alpha^{t} \ (\mathrm{mod}\ p^{\mu + v})$$

并且，对于任何模为比 $p^{\mu + v}$ 更高次的 p 的方幂，$(\alpha + hp^{\mu})^{t}$ 就不同余于 α^{t}，前提是 h 不能被 p 整除且 p^{v} 是整除 t 的 p 的最高次幂。

由此我们可以立即推导出在条目 85 中提出的两条定理：

第一，如果 $\alpha^t \equiv 1$，我们同样有 $(\alpha + hp^{n-v})^t \equiv 1 \pmod{p^n}$。

第二，如果某个数 α' 对于模 p 同余于 A，因而也同余于 α，但对于模 p^{n-v} 不同余于 α，并且如果 α' 满足同余方程 $x^t \equiv 1 \pmod{p^n}$，我们就令 $\alpha' = \alpha + lp^\lambda$ 使得 l 不能被 p 整除。由此推出，$\lambda < n-v$，因而 $(\alpha + lp^\lambda)^t$ 就对于模 $p^{\lambda+v}$ 同余于 α^t，但对于模 p 的更高次幂的模 p^n 则不同余于 α^t。因此，α' 不可能是同余方程 $x^t \equiv 1$ 的根。

88

第三，我们曾经提出求同余方程 $x^t \equiv 1 \pmod{p^n}$ 的某个同余于 A 的根。我们这里只演示在已经知道这个方程对于模 p^{n-1} 的一个根的情况下，我们怎样求解。显然，知道这一点就足够了；因为，当模为 p 时，A 是这个同余方程的一个根，我们可以从模 p 推到模 p^2，进而依次推到后面所有连续的方幂。

因而，我们假设 α 是同余方程 $x^t \equiv 1 \pmod{p^{n-1}}$ 的一个根。我们现在求同一个同余方程对于模 p^n 的根。我们假设这个根等于 $\alpha + hp^{n-v-1}$。从上一条目知，这个根一定有这种形式（我们单独考虑 $v = n-1$ 的情况，但是要注意 v 不可能大于 $n-1$）。因此，我们得到

$$(\alpha + hp^{n-v-1})^t \equiv 1 \pmod{p^{n-1}}$$

但是

$$(\alpha + hp^{n-v-1})^t \equiv \alpha^t + \alpha^{t-1}htp^{n-v-1} \pmod{p^n}$$

因此，如果这样选择 h，使得 $1 \equiv \alpha^t + \alpha^{t-1}htp^{n-v-1} \pmod{p^n}$ 或者使得 $(\alpha^t - 1)/p^{n-1} + \alpha^{t-1}ht/p^v$ 被 p 整除 [因为，根据假设，$1 \equiv \alpha^t \pmod{p^{n-1}}$ 并且 t 能够被 pv 整除]，那么，我们就求得了想要的根。从上一章可知，这是能够做到的，因为我们预先假设 t 不能被比 p^v 更高次的 p 的方幂整除，因而 $\alpha^{t-1}t/p^v$ 就与 p 互质。

但是，如果 $v = n-1$，即，如果 t 能够被 p^{n-1} 整除，或者被 p 的更高次幂整除，则对于模 p，满足同余方程 $x^t \equiv 1$ 的每一个值 A 也将对于模 p^n 满足

这个同余方程。因为，如果令 $t = p^{n-1}\tau$，则有 $t \equiv \tau \pmod{p-1}$；又因为 $A^t \equiv 1 \pmod{p}$，所以 $A^\tau \equiv 1 \pmod{p}$。因此，令 $A^\tau = 1 + hp$，我们就有 $A^\tau = (1+hp)^{p^{n-1}} \equiv 1 \pmod{p^n}$（参考条目 87）。

89

我们在条目 57 以及以后的条目中，借助定理"同余方程 $x^t \equiv 1$ 不能有多于 t 个不同的根"所推出的一切结论，对于模是质数的方幂的情况来说都是成立的，并且，如果我们把那些属于指数 $p^{n-1}(p-1)$ 的数，也就是那些在周期中包含了所有不被 p 整除的数，称为**原根**，那么，对于模是质数的方幂的情况来说就存在原根。进而，我们所讨论的关于指标以及它们的应用，以及关于同余方程 $x^t \equiv 1$ 的解的全部结论都可以应用于这种情况。因为证明没有什么困难，重复这些证明就是多余的。我们之前已经演示过如何从模 p 的同余方程 $x^t \equiv 1$ 的根去求得模 p^n 的这个同余方程的根。现在，我们必须补充上文中所排除的当模为 2 的方幂的情况的讨论。

第 14 节 模为 2 的方幂

90

如果取 2 的高于二次的某个方幂 2^n 作为模，则任意奇数的 2^{n-2} 次幂就同余于 1。

例如，$3^8 = 6\,561 \equiv 1\,(\bmod\,32)$。

因为，任意奇数都形如 $1 + 4h$ 或者形如 $-1 + 4h$，于是可以立刻推出这个命题（条目 86 中的定理）。

因此，由于奇数对于模 2^n 所属的指数一定是 2^{n-2} 的除数，容易判断这个奇数属于指数 1，2，4，8，$\cdots 2n-2$ 中的哪一个。假如所给的数为 $4h \pm 1$，整除 h 的 2 的最高次幂的指数为 m（m 可以等于 0，因为 h 可以是奇数）；那么，当 $n > m+2$ 时，所给的数所属的指数就为 2^{n-m-2}；但是，当 n 等于或小于 $m+2$ 时，则所给的这个数同余于 ± 1，因而，它所属的指数就是 1 或 2。从条目 86 容易推出，形如 $\pm 1 + 2^{m+2}k$ 的数（它等价于 $4h \pm 1$ 的形式），如果自乘到 2^{n-m-2} 次幂，对于模 2^n 同余于 1；如果自乘到 2 的较低次幂，它就不同余于 1。因此，任何形如 $8k+3$ 或 $8k+5$ 的数就属于指数 2^{n-2}。

91

由此可以推出，在这种情况下，不存在上文定义下的原根；即，不存在这样的数，使得其周期中包含了所有小于模且与模互质的数。可以发现，对于形如 $8k+3$ 的数，其奇数次幂也是形如 $8k+3$ 的数，其偶数次幂是形如 $8k+1$ 的数；不存在形如 $8k+5$ 或 $8k+7$ 的方幂。因为，对于形如 $8k+3$ 的数，它的周期是由不同的 2^{n-2} 项形如 $8k+3$ 或 $8k+1$ 的数组成，小于模的这样的数也不会超过 2^{n-2} 个。显然，任何形如 $8k+1$ 或 $8k+3$ 的数都对于模 2^n

同余于形如 $8k+3$ 的一个数的方幂。通过类似的方法我们可以证明，一个形如 $8k+5$ 的数的周期包含了所有形如 $8k+1$ 和 $8k+5$ 的数。因此，如果取一个形如 $8k+5$ 的数作为基数，将所有形如 $8k+1$ 和 $8k+5$ 的数取正号，并且将所有形如 $8k+3$ 和 $8k+7$ 的数取负号后，我们都可以求得它们真实的指标。而且，我们必须将对于模 2^{n-2} 同余的指标视为等价的指标。表 1 应当从这个角度来理解，在表1中对于模 16，32 和 64，总是取 5 作为基数（对于模 8 不需要表）。例如，数 19 是形如 $8n+3$ 的数，因而我们必须对其取负号；对于模 64，它的指标是 7。这就意味着 $5^7 \equiv -19\,(\bmod\,64)$。如果我们对形如 $8n+1$ 和 $8n+5$ 的数取负号，并且对形如 $8n+3$ 和 $8n+7$ 的数取正号，那么，我们就要给它们赋予所谓的虚指标。如果我们这样做，指标的计算法则就可以得到简化。但是，如果我们极其严格地讨论这一点，就会跑题；所以，我们把这一点放在其他场合——当我们或许能够更深入地讨论虚量理论的时候再来讨论。在我们看来，到目前为止还没有人明确地提出了关于这一点的处理方法。有经验的数学家会发现开发算法很容易。对于经验较少的人，只要他们掌握好上文中讨论的原理，可以利用我们的表格。这就类似于对于当代虚对数的研究一无所知的人可以运用对数运算一样。

92

对于由若干个质数合成的模，几乎所有关于幂剩余的结论都可由一般的同余理论来推出。我们后面会更加详细地讨论如何将对于若干个质数合成的模的同余式简化为对于模为质数或者质数幂的同余式。因此，关于这个话题我们不再作更多讨论。我们这里只是指出一个对于质数或质数幂的模有而对于其他模没有的一个优雅的性质：我们总是可以找到这样一个数，它的周期中包含所有与模互质的数。但是，有一种情况除外，即使在这里我们也能求得一个数。这种情况出现在当模是质数的两倍，或者是质数的幂的两倍之时。因为，如果模 m 可以简化为 $A^a B^b C^c \cdots$ 的形式，其中 A，B，C，$\cdots$ 是各不相同的质数，如果我们用 α 代表 $A^{a-1}(A-1)$，用 β 代表 $B^{b-1}(B-$

1），…，然后选择一个与 m 互质的数 z，我们得到 $z^a \equiv 1 \pmod{A^a}$，$z^\beta \equiv 1 \pmod{B^b}$，…。并且，如果 μ 是数 α，β，γ，…的最小公倍数，那么对于所有的模 A^a，B^b，…，我们有 $z^\mu \equiv 1$；因而对于它们的乘积 m 也成立。但是，m 是质数的两倍或者质数幂的两倍的情况除外，此时数 α，β，γ，…的最小公倍数总是小于它们的乘积（因为数 α，β，γ，…不可能互质，它们有公约数 2）。因此，不存在这样的周期，它包含的项数同与模互质且小于模的数的个数一样多，因为后者的个数等于数 α，β，γ，…的乘积。例如，对 m =1 001，每一个与 m 互质的数的 60 次幂必同余于 1，因为数 6，10，12 的最小公倍数是 60。在模是两倍的质数或两倍的质数幂的情况完全与模是质数或质数幂的情况相同。

93

我们已经提到了其他数学家关于本章相同主题的著作。对于想要对本主题有更加详细的讨论的读者，我们推荐下列欧拉的论文，这些论文的清晰度和洞察力都使得这位伟大的数学家领先于其他评论者：

Theoremata circa residua ex divisione potestatum relica，见 *Novi. comm. acad. Petrop*，7［1758 – 1759］，1761，49 – 82。

Demonstrationes circa residua ex divisione potestatum per numeros primos resultantia，*ibid.*，18［1773］，1774，85 – 135。

此外，还有他的著作 *Opuscula Analytica* 的论文 5，第 152 页；论文 8，第 242 页。

第 4 章 二次同余方程

（第 94 ~ 152 条）

第1节　二次剩余和非剩余

94

定理

如果我们取某个数 m 作为模，那么，在数0，1，2，3，$\cdots$，$m-1$中，当 m 是偶数时，同余于平方数的数的个数不超过 $\frac{m}{2}+1$个；当 m 是奇数时，同余于平方数的数的个数不超过 $\frac{m}{2}+\frac{1}{2}$ 个。

证明

因为同余的数的平方数是彼此同余的，所以，任何同余于平方数的数也同时同余于某个小于 m 的数的平方。因此，考虑平方数 0，1，4，9，$\cdots$，$(m-1)^2$的最小剩余就足够了。显然，$(m-1)^2 \equiv 1$，$(m-2)^2 \equiv 2^2$，$(m-3)^2 \equiv 3^2$，$\cdots$。因此，当 m 是偶数时，平方数 $(\frac{m}{2}-1)^2$与 $(\frac{m}{2}+1)^2$，$(\frac{m}{2}-2)^2$与 $(\frac{m}{2}+2)^2$，$\cdots$的最小剩余相同；当 m 是奇数时，平方数 $(\frac{m}{2}-\frac{1}{2})^2$与 $(\frac{m}{2}+\frac{1}{2})^2$，$(\frac{m}{2}-\frac{3}{2})^2$与 $(\frac{m}{2}+\frac{3}{2})^2$，$\cdots$是同余的。由此推出，当 m 是偶数时，除了与平方数0，1，4，9，$\cdots$，$(\frac{m}{2})^2$中的数同余的数之外，没有其他的数同余于平方数；当 m 是奇数时，任何与平方数同余的数一定和平方数 0，1，4，9，$\cdots$，$(\frac{m}{2}-\frac{1}{2})^2$中的某个数同余。因此，在前一种情况下，至多有 $\frac{m}{2}+1$个不同的最小剩余；在后一种情况下，至多有 $\frac{m}{2}+\frac{1}{2}$ 个不同的最小剩余。

例：对于模 13，数 0，1，2，3，$\cdots$6 的平方的最小剩余是 0，1，4，9，3，12，10，并且在此之后，它们按照相反的顺序，即 10，12，3，$\cdots$出现。因此，如果一个数不与这些剩余中的后一个同余，即如果它同余于 2，5，6，7，8，11 中的一个数，那么，它就不可能同余于一个平方数。

对于模 15，我们可以求出下列剩余：0，1，4，9，1，10，6，4；在此之后，这些数以相反的顺序出现。因此，在这里可以与某个平方数同余的剩余的个数小于 $\frac{m}{2} + \frac{1}{2}$，因为这样的剩余只有 0，1，4，6，9，10。数 2，3，5，7，8，11，12，13，14 以及任何同余于它们的数不可能对于模 15 同余于一个平方数。

95

那么，对于任意模，所有的数都能分成两类；一类包含了所有能与某个平方数同余的数；另一类包含了所有不能与之同余的数。我们把前一类数称为**作为模的数的二次剩余**[1]，而把后一类数称为**这个数的二次非剩余**。当不会产生歧义时，我们简单地把它们分别称为"剩余"和"非剩余"。并且明显地，所有的数 0，1，2，3，…，$m-1$ 都可以划分为这两类，因为我们把同余的数放在同一类。

再一次地，在这项研究中，我们从质数模开始，即使在没有提到时也默认模为质数。但是，我们必须把质数 2 排除在外，因而，我们只讨论**奇质数**。

---

〔1〕实际上，在这里我们对这些术语赋予了不同于至今所用的含义。当 $r \equiv a^2 \pmod{m}$ 时，我们应当说 r 是平方数 a^2 对模 m 的剩余；但是，为了简洁，本章中我们就称 r 是数 m 本身的二次剩余，并且不会导致歧义。从现在起，只有当处理最小剩余时，我们才在"同余的数"的意义上使用"剩余"，而在这种情况下不可能产生任何歧义。

第 2 节　当模是质数时，小于模的剩余的个数
　　　　　等于非剩余的个数

96

　　如果我们取质数 p 作为模，则在数 1，2，3，$\cdots$，$p-1$ 中，一半是二次剩余，剩下的是非剩余；即，剩余有 $\dfrac{p-1}{2}$ 个，非剩余也有 $\dfrac{p-1}{2}$ 个。

　　容易证明所有的平方数 1，4，9，$\cdots$，$\dfrac{(p-1)^2}{4}$ 都是彼此不同余的。因为，如果 $r^2 \equiv (r')^2 \pmod{p}$，这里数 r，r' 不相等且均不大于 $\dfrac{p-1}{2}$，那么，可设 $r > r'$，得到 $(r-r')(r+r')$ 是正数并且能被 p 整除。但是两个因数 $(r-r')$ 和 $(r+r')$ 都小于 p，因此假设不成立（参考条目 13）。因此，在数 1，2，3，$\cdots$，$p-1$ 中有 $\dfrac{p-1}{2}$ 个二次剩余。不可能有比这更多个的二次剩余，因为，如果我们增加剩余 0，就得到 $\dfrac{p+1}{2}$ 个二次剩余，但所有剩余的个数不能大于这个数。那么，剩下的数就是非剩余，它们的个数是 $\dfrac{p+1}{2}$。

　　因为 0 总是剩余，所以我们在研究中就排除 0 以及所有可以被模整除的数。这种情况本身是清楚的，讨论它只会让定理不再优雅。出于同样的原因，我们也排除 2 是模的情况。

97

　　因为本章中要证明的很多结论可以从上一章的原理中推导出来，而且用不同的方法去发现相同的结论也无妨，我们就继续指出这种联系。容易证实的是，所有同余于平方数的数都有**偶数**指标，所有不同余于平方数的数都有

奇数指标。并且，因为 $p-1$ 是一个偶数，所以偶数指标的个数与奇数指标的个数相同，各有 $\dfrac{p-1}{2}$ 个，因而剩余和非剩余的个数也相同。

例：

模	剩余
3	1
5	1，4
7	1，2，4
11	1，3，4，5，9
13	1，3，4，9，10，12
17	1，2，4，8，9，13，15，16

且所有小于这些模的其他的数都是非剩余。

第3节　合数是不是给定质数的剩余或非剩余的问题，取决于它的因数的性质

98

定理

质数 p 的两个二次剩余的乘积是剩余；一个剩余和一个非剩余的乘积是非剩余；最后，两个非剩余的乘积是剩余。

证明

1. 令 A，B 为平方数 a^2，b^2 的剩余；即，$A \equiv a^2$，$B \equiv b^2$。那么，乘积 AB 就同余于数 ab 的平方，即，它是剩余。

2. 当 A 是剩余，例如，$A \equiv a^2$，且 B 是非剩余，乘积 AB 就是非剩余。因为，我们假设 $AB \equiv k^2$，且令表达式 $\dfrac{k}{a}$（mod p）的值同余于 b。因此，我们就有 $a^2B \equiv a^2b^2$ 且 $B \equiv b^2$；即，与我们的假设相反，B 是剩余。

另一个证明。取数 1，2，3，$\cdots$，$p-1$ 中的所有剩余（有 $\dfrac{p-1}{2}$ 个），把每个数乘以 A，则所有的乘积都是二次剩余且彼此不同余。现在，如果将非剩余 B 乘以 A，则乘积就不同余于我们上面已经得到的乘积中的任何一个。因而，如果它是一个二次剩余，我们就有 $\dfrac{p+1}{2}$ 个彼此不同余的剩余，并且它们中不包括 0。这与条目 96 矛盾。

3. 设 A，B 为非剩余。将数 1，2，3，$\cdots$，$p-1$ 中所有的剩余乘以 A。这样，我们就得到了 $\dfrac{p-1}{2}$ 个彼此不同余的非剩余（参考第二部分），乘积 AB 不与它们中的任何一个同余。那么，如果它是非剩余，我们就得到了 $\dfrac{p+1}{2}$ 个彼此不同余的非剩余，这与条目 96 矛盾。证明完毕。

从上一章的原理可以轻易地推出这些定理。这是因为，剩余的指标总是

偶数，非剩余的指标总是奇数。所以，两个剩余或两个非剩余的乘积的指标是偶数，因此这个乘积本身是剩余。

这两个证明方法都可以用来证明下面的定理：

当数 a 和 b 都是剩余或都是非剩余时，表达式 $\dfrac{a}{b}$（mod p）的值是剩余；当数 a 和 b 一个是剩余且另一个是非剩余时，该表达式的值是非剩余。

它们可以通过上面的定理来证明。

99

一般地，如果所有的因数都是剩余，或者因数中非剩余的个数为偶数，那么任意个数的因数之积是剩余；如果因数中非剩余的个数为奇数，那么这个乘积就是非剩余。因此，只要我们知道单个因数的情况就容易判断一个合数是不是剩余。这就是为什么我们在表 2 中只列出了质数。表的布置是这样的：表的最左边列出了模[1]，表的最上边列出了连续质数，当连续质数中的一个数是某个模的剩余时，就在这个数所在的列与这个模所在的行相交的位置标上"－"；当一个质数是模的非剩余时，对应的位置就留空白。

---

[1] 我们很快就能看出如何省去合数模。

第4节 合数模

100

在我们进入难度更大的主题之前，让我们补充几点关于非质数模的讨论。

如果模是 p^n，p 为质数（我们假设 p 不是 2），那么，在所有小于 p^n 且不能被 p 整除的数中，一半是剩余，一半是非剩余，即，两者的个数都是 $\dfrac{(p-1)p^{n-1}}{2}$。

因为，如果 r 是剩余，它就同余于某个不大于模的一半的数的平方（参考条目 94）。容易看出，有 $\dfrac{(p-1)p^{n-1}}{2}$ 个不能被 p 整除且小于模的一半的数；剩下就要证明所有这些数的平方都彼此不同余，或者说它们产生不同的二次剩余。假设两个不能被 p 整除且小于模的一半的数 a，b 的平方是彼此同余的，我们就有 a^2-b^2 或 $(a-b)(a+b)$ 能够被 p^n 整除（我们假设 $a>b$）。但是，这是不可能的，除非以下两种情况：① 数 $(a-b)$ 或者数 $(a+b)$ 能够被 p^n 整除，但这是不可能的，因为这两个数都小于 p^n。②这两个数中的一个能够被 p^m 整除，一个能够被 p^{n-m} 整除，即它们都能被 p 整除，但这也是不可能的。因

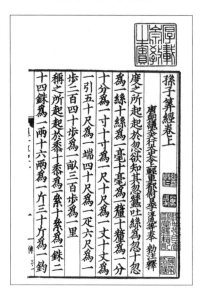

□ 中国剩余定理

中国剩余定理，也称孙子定理，是数论中关于一元线性同余方程组的定理，阐述了一元线性同余方程组有解的准则以及求解方法。其相关问题，最早由孙子在其于南北朝时期写就的《孙子算经》中提出："物不知其数，三三数之剩二，五五数之剩三，七七数之剩二。问物几何？"图为《孙子算经》书影。

为这就意味着这两个数的和与差，即 $2a$ 与 $2b$ 都能被 p 整除，因此 a 和 b 也就都能被 p 整除，这与假设矛盾。最后，在所有不能被 p 整除且小于模的数中，有 $\dfrac{(p-1)p^{n-1}}{2}$ 个剩余，其他的数都是非剩余，个数与前者相同。证明完毕。像在条目 97 中一样，可以用指标来证明这则定理。

101

任何不能被 p 整除的数，如果它是 p 的剩余，则它也是 p^n 的剩余；如果它是 p 的非剩余，则它也是 p^n 的非剩余。

定理的后半部分显然成立。因此，如果前半部分不成立，那么在所有小于 p^n 且不被 p 整除的数中，p 的剩余要比 p^n 的剩余多，即，p 的剩余多于 $\dfrac{(p-1)p^{n-1}}{2}$ 个。但是，显然，在这些数中 p 的剩余的个数就是 $\dfrac{(p-1)p^{n-1}}{2}$ 个。

如果我们有对于模 p 同余于给定剩余的平方数，那么求对于模 p^n 同余于这个剩余的平方数也是很容易的。

因为，如果 a^2 是对于模 p^μ 同余于给定剩余 A 的平方数，按照如下方式，我们可以求得一个对于模 p^ν 同余于 A 的平方数（我们这里假设 ν 大于 μ 且不大于 2μ）。假设我们要求的平方数的根等于 $\pm a + xp^\mu$。容易看出的是，平方数的根就形如 $\pm a + xp^\mu$。并且，我们应当还有 $a^2 \equiv \pm 2axp^\mu + x^2p^{2\mu} \equiv A \pmod{p^\nu}$ 或者，因为，$2\mu > \nu$，$A - a^2 \equiv \pm 2axp^\mu \pmod{p^\nu}$。设 $A - a^2 = p^\mu d$，那么 x 就是表达式 $\pm \dfrac{d}{2a} \pmod{p^{\nu-\mu}}$ 的值。这个表达式等价于 $\dfrac{A-a^2}{2ap^\mu} \pmod{p^\nu}$。

因此，给定一个对于模 p 同余于 A 的平方数，由此我们可以推导出对于模 p^2 同余于 A 的平方数；再由此我们可以推导出对于模 p^4 同余于 A 的平方数，然后到模 p^8，…，以此类推。

例：如果给定剩余 6，它对于模 5 同余于 1 的平方，那么，我们可以求出平方数 9^2 对于模 25 同余于它，进而求出 16^2 对于模 125 同余于它，等等。

102

就能够被 p 整除的数来说，可知它们的平方数也可以被 p^2 整除，因此，所有被 p 整除但不被 p^2 整除的数都是 p^n 的非剩余。一般地，如果我们有一个给定数 $p^k A$，A 不被 p 整除，我们可以区分以下情况：

1. 当 $k \geqslant n$ 时，我们有 $p^k A \equiv 0 \,(\bmod\, p^n)$，即 $p^k A$ 是剩余。

2. 当 $k < n$ 并且 k 是奇数时，$p^k A$ 是非剩余。

因为，假如 $p^k A = p^{2x+1} A \equiv s^2 \,(\bmod\, p^n)$，那么 s^2 就能被 p^{2x+1} 整除。除非 s 能被 p^{x+1} 整除，否则这是不可能的；但这时 s^2 也被 p^{2x+2} 整除，并且（因为 $2x+2$ 肯定不大于 n）$p^k A$，即 $p^{2x+1} A$ 也被 p^{2x+2} 整除。这就意味着 p 可以整除 A，这与假设相矛盾。

3. 当 $k < n$ 并且 k 是偶数时，$p^k A$ 是 p^n 的剩余或非剩余取决于 A 是 p 的剩余或非剩余。因为，当 A 是 p 的剩余，A 就也是 p^{n-k} 的剩余。但是，如果我们假设 $A \equiv a^2 \,(\bmod\, p^{n-k})$，我们得到 $Ap^k \equiv a^2 p^k \,(\bmod\, p^n)$ 且 $a^2 p^k$ 是一个平方数。另一方面，当 A 是 p 的非剩余时，$p^k A$ 不可能是 p^n 的剩余。因为，如果 $p^k A \equiv a^2 \,(\bmod\, p^n)$，$a^2$ 就必须能够被 p^k 整除。所以，它们的商是一个平方数，且对于模 p^{n-k} 与 A 同余；即，A 是 p 的二次剩余，这与假设矛盾。

103

因为我们在上文中排除了 $p = 2$ 的情况，我们这里应当对其稍微讨论一下。当模是 2 时，那么每个数都是剩余，不存在非剩余。当模是 4 时，所有形如 $4k+1$ 的奇数都是剩余，所有形如 $4k+3$ 的数都是非剩余。当模是 8 或者 2 的更高次幂时，那么所有形如 $8k+1$ 的奇数都是剩余，所有其他的形如 $8k+3$，$8k+5$，$8k+7$ 的数都是非剩余。这定理的后半部分从下面的事实可以明显得到，即任何奇数，不论是形如 $4k+1$ 或者是 $4k-1$，它的平方数都形如 $8k+1$。我们按下述方式证明定理的前半部分。

1. 如果两个数的和或者差能够被 2^{n-1} 整除，这些数的平方数就对于模 2^n 同余。因为，如果其中一个数等于 a，另一个数就形如 $2^{n-1}h \pm a$，并且它的平方数就同余于 $a^2 (\bmod\ 2^n)$。

2. 任何是模 2^n 的剩余的奇数都同余于一个小于 2^{n-2} 的奇数的平方。因为，设给定的数同余于 a^2，并且设 $a \equiv \pm \alpha (\bmod\ 2^{n-1})$，且 α 不超过模的一半（参考条目4），那么，$a^2 \equiv \alpha^2$，因而给定的数同余于 α^2。显然，a 和 α 都是奇数，且 $\alpha < 2^{n-2}$。

3. 所有小于 2^{n-2} 的奇数的平方数都不与 2^n 同余。假设这样的两个数分别为 r 和 s，如果它们的平方数与 2^n 同余，$(r-s)(r+s)$ 就能够被 2^n 整除（我们假设 $r>s$）。不难发现，数 $r-s$ 和 $r+s$ 不可能同时被 4 整除。但是，如果其中一个只能被 2 整除，那么，为了使得乘积能够被 2^n 整除，另一个就应当能被 2^{n-1} 整除，而这是不可能的，因为它们每个都小于 2^{n-2}。

4. 如果这些平方数都简化为它们的**最小正剩余**，我们就有 2^{n-3} 个小于模的不同的二次剩余[1]，并且它们中的每一个都有 $8k+1$ 的形式。但是，因为在小于模的数中恰好有 2^{n-3} 个形如 $8k+1$ 的数，所有这些数都一定是剩余。证明完毕。

为了求出对于模 2^n 同余于给定的形如 $8k+1$ 的数的一个平方数，可以采用与条目 101 中类似的方法（也参考条目 88）。最后，关于偶数，在条目 102 中我们总结的所有结论都成立。

104

如果 A 是 p^n 的剩余，关于表达式 $V \equiv \sqrt{A} (\bmod\ p^n)$ 所取的不同的值（对于模不同余的值）的个数，从前面的讨论可以推出以下结论。（像之前一样，我们假设数 p 是质数；为了简洁，我们将 $n=1$ 的情况包括在内。）

---

[1] 因为小于 2^{n-2} 的奇数有 2^{n-3} 个。

1. 如果 A 不能被 p 整除，那么，当 $p=2$，$n=1$ 时，V 有一个值，即 $V=1$；当 p 是奇数，且 $p=2$，$n=2$ 时，V 有 2 个值，即，如果其中一个值同余于 ν，另一个值就同余于 $-\nu$；当 $p=2$，$n>2$ 时，V 有 4 个值，即，如果这些值中的一个同余于 ν，剩下的值就同余于 $-\nu$，$2^{n-1}+\nu$，$2^{n-1}-\nu$。

2. 如果 A 能够被 p 整除但不能被 p^n 整除，设整除 A 的 p 的最高次幂为 $p^{2\mu}$。显然，V 的所有值都能被 p^μ 整除，并且所得的商就是表达式 $V'=\sqrt{a}$（$\mathrm{mod}\ p^{n-2\mu}$）的值；那么，我们只要将表达式 V' 位于 0 到 $p^{n-\mu}$ 之间的所有的值都乘以 p^μ，就可以得到 V 的所有值。这样处理后，我们就得到了 V 值

$$\nu p^\mu,\quad \nu p^\mu+p^{n-\mu},\quad \nu p^\mu+2p^{n-\mu},\quad \cdots,\quad \nu p^\mu+(p^\mu-1)p^{n-\mu}$$

ν 代表了 V' 的不同的值，因此，对应于 V' 的值的个数分别是 1，2，4（见情形 1），V 的值的个数分别是 p^μ，$2p^\mu$ 或 $4p^\mu$。

3. 如果 A 能够被 p^n 整除，容易发现的是，如果对应于 n 是偶数或奇数我们分别令 $n=2m$ 或 $n=2m-1$，那么，所有能够被 p^m 整除的数就构成了 V 的值，不会再有其他数；这些值就是 0，p^m，$2p^m$，$\cdots$，$(p^{n-m}-1)p^m$。它们的个数是 p^{n-m}。

105

剩下还要考虑当模 m 由若干个质数合成的情况。令 $m=abc\cdots$，其中，a，b，c，$\cdots$ 是不同的质数或不同的质数的幂。那么，立刻可知的是，如果 n 是模 m 的剩余，那么，它也是所有的模 a，b，c，$\cdots$ 的剩余；并且，如果它是数 a，b，c，$\cdots$ 中任意一个的非剩余，它就是 m 的非剩余。反过来，如果 n 是所有数 a，b，c，$\cdots$ 的剩余，那么，它也是数 a，b，c，$\cdots$ 乘积 m 的剩余。假设 n 对于模 a，b，c，$\cdots$，分别同余于 A^2，B^2，C^2，$\cdots$。如果我们求得对于模 a，b，c，$\cdots$ 分别同余于数 A，B，C，$\cdots$ 的数 N（参考条目 32），那么，对于这些模 $n\equiv N^2$，因而，对于乘积 m，$n\equiv N^2$。把数 A，即表达式 $\sqrt{n}$（$\mathrm{mod}\ a$）的每一个值，与数 B 的每一个值，与数 C 的每一个值，$\cdots$ 相组合，我们就得到了数 N，即表达式 $\sqrt{n}$（$\mathrm{mod}\ m$）的一个值。从不同的组合可

以得到不同的 N 值，从所有组合可以得到 N 所有的值。因此，N 的所有不同的值的个数就等于数 A，B，C，…的值的个数的乘积，在上一条目中我们已经演示了如何确定这个个数。显然，如果表达式 $\sqrt{n}$（mod m）或 N 的一个值已知，那么，它也是所有 A，B，C…的一个值；因为，从上一条目知道如何从这个值推出这些数的剩余的值；由此可知，知道了 N 的一个值，可以得到剩下所有的值。

　　例：设模是 315，我们判断 46 是剩余还是非剩余。315 的质除数是 3，5，7，并且数 46 是它们每个数的剩余，因此，它也是 315 的一个剩余。而且，因为 $46 \equiv 1$ 并且 $46 \equiv 64$（mod 9）；$46 \equiv 1$ 并且 $46 \equiv 16$（mod 5）；$46 \equiv 4$ 并且 $46 \equiv 25$（mod 7），所以，对于模 315 同余于 46 的所有的平方数的根是 19，26，44，89，226，271，289，296。

第5节　给定的数是给定质数模的剩余或
　　　　非剩余的一般判别法

106

从上面的讨论可以看出，只要我们能够确定一个给定的**质数**是另一个给定的**质数**模的剩余或者非剩余，其他所有的情况都可以化归为这种情况。因此，我们必须努力对这种情况确立一套可靠的判别法。不过，在这么做之前，我们先证明从上一章推导出的一个判别法。虽然它几乎没有什么实际用途，但是因为它简洁又普遍适用，这里还是要提一下。

不能被质数 $2m+1$ 整除的任意数 A，对应于 $A^m \equiv +1$ 或是 $\equiv -1$（mod $2m+1$），分别是这个质数的剩余或非剩余。

因为，设在任意系统中 a 是对于模 $2m+1$ 数 A 的指标；当 A 是 $2m+1$ 的剩余时，a 是偶数；当 A 是 $2m+1$ 的非剩余时，a 是奇数。但是 A^m 的指标是 ma，即，对应于 a 是偶数或者奇数，它就同余于 0 或者同余于 m（mod $2m$）。在前一种情况下，$A^m \equiv +1$；在后一种情况下，$A^m \equiv -1$（mod $2m+1$）（参考条目 57 和 62）。

例：3 是 13 的剩余，因为 $3^6 \equiv 1$（mod 13）；2 是 13 的非剩余，因为 $2^6 \equiv -1$（mod 13）。

但是，一旦我们所检验的数稍微变大，这个判别法就基本没有用了，因为计算量太大。

第 6 节　给定的数作为剩余或非剩余的质数的研究

107

对于给定的模，非常容易确定它的所有的剩余或者非剩余。如果给定的模为 m，那么只要确定不超过 m 的一半的数的平方数，或者确定对于模 m 同余于这些平方数的数（*实践中还有更加便捷的方法*）即可。对于模 m，同余于这些数中任意一个的数都是 m 的剩余，与这些数全都不同余的数都是 m 的非剩余。但是，解决它的反问题，**给定一个数，确定所有以它为剩余或者非剩余的数**，是更加困难的。要解决上个条目中的问题，必须先解决这个问题。我们现在从最简单的情况开始讨论这个问题。

第 7 节　剩余为 -1

108

定理

-1 是所有形如 $4n+1$ 的质数的二次剩余，并且是所有形如 $4n+3$ 的质数的二次非剩余。

例：从数 2，5，4，12，6，9，23，11，27，34，22，…的平方可以发现，-1 分别是数 5，13，17，29，37，41，53，61，73，89，97，…的剩余；并且，-1 是数 3，7，11，19，23，31，43，47，9，67，71，79，83，…的非剩余。

在条目 64 中我们提到了这个定理，从条目 106 可以轻松得到对这个定理的证明。因为，对于形如 $4n+1$ 的质数我们有 $(-1)^{2n} \equiv 1$，对于形如 $4n+3$ 的质数我们有 $(-1)^{2n+1} \equiv -1$。这个证明与条目 64 中的证明一致。因为这个定理非常优雅、实用，我们再给出一个证明。

109

我们用字母 C 表示质数 p 的所有小于 p 但不包括 0 的剩余组成的总体。这些剩余的个数总是等于 $\dfrac{p-1}{2}$，因此，当 p 是形如 $4n+1$ 时，这些剩余的个数显然是偶数；当 p 是形如 $4n+3$ 时，这些剩余的个数显然是奇数。沿袭条目 77 中的说法（那里的数是任意数），**我们就把那些乘积同余于 1（mod p）的数称为关联剩余**；因为，如果 r 是剩余，那么 $\dfrac{1}{r}$（mod p）也是剩余。因为一个剩余在 C 中不可能有多个关联剩余，显然，所有的剩余 C 可以划分为若干组，每组含一对关联剩余。如果没有与自身关联的剩余，即，如果每组都含一对不相等的剩余，所有剩余的个数就是组数的两倍；但是，如果存在某些剩余是其自身的关联剩余，那么就存在某些组只包含一个剩余，或者也可以说只包含两个一样的剩余，所有剩余 C 的个数就等于 $a+2b$，其中 a 是第二种类型的组数，b 是第 1 种类型的组数。那么，当模 p 是形如 $4n+1$，a 就是偶数；当 p 是形如 $4n+3$，a 就是奇数。但是，除了 1 和 $p-1$ 之外，不存在小于 p 并且与自身关联的数（参考条目 77）；且第 1 种类型的剩余里面必然有 1。那么，$p-1$（或 -1，也是同样地）在前一种情况下必定是剩余，在后一种情况下必定是非剩余。否则的话，在前一种情况下就有 $a=1$，在后一种情况下有 $a=2$，这是不可能的。

110

　　这个证明归功于欧拉。他也是发现之前的证明方法的第一人（见 *Opuscula Analytica*[1]）。容易发现的是，这个证明与我们对威尔逊定理的第 2 个证明所依赖的原理非常相似（参考条目 77）。并且，如果我们假设这个定理是成立的，上面的证明就会变得非常简单。因为，在数 1，2，3，$\cdots$，$p-1$ 中，有 $\frac{p-1}{2}$ 个 p 的二次剩余，还有 $\frac{p-1}{2}$ 个 p 的二次非剩余；所以，当 p 形如 $4n+1$ 时，非剩余的个数就是偶数；当 p 形如 $4n+3$ 时，非剩余的个数就是奇数。那么，在前一种情况下，所有数 1，2，3，$\cdots$，$p-1$ 的乘积就是剩余；在后一种情况下，它就是非剩余（参考条目 99）。但是，这个乘积总是同余于 $-1(\bmod p)$，因而，在前一种情况下，-1 是一个剩余，在后一种情况下，-1 是一个非剩余。

---

〔1〕参考第 48 页。

111

因此，如果 r 是任何形如 $4n+1$ 的质数的剩余，那么 $-r$ 也是这个质数的剩余；并且，即使它的所有非剩余取负号，它们仍旧是非剩余[1]。对于形如 $4n+3$ 的质数，上面的结论反过来也是成立的，即，当它的所有剩余取负号，它们就会变成非剩余，反之亦然（参考条目 98）。

从上面的讨论可以推出这个一般规律：**-1 是所有既不能被 4 整除，也不能被任何形如 $4n+3$ 的质数整除的数的剩余；它是所有其他数的非剩余**（参考条目 103 和 105）。

---

〔1〕因此，当我们提到一个形如 $4n+1$ 的数的剩余或者非剩余时，我们可以完全忽略它的符号，或者可以使用 ± 号。

第 8 节　剩余为 +2 和 −2

112

我们来讨论剩余为 +2 和 −2 的情况。

如果从表 2 中收集所有剩余为 +2 的质数，我们就能得到 7，17，23，31，41，47，71，73，79，89，97，我们发现这些数里不存在形如 $8n+3$ 或 $8n+5$ 的数。

我们来探讨一下这个归纳出来的结论是不是能够成立。

首先，我们发现任何形如 $8n+3$ 或 $8n+5$ 的合数一定有一个形如 $8n+3$ 或 $8n+5$ 的质因数；因为，如果存在形如 $8n+1$ 或 $8n+7$ 的质因数，我们就只能得到形如 $8n+1$ 或 $8n+7$ 的合数。那么，如果我们归纳的结论是普遍成立的，任何形如 $8n+3$ 或 $8n+5$ 的数都不可能有 +2 作为剩余。现在，显然 100 以内的数都不可能有 +2 作为剩余。假如有若干大于 100 的数有 +2 作为它们的剩余，设这些数中最小的一个等于 t。t 的形式要么是 $8n+3$，要么是 $8n+5$；+2 是 t 的剩余并且是所有小于 t 的数的非剩余。设 $2 \equiv a^2 \pmod{t}$，则总是可以认为 a 是小于 t 的奇数（因为 a 至少有两个小于 t 的正值且其和等于 t，所以其中一个为偶数，另一个为奇数；参考条目 104 和 105）。令 $a^2 = 2 + tu$（即，$tu = a^2 - 2$），因 a^2 形如 $8n+1$，那么，tu 就形如 $8n-1$。因而，对应于 t 是 $8n+5$ 或者 $8n+3$ 的形式，u 就有 $8n+3$ 或者 $8n+5$ 的形式。但是，从等式 $a^2 = 2 + tu$ 可以推出 $2 \equiv a^2 \pmod{u}$，即，2 是 u 的一个剩余。容易发现的是，$u < t$，因而 t 就不是我们归纳结论中的最小的数，这与我们的假设矛盾。由此可知，我们在归纳中发现的结论对于一般情况下也是成立的。

将这条定理与条目 111 中的定理相结合，我们就可以推导出以下两条定理：

1. 对于所有形如 $8n+3$ 的质数，+2 是非剩余，−2 是剩余。

2. 对于所有形如 $8n+5$ 的质数，$+2$ 和 -2 都是非剩余。

113

对表2用类似的归纳方法，我们找到以 -2 为二次剩余的质数是：3，11，17，19，41，43，59，67，73，83，89，97[1]。因为这些数都不是形如 $8n+5$ 和 $8n+7$ 的，所以我们要探讨一下这种归纳是不是能给我们带来一般性的结论。如同在上一条目中的做法，我们这里证明每一个形如 $8n+5$ 或 $8n+7$ 的合数都包含一个形如 $8n+5$ 或 $8n+7$ 的质因数。因此，如果我们的归纳对一般情况也成立，那么任何形如 $8n+5$ 或 $8n+7$ 的数都没有以 -2 作为剩余的。但是，如果这样的数确实存在，设它们中最小的那个数等于 t，我们有 $-2=a^2-tu$。像上面一样，如果取 a 是小于 t 的奇数，对应于 t 是形如 $8n+7$ 或者 $8n+5$，u 就形如 $8n+5$ 或者 $8n+7$。但是，由 $a^2+2=tu$ 和 $a<t$ 可以轻松推出 $u<t$。最后得出，-2 也就是 u 的一个剩余，即，以 -2 为剩余的 t 不是最小的那个数，这与我们的假设矛盾。因此，-2 必定是所有形如 $8n+5$ 或 $8n+7$ 的数的非剩余。

结合条目 111 中的定理，我们可以得到以下定理：

1. 对于所有形如 $8n+5$ 的质数，-2 和 $+2$ 都是非剩余。 我们已经在上面的条目中证明了这条定理。

2. 对于所有形如 $8n+7$ 的质数，-2 是非剩余，$+2$ 是剩余。

实际上，在每个证明中我们也可以取 a 为偶数；但是我们就得区分 a 是形如 $4n+2$ 还是形如 $4n$ 的情况。那么，往后的推导就可按照上面来进行，没有任何困难。

---

〔1〕把 -2 看作 $+2$ 和 -1 的乘积（参考条目 111）。

114

还剩一种情况，即，当质数是形如 $8n+1$ 的情况。之前的方法在这里不适用，需要使用一种特殊的方法。

设 $8n+1$ 为质数模，a 是它的一个原根。我们就有（参考条目 62）$a^{4n} \equiv -1 \,(\bmod\, 8n+1)$。这个同余式也可以表示成 $(a^{2n}+1)^2 \equiv 2a^{2n} \,(\bmod\, 8n+1)$ 或者 $(a^{2n}-1)^2 \equiv -2a^{2n} \,(\bmod\, 8n+1)$ 的形式。由此可以推出，$2a^{2n}$ 和 $-2a^{2n}$ 都是 $8n+1$ 的剩余；但是，因为 a^{2n} 是不能被模整除的平方数，所以 $+2$ 和 -2 都是剩余（参考条目 98）。

115

这里对此定理再补充一个证明，这个证明与前一个证明的关系就像条目 108 的定理的第 2 个证明（条目 109）与第 1 个证明（条目 108）的关系一样。熟练的数学家会发现，这两对证明并不是像第一眼看上去那样不同。

1. 对于任何形如 $4m+1$ 的质数模，在小于模的数 1，2，3，…，$4m$ 中，有 m 个数能同余于一个四次方数，而其余 $3m$ 个数都不能同余于四次方数。

从上一章的原理可以很容易推导出这一点，但是即便没有这些原理，也不难发现这一点。因为，我们已经证明了 -1 总是这样的模的二次剩余。因此，设 $f^2 \equiv -1$。显然，如果 z 是不能被模整除的任意数，这四个数 $+z$，$-z$，$+fz$，$-fz$（它们显然是彼此不同余的）的四次方将彼此同余。与这四个数不同余的任意数，它的四次方也不能同余于它们的四次方（否则的话，四次同余方程 $x^4 \equiv z^4$ 的根就会超过 4 个，这与条目 43 矛盾）。因此，我们推导出：由数 1，2，3，…，$4m$ 的四次方仅能给出 m 个互不同余的数，并且，相同的这些数中有 m 个数同余于这些数的四次方，而其他的数则不能同余于一个四次方的数。

2. 对于形如 $8n+1$ 的质数模，-1 能够同余于一个四次方的数（-1 被称作这个质数的**四次剩余**）。

所有小于 $8n+1$ 的四次剩余（不包括 0）的个数就等于 $2n$，即偶数。容易证明的是，如果 r 是 $8n+1$ 的四次剩余，表达式 $\frac{1}{r}$（$\bmod 8n+1$）的值也是四次剩余。所以，如同我们在条目 109 中把二次剩余分组一样，我们也可以把所有的四次剩余分组。剩下的证明几乎和我们在条目 109 中的证明一样展开。

3. 令 $g^4 \equiv -1$，且 h 是表达式 $\frac{1}{g}$（$\bmod 8n+1$）的值。那么，我们就有 $(g \pm h)^2 = g^2 + h^2 \pm 2gh \equiv g^2 + h^2 \pm 2$（因为 $gh \equiv 1$）。但是，$g^4 \equiv -1$，因而 $-h^2 \equiv g^4 h^2 \equiv g^2$。因此，$g^2 + h^2 \equiv 0$ 并且 $(g \pm h)^2 \equiv \pm 2$；即，$+2$ 和 -2 都是 $8n+1$ 的二次剩余。 证明完毕。

116

从上文我们可以轻松地推导出下面的一般性规律：$+2$ 是不能被 4 或任何形如 $8n+3$ 或 $8n+5$ 的任意质数整除的数的剩余，它是所有其他的数的非剩余（例如，所有形如 $8n+3$ 和 $8n+5$ 的数，不论它们是质数还是合数）；-2 是不能被 4 或任何形如 $8n+5$ 或 $8n+7$ 的任意质数整除的数的剩余，它是所有其他的数的非剩余。

这两个优美的定理早已被睿智的费马发现（*Opera Mathem*[1]），但是他从没公开声称他已经得到的证明。后来欧拉努力寻找这一证明，但是无果；拉格朗日发表了第一个严格的证明（*Nouv.mêm. Acad. Berlin*[2]）。当欧拉在 *Opuscula Analytica* 上撰写论文时，似乎还不知道这件事。

---

〔1〕见第 42 页。
〔2〕论文 8，见第 62 页。

第 9 节　剩余为 +3 和 −3

117

我们现在继续讨论剩余为 +3 和 −3 的情况，先从 −3 开始。

从表 2 我们发现，−3 是 3，7，13，19，31，37，43，61，67，73，79，97 的剩余，这里面没有形如 $6n+5$ 的数。在这个表之外，也不会有形如 $6n+5$ 的数以 −3 为剩余。我们按下面方法证明：首先，任何形如 $6n+5$ 的合数必然有一个同样形如 $6n+5$ 的质因数。那么，如果以某个数为界限，所有形如 $6n+5$ 的质数都不以 −3 为剩余，并且，到这个界限为止，所有的合数也不会以 −3 为剩余。现在假设在我们的表以外存在以 −3 为剩余的数，假设其中最小一个数为 t，并且令 $-3 = a^2 - tu$。现在，如果我们取 a 为小于 t 的偶数，就有 $u < t$，且 −3 是 u 的一个剩余。但是，如果 a 是形如 $6n \pm 2$ 的数，tu 就是形如 $6n+1$ 的数，且 u 的形式就是 $6n+5$。但这是不可能的，因为，我们假设 t 是与我们归纳的结论矛盾的最小一个数。现在，如果 a 形如 $6n$，tu 的形式就是 $36n+3$，则 $\dfrac{tu}{3}$ 的形式为 $12n+1$，那么 $\dfrac{u}{3}$ 的形式就是 $6n+5$。但是，显然 −3 也是 $\dfrac{u}{3}$ 的剩余且 $\dfrac{u}{3} < t$，但这是不可能的。因此，显然 −3 不可能是任何形如 $6n+5$ 的数的剩余。

因为所有形如 $6n+5$ 的数都必然包含于那些形如 $12n+5$ 或 $12n+11$ 的数中，又因为前者包含于形如 $4n+1$ 的数中，后者包含于形如 $4n+3$ 的数中，我们得到这些定理：

1. 对于所有形如 $12n+5$ 的质数，−3 和 +3 都是非剩余。

2. 对于所有形如 $12n+1$ 的质数，−3 是非剩余，+3 是剩余。

118

从表 2 我们发现，+3 是这些数的剩余：3，11，13，23，37，47，59，61，71，73，83，97。这些数都不是形如 $12n+5$ 或 $12n+7$ 的数。我们可以用与在条目 112、条目 113 和条目 117 中使用的相同的方法来证明：在所有形如 $12n+5$ 或 $12n+7$ 的数中没有一个数以 +3 为剩余。我们省略具体步骤。将这些结论与条目 111 中的结论相结合，我们得到以下定理：

1. **对于所有形如 $12n+5$ 的质数，+3 和 −3 都是非剩余**（如同我们在上一条目中发现的那样）。

2. **对于所有形如 $12n+7$ 的质数，+3 是非剩余，−3 是剩余。**

119

然而，关于形如 $12n+1$ 的数的规律，用这种方法我们什么也得不到。因此，我们必须凭借特殊的方法。通过归纳的方法容易发现的是，+3 和 −3 是所有形如 $12n+1$ 的数的剩余。但是就这一点我们只需要证明 −3 是剩余，便可由此推出 +3 也是剩余（参考条目 111）。然而，我们要证明一个更具普遍性的结论，即，**−3 是所有形如 $3n+1$ 的质数的剩余**。

令 p 是这样的质数，a 是对于模 p 属于指数 3 的一个数（因为 3 可以整除 $p-1$，从条目 54 可知存在这样的数）。因此，我们有 $a^3 \equiv 1 \pmod{p}$；即，a^3-1 或 $(a^2+a+1)(a-1)$ 可以被 p 整除。但是，显然 a 不同余于 $1 \pmod{p}$，因为 1 属于指数 1；因此，$a-1$ 就不能被 p 整除，但是 a^2+a+1 可以被 p 整除。因此，$4a^2+4a+4$ 也可以被 p 整除；即 $(2a+1)^2 \equiv -3 \pmod{p}$，所以 −3 是 p 的剩余。证明完毕。

显然这个证明（与之前的证明是独立的）也包含了形如 $12n+7$ 的质数，在上个条目中我们已经讨论过了。

我们进一步指出，我们可以使用条目 109 和条目 115 中的方法，但是，为了简洁，这里不再讨论。

120

从这些结论我们可以轻易地推导出以下定理（参考条目 102，103，105）：

1. -3 是不能被 8 或 9 或形如 $6n+5$ 的任意质数整除的所有数的剩余。它是所有其他数的非剩余。

2. $+3$ 是不能被4或9或形如 $12n+5$ 或 $12n+7$ 的任意质数整除的所有数的剩余。它是所有其他数的非剩余。

注意，这里有一种特殊情况：

-3 是所有形如 $3n+1$ 的质数的剩余，或者也可以说，-3 是所有的是数 3 的剩余的质数的剩余；并且，-3 是所有形如 $6n+5$ 的质数的非剩余；或者也可以说，-3 是除了 2 之外的所有形如 $3n+2$ 的质数，即，-3 是所有是数 3 的非剩余的质数的非剩余。所有其他情况可以自然地由此推出。

费马（*Opera Mathem. Wall*）已经知道这些关于剩余 $+3$ 和 -3 的定理，但是，第一个给出证明的人是欧拉（*Novi comm. Acad. Petrop*，1763）。但欧拉未能找出关于剩余 $+2$ 和 -2 的定理的证明，这是令人惊讶的事实——因为它们的证明是基于相同的原理。关于这一点，也可见拉格朗日在 *Nouv. mêm. Acad. Berlin* 上面的评注。

第 10 节　剩余为 +5 和 −5

121

通过归纳的方法我们发现，+5 不是任意形如 $5n+2$ 或 $5n+3$ 的奇数——任意是 5 的非剩余的奇数——的剩余。我们按如下步骤来证明这个规则没有例外。假设成为这个规则的例外的最小的数为 t，它是数 5 的非剩余，但 5 是 t 的一个剩余。令 $a^2 = 5 + tu$，其中 a 是小于 t 的偶数。那么，u 就是小于 t 的奇数，且 +5 就是 u 的剩余。假设 a 不能被 5 整除，则 u 也不能被 5 整除。但是，显然 tu 是5的剩余，又因为 t 是 5 的非剩余，同样 u 就是 5 的非剩余。也就是说，存在一个小于 t 的奇数，它是数 5 的非剩余，而 +5 又是它的剩余，这与假设矛盾。如果 a 能够被 5 整除，令 $a = b$ 且 $u = 5v$，那么 $tv \equiv -1 \equiv 4 \,(\bmod\,5)$；即，$tv$ 是数 5 的剩余。从这里往后，证明就可以按照上一种情况展开。

122

因此，+5 和 −5 都是所有这样的质数的非剩余，这些质数不仅是 5 的非剩余，且都形如 $4n+1$，即，所有形如 $20n+13$ 或 $20n+17$ 的质数；而对于所有形如 $20n+3$ 或 $20n+7$ 的质数，+5 是非剩余，−5 是剩余。

用完全相同的方式可以证明，−5 是所有形如 $20n+11$，$20n+13$，$20n+17$，$20n+19$ 的质数的非剩余；由此可以轻易推出，+5 是所有形如 $20n+11$ 和 $20n+19$ 的质数的剩余，是所有形如 $20n+13$ 和 $20n+17$ 的质数的非剩余。因为所有质数（2 和 5 除外，±5 是它们的剩余）都包含于形如 $20n+1$，$20n+3$，$20n+7$，$20n+9$，$20n+11$，$20n+13$，$20n+17$，$20n+19$ 的质数中的一个，显然，我们能够判断除了形如 $20n+1$ 或者 $20n+9$ 的质数之外所有的质数。

123

通过归纳容易知道的是，$+5$ 和 -5 是形如 $20n+1$ 或 $20n+9$ 的质数的剩余。如果这一点普遍成立，我们就有这样一个优美的规律：**$+5$ 是所有是 5 的剩余的质数的剩余**（因为这些数都包含于形如 $5n+1$ 或 $5n+4$ 的质数中，或者形如 $20n+1$，$20n+9$，$20n+11$，$20n+19$ 的质数中的一个，我们已经讨论过了这些数里面的第 3 个和第 4 个），**并且 $+5$ 是所有是 5 的非剩余的奇数的非剩余**。我们在上文已经证明过了。显然，这个定理足以用来判断 $+5$（或者 -5，通过讨论 $+5$ 和 -1 的乘积）是不是某个给定的数的剩余或者非剩余。最后，将这个定理和条目 120 中讨论剩余 -3 的定理比较一下。

然而，验证这个归纳出来的结论并不是非常容易的。当讨论一个形如 $20n+1$ 的质数，或者更一般地，形如 $5n+1$ 的质数，解决问题的方法类似于条目 114 和 119 中的方法。设 a 为对于模 $5n+1$ 属于指数 5 的某个数，从前一章可知这样的数是存在的。因此，我们就有 $a^5 \equiv 1$ 或者 $(a-1)(a^4+a^3+a^2+a+1) \equiv 0 \pmod{5n+1}$。但因为不可能有 $a \equiv 1$，因而不可能有 $a-1 \equiv 0$，那么一定就有 $(a^4+a^3+a^2+a+1) \equiv 0$。所以，$4(a^4+a^3+a^2+a+1) = (2a^2+a+2)^2 - 5a^2$ 就同余于 0；即，$5a^2$ 是 $5n+1$ 的剩余，因而 5 也是它的剩余，因为 a^2 是不能被 $5n+1$ 整除的剩余（a 不能被 $5n+1$ 整除，因为 $a^5 \equiv 1$）。证明完毕。

形如 $5n+4$ 的质数的情况需要更加微妙的方法。但是，因为我们后面会对它进行更加一般性的讨论，所以这里仅简要叙述。

1. 如果 p 是质数，b 是 p 的给定二次非剩余；不论 x 取什么值，表达式

$$A = \frac{(x+\sqrt{b})^{p+1} - (x-\sqrt{b})^{p+1}}{\sqrt{b}}$$

的值（显然，此式展开式不含无理项）就总是可以被 p 整除。因为，查看展开 A 得到的系数后可知，从第 2 项起到倒数第 2 项为止（含第 2 项和倒数第 2 项），所有这些项都可以被 p 整除，因此 $A \equiv 2(p+1)\left[x^p + xb^{(p-1)/2}\right] \pmod{}$

p）。但是，因为 b 是 p 的非剩余，我们有 $b^{(p-1)/2} \equiv -1 \pmod p$（参考条目 106）。但是 x^p 总是同余于 x（由上一章知），因而 $A \equiv 0$。证明完毕。

2. 在同余方程 $A \equiv 0 \pmod p$ 中，未知数 x 为 p 次，且 0，1，2，…，$p-1$ 所有数都是它的根。令 e 是 $p+1$ 的因数，那么表达式

$$\frac{(x+\sqrt{b})^e - (x-\sqrt{b})^e}{\sqrt{b}}$$

（记为 B）展开后不含无理项，未知数 x 为 $e-1$ 次。由分析基本原理可知，A 能够被 B 整除（形式上）。现在我可以说，x 有 $e-1$ 个值，将它们代入式 B 后，B 可以被 p 整除。因为，令 $A \equiv BC$，我们发现 x 在 C 中的次数是 $p-e-1$，因而，同余方程 $C \equiv 0 \pmod p$ 就有不超过 $p-e-1$ 个根。由此推出，在数 0，1，2，3，…，$p-1$ 中其余的 $e-1$ 个数都是同余方程 $B \equiv 0$ 的根。

3. 现在假设模 p 的形式是 $5n+4$，$e=5$，b 是 p 的非剩余，这样取数 a，使得

$$\frac{(a+\sqrt{b})^5 - (a-\sqrt{b})^5}{\sqrt{b}}$$

能够被 p 整除。但是，这个表达式变成

$$10a^4 + 20a^2b + 2b^2 = 2\left[(b+5a^2)^2 - 20a^4\right]$$

因此，我们就有 $(b+5a^2)^2 - 20a^4$ 能够被 p 整除，即，$20a^4$ 是 p 的剩余；但是，因为 $4a^4$ 是不能被 p 整除的剩余（因为，容易发现，a 不能被 p 整除），所以 5 也是模 p 的剩余。证明完毕。

那么，可知本条目在刚开始的部分提出的定理是普遍成立的。

我们注意到两种情况的证明都是拉格朗日发现的（*Nouv. mêm. Acad. Berlin*，1775）。

第 11 节　剩余为 +7 和 − 7

124

通过类似的方法，我们可以证明：**− 7 是任何是 7 的非剩余的数的非剩余。**

通过归纳的方法，我们可以得出：**− 7 是任何是 7 的剩余的质数的剩余。**

不过到目前为止，还没有人严格地证明过这个定理。对于那些形如 $4n − 1$ 的是 7 的剩余的质数，这个证明是容易的；因为，通过上一条目的方法，可以证明：+7 总是这样的质数的非剩余，因而 − 7 是它们的剩余。但是这并起不到多大作用，因为对于剩下的情况不能用同样的方法来处理。一种情况可以用条目 119 和 123 中的方法解决。如果 p 是形如 $7n + 1$ 的质数，a 对于模 p 属于指数 7，容易发现

$$\frac{4(a^7 − 1)}{a − 1} = (2a^3 + a^2 − a − 2)^2 + 7(a^2 + a)^2$$

能够被 p 整除，因而 $− 7(a^2 + a)^2$ 是 p 的剩余。但是，平方数 $(a^2 + a)^2$ 也是 p 的剩余，且它不能被 p 整除；这是因为，我们假设 a 属于指数7，它既不能被 p 整除，也不能同余于 $− 1 \pmod{p}$，即，不论是 a 还是 $a + 1$ [以及平方数 $(a + 1)^2 a^2$] 都不能被 p 整除。因此，− 7 就是 p 的剩余。证明完毕。但是，形如 $7n + 2$ 或 $7n + 4$ 的质数都不能用到目前为止所讨论过的方法处理。上面的证明也是首先由拉格朗日发现的，并出现在他的同一部著作中。到第 7 章我们会证明表达式 $\frac{4(x^p − 1)}{x − 1}$ 总能简化为 $X^2 ± pY^2$ 的形式，当 p 是形如 $4n + 1$ 的质数时取负号；当 p 是形如 $4n + 3$ 的质数时取正号。这里 X 和 Y 是 x 的整有理函数。拉格朗日的分析限定在 $p \leqslant 7$ 的范围内（参考 *Lagrange*，*loc. cit*，第 352 页）。

第12节 为一般性讨论做的准备

125

因为在此之前的方法都不足以给出一般性的证明，我们现在给出一个能够做一般性证明的方法。我们从一个一直未能证明的定理开始。乍一看这个定理是那么显然，以至于很多作者认为完全不需要证明。定理的表述如下：**除了正平方数之外，每个数都是某个质数的剩余**。但是，因为我们仅打算用这个定理作为证明其他命题的辅助工具，我们这里只讨论需要这个定理的一些情况。其他的情况以后再讨论。因此，我们要证明：**对于任何形如 $4n+1$ 的质数，不论它取正号还是负号[1]，都是某个质数的非剩余，并且实际上**（如果这个质数大于 5），它是某个比它本身更小的质数的剩余。

首先，当 p 是形如 $4n+1$ 的质数，取负号（$p > 17$，因为 -13 是 3 的非剩余，-17 是 5 的非剩余），设 $2a$ 是大于 $\sqrt{p}$ 的第 1 个偶数；那么，$4a^2$ 总是小于 $2p$ 或者 $4a^2 - p < p$。但是，$4a^2 - p$ 是形如 $4n+3$ 的数，p 是 $4a^2 - p$ 的二次剩余（因为 $p \equiv 4a^2 \pmod{4a^2 - p}$）。并且，如果 $4a^2 - p$ 是质数，$-p$ 就是非剩余；如果不是，$4a^2 - p$ 的某个因数就必定形如 $4n+3$；并且，因为 $+p$ 一定是剩余，$-p$ 就是非剩余。证明完毕。

其次，对于取正号的质数，我们分两种情况。首先设 p 为形如 $8n+5$ 的质数。令 a 为小于 $\sqrt{\dfrac{p}{2}}$ 的任意整数。那么 $8n+5-2a^2$ 就是形如 $8n+5$ 或 $8n+3$ 的正数（分别对应于 a 是偶数或者奇数），因而 $8n+5-2a^2$ 一定能够被某个形如 $8n+5$ 或 $8n+3$ 的质数整除，因为形如 $8n+1$ 和 $8n+7$ 的数的乘积不可能是形如 $8n+3$ 或 $8n+5$ 的数。用 q 表示这个质数，我们就得到了 $8n+5 \equiv 2a^2$

---

[1] 显然我们必须把 +1 排除在外。

（mod q）。但是，2 就是 q 的非剩余（参考条目 112），因而 $2a^2$ 和 $8n+5$ 也是 q 的非剩余[1]。 证明完毕。

126

我们没有明显的方法证明任何取正号的形如 $8n+1$ 的质数总是某个小于它的质数的非剩余。但是，因为这个事实极其重要，即便这个证明篇幅较长，我们也不能对它省略严格的证明。我们按照如下步骤展开。

引理

假设我们有两组数列（这两个数列的项数是否相同是无关紧要的）A，B，C，…（Ⅰ）A'，B'，C'，…（Ⅱ），**并且，如果 p 是整除第 2 个数列中至少一项的质数或者质数幂，则在第一个数列中被 p 整除的项数至少和第 2 个数列中被 p 整除的项数一样多。那么我就说，（Ⅰ）中的所有数的乘积可以被（Ⅱ）中所有数的乘积整除。**

例：假设（Ⅰ）由数 12，18，45 组成，（Ⅱ）由数 3，4，5，6，9 组成。那么，如果我们连续取数 2，4，3，9，5，就会发现在（Ⅰ）中有 2，1，3，2，1 项被 p 整除，在（Ⅱ）中有 2，1，3，1，1 项被 p 整除，（Ⅰ）中所有项的乘积为 9 720，可以被（Ⅱ）中所有项的乘积 3 240 整除。

证明

令数列（Ⅰ）中所有项的乘积为 Q，数列（Ⅱ）所有项的乘积为 Q'。显然，任何是 Q' 因数的质数也是 Q 的因数。现在我们来证明，Q' 的任意质因数在 Q 中的质数至少和其在 Q' 中的指数一样大。令 p 为这样的除数，我们

---

　　[1] 参考条目 98 可知，a^2 是 q 的剩余且不能被 q 整除，否则质数 p 就被 q 整除，这是荒谬的。

假设数列（Ⅰ）中有 a 项可以被 p 整除，b 项可以被 p^2 整除，c 项可以被 p^3 整除，…。用类似的方式可以确定数列（Ⅱ）中的 a'，b'，c'，…。在 Q 中 p 的指数是 $a+b+c+\cdots$，在 Q' 中 p 的指数是 $a'+b'+c'+\cdots$。但是 a' 一定不大于 a，b' 一定不大于 b，…（通过假设），因而，$a'+b'+c'+\cdots$ 就一定大于 $a+b+c+\cdots$。因此，在 Q' 中没有比在 Q 中的质数更大的质数，所以 Q 能被 Q' 整除（条目 17）。证明完毕。

127

引理

在数列 1，2，3，4，…，n 中，被任一整数 h 整除的项数，不能多于在具有相同项数的数列 a，$a+1$，$a+2$，$a+3$，…，$a+n-1$ 中被 h 整除的项数。

容易发现的是，如果 n 是 h 的倍数，那么每个数列中都有 $\dfrac{n}{h}$ 项能够被 h 整除；如果 n 不是 h 的倍数，令 $n=eh+f$，$f<h$，那么在第 1 个数列中，有 e 项能够被 h 整除，在第 2 个数列中，有 e 项或者 $e+1$ 项能够被 h 整除。

作为这个的推论，可以得到形数理论中著名的定理，即

$$\frac{a(a+1)(a+2)\cdots(a+n-1)}{1\times2\times3\cdots n}$$

总是整数。但是就我们所知，到目前为止还没有人能够直接证明这个定理。

最后，这个引理可以按照下面的方式作出更一般的表述：

在数列 a，$a+1$，$a+2$，…，$a+n-1$ 中，对于模 h 同余于给定的数 r 的项数，至少与在数列 1，2，3，4，…，n 中被 h 整除的项数一样多。

128

定理

令 a 是形如 $8n+1$ 的任意数，p 是某个与 a 互质且以 $+a$ 作为剩余的数，且令 m 为一个任意数；那么我可以说，在数列 a，$\dfrac{(a-1)}{2}$，$2(a-4)$，$\dfrac{(a-9)}{2}$，$2(a-16)$，$\cdots$，$2(a-m^2)$ 或者 $\dfrac{(a-m^2)}{2}$ 中（对应于 m 是偶数还是奇数），被 p 整除的项数至少与数列 1，2，3，$\cdots$，$2m+1$ 中被 p 整除的项数一样多。

我们以（Ⅰ）表示第1个数列，以（Ⅱ）表示第 2 个数列。

证明

1. 当 $p=2$，则除第 1 项外，p 整除（Ⅰ）中所有的项，即有 m 项；在（Ⅱ）中也有同样多的项被 p 整除。

2. 如果 p 是奇数，或者是奇数的 2 倍或 4 倍，并且令 $a \equiv r^2 \pmod{p}$，那么，数列 $-m$，$-(m-1)$，$-(m-2)$，$\cdots +m$［它和数列（Ⅱ）的项数相同，我们将其表示为（Ⅲ）］，对于模 p 同余于 r 的项数至少和数列（Ⅱ）中被 p 整除的项数一样多（参考上一条目）。但是，在数列（Ⅲ）这样的项中，不存在一对数只是正负号不同而绝对值相同的情况[1]。同时，这样的项中每一项对应于数列（Ⅰ）中被 p 整除的一项。这就意味着，如果 $\pm b$ 是数列（Ⅲ）中对于 p 同余于 r 的某一项，那么，$a-b^2$ 将被 p 整除。因而，如果 b 是偶数，则数列（Ⅰ）中的 $2(a-b^2)$ 项将被 p 整除；但是如果 b 是奇数，

---

［1］如果 $r \equiv -f \equiv +f \pmod{p}$，$2f$ 和 $2a$ 就能够被 p 整除［因为 $f^2 \equiv a \pmod{p}$］。除非 $p=2$，否则这是不可能的，因为，根据假设 a 和 b 是互质的。但是我们已经讨论了这种情况。

则 $\dfrac{(a-b^2)}{2}$ 项将被 p 整除。因为，显然 $\dfrac{(a-b^2)}{p}$ 是偶整数，因为 $a-b^2$ 能够被 8 整除，而 p 至多能被 4 整除（根据假设 a 是形如 $8n+1$ 的数，奇数的平方 b^2 具有同样的形式，所以它们的差的形式是 $8n$）。那么，我们就总结出：在数列（Ⅰ）中能够被 p 整除的项数和数列（Ⅲ）中对于模 p 同余于 r 的项数一样多，即，等于或者大于在数列（Ⅱ）中能够被 p 整除的数。证明完毕。

3. 令 p 为形如 $8n$ 的数，且 $a \equiv r^2 \pmod{2p}$（容易发现的是，根据假设 a 是 p 的剩余，所以它也是 $2p$ 的剩余）。那么，在数列（Ⅲ）中对于 p 同余于 r 的项数至少和数列（Ⅱ）中被 p 整除的项数一样多，并且前者中所有这些项的绝对值均各不相等。但是，对于其中的每一项都有（Ⅰ）中被 p 整除的一项与之对应。因为，如果 $+b \equiv r \pmod{p}$ 或者 $-b \equiv r \pmod{p}$，我们就有 $b^2 \equiv r^2 \pmod{2p}$ [1]，并且项 $\dfrac{(a-b^2)}{2}$ 就能被 p 整除。因此，数列（Ⅰ）中被 p 整除的项数至少和数列（Ⅱ）中被 p 整除的项数一样多。证明完毕。

129

定理

如果 a 是形如 $8n+1$ 的质数，必定有某个小于 $2\sqrt{a}+1$ 的质数使得 a 是它的非剩余。

证明

如果可能的话，令 a 为所有小于 $2\sqrt{a}+1$ 的质数的一个剩余。那么，

---

〔1〕$b^2 - r^2 = (b-r)(b+r)$ 包含两个因数，一个因数能够被 p 整除（根据假设），另一个因数能够被 2 整除（因为 b 和 r 都是奇数）；因而，$b^2 - r^2$ 能够被 $2p$ 整除。

a 就是所有小于 $2\sqrt{a}+1$ 的合数的剩余（根据一个给定的数是否是一个合数的剩余或非剩余的判别法则，参考条目 105）。令小于 $\sqrt{a}$ 的最大的整数为 m，那么，在数列（I）$\cdots a$，$\dfrac{(a-1)}{2}$，$2(a-4)$，$\dfrac{(a-9)}{2}$，$\cdots 2(a-m^2)$ 或者 $\dfrac{(a-m^2)}{2}$ 中，被小于 $2\sqrt{a}+1$ 的任意一个数整除的项数至少和在数列（II）$\cdots 1$，2，3，4，$\cdots 2m+1$ 中被这个数整除的项数一样多（参考上一个条目）。

由此推出，（I）中所有项的乘积能够被（II）中所有项的乘积整除（参考条目 126）。但是，前者等于 $a(a-1)(a-4)\cdots(a-m^2)$ 或者这个乘积的一半（对应于 m 是偶数或者奇数）。因而，乘积 $a(a-1)(a-4)\cdots(a-m^2)$ 必定能够被（II）中所有项的乘积整除，并且因为所有这些项都与 a 互质，所以（I）中除 a 之外的所有项的乘积也能被（II）中所有项的乘积整除。但是，（II）中所有项的乘积可以按照下式表达

$$(m+1)\cdot\left[(m+1)^2-1\right]\cdot\left[(m+1)^2-4\right]\cdots\left[(m+1)^2-m^2\right]$$

因此，（I）中除 a 之外的所有项的乘积除以（II）中所有项的乘积可表示为

$$\frac{1}{m+1}\cdot\frac{a-1}{(m+1)^2-1}\cdot\frac{a-4}{(m+1)^2-4}\cdots\frac{a-m^2}{(m+1)^2-m^2}$$

尽管它是一些小于1的分数的乘积［因为 $\sqrt{a}$ 必定是无理数，所以 $m+1>\sqrt{a}$ 并且 $(m+1)2>a$］，但它是一个整数；这是矛盾的，因此我们的假设不能成立。证明完毕。

现在，因为 a 一定大于 9，我们就有 $2\sqrt{a}+1<a$，因此，一定存在一个小于 a 的质数，使得 a 是它的非剩余。

第13节 通过归纳法发现的一般的（基本）定理及其推论

130

我们已经严格证明了"形如 $4n+1$ 的任意质数，不论是取正号还是负号，都是某个小于它的质数的非剩余"，我们进而要更加准确、更加一般地对两个质数什么时候是对方的剩余或非剩余作出结论。

我们在前文中已经证明了 -3 和 $+5$ 分别是某些质数的剩余或非剩余，这些质数分别是 3 和 5 的剩余或非剩余。

我们通过归纳发现，数 -7，-11，$+13$，$+17$，-19，-23，$+29$，-31，$+37$，$+41$，-43，-47，$+53$，-59，…是所有这样的质数的剩余或非剩余：它们取正号后，分别是前面质数的剩余或者非剩余。借助表2的帮助，我们可以轻松地进行这些归纳。

我们可以发现，在这些质数中，形如 $4n+1$ 的质数取正号，形如 $4n+3$ 的质数取负号。

131

我们马上就会证明通过归纳发现的结论在一般情况下也成立。但是，在此之前，假设这个结论成立，有必要找出这个定理的所有可能的结果。我们对定理的表述如下：

如果 p 是形如 $4n+1$ 的质数，$+p$ 是任意质数 q 的剩余或非剩余：q 取正号后是 p 的剩余或者非剩余。如果 p 是形如 $4n+3$ 的质数，则 $-p$ 具有相同的性质。

因为几乎所有关于二次剩余的结论都基于这则定理，因此我们从现在起将其称为"**基本定理**"应该是没什么问题的。

为了用尽可能简单的公式来表述我们的推论，我们就用字母 a，a'，a''，…来表示形如 $4n+1$ 的质数，用字母 b，b'，b''，…来表示形如 $4n+3$ 的质数；用 A，A'，A''，…来表示形如 $4n+1$ 的任意数，用 B，B'，B''，…来表示形如 $4n+3$ 的任意数；最后，**两个数之间的字母 R 表示前者是后者的剩余，两个数之间的字母 N 表示非剩余**。例如，$+5\,R\,11$ 表示 $+5$ 是 11 的剩余，$\pm 2\,N\,5$ 表示 $+2$ 或 -2 是 5 的非剩余。现在，借助于条目 111 中的定理，我们由基本定理可以轻松地推导出下面的定理：

序号	如果	就有
1	$\pm a\,R\,a'$	$\pm a'\,R\,a$
2	$\pm a\,N\,a'$	$\pm a'\,N\,a$
3	$+a\,R\,b$ $-a\,N\,b$	$\pm b\,R\,a$
4	$+a\,N\,b$ $-a\,R\,b'$	$\pm b\,N\,a$
5	$\pm b\,R\,a$	$+a\,R\,b$ $-a\,N\,b$
6	$\pm b\,N\,a$	$+a\,N\,b$ $-a\,R\,b$
7	$+b\,R\,b'$ $-b\,N\,b'$	$+b'\,N\,b$ $-b'\,R\,b$
8	$+b\,N\,b'$ $-b\,R\,b'$	$+b'\,R\,b$ $-b'\,N\,b$

132

上表囊括了比较两个质数时的所有情况；下表是关于质数与任意数之间的关系，但它们的证明没有前者那么显然。

续表

序号	如果	就有
9	$\pm a R A$	$\pm A R a$
10	$\pm b R A$	$+A R b$
		$-A N b$
11	$+a R B$	$\pm B R a$
12	$-a R B$	$\pm B N a$
13	$+b R B$	$-B R b$
		$+B N b$
14	$-b R B$	$+B R b$
		$-B N b$

　　因为所有这些定理的证明是基于相同的原理，所以没有必要一一给出。作为示例，我们对定理 9 进行证明就足够了。首先，我们发现任何形如 $4n+1$ 的数，要么没有形如 $4n+3$ 的因数，要么这样的因数有 2 个，或 4 个，…，即，这样的因数（其中可以有相等的）的个数总是偶数；而任何形如 $4n+3$ 的数总是包含奇数个形如 $4n+3$ 的因数（1 个，或 3 个，或 5 个，…）。形如 $4n+1$ 的因数的个数仍是不确定的。

　　定理9可以按照下面的步骤证明：令 A 为质因数 a'，a''，a'''，…，b，b'，b''，…的乘积；因数 b，b'，b''，…的个数是偶数（或者不存在，可以化简为同一种情况）。现在，如果 a 是 A 的剩余，那么它就是因数 a'，a''，a'''，…，b，b'，b''，… 的剩余。由前一个条目的定理 1 和定理 3 可知，这些因数中的每一个都是 a 的剩余，所以它们的乘积 A 也是 a 的剩余，$-A$ 也是 a 的剩余。另一种情况，如果 $-a$ 是 A 的剩余，由这一事实可知，它是所有因数 a'，a''，a'''，…，b，b'，b''，…的剩余；a'，a''，a'''，…中每一个都是 a 的剩余，b，b'，b''，…每个都是 a 的非剩余。但是，因为后者的个数是偶数，它们的乘积，即 A 就是 a 的剩余，因而 $-A$ 也是 a 的剩余。

133

我们现在做更加一般的研究——考虑两个互质的带任意符号的奇数 P 和 Q 的情况。我们先不考虑 P 的正负号，将其分解为质因数，并将其中以 Q 为其非剩余的因数的个数表示为 p。如果以 Q 为其非剩余的某个因数在 P 的因数中出现若干次，那么它也被重复计数同样多次。类似地，将以 P 为其非剩余的 Q 的质因数的个数表示为 q。这样，我们将发现数 p 和 q 之间存在某种关系，这种关系取决于数 P 和 Q 的形式。我们在下表中演示这种关系：

如果数 P 或 Q 有如下的形式，那么数 p，q 同时为偶数或者同时为奇数

1. $+A$ 　　　$+A'$

2. $+A$ 　　　$-A'$

3. $+A$ 　　　$+B$

4. $+A$ 　　　$-B$

5. $-A$ 　　　$-A'$

6. $+B$ 　　　$-B'$

反之，若数 p，q 中有一个数是偶数，有一个是奇数，则 P，Q 有如下的形式

7. $-A$ 　　　$+B$

8. $-A$ 　　　$-B$

9. $+B$ 　　　$+B'$

10. $-B$ 　　　$-B'$[1]

例：设给定的数是 -55 和 $+1\,197$，这是第 4 种情况；$1\,197$ 是 55 的唯一一个质因数 5 的非剩余。但是，-55 是 $1\,197$ 的 3 个质因数——3，3，19——的非剩余。

---

[1] 如果 $P \equiv Q \equiv 3 \pmod 4$，设 $l = 1$；其他情况设 $l = 0$。如果 P 和 Q 都是负数，设 $m = 1$；其他情况则设 $m = 0$。那么，这种关系依赖于 $l + m$。

如果 P 和 Q 都是质数，则这些定理就简化为我们在条目 131 中讨论的定理。这里 p 和 q 不可能是大于1的数，因而，当 p 是偶数时，它一定等于 0；即，Q 就是 P 的剩余。但是，当 p 是偶数时，Q 就是 P 的非剩余，反之亦然。因而，如果用字母 a 代替 A，b 代替 B，从第 8 种情况就能推出，如果 $-a$ 是 b 的剩余或非剩余，那么 $-b$ 就是 a 的非剩余或剩余，这与条目 131 的定理 3 和 4 是一致的。

一般地，除非 $p=0$，Q 不可能是 P 的剩余；因为，如果 p 是奇数，Q 就一定是 P 的非剩余。

上个条目中的定理可以由这个事实毫不费力地推导出来。

很快我们就会明白，这种一般性讨论不会沦为毫无意义的猜想，因为没有它就完成不了基本定理的证明。

134

我们现在开始推导这些定理。

1. 我们像之前一样，不考虑符号，将 P 分解成它的质因数。而通过任意方式将 Q 分解为它的质因数时，我们要考虑 Q 的符号。现在，将前者的每个因数和后者的每个因数组合起来。如果 s 代表所有 Q 的因数是 P 的因数的非剩余的组合的个数，那么 p 和 s 要么都是偶数，要么都是奇数。因为，设 P 的质因数为 f, f', f'', $\cdots$。在 Q 的所有因数中，令其中是 f 的非剩余有 m 个，是 f' 的非剩余有 m' 个，是 f'' 的非剩余有 m'' 个，$\cdots$。那么，显然地

$$s = m + m' + m'' + \cdots$$

并且，p 代表 m, m', m'', $\cdots$ 中的奇数的个数。那么，当 p 是偶数时，s 就是偶数；当 p 是奇数时，s 就是奇数。

2. 一般地，不论 Q 怎么分解因数，这个结论总是成立的。现在我们讨论几种特殊情况。对于第1种情况，令两个数中的 P 为正数，另一个数 Q 的形式为 $+A$ 或 $-B$。将 P 和 Q 分解为它们的质因数，将 P 的每个因数取正号；对应于 Q 的每个因数是 a 的形式还是 b 的形式，分别取正号或负号。

显然，正如要求的一样，Q 的形式为 $+A$ 或 $-B$。将 P 的每个因数和 Q 的每个因数组合起来，像之前一样，用 s 表示所有 Q 的因数是 P 的因数的非剩余的组合的个数。类似地，令 t 表示所有 P 的因数是 Q 的因数的非剩余的组合的个数。但是，由基本理论可以推出，这些组合的个数是相同的，因此 $s=t$。最后，由我们已经证明的结论可知，$p \equiv s \pmod 2$，$q \equiv t \pmod 2$，因而，$p \equiv q \pmod 2$。

那么，我们就得到了条目 133 中的定理 1，3，4 和 6。

其他的定理可以用同样的方式直接证明，但是它们需要一种不一样的讨论。按照下面的方式，我们比较容易从前面的结论推导出这些定理。

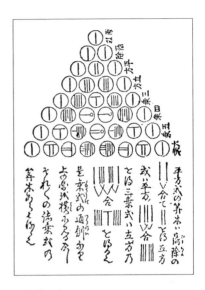

□ 贾宪三角

　　贾宪三角，也称杨辉三角，欧洲也称其为帕斯卡三角。这一三角排列法将二项式系数图形化，把组合数内在的一些代数性质直观地从图形中体现出来，成为一种离散型的数与形的结合，是中国古代数学的杰出研究成果之一。

3. 我们再用 P，Q 表示任意互质的奇数，p 表示 P 中以 Q 为非剩余的质因数的个数，q 表示 Q 中以 P 为非剩余的质因数的个数。并且，令 p' 为 P 的以 $-Q$ 为非剩余的质因数的个数（当 Q 为负数时，$-Q$ 显然为正数）。现在，将 P 的所有质因数分成以下四类：

1）以 Q 为剩余的形如 a 的因数。

2）以 Q 为剩余的形如 b 的因数，令这些因数的个数为 χ。

3）以 Q 为非剩余的形如 a 的因数，令这些因数的个数为 ψ。

4）以 Q 为非剩余的形如 b 的因数，令这些因数的个数为 ω。

容易发现的是，$p = \psi + \omega$，$p' = \chi + \psi$。

现在，当 P 形如 $\pm A$ 时，$\chi + \omega$ 是偶数，因而 $\chi - \omega$ 也是偶数，得出：$p' = p + \chi - \omega \equiv p \pmod 2$。当 P 形如 $\pm B$ 时，通过类似的计算我们发现数 p 和 p' 对于模 2 不同余。

4. 我们把这个结论应用于条目 133 中的每种情况。设 P 和 Q 都是形如 $+A$ 的数。从定理 1，我们得出 $p \equiv q \pmod 2$，又 $p' \equiv p \pmod 2$，所以 $p' \equiv q \pmod 2$。这与定理 2 一致。类似地，如果 P 的形式是 $-A$，Q 的形式是 $+A$，从刚证明的定理 2 我们得出 $p' \equiv q \pmod 2$，又因为 $p' \equiv p$，我们得出 $p' \equiv q$，那么，定理 5 得证。

用同样的方式可以从定理 3 推导出定理 7，从定理 4 或定理 7 可以推导出定理 8，从定理 6 可以推导出定理 9，从定理 6 可以推导出定理 10。

第 14 节 基本定理的严格证明

135

虽然在上个条目中，我们还没有证明条目 133 中的定理，但是，我们指出了只要基本定理成立，它们也成立。根据我们推导的方法可知，如果基本定理对这些数的质因数之间的所有组合都成立，这些定理对数 P，Q 就成立——即使在一般的情况下基本定理并不成立。现在，我们来证明基本定理。我们首先做下面的解释：

如果基本定理对于任何两个都不大于 M 的质数成立，我们就说它到数 M 为止都成立。

当我们说条目 131，条目 132 和条目 133 中的定理在某个范围内成立时，表达的是同样的意思。如果基本定理在某个范围内成立，那么，上述的这些定理在这个范围内也成立。

136

通过归纳的方法，我们容易确定基本定理对于一些较小的数成立，因此可以确定基本定理适用的范围。假设我们已经完成了归纳——归纳到哪里是没有关系的——那么，确定基本定理到数 5 都成立就足够了。只要稍加观察就会发现它是成立的，因为 $+5N3$，$\pm 3N5$。

如果基本定理不具有一般性，那么存在某个范围 T，在这个范围内基本定理才成立；而对于更大的数 $T+1$，它不再成立。这就如同说存在两个质数，较大的质数为 $T+1$，它们使得基本定理不成立；但是，两个小于 $T+1$ 的质数总是使得基本定理成立。由此可以推出，条目 131，132，133 中的定理到 T 这个范围也成立。我们现在证明这个假设是矛盾的。因为 $T+1$ 和小于

$T+1$ 的质数 p 可以有不同的形式，所以我们要区别不同的情况，包括 p 和 $T+1$ 的组合使得定理不成立的情况。

1. 当 $T+1$ 和 p 都是形如 $4n+1$ 的数时，基本定理在以下两种情况下不成立：

第 1 种情况：$\pm p\,R\,(T+1)$ 和 $\pm(T+1)\,N\,p$

第 2 种情况：$\pm p\,N\,(T+1)$ 和 $\pm(T+1)\,R\,p$

2. 当 $T+1$ 和 p 都是形如 $4n+3$ 的数时，基本定理在以下两种情况下不成立：

第 3 种情况：$+p\,R\,(T+1)$ 和 $-(T+1)\,N\,p$

［或者同样的 $-p\,N\,(T+1)$ 和 $+(T+1)\,R\,p$］

第 4 种情况：$+p\,N\,(T+1)$ 和 $-(T+1)\,R\,p$

［或者同样的 $-p\,R\,(T+1)$ 和 $+(T+1)\,N\,p$］

3.当 $T+1$ 是形如 $4n+1$ 的数，且 p 是形如 $4n+3$ 的数时，基本定理在以下两种情况下不成立：

第 5 种情况：$\pm p\,R\,(T+1)$ 和 $+(T+1)\,N\,p$［或 $-(T+1)\,R\,p$］

第 6 种情况：$\pm p\,N\,(T+1)$ 和 $-(T+1)\,N\,p$［或 $+(T+1)\,R\,p$］

4. 当 $T+1$ 是形如 $4n+3$ 的数，且 p 是形如 $4n+1$ 的数时，基本定理在以下两种情况下不成立：

第 7 种情况：$+p\,R\,(T+1)$［或者 $-p\,N\,(T+1)$］和 $\pm(T+1)\,N\,p$

第 8 种情况：$+p\,N\,(T+1)$［或者 $-p\,R\,(T+1)$］和 $\pm(T+1)\,R\,p$

如果可以证明以上这 8 种情况都不能出现，那么类似地就能确定基本定理的正确性是没有界限范围的。我们现在来做这个证明，但是其中的某些情况依赖于另一些情况，我们不能按照这里所罗列的顺序来证明。

137

第 1 种情况。当 $T+1$ 形如 $4n+1$（a）且 p 是同一种形式，并且 $\pm p\,R\,a$ 时，我们就不能得出 $\pm a\,N\,p$ 的结论。这是条目 136 的第 1 种情况。

令 $\pm p \equiv e^2 \pmod a$，其中 e 是偶数，且小于 a（这总是可能的）。我们可以分两种情况讨论。

1. 当 e 不能被 p 整除时，令 $e^2 = p + af$，这里的 f 就是形如 $4n+3$（B 形式）的正数，它小于 a 且不能被 p 整除。进一步地可得出，$e^2 \equiv p \pmod f$，即 $p\,R\,f$。因而，从条目 132 中的定理 11 可知 $\pm f\,R\,p$（因为 p 和 f 都小于 a）。但是，我们也得出 $af\,R\,p$，从而可得出 $\pm a\,R\,p$。

2. 当 e 能被 p 整除时，令 $e = gp$，且 $e^2 = p + agh$ 或 $pg^2 = 1 + ah$；那么，h 就是形如 $4n+3$（B 形式）且与 p 和 g^2 互质。进一步地，我们得出 $pg^2\,R\,h$，因而也可得出 $p\,R\,h$，且由此得出（条目132，定理11）$\pm h\,R\,p$。但是，因为 $-ah \equiv 1 \pmod p$，我们也得出 $-ah\,R\,p$，因此，$\mp a\,R\,p$。

138

第 2 种情况。 当 $T+1$ 形如 $4n+1$（a），p 形如 $4n+3$，且 $\pm p\,R$（$T+1$）时，我们不能得出 $+(T+1)\,N\,p$ 或 $-(T+1)\,R\,p$ 的结论。这是条目 136 的第 5 种情况。

像上面一样，令 $e^2 = p + fa$，且 e 是小于 a 的偶数。

1. 当 e 是不能被 p 整除的数时，f 就也不能被 p 整除。且 f 是形如 $4n+1$（A 形式）的小于 a 的正数，但是，由 $+p\,R\,f$ 经条目 132 定理 10 得出 $+f\,R\,p$ 还有 $+fa\,R\,p$，因而得出 $+a\,R\,p$ 或 $-a\,N\,p$。

2. 当 e 能被 p 整除时，令 $e = pg$ 且 $f = ph$。因而，$g^2 h = 1 + ha$。那么，h 就是形如 $4n+3$（B 形式）且与 p 和 g^2 互质的正数。进一步地，我们可得出 $+g^2 p\,R\,h$ 和 $+p\,R\,h$，因此（条目 132 定理 13），得出 $-h\,R\,p$。但是，我们得出 $-ha\,R\,p$，因而得出 $+a\,R\,p$ 和 $-a\,N\,p$ 的结论。

139

第3种情况。当 $T+1$ 形如 $4n+1$（a），p 是相同的形式，且 $\pm p\,N\,a$ 时，**我们就不能得出 $\pm a\,R\,p$ 的结论**（条目136的第二种情况）。

取任意以 $+a$ 为其非剩余的小于 a 的质数。虽然我们已经证明了存在这样的数（条目 125 和条目 129），但是，对应于质数的形式是 $4n+1$ 还是 $4n+3$，我们必须分别考虑，因为我们没有证明存在这两种形式的质数。

1. 令质数 a' 的形式为 $4n+1$。那么，我们就有 $\pm a'\,N\,a$（条目 131），因而有 $\pm a'p\,R\,a$。现在，令 $e^2 \equiv a'p\,(\bmod\,a)$，且 e 为小于 a 的偶数。那么，我们必须再一次区分四种情况。

1）当 e 不能被 p 或者被 a' 整除时，令 $e^2 = a'p \pm af$，并选择使 f 为正数的符号。那么，我们有 $f<a$，且 f 与 a' 和 p 互质。并且，当取正号时，f 的形式是 $4n+3$，当取负号时，f 的形式是 $4n+1$。为了简洁，我们用 $[x, y]$ 来表示以 x 为非剩余的 y 的质因数的个数。那么，我们有 $a'p\,R\,f$，因而 $[a'p, f]=0$。那么，$[f, a'p]$ 就是一个偶数（条目 133 定理 1，定理 3），即，$[f, a'p]$ 要么等于 0，要么等于 2。因此，f 就要么是数 a'，p 每个数的剩余，要么就是它们每一个的非剩余。前一种情况是不可能的，因为 $\pm af$ 是 a' 的剩余，且 $\pm a\,N\,a'$（根据假设）；因此，我们有 $\pm f\,N\,a'$。那么，f 必须是数 a'，p 每个数的非剩余。但是，因为 $\pm af\,R\,p$，我们就有 $\pm a\,N\,p$。证明完毕。

2）当 e 能够被 p 整除，但是不能被 a' 整除时，令 $e=gp$ 且 $g^2p=a'+ah$，取使 h 为正数的符号。那么，我们就有 $h<a$，且 h 与 a'，g，p 互质。并且，当取正号时，h 的形式是 $4n+3$，当取负号时，h 的形式是 $4n+1$。如果我们将等式 $g^2p=a'\pm ah$ 分别乘以 p 和 a'，容易得出关系式 $pa'\,R\,h$，记为（α）；$\pm ahp\,R\,a'$，记为（β）；$aa'h\,R\,p$，记为（γ）。从（α）可以推出 $[pa', h]=0$，因而（由条目 133 定理 1，定理 3 可推出）$[h, pa']$ 是偶数，即，h 要么是 p 和 a' 每个数的非剩余，要么不是 p 和 a' 任何一个数的非剩余。在前一种情况，从（β）可以推出 $\pm ap\,N\,a'$，并且，因为假设 $\pm a\,N\,a'$，

我们就有 $\pm p\,R\,a'$。因此，根据基本理论（因为数 p，a' 都是小于 $T+1$ 的数，基本理论对于它们成立），我们就有 $\pm a'\,R\,p$。现在因为有 $h\,N\,p$，由（β）可以推出 $\pm ap\,R\,a'$，所以 $\pm p\,N\,a'$，$\pm a'\,N\,p$。而因为 $h\,R\,p$，我们从（γ）可推出 $\pm a\,N\,p$。证明完毕。

3）当 e 能被 a' 整除，但是不能被 p 整除时，对于这种情况，证明几乎和前面的证明一模一样。只要能够理解前面的证明，那么证明它不会有任何困难。

4）当 e 同时被 a' 和 p 整除时，那么 e 也能够被乘积 $a'p$ 整除（我们可以假设 a' 和 p 不相等，否则的话假设 $a\,N\,a'$ 就包含了 $a\,N\,p$）。令 $e=ga'p$ 且 $g^2a'p=1\pm ah$。那么，我们就有 $h<a$，且 h 与 a' 和 p 互质。当取正号时，h 的形式是 $4n+3$，当取负号时，h 的形式是 $4n+1$。从这个等式我们很容易推出关系式 $a'p\,R\,h$，将其记为（α），把 $\pm ah\,R\,a'$ 记为（β），把 $\pm ah\,R\,p$ 记为（γ）。从（α）——它与第 2 种情况下的（α）相符——可以推出同样的结论。也就是说，我们要么同时有 $h\,R\,p$ 和 $h\,R\,a'$，要么同时有 $h\,N\,p$ 和 $h\,N\,a'$。但是，在前一种情况下，由（β）可以推出 $a\,R\,a'$，这与假设矛盾。因此，可得出 $h\,N\,p$，并且由（γ）也可得出 $a\,N\,p$。

2. 当质数的形式是 $4n+3$ 时，证明过程与前面的证明几乎是一样的，在这里出现比较多余。对于愿意自己完成证明的人（我们强烈建议自己完成），我们指出，在得到等式 $e^2=bp\pm af$（b 代表质数）后，应当分别讨论两种符号的情况。

140

第 4 种情况。 当 $T+1$ 形如 $4n+1$（a），p 形如 $4n+3$，且 $\pm p\,N\,a$ 时，**我们不能得出 $+a\,R\,p$ 或 $-a\,N\,p$ 的结论**（条目 136 的第 6 种情况）。

因为这种情况的证明与第 3 种情况的证明是相似的，为了简洁，我们将其略去。

141

第 5 种情况。 当 $T+1$ 的形式是 $4n+3$（b），p 也是同样的形式，并且 $+pRb$ 或 $-pNb$ 时，我们不能得出 $+bRb$ 或 $-bNp$ 的结论（条目 136 的第 3 种情况）。

令 $p = e^2 \pmod{b}$，e 是小于 b 的偶数。

1. 当 e 不能被 p 整除时，令 $e^2 = p + bf$，其中 f 是小于 b 的形如 $4n+3$ 的整数，且 f 与 p 互质。因而，pRf，进而（条目 132 定理13）$-fRp$。那么，因为 $+bfRp$，我们得出 $-bRp$ 且 $+bNp$。证明完毕。

2. 当 e 能被 p 整除时，令 $e = pg$ 且 $g^2p = 1 + bh$。那么，h 就是与 p 互质的形如 $4n+1$ 的数；而且，$p \equiv g^2p^2 \pmod{h}$，因此 pRh；由此可以得到 $+hRp$（条目 132 定理 10），那么，又因为 $-bhRp$，可以推出 $-bRp$ 或 $+bNp$。证明完毕。

142

第 6 种情况。 当 $T+1$ 的形式是 $4n+1$（b），p 的形式是 $4n+1$，且 pRb 时，我们不能得出 $\pm bNp$ 的结论（条目 136 的第 7 种情况）。

我们忽略它的证明，因为这与前面的证明完全一样。

143

第 7 种情况。 当 $T+1$ 的形式是 $4n+3$（b），p 有相同的形式，且 $\pm pNb$ 或 $-pRb$ 时，我们不能得出 $+pNb$ 或 $-bRp$ 的结论（条目 136 的第 4 种情况）。

令 $-p \equiv e^2 \pmod{b}$，e 是小于 b 的偶数。

1. 当 e 不能被 p 整除时，令 $-p = e^2 - bf$，f 是形如 $4n+1$ 的正数，f 与 p 互质且小于 b（因为，e 肯定不大于 $b-1$，$p < b-1$，因而 $bf = e^2 + p < b^2 - b$，即 f

$<b-1$）。进而，我们得出 $-p\,R\,f$，且由此推出（条目 132 定理 10）$+f\,R\,p$。并且，因为 $+bf\,R\,p$，我们得出 $+b\,R\,p$ 或者 $-b\,N\,p$。

2.当 e 能被 p 整除时，令 $e=pg$ 且 $g^2p=-1+bh$，那么，h 是形如 $4n+3$ 的正数，并且，h 与 p 互质且小于 b。进而，我们有 $-p\,R\,h$，因而（条目 132 定理 14）得出 $+h\,R\,p$。并且，因为 $bh\,R\,p$，由此推出 $+b\,R\,p$ 或者 $-b\,N\,p$。证明完毕。

144

第 8 种情况。当 $T+1$ 的形式是 $4n+3$（b），p 的形式是 $4n+1$，且 $+p\,N\,b$ 或 $-p\,R\,b$ 时，我们不能得出 $\pm b\,R\,p$ 的结论（条目 136 的最后 1 种情况）。

这个证明和前面的完全相同。

第 15 节　证明条目 114 的定理的类似的方法

145

在前面的证明中，我们总是对 e 取偶数值（条目 137 到 144），我们也可以使用奇数值，但是这会引出更多的需要讨论的情况（喜欢这项研究的人会发现投身于这项任务大有裨益）。而且，必须预先假定与剩余 $+2$ 和 -2 有关的定理。但是，因为我们在不具备这些定理的情况下完成了上面的证明，这就使我们得到了一种证明它们的新方法。我们不应轻视这种方法，因为这种方法比我们上面使用的证明 ± 2 是任何形如 $8n+1$ 的质数的剩余的方法要来得更加直接。我们假设其他的情况（关于形如 $8n+1$，$8n+5$，$8n+7$ 的质数）已经用上面的方法给出了证明，而这个定理仅是由归纳法发现的。通过下面的讨论，我们将证明这个归纳出来的结论是正确的。

如果 ± 2 不是所有形如 $8n+1$ 的质数的剩余，则令以 ± 2 为其非剩余的最小的质数为 a，那么对于小于 a 的质数，这个定理都成立。现在，取某个以 a 为非剩余的小于 $\dfrac{a}{2}$ 的质数（从条目 129 可知，这是可以做到的）。令这个数为 p 且通过基本定理可知，$p \, N \, a$。因而，$\pm 2p \, R \, a$。因此，令 $e^2 \equiv 2p \pmod{a}$，e 是小于 a 的奇数。那么，必须区分两种情况：

1. 当 e 是不能被 p 整除的数时，令 $e^2 = 2p + aq$；q 就是形如 $8n+7$ 或 $8n+3$ 的正数（对应于 p 形如 $4n+1$ 或 $4n+3$），并且，q 小于 a 且不能被 p 整除。现在，所有 q 的质因数都分成 4 类：形如 $8n+1$ 的有 e 个，形如 $8n+3$ 的有 f 个，形如 $8n+5$ 的有 g 个，形如 $8n+7$ 的有 h 个。令所有第 1 类因数的乘积为 E，另外 F，G，H 分别代表所有第 2 类、第 3 类、第 4 类因数的乘积[1]。

---

〔1〕如果没有因数来自于这几类，就用数 1 代替乘积。

首先，我们考虑第 1 种情况，p 的形式是 $4n+1$，q 的形式是 $8n+7$。显然，我们有 $2RE$，$2RH$，因此 pRE，pRH，并且还有 ERp，HRp。进而，2 就是形如 $8n+3$ 或 $8n+5$ 的数的所有因数的非剩余，因而也是 p 的非剩条，那么，这样一个因数就是 p 的非剩余。由此可以推出，如果 $f+g$ 是偶数，FG 就是 p 的剩余；如果 $f+g$ 是奇数，FG 就是 p 的非剩余。但是 $f+g$ 不可能是奇数，因为，不论 e，f，g，f 各自是偶数或奇数，只要 $f+g$ 是奇数，在每一种情况下，$EFGH$ 或 q 就是形如 $8n+3$ 或 $8n+5$ 的数，这与假设矛盾。因此，我们得到 $FGRp$，$EFGHRp$，或 qRp。但是，因为 $aqRp$，这就意味着 aRp，这与假设矛盾。其次，当 p 是形如 $4n+3$ 的数时，我们可以用类似的方法证明 pRE，因而 ERp，$-pRF$，从而 FRp，因为 $g+h$ 是偶数，我们有 $GHRp$，由此可以推出 qRp，aRp，这与假设矛盾。

2. 当 e 能够被 p 整除时，可以用类似的方法来证明定理。熟练的数学家（本条目是为他们准备的）可以毫不费力地完成证明。为了简洁，这里就省略了。

第 16 节　一般问题的解法

146

通过基本定理和关于剩余 -1 和 ± 2 的定理，我们总是可以确定一个给定的数是另外一个给定的数的剩余还是非剩余。但是，为了能够将解答这个问题的必要的结论总结到一起，重新表述一下上面的结论还是很有必要的。

问题

给定两个任意的数 P，Q；求 Q 是 P 的剩余还是非剩余。

解：1. 令 $P = a^\alpha b^\beta c^\gamma \cdots$，其中 a，b，c，$\cdots$ 是各不相等的取正号的质数（显然，我们必须考虑 P 的绝对值）。为了简洁，我们这里把 x 是模 y 的剩余或非剩余，简称为**数 x 对于数 y 的关系**。那么，Q 对于 P 的关系就取决于 Q 对于 a^α 的关系，Q 对于 b^β 的关系，$\cdots$（条目 105）。

2. 为了能够确定 Q 对于 a^α 的关系（以及 Q 对于 b^β 的关系，$\cdots$），有必要区分两种情况：

1）Q 能够被 a 整除。令 $Q = Q'a^e$，其中 Q' 不能被 a 整除。那么，如果 $e = a$ 或者 $e > a$，我们就有 QRa^α。如果 e 是奇数且 $e < a$，我们就有 QNa^α；而如果 e 是偶数且 $e < a$，Q 对于 a^α 的关系就如同 Q' 对于 $a^{\alpha-e}$ 的关系。这就简化为下面的情况：

2）Q 不能被 a 整除。这时，又要区分两种情况：

① $a = 2$。那么，当 $\alpha = 1$ 时，我们总是有 QRa^α；当 $\alpha = 2$ 时，Q 必须为 $4n+1$ 的形式，并且，当 $\alpha = 3$ 或 $\alpha > 3$ 时，Q 就必须是 $8n+1$ 的形式。如果这个条件成立，就有 QRa^α。

② a 是其他任意的质数。那么，Q 对于a^{α} 的关系就如同 Q 对于 a 的关系（条目 101）。

3. 我们按照如下的方式研究任意数 Q 同质数 a（a 是奇数）之间的关系。当 $Q>a$ 时，以 Q 对于模 a 的最小正剩余[1]来代替 Q。这个剩余对于 a 的关系和 Q 对于 a 的关系相同。

将 Q 或替代它的数分解为质因数 p，p'，p''，…；当 Q 为负数时，因数中还要加上 -1。那么，显然，Q 对于 a 的关系取决于质因数 p，p'，p''，…与 a 的关系。也就是说，如果 Q 的这些质因数中存在 $2m$ 个 a 的非剩余，我们就有 $Q\,R\,a$；如果存在 $2m+1$ 个 a 的非剩余，我们就有 $Q\,N\,a$。同样容易发现的是，如果在因数 p，p'，p''，…中存在 2，4，6 个或者一般地，$2k$ 个相等项，那么就可以安全地忽略。

4. 如果 -1 和 2 在质因数 p，p'，p''，…中出现，那么它们对于 a 的关系可以从条目 108，112，113，114 中确定。其他因数与 a 之间的关系取决于 a 对于这些因数的关系（基本定理和条目 131 中的定理）。假设 p 是其中一个因数，我们会发现（像前面讨论 Q 和 a 的关系，a 和 p 的关系一样，这里 Q 和 a 分别比 a 和 p 更大），a 和 p 之间的关系可以由条目 108 到 114 来确定（只要对于模 p，a 的最小剩余不含任何奇数的质因数即可），或者，a 和 p 之间的关系取决于 p 对于小于 p 的质数的关系。对于其他的因数 p'，p''，…，同样成立。通过继续做这种运算，我们最终将得到这样的一些数，它们之间的关系可以通过条目 108 到 114 中的定理来确定。通过举例我们更容易理解。

例：求数 $+453$ 对于数 1 236 的关系。因为 1 236 $=4\times3\times103$，由上述讨论可知，$+453\,R\,4$ 且 $+453\,R\,3$。现在，探索 $+453$ 对于 103 的关系。这个关系与 $+41$ 对于 103 的关系一样 $[41\equiv453\,(\mathrm{mod}\,103)]$；或者与 $+103$ 对于 41（基本定理），-20 对于 41 的关系一样。因为 $-20=-1\times2\times2\times5$，$-1\,R\,41$（条

---

[1] 这里"剩余"的含义与条目 4 中"剩余"的含义一致，通常取绝对最小剩余更好。

目 108），并且 $+5\,R\,41$（因为 $41 \equiv 1$，由基本定理可推出 $+5$ 是 41 的剩余），所以 $-20\,R\,41$。由此推出，$+453\,R\,103$，那么 $+453\,R\,1\,236$。实际上，我们可以得到 $453 \equiv 297^2\,(\mathrm{mod}\,1\,236)$。

第 17 节　以给定的数为其剩余或非剩余的
　　　　　所有质数的线性形式

147

如果给定一个数 A，可以指出某个公式，其中包含所有以 A 为剩余且与 A 互质的数，或者所有成为形如 $x^2 - A$ 的数的除数的数（式中 x^2 是一个不确定的平方数）[1]。为了简洁，我们只考虑那些为奇数且与 A 互质的除数，因为其他的除数都可以轻易简化为这些情况。

首先，假设 A 为一个形如 $4n+1$ 的正质数，或者为一个形如 $4n-1$ 的负质数。那么，根据基本定理，所有取正号的质数都是 A 的剩余，它们是 $x^2 - A$，并且，所有是 A 的非剩余的质数（2 除外，它总是除数），就是 $x^2 - A$ 的非除数。假设 A 的所有小于 A 自身的剩余（0 除外）分别用 r，r'，$\cdots$ 表示，所有小于 A 自身的非剩余分别用 n，n'，$\cdots$ 表示。那么，包含在形如 $Ak+r$，$Ak+r'$，$\cdots$ 中的任何一个质数都是 $x^2 - A$ 的除数，而包含在形如 $Ak+n$，$Ak+n'$，$\cdots$ 中的任何一个质数都是 $x^2 - A$ 的非除数。在这些公式中，k 是不确定的整数。我们称第 1 组形式为 $x^2 - A$ 的**除数**，称第 2 组形式为 $x^2 - A$ 的**非除数**。每组数的个数为 $\dfrac{A-1}{2}$。进而，如果 B 是奇合数且 $A\,R\,B$，则 B 的所有质因数都包含于上述形式中的一个，因而 B 也属于上述形式中的一个。因此，任何包含于某个非除数的形式中的奇数就一定是 $x^2 - A$ 的一个非除数。这个定理是不可逆的。因为，如果 B 是奇合数且是 $x^2 - A$ 的非除数，那么 B 的某些质因数就是非除数。但是，如果这些质因数有偶数个，那么 B 自身就是某个除数的形式（参考条目 99）。

---

〔1〕我们将这些数简单地称为 $x^2 - A$ 的除数；非除数的含义是显然的。

例：对于 $A = -11$，$x^2 + 11$ 的除数的形式就是 $11k+1$，$11k+3$，$11k+4$，$11k+5$，$11k+9$，非除数的形式就是 $11k+2$，$11k+6$，$11k+7$，$11k+8$，$11k+10$。那么，-11 就是后一种形式中包含的所有奇数的非剩余，是前一种形式的所有质数的剩余。

不论数 A 是什么，对于 $x^2 - A$ 的除数和非除数，我们都有类似的形式。显然，我们应当只讨论不能被某些平方数整除的那些 A 的值。这是因为，如果 $A = a^2 A'$，那么 $x^2 - A$ 的所有除数也是 $x^2 - A'$ 的除数，对于非除数也有同样的结论。但是，我们必须区分 3 种情况：① A 的形式是 $+(4n+1)$ 或 $-(4n-1)$；② A 的形式是 $-(4n+1)$ 或 $+(4n-1)$；③ A 的形式是 $\pm(4n+2)$，即偶数。

148

第1种情况，A 的形式是 $+(4n+1)$ 或 $-(4n-1)$。将 A 分解成它的质因数，对那些形如 $4n+1$ 的质数取正号，对那些形如 $4n-1$ 的质数取负号（这些因数的乘积就等于 A）。假设这些因数为 a，b，c，d，$\cdots$。现在，将所有小于 A 且与 A 互质的数分成两类。第 1 类是所有这样的数：它们不是数 a，b，c，d，$\cdots$ 中任何一个数的非剩余，或者是其中 2 个数的非剩余，或者是其中 4 个数的非剩余，或者，一般地，是它们中偶数个数的非剩余。第 2 类是所有这样的数：它们是数 a，b，c，d，$\cdots$ 中某个数的非剩余，或者它们是其中某 3 个数的非剩余，或者，一般地，它们是其中奇数个数的非剩余。将前一类数表示为 r，r'，$\cdots$，将后一类数表示为 n，n'，$\cdots$。那么，$Ak+r$，$Ak+r'$，$\cdots$ 就是 $x^2 - A$ 的除数的形式；$Ak+n$，$Ak+n'$，$\cdots$ 就是 $x^2 - A$ 的非除数的形式（即，除了 2 之外的所有质数，它的形式是属于前一种形式还是后一种形式，取决于它们是 $x^2 - A$ 的除数还是非除数）。因为，如果 p 是质数，并且它是数 a，b，c，$\cdots$ 中某个数的剩余或者非剩余，那么，这个数就是 p 的剩余或非剩余（基本定理）。所以，如果在数 a，b，c，$\cdots$ 中存在 m 个以 p 为非剩余的数，那么，它们中存在同样 m 个数是 p 的非剩余。因此，如果 p 的形式属于前一种形式，m 就是偶数，且 A R p；如果 p 的形式属于后一种形式，m 就是奇数，且 A N p。

　　例：假设 A = +105 = （−3）×（+5）×（−7）。那么，数 r，r′，r″，…是这些数：1，4，16，46，64，79（它们不是数 3，5，7 中任何一个数的非剩余）；2，8，23，32，53，92（它们是数 3，5 的非剩余）；26，41，59，89，101，104（它们是数 3，7 的非剩余）；13，52，73，82，97，103（它们是数 5，7 的非剩余）。数 n，n′，n″，…是这些数：11，29，44，71，74，86（它们是数 3 的非剩余）；22，37，43，58，67，88（它们是数 5 的非剩余）；19，31，34，61，76，94（它们是数 7 的非剩余）；17，38，47，62，68，83（它们是数 3，5，7 的非剩余）。

　　由组合理论和条目 32、条目 96，我们很容易发现，数 r，r′，r″，…的个数为

$$r\left[1+\frac{l(l-1)}{1\times 2}+\frac{l(l-1)(l-2)(l-3)}{1\times 2\times 3\times 4}+\cdots\right]$$

并且，n，n′，n″，…的个数为

$$t\left[1+\frac{l(l-1)(l-3)}{1\times 2\times 3}+\frac{l(l-1)\cdots(l-4)}{1\times 2\cdots\times 5}+\cdots\right]$$

式中，l 表示数 a，b，c，…的个数；$t = 2^{-l}(a-1)(b-1)(c-1)\cdots$，并且，每组级数要一直继续到无法继续为止（有 t 个数是数 a，b，c，…的剩余，有 $\frac{tl(l-1)}{2}$ 个数是数 a，b，c，…其中两个数的非剩余。为了简洁，不做详细的解释）。每组级数的和为 2^{l-1} [1]。这可以通过分别求出组合级数

$$1+（l-1）+\frac{(l-1)(l-2)}{1\times 2}+\cdots$$

的项来得到：对第 1 个级数，把它的第 2 和第 3 项相加，第 4 和第 5 项相加，…；对第 2 个级数，把它的第 1 和第 2 项相加，第 3 和第 4 项相加，…。因此，表达式 $x^2 - A$ 的除数形式和非除数形式一样多，即都是

---

〔1〕以后不计因数 t。

$$\frac{(a-1)(b-1)(c-1)\cdots}{2}\text{个。}$$

149

我们可以把第 2 种和第 3 种情况一起讨论。我们可以把 A 表示为 $(-1)Q$，或 $(+2)Q$，或 $(-2)Q$，其中 Q 是形如 $+(4n+1)$ 或 $-(4n-1)$ 的数，如同我们在上一条目中讨论的。一般地，令 $A=\alpha Q$，其中 $\alpha=-1$ 或 ± 2。那么，A 就是所有这样的数的剩余，它们都以数 α 和 Q 为剩余或非剩余，并且，A 是所有这样的数的非剩余，它们都只以数 α 和 Q 中的一个为其剩余。由此，我们容易推出 x^2-A 的除数和非除数的形式。如果 $\alpha=-1$，则将所有小于 $4A$ 且与其互质的数分为两类：第 1 类是属于表达式 x^2-Q 的某个除数的形式，同时又是形如 $4n+1$ 的数，以及属于 x^2-Q 的某个非除数的形式，同时又是形如 $4n+3$ 的数；所有其他的数都属于第 2 类。将第 1 类的数表示为 r，r'，r''，$\cdots$，将第 2 类的数表示为 n，n'，n''，$\cdots$。A 就是包含在形如 $4Ak+r$，$4Ak+r'$，$4Ak+r''$，$\cdots$ 的数中的所有质数的剩余；也是所有包含在形如 $4Ak+n$，$4Ak+n'$，$\cdots$ 的数中的所有质数的非剩余。如果 $\alpha=\pm 2$，将所有小于 $8Q$ 且与其互质的数分成两类：第 1 类是所有这样的数，它们属于表达式 x^2-Q 的除数的某个形式，它们的形式要么是 $8n+1$ 或 $8n+7$（当 2 取正号时），要么是 $8n+3$ 或 $8n+7$（当 2 取负号时）；所有其他的数都属于第2类。如果将第 1 类数表示为 r，r'，r''，$\cdots$，将第 2 类数表示为 n，n'，n''，$\cdots$，那么，$\pm 2Q$ 就是所有包含在 $8Qk+r$，$8Qk+r'$，$8Qk+r''$，$\cdots$ 任意形式中的质数的剩余，也是所有包含在 $8Qk+n$，$8Qk+n'$，$8Qk+n''$，$\cdots$ 任意形式中的质数的非剩余。同样地，这里容易证明表达式 x^2-A 的除数的形式和非除数的形式的个数相同。

例：通过这种方法我们发现，$+10$ 是所有形如 $40k+1$，$40k+3$，$40k+9$，$40k+13$，$40k+27$，$40k+31$，$40k+37$，$40k+39$ 的质数的剩余，也是所有形如 $40k+7$，$40k+11$，$40k+17$，$40k+19$，$40k+21$，$40k+23$，$40k+29$，

$40k+33$ 的质数的非剩余。

150

　　这些形式有很多显著的性质，但是我们只指出其中的一个。假设 B 是一个与 A 互质的合数，如果在 B 的质因数中有 $2m$ 个属于 x^2-A 的非除数的形式，那么，B 就属于 x^2-A 的一个除数的形式；如果有奇数个 B 的质因数属于 x^2-A 的非除数的形式，那么，B 就属于 x^2-A 的一个非除数的形式。我们省略证明，它并不困难。由此可以推出，不仅是每个质数，而且，每个与 A 互质且属于某个非除数形式的奇合数，它本身也是非除数。这是因为，这样的数必须有一个质因数是非除数。

第18节　其他数学家关于这些研究的著作

151

基本定理可以列为最优雅的定理之一。迄今还没有人能够像我们在上文那样用这种简洁的方式把定理呈现出来。还有更加令人惊讶的就是，我们已经知道了基于基本定理的一些其他定理，由这些定理可以方便地推出基本定理。欧拉知道，存在这样的一些形式，它们包含形如 $x^2 - A$ 的数的全部质除数，并且，还有另外一些形式，它们包含形如 $x^2 - A$ 的所有是质数的非除数。这两种形式是互相不包含的。欧拉还知道求出这些形式的方法，但是他尝试做的所有证明的努力都失败了。不过，他通过归纳法使得定理更接近于真理。在一份标题为 *Novae demostrationes circa divisores numerorum formae xx + nyy* 的研究报告中（他于 1775 年 11 月 20 日在圣彼得堡研究院宣读了这份研究报告，他死后，这份研究报告得以发表[1]），他似乎认为他已经完成了证明。但是，他无意中发现了错误，因为在第 65 页他心里预先假定存在这些形式的除数和非除数[2]，由此不难发现这些形式是什么。但是，他用来证明这一假设的方法似乎并不合适。在另一个文献 *De criteriis aequationis fxx + gyy = hzz utrum ea resolutionem admittat necne*（这里 f, g, h 是给定的，而 x, y, z 是未知数）中，通过归纳法，他发现，如果对于 $h = s$ 的一个值方程可解，那么，对于所有的对于模 $4fg$ 同余于 s 的值（只要它是质数），该方程也可解。由这个

---

〔1〕 *Nova acta acad. Petrop*, 1787，第 47 – 74 页。

〔2〕 也就是确实存在小于 $4A$ 且各不相同的数 r, r', r'', $\cdots$, n, n', $n''\cdots$，使得 $x^2 - A$ 的所有质除数属于 $4Ak + r$, $4Ak + r'$, $\cdots$ 形式之一，并且所有是质数的非除数属于 $4Ak + n$, $4Ak + n'$, $\cdots$ 形式之一（k 是任意整数）。

定理，可以轻易地证明我们的假设。但是，尽管欧拉做出了各种努力，却未能获得这个定理的证明[1]。这并不奇怪，因为，我们的判断是这个定理的推导必须由基本定理开始。由下一章我们给出的结论可以自然而然地得出这个定理的正确性。

欧拉之后，著名的勒让德在他的优秀作品《不定分析研究》（*Hist. Acad. Paris*，1785 年，第 465 页及其后）中积极地研究了同样的问题。他得到了与基本定理基本相同的定理。他这样叙述道：如果 p，q 是两个正的质数，那么，当 p 或者 q 其中一个的形式是 $4n+1$ 时，方幂 $p^{\frac{q-1}{2}}$ 和 $q^{\frac{p-1}{2}}$ 分别对于模 q 和 p 的绝对最小剩余就同时为 $+1$ 或者 -1；当 p 和 q 都是 $4n+3$ 型时，其绝对最小剩余就是相反的。这个定理包含于条目 131 的定理中，由条目 133 里的定理 1，定理 3，定理 9 也可以推出。另一方面，由这个定理也可以推导出基本定理。勒让德还尝试了一种证明方法，因为它非常巧妙，我们下一章会花些篇幅介绍。然而，他在未证明的情况下假定了很多结论的成立。（他本人在第 520 页承认了这一点。其中有些结论至今也未能被任何人证明；还有一些结论，我们判断，必须借助基本定理自身才能证明，所以看起来他走的路是一条死路。因此，我们的证明理应作为对这个定理的第一个证明。下面我们还要给出这个最重要定理的**另外两个证明**，它们与前面的证明完全不同，它们之间也完全不同。）

---

　　[1] 正如他自己承认的（*Opuscula Analytica*）："即使那么多人花了那么长的时间研究这个定理的证明方法依然未果，大家仍未放弃寻找……任何成功找到它的证明方法的人应当被认为是最杰出的人。"这个伟大的人带着极大的热情寻找这个定理的证明方法，以及一些只是基本定理的特殊情况的证明，我们还可以在很多其他地方看到。

第19节　一般形式的二阶同余方程

152

到目前为止，我们已经讨论过最简形式的二阶同余方程 $x^2 \equiv A$（mod m），我们还学会了判断方程是否有解。根据条目 105，对方程根本身的研究，被简化为当 m 要么是质数，要么是质数幂的情况；而通过对后者使用条目 101 中的结论，它也可以归结为 m 是质数的情况。就这种情况来说，我们在条目 61 中所讨论的结论，以及我们在第 5 章准备做的讨论，就包括了几乎可以用直接法所推导出的结论。但是，当我们使用直接法的时候，它们比我们要在第 6 章讨论的间接法要冗长得多。因此，它们的意义不在于它们的实用性，而在于它们的优美。**非最简形式的二阶同余方程可以轻松化简成最简形式的二阶同余方程。**假设给定同余方程

$$ax^2 + bx + c \equiv 0$$

求该方程对于模 m 的根。下面这个同余方程和它是等价的

$$4a^2x^2 + 4abx + 4ac \equiv 0 \ (\text{mod } 4am)$$

也就是说，满足任何一个方程的数都满足另外一个。第 2 个同余方程可以变换为形式

$$(2ax + b)^2 \equiv b^2 - 4ac \ (\text{mod } 4am)$$

由此可以求出小于 $4am$ 的 $2ax+b$ 的所有的值，只要它们存在。如果我们用 r，r'，r''，…表示它们，求所给的同余方程的解可以简化为求同余方程的解

$$2ax \equiv r - b, \ 2ax \equiv r' - b, \ \cdots \ (\text{mod } 4am)$$

我们在第 2 章已经讨论了怎样求解。但是，我们发现通过一些方法可以简化求解过程。例如，我们可以找到一个等价的方程代替给定的同余方程

$$a'x^2 + 2b'x + c' \equiv 0$$

其中 a' 整除 m。由于篇幅所限，具体讨论参见最后 1 章。

第 5 章　二次型和二次不定方程

（第 153 ~ 307 条）

第1节　型的定义和符号

153

本章我们专门研究含有两个未知数 x，y 的形如 $ax^2 + 2bxy + cy^2$ 的函数，其中 a，b，c 是指定整数。我们将这些函数称为**二次型**，或简称为**型**。这项研究是著名的求二次不定方程通解的问题的基础。两个未知数的值为整数或有理数。拉格朗日已经解决了这个问题，并且他和数学家欧拉还发现了跟**型**的性质有关的很多结论。他们还为费马的一些早期发现提供了证明。然而，对型的性质的细致研究显示出许多新的结论，我们认为非常值得从头回顾这个课题——因为，这些学者的发现散布于不同的书籍，很少有学者知道它们；而且，我们研究这一课题所使用的方法是我们独创的，与众不同；最后，如果不对前人的发现重新阐述，读者就很难理解我们在原有的基础上新增的结论。我们相信，还有很多关于型的结论尚未为人发现，对于其余的人是一种挑战。在本书恰当的地方，我们会指出重要结论的历史。

当我们不关注未知数 x，y 时，我们用符号（a，b，c）来表示型 $ax^2 + 2bxy + cy^2$。因此，这个表达式表示三个被加项的和：给定的数 a 与一个任意的未知数的平方的乘积，数 b 与这个未知数以及另外一个未知数的乘积的两倍，最后是数 c 与第 2 个未知数的平方的乘积。例如，（1，0，2）表示一个平方数与另一个平方数的两倍之和。如果只关注**被加项本身**，（a，b，c）和（c，b，a）表示相同的东西，然而，如果我们注意到被加项的**顺序**，它们就不同了。因而，我们必须仔细区分。这样做的好处我们以后会看得非常清楚。

第 2 节　数的表示：行列式

154

如果我们能够找到未知数的某组整数值，使得给定的型所取的值等于给定的数，我们就称给定的数可以由给定的型**表示**。

定理

如果数 M 可以由型 (a, b, c) 表示，且实现这一表示的未知数之值互质，那么 $b^2 - ac$ 必为数 M 的一个二次剩余。

证明

令未知数的值为 m，n，即

$$am^2 + 2bmn + cn^2 = M$$

选取数 μv，使得 $\mu m + v n = 1$（条目 40）。那么，因为

$$(am^2 + 2bmn + cn^2)(av^2 - 2b\mu v + c\mu^2)$$

$$= [\mu(mb+nc) - v(ma+nb)]^2 - (b^2-ac)(m\mu+nv)^2$$

或者

$$M(av^2 - 2b\mu v + c\mu^2) = [\mu(mb+nc) - v(ma+nb)]^2 - (b^2-ac)$$

于是得出

$$b^2 - ac \equiv [\mu(mb+nc) - v(ma+nb)]^2 \pmod{M}$$

即 $b^2 - ac$ 是 M 的二次剩余。

我们以后会发现型 (a, b, c) 的性质按照一种特殊的方式依赖于数 $b^2 - ac$ 的性质。我们把数 $b^2 - ac$ 称为型 (a, b, c) 的**行列式**。

第 3 节　数 M 由型（a, b, c）表示时所属表达式 $\sqrt{(b^2-ac)}$（$\mathrm{mod}\ M$）的值

155

现在 $\mu(mb+nc)-\nu(ma+nb)$ 就是表达式 $\sqrt{(b^2-ac)}$（$\mathrm{mod}\ M$）的一个值。但是，可以用无限多种方式确定数 μ, ν 的值，使得 $\mu m+\nu n=1$，因此可以得到这个表达式的很多不同的值。让我们来审视一下它们之间的关系。设 $\mu m+\nu n=1$，再设 $\mu'm+\nu'n=1$；并且令

$$\mu(mb+nc)-\nu(ma+nb)=\upsilon,\ \mu'(mb+nc)-\nu'(ma+nb)=\upsilon'$$

用 μ' 乘等式 $\mu m+\nu n=1$，用 μ 乘等式 $\mu'm+\nu'n=1$，再相减，我们得到 $\mu'-\mu=n(\mu'\nu-\mu\nu')$。类似地，用 ν' 乘第 1 个方程，用 ν 乘第 2 个方程，再相减，我们得到 $\nu'-\nu=m(\mu\nu'-\mu'\nu)$。由此，我们直接得到

$$\upsilon'-\upsilon=(\mu'\nu-\mu\nu')(am^2+2bmn+cn^2)=(\mu'\nu-\mu\nu')M$$

或者 $\upsilon'\equiv\upsilon(\mathrm{mod}\ M)$。因此，不论如何确定 μ, ν，公式 $\mu(mb+nc)-\nu(ma+nb)$ 不可能给出 $\sqrt{(b^2-ac)}$（$\mathrm{mod}\ M$）不同的（即不同余的）值。因此，如果 υ 是这个公式的一个值，我们就说数 M 由型 $ax^2+2bxy+cy^2$ 给出的表示（其中 $x=m$, $y=n$）**属于表达式** $\sqrt{(b^2-ac)}$（$\mathrm{mod}\ M$）的值为 υ。并且，容易证明的是，如果这个公式的一个值是 υ，且 $\upsilon'\equiv\upsilon(\mathrm{mod}\ M)$，则对于给出值 υ 的数 μ, ν，可以找到给出值 υ' 的 μ' 和 ν'。为此只要设

$$\mu'=\mu+\frac{n(\upsilon'-\upsilon)}{M},\ \nu'=\nu-\frac{m(\upsilon'-\upsilon)}{M}$$

我们就得到

$$\mu'm+\nu'n=\mu m+\nu n=1$$

那么，用 μ' 和 ν' 所找到的该公式的值就比用 μ 和 ν 所找到的值多（$\mu'\nu-\mu\nu'$）M，它等于（$\mu m+\nu n$）（$\upsilon'-\upsilon$），即 $\upsilon'-\upsilon$，所以这个值就等于 υ'。

156

如果同一个数 M 在用同一个型（a，b，c）表示时有两种表达式，在每个表达式中两个未知数的值都互质，那么，它们可以属于表达式 $\sqrt{(b^2-ac)}$（$\bmod M$）的同一个值或不同的值。令

$$M = am^2 + 2bmn + cn^2 = am'm' + 2bm'n' + cn'n'$$

并且

$$\mu m + \nu n = 1, \quad \mu'm' + \nu'n' = 1$$

很清楚的是，如果

$$\mu(mb+nc) - \nu(ma+nb) \equiv \mu'(m'b+n'c) - \nu'(m'a+n'b) \ (\bmod M)$$

那么不论为 μ，ν 和 μ'，ν' 选取什么合适的值，同余式总是成立。在这种情况下，我们就说两个表达式都属于表达式 $\sqrt{(b^2-ac)}$（$\bmod M$）的**相同的**值。但是，如果当 μ，ν 和 μ'，ν' 选取某些值时同余式不成立，那么它就对任何值都不成立，这两个表达式就属于**不同的**值。现在，如果

$$\mu(mb+nc) - \nu(ma+nb) \equiv -\left[\mu'(m'b+n'c) - \nu'(m'a+n'b)\right]$$

我们就说这两种表达式属于表达式 $\sqrt{(b^2-ac)}$（$\bmod M$）的**相反的**值。当我们研究同一个数由具有相同行列式的**不同的**型来表示时，我们会用到所有这些术语。

例：设要讨论的型为（3，7，-8），它的行列式为 73。通过这个型我们可以得到数 57 的两种表达式

$$3 \times 13^2 + 14 \times 13 \times 25 - 8 \times 25^2; \ 3 \times 5^2 + 14 \times 5 \times 9 - 8 \times 9^2$$

对于第一个表达式，我们可以取 $\mu=2$，$\nu=-1$，第 1 个表达式所属的表达式 $\sqrt{73}$（$\bmod 57$）的值就等于

$$2 \times (13 \times 7 - 25 \times 8) + (13 \times 3 + 25 \times 7) = -4$$

通过类似的方式，如果我们设 $\mu=2$，$\nu=-1$，则可求得第 2 个表达式属于 $\sqrt{73}$（$\bmod 57$）的值为 +4。因此，这两个表达式属于相反的值。

在做任何深入探讨之前，我们指出，行列式为零的型将被排除在下面的研究之外，因为这种型只会破坏所得到的定理的简洁性，因而须要分别处理。

157

如果带有未知数 x, y 的型 F 通过

$$x = \alpha x' + \beta y', \ y = \gamma x' + \delta y'$$

代换转变为带未知数 x', y' 的型 F'，其中 α，β，γ，δ 为整数，我们就说前者**包含**后者，或者后者**包含于**前者。令型 F 为

$$ax^2 + 2bxy + cy^2$$

且型 F' 为

$$a'x'^2 + 2b'x'y' + c'y'^2$$

那么我们有如下的三个等式

$$a' = a\alpha^2 + 2b\alpha\gamma + c\gamma^2$$
$$b' = a\alpha\beta + b(\alpha\delta + \beta\gamma) + c\gamma\delta$$
$$c' = a\beta^2 + 2b\beta\delta + c\delta^2$$

令第 2 个等式自乘，第 1 个等式乘以第 3 个等式，令两个乘积相减，我们得到

$$b'b' - a'c' = (b^2 - ac)(\alpha\delta - \beta\gamma)^2$$

由此推出，型 F' 的行列式能够被型 F 的行列式整除，且这个商是一个平方数；显然，这两个行列式有**相同的符号**。并且，如果型 F' 也能够通过类似的替换变成型 F，即如果 F' 包含于 F，F 也包含于 F'，这两个型的行列式就是相等的[1]，并且 $(\alpha\delta - \beta\gamma)^2 = 1$。在这种情况下，我们称这两个型**相等**。因此，行列式相等是型相等的必要条件，却不是充要条件。如果 $\alpha\delta - \beta\gamma$ 是正数，就称代换 $x = \alpha x' + \beta y'$，$y = \gamma x' + \delta y'$ 是**正常代换**；如果 $\alpha\delta - \beta\gamma$ 是负数，就称代换 $x = \alpha x' + \beta y'$，$y = \gamma x' + \delta y'$ 是**反常代换**。如果 F 能够通过正常代换或者反常代换变换成型 F'，那么我们就说型 F' 正常包含于或

---

〔1〕由前面的分析可知，这个定理可以应用于行列式等于 0 的型。但等式 $(\alpha\delta - \beta\gamma)^2 = 1$ 一定不能拓展到这种情况。

者反常包含于型 F。因此，如果 F 与 F' 等价，就有 $(\alpha\delta - \beta\gamma)^2 = 1$。如果该变换是正常变换，则有 $\alpha\delta - \beta\gamma = +1$；如果该变换是反常变换，则有 $\alpha\delta - \beta\gamma = -1$。如果有若干个代换都是正常代换，或者都是反常代换，就称它们是**同型的**代换。一个正常代换和一个反常代换被称为是**不同型的**代换。

第 4 节　正常等价与反常等价

158

如果型 F 与 F' 的行列式相等，且 F' 包含于 F 中，那么，对应于 F' 是正常或者反常地包含在 F 之中，F 也必将正常或反常地包含在 F' 之中。

假设 F 通过代换

$$x = \alpha x' + \beta y', \quad y = \gamma x' + \delta y'$$

变成 F'，且 F' 可以通过代换

$$x' = \delta x - \beta y, \quad y' = -\gamma x + \alpha y,$$

变成 F；实际上，由此代换 F' 得到的结果，与从 F 出发通过代换

$$x = \alpha(\delta x - \beta y) + \beta(-\gamma x + \alpha y)$$
$$y = \gamma(\delta x - \beta y) + \delta(-\gamma x + \alpha y)$$

或者通过代换

$$x = (\alpha\delta - \beta\gamma)x, \quad y = (\alpha\delta - \beta\gamma)y$$

得到的结果是一样的。但是在这里，显然由 F 得到 $(\alpha\delta - \beta\gamma)^2 F$，也即得到 F 本身（参考上一条目）。很明显，前面的变换是正常变换还是反常变换决定后面的变换的情况。

如果 F' **正常**包含于 F，且 F **正常**包含于 F'，我们就称这两个型是**正常等价**的；如果它们是相互反常地包含在对方中，我们就说这两个型是**反常等价**的。做出这种区分是非常有用的，我们后面很快就会明白。

例：用代换 $x = 2x' + y'$，$y = 3x' + 2y'$ 可以把型 $2x^2 - 8xy + 3y^2$ 变换为型 $-13x'^2 - 12x'y' - 2y'^2$。后者通过代换 $x' = 2x - y$，$y' = -3x + 2y$ 可以变换为前者。因此，$(2, -4, 3)$ 和 $(-13, -6, -2)$ 正常等价。

我们现在把注意力转向下面的问题：

1. 如果给定任意两个有相同行列式的型，我们要判断它们是否等价。如

果等价，它们是正常等价还是反常等价，或者既是正常等价，同时也是反常等价（因为这种情况也是可能发生的）。如果它们有不同的行列式，我们至少要知道它们中的一个是不是包含另一个。如果存在这种包含，它是正常的还是反常的，还是两者都有？最后，无论是正常代换还是反常代换，我们都要求出把一个型变成另一个型的所有的代换。

2. 给定一个型，我们想要判断一个给定的数是不是可以用这个型表示，并且确定所有的表达式。但是，由于带有负行列式的型需要一种与带有正行列式的型的不同的方法，我们首先讨论这两者的共同点，再分别讨论。

第 5 节　相反的型

159

如果型 F 包含型 F'，F' 又包含 F''，则 F 包含 F''。

设型 F，F'，F'' 的变量分别为 x，y，x'，y'，x''，y''，且 F 可以通过代换

$$x = \alpha x' + \beta y', \quad y = \gamma x' + \delta y'$$

转换为 F'，而 F' 可以通过代换

$$x' = \alpha' x'' + \beta' y'', \quad y = \gamma' x'' + \delta' y''$$

转换成 F''。很清楚的是，F 可以通过代换

$$x = \alpha (\alpha' x'' + \beta' y'') + \beta (\gamma' x'' + \delta' y'')$$
$$y = \gamma (\alpha' x'' + \beta' y'') + \delta (\gamma' x'' + \delta' y'')$$

或者

$$x = (\alpha \alpha' + \beta \gamma') x'' + (\alpha \beta' + \beta \delta') y''$$
$$y = (\gamma \alpha' + \delta \gamma') x'' + (\gamma \beta' + \delta \delta') y''$$

变换成 F''。因此，F 包含 F''。因为当 $\alpha\delta - \beta\gamma$ 和 $\alpha'\delta' - \beta'\gamma'$ 都是正数或都是负数时，

$$(\alpha\alpha' + \beta\gamma')(\gamma\beta' + \delta\delta') - (\alpha\beta' + \beta\delta')(\gamma\alpha' + \delta\gamma') = (\alpha\delta - \beta\gamma)(\alpha'\delta' - \beta'\gamma')$$

才是正数；当它们一个为正，另一个为负时，此表达式是负数。因而，如果型 F 包含型 F'，型 F' 又以同样的方式包含型 F''，则 F **正常**包含型 F''；如果型 F 包含型 F' 的方式与型 F' 包含型 F'' 的方式不同，则 F **反常**包含型 F''。

由此可以推出，如果有任意多个型，F，F'，F''，F'''，…，其中每个型都包含紧挨在它后面的那个型，那么第 1 个型就包含最后一个型。如果以反常方式包含后面的型的个数为偶数，那么第 1 个型就**正常**包含最后 1 个

型；如果以反常方式包含后面的型的个数为奇数，那么第 1 个型就**反常**包含最后 1 个型。

如果型 F 等价于型 F'，型 F' 等价于型 F''，则型 F 必定等价于型 F''。并且，如果型 F 等价于型 F' 的方式与型 F' 等价于型 F'' 的方式相同，则型 F 就正常等价于型 F''；如果型 F 等价于型 F' 的方式与型 F' 等价于型 F'' 的方式相反，则型 F 就反常等价于型 F''。

由于型 F 和型 F' 分别等价于型 F' 和型 F''，前者包含后者，因此，不仅 F 包含 F''，后者也包含前者。那么，F 和 F'' 就是等价的。从前面的结论可以推出：对应于 F 和 F'，F' 和 F'' 是相同方式等价还是不同方式等价，F 就正常或者反常包含 F''。就 F'' 对于 F 的关系，也有同样的结论。所以，在前面的情况中，F 和 F'' 就是正常等价的，在后面的情况中，F 和 F'' 就是反常等价的。

型 $(a, -b, c)$，(c, b, a)，$(c, -b, a)$ 与型 (a, b, c) 等价，前两个为反常等价，最后一个为正常等价。

因为，令 $x = x' + 0 \cdot y'$，$y = 0 \cdot x' - y'$，$x' - y'$，$ax^2 + 2bxy + cy^2$ 可以变换为 $ax'^2 - 2bx'y' + cy'^2$。这个变换为反常变换，因为 $1 \times (-1) - 0 \times 0 = -1$。通过反常变换 $x = 0 \cdot x' + y'$，$y = x' + 0 \cdot y'$ 可以把第 1 个型变为型 $cx'^2 + 2bx'y' + ay'^2$，通过正常代换 $x = 0 \cdot x' - y'$，$y = x' + 0 \cdot y'$ 可以把它变成型 $cx'^2 - 2bx'y' + ay'^2$。

因此，显然，任何与型 (a, b, c) 等价的型都与型 (a, b, c) 自身**正常**等价或者与型 $(a, -b, c)$ 正常等价。类似地，如果任何型包含型 (a, b, c) 或者被其包含，那么该型就**正常**包含型 (a, b, c) 或者型 $(a, -b, c)$，或者就被这二者之一**正常**包含，则我们称型 (a, b, c) 和型 $(a, -b, c)$ 是**相反**的型。

第 6 节　相邻的型

160

如果型 (a, b, c) 和型 (a', b', c') 有相同的行列式，而且 $c = a'$ 及 $b \equiv -b' \pmod{c}$ ［即 $b + b' \equiv 0 \pmod{c}$］，我们就称它们为**相邻的型**。如果我们想更准确地表述，就说前面的型对后面的型是从**左边相邻**的，后面的型对前面的型是从**右边相邻**的。

例如，型 $(7, 3, 2)$ 对型 $(3, 4, 7)$ 是从右边相邻的，型 $(3, 1, 3)$ 对与其相反的型 $(3, -1, 3)$ 是从两边都相邻的。

相邻的型总是正常等价的。因为，型 $ax^2 + 2bxy + cy^2$ 可以通过代换 $x = -y'$，$y' = x' + \dfrac{(b + b')y'}{c}$ 变换成相邻的型 $cx'x' + 2b'x'y' + c'y'y'$ ［这个变换是正常的，因为 $0 \cdot 0 \cdot (b + b')/c - 1 \times (-1) = 1$］。通过扩展和使用等式 $b^2 - ac = b'^2 - cc'$ 可以轻松地对此变换做出证明。根据假设，$(b + b')/c$ 是一个整数。但是，如果 $c = a' = 0$，这些定义和结论就不再成立。除了行列式是平方数的型外，这种情况不会出现。

如果 $a = a'$，$b \equiv b' \pmod{a}$，那么型 (a, b, c) 和型 (a', b', c') 就是正常等价的。因为，型 (a, b, c) 与型 $(c, -b, a)$ 正常等价（参考上一条目），而后者从左边与型 (a', b', c') 相邻。

第 7 节　型的系数的公约数

161

如果型（a，b，c）包含型（a'，b'，c'），那么，数 a，b，c 的任意公约数就整除数 a'，b'，c'；且数 a，$2b$，c 的任意公约数也能整除数 a'，$2b'$，c'。

　　因为，如果型 $ax^2 + 2bxy + cy^2$ 通过代换 $x = \alpha x' + \beta y'$，$y = \gamma x' + \delta y'$，可以变换成 $a'x'x' + 2b'x'y' + c'y'y'$，我们得到下面的等式

$$a\alpha^2 + 2b a\gamma + c\gamma^2 = a'$$
$$a\alpha\beta + b(\alpha\delta + \beta\gamma) + c\gamma\delta = b'$$
$$a\beta^2 + 2b\beta\delta + c\delta^2 = c'$$

由这些等式可以立即推出定理成立，为证明定理的第 2 部分，我们用 $2a\alpha\beta + 2b(\alpha\delta + \beta\gamma) + 2c\gamma\delta = 2b'$ 代替第 2 个等式。

　　由此推出，数 a，$b(2b)$，c 的最大公约数也是整除数 a'，b'（$2b'$），c' 的最大公约数。进而，如果型（a'，b'，c'）包含型（a，b，c），即这两个型是等价的，那么，数 a，$b(2b)$，c 的最大公约数就等于数 a'，b'（$2b'$），c' 的最大公约数，因为二者必定互相整除。因此，在这种

□ **欧洲的算术三角**

　　欧洲的算术三角虽然惯常被称为"帕斯卡三角"，但事实上，早在帕斯卡之前，欧洲知道算术三角者大有人在。据载，欧洲最早发表"算术三角"的是德国人阿皮安努斯（1495—1552年），他于1527年出版的算术书中就有9阶算术三角形图，后朔伊贝尔（1494—1570年）在他的《算术》中也记有算术三角（图上），还有塔尔塔利亚（1499—1557年）在他的《数的度量通论》中也记载了此类算术三角（图下）。

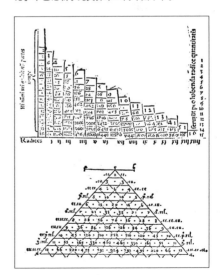

情况下，如果数 a，b（$2b$），c 没有最大公约数，即最大公约数为1，那么数 a'，b'（$2b'$），c' 就也没有最大公约数。

第 8 节　一个给定的型变换为另一个给定的型时 所有可能的同型变换的关系

162

问题

如果型 $AX^2 + 2BXY + CY^2$（记为 F）**包含型** $ax^2 + 2bxy + cy^2$（记为 f），**且假设已经给出前一个型变换成后一个型的代换；试从这个代换求出所有其他的同型代换。**

解：设给定的代换是 $X = \alpha x + \beta y$，$Y = \gamma x + \delta y$，且首先假设我们知道另一个与它同型的代换 $X = \alpha' x + \beta' y$，$Y = \gamma' x + \delta' y$。我们来研究由此可以推出什么结论。用 D 和 d 分别表示 F 和 f 的行列式，令 $\alpha\delta - \beta\gamma = e$，$\alpha'\delta' - \beta'\gamma' = e'$。我们有 $d = De^2 = De'^2$（参考条目157），因为按照假设，e 和 e' 的符号相同，所以 $e = e'$。我们还能得到下面的6个等式

$$A\alpha^2 + 2B\alpha\gamma + C\gamma^2 = a \qquad [1]$$

$$A\alpha'^2 + 2B\alpha'\gamma' + C\gamma'^2 = a \qquad [2]$$

$$A\alpha\beta + B(\alpha\delta + \beta\gamma) + C\gamma\delta = b \qquad [3]$$

$$A\alpha'\beta' + B(\alpha'\delta' + \beta'\gamma') + C\gamma'\delta' = b \qquad [4]$$

$$A\beta^2 + 2B\beta\delta + C\delta^2 = c \qquad [5]$$

$$A\beta'^2 + 2B\beta'\delta' + C\delta'^2 = c \qquad [6]$$

为了简洁，我们用 a'，$2b'$，c' 来表示下面 3 个数

$$A\alpha\alpha' + B(\alpha\gamma' + \gamma\alpha') + C\gamma\gamma'$$

$$A(\alpha\beta' + \beta\alpha') + B(\alpha\delta' + \beta\gamma' + \gamma\beta' + \delta\alpha') + C(\gamma\delta' + \delta\gamma')$$

$$A\beta\beta' + B(\beta\delta' + \delta\beta') + C\delta\delta'$$

我们从前面的等式推导出下面的新等式[1]

$$\alpha'^2 - D(\alpha\gamma' - \gamma\alpha') = a^2 \qquad\qquad [7]$$

$$2a'b' - D(\alpha\gamma' - \gamma\alpha')(\alpha\delta' + \beta\gamma' - \gamma\beta' - \delta\alpha') = 2ab \qquad [8]$$

$$4a'b' - D[(\alpha\delta' + \beta\gamma' - \gamma\beta' - \delta\alpha')^2 + 2ee'] = 2b^2 + 2ac$$

加上 $2Dee' = 2d = 2b^2 - 2ac$，我们得到

$$4b'b' - D(\alpha\delta' + \beta\gamma' - \gamma\beta' - \delta\alpha')^2 = 4b^2 \qquad\qquad [9]$$

$$a'c' - D(\alpha\delta' - \gamma\beta')(\beta\gamma' - \delta\alpha') = b^2$$

减去 $D(\alpha\delta - \beta\gamma)(\alpha'\delta' - \beta'\gamma') = b^2 - ac$ 我们得到

$$a'c' - D(\alpha\gamma' - \gamma\alpha')(\beta\delta' - \delta\beta') = ac \qquad\qquad [10]$$

$$2b'c' - D(\alpha\delta' + \beta\gamma' - \gamma\beta' - \delta\alpha')(\beta\delta' - \delta\beta') = 2bc \qquad [11]$$

$$c'^2 - D(\beta\delta' - \delta\beta')^2 = c^2 \qquad\qquad [12]$$

我们假设数 a，$2b$，c 的最大公约数为 m，且确定数 $\mathfrak{A}$，$\mathfrak{B}$，$\mathfrak{C}$，使得

$$\mathfrak{A}a + 2\mathfrak{B}b + \mathfrak{C}c = m$$

（条目 40）。将等式 [7]，[8]，[9]，[10]，[11]，[12] 分别乘以 $\mathfrak{A}^2$，$2\mathfrak{A}\mathfrak{B}$，$\mathfrak{B}^2$，$2\mathfrak{A}\mathfrak{C}$，$2\mathfrak{B}\mathfrak{C}$，$\mathfrak{C}^2$，然后将乘积相加。现在，如果为了简洁，令

$$\mathfrak{A}a' + 2\mathfrak{B}b' + \mathfrak{C}c' = T \qquad\qquad [13]$$

$$\mathfrak{A}(\alpha\gamma' - \gamma\alpha') + \mathfrak{B}(\alpha\delta' + \beta\gamma' - \gamma\beta' - \delta\alpha') + \mathfrak{C}(\beta\delta' - \delta\beta') = U \quad [14]$$

其中，显然，T 和 U 是整数，我们就得到了

$$T^2 - DU^2 = m^2$$

---

[1] 这些等式的来源是这样的：[7] 由 [1] × [2] 得出（用 [1] 的左边与 [2] 的左边相乘，以及用 [1] 的右边与 [2] 的右边相乘，并使这两个乘积相等）；[8] 由 [1] × [4] + [2] × [3] 得出；下一个等式（没有标号）由 [1] × [6] + [2] × [5] + [3] × [4] + [3] × [4] 得出；式 [9] 后面那个没有标号的式子由 [3] × [4] 得出；式 [11] 由 [3] × [6] + [4] × [5] 得出；式 [12] 由 [5] × [6] 得出。后面我们总是会使用与此类似的表示方法，把计算留给读者去完成。

因此，我们得到这条优雅的结论：**从型 F 到型 f 的任意两个同型的变换，可以得到不定方程 $t^2-Du^2=m^2$ 的整数解**，即 $t=T$，$u=U$。但是，由于在我们的推理中，我们没有假设代换是**不同的**，所以把同一个代换做两次必定也能给出这个方程的一组解。在这种情况下，因为 $\alpha'=\alpha$，$\beta'=\beta$，$\cdots$，$a'=a$，$b'=b$，$c'=c$，从而得到显然的解：$T=m$，$U=0$。

现在，我们假设第 1 个代换和该不定方程的解是已知的。我们研究由此如何推导出其他的代换，或者说研究 α'，β'，γ'，δ' 如何依赖于 α，β，γ，δ，T，U。首先，我们用 $\delta\alpha'-\beta\gamma'$ 乘以等式 [1]，用 $\alpha\delta'-\gamma\beta'$ 乘以等式 [2]，$\alpha\gamma'-\gamma\alpha'$ 乘以等式 [3]，$\gamma\alpha'-\alpha\gamma'$ 乘以等式 [4]，并且把所有的乘积相加。结果我们得到

$$(e+e')a'=(\alpha\delta'-\beta\gamma'-\gamma\beta'+\delta\alpha')a \qquad [15]$$

类似地，由

$(\delta\beta'-\beta\delta')([1]-[2])+(\alpha\delta'-\beta\gamma'-\gamma\beta'+\delta\alpha')([3]+[4])+(\alpha\gamma'-\gamma\alpha')([5]-[6])$

我们得到

$$2(e+e')b'=2(\alpha\delta'-\beta\gamma'-\gamma\beta'+\delta\alpha')b \qquad [16]$$

最后，由

$(\delta\beta'-\beta\delta')([3]-[4])+(\alpha\delta'-\gamma\beta')\cdot[5]+(\delta\alpha'-\beta\gamma')\cdot[6]$

我们得到

$$(e+e')c'=(\alpha\delta'-\beta\gamma'-\gamma\beta'+\delta\alpha')c \qquad [17]$$

把等式 [15]，[16]，[17] 这些值代入 [13]，我们得到

$$(e+e')T=(\alpha\delta'-\beta\gamma'-\gamma\beta'+\delta\alpha')(\mathfrak{A}a+2\mathfrak{B}b+\mathfrak{C}c)$$

也即

$$2eT=(\alpha\delta'-\beta\gamma'-\gamma\beta'+\delta\alpha')m \qquad [18]$$

由它来计算 T 要比用等式 [13] 计算 T 容易得多。把它和等式 [15]，等式 [16] 以及等式 [17] 组合起来，我们得到 $ma'=Ta$，$2mb'=2Tb$，$mc'=Tc$。在等式 [7]～[12] 中减去 a'，$2b'$，c' 的这些值，并用 m^2+DU^2 来代替 T^2，再经过适当处理，我们就得到

$$(\alpha\gamma'-\gamma\alpha')^2m^2=a^2U^2$$

$$(\alpha\gamma' - \gamma\alpha') (\alpha\delta' + \beta\gamma' - \gamma\beta' - \delta\alpha') m^2 = 2abU^2$$

$$(\alpha\delta' + \beta\gamma' - \gamma\beta' - \delta\alpha')^2 m^2 = 4b^2U^2$$

$$(\alpha\gamma' - \gamma\alpha') (\beta\delta' - \delta\beta') m^2 = acU^2$$

$$(\alpha\delta' + \beta\gamma' - \gamma\beta' - \delta\alpha') (\beta\delta' - \delta\beta') m^2 = 2bcU^2$$

$$(\beta\delta' - \delta\beta')^2 m^2 = c^2U^2$$

借助等式〔14〕以及 $\mathfrak{A}a + 2\mathfrak{B}b + \mathfrak{C}c = m$ 的帮助，我们容易推导出下面的等式（用 $\mathfrak{A}$, $\mathfrak{B}$, $\mathfrak{C}$ 首先分别乘以第 1、第 2 和第 4 个等式；再分别乘以第 2、第 3 和第 5 个等式；最后分别乘以第 4、第 5 和第 6 个等式，然后把这些乘积相加）

$$(\alpha\gamma' - \gamma\alpha') Um^2 = maU^2$$

$$(\alpha\delta' + \beta\gamma' - \gamma\beta' - \delta\alpha') Um^2 = 2mbU^2$$

$$(\beta\delta' - \delta\beta') Um^2 = mcU^2$$

用 mU[1] 除以这些等式，我们有

$$aU = (\alpha\gamma' - \gamma\alpha') m \qquad\qquad 〔19〕$$

$$2bU = (\alpha\delta' + \beta\gamma' - \gamma\beta' - \delta\alpha') m \qquad\qquad 〔20〕$$

$$cU = (\beta\delta' - \delta\beta') m \qquad\qquad 〔21〕$$

并且，由这些等式的任何一个可以比由〔14〕更容易得到 U 的值。还可以由此推出，不论怎么确定 $\mathfrak{A}$, $\mathfrak{B}$, $\mathfrak{C}$（有无穷多种方式确定它们），我们总是可以得到相同的 T 和 U 的值。

现在，如果用 α 乘以〔18〕，用 2β 乘以〔19〕，用 $-\alpha$ 乘以〔20〕，再相加，我们得到

$$2\alpha eT + 2(\beta a - ab) U = 2(\alpha\delta - \beta\gamma) \alpha'm = 2e\alpha'm$$

类似地，从 $\beta \cdot 〔18〕 + \beta \cdot 〔20〕 - 2\alpha \cdot 〔21〕$ 得到

$$2\beta eT + 2(\beta b - \alpha c) U = 2(\alpha\delta - \beta\gamma) \beta'm = 2e\beta'm$$

从 $\gamma \cdot 〔18〕 + 2\delta \cdot 〔19〕 - \gamma \cdot 〔20〕$ 得到

---

〔1〕如果 $U = 0$，则这是不允许的；但这种情况下从第 1，第 3 和第 6 个等式可以立即推出等式〔19〕，〔20〕和〔21〕。

$$2\gamma eT + 2(\delta\alpha - \gamma b)U = 2(\alpha\delta - \beta\gamma)y'm = 2e\gamma'm$$

最后，从 $\delta \cdot [18] + \delta \cdot [20] - 2\gamma \cdot [21]$ 得到

$$2\delta eT + 2(\delta b - \gamma c)U = 2(\alpha\delta - \beta\gamma)\delta'm = 2e\delta'm$$

如果我们将这些公式中的 a，b，c 用等式 [1]，[3]，[5] 中的值代入，我们有

$$\alpha'm = \alpha T - (\alpha B + \gamma C)U$$

$$\beta'm = \beta T - (\beta B + \delta C)U$$

$$\gamma'm = \gamma T + (\alpha A + \gamma B)U$$

$$\delta'm = \delta T + (\beta A + \delta B)U \quad ^{[1]}$$

从前面的分析可以推出，不存在从 F 到 f 的与给定的代换同型的变换，它不包含在以下的公式中

$$X = \frac{1}{m}[\alpha t - (\alpha B + \gamma C)u]x + \frac{1}{m}[\beta t - (\beta B + \delta C)u]y$$

$$Y = \frac{1}{m}[\gamma t + (\alpha A + \gamma B)u]x + \frac{1}{m}[\delta t + (\beta A + \delta B)u]y \quad （Ⅰ）$$

这里 t，u 表示所有满足等式 $t^2 - Du^2 = m^2$ 的任意整数。我们还不能断言满足等式的 t，u 的所有值代入公式（Ⅰ）中都能给出合适的代换。但是：

1. 借助等式 [1]，[3]，[5] 以及等式 $t^2 - Du^2 = m^2$，通过计算容易证明，总是可以通过替换 t，u 的任意值将型 F 变换为型 f。我们略去这个计算过程，因为这个计算过程并不困难，却比较冗长。

2. 从这个公式推导出的任何代换都一定与所给的代换同型。因为

$$\frac{1}{m}[\alpha t - (\alpha B + \gamma C)u] \cdot \frac{1}{m}[\delta t + (\beta A + \delta B)u]$$

$$- \frac{1}{m}[\beta t - (\beta B + \delta C)u] \cdot \frac{1}{m}[\gamma t + (\alpha A + \gamma B)u]$$

$$= \frac{1}{m^2}(\alpha\delta - \beta\gamma)(t^2 - Du^2) = \alpha\delta - \beta\gamma$$

3. 如果型 F 和 f 的行列式不相等，那么，对于 t 和 u 的某些值，公式

---

[1] 由此我们可以轻松地推导出：$AeU = (\delta\gamma' - \gamma\delta')m$，$2BeU = (\alpha\delta' - \delta\alpha' + \gamma\beta' - \beta\gamma')m$，$CeU = (\beta\alpha' - \alpha\beta')m$。

（Ⅰ）就会产生含有**分数**的代换，这是必须要摒弃的。但是，其余所有的代换都是合适且唯一的代换。

4. 如果型 F 和 f 的行列式相等，那么型 F 和 f 就是**等价**的，公式（Ⅰ）就不会产生含有分数的代换。在这种情况下，公式（Ⅰ）就会给出问题的完整解。证明如下：

从前面的定理可知，在这种情况下 m 就是数 A，$2B$，C 的公约数。我们知道 $t^2 - Du^2 = m$，所以 $t^2 - B^2u^2 = m^2 - ACu^2$，因而 $t^2 - B^2u^2$ 是可以被 m^2 整除的。因此，$4t^2 - 4B^2u^2$ 也可以被 m^2 整除。因而，（因为 $2B$ 能够被 m 整除）$4t^2$ 能够被 m^2 整除。由此可以推出 $2(t + Bu)/m$，$2(t - Bu)/m$ 都是整数；并且，实际上（因为它们之差 $\dfrac{4Bu}{m}$ 是偶数），它们都是偶数或者都是奇数。如果它们都是奇数，它们的乘积就是奇数，但是因为整数（我们已经证明了）$(t^2 - B^2u^2)/m^2$ 的平方数一定是偶数，所以这是不可能的。因此，$2(t + Bu)/m$，$2(t - Bu)/m$ 总是偶数，且 $(t + Bu)/m$ 和 $(t - Bu)/m$ 也是偶数。由此我们可以轻松地断定，公式（Ⅰ）的所有 4 个系数都总是整数。 证明完毕。

从前面的结论我们可以断定，如果我们得到了方程式 $t^2 - Du^2 = m^2$ 的所有的解，我们就能推导出从型（A，B，C）到型（a，b，c）的与所给代换同型的所有代换。我们这里仅仅指出，当 D 是负数或一个正的平方数时，方程的解的个数只有有限个。当 D 是正数但不是平方数时，方程有无穷多个解。当这种情况发生，且 D 不等于 d（参考上面的第 3 种情况）时，我们必须进一步找出事先可以区分不含分数代换的 t 和 u 的值与那些给出分数代换的 t 和 u 的值的方法。对于这种情况，我们在条目 214 给出另一种方法，能避免这种麻烦。

例：型 $x^2 + 2y^2$ 可以通过正常代换 $x = 2x' + 7y'$，$y = x' + 5y'$，变换为型（6，24，99）。我们希望得到从前者变换为后者的所有正常代换。这里 $D = -2$，$m = 3$，因而要求解的等式是 $t^2 + 2u^2 = 9$。有 6 组解满足这个方程，即分别是 $t = 3$，-3，1，-1，1，-1；$u = 0$，0，2，2，-2，-2。第 3 组和第 6 组解给出的是分数系数代换，因而要摒弃。剩下的解给出了如下 4 个代换

$$x = \begin{vmatrix} 2x' + 7y' \\ -2x' - 7y' \\ -2x' - 9y' \\ 2x' + 9y' \end{vmatrix} \qquad\qquad y = \begin{vmatrix} x' + 5y' \\ -x' - 5y' \\ x' + 3y' \\ -x' - 3y' \end{vmatrix}$$

这些代换里的第 1 组和所给的代换相同。

第 9 节　歧型

163

前面已经说过，一个型 F 可以正常或反常地包含另一个型 F'。很显然，有另外一个型 G 可以插在 F 和 F' 之间，使得 F 包含 G，G 包含 F'，且 G 是与其自身反常等价的型。因为，假设 F 正常或反常包含 G，G 反常包含 G，F 就分别正常或者反常地包含 G。那么，不论是哪种情况，这个包含关系都是既正常又反常（参考条目159）。同样，不论假设 G 怎样包含 F'，F 总是既正常又反常地包含 F'。存在与自身反常等价的型的最显然的情况，就是当型的中间项为零时的情况。这种型是与自身相反（条目159），所以也与自身反常等价。更一般地，对于任意型 (a, b, c)，只要 $2b$ 可以被 a 整除，它都具有这种性质。此即型 (c, b, a) 是 (a, b, c) 的从左边相邻的型（条目 160），因而也与它正常等价；但是，根据条目 159，型 (c, b, a) 与 (a, b, c) 反常等价，因此 (a, b, c) 与自身反常等价。我们把 $2b$ 可被 a 整除的型 (a, b, c) 称为"歧型"。于是，我们有下面的定理：

如果我们能够找到一个由包含型 F' 的型 F 所包含的歧型，那么型 F 就既正常又反常地包含型 F'。

这个定理的逆命题也成立，下面我们将展开讨论。

第 10 节　关于一个型既正常又反常地包含于
另一个型的情况的定理系

164

定理

如果型 $Ax^2 + 2Bxy + Cy^2$（记为 F）**既正常又反常地包含型** $A'x'x' + 2B'x'y' + C'y'y'$（记为 F'），**那么，可以找到一个包含于** F **的歧型，它包含型** F'。

假设型 F 通过代换 $x = \alpha x' + \beta y'$，$y = \gamma x' + \delta y'$ 和另一个不同型的代换 $x = \alpha' x' + \beta' y'$，$y = \gamma' x' + \delta' y'$ 变换为型 F'。

用 e 和 e' 分别记数 $\alpha\delta - \beta\gamma$ 和 $\alpha'\delta' - \beta'\gamma'$，我们就得到了 $B'B' - A'C' = e^2(B^2 - AC) = e'e'(B^2 - AC)$，因此，$ee = e'e'$，并且，根据假设 e 和 e' 的符号相反，得出 $e = -e'$ 或者 $e + e' = 0$。那么，如果在 F' 中用 $\delta'x'' - \beta'y''$ 代替 x'，用 $-\gamma'x'' + \alpha'y''$ 代替 y'，显然，可以得到的型和由 F 按照下述方式所得到的型是同样的

变换1：$x = \alpha(\delta'x'' - \beta'y'') + \beta(-\gamma'x'' + \alpha'y'')$，即 $(\alpha\delta' - \beta\gamma')x'' + (\beta\alpha' - \alpha'')y''$

$$y = \gamma(\delta'x'' - \beta'y'') + \delta(-\gamma'x'' + \alpha'y'')，即 (\gamma\delta' - \delta\gamma')x'' + (\delta\alpha' - \gamma\beta')y''$$

变换2：$x = \alpha'(\delta'x'' - \beta'y'') + \beta'(-\gamma'x'' + \alpha'y'')$，即 $e'x''$

$$y = \gamma'(\delta'x'' - \beta'y'') + \delta'(-\gamma'x'' + \alpha'y'')，即 e'y''$$

因此，如果我们用 a，b，c，d 表示数 $\alpha\delta' - \beta\gamma'$，$\beta\alpha' - \alpha\beta'$，$\gamma\delta' - \delta\gamma'$，$\delta\alpha' - \gamma\beta'$，则型 F 可以通过下面两个代换

$$x = ax'' + by''，y = cx'' + dy'' ；x = e'x''，y = e'y''$$

变换为同样的型，并且我们就得到了下面3个等式

$$Aa^2 + 2Bac + Cc^2 = Ae'e' \qquad\qquad [1]$$

$$Aab + B(ad+bc) + Ccd = Be'e' \qquad\qquad [2]$$

$$Ab^2 + 2Bbd + Cd^2 = Ce'e' \qquad\qquad [3]$$

再从 a，b，c，d 的值，我们得到

$$ad - bc = ee' = -e^2 = -e'e' \qquad\qquad [4]$$

因此，由 $d \cdot [1] - c \cdot [2]$ 得

$$(Aa + Bc)(ad - bc) = (Ad - Bc)e'e'$$

因而

$$A(a+d) = 0$$

进而，由 $(a+d) \cdot [2] - b \cdot [1] - c \cdot [3]$ 得

$$[Ab + B(a+d) + Cc] \cdot (ad - bc) = [-Ab + B(a+d) - Cc]e'e'$$

因而

$$B(a+d) = 0$$

最后，由 $a \cdot [3] - b \cdot [2]$ 得

$$(Bb + Cd)(ad - bc) = (-Bb + Ca)e'e'$$

因而

$$C(a+d) = 0$$

因此，由于 A，B，C 不能全为零，所以一定有 $a+b=0$ 或 $a=-d$。

由 $a \cdot [2] - b \cdot [1]$ 我们可得

$$(Ba + Cc)(ad - bc) = (Ba - Ab)e'e'$$

并且，由此可得

$$Ab - 2Ba - Cc = 0 \qquad\qquad [5]$$

由等式 $e + e' = 0$，$a+d=0$，即

$$\alpha\delta - \beta\gamma + \alpha'\delta' - \beta'\gamma' = 0, \quad \alpha\delta' - \beta\gamma' - \gamma\beta' + \delta\alpha' = 0$$

可以推出

$$(\alpha + \alpha')(\delta + \delta') = (\beta + \beta')(\gamma + \gamma')$$

或者

$$(\alpha + \alpha') : (\gamma + \gamma') = (\beta + \beta') : (\delta + \delta')$$

设这个比例[1]的最简分数值为 $m:n$，其中 m, n 是彼此互质的数，选取 μ, v 使得 $\mu m + v n = 1$。进一步地，设 r 是数 a, b, c 的最大公约数，r^2 就可以整除 $a^2 + bc$ 或者 $bc - ad$ 或者 e^2，因此，r 可以整除 e。接着，如果我们假设型 F 通过代换

$$x = mt + \frac{ve}{r}u, \quad y = nt - \frac{ve}{r}u$$

变换为型 $Mt^2 + 2Ntu + Pu^2$（记为 G），那么 G 是一个包含 F' 的歧型。

证明

1. 为了证明型 G 是歧型，我们须要证明

$$M(b\mu^2 - 2a\mu v - cv^2) = 2Nr$$

并且，因为 r 可以整除数 a, b, c，所以 $(b\mu^2 - 2a\mu v - cv^2)/r$ 是整数，且 $2N$ 是 M 的倍数。实际上，我们可得出

$$M = Am^2 + 2Bmn + Cn^2$$
$$N = \left[Amv - B(m\mu - nv) - Cn\mu\right]e \qquad\qquad [6]$$

并且，通过计算，容易验证

$$2e + 2a = e - e' + a - d = (\alpha - \alpha')(\delta + \delta') - (\beta - \beta')(\gamma + \gamma')$$
$$2b = (\alpha + \alpha')(\beta - \beta') - (\alpha - \alpha')(\beta + \beta')$$

那么，由于 $m(\gamma + \gamma') = n(\alpha + \alpha')$, $m(\delta + \delta') = n(\beta + \beta')$，我们有 $m(2e + 2a) = -2nb$，或者

$$me + ma + nb = 0 \qquad\qquad [7]$$

按照相同的方式，我们得到

$$2e - 2a = e - e' - a + d = (\alpha + \alpha')(\delta - \delta') - (\beta + \beta')(\gamma - \gamma')$$

---

[1] 如果所有的值 $\alpha + \alpha'$, $\gamma + \gamma'$, $\beta + \beta'$, $\delta + \delta' = 0$，那么这个比例就是不确定的，这个方法就不适用。但是，稍加注意就会发现，根据我们的假设，这种情况是不可能出现的。否则，我们就得到了 $\alpha\delta - \beta\gamma = \alpha'\delta' - \beta'\gamma'$，即 $e = e'$，并且又因为 $e = -e'$，推出 $e = e' = 0$，也就推出 $B'B' - A'C'$ 或者型 F' 的行列式为零。我们完全排除这种型的讨论。

$$2c = (\gamma - \gamma')(\delta + \delta') - (\gamma + \gamma')(\delta - \delta')$$

那么，由此可得 $n(2e - 2a) = -2mc$ 或者

$$ne - na + mc = 0 \qquad [8]$$

我们现在给 $m^2(b\mu^2 - 2a\mu v - cv^2)$ 加上下式

$$(1 - m\mu - nv)[mv(e - a) + (m\mu + 1)b]$$

$$+ (me + ma + nb)(m\mu v + v) + (ne - na + mc)mv^2$$

这个式子显然为零，因为

$$1 - \mu m - vn = 0, \quad me + ma + nb = 0, \quad ne - na + mc = 0$$

如果我们将乘积展开并相消，就得到了 $2mve + b$。因此

$$m^2(b\mu^2 - 2a\mu v - cv^2) = 2mve + b \qquad [9]$$

用同样的方法，将下式

$$(1 - mu - nv)[(nv - m\mu)e - (1 + m\mu + nv)a]$$

$$- (me + ma + nb)\mu^2 + (ne - na + mc)nv^2$$

加到 $mn(b\mu^2 - 2a\mu v - cv^2)$ 上，我们就得到了

$$mn(b\mu^2 - 2a\mu v - cv^2) = (nv - m\mu)e - a \qquad [10]$$

最后，将下式

$$(m\mu + nv - 1)[n\mu(e + a) + (nv + 1)c]$$

$$- (me + ma + nb)n\mu^2 - (ne - na + mc)(m\mu v + \mu)$$

加到 $n^2(b\mu^2 - 2a\mu v - cv^2)$ 上，我们得到

$$n^2(b\mu^2 - 2a\mu v - cv^2) = -2n\mu e - c \qquad [11]$$

现在，由 [9] [10] [11]，我们推导出

$$(Am^2 + 2Bmn + Cn^2)(b\mu^2 - 2a\mu v - cv^2)$$

$$= 2e[Amv + B(nv - m\mu) - Cn\mu] + Ab - 2Ba - Cc$$

或者，由 [6] 得到

$$M(b\mu^2 - 2a\mu v - cv^2) = 2Nr$$

证明完毕。

2. 为了证明型 G 包含型 F'，我们首先须要证明，通过代换

$$t = (\mu a + v\gamma)x' + (\mu\beta + v\delta)y'$$

$$u = \frac{r}{e}(n\alpha - m\gamma)x' + \frac{r}{e}(n\beta - m\delta)y' \qquad (S)$$

可以把型 G 变换为 F'。其次，再证明 $r(n\alpha-m\gamma)/e$，$r(n\beta-m\delta)/e$ 都是整数。

1）这是因为，如果假设

$$x=mt+\frac{ve}{r}u，\ y=nt+\frac{ve}{r}u$$

型 F 就变成型 G，因而 G 通过代换（S）所变成的型与型 F 通过代换

$$x=m[(\mu a+v\gamma)x'+(\mu\beta+v\delta)y']+v[(n\alpha-m\gamma)x'+(n\beta-m\delta)y']$$

$$y=n[(\mu a+v\gamma)x'+(\mu\beta+v\delta)y']-\mu[(n\alpha-m\gamma)x'+(n\beta-m\delta)y']$$

也即 $x=a(m\mu+nv)x'+\beta(m\mu+nv)y'$ 或者 $x=ax'+\beta y'$，$y=\gamma(nv+m\mu)$ $x'+\delta(nv+m\mu)y'$ 或者 $y=\gamma x'+\delta y'$ 所变成的型相同。通过这个代换，F 变换为 F'，因此，型 G 通过代换（S）就变成了 F'。

2）由 e，b，d 的值我们可以求出 $\alpha'e+\gamma b-\alpha d=0$，或者说，由于 $d=-a$，$n\alpha'e+n\alpha a+n\gamma b=0$；所以，使用 [7] 可以得到 $n\alpha'e+n\alpha a=m\gamma e+m\gamma a$，即

$$(n\alpha-m\gamma)a=(my-n\alpha')e \tag{12}$$

此外，由于 $\alpha n b=-\alpha m(e+a)$，$\gamma mb=-m(\alpha'e+\alpha a)$，因而

$$(n\alpha-m\gamma)b=(\alpha'-\alpha)me \tag{13}$$

最后，用 n 乘等式 $\gamma'e-\gamma a+ac=0$，并用 na 在式 [8] 中的值代入所得到的等式，就得到了

$$(n\alpha-m\gamma)c=(\gamma-\gamma')ne \tag{14}$$

类似地有 $\beta'e+\delta b-\beta d=0$，或者 $n\beta'e+n\delta b+n\beta a=0$，因而，根据式 [7] 就有 $n\beta'e+n\beta a=m\delta e+m\delta a$，也即

$$(n\beta-m\delta)a=(m\delta-n\beta')e \tag{15}$$

此外，有 $\beta n b=-\beta m(e+a)$，$\delta mb=-m(\beta'e+\beta a)$，故而

$$(n\beta-m\delta)b=(\beta'-\beta)me \tag{16}$$

最后，将 $\delta'e-\delta a+\beta c=0$ 乘以 n，并用 na 在式 [8] 中的值代入所得到的等式，就得到

$$(n\beta-m\delta)c=(\delta-\delta')ne \tag{17}$$

现在，由于数 a，b，c 的最大公约数为 r，可以找到整数 $\mathfrak{A}$，$\mathfrak{B}$，$\mathfrak{C}$ 满足

$$\mathfrak{A}a+\mathfrak{B}b+\mathfrak{C}c=r$$

那么，由此以及式 [12]，[13]，[14]；[15]，[16]，[17] 得出

$$\mathfrak{A}\ (\ m\gamma-n\alpha'\ )+\mathfrak{B}\ (\ \alpha'-\alpha\ )\ m+\mathfrak{C}\ (\ \gamma-\gamma'\ )\ n=\frac{r}{e}\ (\ b\alpha-m\gamma\ )$$

$$\mathfrak{A}\ (\ m\delta-n\beta'\ )+\mathfrak{B}\ (\ \beta'-\beta\ )\ m+\mathfrak{C}\ (\ \delta-\delta'\ )\ n=\frac{r}{e}\ (\ n\beta-m\delta\ )$$

因而，$r\ (n\alpha-m\gamma)\ /e$，$r\ (n\beta-m\delta)\ /e$ 是整数。证明完毕。

165

例：通过 $x=4x'+11y'$，$y=-x'-2y'$，型 $3x^2+14xy-4y^2$ 可以正常变换为 $-12x'x'-18x'y'+39y'y'$；又，通过 $x=-74x'+89x'$，$y=15x'-18y'$，型 $3x^2+14xy-4y^2$ 可以反常变换为 $-12x'x'-18x'y'+39y'y'$。在这里，$\alpha+\alpha'$，$\beta+\beta'$，$\gamma+\gamma'$，$\delta+\delta'$ 分别为 -70，100，14，-20；且 $-70:14=100:-20=5:-1$。因此，我们设 $m=5$，$n=-1$，$\mu=0$，$v=-1$。数 a，b，c 分别是 -237，$-1\ 170$，48；它们的最大公约数 $r=3$，最后得出 $e=3$。所以，变换（S）就是 $x=5t-u$，$y=-t$，通过这个变换，型（3，7，-4）变换为它的歧型 $t^2-16tu+3u^2$。

如果型 F 和 F' 等价，那么包含在 F 中的型 G 也包含在 F' 中。但因为 G 也包含 F'，所以 G 与 F' 等价，因而 G 与 F 也等价。在这种情况下，我们就可以把定理按照如下方式表述：

如果型 F 和 F' 既正常等价又反常等价，那么我们可以找到一个与它们都等价的歧型。在这种情况下，$e=\pm1$，且 $r=1$，因为 r 整除 e。

通过以上内容我们充分讨论了型的变换，现在我们接着讨论由型表示数的问题。

第 11 节　关于由型表示数的一般性研究
以及这些表示与代换的关系

166

如果型 F 包含型 F'，那么任何可以由 F' 表示的数也可以由 F 表示。

设型 F 和型 F' 的未知数分别是 x，y，x'，y'，并且，令 $x'=m$，$y'=n$，则数 M 可以由型 F' 表示。设型 F 可以通过代换

$$x=\alpha x'+\beta y',\ y=\gamma x'+\delta y'$$

变换为型 F'。显然，如果我们令

$$x=\alpha m+\beta n,\ y=\gamma m+\delta n$$

F 就可以变换为 M。

如果 M 可以由型 F' 以各种方式表示，例如，也可以通过设 $x'=m'$，$y'=n'$，那么，就能推出由 F 表示 M 的不同的表示法。因为，如果有

$$\alpha m+\beta n=\alpha m'+\beta n'$$
$$\gamma m+\delta n=\gamma m'+\delta n'$$

可由此推出，我们要么得到 $\alpha\delta-\beta\gamma=0$，而这与型 F 的行列式不为 0 的假设矛盾；要么得到 $m=m'$，$n=n'$。由此推出，F 表示 M 的方式至少与 F' 表示 M 的方式一样多。

因此，如果 F 包含 F'，且 F' 包含 F，即 F 和 F' 等价，而数 M 可以由其中一个型表示，那么它也可以由另一个型表示，且两者的表示数同样多。

最后，我们指出数 m，n 的最大公约数，等于数 $\alpha m+\beta n$，$\gamma m+\delta n$ 的最大公约数。令这个数为 Δ，选取数 μ，ν 使得 $\mu m+\nu n=\Delta$，那么我们就有

$$(\delta\mu-\gamma\nu)(\alpha m+\beta n)-(\beta\mu+\alpha\nu)(\gamma m+\delta n)$$
$$=(+\alpha\delta-\beta\gamma)(\mu m+\nu n)=\pm\Delta$$

因此，数 $\alpha m+\beta n$ 和 $\gamma m+\delta n$ 的最大公约数整除 Δ，并且 Δ 也整除这个除

数；因为，显然 Δ 整除数 $\alpha m + \beta n$ 和数 $\gamma m + \delta n$。因此，这两个最大公约数相等。特别地，当 m，n 互质时，数 $\alpha m + \beta n$ 和数 $\gamma m + \delta n$ 也互质。

167

定理

如果型

$$ax^2 + 2bxy + cy^2 \qquad\qquad (F)$$
$$a'x'x' + 2b'x'y' + c'y'y' \qquad\qquad (F')$$

等价，它们的行列式等于 D，且如果第 2 个型可以通过代换

$$x' = \alpha x + \beta y, \ y' = \gamma x + \delta y$$

变换为第 1 个型，此外，如果数 M 既可以由型 F 通过取 $x = m$，$y = n$ 表示，也可以由型 F' 通过取 $x' = \alpha m + \beta n = m'$，$y' = \gamma m + \delta n = n'$ 表示，且 m 与 n 互质——事实上 m' 与 n' 也互质，那么，这两个表示要么属于表达式 $\sqrt{D}$（mod M）的同一个值，要么属于它的相反的值，这对应于型 F' 变换为 F 的方式是正常变换还是反常变换。

证明

令数 μ，v，使得 $\mu m + v n = 1$，并且令

$$\frac{\delta\mu - \gamma v}{\alpha\delta - \beta\gamma} = \mu', \quad \frac{-\beta\mu - \alpha v}{\alpha\delta - \beta\gamma} = v'$$

（它们都是整数，因为 $\alpha\delta - \beta\gamma = \pm 1$）；那么，我们就有 $\mu' m' + v' n' = 1$（参考上个条目的结尾）

进一步设

$$\mu(bm + cn) - v(am + bn) = V$$
$$\mu'(b'm' + c'n') - v'(a'm' + b'n') = V'$$

V 和 V' 分别是第 1 个和第 2 个表示法所属的表达式 $\sqrt{D}$（mod M）的值。如果在 V' 中用 μ'，v'，m'，n' 的值代替它们；在 V 中，用 $a'\alpha^2 + 2b'\alpha\gamma + c'\gamma^2$ 代

替 a，用 $a'\alpha\beta+b'(\alpha\delta+\beta\gamma)+c'\gamma\delta$ 代替 b，用 $a'\beta^2+2b'\beta\delta+c'\delta^2$ 代替 c，通过计算得到 $V=V'(\alpha\delta-\beta\gamma)$。

因此，对应于 $\alpha\delta-\beta\gamma=+1$ 或者 $\alpha\delta-\beta\gamma=-1$，就有 $V=V'$ 或者 $V=-V'$；即，这两个表示属于表达式 $\sqrt{D}$（mod M）相同的值还是相反的值，取决于型 F' 变换为型 F 是正常变换还是反常变换。证明完毕。

因此，如果数 M 由型 (a, b, c) 通过未知数 x, y 取互质的值表示时有若干个表示法，并且这些表示法属于表达式 $\sqrt{D}$（mod M）的不同的值，那么型 (a', b', c') 给出的相应的表示法就分别属于相同的值。如果对于某一个型，不存在数 M 的表示法属于某个给定的值，那么对于任何与它等价的型，也都不存在属于这个值的表示法。

168

定理

如果数 M 可以由型 $ax^2+2bxy+cy^2$ 表示，其中未知数 x, y 取互质的值，并且如果这个表示法属于表达式 $\sqrt{D}$（mod M）的值 N，那么型 (a, b, c) 与型 $(M, N, \dfrac{N^2-D}{M})$ 是正常等价的。

证明

由条目 155 可知，我们能够找出整数 μv，使得
$$m\mu+nv=1,\ \mu(bm+cn)-v(am+bn)=N$$
由此，通过代换 $x=mx'-vy', y=nx'+\mu y'$（显然它是正常的），型 (a, b, c) 就变换成了行列式为 $D(m\mu+nv)^2=D$ 的型，也就是变成了一个等价的型。如果我们假定这个型为 $(M', N', \dfrac{N'^2-D}{M'})$，我们就得到了
$$M'=am^2+2bmn+cn^2=M$$
$$N'=-mva+(m\mu-nv)b+n\mu c=N$$
那么，通过变换，型 (a, b, c) 就变成了型 $(M, N, \dfrac{N^2-D}{M})$。证明完毕。

此外，由等式

$$m\mu + nv = 1, \quad \mu(mb + nc) - v(ma + nb) = N$$

我们可以推出

$$\mu = \frac{nN + ma + nb}{am^2 + 2bmn + cn^2} = \frac{nN + ma + nb}{M}, \quad v = \frac{mb + nc - mN}{M}$$

因此，这些数都是整数。

我们必须指出，如果 $M = 0$，则这个定理不成立，因为此时项 $\dfrac{N^2 - D}{M}$ 就是**不确定的**[1]。

169

如果数 M 由型（a，b，c）表示时有若干个表示法，且它们都属于表达式 $\sqrt{D}$（mod M）的同样的值 N（我们总是假定 x，y 是互质的），那么，我们可以由这些表示法推导出把型（a，b，c）（记为 F）变换为型（M，N，$\dfrac{N^2 - D}{M}$）（记为 G）的若干个正常代换。因为，如果这样的表示是通过取 $x = m'$，$y = n'$ 得到的，那么型 F 就可以通过代换

$$x = m'x' + \frac{m'N - m'b - n'c}{M} \cdot y', \quad y = n'x' + \frac{n'N + m'a + n'b}{M} \cdot y'$$

变换为 G。反过来，对于将型 F 变换为型 G 的每个正常代换，数 M 都会有由型 F 给出的一个属于值 N 的表示。即，如果通过取值 $x = mx' - vy'$，$y = nx' + \mu y'$，型 F 变换为型 G，那么取 $x = m$，$y = n$，数 M 就可以由型 F 表示。又因为 $m\mu + nv = 1$，所以此表示所属的表达式 $\sqrt{D}$（mod M）的值就是 $\mu(bm + cn) - v(am + bn)$，即 N。有多少个不同的正常代换，就会得出多少个属于

---

[1] 如果我们想在这种情况下使用术语，那么，可以说 N 是表达式 $\sqrt{D}$（mod M）的值或 $N^2 \equiv D$（mod M），这就意味着数 $N^2 - D$ 是 M 的倍数，因而等于 0。

N 的表示[1]。如果我们找到了将型 F 变换为型 G 的所有的正常代换，那么从它们可以得出数 M 由 F 给出的所有属于值 N 的表示法。因此，研究由给定的型表示给定的数的问题（其中不确定值都互质）就简化成求出一个型变换为另一个给定的与之等价的型的所有正常变换的问题。

将条目 162 的结论应用于此处，容易得出以下结论：如果数 M 的一个由型 F 给出的属于值 N 的表示是 $x = \alpha$，$y = \gamma$，那么这个数由型 F 给出的属于值 N 的所有表示的一般公式就是

$$x = \frac{\alpha t - (\alpha b + \gamma c)u}{m}, \quad y = \frac{\gamma t + (\alpha a + \gamma b)u}{m}$$

其中，m 是数 a，$2b$，c 的最大公约数，而 t，u 是满足方程 $t^2 - Du^2 = m^2$ 的所有的数对。

170

如果型 (a, b, c) 等价于一个歧型，从而既正常又反常地等价于型 $(M, N, \frac{N^2 - D}{M})$，或者正常等价于型 $(M, N, \frac{N^2 - D}{M})$ 和型 $(M, -N, \frac{N^2 - D}{M})$，我们就得到了数 M 由型 F 给出的属于值 N 和 $-N$ 的两个表示。反过来，如果我们得到了数 M 由型 F 给出的属于值 N 和 $-N$ 的两个表示（它们是属于表达式 $\sqrt{D} \pmod{M}$ 的两个相反的值），型 F 就既正常又反常地等价于型 G，我们就能找到一个与型 F 等价的歧型。

这些关于型表示数的一般性讨论对于目前已经够用了。我们下面接着讨

---

〔1〕如果我们假设同一个表示来自两种不同的正常代换，那么它们一定就是：（1）$x = mx' - vy'$，$y = nx' + \mu y'$，（2）$x = mx' - v'y'$，$y = nx' - \mu' y'$。但是，由两个等式 $m\mu + nv = m\mu' + nv'$，$\mu(mb + nc) - v(ma + nb) = \mu'(mb + nc) - v'(ma + nb)$，不难推导出，要么 $M = 0$，要么 $\mu = \mu'$，$v = v'$。但是，我们已经排除了 $M = 0$ 的情况。

论由不互质的未知数给出的表示。就其他性质来说，对于行列式为负的型与行列式为正的型，讨论方法大不相同。我们分别讨论这两种情况，由于前者的讨论相对容易些，我们先讨论前者。

第 12 节 行列式为负的型

171

问题

给定一个行列式为 $-D$ 的型 (a, b, a')，D 是一个正数，求与之正常等价的型 (A, B, C)，其中 A 不大于 $\sqrt{\dfrac{4D}{3}}$ 或 C，且不小于 $2B$。

解：我们假设对于所给的型三个条件不同时成立，因为如果三个条件都同时成立，就没有必要求得另一个型。设 b' 为数 $-b$ 对于模 $a'^{[1]}$ 的绝对最小剩余，且 $a'' = (b'b' + D)/a'$，其中 a'' 是整数，因为 $b'^2 \equiv b^2$，$b'^2 + D \equiv b^2 + D \equiv aa' \equiv 0 \pmod{a'}$。如果 $a'' < a'$，设 b'' 是 $-b'$ 对于模 a'' 的绝对最小剩余，且 $a''' = (b''b'' + D)/a''$。如果 $a''' < a''$，再设 b''' 是 $-b''$ 对于模 a''' 的绝对最小剩余，且 $a'''' = (b'''b''' + D)/a'''$。继续这个过程，直到在数列 a'，a''，a'''，$\cdots$ 中出现项 a^{m+1}，它不小于前面的项 a^m。该数列最终一定会如此，否则，这个数列就会出现无限个递减的整数项。那么，型 (a^m, b^m, a^{m+1}) 就满足所有条件。

证明

1. 在型 (a, b, a')，(a', b', a'')，(a'', b'', a''')，$\cdots$ 构成的数列中，每个型都是它前面的型的邻型，因此，最后 1 个型就与第 1 个型正常

---

〔1〕有必要指出，如果型 (a, b, a') 的第 1 项 a 或者最后 1 项 a' 等于 0，那么它的行列式就是正的平方数，因此在这种情况下这是不可能发生的。由于类似的原因，具有负的行列式的型，它的外项 a，a' 不可能有相反的符号。

等价（*参考条目* 159，160）。

2. 因为 b^m 是 $-b^{m-1}$ 对于模 a^m 的绝对最小剩余，所以 b^m 不大于 $\dfrac{a^m}{2}$（*条目 4*）。

3. 因为 $a^m a^{m+1} = D + b^m b^m$，且 a^{m+1} 不小于 a^m，$a^m a^m$ 就不大于 $D + b^m b^m$，并且因为 b^m 不大于 $\dfrac{a^m}{2}$，$a^m a^m$ 就不大于 $D + \dfrac{1}{4} a^m a^m$，$\dfrac{3 a^m a^m}{4}$ 就不大于 D，最后 a^m 就不大于 $\sqrt{\dfrac{4D}{3}}$。

例：给定型（304，217，155），其行列式为 -31，我们求得下列由型构成的序列

（304，217，155），（155，-62，25），（25，12，7），（7，2，5），（5，-2，7）

最后一个型就是我们要找的。类似地，对于给定的行列式为 -19 的型（121，49，20），我们求得等价的型为（20，-9，5），（5，-1，4），（4，1，5），那么（4，1，5）就是我们要求的型。

我们把像（A，B，C）这样的行列式为负，A 不大于 $\sqrt{\dfrac{4D}{3}}$ 或 C，且不小于 $2B$ 的型称为**约化型**。对于任何一个行列式为负的型，都能找到一个与之正常等价的约化型。

172

问题

找出使得两个行列式同为 $-D$ 但自身不相同的约化型（a，b，c），（a'，b'，c'）正常等价的条件。

解：我们假设（这是合理的）a' 不大于 a，且型 $ax^2 + 2bxy + cy^2$ 可以通过正常代换 $x = \alpha x' + \beta y'$，$y = \gamma x' + \delta y'$ 变换为 $a'x'x' + 2b'x'y' + c'y'y'$。那么，我们就得到以下等式

$$a\alpha^2 + 2b\alpha\gamma + c\gamma^2 = a' \qquad\qquad [1]$$

$$a\alpha\beta + b(\alpha\delta + \beta\gamma) + c\gamma\delta = b' \qquad\qquad [2]$$

$$\alpha\delta - \beta\gamma = 1 \qquad\qquad [3]$$

由式［1］得 $aa' = (a\alpha + b\gamma)^2 + D\gamma^2$，所以 aa' 是正数；并且因为 $ac = D + b^2$，$a'c' = D + b'b'$，ac 和 $a'c'$ 都是正数，所以，a，a'，c，c' 的符号都一样。但是，a 和 a' 都不大于 $\sqrt{\dfrac{4D}{3}}$，因此，aa' 就不大于 $\dfrac{4D}{3}$；且 $D\gamma^2$（等于 $aa' - (a\alpha + b\gamma)^2$）更不会大于 $\dfrac{4D}{3}$。因此，γ 就要么等于 0，要么等于 ± 1。

1. 如果 $\gamma = 0$，由式［3］可以推出，要么 $\alpha = 1$，$\delta = 1$，要么 $\alpha = -1$，$\delta = -1$。不论哪种情况，我们都可以从式［1］得到 $a' = a$，从式［2］得到 $b' - b = \pm \beta a$。但是 b 不大于 $\dfrac{a}{2}$，且 b' 不大于 $\dfrac{a'}{2}$，因而也不大于 $\dfrac{a}{2}$。因此，等式 $b' - b = \pm \beta a$ 只有在以下情形才能成立：

要么 $b = b'$，由此可以推出 $c' = (b'b' + D)/a' = (b^2 + D)/a = c$，并且型 (a, b, c) 和型 (a', b', c') 完全相同，这与假设相矛盾。

要么 $b = -b' = \pm \dfrac{a}{2}$。在这种情况下，$c' = c$，且型 (a', b', c') 就是型 $(a, -b, c)$，即，型 (a', b', c') 是与型 (a, b, c) 相反的型。因为 $2b = \pm a$，所以这些型都是歧型。

2. 如果 $\gamma = \pm 1$，我们从式［1］可得 $a\alpha^2 + c - a' = \pm 2b\alpha$。但是 c 不小于 a，因此 c 也不小于 a'，所以 $a\alpha^2 + c - a'$ 或 $2b\alpha$ 就一定不小于 $a\alpha^2$。由于 $2b$ 不大于 a，α 就不小于 α^2，因此，必定有 $\alpha = 0$ 或者 $\alpha = \pm 1$。

1）如果 $\alpha = 0$，从式［1］可得 $a' = c$，且由于 a 是既不大于 c，又不小于 a' 的数，所以一定有 $a' = a = c$。进一步从式［3］我们得到 $\beta\gamma = -1$；因此，从式［2］得到 $b + b' = \pm \delta c = \pm \delta a$。如同上面的讨论，可以推出：要么 $b = b'$，这种情况下型 (a, b, c) 和型 (a', b', c') 完全相同，这与假设相矛盾；要么 $b = -b'$，这种情况下型 (a, b, c) 和型 (a', b', c') 是相反的型。

2）如果 $\alpha = \pm 1$，由式［1］可以推出 $\pm 2b = a + c - a'$。并且，因为 a 和 c 都不小于 a'，$2b$ 就既不小于 a 也不小于 c。而 $2b$ 同时既不大于 a 也不大于 c，所以必然有 $\pm 2b = a = c$。因此，从等式 $\pm 2b = a + c - a'$ 知，$\pm 2b$ 也等于 a'。因此，从式［2］可得

$$b' = a(\alpha\beta + \gamma\delta) + b(\alpha\delta + \beta\gamma)$$

或者，因为 $\alpha\delta - \beta\gamma = 1$，那么

$$b' - b = a\,(\,\alpha\beta + \gamma\delta\,) + 2b\beta\gamma = (\,\alpha\beta + \gamma\delta \pm \beta\gamma\,)$$

因此，如同前面的结论，必然有：要么 $b = b'$，那么这种情况下型 (a, b, c) 和型 (a', b', c') 完全相同，这与假设相矛盾；要么 $b = -b'$，这种情况下型 (a, b, c) 和型 (a', b', c') 是相反的型，并且，由于 $a = \pm 2b$，所以这种情况下二者又是歧型。

由以上所有讨论可推出，型 (a, b, c) 和型 (a', b', c') 不可能是正常等价的，除非它们是相反的型；同时，要么它们是歧型，要么 $a = c = a' = c'$。如前所述，明显型 (a, b, c) 和型 (a', b', c') 是正常等价的。因为，如果它们相反，就必须是反常等价的，并且如果它们还是歧型，它们还必须是正常等价的。如果 $a = c$，型 $\left[\dfrac{D + (a - b)^2}{2},\ a - b,\ a\right]$ 就是型 (a, b, c) 的一个邻型。但是，由于型 $D + b^2 = ac = a^2$，我们得到 $[D + (a - b)^2]/a = 2a - 2b$。又因为 $(2a - 2b, a - b, a)$ 是歧型，所以型 (a, b, c) 和与它相反的型也是正常等价的。

什么时候两个不相反的约化型 (a, b, c) 和 (a', b', c') 可以反常等价也不难判断。如果两个不相同的型 (a, b, c) 和 $(a', -b', c')$ 正常等价，则二者反常等价。这个命题的逆命题也成立。那么，给定的两个型为反常等价的条件是：它们是相同的型；而且，要么它们是歧型，要么 $a = c$。两个既不相同又不相反的约化型既不可能正常等价，也不可能反常等价。

173

问题

给定两个行列式为负且相等的型 F 和 F'，研究它们是否等价。

解：假设我们求出两个分别与 F 和 F' 正常等价的约化型 f 和 f'，如果 f 和 f' 正常等价或者反常等价或者既正常等价又反常等价，那么 F 和 F' 亦然。但是，如果 f 和 f' 不以任何方式等价，则 F 和 F' 亦不等价。以下几种情况要区分清楚：

1. 如果 *f* 和 *f* ′ 既不相同又不相反，那么 *F* 和 *F* ′ 就不以任何方式等价。

2. 首先，如果 *f* 和 *f* ′ 相同或相反；其次，如果 *f* 和 *f* ′ 都是歧型，或者它们的外项相等，那么 *F* 和 *F* ′ 就正常等价或反常等价。

3. 如果 *f* 和 *f* ′ 相同但不是歧型，且它们的外项不相等，那么 *F* 和 *F* ′ 就只是正常等价。

4. 如果 *f* 和 *f* ′ 相反但不是歧型，且它们的外项不相等，那么 *F* 和 *F* ′ 就只是反常等价。

例：型（41，35，30）和（7，18，47）的行列式都是 − 5，求得约化型为（1，0，5）和（2，1，3），且二者是不等价的，因此对应的原型也不以任何方式等价。又如，型（23，38，63）和（15，20，27）等价于相同的约化型（2，1，3），并且约化型是歧型，因此型（23，38，63）和（15，20，27）既正常等价又反常等价。型（37，53，78）和（53，73，102）等价于约化型（9，2，9）和（9，− 2，9），由于这两个约化型是相反的型，且它们的外项都相等，所以给出的型既是正常等价又是反常等价的。

□ **代数学**

作为算术发展成果之一的代数学，是研究数、数量、关系、结构与代数方程的数学分支，也是数学中最重要的基础分支之一，它分为初等代数学和抽象代数学两部分。其思路可概括为：通过引进未知数，根据问题条件列出方程，再由方程求解未知数。图为波斯数学家阿尔·花剌子模的《代数学》书页。

174

给定行列式为 − *D* 的约化型的个数总是有限的，且与数 *D* 本身的关系不大。有两种方法可以求出这些型。我们用（*a*，*b*，*c*）表示行列式为 − *D* 的约化型。因此，我们要确定 a, b, c 的值。

第 1 种方法。取不大于 $\sqrt{\dfrac{4D}{3}}$ 且以 $-D$ 为二次剩余的所有的正数和负数为 a。对于每个 a，设 b 依次等于表达式 $\sqrt{-D}\pmod{a}$ 的不大于 $\dfrac{a}{2}$ 的所有的值，正值和负值都要用到。对于 a, b 的每对值，令 $c = \dfrac{(D+b^2)}{a}$。如果以这种方法得到的任何型使得 $c < a$，就去掉这些型。显然，剩下的都是约化型。

第 2 种方法。取所有不大于 $\dfrac{1}{2}\sqrt{\dfrac{4D}{3}}$ 或 $\sqrt{\dfrac{D}{3}}$ 的正数和负数为 b。对于每个 b，用所有可能的方法拆分 $b^2 + D$，使其成为都不小于 $2b$ 的因数对（应当区分符号）。设其中一个因数（两个因数如不相等则取较小的那个）为 a，设另一个为 c。由于 a 不大于 $\sqrt{\dfrac{4D}{3}}$，显然所有这样的型就是约化型。最后，显然不存在两种方法都求不出的约化型。

例：设 $D = 85$。a 的值的上限是 $\sqrt{\dfrac{340}{3}}$，这个数位于 10 和 11 之间。数 1 和 10 之间以 -85 为剩余的数是 1，2，5，10。那么，我们就得到 12 个型：（1，0，85），（2，1，43），（2，-1，43），（5，0，17），（10，5，11），（10，-5，11）；（-1，0，-85），（-2，1，-43），（-2，-1，-43），（-5，0，-17），（-10，5，-11），（-10，-5，-11）。

根据第 2 种方法，b 的上限是 $\sqrt{\dfrac{85}{3}}$，这个数位于 5 和 6 之间。由 $b = 0$ 得出下列型：（1，0，85），（-1，0，-85），（5，0，17），（-5，0，-17）。

由 $b = \pm 1$ 得到这些型：（2，± 1，43），（-2，± 1，-43）。

对于 $b = \pm 2$，没有对应的型，因为 89 不能拆分成两个都不小于 4 的因数。对于 $b = \pm 3$，也是如此。对于 $b = \pm 5$，我们有（10，± 5，11）和（-10，± 5，-11）。

175

如果在给定行列式的所有约化型中，我们从每两个正常等价但不相等的二次型中去掉其中任意一个型，那么剩下的那些型有如下显著的性质：具有该行列式的任意一个型都必定与它们中的一个且仅与其中的一个正常等价（否则的话，其中就会有某个型，使得这些型中有与它正常等价的型）。因此可知，**有相同的行列式的所有型可以划分为若干类，类别的个数就等于上述做法剩下的型的个数**。也就是说，那些正常等价于相同的约化型的型归为同一个类别。因此，对于 $D = 85$，剩下的型是（1，0，85），（2，1，43），（5，0，17），（10，5，11），（−1，0，−85），（−2，1，−43），（−5，0，−17），（−10，5，−11），所以行列式为 −85 的所有型可以划分为 8 类，每一类分别与约化型对应。显然，同一类的型都正常等价，不同类的型不能正常等价。以后我们会更加详细地讨论型的分类，这里我们仅指出一点。我们上面证明了，如果型（a，b，c）的行列式为负，等于 −D，那么 a 和 c 就有相同的符号（因为 $ac = b^2 + D$，所以它是正的）。根据同样的理由可知，如果型（a，b，c）和（a'，b'，c'）等价，所有的项 a，c，a'，c' 的符号相同。因为，如果型（a，b，c）通过代换 $x = \alpha x' + \beta y'$，$y = \gamma x' + \delta y'$ 变换为（a'，b'，c'），我们有 $a\alpha^2 + 2b\alpha\gamma + c\gamma^2 = a'$，由此得 $aa' = (a\alpha + b\beta)^2 + D\gamma^2$，$aa'$ 当然不是负数。因为 a 和 a' 都不等于 0，所以 aa' 就是正数，即 a 和 a' 的符号相同。

因此，外项为正数的型与外项为负数的型完全分开，我们只考虑那些外项为正的约化型就足够了，因为外项为负数的型与外项为正数的型的个数相等，改变外项为正数的型的外项的符号就可以得到外项为负数的型。对于约化型中去掉的或保留的型，这个结论同样成立。

176

下面给出了行列式为某些负数（−D）的型的表格。根据这些型，有相同行列式的所有其他的型都可以被分成对应的类。注意，根据上一条目的说明，我们只列出了其中的一半，即只列出了外项为正数的那些型。

D

1	$(1, 0, 1)$
2	$(1, 0, 2)$
3	$(1, 0, 3)$, $(2, 1, 2)$
4	$(1, 0, 4)$, $(2, 0, 2)$
5	$(1, 0, 5)$, $(2, 1, 3)$
6	$(1, 0, 6)$, $(2, 0, 3)$
7	$(1, 0, 7)$, $(2, 1, 4)$
8	$(1, 0, 8)$, $(2, 0, 4)$, $(3, 1, 3)$
9	$(1, 0, 9)$, $(2, 1, 5)$, $(3, 0, 3)$
10	$(1, 0, 10)$, $(2, 0, 5)$
11	$(1, 0, 11)$, $(2, 1, 6)$, $(3, 1, 4)$, $(3, -1, 4)$
12	$(1, 0, 12)$, $(2, 0, 6)$, $(3, 0, 4)$, $(4, 2, 4)$

继续往下写这张表是多余的，因为后面我们会给出一种更加适合的排表方法。

由这张表可知，对于任何行列式为 -1 的型，如果它的外项为正，就等价于型 $x^2 + y^2$；如果它的外项为负，就等价于型 $-x^2 - y^2$。对于任何行列式为 -2 的型，如果它的外项为正，就等价于型 $x^2 + y^2$。对于任何行列式为 -11 的型，如果它的外项为正，就等价于下列型中的一个：$x^2 + 11y^2$, $2x^2 + 2xy + 6y^2$, $3x^2 + 2xy + 4y^2$, $3x^2 - 2xy + 4y^2$。

177

问题

有一组型，其中每个型从右边相邻其前一个型，我们要寻求把第 1 个型变成该序列中任何一个型的正常代换。

解：设这些给定的型是 $(a, b, a') = F$, $(a', b', a'') = F'$, $(a'', b'', a''') = F''$, $(a''', b''', a'''') = F'''$, …。

用 h'，h''，h'''，…分别表示 $\dfrac{b+b'}{a'}$，$\dfrac{b'+b''}{a''}$，$\dfrac{b''+b'''}{a'''}$，…。设型 F，F'，F''…中的未知数分别为 x，y，x'，y'，x''，y''，…。假设 F 通过代换 $x=\alpha'x'+\beta'y'$，$y=\gamma'x'+\delta'y'$ 变换成 F'，通过代换 $x=\alpha''x''+\beta''y''$，$y=\gamma''x''+\delta''y''$ 变换成 F''，通过代换 $x=\alpha'''x'''+\beta'''y'''$，$y=\gamma'''x'''+\delta'''y'''$ 变换成 F'''，…，那么，因为（条目 160）F 通过代换 $x=-y'$，$y=x'+h'y'$ 变换成 F'，F' 通过代换 $x'=-y''$，$y'=x''+h''y''$ 变换成 F''，F'' 通过代换 $x''=-y'''$，$y''=x'''+h'''y'''$ 变换成 F'''，…，我们容易得到下面的算法（条目 159）

$\alpha'=0$	$\beta'=-1$	$\gamma'=1$	$\delta'=h'$
$\alpha''=\beta'$	$\beta''=h''\beta'-\alpha'$	$\gamma''=\delta'$	$\delta''=h''\delta'-\gamma'$
$\alpha'''=\beta''$	$\beta'''=h'''\beta''-\alpha''$	$\gamma'''=\delta''$	$\delta'''=h'''\delta''-\gamma''$
$\alpha''''=\beta'''$	$\beta''''=h''''\beta'''-\alpha'''$	$\gamma''''=\delta'''$	$\delta''''=h''''\delta'''-\gamma'''$

$$\cdots$$

或者

$\alpha'=0$	$\beta'=-1$	$\gamma'=1$	$\delta'=h'$
$\alpha''=\beta'$	$\beta''=h''\beta'$	$\gamma''=\delta'$	$\delta''=h''\delta'-1$
$\alpha'''=\beta''$	$\beta'''=h'''\beta''-\beta'$	$\gamma'''=\delta''$	$\delta'''=h'''\delta''-\delta'$
$\alpha''''=\beta'''$	$\beta''''=h''''\beta'''-\beta''$	$\gamma''''=\delta'''$	$\delta''''=h''''\delta'''-\delta''$

$$\cdots$$

不难发现，这些代换都是正常代换，原因在于这些代换的构造方法，或者由条目 159 也可以看出这一点。

这个算法非常简单，尤其适合于计算。它与条目 27 中的算法类似，甚至可以简化为条目 27 中的算法。这个解法并不局限于行列式为负的型，而是可以应用于所有的情况，只要数 a'，a''，a'''，…都不为零。

178

问题

给定两个正常等价的型 ，它们具有相同的负的行列式，求其中一个型变

换成另一个型的正常代换。

解：我们假设型 F 是 (A, B, A')，根据条目 171 中的方法，我们求出一系列型 (A', B', A'')，(A'', B'', A''')，$\cdots$，直到求得一个约化型 (A^m, B^m, A^{m+1})；类似地，假设型 f 是 (a, b, a')，根据同样的方法，我们求出一系列型 (a', b', a'')，(a'', b'', a''')，$\cdots$，直到求得一个约化型 (a^n, b^n, a^{n+1})。我们能识别两种情况。

1. 如果型 (A^m, B^m, A^{m+1})，(a^n, b^n, a^{n+1}) 要么相同，要么相反，且同时是歧型，那么型 (A^{m-1}, B^{m-1}, A^m)，$(a^n, -b^{n-1}, a^{n-1})$ 就是邻型（这里 A^{m-1} 表示数列 A，A'，A''，$\cdots$，A^m 中的倒数第二项。类似地，B^{m-1}，a^{n-1}，b^{n-1} 也有这样的定义）。因为 $A^m = a^n$，$B^{m-1} = -B^m \pmod{A^m}$，$b^{n-1} = -b^n \pmod{a^n \text{ 或 } A^m}$，所以，$B^{m-1} - b^{n-1} \equiv b^n - B^m$。但是，如果型 (A^m, B^m, A^{m+1})，(a^n, b^n, a^{n+1}) 是相同的型，则 $B^{m-1} - b^{n+1} \equiv 0$；如果 (A^m, B^m, A^{m+1})，(a^n, b^n, a^{n+1}) 是相反的型，且为歧型，则 $B^{m-1} - b^{n-1} \equiv 2b^n \equiv 0$。因此，在由型

$$(A, B, A'), (A', B', A''), \cdots, (A^{m-1}, B^{m-1}, A^m)$$

$$(a^n, -b^{n-1}, a^{n-1}), (a^{n-1}, -b^{n-2}, a^{n-2}), \cdots, (a', -b, a),$$

$$(a, b, a')$$

构成的序列中，每个型都与它的前一个型相邻。根据上个条目，能够找到一个正常变换使得第 1 个型 F 变换为最后 1 个型 f。

2. 如果型 (A^m, B^m, A^{m+1})，(a^n, b^n, a^{n+1}) 不是相同而是相反的，且同时 $A^m = A^{m+1} = a^n = a^{n+1}$，那么，由型构成的序列

$$(A, B, A'), (A', B', A''), \cdots, (A^m, B^m, A^{m+1})$$

$$(a^n, -b^{n-1}, a^{n-1}), (a^{n-1}, -b^{n-2}, a^{n-2}), \cdots, (a', -b, a), (a, b, a')$$

就具有相同的性质。因为 $A^{m+1} = a^n$，且 $B^m - b^{n-1} = -(b^n + b^{n-1})$ 能够被 a^n 整除。因而，根据上一个条目，可以求得由第 1 个型 F 变换成最后 1 个型 f 的正常代换。

例：对于型 $(23, 38, 63)$，$(15, 20, 27)$，我们有序列 $(23, 38, 63)$，$(63, 25, 10)$，$(10, 5, 3)$，$(3, 1, 2)$，$(2, -7, 27)$，

（27，－20，15），（15，20，27）。因此，得出：$h' = 1$，$h'' = 3$，$h''' = 2$，$h'''' = -3$，$h''''' = -1$，$h'''''' = 0$。那么，型 $23x^2 + 76xy + 63y^2$ 变换为 $15t^2 + 40tu + 27u^2$ 的代换是 $x = -13t - 18u$，$y = 8t + 11u$。

由这个问题的解可以得出下一个问题的解：如果型 F 和 f 反常等价，求型 F 变换成型 f 的反常代换。因为，如果 $f = at^2 + 2btu + a'u^2$，与 f 相反的型 $ap^2 - 2bpq + a'q^2$ 就正常等价于 F。我们只要求得一个由型 F 变换为型 $ap^2 - 2bpq + a'q^2$ 的正常代换即可。设这个代换为 $x = \alpha p + \beta q$，$y = \gamma p + \delta q$，显然，F 就可以通过代换 $x = \alpha t - \beta u$，$y = \gamma t - \delta u$ 变换成 f；并且这是一个反常代换。

179

问题

如果型 F 和 f 等价，求出型 F 变换为 f 的所有代换。

解：如果型 F，f 仅以一种方式等价，即仅正常等价或仅反常等价，那么，按照上一条目，我们可以求得一个代换把型 F 变成 f。显然，除了与这个代换同型的代换之外，不存在其他代换。如果型 F 和 f 既正常等价又反常等价，我们可以求得两个代换把型 F 变成 f，一个正常代换，一个反常代换。设型 $F = (A, B, C)$，$B^2 - AC = -D$，令数 A，$2B$，C 的最大公约数等于 m。那么，由条目 162 可知，在型 F 和 f 仅以一种方式等价的情况下，把型 F 变成 f 的所有代换可以由一种代换推导出；在型 F 和 f 既正常等价又反常等价的情况下，把型 F 变成 f 的所有正常代换可以由一种正常代换推导出，把型 F 变成 f 的所有反常代换都可以由一种反常代换推导出但所有的前提是我们有了方程 $t^2 + Du^2 = m^2$ 的全部解，只要我们求出了这些解，就解决了这个问题。

我们有 $D = AC - B^2$，$4D = 4AC - 4B^2$，因此 $\dfrac{4D}{m^2} = \left(\dfrac{4AC}{m^2}\right) - \left(\dfrac{2B}{m}\right)^2$ 就是一个整数。现在，我们要讨论以下几种情况：

1. 如果 $\dfrac{4D}{m^2} > 4$，那么 $D > m^2$。因此，在等式 $t^2 + Du^2 = m^2$ 中，u 一定为

0，且 t 只能有两个值，$+m$ 或 $-m$。因此，如果 F 和 f 只以一种方式等价，且如果我们有代换

$$x = \alpha x' + \beta y', \quad y = \gamma x' + \delta y'$$

那么，除了由 $t = m$（条目 162）得到的这个代换，以及变换

$$x = -\alpha x' - \beta y', \quad y = -\gamma x' - \delta y'$$

外，不存在其他代换。但是，如果 F 和 f 既正常等价，又反常等价，且我们有一个正常代换

$$x = \alpha x' + \beta y', \quad y = \gamma x' + \delta y'$$

和一个反常代换

$$x = \alpha' x' + \beta' y', \quad y = \gamma' x' + \delta' y'$$

那么，除了这两个代换（它们是取 $t = m$ 得到的）和下面两个代换

$$x = -\alpha x' - \beta y', \quad y = -\gamma x' - \delta y'$$
$$x = -\alpha' x' - \beta' y', \quad y = -\gamma' x' - \delta' y'$$

（它们是取 $t = -m$ 得到的，一个是正常代换，一个是反常代换）之外，不存在其他代换。

2. 如果 $\dfrac{4D}{m^2} = 4$ 或 $D = m^2$，则方程 $t^2 + Du^2 = m^2$ 有 4 组解：m，0；$-m$，0；0，1；0，-1。如果 F，f 仅以一种方式等价，且我们有代换

$$x = \alpha x' + \beta y', \quad y = \gamma x' + \delta y'$$

那么一共就有 4 个代换

$$x = \pm \alpha x' + \beta y', \quad y = \pm \gamma x' \pm \delta y'$$

$$x = \mp \frac{\alpha B + \gamma C}{m} x' \mp \frac{\beta B + \delta C}{m} y', \quad y = \pm \frac{\alpha A + \gamma B}{m} x' \pm \frac{\beta A + \delta B}{m} y'$$

如果 F 和 f 以两种方式等价，那也就是说，除了给出的变换之外，还有另外一个与之不同型的代换，那么它同样可以产生出 4 个代换。它们与前面那 4 个代换是不同型的代换，这样一共就有 8 个代换。实际上，在这种情况下，我们容易证明型 F 和 f 总是以两种方式等价。因为，由于 $D = m^2 = AC - B^2$，m 就整除 B。型 $\left(\dfrac{A}{m}, \dfrac{B}{m}, \dfrac{C}{m} \right)$ 的行列式就等于 -1，因而型 $(1, 0, 1)$ 或 $(-1, 0, -1)$ 就与之等价。进而，容易发现的是，把 $\left(\dfrac{A}{m}, \dfrac{B}{m}, \dfrac{C}{m} \right)$ 变换成 $(\pm 1, 0, \pm 1)$ 的代换同样可以把型 (A, B, C) 变换成 $(\pm m, 0,$

$\pm m$）这个歧型。因而，与一个歧型等价的型（A，B，C）和任何与之等价的型既正常等价，又反常等价。

3. 如果 $\dfrac{4D}{m^2} = 3$ 或 $4D = 3m^2$，那么 m 就是偶数，等式 $t^2 + Du^2 = m^2$ 就有 6 组解

$$m,\ 0;\ -m,\ 0;\ \frac{1}{2}m,\ 1;\ -\frac{1}{2}m,\ -1;\ \frac{1}{2}m,\ -1;\ -\frac{1}{2}m,\ 1$$

因此，如果把型 F 变成 f，我们就有 2 组不同型的代换

$$x = \alpha x' + \beta y',\ y = \gamma x' + \delta y'$$
$$x = \alpha' x' + \beta' y',\ y = \gamma' x' + \delta' y'$$

那么，一共有 12 个代换，其中 6 个与第 1 组代换同型

$$x = \pm\,\alpha x' \pm \beta y',\ y = \pm\,\gamma x' \pm \delta y'$$

$$x = \pm\left(\frac{1}{2}\alpha - \frac{\alpha B + \gamma C}{m}\right)x' \pm \left(\frac{1}{2}\beta - \frac{\beta B + \delta C}{m}\right)y'$$

$$y = \pm\left(\frac{1}{2}\gamma + \frac{\alpha A + \gamma B}{m}\right)x' \pm \left(\frac{1}{2}\delta + \frac{\beta A + \delta B}{m}\right)y'$$

$$x = \pm\left(\frac{1}{2}\alpha + \frac{\alpha B + \gamma C}{m}\right)x' \pm \left(\frac{1}{2}\beta + \frac{\beta B + \delta C}{m}\right)y'$$

$$y = \pm\left(\frac{1}{2}\gamma - \frac{\alpha A + \gamma B}{m}\right)x' \pm \left(\frac{1}{2}\delta - \frac{\beta A + \delta B}{m}\right)y'$$

还有 6 个与第 2 组代换同型，用 α'，β'，γ'，δ' 分别代替 α，β，γ，δ 可以推导出这 6 组代换。

为了证明在这种情况下 F 和 f 总是既正常等价又反常等价，我们做如下讨论。假设型 $\left(\dfrac{2A}{m},\ \dfrac{2B}{m},\ \dfrac{2C}{m}\right)$ 的行列式就等于 $\dfrac{4D}{m^2} = -3$，那么这个型（条目 176）要么等价于型（± 1，0，± 3），要么等价于型（± 2，± 1，± 2）。因此，型（A，B，C）就要么等价于型 $\left(\pm \dfrac{m}{2},\ 0,\ \dfrac{3m}{2}\right)$，要么等价于型 $\left(\pm m,\ \dfrac{m}{2},\ \pm m\right)$[1]。由于这两个型都是歧型，所以任何与型（$A$，$B$，$C$）等价的型都与它以两种方式等价。

---

[1] 可以证明型（A，B，C）必定与其中的第二个型等价，但这里不需要这个结论。

4. 如果我们假设 $\frac{4D}{m^2} = 2$，我们有 $\left(\frac{2B}{m}\right)^2 = \left(\frac{4AC}{m^2}\right) - 2$，因此 $\left(\frac{2B}{m}\right)^2 \equiv 2 \pmod 4$。但是，由于任何平方数都不可能同余于 2（mod 4），所以这种情况不可能发生。

5. 如果假设 $\frac{4D}{m^2} = 1$，我们有 $\left(\frac{2B}{m}\right)^2 = \left(\frac{4AC}{m^2}\right) - 1 \equiv -1 \pmod 4$。但这也是不可能的，所以这种情况也不可能发生。

由于 D 不可能小于或等于 0，所以以上就是全部的情况。

180

问题

通过型 $ax^2 + 2bxy + cy^2$（记为 F）求出给定的数 M 的所有表示，其中型的行列式 $-D$ 为负数，x，y 的值互质。

解：由条目 154 可知，除非 $-D$ 是 M 的二次剩余，否则 M 不能用这种方式表示。因此，我们首先来求出表达式 $-\sqrt{D} \pmod M$ 的所有不同（即不同余）的值。设这些值为 N，$-N$，N'，$-N'$，N''，$-N''$，…，为了简化计算，所有的 N，N'，…都可以这样来确定，使得它们都不大于 $\frac{M}{2}$。由于每种表示应当属于这些值中的一个，我们分别讨论每一个值。

如果型 F 和 $\left(M, N, \frac{D+N^2}{M}\right)$ 不是正常等价，M 的表示不可能属于 N 的值（条目 168）。如果型 F 和 $\left(M, N, \frac{D+N^2}{M}\right)$ 正常等价，我们要求出把型 F 变为

$$Mx'x' + 2Nx'y' + \frac{D+N^2}{M} y'y'$$

的一个正常代换。

假设这个正常代换为

$$x = \alpha x' + \beta y', \quad y = \gamma x' + \delta y'$$

并且，我们得到 $x = \alpha$，$y = \gamma$ 作为数 M 的通过型 F 给出的属于值 N 的表示。令数 A，$2B$，C 的最大公约数为 m，我们须要区分这3种情况（条目 179）：

1. 如果 $\dfrac{4D}{m^2} > 4$，则除了以下 2 个表示（条目 169，条目 179）

$$x = \alpha,\ y = \gamma;\quad x = -\alpha,\ y = -\gamma$$

之外，不可能有其他属于值 N 的表示。

2. 如果 $\dfrac{4D}{m^2} = 4$，我们有 4 种表示

$$x = \pm\alpha,\ y = \pm\gamma;\quad x = \mp\dfrac{\alpha B + \gamma C}{m},\ y = \mp\dfrac{\alpha A + \gamma B}{m}$$

3. 如果 $\dfrac{4D}{m^2} = 3$，我们有 6 种表示

$$x = \pm\alpha,\quad y = \pm\gamma$$

$$x = \pm\left(\dfrac{1}{2}\alpha - \dfrac{\alpha B + \gamma C}{m}\right),\quad y = \pm\left(\dfrac{1}{2}\gamma + \dfrac{\alpha A + \gamma B}{m}\right)$$

$$x = \pm\left(\dfrac{1}{2}\alpha + \dfrac{\alpha B + \gamma C}{m}\right),\quad y = \pm\left(\dfrac{1}{2}\gamma - \dfrac{\alpha A + \gamma B}{m}\right)$$

用同样的方法，我们可以求出属于值 $-N$，N'，$-N'$，$\cdots$ 的表示。

181

如果我们要求由型 F 给出的数 M 的表示，而这时 x，y 的值不互质，我们可以将它简化为刚刚讨论过的情况。假设我们可以求得这种表示，令 $x = \mu e$，$y = \mu f$，其中 μ 是 μe 和 μf 的最大公约数，或者，换句话说，e，f 是互质的。那么，我们就有 $M = \mu^2(Ae^2 + 2Bef + Cf^2)$，因而 M 可以被 μ^2 整除；代换 $x = e$，$y = f$ 就是数 $\dfrac{M}{\mu^2}$ 由型 F 给出的表示，其中 x，y 是互质的数值。因此，如果 M 不能被除 1 之外的平方数整除，例如，M 是质数，那么数 M 就没有这样的表示。但是，如果 M 有平方因数，设它们分别是 μ^2，ν^2，π^2，$\cdots$ 我们首先求数 $\dfrac{M}{\mu^2}$ 由型 $(A,\ B,\ C)$ 给出的所有表示，其中 x，y 是互质的数值。用 μ 来乘这些数值，就给出了数 M 的所有的表示，其中 x，y 的最大公约数为 μ。类似地，$\dfrac{M}{\nu^2}$ 的所有表示（其中 x，y 是互质的数值）就给出了数 M 的所有的表示。其中 x，y 的最大公约数为 ν，等等。

因此，根据上面的规则，我们能够求出一个给定的数由一个行列式为负数的给定的型表示的所有表示法。

第 13 节   特殊的应用：将一个数拆分成两个平方数，
　　　　　　拆分成一个平方数和另一个平方数的两倍，
　　　　　　拆分成一个平方数和另一个平方数的三倍

182

我们现在讨论某些特殊的情况。一方面原因是它们极其优美，另一方面是欧拉在它们身上花了很大的功夫，使它们成为了经典。

1. 任何一个数，除非 -1 是它的二次剩余，否则都不可能由型 x^2+y^2 表示（x，y 互质），或者说不可能表示成两个互质的平方数之和；但是，所有其余的数，只要是正数，都可以这样来表示。设 M 是这样一个数，并且设表达式 $\sqrt{-1}$（$\bmod M$）的所有的值为 N，$-N$，N'，$-N'$，N''，$-N''$，$\cdots$。那么，根据条目 176，型 $(M,\ N,\ \dfrac{N^2+1}{M})$ 就正常等价于型 $(1,\ 0,\ 1)$。设后面的型变换为前面的型的一个正常变换为 $x=\alpha x'+\beta y'$，$y=\gamma x'+\delta y'$，那么，属于 N 的数 M 由型 x^2+y^2 的表示有以下 4 个[1]：$x=\pm\,\alpha$，$y=\pm\,\gamma$；$x=\mp\,\gamma$，$y=\pm\,\alpha$。

因为型 $(1,\ 0,\ 1)$ 是歧型，型 $(M,\ -N,\ \dfrac{(N^2+1)}{M})$ 就与之正常等价，且前一个型可以通过代换 $x=\alpha x'-\beta y'$，$y=-\gamma x'+\delta y'$ 变换为后者。由此，我们可以推导出数 M 属于 $-N$ 的 4 个表达式：$x=\pm\,\alpha$，$y=\mp\,\gamma$；$x=\pm\,\gamma$，$y=\pm\,\alpha$。那么，数 M 有 8 个表示，其中一半属于值 N，另一半属于值 $-N$；

---

[1] 显然，这种情况已经包含于条目 180 的第 2 条中。

但是，只要我们仅讨论平方数本身，而不讨论它们的顺序或根的符号，那么，所有这些表示仅给出了数 M 拆分成两个平方数之和 $\alpha^2 + \gamma^2$ 的唯一一种方法。

那么，如果表达式 $\sqrt{-1}$（mod M）除了 N 和 $-N$ 之外没有其他值——例如，当 M 是一个质数时就会发生——那么 M 仅可以用唯一一种方式拆分为两个互质的平方数之和。既然 -1 是任何形如 $4n+1$ 的质数的一个二次剩余（条目 108），而且显然，一个质数不可能拆分为两个不互质的平方数之和，那我们就有以下定理：

任何形如 $4n+1$ 的质数都能够拆分成两个平方数之和，且方式是唯一的。

例如，$1 = 0 + 1$，$5 = 1 + 4$，$13 = 4 + 9$，$17 = 1 + 16$，$29 = 4 + 25$，$37 = 1 + 36$，$41 = 16 + 25$，$53 = 4 + 49$，$61 = 25 + 36$，$73 = 9 + 64$，$89 = 25 + 64$，$97 = 16 + 81$，等等。

这一极其优雅的定理已经为费马所知，但首先是由欧拉证明的。在 *Novi comm. acad Petrop* 第 4 卷第 3 页以及后面各页中，有一篇讨论同一论题的论文，虽然那时他还未能找出这个问题的解决办法（特别参考条目 27）。

那么，如果一个形如 $4n+1$ 的数能够以若干种方式拆分为两个平方数之和，或者不能拆分为两个平方数之和，那么它就一定不是质数。

然而，另一方面，如果表达式 $\sqrt{-1}$（mod M）有 N 和 $-N$ 之外的其他的值，那么数 M 也有属于这些值的表示。在这种情况下，M 能够以不止一种方式拆分为两个平方数之和，例如，$65 = 1 + 64 = 16 + 49$，$221 = 25 + 196 = 100 + 121$。

其他的表示（其中 x，y 的值不是质数）可以通过我们讨论过的一般性的方法轻松找到。我们这里仅指出，如果一个数包含形如 $4n+3$ 的因数，并且不能用平方数除它来消除这个因数（当这些因数中的一个或多个含有**奇数次幂**时，就会出现这种情况），那么这个数就不能以**任何方式**拆分成两个平方数之和[1]。

2. 以 -2 为二次非剩余的任何数都不能由型 $x^2 + y^2$ 表示，其中 x，y 互质。所有其他的数都能由型 $x^2 + y^2$ 表示。设 -2 为数 M 的二次剩余，且 N 是表达式 $\sqrt{-2} \pmod{M}$ 的某个值。那么，根据条目 176，型（1，0，2）和（M，N，$\dfrac{(N^2+1)}{M}$）就正常等价。通过代换 $x = \alpha x' + \beta y'$，$y = \gamma x' + \delta y'$ 将前面的型变换为后面的型，我们就得到了 $x = \alpha$，$y = \gamma$ 是数 M 属于 N 的一个表示。还有 $x = -\alpha$，$y = -\gamma$ 也是一种表示。除此之外，就没有其他的属于值 N 的表示了（参考条目 180）。

像之前一样，我们发现表示 $x = \pm\alpha$，$y = \pm\gamma$ 属于值 $-N$。所有这 4 个表示都只给出了把 M 表示为一个平方数和一个平方数的两倍之和的唯一一种拆分方式。并且，如果表达式 $\sqrt{-2} \pmod{M}$ 只有值 N 和 $-N$，那么 M 就没有其他拆分方式。由这个事实，并借助条目 116 中的定理，我们可以轻松地推导出下面的定理：

任何形如 $8n+1$ 或 $8n+3$ 的质数都可以分解为一个平方数和一个平方数的两倍，且方式唯一。

$$1 = 1+0, \ 3 = 1+2, \ 11 = 9+2, \ 17 = 9+8, \ 19 = 1+18,$$
$$41 = 9+32, \ 43 = 25+18, \ 59 = 9+50, \ 67 = 49+18,$$
$$73 = 1+72, \ 83 = 81+2, \ 89 = 81+8, \ 97 = 25+72, \cdots$$

---

[1] 如果数 $M = 2^\mu S a^\alpha b^\beta c^\gamma \cdots$，其中 a，b，c，$\cdots$ 表示形如 $4n+1$ 的不相同的质数，S 是 M 的所有形如 $4n+3$ 的质因数的乘积。任何正数都可以简化为这种形式，因为，如果 M 是奇数，我们设 $\mu = 0$，且如果 M 不含形如 $4n+3$ 的因数，我们设 $S = 1$。如果 S 不是平方数，则 M 不能以任何方式分解为两个平方数之和。如果 S 是平方数，当 α，β，γ，$\cdots$ 中有一个是奇数时，M 就有 $\dfrac{1}{2}$（$\alpha + 1$）（$\beta + 1$）（$\gamma + 1$）$\cdots$ 种方式拆分为两个平方数之和；而当 α，β，γ，$\cdots$ 都是偶数时，M 有 $\dfrac{1}{2}$（$\alpha + 1$）（$\beta + 1$）（$\gamma + 1$）$\cdots + \dfrac{1}{2}$ 种方式拆分为两个平方数之和（我们只关注平方数本身）。那些精于组合微分的人能够由我们的基本理论毫不费力地由条目 105 推导出这个定理（我们无法详细论述这种情况以及其他的特殊情况）。

这个定理，以及很多与之类似的定理，都已经为费马所知，但是拉格朗日是证明这个定理的第一个人。关于相同的课题，欧拉也发现了很多结论。但是，欧拉一直未能对此定理做出完整证明。

3. 通过类似的方法可以证明，任何以 -3 为二次剩余的数都可以用型 $x^2 + 3y^2$ 或者 $2x^2 + 2xy + 2y^2$ 表示，其中 x，y 的值互质。那么，由于 -3 是所有形如 $3n+1$ 的质数的一个剩余（条目 119），并且只有**偶数**能够由型 $2x^2 + 2xy + 2y^2$ 表示，像上面一样，我们得出下面的定理：

任何形如 $3n+1$ 的质数都可以被拆分为一个平方数和一个平方数的三倍，且方式唯一。

$$1 = 1 + 0，\ 7 = 4 + 3，\ 13 = 1 + 12，\ 19 = 16 + 3，$$
$$31 = 4 + 27，\ 37 = 25 + 12，\ 43 = 16 + 27，\ 61 = 49 + 12，$$
$$67 = 64 + 3，\ 73 = 25 + 48，\ \cdots$$

欧拉在其论文（*Novi comm. acad. Petrop*，第 8 卷，105 页及其后各页）中第一个证明了这个定理。

我们可以继续做下去，例如证明任何形如 $20n+1$，$20n+3$，$20n+7$ 或 $20n+9$ 的质数（以 -5 为剩余的数）都可以由型 $x^2 + 5y^2$ 或者 $2x^2 + 2xy + 3y^2$ 表示。实际上，形如 $20n+1$ 和 $20n+9$ 的质数可以由型 $x^2 + 5y^2$ 表示，形如 $20n+3$ 和 $20n+7$ 的质数可以由型 $2x^2 + 2xy + 3y^2$ 表示；还可以进一步证明，形如 $20n+1$ 和 $20n+9$ 的质数的两倍可以由型 $2x^2 + 2xy + 3y^2$ 表示，形如 $20n+3$ 和 $20n+7$ 的质数的两倍可以由型 $x^2 + 5y^2$ 表示。读者自己可以由前面以及后面的讨论推导出这个命题，以及其他无限个特殊的命题。

我们现在开始讨论**行列式为正**的型。当行列式是或不是平方数时型的性质迥异，我们先不讨论行列式是平方数的型，后面再单独讨论。

第 14 节　具有正的非平方数的行列式的型

183

问题

给定一个型 (a, b, a')，它的行列式 D 是一个正的非平方数；求一个与之正常等价的型 (A, B, C)，其中 B 是小于 $\sqrt{D}$ 的正数；且 A（如果 A 是正数）或 $-A$（如果 A 是负数）位于 $\sqrt{D}+B$ 和 $\sqrt{D}-B$ 之间。

解：我们假设给定的型不满足这两个条件；否则就没有求另一个型的必要。我们进一步指出，一个具有非平方数行列式的型，它的第 1 项或者最后 1 项都不能等于 0（条目 171）。设 $b' \equiv -b \pmod{a'}$，使之位于 $\sqrt{D}$ 和 $\sqrt{D} \mp a'$ 的界限之内（当 a' 是正数，取负号；当 a' 是负数，取正号）。可以按照条目 3 中的方法做。设 $\dfrac{b'b'-D}{a'} = a''$，它是一个整数，因为 $b'b'-D \equiv b^2 - D \equiv aa' \equiv 0 \pmod{a'}$。那么，如果 $a'' < a$，再设 $b'' \equiv -b \pmod{a'}$，令其位于 $\sqrt{D}$ 和 $\sqrt{D} \mp a''$ 的界限之内（对应于 a'' 是正数或者是负数），并且设 $\dfrac{b''b''-D}{a''} = a'''$。如果再有 $a''' < a''$，再设 $b''' \equiv -b \pmod{a'''}$，令其位于 $\sqrt{D}$ 和 $\sqrt{D} \mp a'''$ 的界限之内，并且设 $\dfrac{b'''b'''-D}{a'''} = a''''$。继续这一过程，直到序列 $a', a'', a''', a'''', \cdots$ 到达项 a^{m+1} 为止，它不小于它的前一项 a^m。这种情况最终会出现，否则就会得到一组无穷递减的整数序列。现在，设 $a^m = A$，$b^m = B$，$a^{m+1} = C$，则型 (A, B, C) 就满足所有条件。

证明

1. 由于在型 (a, b, a')，(a', b', a'')，(a'', b'', a''')，$\cdots$ 的序列中，每个型都是前一个型的邻型，所以最后 1 个型 (A, B, C) 一定与第 1 个型 (a, b, a') 正常等价。

2. 因为 B 位于 $\sqrt{D}$ 和 $\sqrt{D} \mp A$ 之间（当 A 是正数时总是取负号，当 A 是负数时总是取正号），显然，如果我们设 $\sqrt{D} - B = p$，$B - (\sqrt{D} \mp A) = q$，数 p，q 就是正数。现在，容易确定 $q^2 + 2pq + 2p\sqrt{D} = D + A^2 - B^2$，那么 $D + A^2 - B^2$ 是一个正数，我们用 r 表示这个数。现在，由于 $D = B^2 - AC$，$r = A^2 - AC$，那么 $A^2 - AC$ 是一个正数。由于根据假设 A 不大于 C，这是不可能发生的，除非 AC 是负数，因而 A，C 的符号必须相反。因此，$B^2 = D + AC < D$ 且 $B < \sqrt{D}$。

3. 进而，由于 $-AC = D - B^2$，$AC < D$，因而（由于 A 不大于 C），$A < \sqrt{D}$。因此，$\sqrt{D} \mp A$ 就是正数，因而 B 位于 $\sqrt{D}$ 和 $\sqrt{D} \mp A$ 之间，也是正数。

4. 由于上述原因，毋庸置疑 $\sqrt{D} + B \mp A$ 是正数，又，$\sqrt{D} - B \mp A = -q$ 是负数，$\pm A$ 就位于 $\sqrt{D} + B$ 和 $\sqrt{D} - B$ 之间。证明完毕。

例：如果给定型（67，97，140），它的行列式为 29，那么，我们求一系列型（67，97，140），（140，-97，67），（67，-37，20）（20，-3，-1），（-1，5，4）。最后 1 个型就是我们要求的。

我们把行列式为正的非平方数 D 的型（A，B，C）称为约化型：其中，A 为在 $\sqrt{D} + B$ 和 $\sqrt{D} - B$ 之间的正数（B 为正数且小于 $\sqrt{D}$）。因此，行列式为正的非平方数的约化型与行列式为负的约化型是有区别的。但是，它们之间存在很大的相似之处，因此我们就不引入不同的名称。

184

如果我们能像证明行列式为负的型的等价（条目 172）那样轻松地证明两个行列式为正的约化型的等价，那么，我们就能毫无困难地确定具有相同的正的行列式的**任意两个型**的等价性。但实际情况远非如此，有可能出现多个约化型，它们之间是相互等价的。在研究这个问题之前，我们必须更深入地研究约化型（我们总能假定它的行列式为正的非平方数）的性质。

1. 如果（a，b，c）是约化型，a 和 c 就有相反的符号。因为，设行列式为 D，我们就有 $ac = b^2 - D$，由于 $b < \sqrt{D}$，所以 ac 为负数。

2. 与 a 一样，如果数 c 取正号，就位于 $\sqrt{D} + b$ 和 $\sqrt{D} - b$ 之间。因为

$-c = \dfrac{(D - b^2)}{a}$；所以，若不计符号，$c$ 就位于 $\dfrac{(D - b^2)}{\sqrt{D} + b}$ 和 $\dfrac{(D - b^2)}{\sqrt{D} - b}$ 之间，即，$\sqrt{D} - b$ 和 $\sqrt{D} + b$ 之间。

3. 由此可知，(c, b, a) 也是一个约化型。

4. a 和 c 就都小于 $2\sqrt{D}$。因为它们都小于 $\sqrt{D} + b$，所以，毋庸置疑，它们都小于 $2\sqrt{D}$。

5. 数 b 就位于 $\sqrt{D}$ 和 $\sqrt{D} \mp a$ 之间（当 a 是正数时取负号，当 a 是负数时取正号）。因为，由于 $\pm a$ 位于 $\sqrt{D} + b$ 和 $\sqrt{D} - b$ 之间，$\pm a - (\sqrt{D} - b)$ 或者 $b - (\sqrt{D} \mp a)$ 就是正数。但是，$b - \sqrt{D}$ 是负数，所以，b 就位于 $\sqrt{D}$ 和 $\sqrt{D} \mp a$ 之间。类似地，可以证明 b 也位于 $\sqrt{D}$ 和 $\sqrt{D} \mp c$ 之间（对应于 c 是正数或者负数）。

6. **对于任何约化型 (a, b, c)，每边都有且只有一个约化型与之相邻。**

设 $a' = c$，$b' \equiv -b \pmod{a'}$，使得 b' 位于 $\sqrt{D}$ 和 $\sqrt{D} \mp a'$ 之间（当 a' 是正数时取负号，当 a' 是负数时取正号），$c' = \dfrac{b'b' - D}{a'}$，且型 (a', b', c') 是型 (a, b, c) 从右边相邻的邻型。并且，类似地，显然，如果我们有任何另外一个约化型，它对于 (a, b, c) 是从右边相邻的邻型，那么它与 (a', b', c') 不可能不一样。我们现在证明它确实是一个约化型。

1）如果我们设

$$\sqrt{D} + b \mp a' = p, \quad \pm a' - (\sqrt{D} - b) = q, \quad \sqrt{D} - b = r$$

由上面的第 2 点和约化型的定义，可以推出 p，q，r 都是正数。进而，设

$$b' - (\sqrt{D} \mp a') = q', \quad \sqrt{D} - b' = r'$$

那么，因为 b' 位于 $\sqrt{D}$ 和 $\sqrt{D} \mp a'$ 之间，所以 q' 和 r' 都是正数。最后，如果 $b + b' = \pm ma'$，那么 m 就是整数。现在，显然有 $p + q' = b + b'$，因而有 $b + b'$ 或 $\pm ma'$ 是正数，所以 m 也是正数，由此可以推出 $m - 1$ 一定不是负数。而且

$$r + q' \pm ma' = 2b' + a', \quad 2b' = r + q' \pm (m - 1) a'$$

所以 $2b'$ 和 b' 就一定是正数。再加上 $b' + r' = \sqrt{D}$，我们得出 $b' < \sqrt{D}$。

2）进而，我们得出

$$r \pm ma' = \sqrt{D} + b', \quad r \pm (m - 1) a' = \sqrt{D} + b' \mp a',$$

因而 $\sqrt{D}+b' \mp a'$ 就是正数。再加上 $\pm a'-(\sqrt{D}-b)=q'$ 且是正数，$\pm a'$ 就位于 $\sqrt{D}+b'$ 和 $\sqrt{D}-b'$ 之间。因此，(a', b', c') 是一个约化型。

类似地，如果我们有 $'c=a$，$'b \equiv -b \pmod{'c}$，且 $'b$ 位于 $\sqrt{D}$ 和 $\sqrt{D} \pm 'c$ 之间，且 $a'=('b'b-D)/'c$，那么型 $('a, 'b, 'c)$ 就是约化型。显然，这个型是 (a, b, c) 从左边相邻的邻型，除了型 $('a, 'b, 'c)$ 之外，没有其他的约化型具有这个性质。

例：给定行列式为 191 的约化型 $(5, 11, -14)$，约化型 $(-14, 3, 13)$ 是它的从右边相邻的邻型，而约化型 $(-22, 9, 5)$ 是它的从左边相邻的邻型。

7. 如果约化型 (a', b', c') 是约化型 (a, b, c) 从右边相邻的邻型，那么型 (c', b', a') 就是约化型 (c, b, a) 从左边相邻的邻型；如果约化型 $('a, 'b, 'c)$ 是约化型 (a, b, c) 从左边相邻的邻型，那么，$('c, 'b, 'a)$ 就是约化型 (c, b, a) 从右边相邻的邻型。进一步地，型 $(-'a, -'b, -'c)$，$(-a, b, -c)$，$(-a', b', -c')$ 都是约化型。第 2 个型是第 1 个型从右边相邻的邻型，第 3 个型是第 2 个型从右边相邻的邻型；第 1 个型是第 2 个型从左边相邻的邻型，第 2 个型是第 3 个型从左边相邻的邻型。对于 $(-c', b', -a')$，$(-c, b, -a)$，$(-'c, 'b, -'a)$，类似的结论也成立，这是显然的，无须做更多解释。

185

以给定值 D 为行列式的所有约化型的个数总是有限的，可以用两种方法求得它们。我们用不定符号 (a, b, c) 表示行列式为 D 的所有约化型，然后去确定 a, b, c 的所有的值。

第 1 种方法。用 a 表示所有（既包括正数，也包括负数）小于 $2\sqrt{D}$ 且以 D 为二次剩余的数。对于每一个 a，设 b 为表达式 $\sqrt{D} \pmod{a}$ 位于 $\sqrt{D}$ 和 $\sqrt{D} \mp a$ 之间的所有正值；对于每个确定的 a, b 的值，设 $c = \dfrac{b^2-D}{a}$。根据这个方法得到的型，如果其中的 $\pm a$ 落到了 $\sqrt{D}+b$ 和 $\sqrt{D}-b$ 的界限外，就要把这个型去掉。

第 2 种方法。设 b 为所有小于 $\sqrt{D}$ 的正数。对于每一个 b，用所有可能的方式将 $b^2 - D$ 分解为两个因数之积，符号不计，且使得每个因数的绝对值位于 $\sqrt{D} + b$ 和 $\sqrt{D} - b$ 之间。选择其中一个因数为 a，另一个因数为 c。显然，每一种因式分解都给出两个型，因为因数中的任意一个都可以为 a 或者 c。

例：设 $D = 79$，那么 a 就有22个值：± 1，± 2，± 3，± 5，± 6，± 7，± 9，± 10，± 13，± 14，± 15。由此我们可以求得19个型

$(1, 8, -15)$，$(2, 7, -15)$，$(3, 8, -5)$，$(3, 7, -10)$，

$(5, 8, -3)$，$(5, 7, -6)$，$(6, 7, -5)$，$(6, 5, -9)$，

$(7, 4, -9)$，$(7, 3, -10)$，$(9, 5, -6)$，$(9, 4, -7)$，

$(10, 7, -3)$，$(10, 3, -7)$，$(13, 1, -6)$，$(14, 3, -5)$，

$(15, 8, -1)$，$(15, 7, -2)$，$(15, 2, -5)$

如果我们改变每个型的外项的符号，例如，$(-1, 8, 15)$，$(-2, 7, 15)$，…，使得总共出现 38 个型。但是，其中 6 个型，$(\pm 13, 1, \mp 6)$，$(\pm 14, 3, \mp 5)$，$(\pm 15, 2, \mp 5)$ 必须要去掉，还剩下 32 个约化型。通过第 2 种方法，按照下面的顺序出现相同的型

$(\pm 7, 3, \mp 10)$，$(\pm 10, 3, \mp 7)$，$(\pm 7, 4, \mp 9)$，$(\pm 9, 4, \mp 7)$，

$(\pm 6, 5, \mp 9)$，$(\pm 9, 5, \mp 6)$，$(\pm 2, 7, \mp 15)$，$(\pm 3, 7, \mp 10)$，

$(\pm 5, 7, \mp 6)$，$(\pm 6, 7, \mp 5)$，$(\pm 10, 7, \mp 3)$，$(\pm 15, 7, \mp 2)$，

$(\pm 1, 8, \mp 15)$，$(\pm 3, 8, \mp 5)$，$(\pm 5, 8, \mp 3)$，$(\pm 15, 8, \mp 1)$

186

设 F 为行列式为 D 的约化型，且 F' 为与 F 从右边相邻的邻型，F'' 是约化型且与 F' 从右边相邻，F''' 是约化型且与 F'' 从右边相邻，…。那么，显然所有的型 F'，F''，F'''，…都是完全确定的，这些型彼此之间以及与型 F 都是正常等价的。由于所有给定行列式的约化型的个数是有限的，显然，在

无限序列 F，F'，F''，F'''，…中所有的型不可能都不一样。假设 F^m 和 F^{m+n} 是相同的型，则 F^{m-1} 和 F^{m+n-1} 是约化型，并且它们都是同一个约化型从左边相邻的邻型，因此它们也是相同的型。那么，按照同样的方式，F^{m-2} 和 F^{m+n-2} 也相同，…，最后 F 和 F^n 也是相同的型。那么，在序列 F，F'，F''，F'''，…中，如果这个序列足够长，第 1 个型 F 就一定会重复出现。如果我们假设 F^n 是第 1 个出现的与 F 相同的型，或者说所有的型 F'，F''，F'''，…F^{n-1} 都与 F 不相同，那么容易发现的是，所有的型 F，F'，F''，F'''，…，F^{n-1} 都彼此不同。我们将这组型称为**型 F 的周期**。因此，如果此序列继续下去超出了该周期的最后 1 个型，同样的型 F，F'，F''，F'''，…就会再次出现，那么整个无限序列 F，F'，F''，F'''，…就由型 F 的这个周期无限重复而构成。

如果我们在型 F 的前面放上与它是从左边相邻的约化型 $'F$，再在型 $'F$ 的前面放上与它是从左边相邻的约化型 $''F$，…，那么，序列 F，F'，F''，F'''，…也可以按相反的方向继续下去。这样我们就得到了一组在两个方向都无限的型的序列

$$\cdots,\ '''F,\ ''F,\ 'F,\ F,\ F',\ F'',\ F''',\ \cdots$$

并且，显然，$'F$ 与 F^{n-1} 相同，$''F$ 与 F^{n-2} 相同，…，因此，该序列的左边也是由型 F 的周期无限次重复构成。

如果我们给型 F，F'，F''，…和型 $'F$，$''F$，…分别赋予指标 0，1，2，…和 -1，-2，…，并且，一般地，给型 F^m 赋予指标 m，给型 ^mF 赋予指标 $-m$，那么，**序列中两个型的指标是否与模 n 同余，决定了这两个型是否相同**。

例：行列式为 79 的型（3，8，-5）的周期是（3，8，-5），（-5，7，6），（6，5，-9），（-9，4，7），（7，3，-10），（-10，7，3）。在最后 1 个型之后，我们再次得到（3，8，-5）。因此，$n=6$。

187

这里是关于这些周期的一般性结论。

1. 如果型 F, F', F'', $\cdots$ 和 $'F$, $''F$, $'''F$, $\cdots$ 分别表示为 $(a, b, -a')$, $(-a', b', a'')$, $(a'', b'', -a''')$, $\cdots$ 和 $(-'a, 'b, a)$, $(''a, ''b, -'a)$, $(-'''a, '''b, ''a)$, $\cdots$; 那么, 所有的数 a, a', a'', a''', $\cdots$ 和 $'a$, $''a$, $'''a$, $\cdots$ 就有**相同的符号**（条目 184.1）, 并且所有的数 b, b', b'', $\cdots$ 和 $'b$, $''b$, $\cdots$ 都是正数。

2. 由此可以推出, 数 n（构成型 F 的周期的型的个数）总是**偶数**。因为, 如果 m 是偶数, 型 F 的周期中任意一项 F^m 显然就和型 F 的第 1 项 a 的符号相同, 如果 m 是奇数, 它们的符号就相反。因此, 由于 F^n 和 F 相同, n 就一定是偶数。

3. 根据条目 184.6, 我们有求数 b, b', b'', $\cdots$ 和 a'', a''', $\cdots$ 的算法。

$$b' \equiv -b \pmod{a'}, \quad b' \text{ 在 } \sqrt{D} \text{ 和 } \sqrt{D} \mp a' \text{ 之间}, \quad a'' = \frac{D - b'b'}{a'}$$

$$b'' \equiv -b' \pmod{a''}, \quad b'' \text{ 在 } \sqrt{D} \text{ 和 } \sqrt{D} \mp a'' \text{ 之间}, \quad a''' = \frac{D - b''b''}{a''}$$

$$b''' \equiv -b'' \pmod{a'''}, \quad b''' \text{ 在 } \sqrt{D} \text{ 和 } \sqrt{D} \mp a''' \text{ 之间}, \quad a'''' = \frac{D - b'''b'''}{a'''}$$

$$\cdots$$

在第 2 列中, 对应于数 a, a', a'', $\cdots$ 是正数或负数, 分别取负号或正号。第 3 列中的公式可以用下面的公式替换, 当 D 的数值较大时, 这样会更方便

$$a'' = \frac{b + b'}{a'}(b - b') + a$$

$$a''' = \frac{b' + b''}{a''}(b' - b'') + a'$$

$$a'''' = \frac{b'' + b'''}{a'''}(b'' - b''') + a''$$

$$\cdots$$

4. 包含于型 F 的周期中的任意型 F^m 同型 F 的周期相同, 也就是说, 这

个周期就是 F^m, F^{m+1}, $\cdots$, F^{n-1}, F, F', $\cdots$, F^{m-1}。这个周期会按照型 F 的周期相同的顺序出现相同的型，仅头和尾不同。

5. 由上述可知，具有相同行列式 D 的所有约化型都可以**分成**若干周期。随意取这些型中的一个作为 F，并且确定它的周期 F, F', F'', $\cdots$, F^{n-1}，我们将这个周期用 P 来表示。如果它还未能包含具有行列式 D 的所有的约化型，那么，设 G 是不包含在其中的型，Q 为型 G 的周期。显然，P 和 Q 不可能有任何公共型，否则的话，G 就会包含于 P 中，并且这两个周期就完全重合。如果 P 和 Q 未能取尽所有的约化型，设 H 是某个剩下的型，这样我们又有第 3 个周期 R，它与 P 和 Q 没有任何公共型。我们一直继续下去，直到取尽所有的约化型为止。因此，举个例子，所有行列式为 79 的约化型可以分成 6 个周期

I. $(1, 8, -15)$, $(-15, 7, 2)$, $(2, 7, -15)$, $(-15, 8, 1)$

II. $(-1, 8, 15)$, $(15, 7, -2)$, $(-2, 7, 15)$, $(15, 8, -1)$

III. $(3, 8, -5)$, $(5, 7, -6)$, $(6, 5, -9)$, $(-9, 4, 7)$, $(7, 3, -10)$, $(-10, 7, 3)$

IV. $(-3, 8, 5)$, $(5, 7, -6)$, $(-6, 5, 9)$, $(9, 4, -7)$, $(-7, 3, 10)$, $(10, 7, -3)$

V. $(5, 8, -3)$, $(-3, 7, 10)$, $(10, 3, -7)$, $(-7, 4, 9)$, $(9, 5, -6)$, $(-6, 7, 5)$

VI. $(-5, 8, 3)$, $(3, 7, -10)$, $(-10, 3, 7)$, $(7, 4, -9)$, $(-9, 5, 6)$, $(6, 7, -5)$

6. 我们把由相同的项组成，但项的顺序相反的型称为**互补型**，例如 $(a, b, -a')$，$(-a', b, a)$。由条目 184.7 容易发现的是，如果约化型 F 的周期是 F, F', F'', $\cdots$, F^{n-1}，并且型 f 与 F 互补，那么，型 f', f'', $\cdots$, f^{n-2}, f^{n-1} 就分别与型 F^{n-1}, F^{n-2}, $\cdots$, F'', F' 互补；那么，型 f 的周期就是 f, f', f'', $\cdots$, f^{n-2}, f^{n-1}，因而构成型 f 的周期的型的个数与型 F 的周期中型的个数相同。我们把互补型的周期称为**互补周期**。那么，在我们的例子中，周期III和VI，周期IV和V都是互补周期。

7. 但是，这样的情况可能发生，即型 f 出现在它的互补型 F 的周期中，

如同我们例子中的周期 I 和周期 II，那么型 F 的周期就和型 f 的周期重合，或者说**型 F 的周期是它自身的互补周期**。如果出现这种情况，这个周期中就会出现两个歧型。因为，假设型 F 的周期由 $2n$ 个型构成，也就是说，型 F 和 F^{2n} 是相同的型；进而设 $2m+1$ 是型 F 的周期中型 f 的指标[1]。也就是说，F^{2m+1} 和 F 是互补的型，F'' 和 F^{2m-1} 也是互补的型，因而 F^m 和 F^{m+1} 也是互补的型。设 $F^m = (a^m,\ b^m,\ -a^{m+1})$，$F^{m+1} = (-a^{m+1},\ b^{m+1},\ a^{m+2})$。那么，我们就有 $b^m + b^{m+1} \equiv 0 \pmod{a^{m+1}}$，由互补型的定义，我们有 $b^m = b^{m+1}$，因而 $2b^{m+1} \equiv 0 \pmod{a^{m+1}}$。也就是说，型 F^{m+1} 是歧型。通过相同的推理，F^{2m+1} 和 F^{2n} 就是互补型，因而，互补型还有 F^{2m+2} 和 F^{2n-1}，F^{2m+3} 和 F^{2n-2}，…，最后，有 F^{m+n} 和 F^{m+n+1}。用类似的方法可以证明，每组互补型中的后一个型为歧型。因为 $m+1$ 和 $m+n+1$ 对于模 $2n$ 不同余，所以型 F^{m+1} 和 F^{m+n+1} 是不同的型（条目 186，那里的 n 对应于这里的 $2n$）。那么，在上面的例子中，周期 I 中的歧型是 $(1,\ 8,\ -15)$，$(2,\ 7,\ -15)$，周期 II 中的歧型是 $(-1,\ 8,\ 15)$，$(-2,\ 7,\ 15)$。

8. 相反地，**任何一个出现歧型的周期都与它自身互补**。很明显，如果 F^m 是约化的歧型，那么与它互补的型（也是一个约化型）就同时也是它的从左边相邻的邻型，即，F^{m-1} 和 F^m 是互补的型。那么，整个周期就与它自身互补。由此可知，**任何周期中都不可能只有一个歧型**。

9. 但是，**一个相同的周期中不可能超过两个歧型**。因为，假设在包含 $2n$ 个型的型 F 的周期中，存在3个歧型 F^λ，F^μ，F^ν 分别属于指数 λ，μ，ν，其中 λ，μ，ν 是在 0 到 $2n-1$（包含$2n-1$）之间的不相等的数。那么，型 $F^{\lambda-1}$ 和 F^λ 就是互补型；类似地，$F^{\lambda-2}$ 和 $F^{\lambda+1}$，…，最后，F 和 $F^{2\lambda-1}$ 也是互补型。根据相同的推理，F 和 F^{2u-1} 是互补型，同样还有 F 和 $F^{2\nu-1}$。因此，$F^{2\lambda-1}$，F^{2u-1} 和 $F^{2\nu-1}$ 是相同的型，它们的指标 $2\lambda-1$，$2u-1$，$2\nu-1$ 就对于模 $2n$ 同余，因而也有 $\lambda \equiv u \equiv \nu \pmod n$。但这是不可能的，因为，显

---

[1] 这里的指标一定为奇数，因为，型 F 与 f 的首项符号显然相反（见条目 187.2）。

然，在 0 到 $2n-1$ 之间不可能有 3 个不同的数对于模 n 都是同余的。

188

既然相同的周期中所有的型都是正常等价的，那么问题就在于来自不同周期中的型是否也可以正常等价。在我们证明这是**不可能**的之前，我们应当谈一谈关于约化型变换的问题。

我们下面会经常处理型的变换，为了尽量避免冗余，我们使用下面的简写方法。如果型 $LX^2 + 2MXY + NY^2$ 可以通过代换 $X = \alpha x + \beta y$，$Y = \gamma x + \delta y$ 变换成 $lx^2 + 2mxy + ny^2$，我们就简单地表示成 (L, M, N) 通过代换 α，β，γ，δ 变换成 (l, m, n)。用这种方法就不需要适当的符号表示每个型里面的未知数。但是，必须把任意型中的**第 1 个未知数**和**第 2 个未知数**小心区别开。

设型 $(a, b, -a')$ 是一个给定行列式 D 的约化型 f。同条目 186，我们构造一个在两个方向都无限延伸的约化型，$\cdots$，$''f$，$'f$，f，f'，f''，$\cdots$，并且我们设

$$f' = (-a', b', a''),\ f'' = (a'', b'', -a'''),\ \cdots$$
$$'f = (-'a, 'b, a),\ ''f = (''a, ''b, -'a),\ \cdots$$

再令

$$\frac{b+b'}{-a'} = h',\quad \frac{b'+b''}{a''} = h'',\quad \frac{b''+b'''}{-a'''} = h''',\quad \cdots$$
$$\frac{'b+b}{a} = h,\quad \frac{''b+'b}{-'a} = 'h,\quad \frac{'''b+''b}{''a} = ''h,\quad \cdots$$

如果（像条目 177 那样）按照下面的算法构造数 α'，α''，α'''，$\cdots$；β'，β''，β'''，$\cdots$

$\alpha' = 0$	$\beta' = 0$	$\gamma' = 1$	$\delta' = h'$
$\alpha'' = \beta'$	$\beta'' = h''\beta'$	$\gamma'' = \delta'$	$\delta'' = h''\delta' - 1$
$\alpha''' = \beta''$	$\beta''' = h'''\beta'' - \beta'$	$\gamma''' = \delta''$	$\delta''' = h'''\delta'' - \delta'$
$\alpha'''' = \beta'''$	$\beta'''' = h''''\beta''' - \beta''$	$\gamma'''' = \delta'''$	$\delta'''' = h''''\delta''' - \delta''$

···

那么，f 就可以通过代换 α'，β'，γ'，δ' 变成 f'，通过代换 α''，β''，γ''，δ'' 变成 f''，通过代换 α'''，β'''，γ'''，δ''' 变成 f'''，···。

因为 $'f$ 可以通过正常代换 0，-1，1，h 变换为 f（条目 158），f 就可以通过正常代换 h，1，-1，0 变换为 $'f$。通过类似的推理，$'f$ 可以通过正常代换 $'h$，1，-1，0 变换成 $''f$，$''f$ 可以通过正常代换 $''h$，1，-1，0 变换成 $'''f$，···。由此，我们根据条目 159，并按照条目 177 中相同的方式总结：如果数 α'，α''，α'''，···和 β'，β''，β'''，···是按照下面的算法构造

$'\alpha = h$	$'\beta = 1$	$'\gamma = -1$	$'\delta = 0$
$''\alpha = 'h'\alpha - 1$	$''\beta = '\alpha$	$''\gamma = 'h'\gamma$	$''\delta = '\gamma$
$'''\alpha = ''h''\alpha - '\alpha$	$'''\beta = ''\alpha$	$'''\gamma = ''h''\gamma - '\gamma$	$'''\delta = ''\gamma$
$''''\alpha = '''h'''\alpha - ''\alpha$	$''''\beta = '''\alpha$	$''''\gamma = '''h'''\gamma - ''\gamma$	$''''\delta = '''\gamma$

那么，f 就可以通过代换 $'\alpha$，$'\beta$，$'\gamma$，$'\delta$ 变换为 $'f$，通过代换 $''\alpha$，$''\beta$，$''\gamma$，$''\delta$ 变换为 $''f$，通过代换 $'''\alpha$，$'''\beta$，$'''\gamma$，$'''\delta$ 变换为 $'''f$，···，并且所有这些代换都是正常代换。

如果我们设 $\alpha = 1$，$\beta = 0$，$\gamma = 0$，$\delta = 1$，那么这些数和型 f 的关系与 α'，β'，γ'，δ' 和型 f' 的关系一样；也与 α''，β''，γ''，δ'' 和型 f'' 的关系一样；也与 $'\alpha$，$'\beta$，$'\gamma$，$'\delta$ 和型 $'f$ 的关系一样。也就是说，型 f 通过代换 α，β，γ，δ 变换为 f。那么，无限序列 α'，α''，α'''，···，$'\alpha$，$''\alpha$，$'''\alpha$，···，通过插入项 α 就整齐地连在了一起，从而可以将它们考虑为一个在两个方向都无限连续，由同一个规律构造的序列

$$\cdots, '''\alpha, ''\alpha, '\alpha, \alpha, \alpha', \alpha'', \alpha''', \cdots$$

该序列的构造规律如下

$$'''\alpha + '\alpha = ''h''\alpha, \quad ''\alpha + \alpha = 'h'\alpha, \quad '\alpha + \alpha' = h\alpha, \quad \alpha + \alpha'' = h'\alpha',$$
$$\alpha' + \alpha''' = h''\alpha'', \quad \cdots$$

或者，一般地（如果我们假设写在右边的负指标和写在左边的正指标表示同样的意义）

$$\alpha^{m-1} + \alpha^{m+1} = h^m \alpha^m$$

类似地，序列···，$''\beta$，$'\beta$，β，β'，β''，···，也是一个连续序列，它的构造

规律是

$$\beta^{m-1} + \beta^{m+1} = h^{m+1}\beta^m$$

如果这个序列的每一项都向前移动一位，它就与上一个序列相同：$''\beta = 'a$，$'\beta = a$，$\beta = a'$，…。连续序列…，$''\gamma$，$'\gamma$，γ，γ'，γ''，…的构造规律是

$$\gamma^{m-1} + \gamma^{m+1} = h^{m+1}\gamma^m$$

连续序列…，$''\delta$，$'\delta$，δ，δ'，δ''，…的构造规律是

$$\delta^{m-1} + \delta^{m+1} = \delta^{m+1}\delta^m$$

并且，一般地，有 $\delta^m = \gamma^{m+1}$。

　　例：设给定的型 f 是（3，8，−5）。它可以通过以下代换变成下列各型

代换	变换成
− 805，− 152，+ 143，+ 27	$''''''f$（− 10，7，3）
− 152，+ 45，+ 27，− 8	$'''''f$（3，8，− 5）
+ 45，+ 17，− 8，− 3	$''''f$（− 5，7，6）
+ 17，− 11，− 3，+ 2	$'''f$（6，5，− 9）
− 11，− 6，+ 2，+ 1	$''f$（− 9，4，7）
− 6，+ 5，+ 1，− 1	$'f$（7，3，− 10）
+ 5，+ 1，− 1，0	f（− 10，7，3）
+ 1，0，0，+ 1	f（3，8，− 5）
0，− 1，+ 1，− 3	f'（− 5，7，6）
− 1，− 2，− 3，− 7	f''（6，5，− 9）
− 2，+ 3，− 7，+ 10	f'''（− 9，4，7）
+ 3，+ 5，+ 10，+ 17	f''''（7，3，− 10）
+ 5，− 8，+ 17，− 27	f'''''（− 10，7，3）
− 8，− 45，− 27，− 152	f''''''（3，8，− 5）
− 45，+ 143，− 152，+ 483	f'''''''（− 5，7，6）

…

□ 丢番图

丢番图（Diophantus, 246—300年），古希腊亚历山大时期的数学家，代数学的创始人之一，对算术理论有深入研究。他完全脱离了几何形式，以代数学闻名于世，其著作《算术》处理了求解代数方程组的问题；数学符号方面，他也做出了贡献。此图即为丢番图著作《算术》的希腊-拉丁文译本第11卷的命题8，著名的费马猜想就是在此页被写下的。

189

关于这个算法，需要注意以下几点：

1. 所有的数 α，α'，α''，$\cdots$，$'\alpha$，$''\alpha$，$\cdots$的符号相同；所有的数 b，b'，b''，$\cdots$，$'b$，$''b$，$\cdots$是正数；$\cdots$，$''h$，$'h$，h，h'，h''，$\cdots$的符号是正负交替。也就是说，如果 α，α'，$\cdots$是正数，那么当 m 为偶数时，h^m 和 $^m h$ 是正数；当 m 为奇数时，h^m 和 $^m h$ 是负数。但是，如果 α，α'，$\cdots$是负数，那么当 m 为偶数时，h^m 和 $^m h$ 是负数；当 m 为奇数时，h^m 和 $^m h$ 是正数。

2. 如果 α 是正数，又因为 h' 是负数，h'' 是正数，$\cdots$，我们就有 $\alpha'' = -1$ 为负数，$\alpha''' = h'' \alpha''$ 为负数且 $\alpha''' > \alpha''$（当 $h'' = 1$，则 $\alpha''' = \alpha''$）；$\alpha'''' = h''' \alpha''' - \alpha''$ 为正数，且 $\alpha'''' > \alpha'''$（因为 $h''' \alpha'''$ 是正数，α'' 是负数）；$\alpha''''' = h'''' \alpha'''' - \alpha'''$ 为正数，且 $\alpha''''' > \alpha''''$（因为 $h'''' \alpha''''$ 为正数）；$\cdots$。那么，我们容易做出推断：序列 α'，α''，α'''，$\cdots$是无穷递增的，且总是两项为正，两项为负，无穷交替，那么，对应于 $m \equiv 0$，$m \equiv 1$，$m \equiv 2$，$m \equiv 3 \pmod 4$，α^m 分别有符号"+, +, -, -"。如果 α 是负数，通过类似的推理，我们求出 α'' 是负数，α''' 是正数，且 $\alpha''' \geqslant \alpha''$；$\alpha''''$ 是正数且大于 α'''；α''''' 是负数且大于 α''''；$\cdots$，这使得序列 α'，α''，α'''，$\cdots$总是递增的，且根据 $m \equiv 0$，$m \equiv 1$，$m \equiv 2$，$m \equiv 3 \pmod 4$，α^m 分别取"+, -, -, +"号。

3. 以这样的方式，我们可以求得逐渐递增的四组序列 α'，α''，α'''，…; γ, γ', γ'', …; α', α, $'\alpha$, $''\alpha$ …; γ, $'\gamma$, $''\gamma$, …; 以及下面所有的和它们相同的序列：β, β', β'', …; $'\delta$, δ, δ', δ'', …; β, $'\beta$, $''\beta$, …; $'\delta$, $''\delta$, …; 并且，对应于 $m \equiv 0$, $m \equiv 1$, $m \equiv 2$, $m \equiv 3$（mod 4）

α^m 的符号为：$+$ $\pm$ $-$ $\mp$；β^m 的符号为：$\pm$ $-$ $\mp$ $+$

γ^m 的符号为：$\pm$ $+$ $\mp$ $-$；δ^m 的符号为：$+$ $\mp$ $-$ $\pm$

$^m\alpha$ 的符号为：$+$ $\pm$ $-$ $\mp$；$^m\beta$ 的符号为：$\mp$ $+$ $\pm$ $-$

$^m\gamma$ 的符号为：$\mp$ $-$ $\pm$ $+$；$^m\delta$ 的符号为：$+$ $\mp$ $-$ $\pm$

当 α 是正数时，取上面的符号；当 α 为负数时，取下面的符号。尤其要注意下面的性质：如果我们用 m 来表示任意正的指标，当 α 是正数时，α^m 和 γ^m 就有相同的符号；当 α 为负数时，α^m 和 γ^m 就有相反的符号。类似地，当 α 是正数时，β^m 和 δ^m 就有相同的符号；当 α 为负数时，β^m 和 δ^m 就有相反的符号。另一方面，$^m\alpha$ 和 $^m\gamma$，$^m\beta$ 和 $^m\delta$ 具有与此相反的性质，即当 α 是负数时，$^m\alpha$ 和 $^m\gamma$ 符号相同，$^m\beta$ 和 $^m\delta$ 符号相同；当 α 为负数时，$^m\alpha$ 和 $^m\gamma$ 符号相反，$^m\beta$ 和 $^m\delta$ 符号相反。

4. 利用条目 27 中的记号，我们可以通过下面的方法优雅地表示 α^m，…。令

$$\mp h' = k', \quad \pm h'' = k'', \quad \mp h''' = k''', \quad \cdots$$
$$\pm h = k, \quad \mp'h = 'k, \quad \pm''h = ''k, \quad \cdots$$

使得所有的数 k', k'', …; k, $'k$, …都是正数

$$\alpha^m = \pm [k'', k''', k'''', \cdots, k^{m-1}]; \quad \beta^m = \pm [k'', k''', k'''', \cdots, k^m]$$
$$\gamma^m = \pm [k', k'', k''', \cdots, k^{m-1}]; \quad \delta^m = \pm [k', k'', k''', \cdots, k^m]$$
$$^m\alpha = \pm [k, 'k, ''k, \cdots, {}^{m-1}k]; \quad {}^m\beta = \pm [k, 'k, ''k, , \cdots, {}^{m-2}k]$$
$$^m\gamma = \pm ['k, ''k, \cdots, {}^{m-1}k]; \quad {}^m\delta = \pm ['k, ''k, \cdots, {}^{m-2}k]$$

这里的**符号**必须用我们前面叙述的规则来确定。利用这些公式（其证明非常简单，我们这里省略），我们可以快速地完成相关计算。

190

引理

用字母 m，μ，m'，n，ν，n' 来表示任意整数，且最后 3 个数都不为 0。如果 $\frac{\mu}{\nu}$ 严格位于 $\frac{m}{n}$ 和 $\frac{m'}{n'}$ 的界限内，且 $mn' - nm' = \pm 1$，那么分母 ν 就大于 n 和 n'。

证明

显然，$\mu nn'$ 位于 $\nu mn'$ 和 $\nu nm'$ 之间，因而这个数和任何一个界限之差就小于两个界限之差，即 $\nu mn' - \nu nm' > \mu nn' - \nu mn'$，且 $\nu mn' - \nu nm' > \mu nn' - \nu nm'$，即 $\nu > n'(\mu n - \nu m)$ 并且 $\nu > n(\mu n' - \nu n')$。那么，可以推出 $\mu n - \nu m$ 一定不等于 0（否则我们就得到了 $\frac{\mu}{\nu} = \frac{m}{n}$，这与假设矛盾），而且 $\mu n' - \nu m'$ 也不等于 0（原因与前者类似），但是它们都至少等于 1，因此 $\nu > n'$，且 $\nu > n$。证明完毕。

因而可知，ν 不可能等于 1；即，如果 $mn' - nm' = \pm 1$，没有整数能够位于分数 $\frac{m}{n}$ 和 $\frac{m'}{n'}$ 之间。0 也不可能位于分数 $\frac{m}{n}$ 和 $\frac{m'}{n'}$ 之间，也就是说，这两个分数不可能符号相反。

191

定理

如果行列式为 D 的约化型 $(a, b, -a')$ 通过代换 α，β，γ，δ 变成行列式相同的约化型 $(A, B, -A')$；那么，第 1 种情况，$\frac{\pm\sqrt{D} - b}{a}$ 就位于 $\frac{\alpha}{\gamma}$ 和 $\frac{\beta}{\delta}$ 之间（只要 γ 和 δ 都不等于 0，即，两个界限都是有限的）。当这两个界限中没有哪一个的符号与数 a 的符号相反（或者，更清楚地说，当这两个界限都和 a 有相同的符号，或者其中一个与 a 有相同的符号，而另一个为零）

时，根式取正号；而当这两个界限与 a 没有相同的符号时，根式取负号。第二种情况，$\dfrac{\pm\sqrt{D}-b}{a}$ 在 $\dfrac{\gamma}{\alpha}$ 和 $\dfrac{\delta}{\beta}$ 之间（只要 α 和 β 都不等于0）。当这两个界限的符号都不和数 a'（或者 a）的符号相反时，根式取正号；当这两个界限的符号与 a' 都不相同时，根式取负号[1]。

证明

我们通过等式

$$a\alpha^2 + 2b\alpha\gamma - a'\gamma^2 = A \qquad\qquad [1]$$

$$a\beta^2 + 2b\beta\delta - a'\delta^2 = -A' \qquad\qquad [2]$$

推导出

$$\frac{\alpha}{\gamma} = \frac{\pm\sqrt{D+\dfrac{aA}{\gamma^2}}-b}{a} \qquad\qquad [3]$$

$$\frac{\beta}{\delta} = \frac{\pm\sqrt{D-\dfrac{aA'}{\delta^2}}-b}{a} \qquad\qquad [4]$$

$$\frac{\gamma}{\alpha} = \frac{\pm\sqrt{D-\dfrac{a'A}{\alpha^2}}+b}{a'} \qquad\qquad [5]$$

$$\frac{\delta}{\beta} = \frac{\pm\sqrt{D+\dfrac{a'A'}{\beta^2}}+b}{a'} \qquad\qquad [6]$$

如果数 γ，δ，α，β 分别等于 0，等式 [3]，[4]，[5]，[6]就必须去掉。但是，这里还是存在关于根式的符号应该怎么取的问题，我们将按照下面的方法来决定。

---

[1]显然，这里不会出现其他情况。因为，按照上一个条目，$\alpha\beta - \beta\gamma = \pm 1$，这对界限不可能有相反的符号，它们也不可能都等于 0。

显然，如果 $\dfrac{\alpha}{\gamma}$ 和 $\dfrac{\beta}{\delta}$ 的符号都不和 a 的符号相反，那么在式［3］和式［4］中的根式应当取正号。因为，如果取负号，$\dfrac{a\alpha}{\gamma}$ 和 $\dfrac{a\beta}{\delta}$ 就为负值。既然 A 和 A' 符号相同，$\sqrt{D}$ 就位于 $\sqrt{D+\dfrac{aA}{\gamma^2}}$ 和 $\sqrt{D-\dfrac{aA'}{\delta^2}}$ 之间，因而，在这种情况下，$\dfrac{\sqrt{D}-b}{a}$ 就位于 $\dfrac{\alpha}{\gamma}$ 和 $\dfrac{\beta}{\delta}$ 之间。那么，对于前一种情况，这个定理的第一部分得到证明。

通过同样的方法我们发现，当 $\dfrac{\gamma}{\alpha}$ 和 $\dfrac{\delta}{\beta}$ 都不和 a' 或者 a 的符号相同时，式［5］和式［6］中的根式应当取负号。因为，如果我们取正号，$\dfrac{a'\gamma}{\alpha}$ 和 $\dfrac{a'\delta}{\beta}$ 就一定是正数。那么，在这种情况下 $\dfrac{-\sqrt{D}+b}{a'}$ 就位于 $\dfrac{\gamma}{\alpha}$ 和 $\dfrac{\delta}{\beta}$ 之间。那么，对于后一种情况，定理的第 2 部分得到证明。现在，如果能同样容易地证明，当 $\dfrac{\alpha}{\gamma}$ 和 $\dfrac{\beta}{\delta}$ 两个数都不与 a 有相同的符号时，在［3］和［4］中的根式应取负号，并且当 $\dfrac{\gamma}{\alpha}$ 和 $\dfrac{\delta}{\beta}$ 都不和 a 的符号相反时，式［5］和式［6］中的根式应当取正号，那么，对于前一种情况，可以推出 $\dfrac{-\sqrt{D}-b}{a}$ 位于 $\dfrac{\alpha}{\gamma}$ 和 $\dfrac{\beta}{\delta}$ 之间，对于后一种情况，$\dfrac{\sqrt{D}+b}{a'}$ 位于 $\dfrac{\gamma}{\alpha}$ 和 $\dfrac{\delta}{\beta}$ 之间。也就是说，这证明了定理的第 1 部分对于后一种情况成立，且定理的第 2 部分对于前一种情况成立。尽管这里的证明并不困难，但是它需要用到迂回的论证，所以我们更乐意采用下面的方法。

当所有的数 α，β，γ，δ 都不等于0，那么，$\dfrac{\alpha}{\gamma}$，$\dfrac{\beta}{\delta}$ 就和 $\dfrac{\gamma}{\alpha}$，$\dfrac{\delta}{\beta}$ 符号相同。因此，若这几个数的符号都不和 a' 或者 a 相同，则 $\dfrac{-\sqrt{D}+b}{a'}$ 就位于 $\dfrac{\gamma}{\alpha}$ 和 $\dfrac{\delta}{\beta}$ 之间，当数 $\dfrac{\alpha}{\gamma}$，$\dfrac{\delta}{\beta}$ 都不与 a 的符号相同时，$\dfrac{a'}{-\sqrt{D}+b}=\dfrac{\sqrt{D}-b}{a'}$（因为 $aa'=D-b^2$）就位于 $\dfrac{\alpha}{\gamma}$ 和 $\dfrac{\beta}{\delta}$ 之间。因此，对于当 α 或者 β 都不等于 0 的情况，定理的第 1 部分在第 2 种情况下成立（因为定理本身已经考虑了 γ 和 δ 都不等于 0 的条件）。类似地，当数 α，β，γ，δ 都不等于 0，且 $\dfrac{\alpha}{\gamma}$ 和 $\dfrac{\beta}{\delta}$ 与 a 或 a' 的符号都不相同时，$\dfrac{\sqrt{D}-b}{a'}$ 就位于 $\dfrac{\alpha}{\gamma}$ 和 $\dfrac{\beta}{\delta}$ 之间；当 $\dfrac{\gamma}{\alpha}$ 和 $\dfrac{\delta}{\beta}$ 都不与

a' 的符号相同时，$\dfrac{a}{\sqrt{D}-b}=\dfrac{\sqrt{D}+b}{a'}$ 就位于 $\dfrac{\gamma}{\alpha}$ 和 $\dfrac{\delta}{\beta}$ 之间。因此，当 γ 和 δ 都不等于 0 时，对于第 2 种情况，定理的第 2 部分也得证。

那么，余下来只要证明：如果数 α，β 二者中有一个数等于 0，定理的第 1 部分在第 2 种情况下也成立；如果数 γ 或 δ 中有一个为 0，那么定理的第 2 部分在第 1 种情况下也成立。但是，**所有这些情况都是不可能的**。

1. 因为，对于定理的**第 1 部分**，假设 γ 和 δ 都不等于 0；且 $\dfrac{\alpha}{\gamma}$，$\dfrac{\beta}{\delta}$ 都不与 a 有相同的符号。

1）$\alpha=0$，那么，由等式 $\alpha\delta-\beta\gamma=\pm1$，我们有 $\beta=\pm1$，$\gamma=\pm1$。那么，由式 [1] 得出 $A=-a'$，所以 A 和 a' 的符号相反，a 和 A' 的符号也相反，并且有 $\sqrt{D-\dfrac{aA'}{\delta^2}}>\sqrt{D}>b$。由此可知，在式 [4] 中的根式必定取负号。因为，如果我们取正号，显然 $\dfrac{\beta}{\delta}$ 和 a 的符号相同。因此，我们就有 $\dfrac{\beta}{\delta}>\dfrac{-\sqrt{D}-b}{a}>1$（由约化型的定义知 $a<\sqrt{D}+b$）。证明完毕。但是，因为 $\beta=\pm1$，且 δ 不等于 0，所以这是不可能的。

2）设 $\beta=0$，那么，由等式 $\alpha\delta-\beta\gamma=\pm1$，我们有 $\alpha=\pm1$，$\delta=\pm1$。由式 [2] 知，$-A'=-a$，所以 a'，a，A 的符号就都相同，且 $\sqrt{D+\dfrac{aA}{\alpha^2}}>\sqrt{D}>b$。那么，在式 [3] 中的模式必须取负号。因为如果我们取正号，$\dfrac{\alpha}{\gamma}$ 就和 a 的符号相同。因此，我们得到 $\dfrac{\alpha}{\gamma}>\dfrac{-\sqrt{D}-b}{a}>1$。这是不可能的，原因与前面相同。

2. 对于定理的第 2 部分，我们假设 α，β 都不等于 0；且 $\dfrac{\gamma}{\alpha}$ 和 $\dfrac{\delta}{\beta}$ 都没有与 a' 相反的符号。

1）$\gamma=0$：由等式 $\alpha\delta-\beta\gamma=\pm1$ 我们可得 $\alpha=\pm1$，$\delta=\pm1$。那么，由式 [1] 得出 $A=a$，因此 a' 和 A' 的符号相同，那么 $\sqrt{D+\dfrac{a'A'}{\beta^2}}>\sqrt{D}>b$。因此，在式 [6] 中的根式要取正号。因为，如果我们取负号，$\dfrac{\delta}{\beta}$ 就与 a' 的符号相反。因此，我们得到 $\dfrac{\delta}{\beta}>\dfrac{\sqrt{D}+b}{a'}>1$。这是不可能的，因为，$\delta=\pm1$ 且 β 不等于 0。

2）最后，如果我们有 $\delta=0$，由 $\alpha\delta-\beta\gamma=\pm1$，我们有 $\beta=\pm1$，$\gamma=\pm1$，

因而由式［2］得出 $-A' = a$。因此，$\sqrt{D - \dfrac{a'A}{a^2}} > \sqrt{D} > b$，且在式［5］中必须取正号，从而得到 $\dfrac{\gamma}{\alpha} > \dfrac{\sqrt{D} + b}{a'} > 1$。这是不可能的，这样，定理就得到了一般性证明。

由于 $\dfrac{\alpha}{\gamma}$ 和 $\dfrac{\beta}{\delta}$ 的差是 $\dfrac{1}{\gamma\delta}$，$\dfrac{\pm\sqrt{D} - b}{a}$ 和 $\dfrac{\alpha}{\gamma}$ 或者 $\dfrac{\beta}{\delta}$ 之间的差小于 $\dfrac{1}{\gamma\delta}$；然而，$\dfrac{\pm\sqrt{D} - b}{a}$ 和 $\dfrac{\alpha}{\gamma}$ 之间，或者 $\dfrac{\pm\sqrt{D} - b}{a}$ 和 $\dfrac{\beta}{\delta}$ 之间不可能有分母不大于 γ 或者 δ 的分数（上一引理）。同样地，$\dfrac{\pm\sqrt{D} + b}{a}$ 和分数 $\dfrac{\gamma}{\alpha}$ 或 $\dfrac{\delta}{\beta}$ 的差就小于 $\dfrac{1}{\alpha\beta}$，那么在 $\dfrac{\pm\sqrt{D} + b}{a}$ 和这两个分数中的每个分数之间不可能有分母不大于 α 和 β 的分数存在。

192

将上面的定理应用于条目 188 中的算式，可以推出 $\dfrac{\sqrt{D} - b}{a}$（我们以后用 L 来表示）就位于 $\dfrac{\alpha'}{\gamma'}$ 和 $\dfrac{\beta'}{\delta'}$ 之间，位于 $\dfrac{\alpha''}{\gamma''}$ 和 $\dfrac{\beta''}{\delta''}$ 之间，位于 $\dfrac{\alpha'''}{\gamma'''}$ 和 $\dfrac{\beta'''}{\delta'''}$ 之间，…。（因为，由条目 189.3 容易发现的是，这些界限从头到尾都没有一个和 a 的符号相反，所以根式 $\sqrt{D}$ 必须取正号）；L 同样位于 $\dfrac{\alpha'}{\gamma'}$ 和 $\dfrac{\alpha''}{\gamma''}$ 之间，位于 $\dfrac{\alpha''}{\gamma''}$ 和 $\dfrac{\alpha'''}{\gamma'''}$ 之间，…。因此，所有的分数 $\dfrac{\alpha'}{\gamma'}$，$\dfrac{\alpha'''}{\gamma'''}$，$\dfrac{\alpha'''''}{\gamma'''''}$，…都位于 L 的同一边，而所有的分数 $\dfrac{\alpha''}{\gamma''}$，$\dfrac{\alpha''''}{\gamma''''}$，$\dfrac{\alpha''''''}{\gamma''''''}$，…都位于 L 的另一边。但是，因为 $\gamma' < \gamma''$，所以 $\dfrac{\alpha'}{\gamma'}$ 就位于 $\dfrac{\alpha'''}{\gamma'''}$ 和 L 的**外边**，且因为类似的原因，$\dfrac{\alpha''}{\gamma''}$ 就位于 L 和 $\dfrac{\alpha''''}{\gamma''''}$ 的外边，$\dfrac{\alpha'''}{\gamma'''}$ 就位于 L 和 $\dfrac{\alpha'''''}{\gamma'''''}$ 的外边，…。那么，这些量就按照下面的顺序排列

$$\frac{\alpha'}{\gamma'}, \ \frac{\alpha'''}{\gamma'''}, \ \frac{\alpha'''''}{\gamma'''''}, \ \cdots, \ L, \ \cdots, \ \frac{\alpha''''''}{\gamma''''''}, \ \frac{\alpha''''}{\gamma''''}, \ \frac{\alpha''}{\gamma''}$$

$\dfrac{\alpha'}{\gamma'}$ 和 L 的差会小于 $\dfrac{\alpha'}{\gamma'}$ 和 $\dfrac{\alpha''}{\gamma''}$ 的差，即小于 $\dfrac{1}{\gamma'\gamma''}$；因为类似的原因，$\dfrac{\alpha''}{\gamma''}$

和 L 的差就小于 $\dfrac{1}{\gamma''\gamma'''}$；…。因此，分数 $\dfrac{\alpha'}{\gamma'}$，$\dfrac{\alpha''}{\gamma''}$，$\dfrac{\alpha'''}{\gamma'''}$，…就不断接近界限 L

的值，并且，由于 γ'，γ''，γ'''，…是无限递增的，所以可以使分数和界限之

间的差小于任意给定的量。

由条目 189 可知，所有的量 $\dfrac{\gamma}{\alpha}$，$\dfrac{\gamma'}{\alpha'}$，$\dfrac{\gamma''}{\alpha''}$，…都不与 a 的符号相同；那

么，根据上面的推理，这些数以及 $\dfrac{-\sqrt{D}+b}{a'}$（我们用 L' 表示），就按照下面

的顺序排列

$$\dfrac{\gamma}{\alpha},\ \dfrac{''\gamma}{''\alpha},\ \dfrac{''''\alpha}{''''\gamma},\ \cdots,\ L',\ \cdots,\ \dfrac{'''''\alpha}{'''''\gamma},\ \dfrac{'''\alpha}{'''\gamma},\ \dfrac{'\gamma}{'\alpha}$$

$\dfrac{\gamma}{\alpha}$ 和 L' 之间的差就小于 $\dfrac{1}{'\alpha\,\alpha}$，$\dfrac{\gamma'}{\alpha'}$ 和 L' 之间的差就小于 $\dfrac{1}{''\alpha\,'\alpha}$，…。因

此，分数 $\dfrac{\gamma}{\alpha}$，$\dfrac{\gamma'}{\alpha'}$，…就逐渐无限接近 L'，可以使它们的差小于任意给定

的量。

在条目 188 的例子中，我们有 $L=\dfrac{\sqrt{79}-8}{3}=0.296\,064\,8$，它的渐

进分数是 $\dfrac{0}{1}$，$\dfrac{1}{3}$，$\dfrac{2}{7}$，$\dfrac{3}{10}$，$\dfrac{5}{17}$，$\dfrac{8}{27}$，$\dfrac{45}{152}$，$\dfrac{143}{483}$，…，而 $\dfrac{143}{483}=$

$0.296\,066\,2$。在同一个例子中又有 $L'=\dfrac{-\sqrt{79}+8}{3}=0.1776388$，它的渐进

分数是 $\dfrac{0}{1}$，$-\dfrac{1}{5}$，$-\dfrac{1}{6}$，$-\dfrac{2}{11}$，$-\dfrac{3}{17}$，$-\dfrac{8}{45}$，$-\dfrac{27}{152}$，$-\dfrac{143}{805}$，…，而

$\dfrac{143}{805}=0.177\,639\,7$。

193

定理

如果约化型 f 和 F 是正常等价的，那么它们彼此包含于对方那个型的周期中。

设型 $f=(a,\ b,\ -a')$，$F=(A,\ B,\ -A')$，且它们的行列式为 D。

设第 1 个型可以通过正常代换 $\mathfrak{A}$，$\mathfrak{B}$，$\mathfrak{C}$，$\mathfrak{D}$ 变换成第 2 个型。如果求型 f 的周期，计算约化型的两个方向无限序列，以及把型 f 变换为这些约化型的变换——像我们在条目 188 中所做的那样换——那么，**要么** $+\mathfrak{A}$ 就等于序列 $\cdots$，$''\alpha$，$'\alpha$，α，α'，α''，$\cdots$中的某个项（并且，如果设这个项等于 α^m，则 $+\mathfrak{B} = \beta^m$，$+\mathfrak{C} = \gamma^m$，$+\mathfrak{D} = \delta^m$）；**要么** $-\mathfrak{A}$ 就等于某一项 α^m，而 $-\mathfrak{B}$，$-\mathfrak{C}$，$-\mathfrak{D}$ 就分别等于 β^m，γ^m，δ^m（其中 m 也可以表示一个负的指标）。不论是哪种情况，显然有 F 等同于 f^m。

证明

由假设我们可得 4 个等式

$$a\mathfrak{A}^2 + 2b\mathfrak{A}\mathfrak{C} - a'\mathfrak{C}^2 = A \qquad [1]$$

$$a\mathfrak{A}\mathfrak{B} + b(\mathfrak{A}\mathfrak{D} + \mathfrak{B}\mathfrak{C}) - a'\mathfrak{C}\mathfrak{D} = B \qquad [2]$$

$$a\mathfrak{B}^2 + 2b\mathfrak{B}\mathfrak{D} - a'\mathfrak{D}^2 = -A' \qquad [3]$$

$$\mathfrak{A}\mathfrak{D} - \mathfrak{B}\mathfrak{D} = 1 \qquad [4]$$

1. 首先，考虑数 $\mathfrak{A}$，$\mathfrak{B}$，$\mathfrak{C}$，$\mathfrak{D}$ 中有一个数等于 0 的情况。

1）如果 $\mathfrak{A} = 0$，由式 [4] 得到 $\mathfrak{B}\mathfrak{C} = -1$，因而 $\mathfrak{B} = \pm 1$，$\mathfrak{C} = \mp 1$。那么，由式 [1] 得 $-a' = A$，由式 [2] 得，$-b \pm a'\mathfrak{D} = B$ 或者 $B \equiv -b \pmod{a'}$ 或 A）。因此，可以推出型 $(A, B, -A')$ 是型 $(a, b, -a')$ 从右边相邻的邻型。由于型 $(A, B, -A')$ 是约化型，它就一定与 f' 相同。因此，$B = b'$，由 [2] 式得 $b + b' = -a'\mathfrak{C}\mathfrak{D} = \pm a'\mathfrak{D}$；由此推出，由于 $\dfrac{b+b'}{-a'} = h'$，就有 $\mathfrak{D} = \mp h'$。最后，可以推出 $\mp\mathfrak{A}$，$\mp\mathfrak{B}$，$\mp\mathfrak{C}$，$\mp\mathfrak{D}$，就分别等于 0，-1，$+1$，h'，也即分别等于 α'，β'，γ'，δ'。

2）如果 $\mathfrak{B} = 0$，由式 [4] 得 $\mathfrak{A} = \pm 1$，$\mathfrak{D} = \pm 1$；由式 [3] 得 $a' = A'$；由式 [2] 得 $b \mp a'\mathfrak{C} = B$，或者 $b \equiv B \pmod{a'}$。但是，由于 f 和 F 都是约化型，b 和 B 就都位于 $\sqrt{D}$ 和 $\sqrt{D} \mp a'$ 之间（对应于 a' 是正数或者负数，条目 184.5）。那么，就一定有 $b = B$ 以及 $\mathfrak{C} = 0$。那么，型 f 和 F 就是相同的型，且 $\pm\mathfrak{A}$，$\pm\mathfrak{B}$，$\pm\mathfrak{C}$，$\pm\mathfrak{D}$，分别等于 1，0，0，1，也分别等于 α，β，γ，δ。

3）如果 $\mathfrak{C} = 0$，由式 [4] 得 $\mathfrak{A} = \pm 1$，$\mathfrak{D} = \pm 1$；由式 [1] 得 $a = A$；由式

［2］得 $\pm a\mathfrak{B}+b=B$ 或者 $b \equiv B\,(\mathrm{mod}\ a)$。由于 b 和 B 都位于 $\sqrt{D}$ 和 $\sqrt{D}\mp a'$ 之间，一定有 $B=b$ 和 $\mathfrak{B}=0$。所以，这种情况和上一种情况并没有什么分别。

4）如果 $\mathfrak{D}=0$，由式［4］得 $\mathfrak{B}=\pm 1$，$\mathfrak{C}=\mp 1$；由式［3］得 $a=-A'$；由式［2］得 $\pm a\mathfrak{A}-b=B$ 或者 $B \equiv -b\,(\mathrm{mod}\ a)$。那么，型 F 是 f 的从左边相邻的型，所以它就与型 $'f$ 相同。因此，由于 $('b+b)/a=h$，且 $B='b$，就有 $\pm \mathfrak{A}=h$。最后 $\pm \mathfrak{A}$，$\pm \mathfrak{B}$，$\pm \mathfrak{B}$，$\pm \mathfrak{D}$ 就分别等于 h，1，-1，0，也分别等于 $'\alpha$，$'\beta$，$'\gamma$，$'\delta$。

现在还剩下所有的数 $\mathfrak{A}$，$\mathfrak{B}$，$\mathfrak{C}$，$\mathfrak{D}$ 都不等于 0 的情况。根据条目 190 的引理，数 $\mathfrak{A}/\mathfrak{C}$，$\mathfrak{B}/\mathfrak{D}$，$\mathfrak{C}/\mathfrak{A}$，$\mathfrak{D}/\mathfrak{B}$ 的符号相同，对应于它们的符号与 a，a' 的符号相同或者相反，可以分成两种情况。

2. 如果 $\mathfrak{A}/\mathfrak{C}$，$\mathfrak{B}/\mathfrak{D}$ 与 a 的符号相同，数 $\dfrac{\sqrt{D}-b}{a}$（用 L 表示）就位于这两个分数之间（条目 191）。现在证明 $\mathfrak{A}/\mathfrak{C}$ 与这些分数 $\dfrac{\alpha''}{\gamma''}$，$\dfrac{\alpha'''}{\gamma'''}$，$\dfrac{\alpha''''}{\gamma''''}$，$\cdots$ 中的某个分数相等，且 B/D 就等于这个分数后面的那个分数；也就是说，如果 $\mathfrak{A}/\mathfrak{C}$ 等于 $\dfrac{\alpha^m}{\gamma^m}$，那么 $\mathfrak{B}/\mathfrak{D}$ 就等于 $\dfrac{\alpha^{m+1}}{\gamma^{m+1}}$。上一个条目证明了数 $\dfrac{\alpha'}{\gamma'}$，$\dfrac{\alpha''}{\gamma''}$，$\dfrac{\alpha'''}{\gamma'''}$，$\cdots$［为了简洁，用（1），（2），（3），$\cdots$表示］和 L 按照下面的顺序排列（Ⅰ）：（1），（3），（5），$\cdots L\cdots$，（6），（4），（2）；这些数中的第 1 个数等于 0（因为 $\alpha'=0$），剩下的就与 L 或者 a 的符号相同。但是，根据假设，$\mathfrak{A}/\mathfrak{C}$ 和 $\mathfrak{B}/\mathfrak{D}$（用 $\mathfrak{M}$ 和 $\mathfrak{N}$ 来表示）的符号相同，可知这些数位于（1）的右边（或者，如果你愿意，也可以说成位于 L 的同一侧）。并且，实际上由于 L 位于它们之间，所以这两个数中有一个在 L 的右边，另一个在 L 的左边。容易发现的是，$\mathfrak{M}$ 不可能位于（2）的右边，否则 $\mathfrak{N}$ 就位于（1）和 L 之间，且由此就会推出：首先，（2）就位于 $\mathfrak{M}$ 和 $\mathfrak{N}$ 之间，且分数（2）的分母就大于分数 $\mathfrak{N}$ 的分母（条目 190）；其次，$\mathfrak{N}$ 就位于（1）和（2）之间，且分数 $\mathfrak{N}$ 的分母就大于分数（2）的分母。这是不可能的。

假设 $\mathfrak{M}$ 与分数（2），（3），（4），$\cdots$都不相等，来看看这样做的结果：显然，如果分数 $\mathfrak{M}$ 位于 L 的左边，那么它就必然位于（1）和（3）之间，或者位于（3）和（5）之间，或者位于（5）和（7）之间，$\cdots$［因为 L 是无理数，因而就一定不等于 $\mathfrak{M}$，而分数（1），（3），（5），$\cdots$可以比任何给定

的不等于 L 的数更接近 L]。如果 $\mathfrak{M}$ 位于 L 的右边，那么它就一定位于（2）和（4）之间，或者位于（4）和（6）之间，或者位于（6）和（8）之间，…。因此，假设 $\mathfrak{M}$ 位于（m）和（$m+2$）之间；很显然，数 $\mathfrak{M}$，（m），（$m+1$），（$m+2$），L 就按照下面的顺序排列（Ⅱ）：（m），（$\mathfrak{M}$），（$m+2$），L，（$m+1$）[1]。

那么，一定有 $\mathfrak{N}=(m+1)$。因为 $\mathfrak{N}$ 就位于 L 的右边，如果 $\mathfrak{N}$ 也位于（$m+1$）的右边，（$m+1$）就位于 $\mathfrak{M}$ 和 $\mathfrak{N}$ 之间，使得 $\gamma^{m+1}>\mathfrak{C}$，且 $\mathfrak{M}$ 就位于（m）和（$m+1$）之间，使得 $\mathfrak{C}>\gamma^{m+1}$（条目 190），这是矛盾的；如果 $\mathfrak{N}$ 位于（$m+1$）的左边，也就是位于（$m+2$）和（$m+1$）之间，就有 $\mathfrak{D}>\gamma^{m+2}$，且因为（$m+2$）位于 $\mathfrak{M}$ 和 $\mathfrak{N}$ 之间，就得到 $\gamma^{m+2}>\mathfrak{D}$，这也是矛盾的。因此，得出 $\mathfrak{N}=(m+1)$；也就是说，$\mathfrak{B}/\mathfrak{D}=\dfrac{\alpha^{m+1}}{\gamma^{m+1}}=\dfrac{\beta^m}{\delta^m}$。

由于 $\mathfrak{AD}-\mathfrak{BC}=1$，$\mathfrak{B}$ 就与 $\mathfrak{D}$ 互质，且由于类似的原因，β^m 就与 δ^m 互质。那么，除非 $\mathfrak{B}=\beta^m$，$\mathfrak{D}=\delta^m$，或 $\mathfrak{B}=-\beta^m$，$\mathfrak{D}=-\delta^m$，等式 $\mathfrak{B}/\mathfrak{D}=\dfrac{\beta^m}{\delta^m}$ 就不成立。现在，既然型 f 可以通过正常代换 α^m，β^m，γ^m，δ^m 变换成型 $f^m=(\pm a^m, b^m, \mp a^{m+1})$，得到等式

$$a\,\alpha^m\alpha^m+2b\alpha^m\gamma^m-a'\gamma^m\gamma^m=\pm a^m \qquad [5]$$
$$a\,\alpha^m\beta^m+b(\alpha^m\delta^m+\beta^m\gamma^m)-a'\gamma^m\delta^m=b^m \qquad [6]$$
$$a\beta^m\beta^m+2b\beta^m\delta^m-a'\delta^m\delta^m=\mp a^{m+1} \qquad [7]$$
$$\alpha^m\delta^m-\beta^m\gamma^m=1 \qquad [8]$$

那么由等式［7］和［3］，得：$\mp a^{m+1}=-A'$。进一步地，通过将等式［2］乘以 $\alpha^m\beta^m-\delta^m\gamma^m$、等式［6］乘以 $\mathfrak{AD}-\mathfrak{BC}$，并将所得的结果相减，由简单计算，可得

$$B-b^m=(\mathfrak{C}\alpha^m-\mathfrak{A}\gamma^m)[a\mathfrak{B}\beta^m+b(\mathfrak{D}\beta^m+\mathfrak{B}\delta^m)-a'\mathfrak{D}\delta^m]$$
$$+(\mathfrak{B}\delta^m-\mathfrak{D}\beta^m)[a\mathfrak{A}\alpha^m+b(\mathfrak{C}\alpha^m+\mathfrak{A}\gamma^m)-a'\mathfrak{C}\gamma^m] \qquad [9]$$

---

[1]（Ⅱ）中的次序同（Ⅰ）中的次序是相同还是相反没有影响，即（Ⅰ）中（m）是在 L 的左边还是在它的右边没有影响。

或者，因为要么 $\mathfrak{B} = \beta^m$，$\mathfrak{D} = \delta^m$，要么 $\mathfrak{B} = -\beta^m$，$\mathfrak{D} = -\delta^m$，可得

$$B - b^m = \pm (\mathfrak{C}\alpha^m - \mathfrak{A}\gamma^m)[a\mathfrak{B}^2 + 2b\mathfrak{B}\mathfrak{D} - a'\mathfrak{D}^2]$$

$$= \mp (\mathfrak{C}\alpha^m - \mathfrak{A}\gamma^m)A'$$

因此，$B \equiv b^m \pmod{A'}$，并且，由于 B 和 b^m 位于 $\sqrt{D}$ 和 $\sqrt{D}\mp A'$ 之间，一定能得到 $B = b^m$，因而得到 $\mathfrak{C}\alpha^m - \mathfrak{A}\gamma^m = 0$，或者 $\mathfrak{A}/\mathfrak{C} = \dfrac{\alpha^m}{\gamma^m}$，即，$\mathfrak{M} = (m)$。

因此，由假设 $\mathfrak{M}$ 不等于任何一个数（2），（3），（4），…，可以推出 $\mathfrak{M}$ 实际上等于其中一个数。但是，如果一开始假设 $\mathfrak{M} = (m)$，显然要么得到 $\mathfrak{A} = \alpha^m$，$\mathfrak{C} = \gamma^m$，要么得到 $-\mathfrak{A} = \alpha^m$，$-\mathfrak{C} = \gamma^m$。不论哪种情况，我们都可以由式 [1] 和式 [5] 得到 $A = \pm a^m$，且可以从式 [9] 得到 $B - b^m = \pm(\mathfrak{B}\delta^m - \mathfrak{D}\beta^m)A$ 或者 $B \equiv b^m \pmod{A}$。由此可以用和上面相同的方式推出，$B = b^m$，因而 $\mathfrak{B}\delta^m = \mathfrak{D}\beta^m$，又由于 $\mathfrak{B}$ 和 $\mathfrak{D}$ 是互质的，且 β^m 和 δ^m 也是互质的，就可以得出，要么 $\mathfrak{B} = \beta^m$，$\mathfrak{D} = \delta^m$，要么 $-\mathfrak{B} = \beta^m$，$-\mathfrak{D} = \delta^m$，且由式 [7] 可得 $-A' = \mp a^{m+1}$。那么，型 F 和型 f^m 就是相同的型。借助于等式 $\mathfrak{A}\mathfrak{D} - \mathfrak{B}\mathfrak{C} = \alpha^m\delta^m - \beta^m\gamma^m$ 不难证明，当 $+\mathfrak{A} = \alpha^m$，$+\mathfrak{C} = \gamma^m$ 时，应当取 $+\mathfrak{B} = \beta^m$，$+\mathfrak{D} = \delta^m$；另一方面，当 $-\mathfrak{A} = \alpha^m$，$-\mathfrak{C} = \gamma^m$ 时，应当取 $-\mathfrak{B} = \beta^m$，$-\mathfrak{D} = \delta^m$。证讫。

3. 如果 $\mathfrak{A}/\mathfrak{C}$，$\mathfrak{B}/\mathfrak{D}$ 的符号与 a 的符号相反，那么这里的证明与前面非常类似，这里只补充一些要点就足够了。$\dfrac{-\sqrt{D}+b}{a'}$ 就位于 $\mathfrak{A}/\mathfrak{C}$ 和 $\mathfrak{B}/\mathfrak{D}$ 之间。分数 $\mathfrak{B}/\mathfrak{D}$ 就等于下面的几个分数之一

$$\frac{'\delta}{'\beta}, \frac{''\delta}{''\beta}, \frac{'''\delta}{'''\beta}, \dots \qquad （\mathrm{I}）$$

并且，如果我们设这个分数等于 ${}^m\delta/{}^m\beta$，$\dfrac{\mathfrak{C}}{\mathfrak{A}}$ 就等于 $\dfrac{{}^m\gamma}{{}^m\alpha}$。 $\qquad$ （Ⅱ）

我们按照下面的方式证明（Ⅰ）：如果假设 $\mathfrak{D}/\mathfrak{B}$ 不和这里任何的分数相等，那么它就位于其中某两个分数 $\dfrac{{}^m\delta}{{}^m\beta}$ 和 $\dfrac{{}^{m+2}\delta}{{}^{m+2}\beta}$ 之间。按照和上面同样的方式，证得

$$\frac{\mathfrak{C}}{\mathfrak{A}} = \frac{{}^{m+1}\delta}{{}^{m+1}\beta} = \frac{{}^m\gamma}{{}^m\alpha}$$

并且，要么有 $\mathfrak{A} = {}^m\alpha$，$\mathfrak{C} = {}^m\gamma$，要么就有 $-\mathfrak{A} = {}^m\alpha$，$-\mathfrak{C} = {}^m\gamma$。但是，由于 f 可以通过正常代换 ${}^m\alpha$，${}^m\beta$，${}^m\gamma$，${}^m\delta$ 变换成型

$$^m f = (\ \pm\ ^m a,\ ^m b,\ \mp\ ^{m-1} a\ )$$

所以可以推导出 3 个等式。由这些等式，前面的等式［1］、［2］、［3］、［4］以及等式 $^m \alpha\ ^m \delta - ^m \beta\ ^m \gamma = 1$，并按照和上面相同的方式，推导出型 F 的第 1 项 A 就等于型 $^m f$ 的第一项，并且型 F 的中间项对于模 A 就同余于型 $^m f$ 的中间项。由于这两个型都是约化型，那么就要求每个项的中间型都位于 $\sqrt{D}$ 和 $\sqrt{D} \mp A$ 之间，所以可以推出这两个中间项是相等的，由此推断 $^m \delta / ^m \beta = \mathfrak{D} / \mathfrak{B}$。那么，由这个假设的错误性就证实了结论（Ⅰ）的正确性。

假设 $^m \delta / ^m \beta = \mathfrak{D} / \mathfrak{B}$，通过完全相同的方法，利用相同的等式，可以证明结论（Ⅱ）$^m \gamma / ^m \alpha = \mathfrak{C} / \mathfrak{A}$。现在，借助于等式 $\mathfrak{A} \mathfrak{D} - \mathfrak{B} \mathfrak{C} = 1$，$^m \alpha\ ^m \delta - ^m \beta\ ^m \gamma = 1$ 可以推出，要么 $\mathfrak{A} = ^m \alpha$，$\mathfrak{B} = ^m \beta$，$\mathfrak{C} = ^m \gamma$，$\mathfrak{D} = ^m \delta$；要么 $-\mathfrak{A} = ^m \alpha$，$-\mathfrak{B} = ^m \beta$，$-\mathfrak{C} = ^m \gamma$，$-\mathfrak{D} = ^m \delta$。因而，型 F 和型 $^m f$ 是相同的型。证明完毕。

194

因为前面所谓的互补型（条目 187 第 6 条）总是反常等价的（条目 159），显然，如果约化型 F 和 f 是反常等价的，且如果型 G 是型 F 的互补型，那么型 f 和型 G 就是正常等价的，且型 G 就包含于型 f 的周期中。而且，如果型 F 和 f 是既正常又反常等价的，可知型 F 和 G 都可以在型 f 的周期中找到。因此，这个周期就是它自身的互补周期，且它包含两个歧型（条目 187 第 7 条）。那么，这就巧妙地证明了条目 165 中的定理，这个定理已经保证了能够找到一个与型 F 和 f 等价的歧型。

195

问题

给定任意两个具有相同行列式的型 Φ，φ，确定它们是否等价。

解：首先，求两个分别与给定的型 Φ，φ 正常等价的约化型 F，f（条目 183）。现在，对应于约化型 F, f, 是仅正常等价，还是仅反常等价，还是既正常等价又反常等价，还是既不正常等价又不反常等价，那么就得到给定的型是仅正常等价，或是仅反常等价，或者既正常等价又反常等价，以及既不正常等价又不反常等价。计算其中一个约化型的周期，例如，型 f 的周期。如果型 F 出现在这个周期当中，且它的互补型不出现在这个周期中，那么，显然第 1 种情况成立，即它们是正常等价的。反过来，如果互补型出现在这个周期中而 F 不出现，第 2 种情况成立，即它们是反常等价的。如果互补型和 F 都出现在这个周期中，那么第 3 种情况成立，即它们既正常等价，又反常等价。如果互补型和 F 都不出现在这个周期中，则第四种情况成立，即它们既不正常等价，又不反常等价。

　　例：设给定的型是（129，92，65），（42，59，81），它们的行列式是 79，与它们正常等价的约化型为（10，7，－3），（5，8，－3）。第 1 个型的周期是：（10，7，－3），（－3，8，5），（5，7，－6），（－6，5，9），（9，4，－7），（－7，3，10）。因为型（5，8，－3）没有出现在这里，而它的互补型（－3，8，5）出现在这里，可以断言，给定的型仅反常等价。

　　如果将具有给定行列式的所有约化型都按照上述方式（条目 187 第 5 条）划分为若干个周期 P, Q, R, …，并且从每个周期中随机选取一个型：从 P 中选取 F，从 Q 中选取 G，从 R 中选取 H，…，那么这些型 F, G, H, … 中没有哪两个型是正常等价的。并且，任何其他行列式相同的型就与且仅与这些型中的一个正常等价。因此，所有具有这个行列式的型都可以被分成和**周期的个数一样多的类别**，也就是说，把所有与型 F 正常等价的型放在第 1 个类别中，把所有与型 G 正常等价的型放在第 2 个类别中，…。按照这种方式，所有的包含于相同类别中的型都是正常等价的，所有包含于不同类别中的型都不可能正常等价。但是，这里就不再多说了，因为后面还要更加详细地讨论。

196

问题

给定两个正常等价的型 Φ 和 φ，求把一个型变换为另一个型的正常代换。

解：由条目 183 中的方法，可以找到两列型 Φ，Φ'，Φ''，$\cdots$，Φ^n 和 φ，φ'，φ''，$\cdots$，φ^v，使得后面的每个型都与它前面的那个型正常等价，且 Φ^n 和 φ^v 是约化型。并且，由于假设 Φ 和 φ 是正常等价的，那么 Φ^n 就一定包含于型 φ^v 的周期中，设 $\varphi^v = f$，并且设到 Φ^n 为止它的周期是：f，f'，f''，$\cdots$，f^{m-1}，Φ^n。在这个周期中，Φ^n 的指标是 m，把与型 Φ，Φ'，Φ''，$\cdots$，Φ^n 互补的型相反的型分别表示成 ψ，ψ'，ψ''，$\cdots$，ψ^{n}[1]，那么，在序列 φ，φ'，φ''，$\cdots$，f，f'，f''，$\cdots$，f^{m-1}，ψ^{n-1}，ψ^{n-2}，$\cdots$，ψ，Φ 中，每个型都是它前一个型的从右边相邻的型，并且由条目 177 可以求得第 1 个型 φ 变换为最后 1 个型 Φ 的正常变换。对于除了项 f^{m-1}，ψ^{n-1} 的其他的项来说，这是显然的。对于项 f^{m-1}，ψ^{n-1}，按照下述方法证明：设 $f^{m-1} = (g, h, i)$；f^m 或 $\Phi^m = (g', h', i')$；$\Phi^{n-1} = (g'', h'', i'')$。型 (g', h', i') 是型 (g, h, i) 和 (g'', h'', i'') 的从右边相邻的邻型；因此，$i = g' = i''$ 并且 $-h \equiv h' \equiv -h''$（$\mathrm{mod}\ i$ 或 g' 或 i''）。由此可知，型 $(i'', -h'', g'')$ 也即型 ψ^{n-1}，是型 (g, h, i) 即型 f^{m-1} 从右边相邻的邻型。

如果型 Φ 和型 φ' 反常等价，那么型 φ' 就和与 Φ 相反的型是正常等价的。因此，可以求出型 φ 变换为与 Φ 相反的型的正常代换：如果假设可以通过代换 α，β，γ，δ 完成这个正常变换，不难发现，φ 就可以通过代换 α，$-\beta$，γ，$-\delta$ 变换为 Φ。

那么，如果型 Φ 和 φ 既正常等价又反常等价，可以求得两个代换，一个

---

〔1〕ψ 是由 Φ 通过把它的第一项和第三项对调，并对中间项取相反的符号导出的。对于序列中的其他型也是这样。

是正常代换，一个是反常代换。

例：由前一个条目我们知道型（129，92，65）和（42，59，81）是反常等价的，现在，求前一个型变换为后一个型的反常代换。首先，必须求出把型（129，92，65）变换为（42，－59，81）的正常代换。为此，计算出由下面的型构成的序列：（129，92，65），（65，－27，10），（10，7，－3），（－3，8，5），（5，22，81），（81，59，42），（42，－59，81）。由此，我们推导出把型（129，92，65）变换为（42，－59，81）的正常代换 －47，56，73，－87。因此，通过反常代换：－47，－56，73，87，前者就变换成了后者。

197

如果得到了把型（a，b，c）即 φ 变换为等价型 Φ 的一个代换，由此可以推导出把型 φ 变换为 Φ 的所有同型代换，只要能够确定不定方程 $t^2 - Du^2 = m^2$ 的所有的解。D 表示型 Φ 和型 φ 的行列式，m 是数 a，$2b$，c 的最大公约数（条目162）。前面，对于取负值的 D，这个问题已经解决。现在，我们讨论取正值的 D。显然，任何满足不定方程的 t 或 u 的值在改变了符号后仍然满足这个不定方程，所以只要求出 t 和 u 取正号的值就够了，并且由正值求得的任意一组解实际上都可以提供给 4 组解。为此，首先求出 t 和 u 的最小的值（那些明显的解 $t = m$，$u = 0$ 除外），然后由这些值推导出其余的值。

198

问题

给定一个行列式为 D 的型（M，N，P），m 是数 M，$2N$，P 的最大公约数，求满足不定方程 $t^2 - Du^2 = m^2$ 的 t 和 u 的最小的值。

解：随机取一个行列式为 D 的约化型（a，b，$-a'$），即 f，其中数 a，

$2b$，a' 的最大公约数为 m。有一点是清楚的，一定能够找到一个与型（M，N，P）等价的约化型，并且这个约化型具备条目 161 所说的性质。但是，为了目前的目的，任何满足这个条件的约化型都可以利用。计算型 f 的周期，假设它包含 n 项。保留在条目 188 中用到的符号，因为 n 是偶数，所以 $f^n = (+a^n$，b^n，$-a^{n+1})$，并且 f 是通过正常代换 α^n，β^n，γ^n，δ^n 变换为 f^n 的。由于 f 和 f^n 是相同的型，f 也可以通过正常代换 1，0，0，1 变换为 f^n。由这两个型 f 变换成 f^n 的同型代换，根据条目 162，我们可以推导出等式 $t^2 - Du^2 = m^2$ 的一组整数解，即 $t = \dfrac{(\alpha^n + \delta^n)m}{2}$（条目 162，等式 [18]），$u = \dfrac{\gamma^n m}{a}$（条目 162，等式 [19]）[1]。如果这两个值不是正数，那么就对它们取正数并表示为 T，U。那么，这组值 T，U 就是不定方程除了 $t=m$，$u=0$ 之外的最小解（由于显然 γ^n 不等于 0，所以 T，U 一定与 $t=m$，$u=0$ 这组值不相同。）

假设 t，u 还有更小的值，表示为 t'，u'，它们都是正数且 u' 不等于 0，那么，由条目 162，型 f 可以通过正常变换 $\dfrac{t'-bu'}{m}$，$\dfrac{a'u'}{m}$，$\dfrac{au'}{m}$，$\dfrac{t'+bu'}{m}$ 变换成与它自己相同的型。现在，由条目 193.2 可以推出，$\dfrac{t'-bu'}{m}$ 或者 $-\dfrac{t'-bu'}{m}$ 一定就等于数 α''，α'''，α''''，…其中的一个数，例如等于 α^μ [由于 $t't' = Du'u' + m^2 = b^2u'u' + a\alpha'u'u' + m^2$，就有 $t't' > b^2u'u'$，因而 $t'-bu'$ 是正数，因此，与条目 193 中的分数 A/C 对应的 $(t'-bu')/au'$ 就与 a 或者 a' 有相同的符号]；并且在前一种情况下，$a'u'/m$，au'/m，$(t'+bu')/m$ 就分别等于 β^μ，γ^μ，δ^μ。在后一种情况下，它们分别等于和前一种情况下相同的量，但是符号相反。因为有 $u' < U$，即 $0 < u' < \dfrac{\gamma^n m}{a}$，就有 $0 < \gamma^\mu < \gamma^n$。并且，由于序列 γ，γ'，γ''，…是不断增长的，μ 就必定位于 0 和 n 之间。那么，相对应的型 f^μ 就和型 f 相同。这是不可能的，因为所有的型 f，f'，f''，…一直到 f^{n-1} 都应当是各不相同的，由此可以推断，t，u 的最小值（除了值 m，0

---

[1] 条目 162 中的 α，β，γ，δ；α'，β'，γ'，δ'；A，B，C；a，b，c；e，其值分别为：1，0，0，1；α^n，β^n，γ^n，δ^n；a，b，$-a'$；a，b，$-a'$；1。

以外的）就是 T，U。

例：如果 $D = 79$，$m = 1$，我们可以利用型（3，8，-5），对于该型，可得出 $n = 6$，且 $\alpha^n = -8$，$\gamma^n = -27$，$\delta^n = -152$（条目 188）。那么，$T = 80$，$U = 9$，就是满足方程 $t^2 - 79u^2 = 1$ 的最小值。

199

实际应用中，我们可以得到更适合的公式，即 $2b\gamma^n = -a(\alpha^n - \delta^n)$。此式很容易从条目 162 推出：通过将等式［19］乘以 $2b$，等式［20］乘以 a，并将那里使用的符号改成这里正在使用的符号。由此得到 $\alpha^n + \delta^n = 2\delta^n - \dfrac{2b\gamma^n}{a}$，从而有

$$\pm T = m\left(\delta^n - \frac{b\gamma^n}{a}\right)，\quad \pm U = \frac{\gamma^n m}{a}$$

由类似的方法，得到下面的值

$$\pm T = m\left(\alpha^n + \frac{b\beta^n}{a'}\right)，\quad \pm U = \frac{\beta^n m}{a'}$$

这两组公式是非常方便的，因为 $\gamma^n = \delta^{n-1}$，$\alpha^n = \beta^{n-1}$，所以，如果使用第 2 组公式，那么只要计算序列 β'，β''，β'''，…，β^n 就够了；如果使用第 1 组公式，那么计算序列 δ'，δ''，δ'''，…就够了。此外，由条目 189.3 可以轻松地推出，由于 n 是偶数，α^n 和 $\dfrac{b\beta^n}{a}$ 的符号相同。对于 δ^n 和 $\dfrac{b\gamma^n}{a}$ 也是如此。所以，在第 1 组公式中，我们可以取 T 作为差的绝对值，在第 2 组公式中，取和的绝对值作为 T，不必考虑它的符号。利用条目 189.4 的符号，由第 1 组公式得到

$$T = m\left[k'，k''，k'''，\cdots，k^n\right] - \frac{mb}{a}\left[k'，k''，k'''，\cdots，k^{n-1}\right]$$

$$U = \frac{m}{a}\left[k'，k''，k'''，\cdots，k^{n-1}\right]$$

由第 2 组公式得到

$$T = m\left[k''，k'''，\cdots，k^{n-1}\right] + \frac{mb}{a'}\left[k''，k'''，\cdots，k^n\right]$$

$$U = \frac{m}{a'}\left[k''，k'''，\cdots，k^n\right]$$

这里 T 的值也可以写作 $m\,[\,k'',\ k''',\ \cdots,\ k^n,\ b/a'\,]$。

例：对于 $D=61$，$m=2$，可以使用型（2，7，-6）。由此求得 $n=6$；k'，k''，k'''，k''''，k'''''，k'''''' 分别就等于2，2，7，2，2，7。那么，由第 1 组公式得

$$T=2\,[\,2,\ 2,\ 7,\ 2,\ 2,\ 7\,]-7\,[\,2,\ 2,\ 7,\ 2,\ 2\,]=2\,888-1\,365=1\,523$$

由第 2 组公式可以得到同样的结果

$$T=2\,[\,2,\ 7,\ 2,\ 2\,]+\frac{7}{3}\,[\,2,\ 7,\ 2,\ 2,\ 7\,]$$

以及

$$U=[\,2,\ 2,\ 7,\ 2,\ 2\,]=\frac{1}{3}\,[\,2,\ 7,\ 2,\ 2,\ 7\,]=195$$

还有很多其他的工具来简化计算，但是这里的篇幅不允许详细阐述了。

200

为了从 t，u 的最小值推导出它们的所有值，把等式 $T^2-DU^2=m^2$ 按照下述方式表示

$$\left(\frac{T}{m}+\frac{U}{m}\sqrt{D}\right)\left(\frac{T}{m}-\frac{U}{m}\sqrt{D}\right)=1$$

由此还得到

$$\left(\frac{T}{m}+\frac{U}{m}\sqrt{D}\right)^e\left(\frac{T}{m}-\frac{U}{m}\sqrt{D}\right)^e=1 \qquad\qquad [\,1\,]$$

这里的 e 可以是任何值。现在，为了简洁，我们分别用 t^e，u^e 表示以下两个表达式的值

$$\frac{m}{2}\left(\frac{T}{m}+\frac{U}{m}\sqrt{D}\right)^e+\frac{m}{2}\left(\frac{T}{m}-\frac{U}{m}\sqrt{D}\right)^e,$$

$$\frac{m}{2\sqrt{D}}\left(\frac{T}{m}+\frac{U}{m}\sqrt{D}\right)^e-\frac{m}{2\sqrt{D}}\left(\frac{T}{m}-\frac{U}{m}\sqrt{D}\right)^{e\,[\,1\,]}$$

---

〔1〕e 只有在这 4 个表达式和等式〔1〕中表示幂的指数，在所有其他情况下，这个字母都表示指标。

即，对于 $e=0$ 来说，t^e，u^e 就是 t^0，u^0（这些值就是 m，0）；对于 $e=1$ 来说，用 t'，u' 表示（这些值就是 T，U）；对于 $e=2$，用 t''，u'' 表示；对于 $t=3$，用 t'''，u''' 表示，…。我们还将证明，如果取 e 为全体非负整数，也即取 0 和从 1 到 ∞ 的所有正整数，那么这些表达式就会给出 t，u 的所有的正的值。也就是说，所有这些表达式的值确实都是 t，u 的值，所有这些值都是整数，没有 t，u 的正值不包含在这些公式中。

1. 如果用 t^e，u^e 来代替它们的值，那么利用等式［1］容易求得

$$(t^e+u^e\sqrt{D})\ (t^e-u^e\sqrt{D})=m^2 ；\ 即，\ t^{2e}-D\,u^{2e}=m^2$$

2. 以同样的方式，容易得出更一般的表达式

$$t^{e+1}+t^{e-1}=\frac{2T}{m}t^e,\ u^{e+1}+u^{e-1}=\frac{2T}{m}u^e$$

那么，显然，两个序列 t^0，t'，t''，t'''，…，u^0，u'，u''，u'''，…是循环的，且在每一种情形下递推关系的系数都是 $\frac{2T}{m}$ 和 -1，即

$$t''=\frac{2T}{m}t'-t^0,\ t'''=\frac{2T}{m}t''-t',\ \cdots,\ u''=\frac{2T}{m}u'-\cdots$$

现在，根据假设，有一个行列式为 D 的型 (M,N,P)，其中 M，$2N$，P 可以被 m 整除，就有

$$T^2=(N^2-MP)U^2+m^2$$

显然，$4T^2$ 就能够被 m^2 整除。那么，$\frac{2T}{m}$ 就是正整数。并且，由于 $t^0=m$，$t'=T$，$u^0=0$，$u'=U$，所以它们都是整数。从而，所有的数 t''，t'''，…也都是整数。此外，由于 $T^2>m^2$，所以所有的数 t^0，t'，t''，t'''，…就都是整数，而且是递增的；对于数 u^0，u'，u''，u'''，…，同样的结论也成立。

3. 如果假设 t，u 还有另外的正值不包含在序列 t^0，t'，t''，…，u^0，u'，u''，…中，就设它们是 $\mathfrak{T}$，$\mathfrak{U}$。显然，由于序列 u^0，u'，u''，u'''，…是从 0 增加到无穷的，所以 U 必定位于两个相邻的项 u^n 和 u^{n+1} 之间，从而有 $\mathfrak{U}>u^n$ 和 $\mathfrak{U}<u^{n+1}$。我们来证明这个假设的荒谬性。

1）如果令

$$t=\frac{1}{m}\ (\mathfrak{T}t^n-D\mathfrak{U}u^n),\ u=\frac{1}{m}\ (\mathfrak{U}t^n-\mathfrak{T}u^n)$$

则它们满足方程 $t^2-Du^2=m^2$，通过代入法可以毫不困难地证明这一点。以下的方法用来证明这些值（为了简便，令它们等于 τ，v）总是整数。如果 (M,N,P) 是一个行列式为 D 的型，m 是数 M，$2N$，P 的最大公约数，则 $\mathfrak{T}+$

$N\mathfrak{U}$ 和 $t^n + Nu^n$ 都可以被 m 整除，所以 $\mathfrak{U}(t^n + Nu^n) - u^n(\mathfrak{T} + N\mathfrak{U})$ 即 $\mathfrak{U}t^n - \mathfrak{T}u^n$ 也可以被 m 整除。因此，v 就是一个整数，又因为 $\tau^2 = Dv^2 + m^2$，所以 τ 也是一个整数。

2）很明显，v 不能等于 0；因为如果 $v=0$，就会推出

$$\mathfrak{U}^2(t^n)^2 = \mathfrak{T}^2(u^n)^2$$

也就是

$$\mathfrak{U}^2\left[D(u^n)^2 + m^2\right] = (u^n)^2(D\mathfrak{U}^2 + m^2)$$

也即 $\mathfrak{U}^2 = (t^n)^2$，这与 $\mathfrak{U} > u^n$ 这个假设矛盾。因此，除了 0 以外，u 的最小值是 U，v 就一定不能小于 U。

3）由 t^n，t^{n+1}，u^n，u^{n+1} 的值容易推断

$$mU = u^{n+1}t^n - t^{n+1}u^n$$

因而 $\mathfrak{U}t^n - \mathfrak{T}u^n$ 就一定不小于 $u^{n+1}t^n - t^{n+1}u^n$。

4）现在，由等式 $\mathfrak{T}^2 - D\mathfrak{U}^2 = m^2$，就有

$$\frac{\mathfrak{T}}{\mathfrak{A}} = \sqrt{D + \frac{m^2}{\mathfrak{U}^2}}$$

并且，类似地有

$$\frac{t^{n+1}}{u^{n+1}} = \sqrt{D + \frac{m^2}{u^{(n+1)2}}}$$

由此容易发现，$\mathfrak{T}/\mathfrak{U} > t^{n+1}/u^{n+1}$。这个结论结合上一条结论，就得到了

$$(\mathfrak{U}t^n - \mathfrak{T}u^n)\left(t^n + u^n\frac{\mathfrak{T}}{\mathfrak{A}}\right) > (u^{n+1}t^n - t^{n+1}u^n)\left(t^n + u^n\frac{t^{n+1}}{u^{n+1}}\right)$$

或者将此不等式展开，并将 $\mathfrak{T}^2$，$(t^n)^2$，$(t^{n+1})^2$ 分别用它们的值 $D\mathfrak{U}^2 + m^2$，$D(u^n)^2 + m^2$，$D(u^{n+1})^2 + m^2$ 代替，就得到了

$$\frac{1}{\mathfrak{A}}\left[\mathfrak{U}^2 - (u^n)^2\right] > \frac{1}{u^{n+1}}\left[(u^{n+1})^2 - (u^n)^2\right]$$

由于此式中每个数都是正数，可以通过移项得到 $\mathfrak{U} + (u^{2n}/u^{n+1}) > u^{n+1} + (u^{2n}/\mathfrak{U})$。然而这是不可能的，因为前一个量的第 1 部分小于第 2 个量的第 1 部分，并且前一个量的第 2 部分也小于第 2 个量的第 2 部分。因此，这个假设是矛盾的，所以，序列 t^0，t'，t''，…，u^0，u'，u''，…，就给出了 t 和 u 的所有可能值。

例：对于 $D = 61$，$m = 2$，求得 t 和 u 的最小正值是 1 523，195。所以，t 和 u 的所有正值可以用下面的公式表达

$$t = \left(\frac{1\,523}{2} + \frac{195}{2}\sqrt{61} \right)^e + \left(\frac{1\,523}{2} - \frac{195}{2}\sqrt{61} \right)^e$$

$$u = \frac{1}{\sqrt{61}} \left[\left(\frac{1\,523}{2} + \frac{195}{2}\sqrt{61} \right)^e - \left(\frac{1\,523}{2} - \frac{195}{2}\sqrt{61} \right)^e \right]$$

还得到

$t^0 = 2$，$t' = 1\,523$，$t'' = 1\,523t' - t^0 = 2\,319\,527$

$t''' = 1\,523t'' - t' = 3\,532\,638\,098$，$\cdots$

$u^0 = 0$，$u' = 195$，$u'' = 1\,523u' - u^0 = 296\,985$

$u''' = 1\,523u' - u' = 452\,307\,960$，$\cdots$

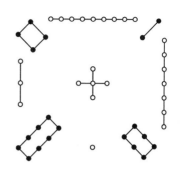

□ **纵横图**

纵横图，又称幻方，是我国的一种传统算术游戏，旧时多见于官府、学堂。它将数字安排在正方形格子中，使每行、列和对角线上的数字之和都相等，也即如今的数独、九宫格。上图为中国古代传说记载中的《河图》，其具有纵横图的性质，但多作占卜之用。

201

以下内容是对前面讨论的问题的补充说明。

1. 我们已经指出了当 m 是 3 个数 M，$2N$，P 的最大公约数，且这 3 个数满足 $N^2 - MP = D$ 时，在所有的情况下如何求解方程 $t^2 - Du^2 = m^2$。因此，对于给定的值 D，指定所有能够成为这种除数的数，即 m 的所有的值，就很有用。设 $D = n^2D'$，使得 D' 是个完全不含平方因数的数，这一点通过取 n^2 是能整除 D 的最大的平方数就可以实现；如果 D 没有平方因数，那么设 $n = 1$。

第一，如果 D' 是 $4k + 1$ 型，则 $2n$ 的任何除数就都是 m 的值，反之亦然。因为，如果 g 是 $2n$ 的除数，就有行列式为 D 的型 $\left[g, n, \frac{n^2(1 - D')}{g} \right]$，并且数 g，$2n$，$\frac{n^2(1 - D')}{g}$ 的最大公约数就显然是 g（因为很显然，$\frac{n^2(1 - D')}{g}$

$= \dfrac{4n^2}{g} \times \dfrac{D'-1}{4}$ 是一个整数）。另一方面，如果假设 g 是 m 的一个值，也就是说，g 是数 M，$2N$，P 的最大公约数，并且 $N^2 - MP = D$，显然 $4D$ 或 $4n^2 D'$ 就能够被 g^2 整除。由此推出 $2n$ 能够被 g 整除。因为，如果 g 不能整除 $2n$，那么 g 和 $2n$ 的最大公约数就小于 g。假设这个最大公约数等于 δ，那么 $2n = \delta n'$，$g = \delta g'$；$n'n'D$ 就可以被 $g'g'$ 整除。那么，因为 n' 和 g' 是互质的，$n'n'$ 和 $g'g'$ 也就是互质的，所以 D' 可以被 $g'g'$ 整除，这与 D' 不含任何平方因数的假设矛盾。

第二，如果 D' 形如 $4k+2$ 或者 $4k+3$，那么 n 的任意除数就是 m 的一个值；反过来，m 的任意值就能整除 n。因为，如果 g 是 n 的一个除数，就有行列式为 D 的型 $\left(g,\ 0,\ -\dfrac{n^2 D'}{g} \right)$。显然，数 g，0，$-\dfrac{n^2 D'}{g}$ 的最大公约数是 g。现在，如果假设 g 是 m 的一个值，也就是说，g 是数 M，$2N$，P 的最大公约数，且 $N^2 - MP = D$，按照和上面一样的方法，g 就能整除 $2n$，即 $\dfrac{2n}{g}$ 是一个整数。如果这个商是奇数，那么它的平方 $\dfrac{4n^2}{g^2} \equiv 1\ (\bmod\, 4)$，因而 $\dfrac{4n^2 D'}{g^2}$ 就要么同余于 $2\ (\bmod\, 4)$，要么同余于 $3\ (\bmod\, 4)$。$\dfrac{4n^2 D'}{g^2} = \dfrac{4D}{g^2} = \dfrac{4N^2}{g^2} - \dfrac{4MP}{g^2} \equiv \dfrac{4N^2}{g^2}\ (\bmod\, 4)$，因而 $\dfrac{4N^2}{g^2}$ 要么同余于 $2\ (\bmod\, 4)$；要么同余于 $3\ (\bmod\, 4)$，但这是不可能的，因为每个平方数必须要么同余于 $0\ (\bmod\, 4)$，要么同余于 $1\ (\bmod\, 4)$。因此，$\dfrac{2n}{g}$ 一定是偶数，因而 $\dfrac{n}{g}$ 是一个偶数，也即 g 是 n 的一个除数。

那么可知的是，1 总是 m 的一个值，也就是说，对于任何正的非平方数 D，方程 $t^2 - Du^2 = 1$ 以前面的方式总是可解的，只有 D 形如 $4k$ 或者 $4k+1$，2 才是 m 的一个值。

2. 如果 m 是一个大于 2 的合适的数，方程 $t^2 - Du^2 = 1$ 可以简化为 m 是 1 或者 2 的一个相似的方程。设 $D = n^2 D'$，如果 m 整除 n，m^2 就整除 D。如果满足方程 $p^2 - \dfrac{Dq^2}{m^2} = 1$ 的 p，q 的最小的值分别是 P，Q，那么，满足方程 $t^2 - Du^2 = m^2$ 的 t，u 的最小的值就是 $t = mP$，$u = Q$。但是，如果 m 不能整除 n，那么 m 至少可以整除 $2n$，所以 m 一定是偶数；那么，$\dfrac{4D^2}{m}$ 就是整数。并

且，如果满足方程 $p^2 - \dfrac{4Dq^2}{m^2} = 4$ 的 p，q 的最小的值分别是 P，Q，那么满足方程 $t^2 - Du^2 = m^2$ 的 t，u 的最小的值就是 $t = \dfrac{mP}{2}$，$u = Q$。但是，不论是哪种情况，都能从 p，q 的最小值推导出 t，u 的最小值，还能通过这种方法从 p，q 的所有的值推导出 t，u 的所有的值。

3. 假设用 t^0，u^0；t'，u'；t''，u''⋯来表示满足方程 $t^2 - Du^2 = m^2$ 的 t，u 的所有可能的值（像上一个条目一样）。如果该序列中有某个值对某个给定的模 r 与第 1 个值同余，例如，$t^p \equiv t^0$ 或 $t^p \equiv m$，$u^p \equiv t^0$ 或 $u^p \equiv 0$（$\bmod r$），并且接下来的值与第 2 个值同余，即

$$t^{p+1} \equiv t'，u^{p+1} \equiv u'（\bmod r）$$

也就有

$$t^{p+2} \equiv t''，u^{p+2} \equiv u''；t^{p+3} \equiv t'''，u^{p+3} \equiv u'''；\cdots$$

从下面的事实很容易发现这一点：两个序列 t^0，t'，t''，t'''，$\cdots$，u^0，u'，u''，$\cdots$都是循环序列。这是由于

$$t'' = \dfrac{2T}{m} t' - t^0，t^{p+2} = \dfrac{2T}{m} t^{p+1} - t^p$$

所以就有 $t'' \equiv t^{p-2}$。对于其余的值有类似的结果。那么，由此可以推出，一般地

$$t^{h+p} \equiv t^h，u^{h+p} \equiv u^h（\bmod r）$$

其中，h 是任意数；甚至更一般地，如果 $\mu \equiv v（\bmod p）$，那么 $t^\mu \equiv t^v$，$u^\mu \equiv u^v（\bmod r）$。

4. 我们总是可以满足前面要求的条件；也就是说，对于任意给定的模 r，总是可以求得一个指标 p，对于这个指标，有

$$t^p \equiv t^0，t^{p+1} \equiv t'，u^p \equiv t^0，u^{p+1} \equiv u'$$

首先，第 3 个条件总是可以满足的。因为，由在第 1 种情况中给出的判别法可知，方程 $p^2 - r^2 Dq^2 = m^2$ 是可解的，并且，如果假设 p，q 的最小正值（m，0除外）是 P，Q，显然，P，rQ 就是 t，u 的值之一。因此，P，rQ 就包含于序列 t^0，t'，$\cdots$，u^0，u'，$\cdots$之中，并且，如果 $P = t^\lambda$，$rQ = u^\lambda$，就有 $u^\lambda \equiv 0 \equiv u^0（\bmod r）$。进而可知，在界限 u^0 和 u^λ 之间不存在对于模 r 同余于 u^0 的项。

其次，如果其他三个条件也都满足，例如，$u^{\lambda+1} \equiv u'$，$t^{\lambda} \equiv t^0$，$t^{\lambda+1} \equiv t'$，那么就设 $p = \lambda$。但是，如果这些条件中有某个条件不成立，当然可以设 $p = 2\lambda$。因为，由等式［1］以及上个条目中关于 t^e，u^e 的一般公式，可以推出

$$t^{2\lambda} = \frac{1}{m} \left(t^{2\lambda} + Du^{2\lambda} \right) = \frac{1}{m} \left(m^2 + 2Du^{2\lambda} \right)$$

因而

$$\frac{t^{2\lambda} - t^0}{r} = \frac{2Du^{2\lambda}}{mr}$$

根据假设，r 整除 u^{λ}，m^2 整除 $4D$，故而 m 整除 $2D$，所以这个式子的值就是整数。而且，因为 $u^{2\lambda} = 2t^{\lambda}u^{\lambda}/m$，此外，$4t^{2\lambda} = 4Du^{2\lambda} + 4m^2$，所以 $4t^{2\lambda}$ 能够被 m^2 整除，$2t^{\lambda}$ 能够被 m 整除，那么 $u^{2\lambda}$ 就能被 r 整除，也即 $u^{2\lambda} \equiv u^0 \pmod{r}$。再次，求得

$$t^{2\lambda+1} = t' + \frac{2Du^{2\lambda+1}}{m}$$

同理，$\dfrac{2Du^{\lambda}}{mr}$ 是一个整数，就有 $t^{2\lambda+1} \equiv t' \pmod{r}$。最后，求得

$$u^{2\lambda+1} = u' + \frac{2t^{\lambda+1}u^{\lambda}}{m}$$

由于 $2t^{2\lambda+1}$ 能够被 m 整除，并且 u^{λ} 能够被 r 整除，就有 $u^{2\lambda+1} \equiv u' \pmod{r}$。证明完毕。

后两条证明的实用性可以在随后的内容中发现。

202

这个问题的一种特殊情况，即求解方程 $t^2 - Du^2 = 1$，在 18 世纪已经被人研究过。那个极其聪明的几何学家费马向英国的分析学家提出了这个问题，但是沃利斯把布朗克尔称为这个解法的发现人，且在他的 *Algebra* 一书的第 98 章以及 *Opera Mathem Wall* 中提出了这一点。奥扎拉姆则声称费马是发现人；而欧拉声称佩尔（Pell）是发现人，因此，这个问题被一些作者称为"佩尔问题"。所有这些解本质上和我们在条目 198 中使用 $a = 1$ 的约化型得到的结果是一样的。但在拉格朗日之前，没有人能够证明所给的运算一定能

够结束，也就是说这个问题为**真实可解的**[1]。在欧拉的 *Algebra*[2] 的附录中也给出了对这个问题的研究，我们经常引用它。但我们的方法（基于完全不同的原理，且不局限于 $m=1$ 的情况）给出了求解的各种方式，因为在条目 198 中我们是从任意约化型 $(a, b, -a')$ 开始的。

203

问题

如果型 Φ 和 φ 等价，求一个型变换成另一个型的所有变换。

解：当这些型仅以一种方式等价时（要么正常等价，要么反常等价），由条目 196 可以求出把型 φ 变换成 Φ 的一个变换 α，β，γ，δ，那么可知，所有其他的变换都与这个变换是同型的。但是，当 φ 和 Φ 既正常等价又反常等价时，可以求出两个不同型的变换（一个正常变换，一个反常变换）α，β，γ，δ 和 α'，β'，γ'，δ'，任何其他的变换都与这两个变换中的一个同型。那么，假设型 φ 是 (a, b, c)，它的行列式为 D，m 是数 a，$2b$，c 的最大公约数（和上面所有的情况一样），用 t，u 表示满足方程 $t^2 - Du^2 = m^2$ 的所有可能的数。在第 1 种情况下，型 φ 变换成 Φ 的所有变换就包含在下面的公式（I）中；在第 2 种情况下，所有变换要么包含在公式（I）中，要么包含在公式（II）中。

$$\frac{1}{m}\big[\alpha t - (\alpha b + \gamma c)u\big], \quad \frac{1}{m}\big[\beta t - (\beta b + \delta c)u\big]$$
$$\frac{1}{m}\big[\gamma t + (\alpha a + \gamma b)u\big], \quad \frac{1}{m}\big[\delta t + (\beta a + \delta b)u\big] \tag{I}$$

---

〔1〕沃利斯在书中为了这个目的给出的评论站不住脚。他的谬误在于，他假设给定一个 p，可以求得整数 a，z，使得 $\frac{z}{a}$ 小于 p，且它们的差小于某个指定的数。当这个指定的差是常数时，这个结论是正确的；但是在这里它取决于 a 和 z，因此它不是常数而是变化的。

〔2〕参考其第 11 页。

$$\frac{1}{m}\left[\alpha't-(\alpha'b+\gamma'c)u\right],\ \frac{1}{m}\left[\beta't-(\beta'b+\delta'c)u\right]$$

$$\frac{1}{m}\left[\gamma't+(\alpha'a+\gamma'b)u\right],\ \frac{1}{m}\left[\delta't+(\beta'a+\delta'b)u\right]\qquad(\text{II})$$

例：求型（129，92，65）变换成型（42，59，81）的所有变换。由条目 195 判断出它们只是反常等价，由条目 196 求得把第 1 个型变换成第 2 个型的一个反常变换是 –47，–56，73，87。因此，型（129，92，65）变换成型（42，59，81）的所有变换可以用下式来表达

$$-(47t+421u),\ -(56t+503u),\ 73t+653u,\ 87t+780u,$$

其中，t，u 表示满足方程 $t^2-79u^2=1$ 的所有的数，这些数可以用下面的公式表达

$$\pm t=\frac{1}{2}\left[(80+9\sqrt{79})^e+(80-9\sqrt{79})^e\right]$$

$$\pm u=\frac{1}{2\sqrt{79}}\left[(80+9\sqrt{79})^e-(80-9\sqrt{79})^e\right]$$

其中 e 代表所有非负整数。

204

　　显然，如果推导出公式的最开始的变换更简单，那代表所有变换的一般公式就更简单。由于我们从哪个变换开始是没有影响的，所以我们通过对 t，u 赋予特别的值，来推导出更加简单的变换，然后再从这个变换推导出另一个公式，那么一般公式就会得到简化。例如，在上个条目里通过令 $t=80$，$u=-9$ 求得的公式中，我们得到一个更加简单的变换。以这种方式，我们得到变换 29，47，–37，–60，以及一般公式 $29t-263u$，$47t-424u$，$-37t+337u$，$-60t+543u$。因此，如果通过前面的方法求得一般公式，为 t，u 赋予值 $\pm t'$，$\pm u'$；$\pm t''$，$\pm u''$，…，我们就可以检验是不是可以得到比导出这些公式更简单的变换。如果能的话，就可以从这个变换推导出更简单的公式。但是，公式怎样才算简单，这还无法明确判断。如果有用的话，我们也许能够找到一种确定的标准，在序列 t'，u'；t''，u''，…中设定界限，一旦超过这个界限，变换就会越来越复杂。这样的话，我们就可以不用进一步寻找，从

而把研究限定在这些界限内。但是，为了表述上的简洁，我们在此将其略去。因为用我们给出的方法，常常可以要么立刻得到最简单的变换，要么用 $\pm t'$，$\pm u'$ 代替 t，u 就能得到最简单的变换。

205

问题

求出用行列式 D 为正的非平方数的型 $ax^2+2bxy+cy^2$ 表示给定数 M 的所有表示法。

解：首先，研究由不互质的 x，y 的值表示的表示法，可以按照在条目 181 中研究行列式为负的型的方法展开。我们将它简化为能够用互质的未知数的值来讨论。这里没必要重复当时的讨论。现在，为了用互质的 x，y 的值表示 M，要求 D 必须是 M 的二次剩余，且如果表达式 $\sqrt{D}\,(\bmod M)$ 的所有的值是 N，$-N$，N'，$-N'$，N''，$-N''$，…（我们可以选择其中不大于 $M/2$ 的数），那么，数 M 由给定的型的表示就属于这些值中的一个。因此，我们首先求出这些值，然后再研究属于其中每个值的表示。不存在任何属于 N 的值的表示，除非型 (a,b,c) 和 $[M,N,(N^2-D)/M]$ 是正常等价的；但如果它们是正常等价的，我们必须求得前者变换为后者的一个正常变换，设这个变换为 α，β，γ，δ。那么，通过令 $x=\alpha$，$y=\gamma$，我们就能得到属于 N 的值的数 M 由型 (a,b,c) 给出的表示，并且，所有属于这个值的表示都可以由公式

$$x=\frac{1}{m}\left[\alpha t-(\alpha b+\gamma c)u\right],\ y=\frac{1}{m}\left[\gamma t+(\alpha a+\gamma b)u\right]$$

表达，其中 m 是数 a，$2b$，c 的最大公约数；t，u 表示所有满足方程 $t^2-Du^2=m^2$ 的数。但是显然，如果推导出这个公式的变换 α，β，γ，δ 更简单，则上面的公式就更简单。那么，我们像上个条目一样找出型 (a,b,c) 变换为 $[M,N,(N^2-D)/M]$ 的最简单变换就非常有用了，只要由它推导出一般公式即可。以完全同样的方式，我们可以推导出属于剩下的 $-N$，N'，

$-N'$, …的表示的一般公式（如果这些公式存在的话）。

例：求数 585 由型 $42x^2+62xy+21y^2$ 给出的所有表示。就 x, y 的值不互质的表示而言，很明显，除了 x, y 的最大公约数是 3 之外，不存在其他的表示，因为 585 只能被一个平方数，也就是 9 整除。因此，如果我们求出数 585/9 即 65 的由型 $42x'x'+62x'y'+21y'y'$（x' 与 y' 互质）给出的所有表示之后，令 $x=3x'$，$y'=3y'$，我们就能推导出数 585 由型 $42x^2+62xy+21y^2$（x, y 不互质）给出的所有表示。表达式 $\sqrt{79}$（mod 65）的值就是 ±12，±27。数 65 属于值 −12 的表示就求得为 $x'=2$，$y'=-1$。因此，所有属于这个值的 65 的全部表示就可以由公式 $x'=2t-41u$，$y'=-t+53u$ 给出，并且通过令 $x=6t-123u$，$y=-3t+159u$，585 的所有表示都由此产生。以类似的方式，我们求出数 65 属于值 +12 的所有的表示是 $x'=22t-199u$，$y'=-23t+211u$；且数 585 由此导出的所有表示法是 $x=66t-597u$，$y=-69t+633u$。但是，由于数 65 没有任何表示属于值 +27 和 −27，为了求得数 585 的表示（x, y 互质），我们必须计算表达式 $\sqrt{79}$（mod 585）的值，它们是 ±77，±103，±157，±248。不存在属于值 ±77，±103，±248 的表示。但是，表示 $x=3$，$y=1$ 属于值 −157，且我们推导出所有属于这个值的一般公式为 $x=3t-114u$，$y=t+157u$。类似地，我们求出属于值 +157 的表示为 $x=83$，$y=-87$，包含所有类似表示的公式是 $x=83t-746u$，$y=-87t+789u$。因此，我们得到由型 $42x^2+62xy+21y^2$ 表示数 585 的 4 个一般公式

$$x=6t-123u \qquad y=-3t+159u$$
$$x=66t-597u \qquad y=-69t+633u$$
$$x=3t-114u \qquad y=t+157u$$
$$x=83t-746u \qquad y=-87t+789u$$

这里，t, u 表示满足方程 $t^2-79u^2=1$ 的所有整数。

为了简洁，我们就不再讨论具有正的非平方数行列式的型了。通过模仿条目 176 和 182 中的方法，每个人都可以轻松地完成求解。我们抓紧开始讨论行列式为正平方数的型，这是唯一还没讨论的情况了。

第15节 行列式为平方数的型

206

问题

给定具有平方数行列式 h^2 的型 (a, b, c)，h 是正根，求与之正常等价的型 (A, B, C)，其中 A 位于界限 0 和 $2h-1$ 内（包含边界），$B = h$，$C = 0$。

解：1. 由于 $h^2 = b^2 - ac$，就有

$$(h-b) : a = c : -(h+b)$$

设比值 $\beta : \delta$ 就等于这个比值，β 和 δ 是互质的。确定 α，γ，使得 $\alpha\delta - \beta\gamma = 1$。这是可以做到的：通过代换 α，β，γ，δ，型 (a, b, c) 就变换成了 (a', b', c')，这两个型是正常等价的。就有

$$
\begin{aligned}
b' &= a\alpha\beta + b(\alpha\delta + \beta\gamma) + c\gamma\delta \\
&= (h-b)\alpha\delta + b(\alpha\delta + \beta\gamma) - (h+b)\beta\gamma \\
&= h(\alpha\delta - \beta\gamma) = h \\
c' &= a\beta^2 + 2b\beta\delta + c\delta^2 \\
&= (h-b)\beta\delta + 2b\beta\delta - (h+b)\beta\delta = 0
\end{aligned}
$$

而且，如果 a' 已经位于界限 0 和 $2h-1$ 之内，型 (a', b', c') 就满足所有条件。

2. 但是，如果 a' 位于界限 0 和 $2h-1$ 之外，设 A 是 a' 对于模 $2h$ 的最小正剩余，A 显然位于这两个界限之间。设 $A - a' = 2hk$。那么，型 (a', b', c')，即 $(a', h, 0)$ 就可以通过变换 1，0，k，1 变换成型 $(A, h, 0)$。这个型就正常等价于型 (a', b', c') 和 (a, b, c) 并且满足所有条件。那么，显然，型 (a, b, c) 可以通过代换 $\alpha + \beta k$，β，$\gamma + \delta k$，δ 变换成型 $(A, h, 0)$。

例：给定行列式为 9 的型（27，17，8）。由于 $h = 3$，且4：-9 是与 $-12 : 27 = 8 : -18$ 相等的最简形式。因此，设代换数 $\beta = 4$，$\delta = 9$，$\alpha = -1$，$\gamma = 2$，型（a'，b'，c'）就变成（-1，3，0），它通过代换 1，0，1，1 就变换成了型（5，3，0）。这就是要求的型，且给定的型就通过正常代换 3，4，-7，-9 变换成型（5，3，0）。

这种型（A，B，C）——其中 $C = 0$，$B = h$ 且 A 位于界限 0 和 $2h - 1$ 之间——就称为约化型。我们必须把它们同行列式为负数或者非平方数的约化型小心区别开来。

207

定理

两个不相同的约化型（a，h，0）和（a'，h，0）不可能是正常等价的。

证明

假设它们是正常等价的，前者就可以通过正常代换 α，β，γ，δ 变换成后者，并且可以得到 4 组等式

$$a\alpha^2 + 2h\alpha\gamma = \alpha' \qquad [1]$$

$$a\alpha\beta + h(\alpha\delta + \beta\gamma) = h \qquad [2]$$

$$\alpha\beta^2 + 2h\beta\delta = 0 \qquad [3]$$

$$\alpha\delta - \beta\gamma = 1 \qquad [4]$$

用 β 乘等式 [2]，用 α 乘等式 [3]，然后两式相减，得到 $-h(\alpha\delta - \beta\gamma)\beta = \beta h$，又由式 [4] 得到 $-\beta h = \beta h$，所以一定有 $\beta = 0$。因而，再次使用式 [4]，可以得到 $\alpha\delta = 1$ 以及 $\alpha = \pm 1$。那么，由式 [1] 得 $a \pm 2\gamma h = \alpha'$。但是，这个等式是不成立的（因为根据假设，$a$ 和 a' 位于 0 和 $2h - 1$ 之间），除非 $\gamma = 0$，即 $a = a'$，或者（a，h，0）和（a'，h，0）是相同的型，但这与假设相矛盾。

那么，连下面的更加困难的非平方数行列式的问题，都可以非常轻松地

求解了。

1. 给定两个相同的平方数行列式的型 F 和 F'，判断它们是不是正常等价。 分别求两个与型 F 和 F' 正常等价的约化型，如果它们是恒等的，那么给定的型就是等价的，反之则不是。

2. 给定两个相同的平方数行列式的型 F 和 F'，研究它们是不是反常等价。 设 G 是与给定的型相反的型，例如 G 是与 F 相反的型。如果 G 与 F' 正常等价，那么 F 和 F' 就反常等价；否则，F 和 F' 就不是反常等价。

208

问题

给定两个行列式为 h^2 且正常等价的型 F 和 F'，求可以把其中一个型变换成另一个型的正常代换。

解：设 Φ 是一个正常等价于型 F 的约化型。根据条件，Φ 就也正常等价于型 F'。由条目 206，可以确定一个把型 F 变换为 Φ 的正常代换。设这个正常代换是 α，β，γ，δ，并且设把型 F' 变换为 Φ 的正常代换是 α'，β'，γ'，δ'。那么，Φ 就可以通过正常代换 δ'，$-\beta'$，$-\gamma'$，α' 变换成 F'，因而 F 可以通过正常变换 $\alpha\delta'-\beta\gamma'$，$\beta\alpha'-\alpha\beta'$，$\gamma\delta'-\delta\gamma'$，$\delta\alpha'-\gamma\beta'$ 变换成 F'。

在不知道约化型 Φ 的情况下，找出一种能把型 F 变换为型 F' 的另一种公式会很有用。假设，型 $F=(a,\ b,\ c)$，$F'=(a',\ b',\ c')$，$\Phi=(A,\ h,\ 0)$。由于 $\beta:\delta$ 是最简比值，它等于 $(h-b):a$ 或者 $c:-(h+b)$，容易发现的是，$\dfrac{h-b}{\beta}=\dfrac{\alpha}{\delta}$ 是一个整数，将它用 f 表示，并且，$c/\beta=(-h-b)/\delta$ 也是一个整数，我们令之为 g。因为 $A=a\alpha^2+2b\alpha\gamma+c\gamma^2$，于是 $\beta A=a\alpha^2\beta+2b\alpha\beta\gamma+c\beta\gamma^2$，再用 $\delta(h-b)$ 代替 $a\beta$ 并且用 βg 代替 c，得出

$$\beta A=\alpha^2\delta h+b(2\beta\gamma-\alpha\delta)\alpha+\beta^2\gamma^2 g$$

又因为 $b=-h-\delta g$，可得

$$\beta A = 2\alpha(\alpha\delta - \beta\gamma)h + (\alpha\delta - \beta\gamma)^2 g = 2\alpha h + g$$

类似地，可得

$$\delta A = a\alpha^2\delta + 2ba\gamma\delta + c\gamma^2\delta$$

$$= \alpha^2\delta^2 f + b(2\alpha\delta - \beta\gamma)\gamma - \beta\gamma^2 h$$

$$= (\alpha\delta - \beta\gamma)^2 f + 2\gamma(\alpha\delta - \beta\gamma)h = 2\gamma h + f$$

因此

$$\alpha = \frac{\beta A - g}{2h}, \quad \gamma = \frac{\delta A - f}{2h}$$

按照完全相同的方式，设

$$\frac{h - b'}{\beta'} = \frac{\alpha'}{\delta'} = f', \quad \frac{c'}{\beta'} = \frac{-h - b'}{\delta'} = g'$$

得出

$$\alpha' = \frac{\beta' A - g'}{2h}, \quad \gamma' = \frac{\delta' A - f'}{2h}$$

如果将这些值 α，γ，α'，γ' 代入刚刚给出的由型 F 变换为 F' 的公式中，就得到

$$\frac{\beta f' - \delta' g}{2h}, \quad \frac{\beta' g - \beta g'}{2h}, \quad \frac{\delta f' - \delta' f}{2h}, \quad \frac{\beta' f - \delta g'}{2h}$$

在这里面 A 已经完全消失不见了。

如果给定两个反常等价的型 F 和 F'，要求其中一个型变换成另一个型的反常代换，我们就可以设 G 是与型 F' 相反的型，又设型 G 变换成 F' 的正常代换是 α，β，γ，δ。那么，显然 α，β，$-\gamma$，$-\delta$ 就是把型 F 变换成型 F' 的反常代换。

最后，如果给定的型是既正常等价又反常等价，那么，这个方法可以给出两个代换，一个是正常代换，另一个是反常代换。

209

现在仅仅剩下如何从一个变换推导出所有其他类似的变换的问题。这个问题取决于解不定方程 $t^2 - h^2 u^2 = m^2$，其中 m 是数 a，$2b$，c 的最大公约数，

且（ a，b，c ）是这两个等价的型中的一个。但是这个方程仅有两种解法，那就是：要么设 $t = m$，$u = 0$，要么设 $t = -m$，$u = 0$。因为，如果还有另一种解法 $t = T$，$u = U$，其中 U 不等于 0，那么，由于 m^2 一定能整除 $4h^2$，就得到了 $\dfrac{4T^2}{m^2} = \dfrac{4h^2U^2}{m^2} + 4$，并且 $\dfrac{4T^2}{m^2}$ 和 $\dfrac{4h^2U^2}{m^2}$ 就都是整数的平方。但是，很明显，数 4 不可能是两个整数的平方的差，除非较小的那个平方数是 0，即 $U = 0$，这与假设矛盾。因此，如果型 F 通过代换 α，β，γ，δ 变换为型 F'，那么除了代换 $-\alpha$，$-\beta$，$-\gamma$，$-\delta$ 外，就不存在其他同型的变换把型 F 变换为型 F'。因此，如果两个型仅仅是正常等价的，或者仅仅是反常等价的，那么只有两个代换能够把其中一个型变换成另一个型；但是，如果它们既正常等价又反常等价，那么就有四个代换能够把其中一个型变换成另一个型，两个是正常代换，两个是反常代换。

210

定理

如果两个约化型（ a，h，0 ），（ a'，h，0 ）是反常等价的，就有 $aa' \equiv m^2$（ $\mathrm{mod}\, 2mh$ ），其中 m 是数 a 和 $2h$ 的最大公约数，或者是 a' 和 $2h$ 的最大公约数；并且反过来，如果 a 和 $2h$ 的最大公约数，a' 和 $2h$ 的最大公约数都是 m，且 $aa' \equiv m^2$（ $\mathrm{mod}\, 2mh$ ），型（ a，h，0 ），（ a'，h，0 ）就是反常等价的。

证明

1. 设型（ a，h，0 ）可以通过反常代换 α，β，γ，δ 变换成型（ a'，h，0 ），于是得到 4 个等式

$$a\alpha^2 + 2h\alpha\gamma = a' \tag{1}$$
$$a\alpha\beta + h(\alpha\delta + \beta\gamma) = h \tag{2}$$
$$a\beta^2 + 2h\beta\delta = 0 \tag{3}$$
$$\alpha\delta - \beta\gamma = -1 \tag{4}$$

如果用 h 乘以式［4］，并且把这个结果从［2］式中减去，写作［2］－ h ［4］，由此推出

$$(a\alpha+2h\gamma)\,\beta=2h \qquad\qquad [5]$$

类似地，由 $\gamma\delta[2]-\gamma^2[3]-(a+a\beta\gamma+h\gamma d)[4]$，删掉正负相抵的项，就得到了

$$-a\alpha\delta=a+2h\gamma\delta \text{ 或者} -(a\alpha+2h\gamma)\,\delta=a \qquad\qquad [6]$$

最后，由 $a\times[1]$ 得到

$$a\alpha(a\alpha+2h\gamma)=a\alpha', \text{ 或者}\ (a\alpha+2h\gamma)^2-a\alpha'=2h\gamma(a\alpha+2h\gamma)$$

或者

$$(a\alpha+2h\gamma)^2\equiv a\alpha'\ [\mathrm{mod}\ 2h(a\alpha+2h\gamma)] \qquad\qquad [7]$$

现在，由式［5］和式［6］可以推出：$a\alpha+2h\gamma$ 整除 $2h$ 和 a，因而也能够整除 m——这里 m 是 a 和 $2h$ 的最大公约数；但是，显然 m 也整除 $a\alpha+2h\gamma$，因此，$a\alpha+2h\gamma$ 就只能是要么等于 $+m$，要么等于 $-m$。并且，再由式［7］可以推出 $m^2\equiv a\alpha'\,(\mathrm{mod}\ 2mh)$。第 1 部分证讫。

2. 如果 a，$2h$ 的最大公约数和 a'，$2h$ 的最大公约数都是 m，并且 $aa'\equiv m^2\,(\mathrm{mod}\ 2mh)$，那么，$a/m$，$2h/m$，$a'/m$，$(aa'-m^2)/2mh$ 就都是整数。容易确定的是，型 $(a,h,0)$ 可以通过反常代换 $-\dfrac{a'}{m}$，$-\dfrac{2h}{m}$，$\dfrac{aa'-m^2}{2mh}$，$\dfrac{a}{m}$ 变换成型 $(a',h,0)$。因此，这两个型就是反常等价的。第 2 部分证讫。

由此也能够立即判断任意给定的型 $(a,h,0)$ 是不是与它自身反常等价。也就是说，如果 m 是数 a，$2h$ 的最大公约数，应该就有 $a^2\equiv m^2\,(\mathrm{mod}\ 2mh)$。

211

如果在不定型 $(A,h,0)$ 中用从 0 到 $2h-1$ 的数来替换 A，就得到了所有给定行列式为 h^2 的约化型。它们一共有 $2h$ 个。很清楚的是，行列式为 h^2 的所有的型可以分为 $2h$ 个类，它们与前面提到的（条目 175 和 195）行列

式为负及行列式为正的非平方数的型所有的类有完全相同的性质。那么，行列式为 25 的型就可以分成 10 个类，它们可以通过包含在每个类中的约化型来区分。这些约化型分别是：（0，5，0），（1，5，0），（2，5，0），（5，5，0），（8，5，0），（9，5，0），每个约化型都和它自身反常等价；（3，5，0）和（7，5，0）反常等价；以及（4，5，0）和（6，5，0）反常等价。

212

问题

求一个给定的数 M 由一个行列式为 h^2 的给定型 $ax^2 + 2bxy + cy^2$ 来表示的所有的表示法。

根据条目 168，并通过条目 180，181，205 中对于行列式为负的和正的非平方数的型的完全相同的方法，我们就可以解决这个问题。这里再重复叙述是多余的，因为这没有任何困难。但另一方面，根据针对此问题的另一个原理来求解，就不是多余的了。

如同在条目 206 和 208 中，设

$$(h-b) : a = c : -(h+b) = \beta : \delta$$

$$\frac{h-b}{\beta} = \frac{\alpha}{\delta} = f; \quad \frac{c}{\beta} = \frac{-h-b}{\delta} = g$$

我们可以毫无困难地证明，给定的型是因式 $\delta x - \beta y$ 和 $fx - gy$ 的乘积。那么，由给定的型表示 M 的任何表示法，都给出了数 M 分解成两个因数的分解方式。因此，如果数 M 的所有除数是 $d, d', d'', \cdots$（也包含 1 和 M 自身，并且每个除数取两次，既取正数，也取负数），可知，通过连续假设

$$\delta x - \beta y = d, \quad fx - gy = \frac{M}{d}$$

$$\delta x - \beta y = d', \quad fx - gy = \frac{M}{d'}$$

…

就可以得到数 M 的所有表示法，由此可以推导出 x，y 的值，其中那些给出 x，y 值为分数的表示法应当舍去。实际上，由前两个等式可得到

$$x = \frac{\beta M - g d^2}{(\beta f - \delta g) d}, \quad y = \frac{\delta M - f d^2}{(\beta f - \delta g) d}$$

因为 $\beta f - \delta g = 2h$，所以这些式子的分母就一定不等于 0，进而这些 x，y 的值就总是确定的。根据相同的原理——每个具有二次行列式的型都可以分解成两个因数的乘积——我们可以解决其他的问题；但是，此处我们更倾向于使用与前面针对具有非平方数行列式的型的相类似的方法。

例：求数 12 由型 $3x^2 + 4xy - 7y^2$ 表示的所有表示法。这个型可以分解为因式 $x - y$ 和 $3x + 7y$。数 12 的因数分别是 ± 1，± 2，± 3，± 4，± 6，± 12。设 $x - y = 1$，$3x + 7y = 12$，得到 $x = \frac{19}{10}$，$y = \frac{9}{10}$，因为它们是分数，必须舍去。以同样的方式，由因数 -1，± 3，± 4，± 6，± 12 得到没有用的值；但是由因数 $+2$，得到值 $x = 2$，$y = 0$，并且由因数 -2，得到 $x = -2$，$y = 0$。因此，除了这两个值之外，就没有其他表示法了。

如果 $M = 0$，就不能使用这种方法。显然，在此情况下 x，y 的所有值要么满足方程 $\delta x - \beta y = 0$，要么满足方程 $fx - gy = 0$。前一个方程的所有解包含于公式 $x = \beta z$，$y = \delta z$ 中，其中 z 是任意整数（只要符合假设 β 和 δ 是互质的）；类似地，如果 m 是数 f 和 g 的最大公约数，第二个方程的所有解就可以由公式 $x = \frac{gz}{m}$，$y = \frac{hz}{m}$ 表示。因此，这两个一般性公式包括了数 M 在此种情况下的所有表示法。

在前面的讨论中，所有与型的等价性有关的问题，求型的所有变换的问题，以及给定的数由给定的型表示的问题都已经得到了满意的解答。剩下的问题只需指出：如果给出两个由于有不相等的行列式而不等价的型，那么，如何判断是否有一个包含在另一个之中，若是如此，又如何求出将前一个型变换为后一个型的所有代换。

第16节　包含在与之不等价的型中的型

213

上面（条目 157，158）已经证明，如果行列式为 D 的型 f 包含行列式为 E 的型 F，并且型 f 可以通过代换 α，β，γ，δ 变换成 F，那么 $E = (\alpha\delta - \beta\gamma)^2 D$。如果 $\alpha\delta - \beta\gamma = \pm 1$，那么型 f 不仅包含型 F，而且还与之等价。因此，如果型 f 包含 F 但是不与之等价，商 $\dfrac{E}{D}$ 就是一个大于1的整数。因此，要解决的问题就是：**判断一个行列式为 D 的给定的型 f 是否包含行列式为 De^2 的给定的型 F**，其中假定 e 为大于 1 的一个正整数。为了解决这个问题，就要指出如何求出包含于 f 之中的个数有限的型，使得如果 F 包含于 f 之中，那么 F 就必定与 f 中的某个型等价。

1. 假设所有数 e 的正因数（包含 1 和 e 本身）分别是 m，m'，m''，$\cdots$，并且 $e = mn = m'n' = m''n''\cdots$。为了简洁，就用 $(m; 0)$ 表示 f 通过正常代换 m，0，0，n 变换成的型；用 $(m; 1)$ 表示 f 通过正常代换 m，1，0，n 变换成的型；$\cdots$；一般地，用 $(m; k)$ 表示 f 通过正常代换 m，k，0，n 变换成的型。类似地，f 就通过正常代换 m'，0，0，n' 变换成 $(m'; 0)$；通过 m'，1，0，n' 变换成 $(m'; 1)$；通过 m''，0，0，n'' 变换成 $(m''; 0)$；$\cdots$；所有这些型都正常包含于 f 中，它们每一个型的行列式都是 De^2。用 Ω 表示所有的型：$(m; 0)$，$(m; 1)$，$(m; 2)$，$\cdots$，$(m; m-1)$；$(m'; 0)$，$(m'; 1)$，$\cdots$，$(m'; m'-1)$；$(m''; 0)\cdots$。它们的个数就是 $m + m' + m''$，并且容易发现，它们都是彼此不同的。

例：如果型 f 是（2，5，7）并且 $e = 5$，Ω 就包含以下 6 个型（1；0），（5；0），（5；1），（5；2），（5；3），（5；4），并且，如果把这些型计算出来，它们就是（2，25，175），（50，25，7），（50，35，19），（50，45，35），（50，55，55），（50，65，79）。

2. 我现在断言，如果具有行列式 De^2 的型 F 正常包含于型 f，它就一定正常等价于 Ω 中的某一个型。假设型 f 可以通过正常代换 α，β，γ，δ 变换成型 F，就有 $\alpha\delta - \beta\gamma = e$。设数 γ，δ 的最大正公约数（γ，δ 不可能同时为 0）等于 n，并且设 $\frac{e}{n} = m$，m 显然是一个整数。选择 g，h，使得 $\gamma g + \delta h = n$，并且设 k 是数 $\alpha g + \beta h$ 对于模 m 的最小正剩余。那么，型（m；k）（它显然包含在 Ω 中）就正常等价于型 F，并且可以通过正常代换

$$\frac{\gamma}{n} \cdot \frac{\alpha g + \beta h - k}{m} + h, \quad \frac{\delta}{n} \cdot \frac{\alpha g + \beta h - k}{m} - g, \quad \frac{\gamma}{n}, \quad \frac{\delta}{n}$$

变换成型 F。

因为，第一，显然这 4 个数是整数；第二，容易确定这个变换是正常变换；第三，显然型（m；k）通过这个代换所变成的型与型 f[1] 通过代换

$$m\left(\frac{\gamma}{n} \cdot \frac{\alpha g + \beta h - k}{m} + h\right) + \frac{k\gamma}{n}, \quad m\left(\frac{\delta}{n} \cdot \frac{\alpha g + \beta h - k}{m} - g\right) + \frac{k\delta}{n}, \quad \gamma, \quad \delta$$

所变成的型是一样的；或者说，由于 $mn = e = \alpha\delta - \beta\gamma$，因而 $\beta\gamma + mm = \alpha\delta$，$\alpha\delta - mn = \beta\gamma$，所以上面的代换就是

$$\frac{1}{n}\left(\alpha\gamma g + \alpha\delta h\right), \quad \frac{1}{n}\left(\beta\gamma g + \beta\delta h\right), \quad \gamma, \quad \delta$$

最后，因为 $\gamma g + \delta h = n$，所以这就是代换 α，β，γ，δ。根据假设，这个代换把 f 变成了 F。所以，（m；k）和 F 就是正常等价的。证讫。

因此，我们总是能够判断一个行列式为 D 的给定的型 f 是不是正常包含行列式为 De^2 的型 F。如果想要知道 f 是不是反常包含 F，只要研究与 F 相反的型是不是包含在型 f 中即可（条目 159）。

214

问题

给定两个型，行列式为 D 的型 f 和行列式为 De^2 的型 F，前者正常包含后

---

[1] 通过代换 m，k，0，n，它就变换成（m；k）。参考条目 159。

者；求出所有把型 f 变换为型 F 的正常代换。

解：用 Ω 表示上个条目中相同的型的总体，从中取出所有与 F 正常等价的型，设它们是 Φ，Φ'，Φ''，…。这些型中的每一个都给出型 f 变换成 F 的正常代换，每个型给出不同的代换，但加在一起就给出了全部代换（也就是说，型 f 变换成 F 的全部正常代换都来自 Φ，Φ'，Φ''，…中的型）。由于这个方法对于所有的型 Φ，Φ'，Φ''，…都是一样的，我们就只讨论其中一个型。

我们假设 Φ 是 $(M; K)$，且 $e=MN$，f 可以通过正常代换 M，K，0，N 变换成 Φ。进而，一般地，我们用 $\mathfrak{a}$，$\mathfrak{b}$，$\mathfrak{c}$，$\mathfrak{d}$ 表示型 Φ 变换成 F 的所有正常代换。那么，显然，f 就可以通过正常代换 $M\mathfrak{a}+K\mathfrak{c}$，$M\mathfrak{b}+K\mathfrak{d}$，$N\mathfrak{c}$，$N\mathfrak{d}$ 变换成 Φ。以这种方式，型 Φ 变换成 F 的任意一个正常代换就给出型 f 变换成 F 的一个正常代换。其他的型 Φ'，Φ''，…应当按照相同的方式讨论，它们中每个型变换成 F 的正常代换就给出型 f 变换成 F 的一个正常代换。

为了证明这个解在每个方面都是完整的，我们必须证明：

1. **型 f 变换成 F 的所有可能的正常代换都可以以这种方式得到**。设型 f 变换成 F 的任意正常代换是 α，β，γ，δ，如同在条目 213 第 2 点中的证明一样，令 n 是数 γ，δ 的最大公约数；按照上个条目中的方式确定数 m，g，h，k。那么，型 $(m; k)$ 就出现在型 Φ，Φ'，Φ''，…中，并且

$$\frac{\gamma}{n} \cdot \frac{ag+\beta h-k}{m}+h,\ \frac{\delta}{n} \cdot \frac{ag+\beta h-k}{m}-g,\ \frac{\gamma}{n},\ \frac{\delta}{n}$$

就是把这个型变换成 F 的正常代换之一，根据我们给出的法则，就可得到代换 α，β，γ，δ，上个条目已经给出了所有证明。

2. **以这种方式得到的所有代换彼此都是不同的；也就是说，每种代换只能得到一次**。不难发现的是，由同一个型 Φ 或者 Φ'…变换成 F 的不同代换不可能得到型 f 变换成 F 的同一个变换。我们以下面的方式证明：不同的型，例如 Φ 和 Φ'，不可能产生同一个代换。我们假设型 f 变换成 F 的正常代换 α，β，γ，δ，**既能通过型 Φ 变换成 F 的正常代换 $\mathfrak{a}$，$\mathfrak{b}$，$\mathfrak{c}$，$\mathfrak{d}$ 得到，又能通过型 Φ' 变换成 F 的正常代换 $\mathfrak{a}'$，$\mathfrak{b}'$，$\mathfrak{c}'$，$\mathfrak{d}'$ 得到**。设 $\Phi=(M; K)$，$\Phi'=(M'; K')$，$e=MN=M'N'$，我们就得到以下等式

$$\alpha = M\mathfrak{a} + K\mathfrak{c} = M'\mathfrak{a}' + K'\mathfrak{c}' \qquad [1]$$

$$\beta = M\mathfrak{b} + K\mathfrak{d} = M'\mathfrak{b}' + K'\mathfrak{d}' \qquad [2]$$

$$\gamma = N\mathfrak{c} = N'\mathfrak{c}' \qquad [3]$$

$$\delta = N\mathfrak{d} = N'\mathfrak{d}' \qquad [4]$$

$$\mathfrak{a}\mathfrak{d} - \mathfrak{b}\mathfrak{c} = \mathfrak{a}'\mathfrak{d}' - \mathfrak{b}'\mathfrak{c}' = 1 \qquad [5]$$

由 $\mathfrak{a}[4] - \mathfrak{b}[3]$，并且使用等式 $[5]$，可以推出 $N = N'(\mathfrak{a}\mathfrak{d}' - \mathfrak{b}\mathfrak{c}')$ 因而 N' 整除 N；类似地，由 $\mathfrak{a}'[4] - \mathfrak{b}'[3]$ 我们得到 $N' = N(\mathfrak{d}'\mathfrak{a} - \mathfrak{b}'\mathfrak{c})$，且 N 整除 N'。现在，由于假设 N 和 N' 都是正数，我们一定得到 $N = N'$ 且 $M = M'$，因而，由 $[3]$ 和 $[4]$ 得，$\mathfrak{c} = \mathfrak{c}'$，$\mathfrak{d} = \mathfrak{d}'$。进而，由 $\mathfrak{a}[2] - \mathfrak{b}[1]$ 得到

$$K = M'(\mathfrak{a}\mathfrak{b}' - \mathfrak{b}\mathfrak{a}') + K(\mathfrak{a}\mathfrak{b}' - \mathfrak{b}\mathfrak{c}') = M(\mathfrak{a}\mathfrak{b}' - \mathfrak{b}\mathfrak{a}') + K'$$

因此，$K \equiv K' \pmod{M}$。对于这一结果，除非 $K = K'$，否则这是不可能的，因为 K 和 K' 都位于界限0和 $M-1$ 之间。因此，型 Φ 和 Φ' 就是相同的型，这与假设矛盾。

显然，如果 D 是负数或正的平方数，这个方法就能给出型 f 变换成 F 的所有正常代换；如果 D 是正的非平方数，这个方法可以给出某种包含所有正常代换的一般性方程（它们的个数是无限的）。

最后，如果型 F 反常包含于型 f，那么用所给的方法可以轻松地求得前者变换成后者的所有反常代换。也就是说，如果 α，β，γ，δ 表示型 f 变换成与 F 相反的型的所有正常代换，那么型 f 变换成 F 的所有反常代换就可以由 α，$-\beta$，γ，$-\delta$ 表示。

例：我们求型 $(2, 5, -7)$ 变换成 $(275, 0, -1)$ 的所有代换，其中既包含正常变换，又包含反常变换。在上个条目中，对于这种情况我们给出了型的整体 Ω。如果我们检查这些型，就会发现它们通过代换 $(5; 1)$ 和 $(5; 4)$ 都正常等价于型 $(275, 0, -1)$。根据我们上面的理论，型 $(5; 1)$ 的所有正常代换，即 $(50, 35, 19)$ 变换成 $(275, 0, -1)$ 的所有正常代换，就包含于一般公式

$$16t - 275u, \quad -t + 16u, \quad -15t + 275u, \quad t - 15u$$

中，这里 t，u 是满足方程 $t^2 - 275u^2 = 1$ 的所有整数的不定表示，因此，由此

得到的型（2，5，7）变换成（275，0，－1）的所有正常代换就包含于一般公式

$$65t - 1\,100u,\quad -4t + 65u,\quad -15t + 275u,\quad t - 15u$$

中。类似地，型（5；4）的所有正常代换，即（50，65，79）变换成（275，0，－1）的所有正常代换，就包含于一般公式

$$14t + 275u,\quad t + 14u,\quad -15t - 275u,\quad -t - 15u$$

中。因而，由此得到的型（2，5，7）变换成（275，0，－1）的所有正常代换就包含于

$$10t + 275u,\quad t + 10u,\quad -15t - 275u,\quad -t - 15u$$

中。因此，这两个公式就包含[1]了我们要求的所有正常代换。以这种方式，我们求得型（2，5，7）变换成（275，0，－1）的所有反常代换包含于以下两个公式中

（Ⅰ）$65t - 1\,100u,\ 4t - 65u,\ -15t + 275u,\ -t + 15u$

（Ⅱ）$10t + 275u,\ -t - 10u,\ -15t - 275u,\ t + 15u$

---

[1] 更精确地讲，我们说所有正常代换包含于公式 $10t + 55u,\ t + 2u,\ -15t - 55u,\ -t - 3u$ 中，其中 t，u 是所有满足方程 $t^2 - 11u^2 = 1$ 的整数。

第 17 节 行列式为 0 的型

215

到目前为止，我们的讨论中一直排除了行列式为 0 的型。现在，为了让理论在每个方面都是完整的，我们必须讨论一下这些型。由于我们做过一般性的证明：如果一个行列式为 D 的型包含一个行列式为 D' 的型，D' 是 D 的倍数；那么，一个行列式等于 0 的型不可能包含另外一个型，除非那个型的行列式也等于 0。现在，只剩下两个问题需要解决：**（1）给定两个型 f 和 F，F 的行列式为 0，判断 f 是不是包含 F，并且如果 f 包含 F，求能够把 f 变换成 F 的所有代换；（2）求一个给定的数由给定的行列式为 0 的型表示的所有表示法。** 对于第一个问题，当型 f 的行列式也是 0 时，需要一种方法；当型 f 的行列式不是 0 时，需要另一种方法。现在来解释这一点。

1. 首先，我们指出，行列式 $b^2 - ac = 0$ 的任意型 $ax^2 + 2bxy + cy^2$ 都能表示为 $m(gx + hy)^2$，其中 g，h 是互质的，m 是整数。设 m 是 a 和 c 的最大公约数，且与 a 和 c 取相同的符号（容易发现，a 和 c 不可能有相反的符号）。那么，$\dfrac{a}{m}$ 和 $\dfrac{c}{m}$ 就是互质的非负整数，并且它们的乘积就等于 $\dfrac{b^2}{m^2}$，是一个平方数。因而 $\dfrac{a}{m}$ 和 $\dfrac{c}{m}$ 就都是平方数（条目 21）。设 $\dfrac{a}{m} = g^2$，$\dfrac{c}{m} = h^2$，且 g 和 h 就也是互质的，因而有 $g^2 h^2 = \dfrac{b^2}{m^2}$ 且 $gh = \pm \dfrac{b}{m}$。因此，可知

$$m(gx \pm hy)^2 = ax^2 + 2bxy + cy^2$$

现在，设给定两个型 f 和 F，它们的行列式都是 0，并且

$$f = m(gx + hy)^2, \quad F = M(GX + HY)^2$$

这里 g 和 h 互质，G 和 H 互质。现在，我断言，如果型 f 包含型 F，m 要么等于 M，要么至少整除 M，并且它们的商是平方数；反过来，如果 $\dfrac{M}{m}$ 是个平方整数，型 F 就包含于型 f 中。假设 f 通过代换

$$x = \alpha X + \beta Y, \quad y = \gamma X + \delta Y$$

变换成 F，就有

$$\frac{M}{m}\left(GX+HY\right)^2=\left[\left(\alpha g+\gamma h\right)X+\left(\beta g+\delta h\right)Y\right]^2$$

并且，由此容易推出 $\dfrac{M}{m}$ 是个平方数。设 $\dfrac{M}{m}=e^2$，有

$$e\left(GX+HY\right)=\pm\left[\left(\alpha g+\gamma h\right)X+\left(\beta g+\delta h\right)Y\right]$$

即

$$\pm eG=\alpha g+\gamma h,\ \ \pm eH=\beta g+\delta h$$

因此，如果假定 $\mathfrak{G}$，$\mathfrak{H}$，使得 $\mathfrak{G}G+\mathfrak{H}H=1$，就得到 $\pm e=\mathfrak{G}\left(\alpha g+\gamma h\right)+\mathfrak{H}$ $\left(\beta g+\delta h\right)$，因而它是一个整数，第 1 部分证毕。

反过来，如果 $\dfrac{M}{m}$ 是个平方整数 e^2，那么型 f 就包含型 F。也就是说，可以这样确定整数 α，β，γ，δ，使得

$$\alpha g+\gamma h=\pm eG,\ \beta g+\delta h=\pm eH$$

如果求得整数 $\mathfrak{g}$，$\mathfrak{h}$，使得 $\mathfrak{g}g+\mathfrak{h}\mathfrak{h}=1$，那么，可以通过令

$$\alpha=\pm eG\mathfrak{g}+hz,\ \gamma=\pm eG\mathfrak{h}-gz$$
$$\beta=\pm eH\mathfrak{g}+hz',\ \delta=\pm eH\mathfrak{h}-gz'$$

来满足这些方程。其中，z 和 z' 可以为任意整数值。因此，F 就包含于 f 中，第 2 部分证明完毕。同时，不难发现的是，这些公式给出了 α，β，γ，δ 可以取的所有的值，即给出了型 f 变换为型 F 的所有代换，前提是 z 和 z' 取遍所有整数值。

2. 给定行列式不等于 0 的型 $f=ax^2+2bxy+cy^2$，以及行列式等于 0 的型 $F=M\left(GX+HY\right)^2$（这里像之前一样，G 和 H 是互质的）。我断言，首先，如果 f 包含 F，数 M 就可以用型 f 来表示；其次，如果 M 能够用 f 表示，F 就包含在 f 中；再次，在这种情况下，由型 f 表示的数 M 的所有表示法可以用通式 $x=\xi$，$y=\nu$ 来给出，型 f 变换成型 F 的所有变换可以通过 $G\xi$，$H\xi$，$G\nu$，$H\nu$ 给出。证明如下：

1）假设 f 通过代换 α，β，γ，δ 变换成 F，求数 $\mathfrak{G}$，$\mathfrak{H}$，使得 $\mathfrak{G}G+\mathfrak{H}H=1$。那么，很明显，如果设 $x=\alpha\mathfrak{G}+\beta\mathfrak{H}$，$y=\gamma\mathfrak{G}+\delta\mathfrak{H}$，型 f 的值就变成 M，因而 M 可以由型 f 表示。

2）假设 $a\xi^2+2b\xi\nu^2+c\nu^2=M$，显然，通过代换 $G\xi$，$H\xi$，$G\nu$，$H\nu$，型 f 可以变换成 F。

3）在此情况下，如果 ξ，ν 包含使得 $f=M$ 的所有 x，y 的值，那么代换 $G\xi$，$H\xi$，$G\nu$，$H\nu$ 就给出了由型 f 变换成型 F 的所有代换。证明如下：设 α，β，γ，δ 是型 f 变换成型 F 的任意代换，并且像之前一样设 $\mathfrak{G}G+\mathfrak{H}H=1$，那么，在 x，y 的所有值中，就也存在以下值

$$x=\alpha\mathfrak{G}+\beta\mathfrak{H}, \quad y=\gamma\mathfrak{G}+\delta\mathfrak{H},$$

由此，得到代换

$$G(\alpha\mathfrak{G}+\beta\mathfrak{H}), \quad H(\alpha\mathfrak{G}+\beta\mathfrak{H}), \quad G(\gamma\mathfrak{G}+\delta\mathfrak{H}), \quad H(\gamma\mathfrak{G}+\delta\mathfrak{H})$$

也即

$$\alpha+\mathfrak{H}(\beta\mathfrak{G}-\alpha H), \quad \beta+\mathfrak{G}(\alpha H-\beta G)$$
$$\gamma+\mathfrak{H}(\delta\mathfrak{G}-\gamma H), \quad \delta+\mathfrak{G}(\gamma H-\delta G)$$

但是，由于

$$a(\alpha X+\beta Y)^2+2b(\alpha X+\beta Y)(\gamma X+\delta Y)+c(\gamma X+\delta Y)^2=M(GX+HY)^2$$

得出

$$a(\alpha\delta-\beta\gamma)^2=M(\delta G-\gamma H)^2$$
$$c(\beta\gamma-\alpha\delta)^2=M(\beta G-\alpha H)^2$$

因此［由于型 f 的行列式乘以 $(\alpha\delta-\beta\gamma)^2$ 就等于型 F 的行列式，即等于 0，所以有 $\alpha\delta-\beta\gamma=0$］，$\delta G-\gamma H=0$，$\beta G-\alpha H=0$。因此，我们所讨论的代换就简化为 α，β，γ，δ，并且所讨论的公式可以生成把型 f 变换为型 F 的所有代换。

3. 最后我们还要指出，怎样找出由一个行列式为 0 的给定的型来表示一个给定的数的所有表示法。设这个型是 $m(gx+hy)^2$，立即可知的是，这个数能够被 m 整除，并且它们的商是一个平方数。因此，如果用 me^2 表示给定的数，那么对于给出了 $m(gx+hy)^2=me^2$ 的 x，y 的值就是那些使得 $gx+hy$ 要么等于 $+e$，要么等于 $-e$ 的值。因此，如果求出了线性方程 $gx+hy=e$，$gx+hy=-e$ 的所有整数解，就得到了全部的表示法。显然，这两个线性方程是可解的（如果 g，h 照前面的假设是互质的）。也就是说，如果确定 $\mathfrak{g}$，$\mathfrak{h}$，使得 $\mathfrak{g}g+\mathfrak{h}h=1$，通过令 $x=\mathfrak{g}e+hz$，$y=\mathfrak{h}e-gz$，第 1 个方程就得到了满足；通过令 $x=-\mathfrak{g}e+hz$，$y=-\mathfrak{h}e-gz$，且 z 是任意整数，第 2 个方程就得到了满足。同时，如果一般地令 z 代表任意整数，这些公式就给出了 x，y 的所有整数值。

作为这些研究之大成，我们在下一节内容介绍。

第 18 节　所有二元二次不定方程的一般整数解

216

问题

　　求一般的[1]**二元二次不定方程** $ax^2 + 2bxy + cy^2 + 2dx + 2ey + f = 0$ **的所有整数解，其中** a，b，c，… **都是任意给定整数。**

　　解：引入量 $p = (b^2 - ac)x + be - cd$ 和 $q = (b^2 - ac)y + bd - ae$ 来代替未知数 x，y。当 x，y 是整数时，这两个量显然是整数。将 p，q 代入方程可得

$$ap^2 + 2bpq + cq^2 + f(b^2 - ac)^2 + (b^2 - ac)(ae^2 - 2bde + cd^2) = 0$$

或者，如果为了简洁，写成

$$f(b^2 - ac)^2 + (b^2 - ac)(ae^2 - 2bde + cd^2) = -M$$

我们得到

$$aq^2 + 2bpq + cq^2 = M$$

在上个章节中我们指出了如何求这个方程的所有解，即数 M 由型 (a, b, c) 表示的所有表示法。那么，对于每组 p，q 的值，借助表达式

$$x = \frac{p + cd - be}{b^2 - ac}，\quad y = \frac{q + ae - bd}{b^2 - ac}$$

便可确定对应 x，y 的值。显然，所有这些值都满足给定的方程，并且其中包含了 x，y 的所有整数值。因此，如果从中舍去所有分数，那么就得到了想要保留的所有的解。

　　关于这个解法，必须指出以下几点：

---

　　[1] 如果方程中第 2，第 4，或者第 5 项系数不是偶数，那么乘以 2 之后就得到我们这里讨论的方程。

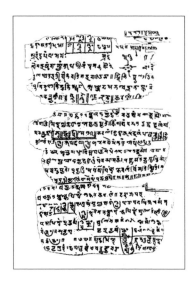

□ 巴克沙手稿

于1881年发掘出的巴克沙手稿，是公元前2世纪至公元3世纪期间印度数学的唯一见证。这些书写在桦树皮上的手稿记载有丰富的数学内容，涉及分数、平方根、数列、收支与利润计算。尤其值得注意的是，手稿中出现了完整的十进制。

1. 如果 M 不能由型 $(a，b，c)$ 表示，或者从任何表示中都得不到 $x，y$ 的整数值，那么方程就没有整数解。

2. 当型 $(a，b，c)$ 的行列式 b^2-ac 是负的或者正的平方数，并且 M 不等于 0 时，数 M 的表示的个数就是有限的，因而所给方程的解的个数（如果有的话）也是有限的。

3. 当 b^2-ac 是正的非平方数，或者 b^2-ac 是平方数且 $M=0$ 时，如果数 M 可以由型 $(a，b，c)$ 表示，那么就有无穷多种不同的表示法。但是，由于不可能逐个求出这些表示，并检验由它们给出的 $x，y$ 的值是整数还是分数，有必要确立一种法则，通过它能确定没有表示会给出 $x，y$ 的值为整数（因为不论尝试多少种表示，如果不确立这种规则，就永远都无法确定）。并且，当一些表示法给出 $x，y$ 的值为整数，另一些表示法给出 $x，y$ 的值为分数时，必须确定一般地如何区分这两种表示法。

4. 当 $b^2-ac=0$ 时，$x，y$ 的值完全不可能由前面的公式确定。因此，对于这种情况需要一种特殊方法。

217

对于 b^2-ac 是正的非平方数的这种情况，上面指出数 M 由型 $ap^2+2bpq+cq^2$ 表示的所有表示法（如果存在）能够由下面的一个或更多个公式给出

$$p=\frac{1}{m}（\mathfrak{A}t+\mathfrak{B}u），\quad q=\frac{1}{m}（\mathfrak{C}t+\mathfrak{D}u）$$

其中 $\mathfrak{A}$，$\mathfrak{B}$，$\mathfrak{C}$，$\mathfrak{D}$ 是给定的整数；m 是数 a，$2b$，c 的最大公约数；t，u 是一般地满足方程 $t^2-(b^2-ac)u^2=m^2$ 的所有整数。由于 t，u 既能够取正值，也能够取负值，所以这两个公式可以用下面的 4 个公式来代替

$$p=\frac{1}{m}(\mathfrak{A}t+\mathfrak{B}u)，\quad q=\frac{1}{m}(\mathfrak{C}t+\mathfrak{D}u)$$

$$p=\frac{1}{m}(\mathfrak{A}t-\mathfrak{B}u)，\quad q=\frac{1}{m}(\mathfrak{C}t-\mathfrak{D}u)$$

$$p=\frac{1}{m}(-\mathfrak{A}t+\mathfrak{B}u)，\quad q=\frac{1}{m}(-\mathfrak{C}t+\mathfrak{D}u)$$

$$p=-\frac{1}{m}(\mathfrak{A}t+\mathfrak{B}u)，\quad q=-\frac{1}{m}(\mathfrak{C}t+\mathfrak{D}u)$$

现在，所有公式的个数是原先的四倍，并且这里的 t，u 不再是满足方程 $t^2-(b^2-ac)u^2=m^2$ 的所有的数，而仅仅是满足方程的所有正值。因此，应当对这些型分别考虑，并且必须研究 t，u 的哪些值能给出 x，y 的整数值。

由公式

$$p=\frac{1}{m}(\mathfrak{A}t+\mathfrak{B}u)，\quad q=\frac{1}{m}(\mathfrak{C}t+\mathfrak{D}u) \qquad [1]$$

得出 x，y 的值就是这些

$$x=\frac{\mathfrak{A}t+\mathfrak{B}u+mcd-mbe}{m(b^2-ac)}，\quad y=\frac{\mathfrak{C}t+\mathfrak{D}u+mae-mbd}{m(b^2-ac)}$$

我们之前指出，t 的所有（正）值构成一个循环的序列 t^0，t'，t''，…，类似对应的 u 的值也构成循环的序列 u^0，u'，u''，…；进而能够指定一个数 p，使得对于任意给定的模，有

$$t^p\equiv t^0，\ t^{p+1}\equiv t'，\ t^{p+2}\equiv t''，\ \cdots，\ u^p\equiv u^0，\ u^{p+1}\equiv u'，\ \cdots$$

取数 $m(b^2-ac)$ 作为模，为了简洁，用 x^0，y^0 表示当 $t=t^0$，$u=u^0$ 时得到的 x，y 的值。类似地，用 x'，y' 表示用 $t=t'$，$u=u'$ 得到的 x，y 的值，…。那么，不难发现，如果 x^h，y^h 是整数，恰当地选择 p，使得 x^{h+p}，y^{h+p}，x^{h+2p}，y^{h+2p}，一般地，x^{h+kp}，y^{h+kp} 就也是整数。反过来，如果 x^h 或者 y^h 是分数，x^{h+kp}，y^{h+kp} 就也是分数。总结：如果构建对应于指标 0，1，2，…，$p-1$ 的 x，y 的值，而这些指标中的每一个都不能使 x，y 同时是整数，那么就没有哪个指数能使 x，y 都取到整数值，从而由公式 [1] 不可能推出整数值 x，y。但是，如果存在一些指数，例如 μ，μ'，μ''，…，对于这些指标，x，y 都有整数值，那么，可以由公式 [1] 得到所有的整数值 x，y，这些指标具

有形式 $\mu+kp$，$\mu'+kp$，$\mu''+kp$，$\cdots$，其中 k 是包括 0 的任意整数。

包含 p，q 的值的其他公式可以用完全相同的方式来处理。如果从所有这些公式中都不能得到 x，y 的整数值，那么所给方程完全没有整数解；但是，如果它有解，那么所有整数解都可以通过上面的法则得到。

218

当 b^2-ac 是平方数且 $M=0$ 时，p，q 的所有值就包含于两组公式中：$p=\mathfrak{A}z$，$q=\mathfrak{B}z$；$p=\mathfrak{A}'z$，$q=\mathfrak{B}'z$。这里 z 表示任意整数，$\mathfrak{A}$，$\mathfrak{B}$，$\mathfrak{A}'$，$\mathfrak{B}'$ 是给定整数，并且第 1 个数和第 2 个数没有公约数，第 3 个数和第 4 个数也没有公约数（条目 212）。由第 1 组公式给出的 x，y 的所有整数值就包含于公式

$$x=\frac{\mathfrak{A}z+cd-be}{b^2-ac}, \quad y=\frac{\mathfrak{B}z+ae-bd}{b^2-ac} \qquad [1]$$

并且，由第 2 组公式给出的 x，y 的所有其他值就包含于公式

$$x=\frac{\mathfrak{A}'z+cd-be}{b^2-ac}, \quad y=\frac{\mathfrak{B}'z+ae-bd}{b^2-ac} \qquad [2]$$

但是，由于这两组公式都会给出分数的值（除非 $b^2-ac=1$），有必要将每个公式中那些使得 x 和 y 均为整数的 z 的值同其他 z 的值区分开，不过，只要考虑第 1 个公式就够了，因为同样的方法对第 2 个公式也适用。

由于 $\mathfrak{A}$，$\mathfrak{B}$ 是互质的，我们能够找出两个数 $\mathfrak{a}$，$\mathfrak{b}$ 使得 $\mathfrak{a}\mathfrak{A}+\mathfrak{b}\mathfrak{B}=1$，由此得到

$$(\mathfrak{a}x+\mathfrak{b}y)(b^2-ac)=z+\mathfrak{a}(cd-be)+\mathfrak{b}(ae-bd)$$

显然，使 x 和 y 均为整数的 z 的所有值必须相对于模 b^2-ac 与 $\mathfrak{a}(be-cd)+\mathfrak{b}(bd-ae)$ 同余，或者必须包含于公式 $(b^2-ac)z'+\mathfrak{a}(be-cd)+\mathfrak{b}(bd-ae)$ 中，其中 z' 表示任意整数。那么，代替公式 [1]，我们轻松地得到了下面的公式

$$x=\mathfrak{A}z'+\mathfrak{b}\frac{\mathfrak{A}(bd-ae)-\mathfrak{B}(be-cd)}{b^2-ac}$$

$$y = \mathfrak{B}z' - \mathfrak{a}\,\frac{\mathfrak{A}(bd-ae)-\mathfrak{B}(be-cd)}{b^2-ac}$$

显然，这些公式要么对所有 z' 的值都能给出 x，y 的整数值，要么对所有 z' 的值都不可能给出 x，y 的整数值，而且前一种情况当 $\mathfrak{A}(bd-ae)$ 和 $\mathfrak{B}(be-cd)$ 对于模 b^2-ac 同余时成立，后一种情况当它们不同余时成立。我们可以用和处理公式［1］完全相同的方式处理公式［2］，并且把整数解（如果有）和其余的解分开。

219

当 $b^2-ac=0$ 时，型 $ax^2+2bxy+cy^2$ 就可以表示为 $m(\alpha x+\beta y)^2$，其中 m，α，β 是整数（条目 215）。如果设 $\alpha x+\beta y=z$，所给方程就可以变成

$$mz^2+2dx+2ey+f=0$$

由此推导出

$$x=\frac{\beta mz^2+2ez+\beta f}{2\alpha e-2\beta d},\quad y=\frac{\alpha mz^2+2dz+\alpha f}{2\beta d-2\alpha e}$$

显然，除非 $\alpha e=\beta b$（马上单独讨论这种情况），否则由任意的 z 代入这些公式所得到的 x，y 都满足所给方程。因此，剩下我们仅要指出如何确定给出 x，y 整数值的 z 的值即可。

由于 $\alpha x+\beta y=z$，有必要为 z 仅选取整数值。进而可知，如果 z 的某个值可以给出 x 和 y 的整数值，那么所有对于模 $2\alpha e-2\beta d$ 与这个值同余的所有的 z 的值都可以给出 x 和 y 的整数值。因此，如果用从 0 到 $2\alpha e-2\beta d-1$（包含边界）的所有整数代替 z（当 $\alpha e-\beta d$ 是正数），或者用从 0 到 $2\beta d-2\alpha e-1$（当 $\alpha e-\beta d$ 是负数），那么对于所有这些值，若 x，y 不是整数，则 z 的任何值都不能使得 x，y 取整数，并且所给方程就没有整数解。但是，如果对于 z 的某些值（例如 ζ，ζ'，ζ''，…），x，y 有整数值（可以按照第 4 章的原理通过求解二次同余方程来求出它们），则只要令 $z=(2\alpha e-2\beta d)v+\zeta$，$z=(2\alpha e-2\beta d)v+\zeta'$，…，其中 v 取所有整数，就求出了所给方程的所有解。

220

现在必须找出一种特殊的方法处理条目 219 中排除的情况，也就是 $\alpha e = \beta b$。假设 α，β 是互质的，由条目 215.1 可知，这种假设是可以的。那么，我们就得到 $\dfrac{d}{\alpha} = \dfrac{e}{\beta}$，而且它是一个整数（条目 19）。我们令此分式为 h，那么，所给的方程有这样的形式

$$(m\alpha x + m\beta y + h)^2 - h^2 + mf = 0$$

显然，除非 $h^2 - mf$ 是平方数，否则这个方程不可能有有理数解。设 $h^2 - mf = k^2$，所给方程就等价于下面两个方程

$$m\alpha x + m\beta y + h + k = 0,\ m\alpha x + m\beta y + h - k = 0$$

即，所给方程的任何一个解都满足这两个方程中的某一个，反之亦然。显然，除非 $h + k$ 能被 m 整除，否则第 1 个方程没有整数解，并且类似地，第 2 个方程仅当 $h - k$ 能被 m 整除时才有整数解。这些条件对于求解每个方程是足够的（因为假设 α，β 是互质的），我们可以利用已知的法则求出所有解。

221

我们用例子阐述条目 217 中的情况（因为这个是最难的）。设所给的方程是 $x^2 + 8xy + y^2 + 2x - 4y + 1 = 0$，通过引入其他变量 $p = 15x - 9$，$q = 15y + 6$，推导出方程 $p^2 + 8pq + q^2 = -540$。这个方程的所有整数解就包含于下面的四组公式中

$$p = 6t,\ q = -24t - 90u$$
$$p = 6t,\ q = -24t + 90u$$
$$p = -6t,\ q = 24t - 90u$$
$$p = -6t,\ q = 24t + 90u$$

其中，t，u 表示所有满足公式 $t^2 - 15u^2 = 1$ 的正整数，且它们可以由公式

$$t = \frac{1}{2}\left[\,(4+\sqrt{15}\,)^{\,n} + (4-\sqrt{15}\,)^{\,n}\,\right]$$

$$t = \frac{1}{2\sqrt{15}}\left[\,(4+\sqrt{15}\,)^{\,n} - (4-\sqrt{15}\,)^{\,n}\,\right]$$

表示，其中 n 表示所有正整数（包括 0）。因此，x，y 的所有的值就包含于下面这些公式中

$$x = \frac{1}{5}\,(2t+3)\,, \quad y = -\frac{1}{5}\,(8t+30u+2)$$

$$x = \frac{1}{5}\,(2t+3)\,, \quad y = -\frac{1}{5}\,(8t-30u+2)$$

$$x = \frac{1}{5}\,(-2t+3)\,, \quad y = \frac{1}{5}\,(8t-30u-2)$$

$$x = \frac{1}{5}\,(-2t+3)\,, \quad y = \frac{1}{5}\,(8t+30u-2)$$

如果恰当地应用前面的结论，我们就会发现，为了得到整数解，在第 1 和第 2 个公式中必须取由**偶指数** n 所得到的 t，u 的值，在第 3 和第 4 个公式中必须取由**奇指数** n 所得到的 t，u 的值。最简单的解分别是：$x=1$，-1，-1；$y=-2$，0，12。

　　我们注意到，上个条目中的问题的解法常常可以通过各种手段简化，尤其是涉及用来排除无用的解——分数的方法，但是，为了不让讨论无边无际，我们必须省去这部分内容。

第19节 历史注释

222

由于其他学者也研究过书中介绍的内容，这里不能不提一下他们的工作。拉格朗日先生在 *Nouv.mém. Acad. Berlin* 上曾做过关于**型的等价性**的一般讨论。尤其值得注意的是，他指出对于一个给定的行列式，能够找到有限个型，使得每一个有这一行列式的型都与其中的某个型等价，因而，给定行列式的所有型可以分类。后来，勒让德先生发现了这种分类的诸多优雅的性质。我们在下文中给出这个分类以及证明。到目前为止，还没有人利用过正常等价和反常等价的区别，但是，这种区别是进行更加细致的研究的非常有效的工具。

拉格朗日先生是完整地解决条目 216 中所述及的著名问题的第一人。我们经常引用的欧拉的 *Algebra* 的增补中也有一个解法（但不够完整）。欧拉自己也研究过这个问题，但是，他总是将自己的研究局限于从一个假设为已知的解推导出其他解，所以，他的方法只能给出少数几种情况下的所有解。由于最后一个解法更靠近现在，并且更加全面地处理了这个问题，使人在这个方面不再想要了解更多——似乎欧拉当时并不知道那个解法（*Commentarii* 的第 18 卷实际完成于 1773 年，而于 1774 年发表）。然而，我们的解法（以及本章节中讨论的其他内容）都是基于和那个解法完全不同的原理之上。

另外像丢番图和费马的一些学者关于这个主题所做的工作仅限于特殊情况，因此，由于前文已经提到了这些值得注意的评论，这里就不再单独讨论了。

到目前为止，我们叙述的关于二次型的内容只能看作这个理论的最初部分。进一步研究的空间还非常广阔，我们接着会解释所有看起来尤为值得注意的内容。这个论题的结论如此丰富，为了简洁，只能略去很多其他结论。

毫无疑问的是，还有很多结论等待研究和发现。这里说明一点：行列式为 0 的型不在讨论的范围内，除非特别提到。

第 20 节　将给定行列式的型进行分类

223

条目 175，195，211 已经指出，如果给定任意整数 D（正数或负数），那么可以指定有限个数的行列式为 D 的型 F，F'，F''，…，使得每个行列式为 D 的型都与且仅与其中一个型正常等价。因此，行列式为 D 的所有的型（它们的个数是无限的）可以这样分类：所有与型 F 正常等价的型的全体为第 1 类；所有与型 F' 正常等价的型构成第 2 类，…。

从每一类中选取一个型，作为整个这一类型的**代表型**。这个型的选择是任意的，但尽量选择看起来**最简单**的那个型。型 (a, b, c) 的简单性应当由数 a，b，c 的大小来判断，因而如果 $a' > a$，$b' > b$，$c' > c$，那么型 (a', b', c') 就没有型 (a, b, c) 简单。但这并不足以确定哪个型更加简单，例如在 $(17, 0, 45)$ 和 $(5, 0, -153)$ 中做出选择。但是，遵守下面的标准是有利的：

1.当行列式 D 是负数时，就取每一类的约化型作为代表型；当同一类中的两个型都是约化型（它们将是相反的型，参见条目 172）时，就取中间项为正数的那个。

2.当行列式 D 是正的非平方数时，就计算这一类中任意约化型的周期。这个周期中要么有两个歧型，要么一个歧型都没有（条目 187）。

1）在前一种情况下，设歧型是 (A, B, C) 和 (A', B', C')，M，M' 分别是数 B，B' 对于模 A，A' 的最小剩余（除非 M，M' 都等于 0，否则都取正号），最后，设 $\dfrac{D-M^2}{A}=N$，$\dfrac{D-M'M'}{A}=N'$。然后，从型 $(A, M, -N)$ 和型 $(A', M', -N')$ 中取看起来更简单的那个作为代表型。判断时，优先选取中间项等于 0 的那个型；如果两个型的中间项都为 0 或都不为 0，优先选择第 1 项更小的那个型；如果第 1 项的大小相同，那么就优先选取第 1 项为正数的那个型。

2）如果周期中没有歧型，选择第 1 项最小的那个型，不计正负号。如果周期中有两个型，它们的第 1 项的绝对值相同，而其中一个带正号，另一个带负号，那么就取带正号的那个型。设选中的型为（A，B，C），与前一种情况相同，可以由这个型推导出另一个型（A，M，$-N$）（即令 M 是 B 对于模 A 的绝对最小剩余，并且设 $N=\dfrac{D-M^2}{A}$，这个型就是代表型）。

如果在该周期中恰好有若干个型都有相同的最小第 1 项 A，用刚刚说过的方法处理这些型，在得出的型中，选择中间项最小的那个型作为代表型。

例如，对于 $D=305$，其中一个周期是：（17，4，-17），（-17，13，8），（8，11，-23），（-23，12，7），（7，16，-7），（-7，12，23），（23，11，-8），（-8，13，17）。首先，选择型（7，16，-7），然后推导出代表型（7，2，-43）。

3. 当行列式是正的平方数 k^2 时，要在讨论的类别中寻找一个约化型（A，k，0）。如果 $A\leqslant k$，就要选这个型为代表型。如果 $A>k$，就用型（$A-2k$，k，0）来代替它，这个型的第一项是负的，但是小于 k。

例：按照这种方法，所有行列式为 -235 的型可以分成 16 类，这 16 类型的代表型是：（1，0，235），（2，1，118），（4，1，59），（4，-1，59），（5，0，47），（10，5，26），（13，5，20），（13，-5，20）；另外 8 个型和这 8 个型的区别仅仅是外项符号相反，（-1，0，-235），（-2，1，-118），…。

行列式为 79 的所有的型可以分为 6 类，它们的代表型是：（1，0，-79），（3，1，-26），（3，-1，-26），（-1，0，79），（-3，1，26），（-3，-1，26）。

224

通过这样的分类，正常等价的型就与其他的型完全分开。对于两个行列式相同的型，如果它们属于同一类，那么它们就是正常等价的。任何能够由同一类中的某个型表示的数，也可以由这一类中的其他的型表示。并且，如果数 M 可以由第 1 个型用互质的未知数值来表示，那么这个数也可以被这个类中其他的型以相同的方式表示，使得每个表示都属于表达式 $\sqrt{D}$（mod M）的相同的值。但是，如果两个型归属于不同类，它们就不是正常等价的；并且，如果给定的数可以由其中一个型表示，是否也可以由另一个型表示就不得而知了。另一方面，如果数 M 能够被其中一个型以互质的未知数值来表示，那么可以立即断定，对于这个数不存在另一种相似的表示，使得它属于表达式 $\sqrt{D}$（mod M）的同一个值（见条目 167，168）。

但是，两个来自不同的类 K，K' 的型 F，F' 是能够反常等价的。在这种情况下，来自一个类的**每个**型就与来自另一个类的**每个**型都反常等价。来自 K 中的每个型都能在 K' 中找到与之相反的型，这两个类就成为**相反的类**。那么，在上个条目的第一个例子中，行列式为 – 235 的第 3 类型就与第 4 类型相反，第 7 类型与第 8 类型相反。在第 2 个例子中，第 2 类型与第 3 类型相反，第 5 类型与第 6 类型相反。因此，对于给定任意两个来自相反的类的型，如果任意数 M 可以由其中一个型表示，就一定能够由另一个型表示。如果对第 1 个型可以用互质的未知数的值来表示，那么对第 2 个型也可以用同样的方式来表示，并且这两个表示分别属于表达式 $\sqrt{D}$（mod M）的两个相反的值。还有，上文所给出的选择代表型的规则，使得相反的类总是给出相反的代表型。

最后，还存在与自身相反的类。也就是说，如果一个型和与之相反的型包含于同一类中，那么，这类中的所有的型彼此都既正常等价又反常等价，并且每一个型和与它相反的型就在这个类中。任何类，如果它包含一个歧型，就具有这个性质；反过来，可以在任何与它自己相反的类中找到一个歧型（条目 163，165）。因此，我们就把这个类称为**歧类**。那么，行列式为 – 235 的型构成的类中，一共有 8 个歧类，它们的代表型是（1，0，235），（2，1，118），（5，0，47），（10，5，26），（ – 1，0，– 235），（ – 2，1，– 118），（ – 5，0，– 47），（ – 10，5，– 26）。在行列式为 79 的型构成的类中，有 2 个歧类，它们的代表型是（1，0，– 79），（ – 1，0，79）。如果按照这个法则确定代表型，就可以由代表型毫无困难地确定歧类。也就是说，对于正的非平方数的行列式，一个歧类一定对应一个歧代表型（条目 194）。对于一个负的行列式，歧类的代表型要么本身是歧型，要么它的外项相等（条目 172）；最后，对于正的平方数行列式，由条目 210 容易判断代表型是不是与它自身反常等价，从而可以判断它所代表的类是否为歧类。

225

我们在条目 175 中指出，对于具有负的行列式的型 (a, b, c)，外项的符号一定相同，并且一定与和它等价的型的外项的符号相同。如果 a, c 是正的，我们就称型 (a, b, c) 为**定正型**，并且就说包含了型 (a, b, c) 的整个类（它仅由定正型构成）为**定正类**。反过来，如果 a, c 是负的，我们就称型 (a, b, c) 为**定负型**，其包含在一个**定负类**里面。一个负数不能由定正型表示，一个正数也不能由定负型表示。如果 (a, b, c) 是一个定正类的代表型，$(-a, b, -c)$ 就是一个定负类的代表型。由此可以推出，定正类的个数就等于定负类的个数，一旦知道了一个定正类，同时也就知道了一个定负类。因此，在研究具有负的行列式的型时，常常只考虑定正类就足够了，因为它们的性质可以轻松地转移到定负类上。

但是，这种差异仅对具有负的行列式的型成立；正数和负数都可以由行列式为正的型表示，在此情况下，两个型 (a, b, c) 和 $(-a, b, -c)$ 经常属于同一个类。

第 21 节　类划分为层

226

如果数 a, b, c 没有公约数，就称型 (a, b, c) 为**原始型**；否则，称它为**导出型**。实际上，如果 a, b, c 的最大公约数等于 m，型 (a, b, c) 就能够从原始型 $(\dfrac{a}{m}, \dfrac{b}{m}, \dfrac{c}{m})$ 推导出来。由这个定义显然可知，行列式不能被任何平方数（1 除外）整除的型一定都是原始型。进而，由条目 161 可知，如果行列式为 D 的型的任意一个给定的类中有原始型，那么这个类中所有的型都是原始型。这种情况下，我们就说这个类自身是**原始类**。并且，如果任意行列式为 D 的型 F 都可以由行列式为 $\dfrac{D}{m^2}$ 的原始型 f 推导出来，设型 F 和 f 所在的类分别是 K 和 k，那么 K 类中的所有的型都可以由原始类 k 推导出来；此种情况下我们就说 K 类自身是由**原始类 k 推导出来**的。

如果型 (a, b, c) 是原始型，a 和 c 不都是偶数（两者要么其中之一是奇数，要么都是奇数），那么，a, $2b$, c 也没有公约数。在这种情况下，我们就说型 (a, b, c) 是**正常原始型**，或简称**正常型**。但是，如果 (a, b, c) 是原始型，数 a, c 都是偶数，显然数 a, $2b$, c 就有公约数 2（2 也是三者最大公约数），我们就称 (a, b, c) 是**反常原始型**，或简称**反常型**[1]。在这种情况下，b 就一定是奇数［否则，(a, b, c) 就不是一个原始型］；因此，就有 $b^2 \equiv 1 \,(\mathrm{mod}\, 4)$，并且由于 ac 能够被 4 整除，所以行列式 $b^2 - ac \equiv 1 \,(\mathrm{mod}$

---

［1］我们这里选择使用术语"正常"和"反常"，因为没有比它们更合适的了。希望读者注意的是，不要寻求这里和条目 157 中它们的用法之间的联系，因为它们没有联系，但也无须担心会存在歧义。

4）。因此，反常型仅在行列式为 $4n+1$ 型的正数或者 $-(4n+3)$ 型的负数时才会出现。显然，由条目 161 可知，如果发现一个给定的类中有正常原始型，那么这个类中的所有的型都是正常原始型；并且，一个包含反常原始型的类，一定仅由反常原始型构成。因此，在前一种情况下，我们就称这个类是**正常原始类**，或简称**正常类**，后一种情况为**反常原始类**，或简称**反常类**。例如，在行列式为 -235 的定正类中，有 6 个正常类，其代表型为（1，0，235），（4，1，59），（4，-1，59），（5，0，47），（13，5，20），（13，-5，20），还有同样个数的定负类，在其定正类和定负类里面各有两个反常类。行列式为 79 的型构成的所有的类（由于 79 是形如 $4n+3$ 的数）都是正常类。

　　如果型（a，b，c）是由原始型（$\dfrac{a}{m}$，$\dfrac{b}{m}$，$\dfrac{c}{m}$）推导出的，那么后者既可能是正常原始型，也可能是反常原始型。如果是前一种情况，m 也是数 a，$2b$，c 的最大公约数；在后一种情况中，数 a，$2b$，c 的最大公约数为 $2m$。由此，我们可以对**由正常原始型推导出的型和由反常原始型推导出的型**做出清晰区分，而且（按照条目 161，同一类中所有的型也有同样的关系），可以在**由正常原始类推导出的类和反常原始类推导出的类**之间做出区分。

　　通过这些区分，我们已经得到了第一个基本原理，基于这个基本原理，我们可以把具有给定行列式的型组成的类分成诸多个层。以（a，b，c）和（a'，b'，c'）为代表型的两个类归置于**相同的层**，条件是数 a，b，c 和数 a'，b'，c' 具有相同的最大公约数，并且数 a，$2b$，c 和数 a'，$2b'$，c' 也具有相同的最大公约数。如果这两个条件其中之一不满足，那么，这两类就归置于**不同的层**。显然，所有的正常原始类就构成一个层，所有的反常原始类就构成另一个层。如果 m^2 是整除行列式 D 的一个平方数，由具有行列式 $\dfrac{D}{m^2}$ 的正常原始类推导出的类也构成了一个特别的层，由具有行列式 $\dfrac{D}{m^2}$ 的反常原始类推导出的类就构成了另外一个特别的层，等等。如果 D 不能被任何平方数整除（1 除外），那就不存在由导出类构成的层，因而此时要么只有一个层 [当 $D \equiv 2$ 或者 $D \equiv 3 \pmod 4$ 时]，就是正常原始类的层；要么有两个层 [当 $D \equiv 1 \pmod 4$ 时]，那就是由正常原始类和反常原始类构成的层。借助组合计算的原理，我们不难建立下面的一般性法则。假设 $D = D' 2^{2\mu} a^{2\alpha} b^{2\beta} c^{2\gamma}$ $\cdots$，其中 D' 不含平方因数，且 a，b，c，$\cdots$ 是不同的奇质数（当 D 不能被 4 整除时，取 $\mu = 0$，任何数都可以简化为这个形式；当 D 不能被奇平方数整除时，取 α，β，γ，$\cdots$ 等于 0，那么同样地，省略因数 $a^{2\alpha} b^{2\beta} c^{2\gamma}$，$\cdots$）；因此，当 $D' \equiv$ 2 或者 $D' \equiv 3 \pmod 4$ 时，得到 $(\mu + 1)(\alpha + 1)(\beta + 1)(\gamma + 1)\cdots$ 个层；当 $D' \equiv 1 \pmod 4$ 时得到 $(\mu + 2)(\alpha + 1)(\beta + 1)(\gamma + 1)\cdots$ 个层。但我们不用去证明这个法则，因为这并不困难，在这里也没有必要证明。

例1：对于 $D = 45 = 5 \times 3^2$，有 6 个类，代表型是 $(1, 0, -45)$，$(-1, 0, 45)$，$(2, 1, -22)$，$(-2, 1, 22)$，$(3, 0, -15)$，$(6, 3, -6)$。这些类分成 4 个层。层 I 包含 2 个正常类，它们的代表型是 $(1, 0, -45)$，$(-1, 0, 45)$；层 II 包含 2 个非正常类，它们的代表型是 $(2, 1, -22)$，$(-2, 1, 22)$；层 III 包含 1 个由行列式为 5 的正常类推导出的类，代表型是 $(3, 0, -15)$；层 IV 就是由行列式为 5 的反常类推导出的类构成的，代表型是 $(6, 3, -6)$。

例2：行列式为 $-99 = 11 \times 3^2$ 的正常类就可以分成 4 个层。层 I 就包含以下正常原始类[1]：$(1, 0, 99)$，$(4, 1, 25)$，$(4, -1, 25)$，$(5, 1, 20)$，$(5, -1, 20)$，$(9, 0, 11)$。层 II 就包含反常类 $(2, 1, 50)$，$(10, 1, 10)$。层 III 就包含由行列式为 -11 的正常类推导出的类，即 $(3, 0, 33)$，$(9, 3, 12)$，$(9, -3, 12)$。层 IV 是由行列式为 -11 的反常类推导出的类，即 $(6, 3, 18)$。这个行列式的定负类可以按照完全相同的方式划分成层。

我们发现，**相反的类总是归置于相同的层**（这不难发现）。

---

〔1〕为简洁起见，我们用代表型代替其所在的类。

227

在这些不同的层中，正常原始类所属的层值得特别关注。因为每个导出类都起源于某个（行列式更小的）原始类，我们通过讨论这些原始类，就能对导出类的大部分性质有清楚了解。后面我还将指出，任何反常原始类都要么伴随 1 个，要么伴随 3 个（行列式相同的）正常原始类。而且，对于负的行列式，我们可以不讨论定负类，因为它们总是对应于某些定正类。为了能更充分地理解正常原始类的性质，我们必须首先解释正常原始类之间的本质区别，对应于这个区别，所有正常原始类的层又可以继续分为不同的族。因为至今都没有触及到这个重要的课题，我们就从头讨论它。

第 22 节　层划分为族

228

定理

任意一个正常原始型 F 可以表示出无限个不能被给定的质数 p 整除的数。

证明

如果型 $F = ax^2 + 2bxy + cy^2$，显然 p 不能同时整除 3 个数 a，$2b$，c。当 a 不能被 p 整除时，如果为 x 取一个不能被 p 整除的数，并且为 y 取一个能够被 p 整除的数，型 F 的值就不能被 p 整除；当 c 不能被 p 整除时，通过给 x 取一个能够被 p 整除的值，并且给 y 取一个不能被 p 整除的值，则型 F 的值同样不能被 p 整除；最后，当 a 和 c 都能被 p 整除，且 $2b$ 不能被 p 整除时，那么如果给 x 和 y 都取不能被 p 整除的值，型 F 就取一个不能被 p 整除的值。证明完毕。

显然，只要 p 不等于 2，该定理对反常原始型也成立。

由于存在可以同时满足多个这种类型的条件，使得同一个数能够被某些质数整除，但不能被其他质数整除（见条目 32），容易发现的是，数 x，y 能够用无限种方式来确定，以保证原始型 $ax^2 + 2bxy + cy^2$ 取到不能被任意多个给定的质数整除的值（但是，当这个型是反常原始型时，排除质数 2）。那么，我们可以更加一般地陈述这个定理：总是可以用一些原始型表示与给定的数互质的无限个数，但当这个型是反常原始型时，给定的数须是奇数。

229

定理

设 F 是行列式为 D 的原始型，且 p 是整除 D 的质数。那么，不能被 p 整除且能够由型 F 表示的数具有这样的性质：它们要么都是模 p 的所有二次剩余，要么都是模 p 的非剩余。

证明

设 $F=(a, b, c)$，且 m，m' 是任意两个不能被 p 整除，且能够由型 F 表示的数，即

$$m=ag^2+2bgh+ch^2, \quad m'=ag'g'+2bg'h'+ch'h'$$

那么，就有

$$mm'=\left[agg'+b(gh'+hg')+chh'\right]^2-D(gh'-hg')^2$$

那么，mm' 就对于模 D 同余于一个平方数，因而也对于模 p 同余于一个平方数，即 mm' 是 p 的二次剩余。由此可推出 m 和 m' 要么都是 p 的二次剩余，要么都是 p 的二次非剩余。证明完毕。

类似地，可以证明，当行列式 D 能够被 4 整除时，能够由型 F 表示的所有奇数要么同余于 1（mod 4），要么同余于 3（mod 4）。实际上，两个这样的数的乘积就总是 4 的二次剩余，因而同余于 1（mod 4）。因此，这两个数要么都同余于 1（mod 4），要么都同余于 3（mod 4）。

最后，当 D 能够被 8 整除时，两个能够由型 F 表示的任意奇数的乘积就是 8 的二次剩余，因而同余于 1（mod 8）。那么，在这种情况下，所有能够由型 F 表示的奇数就要么都同余于 1（mod 8），要么都同余于 3（mod 8），要么都同余于 5（mod 8），要么都同余于 7（mod 8）。

例如，由于数 10 是可以由型（10，3，17）表示的 7 的非剩余，所有能够由这个型表示的不能被 7 整除的数就是 7 的非剩余。因为 – 3 能够由型（– 3，1，49）表示，并且 – 3 ≡ 1（mod 4），所以，所有能够由这个型表示的奇数就都同余于 1（mod 4）。

如果目标是必要的，我们可以轻松证明能够由型 F 表示的数与不能整除 D 的质数之间没有固定的关系。一个不能整除 D 的质数的剩余和非剩余都能由型 F 表示。与此相反，就数 4 和 8 来说，在其他情况下也有类似的结论，这是不能忽略的。

1. **当原始型 F 的行列式 $D \equiv 3$（mod 4）时，所有能够由型 F 表示的奇数要么同余于 1（mod 4），要么同余于 3（mod 4）。** 因为，如果 m 和 m' 是两个能够由型 F 表示的数，乘积 mm' 就能够简化为型 $p^2 - Dq^2$，正如在前面做过的证明一样。当数 m 和 m' 都是奇数时，数 p，q 中一定有一个是偶数，另一个是奇数，因此平方数 p^2，q^2 中就有一个数整除 4，另一个同余于 1（mod 4）。因此 $p^2 - Dq^2$，就一定同余于 1（mod 4），且数 m 和 m' 就要么都同余于 1（mod 4），要么都同余于 3（mod 4）。例如，除了形如 $4n+1$ 的奇数外，没有其他的奇数能够由型（10，3，17）表示。

2. **当原始型 F 的行列式 $D \equiv 2$（mod 8）时，所有可以由型 F 表示的奇数就要么一部分同余于 1（mod 8）并且一部分同余于 7（mod 8），要么一部分同余于 3（mod 8）并且一部分同余于 5（mod 8）。** 设 m 和 m' 是两个能够由 F 表示的奇数，乘积 mm' 就能够简化为型 $p^2 - Dq^2$。当 m 和 m' 都是奇数时，p 就一定是奇数（因为 D 是偶数），所以 $p^2 \equiv 1$（mod 8）。因此，对于模 8，q^2 就要么同余于 0，要么同余于 1，要么同余于 4，且 Dq^2 就要么同余于 0，要么同余于 2。进而，$mm' = p^2 - Dq^2$ 就要么同余于 1（mod 8），要么同余于 7（mod 8）。如果 m 要么同余于 1，要么同余于 7，m' 就也要么同余于 1，要么同余于 7。并且，如果 m 要么同余于 3，要么同余于 5，m' 就也要么同余于 3，要么同余于 5。例如，所有可以由型（3，1，5）表示的奇数要么同余于 3（mod 8），要么同余于 5（mod 8），而所有形如 $8n+1$ 或 $8n+7$ 的数都不能由这个型表示。

3. **当原始型 F 的行列式 $D \equiv 6$（mod 8）时，可以由这个型表示的奇数要么只是这些同余于 1（mod 8）和同余于 3（mod 8）的数，要么只是这些同余于 5（mod 8）和同余于 7（mod 8）的数。** 读者自己推导证明不会有任何困难。这完全类似于上一点中的证明。例如，对于型（5，1，7），只有那些要么同余于 5（mod 8），要么同余于 7（mod 8）的奇数才能由它表示。

230

因此，可以由具有行列式 D 的给定原始型 F 表示的所有数（这些数不能被 D 的质因数整除）都与 D 的各个质因数有固定关系。在某些情况下，能够由型 F 表示的奇数也与数 4 和 8 有固定的关系。即当 D 同余于 0（mod 4）或者同余于 3（mod 4）时，就与数 4 有固定关系；当 D 同余于 0（mod 8）或者同余于 2（mod 8）或者同余于 6（mod 8）时 [1]，就与数 8 有固定关系。我们称这种与各个数的固定关系为型 F 的**特征**，或者为型 F 的**专属特征**。我们用下面的方式表述：当质数 p 只有二次剩余能够由型 F 表示，就用特征 $R\ p$ 表示这种关系，在相反的情况下就用特征 $N\ p$ 表示这种关系。类似地，当除了同余于 1（mod 4）的数之外，没有其他数能够由型 F 表示时，我们就将这种特征记作 1，4。这样我们便清楚地知道 3，4；1，8；3，8；5，8；7，8 所表示的特征是什么。最后，如果只有同余于 1 或者同余于 7（mod 8）的奇数能够用所给的型表示，我们就把特征标记为 1 和 7，8，那么，特征 3 和 5，8；1 和 3，8 以及特征 5 和 7，8 的含义就很明显了。

具有行列式 D 的给定原始型 (a, b, c) 的不同的特征至少可以由数 a 和数 c（显然这两个数都是可以由这个型表示的）中的一个数了解到。因为，当 p 是 D 的质因数，数 a 和数 c 中一定有一个数不能被 p 整除——如果这两个数都能被 p 整除，p 就也能够整除 b^2（$b^2 = D + ac$），因此也能够整除 b，那么型 (a, b, c) 就不是原始型。类似地，在型 (a, b, c) 与数 4 或数 8 有固定关系的情形中，数 a 和数 c 中至少有一个数为奇数，并且由这个数能够找出这个关系。例如，型 $(7, 0, 23)$ 关于数 23 的特征可以通过数 7 推断出来，这个特征是 $N\ 23$，这个型关于数 7 的特征可以通过数 23 推断出来，这个特征是 $R\ 7$；最后，这个型关于数 4 的特征可以通过数 7 找出，也可以

---

〔1〕如果行列式能够被 8 整除，它和数 4 的关系可以忽略，因为在此情况下，这个关系已经包含在它和数 8 的关系里了。

通过数 23 找出，这个特征是 3，4。

由于所有能够由类 K 中的型 F 表示的数，也同样可以由这个类中的其他的型表示，显然，型 F 的不同特征也属于这个类中的其他的型，因此，可以把这些特征看作整个类的特征。那么，一个给定原始类的各个特征可以通过它的代表型得知。相反的类总是具有相同的特征。

231

一个给定的型或类的**所有**专属特征的总体构成了这个型或类的完整特征。例如，型（10，13，17）或者它所代表的整个类的完整特征就是 1，4；N 7；N 23。类似地，型（7，1，－17）的完整特征就是 7，8；R 3；N 5。在这种情况下，忽略专属特征 3，4，因为它已经包含于特征 7，8 中。由这些结论，我们把由具有给定行列式的正常原始类（当行列式为负数时为正定类）组成的层再分成若干个不同的**族**：所有具有相同的完整特征的类放在相同的族中；具有不同的完整特征的类放在不同的族中。我们对每一个族指定包含在这个族中的类所有的完整特征。例如，对于行列式 － 161，有 16 个正常原始型，可以按照下面的方式分成 4 个族

特征	类的代表型
1，4；R 7；R 23	（1，0，161），（2，1，81），（9，1，18），（9，－1，18）
1，4；N 7；N 23	（5，2，33），（5，－2，33），（10，3，17），（10，－3，17）
3，4；R 7；N 23	（7，0，23），（11，2，15），（11，－2，15），（14，7，15）
3，4；R 7；N 23	（3，1，54），（3，－1，54），（6，1，27），（6，－1，27）

顺便提一下，对于不同的完整特征的个数，它们是可以被预先知道的。

1. 当行列式 D 能够被 8 整除时，关于数 8 可能有 4 个不同的专属特征；

数 4 不给出任何专属特征（参考条目 230）。另外，关于每个 D 的奇数质因数，有 2 个专属特征；那么，如果 D 有 m 个奇数质因数，那么其型一共就有 2^{m+2} 个不同的完整特征（如果 D 是 2 的方幂，就取 $m=0$）。

2. 当行列式 D 不能被 8 整除，但是能够被 4 整除，并且能够被 m 个奇质数整除时，它就有 2^{m+1} 个不同的完整特征。

3. 当行列式是偶数，且不能被 4 整除时，那么它要么同余于 2（mod 8），要么同余于 6（mod 8）。在前一种情况下，关于数 8 就有 2 个专属特征，也就是 1 和 7，8；3 和 5，8。在后一种情况下，关于数 8 也具有同样多个专属特征。因此，设 D 的奇数质因数的个数为 m，其型就总共有 2^{m+1} 个不同的完整特征。

4. 当 D 是奇数时，那么它要么同余于 1（mod 4），要么同余于 3（mod 4）。在后一种情况下，关于数 4，有 2 个不同的专属特征，但是，在后一种情况下，这种关系不会形成完整特征。因此，如果按照之前的方式定义 m，在前一种情况下，其型就有 2^m 个不同的完整特征，在后一种情况下，就有 2^{m+1} 个不同的完整特征。

我们想要强调的是，由此完全不能推出"有多少个不同的可能的特征，就总是有同样多个族"。在我们提到的例子中，类或族的个数只是可能的个数的一半，因为，具有特征 1，4；R 7；N 23 或者 1，4；N 7；R 23 或者 3，4；R 7；R 23 又或者 3，4；N 7；N 23 的类中没有正定类。我们会在下面更加充分地讨论这一重要的课题。

从现在起，我们把型（1，0，$-D$）（它毫无疑问是具有行列式 D 的所有型中的最简单的一个）称为**主型**，把它所在的整个类称为**主类**，最后，把主类所在的整个族称为**主族**。那么，我们必须将主型，主类中的型和主族中的型区别开；并且把主类和主族中的类区别开。即使对于某个特殊的行列式，除了主类之外没有其他类，或者除了主族之外没有其他族，我们仍然使用这个术语。这种情况经常发生，例如，当 D 是形如 $4n+1$ 的正质数时。

232

尽管我们指出，关于型的特征的所有内容都是为了对**定正的正常原始类**所构成的整个层再细分，但这并不妨碍把这部分内容推广。我们可以把相同的法则应用于定负的或者反常的原始型和类上，并且根据相同的原理，可以把定正的反常原始层，定负的正常原始层以及定负的反常原始层再划分成族。例如，在把由行列式为 145 的型构成的正常原始层划分成下面 2 个族

$$R\,5,\,R\,29 \quad | \quad (1,\,0,\,-145),\,(5,\,0,\,-29)$$
$$N\,5,\,N\,29 \quad | \quad (3,\,1,\,-48),\,(3,\,-1,\,-48)$$

之后，反常原始层也可以划分为下面 2 个族

$$R\,5,\,R\,29 \quad | \quad (4,\,1,\,-36),\,(4,\,-1,\,-36)$$
$$N\,5,\,N\,29 \quad | \quad (2,\,1,\,-72),\,(10,\,5,\,-12)$$

或者，正如由行列式为 -129 的型构成的定正类可以划分为下面 4 个族

$$1,\,4;\,R\,3;\,R\,43 \quad | \quad (1,\,0,\,129),\,(10,\,1,\,13),\,(10,\,-1,\,13)$$
$$1,\,4;\,N\,3;\,N\,43 \quad | \quad (2,\,1,\,65),\,(5,\,1,\,26),\,(5,\,-1,\,26)$$
$$3,\,4;\,R\,3;\,N\,43 \quad | \quad (3,\,0,\,43),\,(7,\,2,\,19),\,(7,\,-2,\,19)$$
$$3,\,4;\,N\,3;\,R\,43 \quad | \quad (6,\,3,\,23),\,(11,\,5,\,14),\,(11,\,-5,\,14)$$

定负类也可以分成 4 个层

$$3,\,4;\,N\,3;\,N\,43 \quad | \quad (-1,\,0,\,-129),\,(-10,\,1,\,-13),\,(-10,\,-1,\,13)$$
$$3,\,4;\,R\,3;\,R\,43 \quad | \quad (-2,\,1,\,-65),\,(-5,\,1,\,-26),\,(-5,\,-1,\,-26)$$
$$1,\,4;\,N\,3;\,R\,43 \quad | \quad (-3,\,0,\,-43),\,(-7,\,2,\,-19),\,(-7,\,-12,\,-19)$$
$$1,\,4;\,N\,3;\,N\,43 \quad | \quad (-6,\,3,\,-23),\,(-11,\,5,\,-14),\,(-11,\,-5,\,-14)$$

尽管如此，由于定负类的系统非常类似于定正类的系统，单独构造似乎是多余的。我们随后证明如何将反常原始层化归为正常原始层。

最后，关于导出层的划分，新法则是没有必要的。因为，任何导出层都起源于某个原始层（具有更小的行列式），并且一个层中的各个类可以很自然地与另一个层中的各个类相关联，显然，一个导出层的分类可以由原始层的分类得到。

233

如果（原始）型 $F = (a, b, c)$ 是这样的型，即对于某个给定的模 m 可以求出两个数 g, h，使得 $g^2 \equiv a$，$gh \equiv b$，$h^2 \equiv c$，我们就说这个型是数 m 的二次剩余，且 $gx + hy$ 是表达式 $\sqrt{ax^2 + 2bxy + cy^2}$（mod m）的一个值，或者简单地说，(g, h) 是表达式 $\sqrt{(a,b,c)}$ 或 $\sqrt{F}$（mod m）的一个值。更一般地，如果和 m 互质的乘数 M 可使得 $g^2 \equiv aM$，$gh \equiv bM$，$h^2 \equiv cM$（mod m），我们就说 $M(a, b, c)$ 或 MF 是 m 的一个二次剩余，并且 (g, h) 是表达式 $\sqrt{M(a,b,c)}$（mod m）或者 $\sqrt{MF}$（mod m）的一个值。例如，型（3，1，54）是 23 的二次剩余，并且（7，10）是表达式 $\sqrt{(3,1,54)}$（mod 23）的一个值；类似地，（2，-4）是表达式 $\sqrt{5(10,3,17)}$（mod 23）的一个值。后面我们会演示这些定义的用法，现在证明下面的定理。

1. 如果 $M(a, b, c)$ 是数 m 的一个二次剩余，m 就能够整除型（a，b，c）的行列式。因为，如果 (g, h) 是表达式 $\sqrt{M(a,b,c)}$（mod m）的一个值，即 $g^2 \equiv aM$，$gh \equiv bM$，$h^2 \equiv cM$（mod m），就有 $b^2 M - acM^2 \equiv 0$，这就意味着 $(b^2 - ac)M^2$ 能够被 m 整除。由于假设 M 和 m 是互质的，$b^2 - ac$ 就能够被 m 整除。

2. 如果 $M(a, b, c)$ 是数 m 的一个二次剩余，且 m 要么是一个质数，要么是一个质数幂，假如 $m = p^\mu$，对应于 M 是 p 的剩余或者非剩余，型（a，b，c）关于数 p 的专属特征就是 $R\,p$ 或者 $N\,p$。又由于 aM 和 cM 都是 m 或者 p 的剩余，那么，数 a 和 c 中至少有一个数不能被 p 整除（条目 230）。

类似地，如果（其他条件保持不变）$m = 4$，对应于 $M \equiv 1$ 或者 $M \equiv 3$，要么 1，4，要么 3，4 就是型（a，b，c）的一个专属特征。如果 $m = 8$，或者 m 是 2 的更高次幂，那么，分别对应于 $M \equiv 1$；3；5；7（mod 8），型（a，b，c）的专属特征分别为 1，8；3，8；5，8；7，8。

3. 反过来，假设 m 是一个质数或者是一个奇质数的幂，设 $m = p^\mu$，那么 m 就能整除行列式 $b^2 - ac$。如果对应于型（a，b，c）的关于 p 的特征是 $R\,p$ 或者 $N\,p$，M 分别是 p 的剩余或者非剩余，那么 $M(a, b, c)$ 就是 m 的一个二次剩余。因为，当 a 不能被 p 整除时，aM 就是 p 的剩余，因而也是 m 的剩余；因此，如果 g 是表达式 $\sqrt{aM}$（$\bmod m$）的一个值，h 是表达式 $\dfrac{bg}{a}$（$\bmod m$）的一个值，就有 $g^2 \equiv aM$，$ah \equiv bg$。因此，$agh \equiv bg^2 \equiv abM$，且 $gh \equiv bM$。最后得出，$ah^2 \equiv bgh \equiv b^2M \equiv b^2M - (b^2 - ac)M \equiv acM$。因此，$h^2 \equiv cM$，即（$g$，$h$）就是表达式 $\sqrt{M(a,b,c)}$ 的一个值。当 a 能够被 m 整除时，c 就一定不能被 m 整除。那么，显然，如果 h 取表达式 $\sqrt{cM}$（$\bmod m$）的一个值，而 g 取表达式 $\dfrac{bh}{c}$（$\bmod m$）的一个值，也会得到相同的结果。

类似地，我们可以证明，当 $m=4$ 并且 m 整除 $b^2 - ac$ 时，如果对应于型（a，b，c）的专属特征是 1，4；3，4，数 M 要么同余于 1 要么同余于 3，那么 $M(a,b,c)$ 就是 m 的二次剩余。如果 $m=8$ 或者 m 是 2 的更高次幂，且 $b^2 - ac$ 能够被它整除，假定根据（a，b，c）关于数 8 的专属特征分别取 $M \equiv 1$；$M \equiv 3$；$M \equiv 5$；$M \equiv 7$（$\bmod 8$），那么，$M(a,b,c)$ 就是数 m 的一个二次剩余。

4. 如果型（a，b，c）的行列式为 D，且 $M(a,b,c)$ 是 D 的二次剩余，那么，由数 M 能够立即求出型（a，b，c）关于 D 的每个奇数质因数，以及关于数 4 或 8（如果它们能够整除 D）的所有专属特征。例如，由于 3（20，10，27）是 440 的二次剩余，也就是说（150，9）是表达式 $\sqrt{3(20,10,27)}$ 对于模 440 的一个值，并且 3 N 5，3 R 11，那么，型（20，10，27）的特征就是 3，8；N 5；R 11。关于数 4 和 8 的专属特征，只要它们不整除行列式，就与数 M 没有必然联系。

5. 反过来，如果数 M 与 D 互质，并且数 M 包含了型（a，b，c）的所有专属特征（当 4 和 8 不整除 D 时，关于数 4 和 8 的特征要排除在外），那么 M（a，b，c）就是数 D 的二次剩余。因为，由上述证明可知，如果 D 简化为型 $\pm A^{\alpha}B^{\beta}C^{\gamma}\cdots$，其中 A，B，C 是不同的质数，$M(a,b,c)$ 就是 A^{α}，B^{β}，C^{γ}，$\cdots$ 每个数的二次剩余。现在，假设表达式 $\sqrt{M(a,b,c)}$ 对于模 A^{α} 的值是（$\mathfrak{A}$，$\mathfrak{A}'$），对于模 B^{β} 的值是（$\mathfrak{B}$，$\mathfrak{B}'$）；对于模 C^{γ} 的值是（$\mathfrak{C}$，$\mathfrak{C}'$），$\cdots$。并且确定数 g，h，使得对于模 A^{α}，B^{β}，C^{γ}，$\cdots$ 分别有 $g \equiv \mathfrak{A}$，$\mathfrak{B}$，$\mathfrak{C}\cdots$；$h \equiv \mathfrak{A}'$，$\mathfrak{B}'$，$\mathfrak{C}'$，$\cdots$（条目 32）。容易发现的是，对于所有的模 A^{α}，B^{β}，C^{γ}，$\cdots$，就有 $g^2 \equiv aM$，$gh \equiv bM$，$h^2 \equiv cM$，因而对于模 D 也成立，D 是它

们的乘积。

6. 因为上述原因，像 M 这样的数就被称为型（a，b，c）的**特征数**。只要这个型所有的专属特征已知，通过上述方法，我们可以很容易地求出几个这样的数。最简单的几个数经常可以通过试错法来求出。显然，如果 M 是具有给定行列式 D 的原始型的特征数，对于模 D 同余于 M 的所有数就都是这个型的特征数，包含在同一个类中以及包含在同一个族的不同类中的型都有相同的特征数。那么，一个给定型的每一个特征数可以同时归属于整个类或者整个族。最后，1 永远是主型、主类和主族的特征数；也就是说，一个主族的每个型都是它的行列式的二次剩余。

□ **《周髀算经》中的开方术**

　　我国关于二次方程的公式解法，最早记载于《周髀算经》中的《勾股圆方图》，后也见于《九章算术》中的《少广》一章，其中附有开平方、开立方的法则。近代学者经过详细研究，确认这是除符号、格式不同和某些步骤稍有差异之外，世界上关于多位数开平方、开立方法则的最早记载。

7. 如果（g，h）是表达式 $\sqrt{M(a,b,c)}$（mod m）的一个值，且 $g' \equiv g$，$h' \equiv h$（mod m），那么，（g'，h'）就也是同一个表达式的一个值。这样的值就称为**等价的值**。另一方面，如果（g，h），（g'，h'）是同一个表达式 $\sqrt{M(a,b,c)}$（mod m）的值，但 $g' \equiv g$，$h' \equiv h$（mod m）不成立，那么这些值就称为**不同的值**。显然，当（g，h）是这样的表达式的值时，（$-g$，$-h$）就也是同一个表达式的值，除非 $m = 2$，这些值就永远是不同的。我们还容易证明，当 m 要么是一个奇质数，要么是一个奇质数的幂，或者等于 4 时，表达式 $\sqrt{M(a,b,c)}$（mod m）不可能有超过 2 个这样的（不同的）值；但是，当 $m = 8$，或者 m 是数 2 的更高次幂时，该表达式总共有 4 个值。那么，由上一点我们可以轻松地发现，如果型（a，b，c）的行列式 $D = \pm 2^{\mu} A^{\alpha} B^{\beta} \cdots$，其中 A，B，$\cdots$是不同的奇质数，其个数为 n，并且 M

是这个型的特征数，那么对应于 μ 小于 2，或等于 2，或大于 2，表达式 $\sqrt{M(a,b,c)}\ (\mathrm{mod}\ D)$ 就分别有 2^n 或 2^{n+1} 或 2^{n+2} 个不同的值。例如，表达式 $\sqrt{7(12,6,-17)}\ (\mathrm{mod}\ 240)$ 有 16 个值，即（± 18，∓ 11），（± 18，± 29），（± 18，∓ 91），（± 18，± 109），（± 78，± 19），（± 78，± 59），（± 78，∓ 61），（± 78，∓ 101）。由于这部分内容对于后面的讨论不是特别必要的，为了简洁，我们在此略去更加详细的证明。

8. 最后，我们指出，如果两个等价的型 (a,b,c)，(a',b',c') 的行列式为 D，特征数为 M，并且前者可以通过变换 α，β，γ，δ 变换为后者，那么，由表达式 $\sqrt{M(a,b,c)}$ 的任意值，例如 (g,h)，可以推出表达式 $\sqrt{M(a',b',c')}$ 的值，即 $(\alpha g + \gamma h,\ \beta g + \delta h)$。读者可以毫不费力地证明之。

第 23 节　型的合成

234

既然我们已经解释了把型划分为类、族、层，以及由这些划分给出的一般性质，下面就继续讨论另一个非常重要的课题——**型的合成**。到目前为止，还没有人讨论过这个课题。在开始这一讨论之前，我们先插入下面的引理，这样后面就不会打断证明的连续性。

引理

假设有 4 个整数序列 a，a'，a''，$\cdots$，a^n；b，b'，b''，$\cdots$，b^n；c，c'，c''，$\cdots$，c^n；d，d'，d''，$\cdots$，d^n，**每个序列都有相同的项数（$n+1$）项**，并且 $cd'-dc'$，$cd''-dc''$，$\cdots$，$c'd''-d'c''$，$\cdots$ 分别等于 $k(ab'-ba')$，$k(ab''-ba'')$，$\cdots$，$k(a'b''-b'a'')$，$\cdots$ 或者，一般地表示为

$$c^\lambda d^\mu - d^\lambda c^\mu = k(a^\lambda b^\mu - b^\lambda a^\mu)$$

这里 k 是一个给定整数，λ 和 μ 是 0 到 n 之间（包含边界）的任意两个不相等的整数，设 μ 是两者中较大的数[1]；并且，所有的数 $a^\lambda b^\mu - b^\lambda a^\mu$ 没有公约数。在这些条件下，我们可以求出 4 个整数 α，β，γ，δ，使得

---

[1] 取 a 作为 a^0，b 作为 b^0，$\cdots$，显然，当 $\lambda = \mu$ 或者 $\lambda > \mu$ 时，同样的等式也成立。

$$\alpha a + \beta b = c, \quad \alpha a' + \beta b' = c', \quad \alpha a'' + \beta b'' = c'', \quad \cdots$$

$$\gamma a + \delta b = d, \quad \gamma a' + \delta b' = d', \quad \gamma a'' + \delta b'' = d'', \quad \cdots$$

一般地表示为

$$\alpha a^\nu + \beta b^\nu = c^\nu, \quad \gamma a^\nu + \delta b^\nu = d^\nu,$$

那么，我们可以得出

$$\alpha\delta - \beta\gamma = k$$

根据假设，数 $ab' - ba'$，$ab'' - ba''$，$\cdots$，$a'b'' - b'a''$，$\cdots$〔它们的个数为 $\dfrac{(n+1)n}{2}$〕没有公约数，所以我们可以求得同样多个另外的整数，使得这两组数分别相乘后，其乘积之和等于 1（条目40）。我们把这些乘数记为（0，1），（0，2），$\cdots$，（1，2），$\cdots$，或者一般地，数 $a^\lambda b^\mu - b^\lambda a^\mu$ 的乘数记为（λ，μ），从而有

$$\sum(\lambda, \mu)(a^\lambda b^\mu - b^\lambda a^\mu) = 1$$

（用符号 $\sum$ 表示下面的表达式通过上述方法得到的值之和；λ，μ 取位于 0 到 n 之间的不同的值，且 $\lambda > \mu$），现在，如果令

$$\sum(\lambda, \mu)(c^\lambda b^\mu - b^\lambda c^\mu) = \alpha, \quad \sum(\lambda, \mu)(a^\lambda c^\mu - c^\lambda a^\mu) = \beta$$

$$\sum(\lambda, \mu)(d^\lambda b^\mu - b^\lambda d^\mu) = \gamma, \quad \sum(\lambda, \mu)(a^\lambda d^\mu - d^\lambda a^\mu) = \delta$$

那么这些数 α，β，γ，δ 就具有想要的性质。

证明

1. 如果 ν 是 0 到 n 之间的任意整数，就有

$$\alpha a^\nu + \beta b^\nu = \sum(\lambda, \mu)(c^\lambda b^\mu a^\nu - b^\lambda c^\mu a^\nu + a^\lambda c^\mu b^\nu - c^\lambda a^\mu b^\nu)$$

$$= \frac{1}{k}\sum(\lambda, \mu)(c^\lambda d^\mu c^\nu - d^\lambda c^\mu c^\nu)$$

$$= \frac{1}{k}c^\nu\sum(\lambda, \mu)(c^\lambda d^\mu - d^\lambda c^\mu)$$

$$= c^\nu\sum(\lambda, \mu)(a^\lambda b^\mu - b^\lambda a^\mu)$$

用类似的计算方法，我们得出

$$\gamma a^\nu + \delta b^\nu = d^\nu$$

这就是第 1 部分的证明。

2. 由于

$$c^{\lambda} = \alpha a^{\lambda} + \beta b^{\lambda}, \quad c^{\mu} = \alpha a^{\mu} + \beta b^{\mu}$$

我们得到

$$c^{\lambda} b^{\mu} - b^{\lambda} c^{\mu} = \alpha \left(a^{\lambda} b^{\mu} - b^{\lambda} a^{\mu} \right)$$

并且类似地得出

$$a^{\lambda} c^{\mu} - c^{\lambda} a^{\mu} = \beta \left(a^{\lambda} b^{\mu} - b^{\lambda} a^{\mu} \right)$$

$$d^{\lambda} b^{\mu} - b^{\lambda} d^{\mu} = \gamma \left(a^{\lambda} b^{\mu} - b^{\lambda} a^{\mu} \right)$$

$$a^{\lambda} d^{\mu} - d^{\lambda} a^{\mu} = \delta \left(a^{\lambda} b^{\mu} - b^{\lambda} a^{\mu} \right)$$

只要这样选取的 λ，μ 使得 $a\lambda b\mu - b\lambda a\mu$ 不等于 0，由这些公式就能更加方便地获得 α，β，γ，δ 的值。这是肯定能做到的，因为，根据假设，所有的数 $a\lambda b\mu - b\lambda a\mu$ 都没有公约数，因此它们不可能都等于 0。如果将第 1 个等式乘以第 4 个等式，将第 2 个等式乘以第 3 个等式，再把其乘积相减，可得

$$\left(a\delta - \beta\gamma \right) \left(a^{\lambda} b^{\mu} - b^{\lambda} a^{\mu} \right)^{2} = \left(a^{\lambda} b^{\mu} - b^{\lambda} a^{\mu} \right) \left(c^{\lambda} d^{\mu} - d^{\lambda} c^{\mu} \right)$$

$$= k \left(a^{\lambda} b^{\mu} - b^{\lambda} a^{\mu} \right)^{2}$$

因此，必定有

$$a\delta - \beta\gamma = k$$

第 2 部分证明完毕。

235

如果型 $AX^{2} + 2BXY + CY^{2}$（记为 F）通过代换

$$X = pxx' + p'xy' + p''yx' + p'''yy'$$

$$Y = qxx' + q'xy' + q''yx' + q'''yy'$$

变换为两个型 $ax^{2} + 2bxy + cy^{2}$（记为 f）和 $a'x'x' + 2b'x'y' + c'y'y'$（记为 f'）的乘积，我们就简单地说型 F **可以变换为** ff'（为了简洁，我们这样表述：F 通过代换 p，

p'，p''，p'''；q，q'，q''，q''' 变换成 ff'）[1]。而且，如果这组代换能够使得6个数 $pq'-qp'$，$pq''-qp''$，$pq'''-qp'''$，$p'q''-q'p''$，$p'q'''-q'p'''$，$p''q'''-q''p'''$ 没有公约数，我们就称型 F 由型 f 和 f' **合成**。

我们从最一般的假设——型 F 通过代换 p，p'，p''，p'''；q，q'，q''，q''' 变换成 ff'——开始讨论，看看由此可以推出什么。显然，下面的 9 个等式与这个假设是完全等价的（只要这些等式成立，F 就可以通过给定代换变换成 ff'，反之亦然）

$$Ap^2 + 2Bpq + Cq^2 = aa' \qquad [1]$$

$$Ap'p + 2Bp'q' + Cq'q' = ac' \qquad [2]$$

$$Ap''p + 2Bp''q'' + Cq''q'' = ca' \qquad [3]$$

$$Ap''p''' + 2Bp''q''' + Cq'''q''' = cc' \qquad [4]$$

$$App' + B(pq' + qp') + Cqq' = ab' \qquad [5]$$

$$App'' + B(pq'' + qp'') + Cqq'' = ba' \qquad [6]$$

$$Ap'p''' + B(p'q''' + q'p''') + Cq'q''' = bc' \qquad [7]$$

$$Ap''p''' + B(p''q''' + q''p''') + Cq''q''' = cb' \qquad [8]$$

$$A(pp''' + p'p'') + B(pq''' + qp''' + p'q'' + qp'') + C(qq''' + q'q'') = 2bb' \qquad [9]$$

设型 F，f，f' 的行列式分别为 D，d，d'，并且设数 A，$2B$，C；a，$2b$，c；a'，$2b'$，c' 的最大公约数分别是 M，m，m'（假设所有这些数都取正号）。而且，我们这样来确定 6 个整数 $\mathfrak{A}$，$\mathfrak{B}$，$\mathfrak{C}$，$\mathfrak{A}'$，$\mathfrak{B}'$，$\mathfrak{C}'$，使得 $\mathfrak{A}a + 2\mathfrak{B}b + \mathfrak{C}c = m$，$\mathfrak{A}'a' + 2\mathfrak{B}'b' + \mathfrak{C}'c' = m'$。最后，我们分别用 P，Q，R，S，T，U 来表示数 $pq'-qp'$，$pq''-qp''$，$pq'''-qp'''$，$p'q''-q'p''$，$p'q'''-q'p'''$，$p''q'''-q''p'''$，设它们的最大公约数取正号后等于 k。现在，令

$$App''' + B(pq''' + qp''') + Cqq''' = bb' + \Delta \qquad [10]$$

---

[1] 在这个表示法中，我们必须非常小心型 f，f' 的代换系数 p，p'，…的次序。不难发现的是，如果型 f，f' 的次序改变了，即前者成为后者，那么代换系数 p'，q' 必须与 p''，q'' 互换，其他保持不变。

由等式［9］得

$$Ap'p'' + B(p'q'' + q'p'') + Cq'q'' = bb' - \Delta \qquad [11]$$

由这 11 个等式可以推导出下面的新的等式[1]

$$DP^2 = d'a^2 \qquad [12]$$

$$DP(R-S) = 2d'ab \qquad [13]$$

$$DPU = d'ac - (\Delta^2 - dd') \qquad [14]$$

$$D(R-S)^2 = 4d'b^2 + 2(\Delta^2 - dd') \qquad [15]$$

$$D(R-S)U = 2d'bc \qquad [16]$$

$$DU^2 = d'c^2 \qquad [17]$$

$$DQ^2 = da'a' \qquad [18]$$

$$DQ(R+S) = 2da'b' \qquad [19]$$

$$DQT = da'c' - (\Delta^2 - dd') \qquad [20]$$

$$D(R+S)^2 = 4db'b' + 2(\Delta^2 - dd') \qquad [21]$$

$$D(R+S)T = 2db'c' \qquad [22]$$

$$DT^2 = dc'c' \qquad [23]$$

由这些等式推导出以下等式

$$0 = 2d'a^2(\Delta^2 - dd')$$

$$0 = (\Delta^2 - dd')^2 - 2d'ac(\Delta^2 - dd')$$

---

［1］这些等式是这样得到的：由等式［5］×［5］－［1］×［2］就得到等式［12］；由等式［5］×［9］－［1］×［7］－［2］×［6］就得到等式［13］；由等式［10］×［11］－［6］×［7］就得到等式［14］；由等式［5］×［8］+［5］×［8］+［10］×［10］+［11］×［11］－［1］×［4］－［2］×［3］－［6］×［7］－［6］×［7］就得到等式［15］；由等式［8］×［9］－［3］×［7］－［4］×［6］就得到等式［16］；由等式［8］×［8］－［3］×［4］就得到等式［17］。用完全相同的方法可以得到其余 6 个等式，只要相应地交换等式［3］，［6］，［8］和［2］，［5］，［7］的位置，而其余的等式［1］，［4］，［9］，［10］，［11］不变即可。比如说，等式［18］可由等式［6］×［6］－［1］×［3］得到，等等。

即由等式［12］×［15］–［13］×［13］可以得到第 1 个等式，由等式［14］×［14］–［12］×［17］可以得到第 2 个等式；容易发现的是，不论有没有 $a=0$，都有 $\Delta^2-dd'=0$[1]，因此，可以假设将等式［14］，［15］，［20］，［21］中的 $\Delta^2-dd'=0$ 删去。

现在，设

$$\mathfrak{A}P+\mathfrak{B}(R-S)+\mathfrak{C}U=mn'$$
$$\mathfrak{A}'Q+\mathfrak{B}'(R+S)+\mathfrak{C}'T=m'n$$

（尽管 mn'，$m'n$ 是整数，但 nn' 可以是分数）。那么，由等式［12］到［17］，推导出

$$Dm^2n'n'=d'(\mathfrak{A}a+2\mathfrak{B}b+\mathfrak{C}c)^2=d'm^2$$

并且由等式［18］到［23］推导出

$$Dm'm'n^2=d(\mathfrak{A}'a'+2\mathfrak{B}'b'+\mathfrak{C}'c')^2=dm'm'$$

因此，我们得出 $d=Dn^2$，$d'=Dn'n'$，由此得到第 1 个结论——**型** F，f，f' **的行列式之间彼此相差一个平方因数**；以及第 2 个结论——D **总是整除** $dm'm'$，$d'm^2$。因此，D，d，d' 的符号相同，并且，任何一个行列式大于 $dm'm'$ 与 $d'm^2$ 的最大公约数的型均不能变换为乘积 ff'。

用 $\mathfrak{A}$，$\mathfrak{B}$，$\mathfrak{C}$ 分别乘以等式［12］，［13］，［14］，并且类似地，用它们再乘以等式［13］，［15］，［16］，以及［14］，［16］，［17］。将3个乘积相加，再用 Dmn' 除这个和，把 $Dn'n'$ 记作 d'，那么，就得到

$$P=an',\ R-S=2bn',\ U=cn'$$

类似地，用 $\mathfrak{A}'$，$\mathfrak{B}'$，$\mathfrak{C}'$ 分别乘以等式［18］，［19］，［20］和［19］，［21］，［22］，以及［20］，［22］，［23］，得到

$$Q=a'n,\ R+S=2b'n,\ T=c'n$$

---

〔1〕这种推导等式 $\Delta^2=dd'$ 的方法可满足我们当前的目的。我们本可以直接从等式［1］到［11］推导出 $0^2=(\Delta^2-dd')^2$，这个分析更加优美，但放在这里过于冗长。

由此我们得到第 3 个结论：数 a, $2b$, c 与数 P, $R-S$, U 对应成比例，如果取第 1 组与第 2 组数的比值为 $1:n'$，那么 n' 就是 $\dfrac{d'}{D}$ 的平方根；类似地，数 a', $2b'$, c' 与数 Q, $R+S$, T 成比例，如果取这个比值为 $1:n$，那么 n 就是 $\dfrac{d}{D}$ 的平方根。

这里数 n 和 n' 的值可能是 $\dfrac{d}{D}$ 和 $\dfrac{d'}{D}$ 的正平方根，也可能是 $\dfrac{d}{D}$ 和 $\dfrac{d'}{D}$ 的负平方根，所以我们做一个区分（乍看起来这个区分似乎没什么用，但随后就会看出它的作用）。这种区分就是，如果型 F 可变换成 ff'，当 n 为正时，就说型 f 是**直接取**的；当 n 为负时，就说型 f 是**反转取**的。类似地，当 n' 为正或者是为负，我们就说型 f' 是**直接**取的或者**反转**取的。如果进一步假设 $k=1$，那么根据 n 和 n' 两者皆为正数，或者皆为负数，或者前者为正后者为负，或者前者为负后者为正，把型 F 分别说成是型 f 和 f' 两者的直接合成，或者是两者的反转合成，或者是 f 的直接与 f' 的反转合成，或者是 f 的反转与 f' 的直接合成。容易发现的是，这些关系不取决于型选取的次序（见本条目的第 1 个注解）。

我们进一步注意到，数 P, Q, R, S, T, U 的最大公约数 k 整除数 mn' 和 $m'n$（由上面给出的数值可知）。因此，平方数 k^2 整除 $m^2n'n'$, $m'm'n^2$，并且 Dk^2 整除 $d'm^2$, $dm'm'$。但是，反过来 mn' 和 $m'n$ 的每个公约数也都整除 k。设 e 是这样的一个公约数，显然，它整除 an', $2bn'$, cn', $a'n$, $2b'n$, $c'n$，即整除数 P, $R-S$, U, Q, $R+S$, T。因而，它也整除 $2R$ 和 $2S$。现在，如果 $\dfrac{2R}{e}$ 是一个奇数，$\dfrac{2S}{e}$ 一定也是奇数（因为它们的和与差都是偶数），所以它们的乘积一定是奇数。这个乘积就等于 $4(b'b'n^2-b^2n'n')/e^2=4(d'n^2+a'c'n^2-dn'n'-acn'n')/e^2=4(a'c'n^2-dn'n'-acn'n')/e^2$，因为 e 整除 $a'n$, $c'n$, an', cn'，所以这个乘积是偶数。那么，$\dfrac{2R}{e}$ 一定是偶数，且 R 和 S 都可以被 e 整除。由于 e 整除所有 6 个数 P, Q, R, S, T, U，所以 e 也整除它们的最大公约数 k。证明完毕。

总结：k 是数 mn' 和数 $m'n$ 的最大公约数，从而 Dk^2 就是数 $dm'm'$ 和数 $d'm^2$ 的最大公约数。这是第 4 个结论。现在可知的是，如果 F 由 f 和 f' 合成，D 就是数 $dm'm'$ 和数 $d'm^2$ 的最大公约数，反之亦然。这些性质也可以用来作为合成型的定义。因此，由型 f 和型 f' 合成的型在所有能变换成乘积 ff' 的型中具有最大的行列式。

在继续讨论之前，我们必须先更加精确地求出 Δ 的值。我们已经证明了 $\Delta = \sqrt{dd'} = \sqrt{D^2 n^2 n' n'}$，但是还没有确定过它的**符号**。为此，从基本等式 $[1]$ 到 $[11]$ 推导出 $DPQ = \Delta aa'$（由等式 $[5] \times [6] - [1] \times [11]$ 得到这个结论），那么，$Daa'nn' = \Delta aa'$。如果数 a 和 a' 都不等于 0，就有 $\Delta = Dnn'$。以完全相同的方式，由基本等式，我们能够推导出另外 8 个等式。在这 8 个等式中，Dnn' 位于等式的左边，Δ 位于等式的右边，两边分别乘以 $2ab'$，ac'，$2ba'$，$4bb'$，$2bc'$，ca'，$2cb'$，cc'[1]。现在，数 a，$2b$，c 不全为 0，数 a'，$2b'$，c' 也不全为 0，由此推出，在所有情况下 $\Delta = Dnn'$，并且对应于 n 和 n' 符号相同或者相反，Δ 就与 D，d，d' 有相同的符号或者相反的符号。

我们指出，数 aa'，$2ab'$，ac'，$2ba'$，$4bb'$，$2bc'$，ca'，$2cb'$，cc'，$2bb' + 2\Delta$，$2bb' - 2\Delta$ 全都能够被 mm' 整除。对于前 9 个数，这是显然的。对于后 2 个数，可以像前面证明 R 和 S 都能被 e 整除那样加以证明。显然，$4bb' + 4\Delta$ 和 $4bb' - 4\Delta$ 都能够被 mm' 整除（因为 $4\Delta = \sqrt{16dd'}$ 且 $4d$ 能够被 m^2 整除，$4d'$ 能够被 $m'm'$ 整除，因而 $16dd'$ 能够被 $m^2 m'm'$ 整除，即 4Δ 能够被 mm' 整除），而且它们的商的差是偶数。容易证明，它们的商的乘积也是偶数，因此每个商都是偶数，所以 $2bb' + 2\Delta$ 和 $2bb' - 2\Delta$ 能够被 mm' 整除。

现在，由 11 个基本等式推导出下面 6 个等式

$$AP^2 = aa'q'q' - 2ab'qq' + ac'q^2$$
$$AQ^2 = aa'q''q'' - 2ba'qq'' + ca'q^2$$
$$AR^2 = aa'q'''q''' - 2(bb' + \Delta)qq''' + cc'q^2$$
$$AS^2 = ac'q''q'' - 2(bb' - \Delta)q'q'' + ca'q'q'$$
$$AT^2 = ac'q'''q''' - 2bc'q'q''' + cc'q'q'$$
$$AU^2 = ca'q'''q''' - 2cb'q''q''' + cc'q''q''$$

---

〔1〕读者可以很容易验证这个分析，这里我们省略详细的论证。

因此，我们可以推出所有的数 AP^2，AQ^2，…都能被 mm' 整除。由于 k^2 是数 P^2，Q^2，R^2，…的最大公约数，Ak^2 就也能够被 mm' 整除。如果用它们的值 $\dfrac{p}{n}$ 也即 $\dfrac{pq' - qp'}{n'}$ 来代替 a，$2b$，c，a'，$2b'$，c'，那么，它们就变成另外的 6 个等式，这 6 个等式的右边是 $\dfrac{q'q'' - qq'''}{nn'}$ 和 P^2，Q^2，R^2，…的乘积。这个非常简单的计算可由读者来完成。最后，我们可以推出（由于 P^2，Q^2，… 不全为 0）$Ann' = q'q'' - qq'''$。

类似地，由基本等式我们能够推导出另外 6 个等式，这些等式与前面等式的区别是，用 C 代替所有出现的 A，并且用 p，p'，p''，p''' 分别代替 q，q'，q''，q'''。为了简洁，这里省去具体步骤。以上面同样的方式，由它们我们可以推出 Ck^2 能够被 mm' 整除，以及 $Cnn' = p'p'' - pp'''$。

再一次由相同的结论我们推导出下面 6 个等式

$$BP^2 = -aa'p'q' + ab'\left(pq' + qp'\right) - ac'pq$$
$$BQ^2 = -aa'p''q'' + ba'\left(pq'' + qp''\right) - ca'pq$$
$$BR^2 = -aa'p'''q''' + \left(bb' + \Delta\right)\left(pq''' + qp'''\right) - cc'pq$$
$$BS^2 = -ac'p''q'' + \left(bb' - \Delta\right)\left(p'q'' + q'p''\right) - ca'p'q'$$
$$BT^2 = -ac'p'''q''' + bc'\left(p'q''' + q'p'''\right) - cc'p'q'$$
$$BU^2 = -ca'p'''q''' + cb'\left(p''q''' + q''p'''\right) - cc'p''q''$$

并且，像前面一样，我们由此总结，$2Bk^2$ 能够被 mm' 整除，以及 $2Bnn' = pq''' + qp''' - p'q'' - q'p''$。

现在，由于 Ak^2，$2Bk^2$，Ck^2 都能够被 mm' 整除，那么容易发现的是，Mk^2 一定也能够被 mm' 整除。由基本等式知道，M 可以整除 aa'，$2ab'$，ac'，$2ba'$，$4bb'$，$2bc'$，ca'，$2cb'$，cc'，因而 M 也能够整除 am'，$2bm'$，cm'（它们分别是这 9 个数中前 3 个数，中间 3 个数以及最后 3 个数的最大公约数）；最后，它也整除所有这些数的最大公约数 mm'。因此，在型 F 由型 f 和型 f' 合成的情况下，也就是说 $k = 1$ 的情况下，M 就一定等于 mm'。这是第 5 个结论。

如果用 $\mathfrak{M}$ 表示数 A，B，C 的最大公约数，那么它就要么等于 M（当型 F 是正常原始型或者是由正常原始型导出的型时），要么等于 $\dfrac{M}{2}$（当型 F 是反常原始型或者是由反常原始型导出的型时）。类似地，如果分别用 $\mathfrak{m}$，$\mathfrak{m}'$ 表示

数 a, b, c; a', b', c' 的最大公约数，那么 $\mathfrak{m}$ 就要么等于 m，要么等于 $\dfrac{m}{2}$，并且 $\mathfrak{m}'$ 就要么等于 m'，要么等于 $\dfrac{m'}{2}$。显然，$\mathfrak{m}^2$ 整除 d，$\mathfrak{m}'\mathfrak{m}'$ 整除 d'，因此，$\mathfrak{m}^2\mathfrak{m}'\mathfrak{m}'$ 整除 dd' 即 Δ^2，那么，$\mathfrak{m}\mathfrak{m}'$ 整除 Δ。那么，由关于 BP^2，BQ^2，BR^2，$\cdots$ 的最后的 6 个等式我们可以推出，$\mathfrak{m}\mathfrak{m}'$ 整除 Bk^2，所以也整除 $\mathfrak{M}k^2$（因为它整除 Ak^2 和 Ck^2）。因此，如果 F 是由 f 和 f' 合成的，$\mathfrak{m}\mathfrak{m}'$ 就整除 $\mathfrak{M}k^2$。因此，如果在这个情况下，f 和 f' 中每一个都是正常原始型或者都是由正常原始型导出的型，即如果 $\mathfrak{m}\mathfrak{m}' = mm' = M$，那么 $\mathfrak{M}=M$，即 F 也是这种类型的型。但是，当在相同的条件下，型 f 和 f' 中有一个（例如型 f 是这种）要么是反常原始型，要么由反常原始型推导出来，那么由基本等式我们可以推出：aa'，$2ab'$，ac'，$2ba'$，$4bb'$，$2bc'$，ca'，$2cb'$，cc' 都能够被 $\mathfrak{M}'$ 整除，因而 am'，bm'，cm' 以及 $\mathfrak{m}\mathfrak{m}' = \dfrac{mm'}{2} = \dfrac{M}{2}$。在这种情况下，就有 $\mathfrak{M} = \dfrac{M}{2}$，即型 F 要么是一个反常原始型，要么是由反常原始型导出的型。这是第 6 个结论。

最后，我们指出，如果把 n 和 n' 看作都不等于 0 的未知数，并假设下面的 9 个等式成立

$$an' = P, \quad 2bn' = R - S, \quad cn' = U$$

$$a'n = Q, \quad 2b'n = R + S, \quad c'n = T$$

$$Ann' = q'q'' - qq''', \quad 2Bnn' = pq''' + qp''' - p'q'' - q'p'', \quad Cnn' = p'p'' - pp'''$$

（由于会经常用到这些等式，我们就用 Ω 表示这些等式），那么，通过一组简单的代换，基本等式 [1] 到 [9] 就一定成立，也就是说，型 (A, B, C) 可以通过代换 p，p'，p''，p'''；q，q'，q''，q''' 变换成型 (a, b, c) 和型 (a', b', c') 的乘积，并且，也可得出

$$b^2 - ac = n^2(B^2 - AC), \quad b'b' - a'c' = n'n'(B^2 - AC)$$

由于这个计算太长，这里不便给出，就把它留给读者来完成。

236

问题

给定两个型，它们的行列式要么相等，要么至少相差平方因数；求由这两个型构成的型。

解：设 $f = (a, b, c)$，$f' = (a', b', c')$ 是要合成的型，d, d' 是它们的行列式，m 是数 a，$2b$，c 的最大公约数，m' 是数 a'，$2b'$，c' 的最大公约数，D 是数 $dm'm'$ 和数 $d'm^2$ 的最大公约数，它和 d, d' 取相同的符号。那么，$\dfrac{dm'm'}{D}$ 和 $\dfrac{d'm^2}{D}$ 就是互质的正数，且它们的积是平方数，因此，它们每个数都是平方数（条目 21）。那么，$\sqrt{\dfrac{d}{D}}$ 和 $\sqrt{\dfrac{d'}{D}}$ 就是有理数，分别记为 n 和 n'。对应于型 f 是直接还是反转地参与合成，n 取正号或负号。以类似的方式，我们就按照 f' 参与合成的方式来确定 n' 的符号。因此，mn' 和 $m'n$ 就是互质的整数，n 和 n' 可以是分数。现在，我们注意到 an'，cn'，$a'n$，$c'n$，$bn' + b'n$，$bn' - b'n$ 是整数。对于前 4 个数，这是很明显的（因为 $an' = \dfrac{amn'}{m}$，…），对于最后 2 个数，我们可以用上个条目中证明 R 和 S 都能被 e 整除的相同的方法来证明。

现在随意取 4 个整数 $\mathfrak{Q}$，$\mathfrak{Q}'$，$\mathfrak{Q}''$，$\mathfrak{Q}'''$，它们只满足一个条件：使得下面等式组（Ⅰ）中左边 4 个量不全为 0。现在，建立等式

$$\mathfrak{Q}'an' + \mathfrak{Q}''a'n + \mathfrak{Q}'''(bn' + b'n) = \mu q \qquad (\text{Ⅰ})$$
$$-\mathfrak{Q}an' + \mathfrak{Q}'''c'n - \mathfrak{Q}''(bn' - b'n) = \mu q'$$
$$\mathfrak{Q}'''cn' - \mathfrak{Q}'a'n + \mathfrak{Q}'(bn' - b'n) = \mu q''$$
$$-\mathfrak{Q}''cn' - \mathfrak{Q}'c'n - \mathfrak{Q}(bn' + b'n) = \mu q'''$$

使得整数 q，q'，q''，q''' 没有公约数。取 μ 是这些等式左边的 4 个数的最大公约数，就可以做到这一点。现在，由条目 40，我们可以求出 4 个整数 $\mathfrak{B}$，$\mathfrak{B}'$，$\mathfrak{B}''$，$\mathfrak{B}'''$，使得

$$\mathfrak{B}q + \mathfrak{B}'q' + \mathfrak{B}''q'' + \mathfrak{B}'''q''' = 1$$

然后，通过下面的等式来确定数 p，p'，p''，p'''

$$\mathfrak{B}'an' + \mathfrak{B}''a'n + \mathfrak{B}'''(bn'+b'n) = p \qquad (\text{II})$$

$$-\mathfrak{B}an' + \mathfrak{B}'''c'n - \mathfrak{B}''(bn'-b'n) = p'$$

$$\mathfrak{B}'''cn' - \mathfrak{B}a'n + \mathfrak{B}'(bn'-b'n) = p''$$

$$-\mathfrak{B}''cn' - \mathfrak{B}'c'n - \mathfrak{B}(bn'+b'n) = p'''$$

现在，记

$$q'q'' - qq''' = Ann', \quad pq''' + qp''' - p'q'' - q'p'' = 2Bnn', \quad p'p'' - pp''' = Cnn'$$

那么，A，B，C 就是整数，并且型 $F = (A, B, C)$ 就是由型 f 和 f' 合成的型。

证明

1. 由（ I ）可以推导出下面 4 组等式：

$$0 = q'cn' - q''c'n - q'''(bn'-b'n) \qquad (\text{III})$$

$$0 = qcn' + q'''a'n - q''(bn'+b'n)$$

$$0 = q'''an' + qc'n - q'(bn'+b'n)$$

$$0 = q''an' - q'a'n - q(bn'-b'n)$$

2. 现在，假设整数 $\mathfrak{A}$，$\mathfrak{B}$，$\mathfrak{C}$，$\mathfrak{A}'$，$\mathfrak{B}'$，$\mathfrak{C}'$，$\mathfrak{R}$，$\mathfrak{R}'$ 满足条件

$$\mathfrak{A}a + 2\mathfrak{B}b + \mathfrak{C}c = m$$

$$\mathfrak{A}'a' + 2\mathfrak{B}'b' + \mathfrak{C}'c' = m'$$

$$\mathfrak{R}m'n + \mathfrak{R}'mn' = 1$$

那么，就有

$$\mathfrak{A}a\mathfrak{R}'n' + 2\mathfrak{B}b\mathfrak{R}'n' + \mathfrak{C}c\mathfrak{R}'n' + \mathfrak{A}'a'\mathfrak{R}n + 2\mathfrak{B}'b'\mathfrak{R}n + \mathfrak{C}'c'\mathfrak{R}n = 1$$

如果令

$$-q'\mathfrak{A}\mathfrak{R}' - q''\mathfrak{A}'\mathfrak{R} - q'''(\mathfrak{B}\mathfrak{R}' + \mathfrak{B}'\mathfrak{R}) = \mathfrak{q}$$

$$q\mathfrak{A}\mathfrak{R}' - q'''\mathfrak{C}'\mathfrak{R} + q''(\mathfrak{B}\mathfrak{R}' - \mathfrak{B}'\mathfrak{R}) = \mathfrak{q}'$$

$$-q'''\mathfrak{C}\mathfrak{R}' + q\mathfrak{A}'\mathfrak{R} - q'(\mathfrak{B}\mathfrak{R}' - \mathfrak{B}'\mathfrak{R}) = \mathfrak{q}''$$

$$q''\mathfrak{C}\mathfrak{R}' + q'\mathfrak{C}'\mathfrak{R} + q(\mathfrak{B}\mathfrak{R}' + \mathfrak{B}'\mathfrak{R}) = \mathfrak{q}'''$$

我们就得到了

$$\mathfrak{q}'an' + \mathfrak{q}''a'n + \mathfrak{q}'''(bn'+b'n) = q \qquad (\text{IV})$$

$$-\mathfrak{q}an' + \mathfrak{q}'''c'n - \mathfrak{q}''(bn'-b'n) = q'$$

$$\mathfrak{q}'''cn' - \mathfrak{q}a'n + \mathfrak{q}'(bn' - b'n) = \mathfrak{q}''$$

$$-\mathfrak{q}''cn' - \mathfrak{q}'c'n - \mathfrak{q}(bn' + b'n) = \mathfrak{q}'''$$

当 $\mu = 1$ 时，这组等式并不是必要的，我们可以用完全类似的等式组（Ⅰ）来代替它们。现在，我们由等式组（Ⅱ）和（Ⅳ）来确定 Ann'，$2Bnn'$，Cnn'（数 $\mathfrak{q}'\mathfrak{q}'' - \mathfrak{q}\mathfrak{q}'''\cdots$）的值，并把互相抵消的值删除，我们发现留下的项是整数与 nn' 的乘积，或是整数与 $dn'n'$ 的乘积，或是整数与 $d'nn$ 的乘积。而且，$2Bnn'$ 的所有的项都含有因数 2。由此我们得出总结：A，B，C 都是整数（因为 $dn'n' = d'n^2$，因而 $\dfrac{dn'n'}{nn'} = \dfrac{d'n^2}{nn'} = \sqrt{dd'}$ 都是整数）。第 1 部分证明完毕。

3. 如果代入由等式组（Ⅱ）确定的 p，p'，p''，p''' 的值，那么利用等式组（Ⅲ）以及等式

$$\mathfrak{B}\mathfrak{q} - \mathfrak{B}'\mathfrak{q}' + \mathfrak{B}''\mathfrak{q}'' + \mathfrak{B}'''\mathfrak{q}''' = 1,$$

我们可以发现

$$pq' - qp' = an', \quad pq''' - qp''' - p'q'' + q'p'' = 2bn', \quad p''q''' - q''p''' = cn'$$

$$pq'' - qp'' = a'n, \quad pq''' - qp''' + p'q'' - q'p'' = 2b'n, \quad p'q''' - q'p''' = c'n$$

这些等式与上个条目中的前 6 个等式（Ω）是相同的，剩余的 3 个等式是假设的一部分。那么（见上个条目结尾），型 F 就通过代换 p，p'，p''，p'''；q，q'，q''，q''' 变换成 ff'，它的行列式就等于 D，或者换句话说，就等于数 $dm'm'$ 和 $d'm^2$ 的最大公约数。根据上个条目的第 4 个结论，这意味着 F 是由 f 和 f' 合成的。第 2 部分证明完毕。最后，因为开始时我们为 n 和 n' 选择了正确的符号，可知型 F 是**按照预先指定的方式**由 f 和 f' 合成的。

237

定理

如果型 F 可以变换为两个型 f 和 f' 的乘积，并且型 f' 包含型 f''，那么型 F 也能够变换成型 f 和 f'' 的乘积。

证明

对于型 F, f, f'，我们保留条目 235 中的所有的记号。设 $f'' = (a''$, b'', $c'')$，并且设 f' 可以通过代换 α, β, γ, δ 变成型 f''。那么，型 F 就能够通过代换

$$\alpha p + \gamma p', \quad \beta p + \delta p', \quad \alpha p'' + \gamma p''', \quad \beta p'' + \delta p'''$$
$$\alpha q + \gamma q', \quad \beta q + \delta q', \quad \alpha q'' + \gamma q''', \quad \beta q'' + \delta q'''$$

变换成 f''。证明完毕。

为了简洁，我们把上述代换按照下面的符号来表示

$$\mathcal{B}, \; \mathcal{B}', \; \mathcal{B}'', \; \mathcal{B}'''$$
$$\mathcal{Q}, \; \mathcal{Q}', \; \mathcal{Q}'', \; \mathcal{Q}'''$$

并且，设数 $\alpha\beta - \beta\gamma = e$。由条目 235 的等式组 Ω，我们容易得出

$$\mathcal{B}\mathcal{Q}' - \mathcal{Q}\mathcal{B}' = an'e$$
$$\mathcal{B}\mathcal{Q}''' - \mathcal{Q}\mathcal{B}''' - \mathcal{B}'\mathcal{Q}'' + \mathcal{Q}'\mathcal{B}'' = 2bn'e$$
$$\mathcal{B}''\mathcal{Q}''' - \mathcal{Q}''\mathcal{B}''' = cn'e$$
$$\mathcal{B}\mathcal{Q}'' - \mathcal{Q}\mathcal{B}'' = \alpha^2 a'n + 2\alpha\gamma b'n + \gamma^2 c'n = a''n$$
$$\mathcal{B}\mathcal{Q}''' - \mathcal{Q}\mathcal{B}''' + \mathcal{B}'\mathcal{Q}'' - \mathcal{Q}'\mathcal{B}'' = 2b''n$$
$$\mathcal{B}'\mathcal{Q}''' - \mathcal{Q}'\mathcal{B}''' = c''n$$
$$\mathcal{Q}'\mathcal{Q}'' - \mathcal{Q}\mathcal{Q}''' = Ann'e$$
$$\mathcal{B}\mathcal{Q}''' + \mathcal{Q}\mathcal{B}''' - \mathcal{B}'\mathcal{Q}'' - \mathcal{Q}'\mathcal{B}'' = 2Bnn'e$$
$$\mathcal{B}'\mathcal{B}'' - \mathcal{B}\mathcal{B}''' = Cnn'e$$

现在，如果用 d'' 表示型 f'' 的行列式，e 就是 $\dfrac{d''}{d'}$ 的平方根，对应于型 f' 是正常还是反常包含型 f''，e 分别取正号或者负号。那么，$n'e$ 就是 $\dfrac{d''}{D}$ 的平方根；由此推出上面的 9 个等式就与条目 235 中的等式组 Ω 完全类似。型 f 在型 F 变换为 ff'' 中所取的方式与它在型 F 变换为 ff' 中所取的方式完全一样。对应于型 f' 是正常包含还是反常包含型 f''，型 f'' 就取与型 f' 相同的方式或者相反的方式。

238

定理

如果型 F 包含于型 F'，并且型 F 能够变换为型 f 和 f' 的乘积，那么，型 F' 就可以变换为相同的乘积。

证明

如果对于型 F，f，f' 保留和上个条目中相同的记号，并且假设型 F' 可以通过代换 α，β，γ，δ 变换成型 F，那么，我们容易发现，型 F' 通过代换

$$\alpha p + \beta q,\ \ \alpha p' + \beta q',\ \ \alpha p'' + \beta q'',\ \ \alpha p''' + \beta q'''$$
$$\gamma p + \delta q,\ \ \gamma p' + \delta q',\ \ \gamma p'' + \delta q'',\ \ \gamma p''' + \delta q'''$$

可以变成和 F 通过代换 p，p'，p''，p'''；q，q'，q''，q''' 所变成的一样的型，因而通过这个代换型 F' 就可以变换成 ff'。证明完毕。

通过类似于上个条目中的计算，我们可以确定，如果型 F' 正常包含型 F，F' 就能够按照型 F 变换成 ff' 的方式变换成 ff'。但是，如果 F 是反常包含于 F'，那么型 F 变换成 ff' 和型 F' 变换成 ff' 对于 f 和 f' 中的每个型都取相反的方式；也就是说，如果 f 和 f' 中的某个型是以直接的方式出现在一个变换中，那么该型在另一个变换中必然以反转的方式出现。

如果把这个定理和上个条目的定理相结合，我们就会得到下面的一般性定理：**如果型 F 能够变换成乘积 ff'，型 f 和 f' 分别包含型 g 和 g'，并且型 F 包含于型 G，那么，型 G 就能够变换成乘积 gg'。**这是因为，由本条目的定理 G 能够变换为 ff'，再由上个条目的定理 G 就能够变换为 fg'，从而也就能够变换为 gg'。我们还可得出，如果所有 3 个型 f，f'，G 正常包含型 g，g'，F，那么型 G 变成 gg' 时型 g 和 g' 的合成方式就同型 F 变换成 ff' 时型 f 和 f' 的合成方式一样；如果全部 3 个包含都是反常的，那么也有类似的结论。如果一种包含方式与另外两种包含方式不同，我们也很容易确定型 G 怎样变换为 gg'。

如果型 F，f，f' 分别等价于型 G，g，g'，那么后者就与前者有相同的

行列式，并且对于型 f, f' 的数 m, m' 也就是对于型 g, g' 的对应的数（条目 161）。那么，由条目 235 的第 4 个结论我们可以推出，如果 F 由 f, f' 合成，那么型 G 就由 g, g' **合成**，并且，只要 F 等价于 G 的方式与 f 等价于 g 的方式相同，则型 g 进入前一个合成的方式与型 f 进入后一个合成的方式相同，反之亦然。类似地，对应于型 f' 和 g' 等价的方式与型 F 和 G 等价的方式同型还是不同型，g' 在前一个合成中所取的方式必定与 f' 在后一个合成中所取的方式相同或者相反。

239

定理

如果型 F 是由型 f, f' 合成的，那么能够用与 F 相同的方式变换成乘积 ff' 的任何其他的型都正常包含 F。

证明

如果对于 F, f, f' 保留条目 235 中的所有记号，那么等式组 Ω 在这里依然成立。假设行列式为 D' 的型 $F' = (A', B', C')$ 可以通过代换 p, p', p'', p'''; q, q', q'', q''' 变换成乘积 ff'。将数

$$pq' - qp', \quad pq'' - qp'', \quad pq''' - qp'''$$

$$p'q'' - q'p'', \quad p'q''' - q'p''', \quad p''q''' - q''p'''$$

分别记为 P', Q', R', S', T', U'。那么，我们就得到了 9 个与 Ω 完全类似的等式，即

$$P' = an', \quad R' - S' = 2bn', \quad U' = cn'$$

$$Q' = a'n, \quad R' + S' = 2b'n, \quad T' = c'n$$

$$q'q'' - qq''' = A'nn', \quad pq''' + qp''' - p'q'' - q'p'' = 2B'nn'$$

$$p'p'' - pp''' = C'nn'$$

我们用 Ω' 表示这些等式。这里的 n, n' 分别是 $\dfrac{d}{D'}$, $\dfrac{d'}{D'}$ 的平方根，它们分别和 n, n' 的符号相同，因此，如果对 $\dfrac{D}{D'}$ 的平方根取正值（它是个整

数）并且令它为 k，我们就得到了 $\mathfrak{n}=k n$，$\mathfrak{n}'=k n'$。那么，由 Ω 和 Ω' 的前 6 个等式，我们得到

$$P'=kP,\ \ Q'=kQ,\ \ R'=kR,$$

$$S'=kS,\ \ T'=kT,\ \ U'=kU,$$

由条目 234 的引理，我们可以找到 4 个整数 α，β，γ，δ，使得

$$\alpha p+\beta q=\mathfrak{p},\ \ \gamma p+\delta q=\mathfrak{q},$$

$$\alpha p'+\beta q'=\mathfrak{p}',\ \ \gamma p'+\delta q'=\mathfrak{q}',\ \cdots$$

并且

$$\alpha\delta-\beta\gamma=k$$

将 $\mathfrak{p}$，$\mathfrak{q}$，$\mathfrak{p}'$，$\mathfrak{q}'$，$\cdots$ 的这些值代入 Ω' 的最后 3 个等式中，并且利用等式 $\mathfrak{n}=k n$，$\mathfrak{n}'=k n'$ 以及 Ω 的最后 3 个等式，求出

$$A'\alpha^2+2B\alpha\gamma+C\gamma^2=A$$

$$A'\alpha\beta+B'(\alpha\delta+\beta\gamma)+C'\gamma\delta=B$$

$$A'\beta^2+2B'\beta\delta+C'\delta^2=C$$

因此，通过代换 α，β，γ，δ（这是正常代换，因为 $\alpha\delta-\beta\gamma=k$ 是正值），F' 就变换成 F，即 F' 就正常包含型 F。证明完毕。

因此，如果 F' 是由型 f，f' 合成的（和 F 的方式相同），型 F 和 F' 就具有相同的行列式，并且是正常等价的。更一般地，如果型 G 由型 g，g' 合成的方式与型 F 由 f，f' 合成的方式一样，那么型 g，g' 就分别正常等价于型 f，f'，于是型 F 和 G 也是正常等价的。

由于这种情况，即两个合成型都是直接合成，是最简单的情况，而其他情况容易简化成这种情况，所以后面我们就只讨论这种情况。于是，如果我们说任意型由另外两个型合成，那么就可以理解为由这两个型正常合成[1]。当提到一个型变换为另外两个型的乘积时，限定条件也是相同的。

---

〔1〕正如在比例的合成中（它与型的合成非常类似），除非有另外说明，我们通常理解的比例是正比。

240

定理

如果型 F 是由型 f 和 f' 合成的，型 $\mathfrak{F}$ 是由型 F 和 f'' 合成的，型 F' 是由型 f 和 f'' 合成的，型 $\mathfrak{F}'$ 是由型 F' 和 f' 合成的；那么，型 $\mathfrak{F}$ 和 $\mathfrak{F}'$ 就是正常等价的。

证明

1. 设

$$f = ax^2 + 2bxy + cy^2$$
$$f' = a'x'x' + 2b'x'y' + c'y'y'$$
$$f'' = a''x''x'' + 2b''x''y'' + c''y''y''$$
$$F = AX^2 + 2BXY + CY^2$$
$$F' = A'X'X' + 2B'X'Y' + C'Y'Y'$$
$$\mathfrak{F} = \mathfrak{A}\mathfrak{X}\mathfrak{X} + 2\mathfrak{B}\mathfrak{X}\mathfrak{Y} + \mathfrak{C}\mathfrak{Y}\mathfrak{Y}$$
$$\mathfrak{F}' = \mathfrak{A}'\mathfrak{X}'\mathfrak{X}' + 2\mathfrak{B}'\mathfrak{X}'\mathfrak{Y}' + \mathfrak{C}'\mathfrak{Y}'\mathfrak{Y}'$$

并且，设这 7 个型的行列式分别为 d，d'，d''，D，D'，$\mathfrak{D}$，$\mathfrak{D}'$，那么它们的符号都相同而且相互仅相差一个平方因数。进而，设 m 是数 a，$2b$，c 的最大公约数，设 m'，m''，M 对于型 f'，f''，F 有相同的意义。那么，由条目 235 中的第 4 个结论，D 就是数 $dm'm'$ 和 $d'm^2$ 的最大公约数，并且 $Dm''m''$ 就是数 $dm'm'm''m''$ 和 $d^2m^2m''m''$ 的最大公约数；又 $M = mm'$，$\mathfrak{D}$ 是数 $Dm''m''$ 和 $d''M^2$ 的最大公约数，或者是数 $Dm''m''$ 和 $dm^2m'm'$ 的最大公约数。由此推出，$\mathfrak{D}$ 是 3 个数 $dm'm'm''m''$，$d'm^2m''m''$，$d''m^2m'm'$ 的最大公约数。由于类似的原因，$\mathfrak{D}'$ 也是这 3 个数的最大公约数。由于 $\mathfrak{D}$ 和 $\mathfrak{D}'$ 的符号相同，所以 $\mathfrak{D} = \mathfrak{D}'$，并且型 $\mathfrak{F}$ 和 $\mathfrak{F}'$ 具有相同的行列式。

2. 设 F 可以通过代换

$$X = pxx' + p'xy' + p''yx' + p'''yy'$$
$$Y = qxx' + q'xy' + q''yx' + q'''yy'$$

变换成 ff'，$\mathfrak{F}$ 可以通过代换

$$\mathfrak{X} = \mathfrak{p}Xx'' + \mathfrak{p}'Xy'' + \mathfrak{p}''Yx'' + \mathfrak{p}'''Yy''$$

$$\mathfrak{Y} = \mathfrak{q}Xx'' + \mathfrak{q}'Xy'' + \mathfrak{q}''Yx'' + \mathfrak{q}'''Yy''$$

变换成 Ff'，并且，分别用 n，n'，$\mathfrak{N}$，$\mathfrak{n}''$ 表示 d/D，d'/D，$D/\mathfrak{D}$，$d''/\mathfrak{D}$ 的正的平方根。那么，由条目 235，我们就得到 18 个等式，其中一半的等式属于型 F 变换成 ff' 的代换，另一半属于型 $\mathfrak{F}$ 变换成 Ff'' 的代换。其中第 1 个等式是 $pq' - qp' = an'$。其余的等式可以用同样的方式构建，但是为了简洁，这里将其省略。注意，量 n，n'，$\mathfrak{N}$，$\mathfrak{n}''$，是有理数，却不一定是整数。

3. 如果用 X，Y 的值代入 $\mathfrak{X}$，$\mathfrak{Y}$，那么我们就得到了下面的型

$$\mathfrak{X} = (1)\, xx'x'' + (2)\, xx'y'' + (3)\, xy'x'' + (4)\, xy'y'' + (5)\, yx'x''$$
$$\quad + (6)\, yx'y'' + (7)\, yy'x'' + (8)\, yy'y''$$

$$\mathfrak{Y} = (9)\, xx'x'' + (10)\, xx'y'' + (11)\, xy'x'' + (12)\, xy'y'' + (13)$$
$$\quad yx'x'' + (14)\, yx'y'' + (15)\, yy'x'' + (16)\, yy'y''$$

显然，通过这组代换，$\mathfrak{F}$ 就变换成了乘积 $ff'f''$。系数（1）就等于 $p\mathfrak{p} + q\mathfrak{p}''$，读者可以计算出另外 15 个系数的值。我们用（1，2）表示系数（1）（10）－（2）（9），用（1，3）表示系数（1）（11）－（3）（9），并且一般地，用 (g, h) 表示 $(g)(g+h) - (h)(8+g)$，其中 g，h 是位于 1 到 16 之间的整数，且 $h > g$ [1]；以这种方式，我们总共得到了 28 个符号。如果用 $\mathfrak{n}$，$\mathfrak{n}'$ 表示 $d/\mathfrak{D}$，$d'/\mathfrak{D}$ 的正的平方根（它们分别等于 $n\mathfrak{N}$，$n'\mathfrak{N}$），我们就得到了下面 28 个等式

（1，2）$= aa'\mathfrak{n}''$

（1，3）$= aa''\mathfrak{n}'$

（1，4）$= ab'\mathfrak{n}'' + ab''\mathfrak{n}'$

（1，5）$= a'a''\mathfrak{n}$

---

［1］这些符号的当前含义不会与条目 234 中的符号的含义混淆，因为，这里的这些符号表示的数对应的是条目 234 中用类似符号表示的数的乘积。

$$(1, 6) = a'bn'' + a'b''n$$

$$(1, 7) = a''bn' + a''b'n$$

$$(1, 8) = bb'n'' + bb''n' + b'b''n + \mathfrak{D}nn'n'$$

$$(2, 3) = ab''n' - ab'n''$$

$$(2, 4) = ac''n'$$

$$(2, 5) = a'b''n - a'bn''$$

$$(2, 6) = a'c''n$$

$$(2, 7) = bb''n' + b'b''n - bb'n'' - \mathfrak{D}nn'n''$$

$$(2, 8) = bc''n' + b'c''n$$

$$(3, 4) = ac'n''$$

$$(3, 5) = a''b'n - a''bn'$$

$$(3, 6) = bb'n'' + b'b''n - bb''n' - \mathfrak{D}nn'n''$$

$$(3, 7) = a''c'n$$

$$(3, 8) = bc'n'' + b''c'n$$

$$(4, 5) = b'b''n - bb'n'' - bb''n' + \mathfrak{D}nn'n''$$

$$(4, 6) = b'c''n - bc''n'$$

$$(4, 7) = b''c'n - bc'n''$$

$$(4, 8) = c'c''n$$

$$(5, 6) = ca'n''$$

$$(5, 7) = ca''n'$$

$$(5, 8) = b'cn'' + b''cn'$$

$$(6, 7) = b''cn' - b'cn''$$

$$(6, 8) = cc''n'$$

$$(7, 8) = cc'n''$$

我们用 Φ 来表示这组等式。此外，还有另外 9 个等式

$$(10)(11) - (9)(12) = an'n''\mathfrak{A}''$$

$$(1)(12) - (2)(11) - (3)(10) + (4)(9) = 2an'n''\mathfrak{B}$$

$$(2)(3) - (1)(4) = an'n''\mathfrak{C}$$

$$-(9)(16) + (10)(15) + (11)(14) - (12)(13) = 2bn'n''\mathfrak{A}$$

（1）（16）−（2）（15）−（3）（14）+（4）（13）

+（5）（12）−（6）（11）−（7）（10）+（8）（9）=$4bn'n''\mathfrak{B}$

−（1）（8）+（2）（7）+（3）（6）−（4）（5）=$2bn'n''\mathfrak{C}$

（14）（15）−（13）（16）=$cn'n''\mathfrak{A}$

（5）（16）−（6）（15）−（7）（14）+（8）（13）=$2cn'n''\mathfrak{B}$

（6）（7）−（5）（8）=$cn'n''\mathfrak{C}$

用 ψ 来表示这组等式[1]。

4. 推导出所有 37 个等式需要花费太多时间，这里我们仅推导出其中几个等式，并作为推导其余等式的范例。

1）（1, 2）=（1）（10）−（2）（9）

$\qquad\qquad = (\mathfrak{p}'q' - q\mathfrak{p}')^2 p + (\mathfrak{p}'q''' - q\mathfrak{p}''' - \mathfrak{p}'q'' + q'\mathfrak{p}'')\, pq$

$\qquad\qquad + (\mathfrak{p}''q''' - q''\mathfrak{p}''')\, q^2$

$\qquad\qquad = n''(Ap^2 + 2Bpq + Cq^2) = n''aa'$

这是第一个等式。

2）（1, 3）=（1）（11）−（3）（9）=$(\mathfrak{p}q'' - q\mathfrak{p}'')(pq' - qp')$

$\qquad\qquad = a''\mathfrak{R}an' = aa''n'$

这是第二个等式。

3）以及

（1, 8）=（1）（16）−（8）（9）

$\qquad\qquad = (\mathfrak{p}q' - q\mathfrak{p}')\, pp''' + (\mathfrak{p}q''' - q\mathfrak{p}''')\, pq''' - (\mathfrak{p}'q'' - q\mathfrak{p}'')\, qp'''$

$\qquad\qquad + (\mathfrak{p}''q''' - q''\mathfrak{p}''')\, qq'''$

$\qquad\qquad = n''(App''' + B(pq''' + qp''') + Cqq''') + b''\mathfrak{R}(pq''' - qp''')$

$\qquad\qquad = n''(bb' + \sqrt{dd'}) + b''\mathfrak{R}(b'n + bn')^k$

---

[1] 这里要指出的是，我们可以用 a', $2b'$, c'；a'', $2b''$, c'' 替代因数 a, $2b'$, c，从而推导出与 Ψ 类似的其他 18 个等式。但是，由于它们对于我们的目的来说不是必要的，所以这里将其省去。

$$=n''bb'+n'bb''+nb'b''+\mathfrak{D}nn'n''$$

这是 Φ 中的第 8 个等式。剩下的等式留给读者去验证。

5. 由等式 Φ，我们可以按照下面的方式证明 28 个等式，（1，2），（1，3），…都没有公约数。首先，我们指出，可以构建 27 个由这样的 3 个因数组成的乘积：这 3 个因数中，要么第一个因数是 n，第二个因数是 a'，$2b'$，c' 中的任意一个，第三个因数是数 a''，$2b''$，c'' 中的任意一个；或者，第一个因数是 n'，第二个因数是数 a，$2b$，c 中的任意一个，第三个因数是数 a''，$2b''$，c'' 中的任意一个；或者，第一个因数是数 n''，第二个因数是数 a，$2b$，c 中的任意一个，第三个因数是数 a'，$2b'$，c' 中的任意一个。根据等式组 Φ，这 27 个乘积中的每一个要么等于这 28 个数（1，2），（1，3），…中的某一个，要么等于这些数中某几个数的和或差〔例如，$na'a''=$（1，5），$2na'b''=$（1，6）+（2，5），$4nb'b''=$（1，8）+（2，7）+（3，6）+（4，5），等等〕。因此，如果这些数有公约数，那么这个公约数就一定能整除所有这些乘积。由条目 40，并且通过前面多次使用过的方法，这个公约数一定也整除数 $nm'm''$，$n'mm''$，$n''mm'$，因而这个公约数的平方就一定整除这些数的平方，即 $dm'm''\,m''/\mathfrak{D}$，$d'\,m^2m''\,m''/\mathfrak{D}$，$d''\,m^2m'\,m'/\mathfrak{D}$。这是荒谬的。因为，根据证明 1 的结论，这 3 个数的最大公约数是 $\mathfrak{D}$，因而这 3 个平方数不可能有最大公约数。

6. 所有这些都与型 $\mathfrak{F}$ 变换成 $ff'f''$ 的变换有关；并且，从型 F 变换成 ff' 的变换以及型 $\mathfrak{F}$ 变换成 Ff'' 的变换中可以发现这些。以完全类似的方式，由型 F' 变换成 ff'' 的代换以及由型 $\mathfrak{F}$ 变换成 $F'f'$ 的代换

$$\mathfrak{X}=（1）'xx'x''+（2）'xx'y''+（3）'xy'x''+\cdots$$
$$\mathfrak{Y}=（9）'xx'x''+（10）'xx'y''+（11）'xy'x''+\cdots$$

（这里的系数的记号与型 $\mathfrak{F}$ 变换成 $ff'f''$ 的变换中使用的记号相同，但是这里给它们加上撇号来区分）我们可以推导出型 $\mathfrak{F}'$ 变换成 $ff'f''$ 的代换。由这个变换，我们可以像前面一样推导出和等式组 Φ 类似的 28 个等式，将其记为 Φ'，并把另外 9 个与等式 ψ 类似的等式记为 ψ'。因此，如果把（1）'（10）'−（2）'（9）'记为（1，2）'，把（1）'（11）'−（3）'（9）'记为（1，3）'，…，等式组 Φ' 就是

$$(1, 2)' = aa'\mathfrak{n}'', \quad (1, 3)' = aa''\mathfrak{n}',$$
$$\cdots$$

等式 ψ' 就是

$$(10)'(11)' - (9)'(12)' =$$
$$a\mathfrak{n}'\mathfrak{n}''\mathfrak{A}', \cdots$$

（为了简洁，我们把更详细的推导留给读者来完成；有经验的读者会发现无须做新的计算，因为通过类比可以运用第 1 个分析）。现在，由 Φ 和 Φ' 可以立即推出

$$(1, 2) = (1, 2)', \quad (1, 3) = (1,$$
$$3)', \quad (1, 4) = (1, 4)', \quad (2, 3) = (2,$$
$$3)', \cdots$$

□ **皮耶·德·费马**

皮耶·德·费马（1601—1665 年），法国律师、业余数学家，最闻名于数论，也对后来的解析几何、概率论、微积分、光学都有所贡献。其在数学上的成就不亚于任何同时代的职业数学家，被誉为"业余数学家之王"。

并且，由于所有的 $(1, 2)$，$(1, 3)$，$(2, 3)$，…都没有公约数（根据证明 5），借助条目 234 中的引理，我们可以确定 4 个整数 α，β，γ，δ，使得

$$\alpha(1)' + \beta(9)' = (1)$$
$$\alpha(2)' + \beta(10)' = (2)$$
$$\alpha(3)' + \beta(11)' = (3)$$
$$\cdots$$
$$\gamma(1)' + \delta(9)' = (9)$$
$$\gamma(2)' + \delta(10)' = (10)$$
$$\gamma(3)' + \delta(11)' = (11)$$
$$\cdots$$

以及 $\alpha\delta - \beta\gamma = 1$。

7. 如果从 ψ 的前 3 个等式中替换 $a\mathfrak{A}$，$a\mathfrak{B}$，$a\mathfrak{C}$ 的值，并且从 ψ' 的前 3 个等式中替换 $a\mathfrak{A}'$，$a\mathfrak{B}'$，$a\mathfrak{C}'$ 的值，很容易发现的是

$$a(\mathfrak{A}\alpha^2 + 2\mathfrak{B}\alpha\gamma + \mathfrak{C}\gamma^2) = a\mathfrak{A}'$$
$$a[\mathfrak{A}\alpha\beta + \mathfrak{B}(\alpha\delta + \beta\gamma) + \mathfrak{C}\gamma\delta] = a\mathfrak{B}'$$

$$a\left(\mathfrak{A}\beta^2 + 2\mathfrak{B}\beta\delta + \mathfrak{C}\delta^2\right) = a\mathfrak{C}'$$

并且，如果 a 不等于 0，我们可以推出，型 $\mathfrak{F}$ 可以通过正常变换 α，β，γ，δ 变换成 $\mathfrak{F}'$。如果在 ψ 和 ψ' 中，用第 4 到第 6 个等式代替前 3 个等式，那么我们就会得到和上面完全类似的 3 个等式，只是这里因数 a 换成了因数 b，只要 b 不等于 0，就有同样的结论成立。由于 a，b，c 不可能同时等于 0，型 $\mathfrak{F}$ 就一定可以通过代换 α，β，γ，δ 变换为 $\mathfrak{F}'$，所以这两个型就是正常等价的。证明完毕。

241

如果有像 $\mathfrak{F}$ 和 $\mathfrak{F}'$ 这样的型，它们是由 3 个给定的型中的 1 个和由另外 2 个型合成的型合成而得到的，就说它们是**由 3 个型合成的**。由上个条目可知，3 个型的合成顺序是无关紧要的。类似地，如果有任意个型 f，f'，f''，f'''，…（它们的行列式相差一个平方因数），并且将型 f 和 f' 合成，所得的型再和 f'' 合成，所得的型再和 f''' 合成，…；我们就说由这个操作得到的最后的型是**由型 f，f'，f''，f'''，…合成的**。而且，我们容易证明这里的合成顺序也是任意的；即，不论这些型的合成顺序怎么样，由这些型合成生成的型都是正常等价的。显然，如果型 g，g'，g''，…与型 f，f'，f''，…分别正常等价，由前面几个型合成的型就与后面几个型合成的型正常等价。

242

前面的定理是关于最一般形式的型的合成。现在，我们转向更加具体的应用，并保持前面的定理的次序。首先，我们回到条目 236 中的问题，并给出下面的限制条件：**第一**，要合成的型都具有相同的行列式，即 $d = d'$；**第二**，m 和 m' 是互质的；**第三**，要求的型是由 f 和 f' 直接合成的。那么，m^2 和 $m'm'$ 就是互质的；因而，数 $dm'm'$ 和 $d'm^2$ 的最大公约数，即 $D = d = d'$，

且 $n = n' = 1$。由于可以随意取值，我们就取 4 个量 $\mathfrak{Q}$，$\mathfrak{Q}'$，$\mathfrak{Q}''$，$\mathfrak{Q}'''$，它们分别等于 -1，0，0，0。这是可以的，除非 a，a'，$b + b'$ 同时等于 0，但这种情况可以忽略。显然，这种情况只可能在行列式为正的型中出现。那么，如果 μ 是数 a，a'，$b + b'$ 的最大公约数，我们就可以这样选取数 $\mathfrak{P}'$，$\mathfrak{P}''$，$\mathfrak{P}'''$，使得

$$\mathfrak{P}'a + \mathfrak{P}''a' + \mathfrak{P}'''(b + b') = \mu$$

至于 $\mathfrak{B}$，它是可以任意选取的。由此推出，如果用 p，q，p'，q'，$\cdots$ 代替它们，就有 $A = \dfrac{aa'}{\mu^2}$，$B = \dfrac{1}{\mu}\left[\mathfrak{P}aa' + \mathfrak{P}'ab' + \mathfrak{P}''a'b + \mathfrak{P}'''(bb' + D)\right]$。并且，只要 a 和 a' 不同时为 0，C 就可以由等式 $AC = B^2 - D$ 来确定。

在这个解中，A 的值并不取决于 $\mathfrak{P}$，$\mathfrak{P}'$，$\mathfrak{P}''$，$\mathfrak{P}'''$ 的值（有无穷多种不同的方式确定）；但是，如果对这些数赋予不同的值，B 就有不同的值。所以，研究所有这些 B 的值如何联系，是很有意义的。为此，我们指出以下两点：

1. 不论如何确定 $\mathfrak{P}$，$\mathfrak{P}'$，$\mathfrak{P}''$，$\mathfrak{P}'''$ 的值，B 的值都对于模 A 彼此同余。假设，如果 $\mathfrak{P} = p$，$\mathfrak{P}' = p'$，$\mathfrak{P}'' = p''$，$\mathfrak{P}''' = p'''$，就有 $B = \mathfrak{B}$。但是，如果取 $\mathfrak{P} = p + \delta$，$\mathfrak{P}' = p' + \delta'$，$\mathfrak{P}'' = p'' + \delta''$，$\mathfrak{P}''' + \delta'''$，就有 $B = \mathfrak{B} + \mathfrak{D}$。那么，就有

$$a\mathfrak{d}' + a'\mathfrak{d}'' + (b + b')\mathfrak{d}''' = 0$$

$$aa'\mathfrak{d} + ab'\mathfrak{d}' + a'b\mathfrak{d}'' + (bb' + D)\mathfrak{d}''' = \mu\mathfrak{D}$$

如果在第 2 个等式的左边乘以 $ap' + a'p'' + (b' + b')p'''$，右边乘以 μ，并从第 1 个乘积中减去 $\left[ab'p' + a'bp'' + (bb' + D)p'''\right]\left[a\mathfrak{d}' + a'\mathfrak{d}'' + (b + b')\mathfrak{d}'''\right]$，那么根据第 1 个等式，它显然等于 0。我们通过计算并合并同类项后，得到

$$aa'\left\{\mu\mathfrak{p} + \left[(b' - b)p'' + cp'''\right]\mathfrak{d}' + \left[(b - b')p' + cp''\right]\mathfrak{d}'' - \left[c'p' + cp''\right]\mathfrak{d}'''\right\} = \mu^2\mathfrak{D}$$

显然，$\mu^2\mathfrak{D}$ 能够被 aa' 整除，$\mathfrak{D}$ 能够被 $\dfrac{aa'}{\mu}$ 即 A 整除，并且

$$\mathfrak{B} \equiv \mathfrak{B} + \mathfrak{D} \pmod{4}$$

2. 如果数 $\mathfrak{P}$，$\mathfrak{P}'$，$\mathfrak{P}''$，$\mathfrak{P}'''$ 的值 p，p'，p''，p''' 使得 $B = \mathfrak{B}$，那么，我们就可以求出这些数的其他值，使得 B 等于任何对于模 A 同余于 $\mathfrak{B}$ 的数，

例如 $\mathfrak{B}+kA$。首先，我们指出，这 4 个数 μ，c，c'，$b-b'$ 不可能有公约数；因为，如果存在公约数，那么它就能整除 a，a'，$b+b'$，c，c'，$b-b'$ 这 6 个数，因而也能整除 a，$2b$，c 和 a'，$2b'$，c'，进而也就能整除 m 和 m'。而根据假设，m 和 m' 是互质的。所以，我们可以找到 4 个整数 h，h'，h''，h''' 使得

$$h\mu+h'c+h''c'+h'''(b'-b)=1$$

并且，如果令

$$kh=\mathfrak{d},\ k\left[h''(b+b')-h'''a'\right]=\mu\mathfrak{d}'$$

$$k\left[h'(b+b')+h'''a\right]=\mu\mathfrak{d}''\ ,\ -k(h'a'+h''a)=\mu\mathfrak{d}'''$$

显然，$\mathfrak{d}$，$\mathfrak{d}'$，$\mathfrak{d}''$，$\mathfrak{d}'''$ 都是整数，并且

$$a\mathfrak{d}'+a\mathfrak{d}''+(b+b')\mathfrak{d}'''=0$$

$$aa'\mathfrak{d}'+ab'\mathfrak{d}''+a'b\mathfrak{d}''+(bb'+D)\mathfrak{d}'''$$

$$=\frac{aa'k}{\mu}\left[\mu h+ch'+c'h''+(b-b')h'''\right]=\mu kA$$

由第 1 个等式可知，$\mathfrak{p}+\mathfrak{d}$，$\mathfrak{p}'+\mathfrak{d}'$，$\mathfrak{p}''+\mathfrak{d}''$，$\mathfrak{p}'''+\mathfrak{d}'''$，也是 $\mathfrak{B}$，$\mathfrak{B}'$，$\mathfrak{B}''$，$\mathfrak{B}'''$ 的值；由第 2 个等式可知，这些值使得 $B=\mathfrak{B}+kA$。证明完毕。很清楚的是，我们总是可以这样选取 B：当 A 是正数时，使得它位于 0 到 $A-1$ 之间（包含边界）；当 A 是负数时，使得它位于 0 到 $-A-1$ 之间（包含边界）。

243

由等式

$$\mathfrak{P}'a+\mathfrak{P}''a'+\mathfrak{P}'''(b+b')=\mu$$

$$B=\frac{1}{\mu}\left[\mathfrak{P}aa'+\mathfrak{P}'ab'+\mathfrak{P}''a'b+\mathfrak{P}'''(bb'+D)\right]$$

我们可以推导出

$$B=b+\frac{a}{\mu}[\mathfrak{P}a'+\mathfrak{P}'(b'-b)-\mathfrak{P}'''c]$$

$$=b'+\frac{a'}{\mu}[\mathfrak{P}a+\mathfrak{P}''(b-b')-\mathfrak{P}'''c']$$

因而

$$B \equiv b \,(\bmod \tfrac{a}{\mu}), \quad B \equiv b' \,(\bmod \tfrac{a'}{\mu})$$

如果 $\dfrac{a}{\mu}$ 和 $\dfrac{a'}{\mu}$ 互质，那么在 0 到 $A-1$ 之间（当 A 为负数时，在 0 到 $-A-1$ 之间）只有一个数满足对于模 $\dfrac{a}{\mu}$ 同余于 b 并且对于模 $\dfrac{a'}{\mu}$ 同余于 b' 的条件。如果令这个数等于 B，且 $\dfrac{B^2-D}{A}=C$，显然，(A,B,C) 就是由型 (a,b,c) 和 (a',b',c') 合成的。所以，在这种情况下，为了求出合成型，没有必要考虑数 $\mathfrak{P},\mathfrak{P}',\mathfrak{P}'',\mathfrak{P}'''$[1]。例如，求由型（10，3，11）和（15，2，7）合成的型。由已知条件可得出 $a,a',b+b'$ 分别等于 10，15，5；$\mu=5$。因此，$A=6$，$B\equiv 3\,(\bmod 2)$ 且 $B\equiv 3\,(\bmod 3)$，我们可得出，$B=5$，从而（6，5，21）就是要求的型。但是，$\dfrac{a}{\mu}$ 和 $\dfrac{a'}{\mu}$ 互质这一条件等价于数 a 和 a' 必然有能整除 3 个数 $a,a',b+b'$ 的公约数，或者也就是说，数 a 和 a' 的最大公约数也整除数 $b+b'$。注意以下几种特殊情况。

1. 假如有两个行列式为 D 的型 (a,b,c) 和 (a',b',c')，并且数 $a,2b,c$ 的最大公约数与数 $a',2b',c'$ 的最大公约数互质，且 a 与 a' 互质；那么，只要取 $A=aa'$，$B\equiv b\,(\bmod a)$，$B\equiv b'\,(\bmod a')$，$C=\dfrac{B^2-D}{A}$，就得到了这两个型合成的型 (A,B,C)。这种情况总是可能发生，即：要合成的型中有一个是主型，$a=1$，$b=0$，$c=-D$。那么，$A=a'$，B 可以取 b'，从而就有 $C=c'$；**那么，由一个主型和有相同行列式的任意另外的型合成的型，就是另外那个型自身。**

2. 如果要把两个**相反**的正常原始型，即 (a,b,c) 和 $(a,-b,c)$ 合成起来，就有 $\mu=a$。不难看出的是，主型 $(1,0,-D)$ 就是由这两个型合成的。

---

〔1〕我们总是可以利用同余式 $\dfrac{aB}{\mu}\equiv\dfrac{ab'}{\mu}$，$\dfrac{a'B}{\mu}\equiv\dfrac{a'b}{\mu}$，$\dfrac{(b+b')B}{\mu}\equiv\dfrac{bb'+D}{\mu}\,(\bmod A)$ 来实现这个目的。

3. 如果给定任意个行列式相同的正常原始型（a，b，c），（a'，b'，c'），（a''，b''，c''），…它们的首项 a，a'，a''，…互质；那么，只要取 A 等于所有的首项 a，a'，a''，…的乘积，取 B 是对于模 a，a'，a''，…分别同余于 b，b'，b''，…的数，并且取 $C = \dfrac{B^2 - D}{A}$，就可以求出由这些正常原始型合成的型（A，B，C）。因为，由型（a，b，c）和（a'，b'，c'）合成的型是（aa'，B，$\dfrac{B^2 - D}{aa'}$），由合成的型再和（a''，b''，c''）合成的型是（$aa'a''$，B，$\dfrac{B^2 - D}{aa'a''}$），…。

4. 反过来，假设给定一个行列式为 D 的正常原始型（A，B，C）。如果把首项 A 分解为任意个互质的因数 a，a'，a''，…；取数 b，b'，b''，…要么都等于 B，要么选择对于模 a，a'，a''，…分别同余于 B 的数；选择 c，c'，c''，…，使得 $ac = b^2 - D$，$a'c' = b'b' - D$，$a''c'' = b''b'' - D$，…；那么，型（A，B，C）就由型（a，b，c），（a'，b'，c'），（a''，b''，c''），…合成，或者就说型（A，B，C）可以**分解成**这些型。当（A，B，C）是反常原始型或者是由反常原始型推导出的型时，不难证明也有相同的定理成立。那么，任何型都可以以这种方式分解为行列式相同的其他的型，其中行列式的首项要么是质数，要么是质数幂。如果想把几个型合成一个型时，这种型的分解常常是非常有用的。例如，如果想把型（3，1，134），（10，3，41），（15，2，27）合成一个型，先把第 2 个型分解成（2，1，201）和（5，-2，81），再把第 3 个型分解成（3，-1，134）和（5，2，81）。显然，由 5 个型（3，1，134），（2，1，201），（5，-2，81），（3，-1，134），（5，2，81）以任意次序合成的型，也就是由最初 3 个给定的型合成的型。那么，第 1 个型和第 4 个型的合成给出了主型（1，0，401），第 3 个型和第 5 个型合成得到了相同的结果，所以由全部 5 个型的合成得到型（2，1，201）。

5. 由于这种方法很实用，这里值得我们进行更充分的讲解。由前面的分析可知，只要这些给定的行列式相同的型是正常原始型，这个问题就可以简化为行列式首项是质数幂的型的合成的问题（之所以说是质数幂，是因为质数可以看成它自身的 1 次幂）。由此，我们应当首先讨论一种特殊情况，即两个正

常原始型 (a, b, c) 和 (a', b', c') 的合成，其中 a 和 a' 是**同一个**质数的幂。设 $a = h^\kappa$, $a' = h^\lambda$，其中 h 是质数，并且假设 κ 不小于 λ（这是可以的）。那么，h^λ 就是数 a 和 a' 的最大公约数。如果它也整除 $b + b'$，就得到了在本条目刚开始讨论的情况，并且如果 $A = h^{\kappa-\lambda}$, $B \equiv b \pmod{h^{\kappa-\lambda}}$ 且 $B \equiv b'$ $\pmod 1$（后面这个条件是显然的，可以忽略）；那么 (A, B, C) 就是合成型，且 $C = (B^2 - D)/A$。如果 h^κ 不整除 $b + b'$，这两个数的最大公约数就一定也是 h 的幂。设这个最大公约数等于 h^ν 且 $\nu < \lambda$（如果 h^λ 和 $hb + b'$ 互质，则 $\nu = 0$）。如果这样去确定 $\mathfrak{P}'$, $\mathfrak{P}''$, $\mathfrak{P}'''$ 使得

$$\mathfrak{B}'h^\kappa + \mathfrak{B}''h^\lambda + \mathfrak{B}'''(b + b') = h^\nu$$

并且任意选取 $\mathfrak{P}$，那么，只要取

$$A = h^{\kappa+\lambda-2\nu}, \quad B = b + h^{\kappa-\nu}\left[\mathfrak{P}h^\lambda - \mathfrak{P}'(b - b') - \mathfrak{P}''c\right], \quad C = \frac{B^2 - D}{A}$$

(A, B, C) 就是合成型。但是，我们不难发现，在这种情况下，$\mathfrak{P}'$ 也可以任意选取，那么取 $\mathfrak{P} = \mathfrak{P}' = 0$，有

$$B = b - \mathfrak{P}'''ch^{\kappa-\nu}$$

或者，更一般地有

$$B = kA + b - \mathfrak{P}'''ch^{\kappa-\nu}$$

这里 k 是一个任意数（上个条目）。这个简单的表达式里只有 $\mathfrak{P}'''$，它是表达式 $\dfrac{h^\nu}{b + b'} \pmod{h^\lambda}$[1] 的值。例如，求由型 $(16, 3, 19)$ 和 $(8, 1, 37)$ 合成的型。由条件可知 $h = 2$, $\kappa = 4$, $\lambda = 3$, $\nu = 2$。那么，$A = 8$，$\mathfrak{P}'''$ 是表达式 $\dfrac{4}{4} \pmod 8$ 的值，比如取 1，那么 $B = 8k - 73$。如果令 $k = 9$, $B = -1$, $C = 37$，$(8, -1, 37)$ 就是要求的型。

那么，如果给定任意个数的首项都是质数幂的型，应当检查它们之中

---

[1] 或者是表达式 $h^\nu/(b + b') \pmod{h^{\lambda-\nu}}$ 和表达式 $B \equiv b - \dfrac{ch^{\kappa-\nu} \cdot h^\nu}{b + b'} \equiv \dfrac{(D + b')/h^\nu}{(b + b')/h^\nu} \pmod A$ 的值。

是否有某些型的首项是**同一个**质数的幂，如果有的话，那么这些型就可以按照刚刚我们指出的方式合成。按照这种方式，我们就得到一组型，它们的首项就是完全不同的质数的幂。这个型是由在第 3 个分析里可以找到的型构成的。例如，给定型（3，1，47），（4，0，35），（5，0，28），（16，2，9），（9，7，21），（16，6，11）。由第 1 个型和第 5 个型得到型（27，7，7）；由第 2 个型和第 4 个型得到（16，-6，11）；由这个型和第 6 个型得到（1，0，140），它是可以忽略的。因此，还剩下（5，0，28）和（27，7，7）。由这两个型得到（135，-20，4），用和它等价的型（4，0，35）代替它，这就是由 6 个给定的型合成的型。

以类似的方式，我们还可以得到很多有用的方法，但为了不扩大研究范围，我们省略更加详细的讨论，继续探讨更加困难的问题。

244

如果数 a 可以用某个型 f 来表示，数 a' 可以用型 f' 表示，并且型 F 能够变换为 ff'，那么，我们不难发现，乘积 aa' 就能够由型 F 表示。由此可立即推出，如果这些型的行列式都是负数，当 f 和 f' 都是定正型或都是定负型时，则型 F 是定正型；反过来，当 f 和 f' 中有一个是定正型，另一个是定负型时，那么 F 就是定负型。我们来具体研究一下上个条目中讨论的情况，即 F 是由 f 和 f' 合成，且 f，f'，F 具有相同的行列式 D。假设数 a 和 a' 可以由 f 和 f' 用互质的不确定数的值表示，数 a 属于表达式 $\sqrt{D}$（mod a）的值 b，a' 属于表达式 $\sqrt{D}$（mod a'）的值 b'，并且设 $b^2 - D = ac$，$b'b' - D = a'c'$。那么，由条目 168 可知，型（a，b，c）和（a'，b'，c'）就分别正常等价于型 f 和 f'，因而 F 就由这两个型合成。但是，如果设数 a，a'，$b+b'$ 的最大公约数是 μ，并且设 $A = \dfrac{aa'}{\mu^2}$，对于模 $\dfrac{a}{\mu}$ 和 $\dfrac{a'}{\mu}$，B 分别同余于 b 和同余于 b'，$AC = B^2 - D$，那么型（A，B，C）就由相同的型合成；从而这个型就与型 F 是正常等价的。如果设 $x = \mu$，$y = 0$（它们的最大公约数是 μ），数 aa' 就可以由型 $Ax^2 + 2Bxy + cy^2$ 表示；因此，aa' 也可以由型 F 以这样的方式表示，使得不确定数的值以 μ 作为最大公约数（条目 166）。因此，当 $\mu = 1$ 时，aa' 就可以由型 F 用互质的不确定数的值表示，且这一表示属于表达式 $\sqrt{D}$（mod aa'）的值 B，它对于模 a 和模 a'，分别同余于 b 和 b'。当 a 和 a' 互质时，条件 $\mu = 1$ 总是成立；或者更加一般地，当 a 和 a' 的最大公约数与 $b + b'$ 互质时，这一条件也总是成立。

第 24 节　层的合成

245

定理

如果型 f 和型 g 属于相同的层，并且型 f' 和型 g' 也属于相同的层；那么，由型 f 和 f' 合成的型 F，与由型 g 和 g' 合成的型 G 就具有相同的行列式，且属于相同的层。

证明

设型 f, f', F 分别为 (a, b, c)，(a', b', c')，(A, B, C)，并且设它们的行列式等于 d, d', D。设数 a, $2b$, c 的最大公约数是 m，数 a, b, c 的最大公约数是 $\mathfrak{m}$，并且设 m' 和 $\mathfrak{m}'$ 对于型 f'，$\mathfrak{M}$ 对于型 F 有类似的意义。那么，型 f 的层就由数 d, m, $\mathfrak{m}$ 确定；因为这些数也属于型 g，同理，数 d', m', $\mathfrak{m}'$ 对于型 g' 起着与对型 f' 相同的作用。根据条目 235，数 D, M, $\mathfrak{M}$ 是由 d, d', m, m', $\mathfrak{m}$，$\mathfrak{m}'$ 决定的；也就是说，D 是 $dm'm'$ 和 $d'm^2$ 的最大公约数，$M=mm'$，$\mathfrak{M}=\mathfrak{mm}'$（如果 $m=\mathfrak{m}$, $m'=\mathfrak{m}'$）或者 $\mathfrak{M}=2\mathfrak{mm}'$（如果 $m=2\mathfrak{m}$ 或 $m'=2\mathfrak{m}'$）。由于数 D, M, $\mathfrak{M}$ 的这些性质，我们可以推出 F 是由型 f 和 f' 合成的。不难发现的是，数 D, M, $\mathfrak{M}$ 对于型 G 起着相同的作用，因而 G 和 F 属于相同的层。证明完毕。

由于这个原因，我们就说型 F 的层是由型 f 和 f' 的层合成的。例如，如果有两个正常原始型的层，它们就合成正常原始层；如果一个是正常原始层，另一个是反常原始层，它们就合成反常原始层。如果一个层是由若干个其他的层合成的，其含义也可以按照和型的合成类似的方式来理解。

第25节　族的合成

246

问题

给定任意两个原始型 f 和 f'，型 F 是由这两个原始型合成的；由型 f 和 f' 所属的族确定型 F 所属的族。

解：1. 首先考虑型 f 和 f' 中至少有一个型是正常原始型的情况。我们用 d，d'，D 表示型 f，f'，F 的行列式。D 就是数 $dm'm'$ 和 d' 的最大公约数，其中，对应于型 f' 是正常原始型还是反常原始型，m' 要么等于1，要么等于 2。在前一种情况下，F 就属于正常原始层里的型，在后一种情况下，F 就属于反常原始层里的型。型 F 的族就由它的专属特征来确定，这些特征既是关于 D 的单个奇数质因数的专属特征，又在某些情况下，也是关于数 4 和 8 的专属特征。我们分别讨论这些情况。

1）如果 p 是 D 的奇数质因数，它就一定能整除 d 和 d'，因而在型 f，f' 的特征中，就会出现它们与 p 的关系。如果数 a 能够由 f 表示，数 a' 能够由 f' 表示，乘积 aa' 就可以由 F 表示。因此，如果 p 的二次剩余（不能被 p 整除）既能够由 f 表示也能够由 f' 表示，它们就也能够由 F 表示；即，如果 f 和 f' 都具有特征 Rp，型 F 就具有相同的特征。同理，如果 f 和 f' 都具有特征 Np，F 就具有特征 Rp；反过来，如果 f 和 f' 其中之一有特征 Rp，另一个具有特征 Np，则 F 就具有特征 Np。

2）如果在型 F 的全部特征中有与数 4 的关系出现，那么这样的关系也将出现在型 f 和 f' 的特征中。因为，这种情况仅当 $D \equiv 0$ 或者 $D \equiv 3 \pmod 4$ 时才会出现。当 D 能够被 4 整除时，$dm'm'$ 和 d' 就能够被 4 整除，那么立即可知的是，f' 不可能是反常原始型，从而 $m' = 1$。那么，d 和 d' 就都能够被 4 整除，并且它们与 4 的关系就出现在这两个型的特征中。当 $D \equiv 3$

（mod 4）时，D 就整除 d 和 d'，它们的商都是平方数，因而 d 和 d' 就一定同余于 0 或者同余于 3（mod 4），它们与数 4 的关系就包含于型 f 和 f' 的特征中。因此，和在上面的讨论中一样，我们可以推出，如果型 f 和 f' 都有特征 1，4，或者都有特征 3，4，型 F 就有特征 1，4；反过来，如果型 f 和 f' 其中之一有特征 1，4，另一个有特征 3，4，则型 F 的特征是 3，4。

3）当 D 能够被 8 整除时，d' 就也能够被 8 整除；因此，型 f' 一定是正常原始型，$m'=1$，且 d 也能够被 8 整除。那么，只有与数 8 的关系也出现在型 f 和 f' 的特征中，特征 1，8；3，8；5，8；7，8 中的任意一个才会出现在型 F 的特征中。按照和原来同样的方式，我们不难发现：如果型 f 和 f' 关于数 8 有相同的特征，那么 1，8 就是型 F 的特征；如果型 f 和 f' 中一个有特征 1，8，另一个有特征 3，8，或者其中一个有特征 5，8，另一个有特征 7，8，那么 3，8 就是型 F 的特征；如果型 f 和 f' 中一个有特征 1，8，另一个有特征 5，8，或者，其中一个有特征 3，8，另一个有特征 7，8，那么型 F 就有特征 5，8；最后，如果型 f 和 f' 中一个有特征 1，8，另一个有特征 7，8，或者其中一个有特征 3，8，另一个有特征 5，8，那么型 F 就有特征 7，8。

4）当 $D \equiv 2$（mod 8）时，d' 要么整除 8，要么同余于 2（mod 8）；那么 $m'=1$，并且 d 就整除 8，或者同余于 2（mod 8）。但是，由于 D 是 d，d' 的**最大公约数**，它们不可能都被 8 整除。那么，在这种情况下，型 F 的特征只可能是 1 和 7，8 或者 3 和 5，8，条件是型 f 和 f' 都有这些特征中的一个，或者这两个型中的一个有这些特征之一，而另一个型有以下特征中的一个：1，8；3，8；5，8；7，8。下表就是型 F 的特征分布表。位于左边的特征从属于型 f 和 f' 中的一个，而位于上端的特征从属于另外一个型。

	1 和 7, 8; 1, 8; 7, 8	3 和 5, 8; 3, 8; 5, 8
1 和 7, 8	1 和 7, 8	3 和 5, 8
3 和 5, 8	3 和 5, 8	1 和 7, 8

5）以同样的方式，我可以证明 F 不可能有特征 1 和 3，8；5 和 7，8，除非型 f 和 f' 中至少有一个型具有这些特征之一，且另一个型要么具有这些

特征之一，要么具有 1, 8; 3, 8; 5, 8; 7, 8 这些特征中的一个。型 F 的特征由下表决定，型 f, f' 的特征同样出现在列表左侧及上端。

	1 和 3, 8; 1, 8; 3, 8	5 和 7, 8; 5, 8; 7, 8
1 和 3, 8	1 和 3, 8	5 和 7, 8
5 和 7, 8	3 和 5, 8	1 和 3, 8

2. 如果型 f 和 f' 都是反常原始型，那么 D 就是数 $4d$, $4d'$ 的最大公约数，或者说 $\frac{D}{4}$ 是数 d 和 d' 的最大公约数。由此可以推出：数 d 和 d' 和 $\frac{D}{4}$ 都同余于 1（mod 4）。如果令 $F = (A, B, C)$，数 A, B, C 的最大公约数就等于 2，并且数 A, $2B$, C 的最大公约数就等于 4。那么，F 就是由反常原始型 $(\frac{A}{2}, \frac{B}{2}, \frac{C}{2})$ 导出的型，后者的行列式就是 $\frac{D}{4}$，它的族决定型 F 的族。但由于它是反常原始型，它的特征与 4 或者 8 无关，而只与数 $\frac{D}{4}$ 的单个奇数质因数有关。显然，这些所有的除数也整除 d 和 d'，并且，如果乘积的两个因数中一个可以由 f 表示，另一个可以由 f' 表示，那么这个乘积的一半就可以由 $(\frac{A}{2}, \frac{B}{2}, \frac{C}{2})$ 表示。由此推出：无论当 $2Rp$ 以及型 f, f' 有关于 p 相同的特征时，还是当 $2Np$ 以及型 f, f' 关于 p 有相反的特征时，这个型关于任何整除 $\frac{D}{4}$ 的奇数质因数 p 的特征都是 Rp。反过来，无论当 f, f' 关于 p 有相同的特征以及 $2Np$ 时，还是当 f, f' 有相反的特征以及 $2Rp$ 时，这个型关于任何整除 $\frac{D}{4}$ 的奇数质因数 p 的特征都是 Np。

247

由上一个问题的解我们可以推出：如果 g 和 f 是属于相同的层和族的原始型，且 g' 和 f' 是属于相同的层和族的原始型，那么显然，由 g 和 g' 合成的型就和由 f 和 f' 合成的型属于相同的族。由此可以轻松地理解我们所说的**一个族由两个**（甚至更多个）**其他的族合成**的概念。进而，如果 f 和 f' 具有相同的行列式，f 是属于主族的型，且 F 由 f 和 f' 合成，那么 F 就和 f' 属于相同的族。因此，在行列式相同族的合成中，主族总是可以忽略的。在相同的条件下，如果 f 是不属于主族的型，且 f' 是一个原始型，那么 F 一定属于和 f' 不同的族。最后，如果 f 和 f' 是属于同一个族的正常原始型，F 就一定属于主族；如果 f 和 f' 行列式相同，但属于不同的族的正常原始型，F 就不可能属于主族；如果正常原始型**与它自身**合成，就得到一个具有相同行列式的正常原始型，它一定属于主族。

248

问题

给定任意两个型 f 和 f'，F 由这两个型合成，由 f 和 f' 所属的族确定 F 所属的族。

解：设 $f = (a, b, c)$，$f' = (a', b', c')$，$F = (A, B, C)$；并用 $\mathfrak{m}$ 表示数 a，b，c 的最大公约数，用 $\mathfrak{m}'$ 表示数 a'，b'，c' 的最大公约数，使得 f 和 f' 由原始型 $(a/m, b/m, c/m)$，$(a'/m', b'/m', c'/m')$ 导出，分别用 $\mathfrak{f}$，$\mathfrak{f}'$ 表示这两个原始型。如果 $\mathfrak{f}$，$\mathfrak{f}'$ 中至少有一个型为正常原始型，数 A，B，C 的最大公约数就是 $\mathfrak{m}\mathfrak{m}'$，从而 F 就可以由原始型 $\mathfrak{F}$ $(A/mm', B/mm', C/mm')$ …推导出，显然，型 F 所属的族就取决于型 $\mathfrak{F}$ 所属的族。我们容易发现，通过把型 F 变换为 ff' 的代换，型 $\mathfrak{F}$ 可以变换成 $\mathfrak{f}\mathfrak{f}'$，从而可知 $\mathfrak{F}$ 是由 $\mathfrak{f}$，$\mathfrak{f}'$ 合成的，所以它所属的族可以由条目246 中的问题来确定。如果 $\mathfrak{f}$，$\mathfrak{f}'$ 都是反常原始型，数 A，B，C 的最大公约数就是 $2\mathfrak{m}\mathfrak{m}'$，显然，由 $\mathfrak{f}$，$\mathfrak{f}'$ 合成的型 $\mathfrak{F}$ 就是由正常原始型 $(A/2mm', B/2mm', C/2mm')$ 导出。这个族所属的族可以由条目 246 决定，并且由于型 F 是由同一个型导出，从而我们就知道了它所属的族。

由这个解我们推出，上个条目中限定于原始型的定理对任意型都成立：**如果 f'，g' 分别与 f，g 所属的族相同，那么 f'，g' 合成的型所属的族就和 f，g 合成的型所属的族相同。**

第 26 节　类的合成

249

定理

如果型 f，f' 分别与型 g，g' 属于相同的层、族以及类，那么由 f，f' 合成的型就与由 g，g' 合成的型属于相同的类。

由这个定理（由条目 239 可以立即推出这个定理是成立的）我们可知，**一个类是由两个或者更多给定的类合成的含义是什么。**

如果任意类 K 与主类合成，得到的结果就是类 K 自身；也就是说，主类在与一个有相同行列式的类合成时，主类可以忽略。两个相反的正常原始类合成时总是生成有相同行列式的主类（见条目 243）。那么，由于任何歧类都与它自身相反，所以任意正常原始歧类与它自身合成，就得到具有相同行列式的主类。

这个定理的逆定理也成立：**如果将一个正常原始类 K 与它自身合成后得到一个有相同行列式的主类 H，那么 K 就一定是一个歧类。**因为，如果 K 是与 K' 相反的类，那么由 3 个类 K，K，K' 合成的类与由 H 和 K' 合成的类是同一个类。由第 1 组合成得到 K（由于 K 和 K' 合成 H，H 和 K 合成得到 K），由第 2 组合成得到 K'，因此，K 和 K' 重合，所以它是一个歧类。

进而我们指出：**如果类 K，L 分别与类 K'，L' 相反，那么由 K 和 L 合成的类就由 K' 和 L' 合成的类相反。**设型 f，g，f'，g' 分别属于类 K，L，K'，L'；并且，设型 F 是由 f 和 g 合成的型，型 F' 是由 f' 和 g' 合成的型。由于型 f' 与 f 是反常等价的，型 g' 与 g 是反常等价的，而 F 是由 f 和 g 直接合成的，那么 F 就也可以由 f' 和 g' 合成，但是 F 是由它们每个型反转合成的。因此，任何与 F 反常等价的型都是由 f' 和 g' 直接合成的，所以它就与 F' 正常等价（条目 238，239）。因此，F 和 F' 就是反常等价的，它们所属的类是相反的类。

由此推出：如果歧类 K 与另一个歧类 L 合成，就总是能得到一个歧类。这个类是由与 K 和 L 相反的类合成所得到的类，因此它与它自身是相反的——这些类与它们自己都是相反的。

最后，我们指出：如果给定行列式相同的两个类 K 和 L，并且前者是正常原始类，那么总是可以求出具有相同行列式的一个类 M，使得 L 由 M 和 K 合成。显然，只要取 M 是由与 L 和 K 相反的类合成所得到的类，就可以做到这一点。不难发现，这个类是具备此性质的唯一的一个类；也就是说，如果把具有相同行列式的不同的类与同一个正常原始类合成，就会得到不同的类。

此外，我们用符号"+"来表示类的合成，并用"="来表示类的相同，这样很方便。使用这些符号，刚才讨论的定理就可以表述成：如果类 K' 与 K 相反，$K+K'$ 就是具有相同行列式的主类，那么 $K+K'+L=L$；如果设 $K'+L=M$，就得到 $K+M=L$，这正是我们想要的。现在，如果除了 M 之外还有另一个具有相同性质的类 M'，也就是 $K+M'=L$，我们就得到 $K+K'+M'$ $=L+K'=M$，因而 $M'=M$。如果对几个相同的类做合成，并预先指定它们的个数，那么它就可以（按照乘积的形式）这样来表示：$2K$ 就表示 $K+K$，$3K$ 就表示 $K+K+K$，…。这样就能把相同的符号转移到型上，例如，(a, b, c) + (a', b', c') 就表示由 (a, b, c)，(a', b', c') 合成的型；但为了避免歧义，尽量不使用这种缩写，尤其是因为已经为符号 $\sqrt{M(a,b,c)}$ 赋予了特殊的意义。我们就说类 $2K$ 是类 K **加倍**得到的，类 $3K$ 是由类 K 的**三倍**得到的，等等。

250

如果 D 是一个能够被 m^2 整除的数（假设 m 是正数），那么就有一个由行列式为 D 的型组成的层，它是由一个行列式为 $\dfrac{D}{m^2}$ 的正常原始型导出的（或

者当 D 为负数时有两个这样的层，一个定正层，一个定负层）。显然，型 $\left(m,\ 0,\ -\dfrac{D}{m}\right)$ 就属于那个层（定正层），它适合被看作这个层中**最简单**的型［正如当 D 是负数时，型 $\left(-m,\ 0,\ \dfrac{D}{m}\right)$ 被看作定负层中最简单的型］。如果 $\dfrac{D}{m^2}\equiv 1\ (\mathrm{mod}$ 4），那么就存在一个由行列式为 D 的型组成的层，它是由一个行列式为 $\dfrac{D}{m^2}$ 的反常原始型导出的。型 $\left(2m,\ m,\ \dfrac{m^2-D}{2m}\right)$ 就属于这个层，它是这个层中最简单的型［当 D 为负数时，还存在两个层，型 $\left(-2m,\ -m,\ \dfrac{D-m^2}{2m}\right)$ 就是属于其中定负层的最简单的型］。例如，如果把它应用于 $m=1$ 的情况，则在由行列式为 45 的型组成的 4 个层中，最简单的是以下几个型：（1，0，-45），（2，1，-22），（3，0，-15），（6，3，-6）。这些讨论又引出了以下的讨论。

问题

给定属于层 O 的任意型 F，求一个（定正的）具有相同行列式的正常原始型，这个和层 O 中最简单的型合成得到型 F。

解：设型 $F=(ma,\ mb,\ mc)$ 由行列式为 d 的原始型 $f=(a,\ b,\ c)$ 导出。我们指出，如果 a 和 $2dm$ 不互质，就一定存在其他与 $(a,\ b,\ c)$ 正常等价的型，其首项具有这个性质。因为，由条目 228 可知，存在与 $2dm$ 互质且可以由这个型表示的数。设这个数是 $a'=a\alpha^2+2b\alpha\gamma+c\gamma^2$，假设 $\alpha,\ \gamma$ 是互质的（这是可以的）。如果选取适当的 $\beta,\ \delta$，使得 $\alpha\delta-\beta\gamma=1$，那么 f 就可以通过代换 $\alpha,\ \beta,\ \gamma,\ \delta$ 变换成与之正常等价并具有所要求的性质的型 $(a',\ b',\ c')$。由于 F 和 $(a'm,\ b'm,\ c'm)$ 是正常等价的，所以只要讨论 a 和 $2dm$ 互质的情况就足够了。这时，$(a,\ bm,\ cm^2)$ 是一个与 F 有相同的行列式的正常原始型（因为，如果 $a,\ 2bm,\ cm^2$ 有公约数，它就也能整除 $2dm$，即 $2b^2m-2acm$）。容易确定的是，F 通过代换 $1,\ 0,\ -b,\ -cm$；$0,\ m,\ a,\ bm$ 变换成型 $(m,\ 0,\ -dm)$ 和 $(a,\ bm,\ cm^2)$ 的乘积。注意，除非 F 是定负型，$(m,\ 0,\ -dm)$ 就是层 O 中最简单的型。通过利用条目 235 中的第 4 个讨论中的判别法，我们可推出 F 是由 $(m,\ 0,\ -dm)$ 和 $(a,\ bm,\ cm^2)$ 合成的。但是，如果 F 是定负型，那么它就能通过代换 $1,\ 0,\ b,\ -cm$；

0，$-m$，$-a$，bm 变换成层中最简单的型（$-m$，0，dm）和定正型（$-a$，bm，$-cm^2$）的乘积，从而它就可以由这两个型合成。

其次，如果 f 是反常原始型，我可以假设 $\dfrac{a}{2}$ 和 $2dm$ 是互质的——因为，如果型 f 还不具备这个性质，那么我们可以求出一个与 f 等价的型具备这个性质。由此，我们不难推出，（$\dfrac{a}{2}$，bm，$2cm^2$）是具有和 F 相同的行列式的正常原始型；同样不难确定，F 可以通过代换

$$1,\ 0,\ \frac{1}{2}\ (1 \mp b),\ -cm;\ 0,\ \pm 2m,\ \pm \frac{1}{2}a,\ (b+1)\,m$$

变换成型

$$\left[\pm 2m,\ \pm m,\ \pm \frac{1}{2}\ (m-dm) \right],\ \left(\pm \frac{1}{2}a,\ bm,\ \pm 2cm^2 \right)$$

的乘积，其中，当 F 是定负型时，取负号；反之，取正号。由此，我们推出 F 可以由这两个型合成，其中前者是层 O 中最简单的型，后者是（定正的）正常原始型。

251

问题

给定两个具有相同行列式 D 的型 F 和 f，它们属于同一个层 O。求一个行列式为 D 的正常原始型，当它和 f 合成时，生成 F。

解：设 φ 是层 O 中最简单的型；$\mathfrak{F}$、$\mathfrak{f}$ 是行列式为 D 的正常原始型，它们与 φ 合成之后，分别生成 F 和 f；设 f' 是正常原始型，它与 $\mathfrak{f}$ 合成之后，生成 $\mathfrak{F}$。那么，型 F 就由 3 个型 φ，$\mathfrak{f}$，f' 合成，或者由 2 个型 f 和 f' 合成。证明完毕。

因此，给定的层中的任意类可以看作由同一个层中某一个给定类和某个具有相同行列式的正常原始类合成的类。

第 27 节　对于给定的行列式，在同一个层的每个族中存在相同个数的类

252

定理

对于给定的行列式，在同一个层的每个族中存在相同个数的类。

证明

假设族 G 和 H 属于同一个层，G 中包含 n 个类 K，K'，K''，$\cdots$，K^{n-1}，且 L 是族 H 中的任意类。由上一个条目，我们可以求出一个具有相同行列式的正常原始类 M，它和 K 合成为 L，用 L，L'，L''，$\cdots$，L^{n-1} 分别表示由 M 与 K，K'，K''，$\cdots$，K^{n-1} 合成的类。那么，由 249 条的最后一个评注我们可以推出，所有的类 L，L'，L''，$\cdots L^{n-1}$ 都是各不相同的，由条目 248 我们可以推出，它们都属于同一个族，即族 H。最后，我们不难发现，除了这些类之外，H 不可能再包含其他的类了，这是因为族 H 中的每一个类都能被看成是由 M 和另外一个具有相同行列式的类（它一定是族 G 中的一个类）合成得到的。因此，和 G 一样，H 也包含 n 个不同的类。

第28节 不同的层中各个族所含类的个数的比较

253

上一条定理的假设是在同一个层，因而不能应用于不同的层。例如，对于行列式 – 171，存在 20 个定正类，它们可以分成 4 个层：在正常原始层中存在 2 个族，每个族包含 6 个类；在反常原始层中存在 2 个族和 4 个类，每个族包含 2 个类；在由行列式 – 19 的正常原始层导出的层中，仅存在 1 个族，它包含 3 个类；最后，由行列式 – 19 的反常原始层导出的层中存在 1 个族，它包含 1 个类。对于定负型也是如此。因此，研究不同的层中类的个数之间的关系的一般性原理就很有必要。假设 K 和 L 是行列式为 D 的层 O（定正层）中的 2 个类，M 是具有相同行列式的正常原始类，它和 K 合成后生成 L。由条目 251 可知，一定存在这样的类。现在，在一些情况下，可能出现 M 是**唯一**具有这个性质的正常原始类；在其他情况下，存在具有这种性质的若干个不同的正常原始类。假设在一般情况下，存在 r 个这种正常原始类 $M,\ M',\ M'',\ \cdots,\ M^{r-1}$，它们每一个和 K 合成后都生成同一个类 L。我们就把它们的组合用 W 表示。令 L' 为层 O 中的另一个类（与类 L 不相同），并且设 N' 是行列式为D的正常原始类，当它和 L 合成时生成 L'。我们用 W' 表示类 $N'+M,\ N+M',\ N'+M',\ \cdots,\ N'+M^{r-1}$ 的组合（它们都是正常原始类且彼此不同）。我们不难发现，K 如果和 W' 中的任意一个类合成就会生成 L'。因而我们可以推断，W 和 W' 不包含相同的类；并且所有与 K 合成时生成 L' 的正常原始类都包含于 W' 中。同理，如果 L''是层 O 中不同于 $L,\ L'$ 的另一个类，那么就存在r个各不相同且和 $W,\ W'$ 中的类都不相同的正常原始类，它们中的每一个类与 K 合成时都会生成 L''。对于层 O 中的所有其他的类，类似的结论都成立。现在，由于行列式为 D 的任意正常原始（定正）类与 K 合成之后都会得出层 O 中的一个类，显然，如果层 O 中所有的类的

个数为 n，那么，具有同一个行列式的所有正常原始（定正）类的个数就是 rn。因此，我们得到一般性法则：如果我们用 K，L 表示层 O 中的任意两个类，用 r 表示具有同一个行列式的不同的正常原始类的个数，它们中的每一个和 K 合成后都得到 L，那么在（定正的）正常原始层中，所有的类的个数就是层 O 中的类的个数的 r 倍。

由于在层 O 中可以任意选取 K，L，所以可以取两个相同的类，而且选取包含最简单的型的那个类最有优势。因此，如果我们选择这样的类作为 K 和 L，这个运算就简化为指出所有那些与 K 合成得到 K 自身的正常原始类。下面的结论为解决这个问题开启了大门。

254

定理

如果 $F=(A, B, C)$ 是行列式为 D 的层 O 中的最简单的型，且 $f=(a, b, c)$ 是具有相同行列式的正常原始型；那么，当型 F 可以由型 f 和 F 合成时，则数 A^2 可以由型 f 表示，反过来，当数 A^2 可以由型 f 表示时，则型 F 可以由它自身和型 f 合成。

证明

1. 如果 F 可以通过代换 p，p'，p''，p'''；q，q'，q''，q''' 变换成乘积 fF，那么，由条目 235 可得出，$A(aq''q''-2bqq''+cq^2)=A^3$。因而，$A^2=aq''q''-2bqq''+cq^2$。定理的第 1 部分证明完毕。

2. 假设 A^2 可以由 f 表示，并用 q'' 和 $-q$ 表示数 A^2 的对应的未知量的值，即 $A^2=aq''q''-2bqq''+cq^2$。进而，设

$$q''a-q(b+B)=Ap, \quad -qC=Ap', \quad q''(b-B)-qc=Ap''$$
$$-q''C=Ap''', \quad q''a-q(b-B)=Aq', \quad q''(b+B)-qc=Aq''$$

不难确定的是，F 可以通过代换 p，p'，p''，p'''；q，q'，q''，q''' 变换成乘积 fF。如果数 p，p'，$\cdots$ 是整数，则 F 可以由 f 和 F 合成。由最简单的型的

定义，B 要么等于 0，要么等于 $\dfrac{A}{2}$，因而 $\dfrac{2B}{A}$ 是一个整数；同理可知，C/A 也总是一个整数。那么 $q'-p$，p'，$q'''-p''$，p''' 就是整数，现在只需要证明 p 和 p'' 是整数即可。那么有

$$p^2 + \frac{2pqB}{A} = a - \frac{q^2 C}{A} \ , \ p''p'' + \frac{2p''q''B}{A} = c - \frac{q''q''C}{A}$$

如果 $B=0$，可得

$$p^2 = a - \frac{q^2 C}{A} \ , \ p''p'' = c - \frac{q''q''C}{A}$$

因而，p 和 p'' 是整数；但若 $B=\dfrac{A}{2}$，则

$$p^2 + pq = a - \frac{q^2 C}{A} \ , \ p''p'' + p''q'' = c - \frac{q''q''C}{A}$$

那么，在这种情况下 p 和 p'' 也是整数。因此，F 是由 f 和 F 合成的。第 2 部分证明完毕。

255

因此，这个问题可以归结为求行列式为 D 的正常原始类，它们中的型都能表示数 A^2。显然，A^2 可以由这样的型表示：它的第一项要么等于 A^2，要么等于 A 的某个因数的平方；反过来，如果 A^2 能够由型 f 表示，把未知数的相应的值记为 αe，γe（e 是最大公约数），那么代换 α，β，γ，δ 能够把 f 变换为一个首项为 $\dfrac{A^2}{e^2}$ 的型。如果选取 β，δ 使得 $\alpha\delta - \beta\gamma = 1$，这个型就和 f 正常等价。因此，在所含的型能表示 A^2 的类中，我们都可以求出首项是 A^2 或者是 A 的某个因数的平方的型。整个过程取决于求所有行列式为 D 的包含这种型的正常原始类。我们可以按照以下的方式来求解。设 a，a'，a''，$\cdots$ 为 A 的（正的）因数；求表达式 $\sqrt{D} \ (\bmod a^2)$ 位于 0 到 $a^2 - 1$ 之间（含边界）的所有的值，记它们为 b，b'，b''，$\cdots$。设

$$b^2 - D = a^2 c, \ b'b' - D = a^2 c', \ b''b'' - D = a^2 c'', \ \cdots$$

用 V 记作型 (a^2, b, c)，(a^2, b', c')，…的组合。显然，行列式为 D 且首项为 a^2 的型组成的所有的类中，一定都包含 V 中的某个型。以类似的方式确定行列式为 D，首项为 $a'a'$，中项位于 0 和 $a'a' - 1$ 之间（包含边界）的所有的型，记它们的组合为 V'；类似地，设 V'' 是第 1 项为 $a''a''$ 的类似的型组成的总体，等等。现在，从 V，V'，V''，…中删除所有不是正常原始型的型，并把其余的型分成类，并且，如果有多个型属于同一个类，只保留其中的一个型。这样，我们就得到了所有要求的类，其个数与 1 之比和所有的（定正的）正常原始类的个数与层 O 中类的个数之比是一样的。

例：设 $D = -531$，O 是由行列式 -59 的反常原始层导出的定正层；它的最简单的型是 $(6, 3, 90)$，即 $A = 6$。这里 a，a'，a''，a''' 分别为1，2，3，6；V 包含型 $(1, 0, 531)$；V' 包含型 $(4, 1, 133)$，$(4, 3, 135)$；V'' 包含型 $(9, 0, 59)$，$(9, 3, 60)$，$(9, 6, 63)$；V''' 包含型 $(36, 3, 15)$，$(36, 9, 17)$，$(36, 15, 21)$，$(36, 21, 27)$，$(36, 27, 35)$，$(36, 33, 45)$。但是，这 12 个型中有 6 个必须剔除，从 V'' 中剔除第 2 个和第 3 个型，从 V''' 中剔除第 1 个，第 3 个，第 4 个和第 6 个型，因为这些都是导出的型。剩下的所有 6 个型都属于不同的类。实际上，行列式为 -531 的（定正的）正常原始类的个数是 18；行列式为 -59 的（定正的）反常原始类的个数（或者由它们导出的行列式 -531 的类的个数）是 3，因而第 1 个数与第 2 个数的比例是 6 : 1。

256

下面的一般性说明可以让这种解法更加清楚。

1. 如果层 O 是由正常原始层导出的，A^2 就能够整除 D；但如果 O 是反常原始型或者是由反常原始型导出的，A 就是偶数，D 就能被 $\dfrac{A^2}{4}$ 整除，其商就同余于 1（mod 4）。那么，A 的任意因数的平方要么整除 D，要么至少整除 $4D$，并且在后一种情况下，其商总是 1（mod 4）。

2. 如果 a^2 整除 D，表达式 $\sqrt{D}$（$\bmod\ a^2$）位于 0 和 a^2-1 之间的值就是 0，a，$2a$，$\cdots$，a^2-a，因而，a 就是 V 中型的个数。但是，它们中正常原始型与数列

$$\frac{D}{a^2}\ ,\quad \frac{D}{a^2}-1,\quad \frac{D}{a^2}-4,\quad \cdots,\quad \frac{D}{a^2}-(a-1)^2$$

中和 a 都没有公约数的数在数量上一样多。当 $a=1$ 时，V 中只包含 1 个型（1，0，$-D$），它总是正常原始型。当 a 是 2 或者是 2 的幂，所指出的 a 的个数中有一半是偶数，一半是奇数；因此，V 中就包含 $\frac{a}{2}$ 个正常原始型。当 a 是任意一个另外的质数 p 或者是这个质数 p 的幂时，必须区别 3 种情况：如果 $\frac{D}{a^2}$ 不能被 p 整除，也不是 p 的二次剩余，那么这 a 个数都与 a 互质，因而 V 中所有的型都是正常原始的；如果 $\frac{D}{a^2}$ 能被 p 整除，那么 V 中就包含 $\frac{(p-1)a}{p}$ 个正常原始型；如果 $\frac{D}{a^2}$ 是不能被 p 整除的二次剩余，那么 V 中就包含 $\frac{(p-1)a}{p}$ 个正常原始型。所有这些的证明都不难。一般地，如果 $a=2^\nu p^\pi q^\chi r^\rho\cdots$，其中 p，q，r，$\cdots$是不同的奇质数，V 中正常原始型的个数就是 $NPQR\cdots$，那么 $N=1$（如果 $\nu=0$）或者 $N=2^{\nu-1}$（如果 $\nu>0$），$P=p^\pi$（如果 $\frac{D}{a^2}$ 是 p 的二次剩余），或者 $P=(p-1)p^{\pi-1}$（如果 $\frac{D}{a^2}$ 能被 p 整除），或者 $P=(p-2)p^{\pi-1}$（如果 $\frac{D}{a^2}$ 是 p 的二次剩余且不能被 p 整除）；同理，Q，R，$\cdots$就由 q，r，$\cdots$确定。

3. 如果 a^2 不能整除 D，$\frac{4D}{a^2}$ 就是一个整数，且同余于 1（$\bmod\ 4$），并且表达式 $\sqrt{D}$（$\bmod\ a^2$）的值就是 $\frac{a}{2}$，$\frac{3a}{2}$，$\frac{5a}{2}$，$\cdots$，$a^2-\frac{a}{2}$。因此，V 中型的个数就是 a，且其中正常原始型与数列

$$\frac{D}{a^2}-\frac{1}{4}\ ,\quad \frac{D}{a^2}-\frac{9}{4},\quad \frac{D}{a^2}-\frac{25}{4},\quad \cdots,\quad \frac{D}{a^2}-\left(a-\frac{1}{2}\right)^2$$

中和 a 互质的数在数量上一样多。当 $\frac{4D}{a^2}\equiv 1$（$\bmod\ 8$）时，所有这些数就是偶数，因而 V 中就不包含正常原始型。当 $\frac{4D}{a^2}\equiv 5$（$\bmod\ 8$）时，所有这些数就是奇数，因而，当 a 是 2 或者 2 的方幂时，V 中所有的型就是正常原始型。在这种情况下，V 中所有的正常原始型的个数，等于这些数中不能被

a 的任何质因数整除的数的个数。如果 $a = 2^\nu p^\pi q^\chi r^\rho$，…，则它们的个数就等于 $NPQR\cdots$，这里 $N = 2^\nu$，且 P，Q，R，… 是按照与上一种情况相同的方法由 p，q，r，…导出的。

4．我们已经指出了如何确定 V，V'，V''，…中正常原始型的个数。通过下面一般性的法则我们可以求出它们的总和。如果 $A = 2^\nu \mathfrak{A}^\alpha \mathfrak{B}^\beta \mathfrak{C}^\gamma \cdots$，其中 $\mathfrak{A}$，$\mathfrak{B}$，$\mathfrak{C}$ 是不同的奇质数，V，V'，V''，…中所有正常原始型的总和就等于 $A n a b c \cdots / 2\mathfrak{A}\mathfrak{B}\mathfrak{C}\cdots$，那么，$n = 1$ $\Big[$如果 $\dfrac{4D}{A^2} \equiv 1\,(\bmod\,8)\Big]$，或者 $n = 2$（如果 $\dfrac{D}{A^2}$ 是一个整数），或者 $n = 3$ $\Big[$如果 $\dfrac{4D}{A^2} \equiv 5\,(\bmod\,8)\Big]$；并且 $a = \mathfrak{A}$（如果 $\mathfrak{A}$ 整除 $\dfrac{4D}{A^2}$），或者 $a = \mathfrak{A} \pm 1$（如果 $\mathfrak{A}$ 不能整除 $\dfrac{4D}{A^2}$；对应于 $\dfrac{4D}{A^2}$ 是 $\mathfrak{A}$ 的非剩余或者剩余，分别取"+"号和"−"号）。

□ **费马猜想**

费马猜想，今也称费马大定理、费马最后定理，著名数学猜想之一，由 17 世纪法国数学家皮耶·德·费马提出。猜想认为：当整数 $n > 2$ 时，关于 x，y，z 的方程 $x^n + y^n = z^n$ 没有正整数解。之所以称为"猜想"，是因为费马最初只是在丢番图的《算术》书页的空白区域写下了这一猜想，但受篇幅所限，未给出证明。直至英国数学家安德鲁·怀尔斯及其学生理查·泰勒于 1995 年将其证明出版后，才改称为"费马大定理"。

同理，我们可以从 $\mathfrak{B}$，$\mathfrak{C}$，…中导出 b，c，…。由于篇幅所限，我们不能更加充分地演示这里的证明。

5．现在，关于由 V，V'，V''，…中的正常原始型导出的类的个数，我们必须区分以下 3 种情况：

第 1 种情况，当 D 是负数时，V，V'，V''，…中的每个正常原始型都构成一个单独的类。那么，类的个数可以由前一段论述中给出的公式来表示，但有 2 种情况除外，即当 $\dfrac{4D}{A^2}$ 要么等于 −4，要么等于 −3 的情况；也就是，当 D 要么等于 $-A^2$，要么等于 $-\dfrac{3A^2}{4}$。要证明这个定理，我们仅需要证明 V，V'，V''，…中两个不同的型是不可能正常等价的即可。所以，我们假

设 (h^2, i, k)，$(h'h', i', k')$ 是 V，V'，V''，…中两个不同的正常原始型，它们属于同一个类。假设 (h^2, i, k) 可以通过正常代换 α，β，γ，δ 变换成 $(h'h', i', k')$，就可得出等式

$$\alpha\delta - \beta\gamma = 1, \quad h^2\alpha^2 + 2i\alpha\gamma + k\gamma^2 = h'h'$$
$$h^2\alpha\beta + i(\alpha\delta + \beta\gamma) + k\gamma\delta = i'$$

由此不难推出，首先，γ 不等于 0〔如果 γ 等于 0，就会推出 $\alpha = \pm 1$，$h^2 = h'h'$，$i' \equiv i \pmod{h^2}$，从而所给的型是相同的型，这与假设矛盾〕；其次，γ 能够被数 h，h' 的最大公约数整除（如果设这个公约数是 r，显然，它也整除 $2i$，$2i'$，且它与 k 互质；另外，r^2 整除 $h^2k - h'h'k' = i^2 - i'i'$；那么显然，$r$ 一定整除 $i - i'$；但 $ai' - \beta h'h' = ai + \gamma k$，所以 γk 和 γ 也能够被 r 整除）；最后，$(ah^2 + \gamma i)^2 - D\gamma^2 = h^2h'h'$。因此，如果令 $ah^2 + \gamma i = rp$，$\gamma = rq$，p 和 q 就是整数，q 就不等于 0，于是有 $p^2 - Dq^2 = \dfrac{h^2h'h'}{r^2}$。但是，$\dfrac{h^2h'h'}{r^2}$ 是能够被 h^2 和 $h'h'$ 同时整除的最小的数，因而它也能整除 A^2，也能整除 $4D$。所以，$\dfrac{4Dr^2}{h^2h'h'}$ 就是一个（为负的）整数。如果令它为 $-e$，就得出 $p^2 - Dq^2 = -\dfrac{4D}{e}$，也即 $4 = \left(\dfrac{2rp}{hh'}\right)^2 + eq^2$。在这个等式中，$\left(\dfrac{2rp}{hh'}\right)^2$ 必须是一个小于 4 的平方数，因而它要么是 0，要么是 1。

如果它是 0，$eq^2 = 4$，且 $D = -\left(\dfrac{hh'}{rq}\right)^2$，由此可推出 $\dfrac{4D}{A^2}$ 是一个平方数取负号，因而一定不同余于 1 $\pmod 4$，所以 O 不是反常原始型，也不是由反常原始型导出的型。那么，$\dfrac{D}{A^2}$ 就是一个整数，并且显然 e 就能够被 4 整除，$q^2 = 1$，$D = -\left(\dfrac{hh'}{r}\right)^2$ 且 $\dfrac{A^2}{D}$ 也是一个整数。因此，$D = -A^2$，也即 $\dfrac{D}{A^2} = -1$。

如果它是 1，$eq^2 = 3$，所以 $e = 3$ 且 $4D = -3\left(\dfrac{hh'}{r}\right)^2$。那么，$3\left(\dfrac{hh'}{rA}\right)^2$ 就是一个整数，它只能是 3，不可能是其他任何数；因为，如果我们用平方整数 $\left(\dfrac{rA}{hh'}\right)^2$ 乘以它就得到 3。因此，$4D = -3A^2$，也即 $D = -\dfrac{3A^2}{4}$。在所有其余的情况下，V，V'，V''…中所有正常原始型就属于不同的类。对于例外的情况，我们给出结果就够了。这些结果不难求，但囿于篇幅这里将其省

去。在前一种情况下，V，V'，V''…中的正常原始型总是以属于同一个类的型成对地出现；在后一种情况下，它们总是 3 个一组地属于同一类。因此，在前一种情况下，类的个数就是上面给出的数值的一半，在后一种情况下，是上面给出数值的 1/3。

第 2 种情况，如果 D 是正的平方数，那么 V，V'，V''，…中的每个正常原始型都毫无例外地构成一个单独的类。假设 (h^2, i, k) 和 $(h'h', i', k')$ 是两个不同的正常等价的型，(h^2, i, k) 可以通过正常代换 α，β，γ，δ 变换成 $(h'h', i', k')$。显然，在前一种情况下所用到的结论（没有假设 D 为负数）在这里依然成立。因此，如果按照上面的方式确定 p，q，r 的话，$\dfrac{4Dr^2}{h^2h'h'}$ 在这里就也是整数，但它是正的而不是负的，而且，它是一个平方数。如果我们令它等于 g^2，就得到 $(2rp/hh')^2 - g^2q^2 = 4$。但这是不可能的，因为两个平方数的差不可能是 4 ——除非较小的平方数是 0 ——于是这里的假设是不成立的。

第 3 种情况，D 是正数但不是平方数，至今还没有一般性的法则来对比 V，V'，V''，…中正常原始型的个数和由这些型得到的不同的类的个数。我们仅能推断，后者要么等于前者，要么是前者的因数。我们还发现这些数的商和满足方程 $t^2 - Du^2 = A^2$ 的 t，u 的最小值之间的某种关系，但如果在这里解释的话需要很多篇幅。我们不能确定，是否在所有情况下仅通过研究数 D，A 的值就能够知道这个商（前面的情况下这样是可以的）。我们给出几个例子，读者可以方便地补充几个自己的例子。对于 $D = 13$，$A = 2$，V，V'，V''，…中正常原始型的个数是 3，它们都是等价的，因而对应的值产生 1 个类；对于 $D = 37$，$A = 2$，V，V'，V''，…也存在 3 个正常原始型，但它们属于 3 个不同的类；对于 $D = 588$，$A = 7$，V，V'，V''，…中有 8 个正常原始型，它们可以分成 4 个类；对于 $D = 867$，$A = 17$，V，V'，V''，…中就有 18 个正常原始型；对于 $D = 1\,445$，$A = 17$，也有同样多个正常原始型。但对于第 1 个行列式，它们分成 2 个类，对于第 2 个行列式，它们分成 6 个类。

6. 由这个一般性理论在 O 是反常原始层的情况下的应用，我们发现：这个层中所含的类的个数与正常原始层中所含的所有类的个数的比值，和

1 与形成下面 3 个型 $(1, 0, -D)$，$(4, 1, \dfrac{1-D}{4})$，$(4, 3, \dfrac{9-D}{4})$ 的不同的正常原始类的个数之比是相等的。当 $D \equiv 1 \pmod 8$ 时，就只有 1 个类，因为在这种情况下，第 2 个和第 3 个型是反常原始的；但当 $D \equiv 5 \pmod 8$ 时，这 3 个型就都是正常原始的；当 D 是负数时，就给出同样多个不同的类，除了唯一例外的情形 $D = -3$，在这种情况下只有 1 个类；最后，当 D 是（形如 $8n + 5$ 的）正数时，对于这种情况我们还不了解它的一般性法则。但是，我们可以断言，在这种情况下，3 个型要么属于 3 个不同的类，要么只属于 1 个类，绝对不可能属于 2 个类。因为，我们不难发现，如果型 $(1, 0, -D)$，$(4, 1, \dfrac{1-D}{4})$，$(4, 3, \dfrac{9-D}{4})$ 分别属于类 K, K', K''，就有 $K + K' = K'$，$K' + K' = K''$，因而，如果 K 和 K' 是相同的，K' 和 K'' 就也是相同的；类似地，如果 K 和 K'' 是相同的，K' 和 K'' 就也是相同的；最后，由于 $K' + K'' = K$，如果假设 K' 和 K'' 是相同的，就会推出 K 和 K'' 也是相同的。因此，这 3 个类 K, K', K'' 要么都是彼此不同的，要么都是相同的。例如，小于 600 且形如 $8n + 5$ 的数一共有 75 个。对于其中 16 个行列式，第 1 种情况成立，也就是说，正常原始层中类的个数是反常原始层中类的个数的 3 倍，这 16 个行列式是 37，101，141，189，197，269，325，333，349，373，381，389，405，485，557，573；对于其他 59 个行列式，第 2 种情况成立，即在两个层中类的个数相等。

7. 顺便指出的是，前面的方法不仅适用于具有相同行列式的不同的层中的类的个数，还适用于不同的行列式，只要它们的平方因数不同即可。因此，如果 O 是行列式为 dm^2 的层，O' 是行列式为 $dm'm'$ 的层，那么，O 可以和行列式为 dm^2 的正常原始层比较，而它又可以和由行列式为 d 的正常原始型导出的层相比较；或者，对于类的个数来说，仍可归结为与最后这个层本身做比较，以及层 O' 也同样可以与它做比较。

第 29 节 歧类的个数

257

在具有给定行列式的给定的层中的所有的类中，我们尤其要对歧类做进一步讨论。在确定这些类的个数过程中，又引出了很多其他有趣的结果。我们只讨论正常原始层中的类的个数就足够了，因为其他情况都可以简化为这种情况。我们按照下面的方法来确定歧类的个数。首先，我们确定行列式为 D 的所有正常原始歧型 (A, B, C)，其中要么 $B=0$，要么 $B=\dfrac{A}{2}$，由这些歧型的个数可以求出行列式为 D 的所有正常原始歧类的个数。

1. 取 D 的每个合适的因数（正负都取）作为 A，这些因数使得 $C=-\dfrac{D}{A}$ 与 A 互质。那么，当 $D=-1$ 就有这两个型——$(1, 0, 1)$ 和 $(-1, 0, -1)$；当 $D=1$ 时有同样多个数的型，即 $(1, 0, -1)$，$(-1, 0, 1)$；当 D 是质数或者质数幂（不论符号是正是负），有 4 个型——$(1, 0, -D)$，$(-1, 0, D)$，$(D, 0, -1)$，$(-D, 0, 1)$。一般地，当 D 能够被 n 个不同的质数整除（这里数 2 可以作为其中一个质数），总共就有 2^{n+1} 个这样的型；也就是说，如果 $D=\pm PQR\cdots$，其中 P，Q，R，$\cdots$ 是不同质数或者不同质数幂，并且如果它们的个数为 n，A 的值就是1，P，Q，R，$\cdots$，以及这些数的所有组合的乘积。由组合理论可知，这些值的个数是 2^n，但这个数必须加倍，因为每个值都既可取正号，又可取负号。

2. 类似地，如果取 D 的所有合适的因数（正负都取）作为 B，使得 $C=\dfrac{B^2-D}{2B}$ 是整数并与 $2B$ 互质，就能得到所有行列式为 D 的正常原始型 $(2B, B, C)$。因此，由于 C 一定是奇数且 $C^2 \equiv 1 \pmod 8$，那么由等式 $D=B^2-2BC=(B-C)^2-C^2$ 可推出：当 B 是奇数时，$D \equiv 3 \pmod 4$；当 B 是偶数时，$D \equiv 0 \pmod 8$ 时，因此，当 D 同余于数 1，2，4，5，6 中的任意一个数 $\pmod 8$ 时，就不存在这样的型。当 $D \equiv 3 \pmod 4$ 时，不论取 D

的哪个因数作为 B，C 都是奇数。但是，为使 C 和 $2B$ 没有公约数，必须选择 B 使得 $\frac{D}{B}$ 和 B 互质；那么，对于 $D = -1$，可得 2 个型（2，1，1），（-2，-1，-1）。一般地，如果 D 有 n 个质因数，总共就有 2^{n+1} 个型。当 D 能被 8 整除时，如果取 $\frac{D}{2}$ 的任意偶除数作为 B，C 就是整数；至于另一个条件 $C = \frac{B}{2} - \frac{D}{2B}$ 与 $2B$ 互质，要满足它，**首先**取 D 的所有同余于 2（mod 4）的因数，使得 $\frac{D}{B}$ 和 B 互质。如果 D 能够被 n 个不同的奇质数整除，这些数（计正负号）就是 2^{n+1} 个。然后，取 $\frac{D}{2}$ 的所有能整除 4 的因数作为 B，使得 $\frac{D}{2B}$ 和 B 互质。这种除数也有 2^{n+1} 个，所以在这种情况下，总共就有 2^{n+2} 个型。如果 $D = \pm 2^{\mu}PQR\cdots$，其中 μ 是大于 2 的质数，P，Q，R，…是不同的奇质数或不同奇质数的幂，且如果这些数的个数是 n；那么，就取 1，P，Q，R，…以及任意多个这样的数（既可取正号，也可取负号）的乘积作为 $\frac{B}{2}$ 和 $\frac{D}{2B}$ 的值。

我们可以发现，如果 D 能够被 n 个不同的奇质数整除（设 $n = 0$，如果 $D = \pm 1$ 或 ± 2 或 2 的方幂），那么，当 $D \equiv 1$（mod 8）或者 $D \equiv 5$（mod 8）时，所有正常原始型（A，B，C）的个数（其中 B 要么等于 0，要么等于 $\frac{A}{2}$）就等于 2^{n+1}，当 D 同余于 2，3，4，6，7（mod 8）时，（A，B，C）（其中 B 要么等于 0，要么等于 $\frac{A}{2}$）就等于 2^{n+2}；最后，当 $D \equiv 0$（mod 8）时，（A，B，C）（其中 B 要么等于 0，要么等于 $\frac{A}{2}$）就等于 2^{n+3}。如果把这个数与条目 231 中得到的关于行列式为 D 的原始型的所有可能的特征的个数加以比较，我们可以发现，在所有情况下，第 1 个数都恰好是第 2 个数的 2 倍。当 D 是负数时，那么在所指出的型中，定正型和定负型一样多。

258

上一条目中讨论的所有的型显然都属于歧类。另一方面，这些型中至少有一个必定包含于行列式为 D 的所有正常原始歧类中。这是因为，在这样的类中肯定存在歧型，而任何行列式为 D 的正常原始歧型 (a, b, c) 都等价于上个条目中的某一个型，即对应于 $b \equiv 0 \pmod{a}$ 或者 $b \equiv \frac{a}{2} \pmod{a}$，它分别等价于 $(a, 0, -\frac{D}{a})$ 或者 $(a, \frac{a}{2}, \frac{a}{4} - \frac{D}{a})$。因此，这个问题就转化为求这些型决定多少个类。

如果型 $(a, 0, c)$ 出现在上个条目中的型中，那么型 $(c, 0, a)$ 也会出现在其中，除了 $a = c = \pm 1$，$D = -1$ 的情况之外，它们都是不同的。我们暂时搁置这种例外情况。现在，由于这些型显然属于同一个类，那么保留一个就足够了，我们摒弃首项大于第三项的那个型，我们还搁置 $a = -c = \pm 1$ 且 $D = 1$ 的情况。以这样的方式，我们就能将所有的型 $(A, 0, C)$ 变成一半，即每对型只保留一个，在保留下来的那些型中，总是有 $A < \sqrt{\pm D}$。

类似地，如果型 $(2b, b, c)$ 在上个条目的型中出现，就也会出现下面的型

$$(4c - 2b, 2c - b, c) = (-\frac{2D}{b}, -\frac{D}{b}, c)$$

这两个型是正常等价的，且彼此不同，除非是在我们省略讨论的情况下，即 $c = b = \pm 1$ 或 $D = -1$。我们保留其中一个型，即两个型中首项更小的那个型，就足够了（在这种情况下，它们不可能大小相等符号相反）。因此，所有的型 $(2B, B, C)$，在保留下来的型中，就总是有 $B < \frac{D}{B}$ 或者 $B < \sqrt{\pm D}$。以这种方式简化，上个条目中只有一半的型留了下来。我们把它们的组合记为 W，剩下来只要指出由这些型可以产生多少个不同的类。显然，当 D 是负数时，W 中定正型和定负型的个数是一样的。

1. 当 D 是负数时，W 中的每个型都属于不同的类。因为，所有的型 $(A, 0, C)$ 都是约化型，并且，除了 $C < 2B$ 的那些型外，所有的型 $(2B, B, C)$ 也都是约化型。对于 $2C < 2B + C$ 的型（由于 $B < \frac{D}{B}$，即 $B < 2C - B$ 或 $B < C$），$2C - 2B < C$ 且 $C - B < \frac{C}{2}$，所以型 $(C, C - B, C)$ 也是约化型，它显然与原来的型等价。以这种方式，我们就可以得出与 W 中的型一样多的约化型。又由于它们中没有任何两个型是相同的或相反的（除了 $C - B = 0$ 的情况，即 $B = C = \pm 1$，因而 $D = -1$，但这种情况我们已经排除了），那么，所有的

型都属于不同的类。因此，行列式为 D 的所有正常原始歧类的个数就等于 W 中型的个数，或者是上个条目中型的个数的一半。关于 $D = -1$ 的已经排除的情况，通过补偿会发生同样的情况，也就是说，存在两个类：型（1，0，1），（2，1，1）属于一个类，型（-1，0，-1），（-2，-1，-1）属于另一个类。因此，一般地，对于行列式为负的型，所有正常原始歧类的个数就等于所有具有相同行列式的原始型的所有可能具有的特征的个数；定正的正常原始歧类的个数是这个数的一半。

2. 当 D 是正的平方数时，令 $D = h^2$，不难证明，W 中的每个型都属于不同的类；但这个问题可以通过下面的方式更加简单地解决。由条目 210，行列式为 h^2 的所有正常原始歧类（其他类不行）只包含 1 个约化型（a，h，0），其中 a 是表达式 $\sqrt{1} \pmod{2h}$ 位于 0 和 $2h-1$（包含边界）之间的值。由此可知，行列式为 h^2 的正常原始歧类的个数和这个表达式的值的个数一样多。由条目 105 可知，对应于 h 是奇数，或是 $\equiv 2 \pmod 4$，或是 $\equiv 0 \pmod 4$，即对应于 $D \equiv 1$ 或 $D \equiv 4$ 或 $D \equiv 0 \pmod 8$，这些值的个数分别是 2^n 或 2^{n+1} 或 2^{n+2}；这里 n 表示 h 或者 D 的奇质因数的个数。那么，正常原始歧类的个数就总是等于上个条目中讨论的型的个数的一半，即等于 W 中的所有的型的个数，或者说等于所有可能具有的特征的个数。

3. 当 D 是正的非平方数时，W 中的每个型（A，B，C），通过取 $B' \equiv B \pmod A$ 且使 B' 位于 $\sqrt{D}$ 和 $\sqrt{D} \pm A$ 的范围内（对应于 A 是正数或者负数，分别取负号和正号），可推导出其他的型（A'，B'，C'），且 $C' = \dfrac{(B'B'-D)}{A}$。我们把这个组合用 W' 表示。显然，这些型是行列式为 D 的正常原始的歧型，且彼此不同，而且，它们都是约化型。这是因为，当 $A < \sqrt{D}$ 时，B' 就小于 $\sqrt{D}$ 并且是正数；$B' > \sqrt{D} \pm A$ 且 $A > \sqrt{D} - B'$，所以对 A 取正值就一定位于 $\sqrt{D} + B'$ 和 $\sqrt{D} - B'$ 之间。当 $A > \sqrt{D}$ 时，不可能有 $B = 0$（我们放弃这些型），但 B 必须等于 $\dfrac{A}{2}$。因此，B' 就和 $\dfrac{A}{2}$ 的大小相等，符号为正号（由于 $A < 2\sqrt{D}$，$\pm \dfrac{A}{2}$ 就位于 B' 所处的界限之间，且对于模 A 同余于 B，因而 $B' = \pm \dfrac{A}{2}$）。因而，$B' < \sqrt{D}$，即 $2B' < \sqrt{D} + B'$，也即 $A < \sqrt{D} + B'$，所以 $\pm A$ 就一定位于 $\sqrt{D} + B'$ 和 $\sqrt{D} - B'$ 之间。最后，W' 就包含所有行列式为 D 的正常原始约化歧型。

这是因为，假如 (a, b, c) 是这样一个型，要么 $b \equiv 0$，要么 $b \equiv \dfrac{a}{2}$（mod a）。在前一种情况下，不可能使得 $b < a$，所以也不可能使得 $a > \sqrt{D}$，于是 W 一定包含型 $\left(a, 0, -\dfrac{D}{a}\right)$ 以及 W' 包含对应的型 (a, b, c)；在后一种情况下，$a < 2\sqrt{D}$，因而 W 就包含型 $\left(a, \dfrac{a}{2}, \dfrac{a}{4} - \dfrac{D}{a}\right)$，$W'$ 就包含对应的型 (a, b, c)。因此，W 中型的个数就等于所有行列式为 D 的正常原始约化歧型的个数。由于每个歧类包含一对约化的歧型（条目 187，194），所有行列式为 D 的正常原始歧类的个数就是 W 中型的个数的一半，或者所有可能具有的特征的个数的一半。

259

给定行列式为 D 的反常原始歧类的个数，等于具有相同行列式的正常原始歧类的个数。设 K 是主类，K'，K''，…是剩下的具有相同行列式的正常原始歧类，设 L 是任意一个有相同行列式的反常原始歧类，例如，包含型 $\left(2, 1, \dfrac{1}{2} - \dfrac{D}{2}\right)$ 的那个歧类。如果把类 L 和类 K 合成，就得到类 L 自身。假设类 L 与 K'，K''，…合并分别得到类 L'，L''，…。显然，它们都属于相同的行列式，且都是反常原始的歧类。那么，只要我们证明所有的类 L，L'，L''，…都是不同的，并且除了这些类之外，不再有其他的行列式为 D 的反常原始歧类存在，那么就能证明这个定理。为此，我们分下面两种情况讨论。

1. 如果反常原始类的个数等于正常原始类的个数，那么，每个反常原始类都可以通过类 L 与某个确定的正常原始类合成得到，因而所有的类 L，L'，L''，…都是不同的。如果用 $\mathfrak{L}$ 表示行列式为 D 的所有反常原始歧类，那么，就存在正常原始类 $\mathfrak{R}$，使得 $\mathfrak{R} + L = \mathfrak{L}$；如果 $\mathfrak{R}'$ 是与 $\mathfrak{R}$ 相反的类，就也有（因为类 L 和类 $\mathfrak{L}$ 都有与它们相反的类）$\mathfrak{R}' + L = \mathfrak{L}$，且 $\mathfrak{R}$ 和 $\mathfrak{R}'$ 就是相同的，因而 $\mathfrak{R}$ 是一个歧类。由此推出，类 $\mathfrak{R}$ 可以在类 K，K'，K''，…中找到，而类 $\mathfrak{L}$ 可以在类 L，L'，L''，…中找到。

2. 当反常原始类的个数是正常原始类的个数的 $1/3$ 时，设 H 是一个包含型（4，1，$\frac{1-D}{4}$）的类，H' 是包含型（4，3，$\frac{9-D}{4}$）的类。H 和 H' 都是正常原始类，且彼此不同，它们与主类 K 也不同，且 $H+H'=K$，$2H=H'$，$2H'=H$。如果 $\mathfrak{L}$ 是任意一个行列式为 D 的反常原始类，且它是由 L 和正常原始类 $\mathfrak{R}$ 合成得到的，那么就也有 $\mathfrak{L}=L+\mathfrak{R}+H$ 以及 $\mathfrak{L}=L+\mathfrak{R}+H'$。除了这3个（正常原始且彼此不同）的类 $\mathfrak{R}$，$\mathfrak{R}+H$，$\mathfrak{R}+H'$ 之外，再没有其他能和 L 合成得到 $\mathfrak{L}$ 的类了。因此，如果 $\mathfrak{L}$ 是歧型，且 $\mathfrak{R}'$ 是与 $\mathfrak{R}$ 相反的型，就有 $L+\mathfrak{R}'=\mathfrak{L}$，$\mathfrak{R}'$ 就一定与这三个类的其中之一相同。如果 $\mathfrak{R}'=\mathfrak{R}$，$\mathfrak{R}$ 就是歧类；如果 $\mathfrak{R}'=\mathfrak{R}+H$，就有 $K=\mathfrak{R}+\mathfrak{R}'=2\mathfrak{R}+H=2（\mathfrak{R}+H'）$，因而 $\mathfrak{R}+H'$ 是歧类；类似地，如果 $\mathfrak{R}'=\mathfrak{R}+H'$，$\mathfrak{R}+H$ 就是歧类，我们可以推断，$\mathfrak{L}$一定可以在 L，L'，L''，…中找到。不难发现的是，在3个类 $\mathfrak{R}$，$\mathfrak{R}+H$，$\mathfrak{R}+H'$ 中最多存在一个歧类。如果 $\mathfrak{R}$，$\mathfrak{R}+H$ 都是歧类，即它们与其自身相反，就有 $\mathfrak{R}+H=\mathfrak{R}+H'$，由假设 $\mathfrak{R}$ 和 $\mathfrak{R}+H'$ 是歧类也可以导出相同的结果，最后，如果 $\mathfrak{R}+H$，$\mathfrak{R}+H'$ 是歧类，即与它们相反的类 $\mathfrak{R}'+H'$，$\mathfrak{R}'+H$ 分别相同，就有 $\mathfrak{R}+H+\mathfrak{R}'+H=\mathfrak{R}'+H+\mathfrak{R}+H'$，因而 $2H=2H'$，也即 $H'=H$。因此，只有一个正常原始歧类在与 L 合成时得到 $\mathfrak{L}$，所有的类 L，L'，L''，…都是不同的。

一个导出层中的歧类的个数显然等于导出它的那个原始层中的歧类的个数，因而其个数总是可以确定的。

260

问题

行列式为 D 的正常原始类 K 是由一个有相同行列式的正常原始类 k 加倍得到的；求能够加倍得到 K 的所有类似的类。

解：设 H 是行列式为 D 的主类，且 H'，H''，H'''，…是剩下的那些有相同行列式的正常原始歧类；$k+H'$，$k+H''$，$k+H'''$，…是通过 H'，H''，H'''，…与 k 合成得到的类。我们将它们表示为 k'，k''，k'''，…。现在，所有的类 k'，k''，k'''，…就是行列式为 D 的正常原始类，且彼此不相同；类

K 就可以由它们中的任意一个加倍得到。如果用 $\aleph$ 表示加倍后得到类 K 的行列式为 D 的任意正常原始类，那么，它就一定包含于类 k'，k''，k'''，…之中。假设 $\aleph = k + \mathfrak{H}$，$\mathfrak{H}$ 是一个行列式为 D 的正常原始类（条目 249），那么，$2k + 2\mathfrak{H} = 2\aleph = K = 2k$，因而 $2\mathfrak{H}$ 和主类重合，$\mathfrak{H}$ 是歧类，即包含于类 H'，H''，H'''，…之中，且 $\aleph$ 包含于 k'，k''，k'''，…之中；因此，这些类就给出了问题的全部解。

显然，当 D 是负数时，类 k'，k''，k'''，…中有一半是定正的，一半是定负的。

因此，任何可以通过某一个相似的类加倍而得到的行列式为 D 的正常原始类，也可以通过其他相似的类加倍而得到，其个数等于行列式为 D 的正常原始歧类的个数。显然，如果行列式为 D 的所有正常原始类的个数为 r，具有相同行列式的所有正常原始歧类的个数是 n，那么能通过相似的类加倍得到的具有相同行列式的所有正常原始类的个数就是 $\frac{r}{n}$。如果行列式为负，用 r 和 n 表示对应的**定正类**的个数，就能得到同样的公式。例如，对于 $D = -161$，所有定正的正常原始类的个数是 16，歧类的个数是 4，那么，由任意类加倍得到的类的个数也是 4。实际上，包含于主族中的所有的层都具备这样的性质。因此，主类 (1，0，161) 是由 4 个歧类加倍得到；(2，1，81) 由 (9，1，18)，(9，-1，-18)，(11，2，15)，(11，-2，15) 加倍得到；(9，1，18) 由 (3，1，54)，(6，1，27)，(5，-2，33)，(10，3，17) 加倍得到；最后，(9，-1，18) 由 (3，-1，54)，(6，-1，27)，(5，2，33)，(10，-3，17) 加倍得到。

第30节 对于给定的行列式，所有可能的特征有一半 不属于任何正常原始族

261

定理

行列式为正的非平方数的所有可能的特征中，有一半不属于任何正常原始族；如果行列式是负数，那么，它们不属于任何定正的正常原始族。

证明

设 m 是行列式为 D 的正常原始（定正）族的个数；k 是包含于每个族中的类的个数，使得 km 是所有（定正的）正常原始类的个数；n 是对于这个行列式的所有可能的不同特征的个数。那么，由条目 258 可得出，所有（定正的）正常原始歧类的个数就是 $\frac{n}{2}$，因此，由上个条目可知，可以从一个相似的类的加倍得到的所有正常原始类的个数就是 $\frac{2km}{n}$。由条目 247，所有这些类都属于包含 k 个类的主族，因此，如果主族中所有的类都可以从某个类的加倍得到（下面将证明这总是成立的），那么有 $\frac{2km}{n} = k$ 或者 $m = \frac{n}{2}$。并且，我们可以确定不可能有 $\frac{2km}{n} > k$，所以也不可能有 $m > \frac{n}{2}$。因此，所有（定正的）正常原始族的个数一定不大于所有可能的特征的个数的一半，所以它们中至少有一半不可能适合于这样的族。证明完毕。但是要注意的是，由此不能推出所有可能的特征的一半适合于（定正的）正常原始族。后面我们会证明这个重要定理的正确性，它涉及数的最深奥的性质。

对于负的行列式，定负的族和定正的族的个数一样多，显然所有可能的特征中属于定负的正常原始族的不超过一半。下面会对此，并对反常原始族做进一步讨论。最后，我们指出，这个定理不适合行列式为正的平方数的情况。对于这种情况，我们不难发现，每个可能的特征都适合一个族。

第 31 节　对基本定理以及与剩余为 -1，$+2$，-2 有关的其他定理的第 2 个证明

262

那么，对于给定的非平方数的行列式 D 只能有两个特征的情况，其中只有一个属于（定正的）正常原始族（它一定是一个主族），另一个特征就不属于任何具有这个行列式的（定正的）正常原始族。对于行列式 -1，2，-2，-4，对于形如 $4n+1$ 的正质数，对于形如 $4n+3$ 的负质数，对于形如 $4n+3$ 的所有正的质数的奇次幂，以及对于形如 $4n+3$ 的质数的幂——按照其指数是偶数或者奇数分别取正号或者负号——都会发生这个情况。根据这个原理，我们可以得到一种新的方法，它不仅可以用来证明基本定理，还能证明前一个章节中关于剩余 -1，$+2$，-2 的其他定理。这个方法与上一个章节中使用的方法完全不同，而优雅程度却丝毫不减。但我们省去对行列式为 -4 的，以及是质数的幂的行列式的讨论，因为讨论这些情况不会让我们获得新的结论。

对于行列式 -1，不存在特征为 3，4 的定正型。对于行列式 $+2$，不存在特征为 3 和 5，8 的定正型。对于行列式 -2，不存在特征为 5 和 7，8 的定正型。对于行列式 $-p$ —— p 是形如 $4n+3$ 的质数——没有（定正的）正常原始型具有特征 Np；而对于行列式 $+p$ —— p 是形如 $4n+1$ 的质数——没有任何正常原始型具有特征 Np。由此，按照下面的方式我们可以证明上一章的定理。

定理 I．-1 是所有（正的）形如 $4n+3$ 的数的非剩余。这是因为，如果 -1 是这样的一个数 A 的剩余，设 $-1=B^2-AC$，（A，B，C）就是行列式为 -1 的定正型，它的特征是 3，4。

定理 II．-1 是任意形如 $4n+1$ 的质数 p 的剩余。这是因为，型（-1，

0，p）的特征，与所有行列式为 p 的正常原始型的特征一样都是 Rp，因此有 $-1 Rp$。

定理III. $+2$ 和 -2 都是形如 $8n+1$ 的任意质数 p 的剩余。这是因为，要么型（8，1，$\frac{1-p}{8}$）和（-8，1，$\frac{p-1}{8}$）是正常原始的，要么型（8，3，$\frac{9-p}{8}$）和（-8，3，$\frac{p-9}{8}$）是正常原始的（对应于 n 是奇数或是偶数），因而它们的特征是 Rp，因此，有 $+8 Rp$ 和 $-8 Rp$，也有 $2 Rp$ 和 $-2 Rp$。

定理IV. $+2$ 是形如 $8n+3$ 或 $8n+5$ 的任意数的非剩余。这是因为，如果它是这样一个数 A 的剩余，就有一个行列式为 $+2$ 的型（A，B，C）具有特征 3 和 5，8。

定理V. 类似地，-2 是形如 $8n+5$ 或 $8n+7$ 的任意数的非剩余。如若不然，就有一个行列式为 -2 的型（A，B，C）具有特征 5 和 7，8。

定理VI. -2 是形如 $8n+3$ 的任意质数 p 的剩余。我们通过两种不同的方式证明这个定理。**第 1 种证明**：由定理IV有 $+2 Np$ 以及由定理 I 有 $-1 Np$，所以一定有 $-2 Rp$。**第 2 种证明**由对行列式 $+2p$ 的讨论得到。对于这个行列式，有 4 种可能的特征，即 Rp，1 和 3，8；Rp，5 和 7，8；Np，1 和 3，8；Np，5 和 7，8。其中，至少有 2 个特征不适合任何族。型（1，0，$-2p$）具有第 1 个特征，型（-1，0，$2p$）具有第四个特征；因此，要去除第 2 个和第 3 个特征。并且，由于关于数 8，型（p，0，-2）的特征是 1 和 3，8，关于 p，它的特征就是 Rp，所以有 $-2 Rp$。

定理VII. $+2$ 是形如 $8n+7$ 任意质数 p 的剩余。我们可以用两种方法证明。**第 1 种方法**，根据定理 I 和 V，有 $-1 Np$，$-2 Np$，那么就有 $+2 Rp$。**第 2 种方法**，要么（8，1，$\frac{1+p}{8}$），要么（8，3，$\frac{9+p}{8}$）是一个行列式为 $-p$ 的正常原始型（对应于 n 是偶数或者是奇数），它的特征就是 Rp，从而有 $8 Rp$ 和 $2 Rp$。

定理VIII. 形如 $4n+1$ 的任意质数 p 都是任意奇数 q 的非剩余，这里 q 是模 p 的非剩余。显然，如果 p 是 q 的剩余，就有一个行列式为 p 的正常原始型具有特征 Np。

定理IX. 类似地，如果奇数 q 是形如 $4n+3$ 的质数 p 的非剩余，$-p$ 就是 q

的非剩余；不然的话，就会有一个行列式为 $-p$ 的定正的正常原始型具有特征 Np。

定理 X. 任何形如 $4n+1$ 的质数 p 都是其他质数 q 的剩余，其中 q 是 p 的剩余。如果 q 也是形如 $4n+1$ 的数，那么由定理 Ⅷ 就立即得到这个结论；但如果 q 是形如 $4n+3$ 的数，$-q$ 就也是 p 的剩余（由定理 Ⅱ），因而 pRq（由定理 Ⅸ）。

定理 Ⅺ. 如果质数 q 是另一个形如 $4n+3$ 的质数 p 的剩余，$-p$ 就是 q 的剩余。这是因为，如果 q 是形如 $4n+1$ 的质数，由定理 Ⅷ 可以推出 pRq，从而（由定理 Ⅱ）推出 $-pRq$。但当 q 是形如 $4n+3$ 时，这个方法不适用，我们通过讨论行列式 $+pq$ 便可以轻松解决。由于这个行列式的 4 个可能的特征是 Rp, Rq；Rp, Nq；Np, Rq；Np, Nq，其中 2 个不能适合任何族，由于型 $(1,\ 0,\ -pq)$，$(-1,\ 0,\ pq)$ 的特征分别是第 1 个和第 4 个，所以，第 2 个和第 3 个不适合于任何行列式为 pq 的正常原始型。根据假设，型 $(q,\ 0,\ -p)$ 关于数 p 的特征是 Rp，那么它关于数 q 的特征就一定是 Rq，从而 $-pRq$。证明完毕。

如果在定理 Ⅷ 和 Ⅸ 中，我们假设 q 是一个质数，那么这两个定理再结合定理 X 和 Ⅺ，就给出了上一章中的基本定理。

第 32 节　对不适合任何族的那一半特征的进一步讨论

263

既然我们已经给出了基本定理的新证明，现在我们来指出如何区分给定行列式为非平方数的那一半不适合任何（定正的）正常原始型的特征。这里可以对其简略讨论，因为条目 147 到 150 中已经包含了这个讨论的基础。设 e^2 是整除给定行列式 D 的最大的平方数，设 $D = D'e^2$，D' 不包含任何平方因数。并且，设 $a, b, c, \cdots$ 是 D' 的奇数质因数。那么，不考虑符号，D' 就是这些数的乘积或者这个乘积的两倍。当 $D' \equiv 1 \pmod 4$ 时，设 Ω 表示专属特征 $Na, Nb, Nc, \cdots$ 的组合；当 $D' \equiv 3$ 且 e 是奇数或者同余于 $2 \pmod 4$ 时，再加上特征 3，4；当 $D' \equiv 3$ 且 $e \equiv 0 \pmod 4$ 时，再加上特征 3，8 和 7，8；当 $D' \equiv 2 \pmod 8$ 且 e 是奇数或者是偶数时，分别再加上特征 3 和 5，8，或者两个特征 3，8 和 5，8；最后，当 $D' \equiv 6 \pmod 8$ 且 e 是奇数或者是偶数时，分别再加上特征 5 和 7，8，或者 2 个特征 5，8 和 7，8。这样一来，含有 Ω 中奇数个专属特征的所有完全特征，就不可能适合行列式为 D 的（定正的）正常原始族。在每种情况下，表示不能整除 D' 的 D 的质因数之间关系的专属特征，对族的可能性或不可能性没有任何贡献。但是，由组合理论我们不难发现，以这种方式，所有可能的整数特征的一半都被排除掉了。

我们按如下方式来证明。由上一章的原理，或者在上个条目中重新证明的定理可知，如果 p 是不整除 D 的（奇、正）质数，且具有 1 个属于它的被排除掉的特征，那么，D' 就包含奇数个是 p 的非剩余的因数。因此，D' 和 D 也是 p 的非剩余。进而，与 D 互质的奇数的乘积（没有一个数属于任何被排除掉的特征）不可能属于这样的特征。反之亦然，任何与 D 互质的正奇数（属于其中一个被排除掉的特征）一定包含具有相同性质的某个质因数。如果有属于某个被排除掉特征的行列式为 D 的正常原始（定正）型，那么 D 就是与它互质的某个正奇数的非剩余，并且可以被这样的型表示。但这显然与条目 154 中的定理不符合。

条目 231 和 232 中的分类给出了很好的例子，读者可以随意增加它们的个数。

264

那么，如果给定一个非平方数的行列式，所有可能的特征就分成相等的两类 P 和 Q，使得没有任何（定正的）正常原始型能够适合 Q 中的任何特征。至于特征 P，据我们目前所知，没有什么能让这样的型不属于 P 中的那些特征。我们特别要注意下面关于这几类型的定理，它们可以从关于它们的判别法推导出来。如果把 P 的特征与 Q 的特征组合（按照条目 246，Q 的特征也对应于一个族），我们就得到了 Q 的特征；但如果把 P 的 2 个特征和 Q 的两个特征组合，得到的特征就属于 P。借助于这个定理，对于定负的族以及反常原始族，按照下面的方式我们也可以把所有可能特征的一半排除掉。

1. 对于负的行列式 D，定负的族就和定正的族相反。因为 P 的所有特征都不属于定负的正常原始族，但所有这样的族都有 Q 中的特征。当 D′≡1（mod 4）时，−D′ 就是形如 4n+3 的整数，因而，在数 a，b，c，…中就有奇数个形如 4n+3 的数，且−1 就是它们中每一个的非剩余。由此推出，在这种情况下，型（−1，0，D）的完整特征就包含 Ω 中的奇数个专属特征，即它属于 Q；当 D′≡3（mod 4）时，在数 a，b，c，…中要么不存在形如 4n+3 的数，要么有 2 个，4 个，…这样的数。并且，由于在这种情况下，3，4；3，8；7，8就出现在型（−1，0，D）的专属特征中，我们可知这个型的完整特征就也属于 Q。对于其余的情况，我们就能轻松地得到相同的结论，即定负型（−1，0，D）总是具有 Q 中的一个特征。由于这个型与另外一个具有相同行列式的定负的正常原始型的合成会得到类似的定正型，我们可知，没有定负的正常原始型能够具有 P 中的特征。

2. 用相同的方式我们可以证明，（定正的）反常原始族与正常原始族要么具有相同的性质，要么具有相反的性质，对应的条件是 $D \equiv 1$ 或者 $D \equiv 5$（mod 8）。因为，在前一种情况下就有 $D' \equiv 1$（mod 8），可以推断在数 a，b，c，…中要么不存在形如 $8n+3$ 和 $8n+5$ 的数，要么就有 2 个，4 个，…这样的数〔因为任何多个奇数的乘积，其中包含奇数个形如 $8n+3$ 和 $8n+5$ 的数，就总是同余于 3 或者同余于 5（mod 8），并且所有的数 a，b，c，…的乘积就要么等于 D'，要么等于 $-D'$〕；那么，型（2，1，$\frac{1-D}{2}$）的完整特征就要么不包含 Ω 的专属特征，要么就包含 2 个，4 个，…这样的特征，所以它属于 P。由于行列式为 D 的任意（定正的）反常原始型可以按照由（2，1，$\frac{1-D}{2}$）和一个具有相同行列式的（定正的）正常原始型合成的情况来讨论，显然，在这种情况下，没有（定正的）反常原始型具有 Q 中的一个特征。在其他情况下，当 $D \equiv 5$（mod 8）时，一切都恰好相反，即 $D' \equiv 5$，一定包含奇数个形如 $8n+3$ 和 $8n+5$ 的因数。那么，型（2，1，$\frac{1-D}{2}$）的特征以及行列式为 D 的任意（定正的）反常原始型的特征就属于 Q，且没有定正的反常原始族具有 P 中的特征。

3. 最后，对于负的行列式，定负的反常原始族又一次与定正的反常原始族相反。对应于 $D \equiv 1$ 或者 $D \equiv 5$（mod 8），对应于形如 $8n+7$ 或者 $8n+3$ 的 $-D$，它们都不可能具有属于 P 或者 Q 的特征。我们由此可推出：如果把特征在 Q 中的型（-1，0，D）和具有相同的行列式的定负的反常原始型相合成，就得到定正的反常原始型。当我们对后面的型排除了 Q 中的特征，那么对于后面的型，P 中的特征也一定被排除在外，反之亦然。

第33 节　把质数分解为两个平方数的特殊方法

265

以上所有情况都是基于条目 257 和 258 中对于歧类的个数的讨论。这些产生了其他的很多值得讨论的结论，为了简洁我们省略了它们，但下面这条结论就不能跳过了，因为它非常优雅。对于一个正的行列式 p，它是形如 $4n+1$ 的质数，我们已经证明了只存在一个正常原始歧类。因此，这里所有的正常原始类歧型都是正常等价的。因此，如果 b 是小于 $\sqrt{p}$ 的最大的正数，且 $p-b^2=a'$，型 $(1, b, -a')$ 和 $(-1, b, a')$ 就是正常等价的，并且，由于它们都是约化型，其中一个就包含在另一个的周期中。如果我们把它的周期中的前面的型赋予指标 0，后者的指标就一定是奇数（因为这两个型的首项具有相反的符号）。假设这个指标等于 $2m+1$。我们不难发现，如果指标为 1，2，3，…的型分别是

$$(-a', b', a''),\ (a'', b'', -a'''),\ (-a''', b''', a''''),\ \cdots$$

以下的型分别对应于指标 $2m$，$2m-1$，$2m-2$，$2m-3$，…

$$(a', b', -1),\ (-a'', b', a'),\ (a''', b'', -a''),\ (-a'''', b'''', a'''),\ \cdots$$

那么，如果指标为 m 的型是 (A, B, C)，它就与 $(-C, B, -A)$ 相同，因而 $C=-A$，且 $p=B^2+A^2$。因此，任何形如 $4n+1$ 的质数都可以分解为两个平方数（我们由条目 182 中完全不同的原理推导出这个定理）。而且，我们发现这个分解方法非常简单，是完全统一的方法；即对于以该质数为行列式且首项是 1 的约化型，构造它的周期直到得到的型的外项相等但大小相反为止。例如，对于 $p=233$，有 $(1, 15, 8)$，$(-8, 9, 19)$，$(19, 10, -7)$，$(-7, 11, 16)$，$(16, 5, -13)$，$(-13, 8, 13)$，且 $233=64+169$。显然，A 一定是奇数［因为 $(A, B, -A)$ 一定是正常原始型］且 B 一定

是偶数。对于正的行列式 p，它是形如 $4n+1$ 的质数，只有一个歧类包含于反常原始层中。如果 g 是小于 $\sqrt{p}$ 的最大的奇数，且 $p-g^2=4h$，反常原始约化型 $(2, g, -2h)$ 和 $(-2, g, 2h)$ 就正常等价，因而彼此就包含在对方的周期中。那么，通过相似的推理，我们推出：可以在型 $(2, g, -2h)$ 中求得一个型，它的外项大小相等但符号相反。因此，由此我们也能找出 p 分解成两个平方数的方法。这个型的外项是偶数，中间项是奇数；且因为一个质数只能以一种方式分解成两个平方数，我们通过这个方法求得的型要么是 $(B, \pm A, -B)$，要么是 $(-B, \pm A, B)$。因此，在 $p=233$ 的这个例子中，就有 $(2, 15, -4)$，$(-4, 13, 16)$，$(16, 3, -14)$，$(-14, 11, 8)$，$(8, 13, -8)$，且 $233=169+64$，同上。

第 34 节　关于三元型讨论的题外话

266

到目前为止，我们把讨论限定于**两个变量的二次函数**，没有必要给它们起一个特别的名字。但显然，这个课题仅是**任意多个变量和任何次有理代数齐次整函数**的一般性研究的一个特别部分。这样的函数可以按照它们的次数方便地区分成**二次型，三次型，四次型，…**，并且对应于未知数的个数可以划分为**二元型，三元型，四元型，…**。那么，我们一直简称的**型**就可称为**二元二次型**。而像 $Ax^2 + 2Bxy + Cy^2 + 2Dxz + 2Eyz + Fz^2$（其中 A，B，C，D，E，F 是整数）这样的函数就称为**三元二次型**，以此类推。我们把本章用来讨论二元二次型。但是关于这些型还有很多优美的定理，它们的源泉可以在三元二次型理论中找到。因此，我们有必要对三元二次型理论做一个简要的讨论，并且专门讨论令二元型成为完整理论的必要原理，这样比我们直接忽略这些定理或者用不自然的方法讨论它们更容易令学习者接受。但是，我们必须另外找机会对这个课题做更加精确的讨论，因为这个课题的丰富成果已经远远超出了这本书的篇幅，同时也是希望以后能以更深刻的见解使之更加充实。这一次我们完全不讨论 4 个变量、5 个变量，…的型以及所有更高次的型。[1] 能引起学习者们对这个更加宽广的领域的注意，这就足够了。那里有充足原料供他们施展才华，高等数学一定会通过他们的努力得到发展。

---

　[1] 因此，每当提到二元型或三元型时，我们就是指**二次二元型**或**二次三元型**。

267

　　为出现在三元型中的未知数建立一个固定的顺序对我们的理解非常有帮助，正如我们对二元型做过的那样，这样我们可以把**第 1、第 2 和第 3 个未知数**区分开。在处理型的不同的部分时，我们总是按照下面的顺序排列：把含第 1 个未知数的平方数的项放在第 1 个位置，然后依次是含第 2 个未知数的平方数的项，第 3 个未知数的平方数的项，第 2 个与第 3 个未知数的乘积的两倍，第 1 个和第 3 个未知数的乘积的两倍，最后是第 1 个和第 2 个未知数的乘积的两倍。最后，我们把平方数和两倍乘积之前的那些整常数，按照和未知数同样的次序，分别称为**第 1 个系数、第 2 个系数、第 3 个系数、第 4 个系数、第 5 个系数和第 6 个系数**。那么

$$ax^2 + a'x'x' + a''x''x'' + 2bx'x' + 2b'x'x'' + 2b''xx'$$

就是一个正常排列的三元型。第 1 个未知数是 x，第 2 个未知数是 x'，第 3 个未知数是 x''。第 1 个系数是 a，$\cdots$，第 4 个系数是 b，$\cdots$。如果用专门的字母表示三元型中的未知数，篇幅就会简洁很多，我们就用

$$\begin{pmatrix} a, & a', & a'' \\ b, & b', & b'' \end{pmatrix}$$

来表示这样的型。通过设

$$b^2 - a'a'' = A, \quad b'b' - aa'' = A', \quad b''b'' - aa' = A''$$
$$ab - b'b'' = B, \quad a'b' - bb'' = B', \quad a''a'' - bb' = B''$$

就得到另一个型 F

$$\begin{pmatrix} A, & A', & A'' \\ B, & B', & B'' \end{pmatrix}$$

我们称它是与型 f

$$\begin{pmatrix} a, & a', & a'' \\ b, & b', & b'' \end{pmatrix}$$

伴随的型。再一次地为了简洁，我们把数

$$ab^2 + a'b'b' + a''b''b'' - aa'a'' - 2bb'b''$$

记为 D，就有

$$B^2 - A'A'' = aD, \quad B'B' - AA'' = a'D, \quad B''B - AA' = a''D$$

$$AB - B'B'' = bD, \quad A'B' - BB'' = b'D, \quad A''B'' - BB' = b''D$$

那么显然，型 F 的伴随型就是型

$$\begin{pmatrix} aD, & a'D, & a''D \\ bD, & b'D, & b''D \end{pmatrix}$$

三元型 f 的性质首先取决于数 D 的本质，我们把 D 称为这个型的**行列式**。类似地，型 F 的行列式就等于 D^2，即等于它的伴随型 f 的行列式的平方。

例如，三元型 $\begin{pmatrix} 29, & 13, & 9 \\ 7, & -1, & 14 \end{pmatrix}$ 的伴随型是 $\begin{pmatrix} -68, & -260, & -181 \\ 217, & -111, & 133 \end{pmatrix}$，它们的行列式都等于 1。

我们从下面的讨论中完全排除行列式为 0 的三元型。在更充分地讨论三元型理论时，我们会指出：它们只是**看起来**是三元型，它们实际上等价于二元型。

268

如果行列式为 D，未知数为 x，x'，x'' 的三元型 f，可以通过代换

$$x = \alpha y + \beta y' + \gamma y''$$

$$x' = \alpha' y + \beta' y' + \gamma' y''$$

$$x'' = \alpha'' y + \beta'' y' + \gamma'' y''$$

变换成行列式为 E，未知数为 y，y'，y'' 的三元型 g，其中 9 个系数 α，β，…都是整数；那么，为了简洁，我们就忽略未知数，简单地说 f 通过代换（S）

$$\alpha, \quad \beta, \quad \gamma$$

$$\alpha', \quad \beta', \quad \gamma'$$

$$\alpha'', \quad \beta'', \quad \gamma''$$

变换成型 g，且 f **包含** g，也即 g **包含于** f。对应于 g 中 6 个系数的 6 个等式，这里没有必要书写出来。由这些等式，我们可以得到下面的结论：

1. 为了简洁，我们把数 $\alpha\beta'\gamma'' + \beta\gamma'\alpha'' + \gamma\alpha'\beta'' - \gamma\beta'\alpha'' - \alpha\gamma'\beta'' - \beta\alpha'\gamma''$

表示为 k，经过适当的计算得到 $E = k^2 D$。那么，D 整除 E，它们的商是平方数。显然，数 k 对于三元型的变换类似于条目 157 中数 $\alpha\delta - \beta\gamma$ 对于二元型的变换，即行列式的商的平方根。我们可以猜想，在这种情况下，k 的符号的变化显示出正常变换和反常变换之间的本质区别和含义。但是，如果更仔细地分析这个情况，我们发现 f 也可以通过代换

$$-\alpha, \quad -\beta, \quad -\gamma$$
$$-\alpha', \quad -\beta', \quad -\gamma'$$
$$-\alpha'', \quad -\beta'', \quad -\gamma''$$

变换成 g。并且，在 k 的式子中我们用 $-\alpha$ 代替 α，用 $-\beta$ 代替 β，$\cdots$，我们就得到了 $-k$。那么，这个代换就和代换 S 不同，且任何以某一种方式包含另一个三元型的型，也以另一种方式包含那个相同的型。所以我们就完全放弃这种区分，因为对于三元型它没有用处。

2. 如果我们用 F 和 G 分别表示 f 和 g 的伴随型，由代换 S 中给出的等式知，F 中的系数就由 f 中的系数决定，G 中的系数就由 g 中的系数的值决定。如果我们用字母表示型 f 中的系数，并且把型 F 和型 G 中的系数的值加以比较，不难发现 F 包含 G，且 F 可以通过代换（S'）

$$\beta'\gamma'' - \beta''\gamma', \quad \gamma'\alpha'' - \gamma''\alpha', \quad \alpha'\beta'' - \alpha''\beta'$$
$$\beta''\gamma - \beta\gamma'', \quad \gamma''\alpha - \gamma\alpha'', \quad \alpha''\beta - \alpha\beta''$$
$$\beta\gamma' - \beta'\gamma, \quad \gamma\alpha' - \gamma'\alpha, \quad \alpha\beta' - \alpha'\beta$$

变换成 G。由于这个计算没有任何困难，我们就不把它写下来了。

3. 通过代换（S''）

$$\beta'\gamma'' - \beta''\gamma', \quad \beta''\gamma - \beta\gamma'', \quad \beta\gamma' - \beta'\gamma$$
$$\gamma'\alpha'' - \gamma''\alpha', \quad \gamma''\alpha - \gamma\alpha'', \quad \gamma\alpha' - \gamma'\alpha$$
$$\alpha'\beta'' - \alpha''\beta', \quad \alpha''\beta - \alpha\beta'', \quad \alpha\beta' - \alpha'\beta$$

型 g 就变成由型 f 通过代换

$$k, \; 0, \; 0$$
$$0, \; k, \; 0$$
$$0, \; 0, \; k$$

变换得到的型。这个型是由型 f 的每个系数乘以 k^2 以后得到的型，我们用

f' 表示这个型。

4. 以完全相同的方式，通过代换（S'''）

$$\alpha,\ \alpha',\ \alpha''$$
$$\beta,\ \beta',\ \beta''$$
$$\gamma,\ \gamma',\ \gamma''$$

型 G 变成由型 F 的每个系数乘以 k^2 后得到的型。我们把这个型记为 F'。我们就说代换 S''' 是由代换 S **转置**得到的，显然，代换 S''' 转置也可以得到 S；按照相同的方式，S' 和 S'' 中的其中一个经过转置就可以得到另一个。我们称代换 S' 是代换 S 的**伴随代换**，代换 S'' 就是代换 S''' 的伴随代换。

269

如果型 f 包含 g，且 g 也包含 f，我们就称 f 和 g 是**等价的**型。在这种情况下，D 整除 E，E 也整除 D，因而 $D=E$。相反地，如果型 f 包含具有相同行列式的型 g，那么这两个型就是等价的。因为（如果我们使用和上个条目中相同的符号，并省略 $D=0$ 的情况）$k=\pm1$，所以型 f'（它是型 g 通过代换 S'' 变成的型）与 f 相同，且 f 包含于 g。进而，在这种情况下，与 f 和 g 伴随的型 F 和型 G 就相互等价，且型 G 就可以通过代换 S''' 变换成型 F。反过来，假设型 F 和型 G 是等价的，F 就可以通过代换 T 变换成 G。型 f 和型 g 就是等价的，且 f 就通过 T 的伴随代换变换成 g，g 通过代换 T 转置变成 f。分别由这两个代换，与 F 伴随的型就变换成与 G 伴随的型，与 G 伴随的型也就变换成与 F 伴随的型。这两个型可以通过 f 和 g 乘以 D 的所有系数来得到，所以，我们可以推断出，通过相同的变换，f 可以变换成 g，g 也可以变换成 f。

270

如果三元型 f 包含三元型 f'，且 f' 包含型 f''，那么 f 就包含 f''。因

为，不难发现，如果 f 通过代换

$$\alpha, \quad \beta, \quad \gamma$$
$$\alpha', \quad \beta', \quad \gamma'$$
$$\alpha'', \quad \beta'', \quad \gamma''$$

变换成 f'，且 f' 通过代换

$$\delta, \quad \varepsilon, \quad \zeta$$
$$\delta', \quad \varepsilon', \quad \zeta'$$
$$\delta'', \quad \varepsilon'', \quad \zeta''$$

变成 f''，那么 f 就可以通过代换

$$\alpha\delta + \beta\delta' + \gamma\delta'', \quad \alpha\varepsilon + \beta\varepsilon' + \gamma\varepsilon'', \quad \alpha\zeta + \beta\zeta' + \gamma\zeta''$$
$$\alpha'\delta + \beta'\delta' + \gamma'\delta'', \quad \alpha'\varepsilon + \beta'\varepsilon' + \gamma'\varepsilon'', \quad \alpha'\zeta + \beta'\zeta' + \gamma'\zeta''$$
$$\alpha''\delta + \beta''\delta' + \gamma''\delta'', \quad \alpha''\varepsilon + \beta''\varepsilon' + \gamma''\varepsilon'', \quad \alpha''\zeta + \beta''\zeta' + \gamma''\zeta''$$

变换成 f''。

那么，如果 f 等价于 f'，f' 等价于 f''，型 f 就也等价于 f''。显然，这些定理可以应用于一系列的型的情况。

271

很明显，像二元型一样，如果把等价的三元型归为同一类，把不等价的三元型归为不同的类，那么三元型也可以分成很多类。因此，具有不同行列式的型一定属于不同的类，三元型就有无限多个类。具有相同行列式的三元型有时候构成很多个类，有时候只构成很少的类，但是这些型的一个重要性质是，**具有相同行列式的所有的型构成有限个数的类**。在详细讨论这个重要的定理之前，我们必须解释下面的三元型之间的重要区别。

某些三元型既可以表示正数，也可以表示负数，例如，型 $x^2 + y^2 - z^2$。我们称这样的型为**不确定型**。另一方面，有些型不能表示负数，只能表示正数（除了使每个未知数为 0 而得到值 0），例如 $x^2 + y^2 + z^2$。我们称这样的型为**定正型**；最后，还有另外一些型不能表示正数，例如 $-x^2 - y^2 - z^2$。这样的型我们

称为**定负型**。定正型和定负型都叫作**定型**。现在我们给出如何区分型的这些性质的一般判别法。

如果把 a 乘以行列式为 D 的三元型

$$f = ax^2 + a'x'x' + a''x''x'' + 2bx'x'' + 2b'xx'' + 2b''xx'$$

并且，像条目 267 那样，用 A，A'，A''，B，B'，B'' 表示与 f 伴随的型的系数，我们就得到了

$$(ax + b''x' + b'x'')^2 - A''x'x' + 2Bx'x'' - A'x''x'' = g$$

令 A' 与之相乘可得

$$A'(ax + b''x' + b'x'')^2 - (A'x'' - Bx')^2 - aDx'x' = h$$

如果 A' 和 aD 都是负数，h 的所有的值就是负数。显然，型 f 只能表示符号与 aA' 相反的那些数，即与 a 的符号相同，或者与 D 的符号相反的那些数。在这种情况下，f 就是一个确定的型，对应于 a 是正数或者负数，对应于 D 是负数或者正数，它就是定正型或者定负型。

但是，如果 aD 和 A' 都是正数，或者一个是正数，另一个是负数（两个数都不为 0），通过适当地选择 x，x'，x''，那么，h 就可以要么取正值，要么取负值。因此，在这种情况下，f 可以取与 aA' 符号相同的值，也可以取与 aA' 符号相反的值，所以它就是一个不定型。

对于 $A'=0$ 且 a 不等于 0 的情况，有

$$g = (ax + b''x' + b'x'') - x'(A''X' - 2Bx')$$

通过为 x' 取一个任意值（不为 0），并且使得 $\dfrac{A''x'}{2B} - x''$ 与 Bx' 有相同的符号（这是可以做到的，因为 B 不能等于 0，否则我们就有 $B^2 - A'A'' = aD = 0$，从而有 $D = 0$，这是排除在外的情况），这样就使 $x'(A''x' - 2Bx'')$ 取正值，因此可以这样取 x 的值使得 g 是负数。显然，只要我们想，所有这些值都可以取正数。最后，不论为 x' 和 x'' 取什么样的值，我们总是可以将 x 取得足够大以使得 g 为正值。因此，在这种情况下，f 就是一个不确定型。

最后，如果 $a=0$，就有

$$f = a'x'x' + 2bx'x'' + a''x''x'' + 2x(b''x' + b'x'')$$

现在，如果我们为 x' 和 x'' 取任意值，但是使得 $b''x' + b'x''$ 不等于 0（显然，只要 b' 和 b'' 都不等于 0，这是可以做到的；但如果它们等于 0，就有 $D=0$），不难

□ 哥德巴赫猜想

　　哥德巴赫猜想，著名数学猜想之一，由哥德巴赫在1742年与欧拉的信件中提出。猜想认为：任一大于2的整数都可以写成三个质数之和（这与现代陈述有所出入，因为当时的哥德巴赫遵照的是"1也是素数"的约定）。其现代表述则为：任一大于2的偶数，都可表示成两个素数之和。这一猜想仍未被解决。

发现，可以选择 x ，使得 f 既可以取到正值，又可以取到负值。那么，在这种情况下，f 也是一个不定型。

　　同理，我们也能够使用数 aD 和 A'' 来确定 f 的性质。如果数 aD 和 A'' 都是负数，那么型 f 就是定型；其他情况下型 f 都是不定型。为了这个目的，我们还可以讨论数 $a'D$ 和 A' ，或者数 $a'D$ 和 A'' ，或者 $a''D$ 和 A ，或者 $a''D$ 和 A' 。

　　由所有这些结论我们可以推出，在定型中，6 个数 A , A' , A'' , aD , $a'D$, $a''D$ 都是负数。对于定正型，a , a' , a'' 是正的，D 是负的；对于定负型，a , a' , a'' 是负的，D 是正的。因此，所有具有正的给定行列式的三元型都可以分为定负型和不定型，所有具有负的给定行列式的三元型都可以分为定正型和不定型，不存在具有正的行列式的定正型，也不存在具有负的行列式的定负型。不难发现，定型的伴随型总是定型，并且是**定负型**，不定型的伴随型总是不定型。

　　由于能够被给定三元型表示的所有的数也可以被与这个三元型等价的型表示，同一个类中的三元型或者都是不定型，或者都是定正型，或者都是定负型；那么，把这些名称转移到类别上也是没问题的。

272

　　我们来讨论上个条目中的这个定理——所有具有给定行列式的三元型能够分为有限个类——并像我们证明二元型的定理那样证明它。首先，我们指出怎样把三元型约化为更简单的型，并指出对于给定行列式，最简单的型（由约化得来的）的个数是有限的。我们假设，行列式为 D 的三元型 $f = \begin{pmatrix} a, & a', & a'' \\ b, & b', & b'' \end{pmatrix}$（不等于 0）通过代换（$S$）

$$\begin{matrix} \alpha, & \beta, & \gamma \\ \alpha', & \beta', & \gamma' \\ \alpha'', & \beta'', & \gamma'' \end{matrix}$$

变换为型 $g = \begin{pmatrix} m, & m', & m'' \\ n, & n', & n'' \end{pmatrix}$。接下来我们就要确定 α，β，γ，$\cdots$使得 g 是比 f 更简的形式。设伴随 f 和 g 的型分别是 $\begin{pmatrix} A, & A', & A'' \\ B, & B', & B'' \end{pmatrix}$，$\begin{pmatrix} M, & M', & M'' \\ N, & N', & N'' \end{pmatrix}$，分别表示为 F 和 G。那么，由条目 269，F 就可以通过伴随（S）的代换变换为型 G，G 可以通过由（S）转置导出的代换变换成 F。数

$$\alpha\beta'\gamma'' + \alpha'\beta''\gamma + \alpha''\beta\gamma' - \alpha''\beta'\gamma - \alpha\beta''\gamma' - \alpha'\beta\gamma''$$

必然只有两种可能：要么等于 1，要么等于 -1。我们把这个数表示为 k。我们指出以下情况：

　　1. 如果有 $\gamma = 0$，$\gamma' = 0$，$\alpha'' = 0$，$\beta'' = 0$，$\gamma'' = 1$，那么

$$m = a\alpha^2 + 2b''\alpha\alpha' + a'\alpha'\alpha', \ m' = a\beta^2 + 2b''\beta\beta' + a'\beta'\beta', \ m'' = a''$$

$$n = b\beta' + b'\beta, \ n' = b\alpha' + b'\alpha, \ n'' = a\alpha\beta + b''(\alpha\beta' + \beta\alpha') + a'\alpha'\beta'$$

进而，必然得出：$\alpha\beta' - \beta\alpha'$ 要么等于 1，要么等于 -1。那么，显然，行列式为 A' 的二元型（a，b''，a'）就可以通过代换 α，β，α'，β' 变换成行列式为 M'' 的二元型（m，n''，m'），并且，由于 $\alpha\beta' - \beta\alpha' = \pm 1$，它们就是等价的型，从而 $M'' = A'$。这一点也可以直接确认。因此，除非（a，b''，a'）已经是它所在的类中的最简单的型，我们就能确定 α，β，α'，β' 使得（m，n''，m'）是最简单的型。由二元型的等价理论，我们不难推断出：如果 A'' 是负数，m 就不大于 $\sqrt{-\dfrac{4A''}{3}}$；或者，当 A'' 是正数时，m 就不大于 $\sqrt{A''}$；或者，当 A'' 为 0 时，$m = 0$。那么，在所有情况下，我们可以取 m 的（绝对）值要么小于 $\sqrt{\pm\dfrac{4A''}{3}}$，要么等于 $\sqrt{\pm\dfrac{4A''}{3}}$。如果可能的话，型 f 就简化为首项系数更小的另一个型。这个型的伴随型就有与 f 的伴随型 F 相同的第 3 项系数。这是**第 1 种简化**。

2. 但是，如果 $\alpha=1$，$\beta=0$，$\gamma=0$，$\alpha'=1$，$\alpha''=0$，就有 $k=\beta'\gamma''-\beta''\gamma'=$ ±1；那么，与（S）伴随的代换就是

$$\pm1,\ 0,\ 0$$
$$0,\ \gamma'',\ -\beta''$$
$$0,\ -\gamma',\ \beta'$$

且通过这个代换 F 就变换为 G，我们就有

$$m=a,\ n'=\beta'\gamma''+b''\gamma',\ n''=b'\beta''+b''\beta',$$
$$m'=a'\beta'\beta'+2b\beta'\beta''+a''\beta''\beta''$$
$$m''=a'\gamma'\gamma'+2b\gamma'\gamma'+a''\gamma''\gamma'',$$
$$n=a'\beta'\gamma'+b\ (\beta'\gamma''+\gamma'\beta'')\ +a''\beta''\gamma'',$$
$$M'=A'\gamma''\gamma''-2B\gamma'\gamma''+A''\gamma'\gamma'$$
$$N'=-A'\beta''\gamma''+B\ (\beta'\gamma''+\gamma'\beta'')\ -A''\beta'\gamma'$$
$$M'=A'\beta''\beta''-2B\beta'\beta''+A''\beta'\beta'$$

那么，显然行列式为 Da 的二元型（A''，B，A'）通过代换 β'，$-\gamma$，$-\beta''$，γ'' 变换为行列式为 Dm 的型（M''，N，M'）（由于 $\beta'\gamma''-\gamma'\beta''=\pm1$ 或者由于 $Da=Dm$），因而两者等价。由于（A''，B，A'）已经是它所在的类中的最简单的型，那么我们就可以这样确定系数 β'，γ'，β''，γ''，使得（M''，N，M'）是最简单的型：不计 M'' 的符号，使得它不大于 $\sqrt{\pm\dfrac{4Da}{3}}$。这总是可以做到的。f 就以这种方式简化为另一个具有相同首项系数的型。但是，如果可能的话，伴随它的型就有比 f 的伴随型 F 更小的第 3 项系数。这是**第 2 种简化**。

3. 如果第 1 种和第 2 种简化都不能应用于三元型 f，即如果 f 不能通过任意一种简化变换为更简单的型，那么 a^2 就一定不大于 $\dfrac{4A''}{3}$，即 $A''A''$ 就不大于 $\dfrac{4aD}{3}$，不计 $A''A''$ 的符号。那么，$a^4\leqslant\dfrac{16A''A''}{9}$，即 $a^4\leqslant\dfrac{64aD}{27}$，也即 $a\leqslant\dfrac{4}{3}\sqrt[3]{D}$，因而 $A''A''\leqslant\dfrac{16\sqrt[3]{D^4}}{9}$，即 $A''\leqslant\dfrac{4}{3}\sqrt[3]{D^2}$。因此，如果 a 或者 A'' 超出这些界限，那么前面的简化中一定有一个适用于 f。但是，反过来不成立。因为经常发生这样的情况，即三元型的伴随型的首项和第 3 项系数已经在这些界限内，然而却可以通过其中的某个化简使之更加简单。

4. 如果我们对行列式为 D 的三元型交替使用第 1 和第 2 种简化，即先对它使用第 1 或第 2 种简化，然后对得到的型再使用第 2 或第 1 种简化，再对得到的结果使用第 1 或第 2 种化简，等等；那么最终我们就会得到一个型，不能对它再使用任何简化方法。因为，该型本身的首项系数以及伴随它的型的第 3 个系数的绝对值交替地出现有时保持不变，有时减小的情况，所以这个过程最终会停止；否则我们就会得到两组无限递减的数列。

综上所述，我们得到了这样一个不寻常的定理：**任何行列式为 D 的三元型都能简化为具备这样的一种性质的与之等价的型**（只要这个三元型还不具备这种性质）：它的第 1 个系数不大于 $\frac{4}{3}\sqrt[3]{D}$，伴随型的第 3 个系数不大于 $\frac{4}{3}\sqrt[3]{D}$，不考虑符号。如果代替型的第 1 个系数以及伴随型的第 3 个系数，以完全相同的方式改为取这个型本身的第 1 个系数以及它的伴随型的第 2 个系数；或者取这个型本身的第 2 个系数以及伴随型的第 1 或第 3 个系数；或者取这个型本身的第 3 个系数以及伴随型的第 1 或第 2 个系数，这些方式最终都会让我们实现目标。但是最好连贯地使用一种方法，这样所用到的步骤可以简化为固定算法。我们最后指出，如果将确定型同不确定型分开，我们就可能求得所讨论的这两个系数的更小的边界；但是就我们目前的目的来说，这是不必要的。

273

以下这些例子诠释了上面的原理。

例 1：设 $f = \begin{pmatrix} 19, & 21, & 50 \\ 15, & 28, & 1 \end{pmatrix}$，那么 $F = \begin{pmatrix} -825, & -166, & -398 \\ 257, & 573, & -370 \end{pmatrix}$ 且 $D = -1$。由于（19, 1, 21）是约化二元型，没有其他与之等价的型 D 首项小于 19，第 1 种简化在这里不适用。二元型 $(A'', B, A') = (-398, 257, -166)$，由二元型等价理论，它通过代换 2, 73, 11，可以变换为更简单的等价型（-2, 1, -10）。因此，如果设 $\beta' = 2$，$\gamma'' = -7$，$\beta'' = -3$，$\gamma'' = 11$，且如果我们对型 f 应用代换

$$\begin{Bmatrix} 1, & 0, & 0 \\ 0, & 2, & -7 \\ 0, & -3, & 11 \end{Bmatrix}$$

它就变换为 $\begin{pmatrix} 19, & 354, & 4\,769 \\ -1\,299, & 301, & -82 \end{pmatrix}$，记为 f'。伴随型的第三个系数是 -2，在这个方面 f' 比 f 简单。

第 1 种简化可以对 f' 使用。也就是说，由于二元型（19，-82，354）可以通过代换 13，4，3，1 变换成（1，0，2），那么对型 f' 使用代换

$$\begin{Bmatrix} 13, & 4, & 0 \\ 3, & 1, & 0 \\ 0, & 0, & 1 \end{Bmatrix}$$

它就变换为 $\begin{pmatrix} 1, & 2, & 4\,769 \\ -95, & 16, & 0 \end{pmatrix}$，记为 f''。

我们可以对型 f'' 再次使用第 2 种简化，它的伴随型是 $\begin{pmatrix} -513, & -4\,513, & -2 \\ -95, & 32, & 1\,520 \end{pmatrix}$，也就是说，（$-2$，95，$-4\,513$）可以通过代换 47，1，$-1$，0 变换为（$-1$，1，2）；所以可以对型 f'' 使用代换

$$\begin{Bmatrix} 1, & 0, & 0 \\ 0, & 47, & -1 \\ 0, & 1, & 0 \end{Bmatrix}$$

它就变换成 $\begin{pmatrix} 1, & 257, & 2 \\ 1, & 0, & 16 \end{pmatrix}$，记为 f'''。这个型的第 1 个系数不可能再使用第 1 种简化，它的伴随型的第 3 个系数也不可能再使用第 2 种简化。

例 2：设给定的型是 $\begin{pmatrix} 10, & 26, & 2 \\ 7, & 0, & 4 \end{pmatrix}$，记为 f。它的伴随型是 $\begin{pmatrix} -3, & -20, & -244 \\ 70, & -28, & 8 \end{pmatrix}$，它的行列式等于 2。交替使用第 2 种和第 1 种简化后，f 变换为 f''''

代换	目标型	简化型

$$\begin{Bmatrix} 1, & 0, & 0 \\ 0, & -1, & 0 \\ 0, & 4, & -1 \end{Bmatrix} \qquad f \qquad \begin{pmatrix} 10, & 2, & 2 \\ -1, & 0, & -4 \end{pmatrix} = f'$$

$$\begin{Bmatrix} 0, & -1, & 0 \\ 0, & -2, & 0 \\ 0, & 0, & 1 \end{Bmatrix} \qquad f' \qquad \begin{pmatrix} 2, & 2, & 2 \\ 2, & -1, & 0 \end{pmatrix} = f''$$

$$\begin{Bmatrix} 1, & 0, & 0 \\ 0, & -1, & 0 \\ 0, & 2, & -1 \end{Bmatrix} \qquad f'' \qquad \begin{pmatrix} 2, & 2, & 2 \\ -2, & 1, & -2 \end{pmatrix} = f'''$$

$$\begin{Bmatrix} 1, & 0, & 0 \\ 1, & 1, & 0 \\ 0, & 0, & 1 \end{Bmatrix} \qquad f''' \qquad \begin{pmatrix} 0, & 2, & 2 \\ -2, & -1, & 0 \end{pmatrix} = f''''$$

型 f'''' 不可能再使用第 1 种或第 2 种简化。

274

如果有这样一个三元型，它自身的第 1 个系数和它的伴随型的第 3 个系数已经通过前面的方法做了最大可能的简化，那么下面的方法可以使之进一步简化。

使用与条目 272 中相同的符号，并设 $\alpha = 1$，$\alpha' = 0$，$\beta' = 1$，$\alpha'' = 0$，$\beta'' = 0$，$\gamma'' = 1$，即利用下面的代换

$$1, \ \beta, \ \gamma$$
$$0, \ 1, \ \gamma'$$
$$0, \ 0, \ 1$$

我们就得到

$$m = a', \ m' = a' + 2b''\beta + a\beta^2,$$

$$m'' = a'' + 2b\gamma' + 2b'\gamma + a\gamma^2 + 2b''\gamma\gamma' + a'\gamma'\gamma'$$

$$n = b + a'\gamma' + b'\beta + b''(\gamma + \beta\gamma') + a\beta\gamma, \quad n' = b' + a\gamma + b''\gamma', \quad n'' = b'' + a\beta$$

进而得到 $M'' = A''$，$N = B - A''\gamma'$，$N' = B' - N\beta - A''\gamma$。所以这样一个变换不会改变系数 a，A''——它们被前面的简化变小。因此，剩下的工作是要求合适的 β，γ，γ'，使得剩下的系数变小。我们首先指出，如果 $A'' = 0$，可以假设 a 也等于 0——否则，第 1 种化简就可以再一次使用，因为任何行列式为 0 的二元型就等价于型（0，0，h），它的第 1 项等于 0（参考条目 215）。同理，我们可以假设 $a = 0$ 则 $A'' = 0$，因而数 a，A'' 要么都等于 0，要么都不等于 0。

如果数 a，A'' 都不等于 0，则我们可以确定 β，γ，γ' 的值，使得 n''，N，N' 的绝对值分别不大于 $\dfrac{a}{2}$，$\dfrac{A''}{2}$，$\dfrac{A''}{2}$。那么，在上个条目的第 1 个例子中，伴随型是 $\begin{pmatrix} -513, & -2, & -1 \\ 1, & -16, & 32 \end{pmatrix}$ 的最后 1 个型 $\begin{pmatrix} 1, & 257, & 2 \\ 1, & 0, & 16 \end{pmatrix}$ 就可以通过代换

$$\begin{Bmatrix} 1, & -16, & 16 \\ 0, & 1, & -1 \\ 0, & 0, & 1 \end{Bmatrix}$$

变换成型 $\begin{pmatrix} 1, & 1, & 1 \\ 0, & 0, & 0 \end{pmatrix}$，即 f''''，它的伴随型是 $\begin{pmatrix} -1, & -1, & -1 \\ 0, & 0, & 0 \end{pmatrix}$。

在 $a = A'' = 0$ 的情况下，也有 $b'' = 0$，我们就有

$$m = 0, \quad m' = a', \quad m'' = a'' + 2b\gamma' + 2b'\gamma + a'\gamma'\gamma',$$

$$n = b + a'\gamma' + b'\beta, \quad n' = b', \quad n'' = 0$$

因而 $D = a'b'b' = m'n'n'$。我们不难发现，可以这样确定 β 和 γ'，使得 n 就等于 b 关于以 a' 和 b' 的最大公约数作为模的绝对最小剩余，即，使得 n 不大于这个除数的一半，不考虑符号；那么，如果 a'，b' 互质，就有 $n = 0$。如果以这种方式确定 β 和 γ' 的值，我们可以取 γ 的值，使得 m'' 不大于 b'，不计符号。如果 $b' = 0$，这当然是不可能的，否则 $D = 0$，这是我们排除的情况。因此，对于上个条目第 2 个例子中的最后一个型，$n = -2 - \beta + 2\gamma'$，如果令 $\beta = -2$，$\gamma' = 0$，就有 $n = 0$；进而 $m'' = 2 - 2\gamma$，如果令 $\gamma = 1$，那么 $m'' = 0$。因

而我们就得出代换

$$\left\{\begin{array}{rrr} 1, & -2, & 1 \\ 0, & 1, & 0 \\ 0, & 0, & 1 \end{array}\right\}$$

通过这个代换，该型就变换为 $\left(\begin{array}{rrr} 0, & 2, & 0 \\ 0, & -1, & 0 \end{array}\right)$，即 f''''''。

275

如果有一系列等价的三元型 f，f'，f''，f'''，…以及把每个前面的型变成它后面那个型的代换，那么，根据条目 270，由型 f 变换成 f' 的变换和型 f' 变换成 f'' 的代换，可以推导出 f 变换成 f'' 的代换，再由型 f'' 变换成 f''' 的代换，可以推导出 f 变换成 f''' 的代换，等等。根据这个过程，我们可以求得把型 f 变换成这个序列中另外一个型的代换。并且，由型 f 变换成任意其他等价的型 g 的代换，可以推导出型 g 变换成型 f 的代换（由 S 推导出 S''，见条目 268，269）。以这种方式，我们可以得到序列 f'，f''，…中任意一个型变成第 1 个型 f 的代换。那么，对于上个条目第 1 个例子中的型，我们求得代换

$$\left\{\begin{array}{rrr} 13, & 4, & 0 \\ 6, & 2, & -7 \\ -9, & -3, & 11 \end{array}\right\}, \quad \left\{\begin{array}{rrr} 13, & 188, & -2 \\ 6, & 87, & -2 \\ -9, & -130, & 3 \end{array}\right\}, \quad \left\{\begin{array}{rrr} 13, & -20, & 16 \\ 6, & -9, & 7 \\ -9, & 14, & -11 \end{array}\right\}$$

通过这些代换，f 就分别变换成 f''，f''''，f''''''，并且由最后一个代换，可以推导出代换

$$\left\{\begin{array}{rrr} 1, & 4, & 4 \\ 3, & 1, & 5 \\ 3, & -2, & 3 \end{array}\right\}$$

由这个代换，f'''''' 就变换成 f。类似地，对于上个条目中的例 2，我们得出代换

$$\left\{ \begin{array}{ccc} 1, & -1, & 1 \\ -3, & 4, & -3 \\ 10, & -14, & 11 \end{array} \right\}, \qquad \left\{ \begin{array}{ccc} 2, & -3, & 1 \\ 3, & 1, & 0 \\ 2, & 4, & 1 \end{array} \right\}$$

通过这个代换，型 $\begin{pmatrix} 10, & 26, & 2 \\ 7, & 0, & 4 \end{pmatrix}$ 就变换成 $\begin{pmatrix} 0, & 2, & 0 \\ 0, & -1, & 0 \end{pmatrix}$，反之亦然。

276

定理

具有给定行列式的所有三元型所划分的类的个数总是有限的。

证明

1. 具有给定行列式 D 的所有的型 $\begin{pmatrix} a, & a', & a'' \\ b, & b', & b'' \end{pmatrix}$ 的个数（其中 $a = 0$，$b'' = 0$，b 不大于数 a'，b' 的最大公约数的一半，且 a'' 不大于 b'）显然是有限的。因为 $a'b'b' = D$，b' 能取的值要么是 $+1$ 和 -1，要么是 D 的平方根（可以取正的也可以取负的）。这些数的个数是有限的。对于 b' 每个值，a' 的值都是确定的，显然，b，a'' 的值的个数是有限的。

2. 假如 a 不等于0，也不大于 $\frac{4}{3}\sqrt[3]{\pm D}$；假设 $b''b'' - aa' = A''$ 不等于 0，也不大于 $\frac{4}{3}\sqrt[3]{D^2}$；假设 b'' 不大于 $\frac{a}{2}$；假设 $ab - b'b'' = B$，且 $a'b' - bb'' = B'$ 都不大于 $\frac{A''}{2}$。在这些情况下，上面使用的定理显示，所有行列式为 D 的型 $\begin{pmatrix} a, & a', & a'' \\ b, & b', & b'' \end{pmatrix}$ 的个数是有限的。a，b''，A''，B，B' 的值的组合的个数是有限的，并且当这些值确定以后，型剩下的系数，即 a'，b，b'，a，以及它的伴随型的系数

$$b^2 - a'a'' = A, \quad b'b' - a'a'' = A', \quad a''b'' - bb' = B''$$

就由下面的等式

$$a' = \frac{b''b'' - A''}{a}, \quad A' = \frac{B^2 - aD}{A''}, \quad A = \frac{B'B' - a'D}{A''}, \quad B'' = \frac{BB' + b''D}{A''}$$

$$b = \frac{AB' - B'B''}{D} = -\frac{Ba' + Bb''}{A''}, \quad b' = \frac{A'B' - BB''}{D} = -\frac{Bb'' + B'a}{A''}$$

$$a'' = \frac{b'b' - A'}{a} = \frac{b^2 - A}{a'} = \frac{bb' + B''}{b''}$$

决定。现在，在得到了这些型以后，如果从 a，b''，A''，B，B' 的值的组合中选取使得 a'，a''，b，b' 是整数的那些值，它们的个数就是有限的。

3. 那么，上述中所有的型构成有限个类，且如果有任意型是等价的，类的个数就比型的个数少。因为，根据我们上面的论述，任何行列式为 D 的三元型都一定与这些型其中的一个等价，即它一定属于由这些型所构成的类，所以这些类就包含了行列式为 D 的所有型，即所有行列式为 D 的三元型都能被分成有限多个类。证明完毕。

277

构成条目 276.1 中所有的型的规则自然地由它们的定义得到，因此，这里给出一些例子就足够了。对于 $D = 1$，条目 276.1 中的型产生以下 6 个型（正负号一次只取一个）

$$\begin{pmatrix} 0, & 1, & 0 \\ 0, & \pm 1, & 0 \end{pmatrix}, \quad \begin{pmatrix} 0, & 1, & \pm 1 \\ 0, & \pm 1, & 0 \end{pmatrix}$$

对于条目 276.2 中的型，a 和 A'' 除了 $+1$ 和 -1 外不可能有其他的值，因而由它们的 4 个组合得到的 b''，B，B' 一定都等于 0，且得到 4 个型

$$\begin{pmatrix} 1, & -1, & 1 \\ 0, & 0, & 0 \end{pmatrix}, \quad \begin{pmatrix} -1, & 1, & 1 \\ 0, & 0, & 0 \end{pmatrix}, \quad \begin{pmatrix} 1, & 1, & -1 \\ 0, & 0, & 0 \end{pmatrix}, \quad \begin{pmatrix} -1, & -1, & -1 \\ 0, & 0, & 0 \end{pmatrix}$$

类似地，对于 $D = -1$，我们得到条目 276.1 中的 6 个型和条目 276.2 中的 4 个型

$$\begin{pmatrix} 0, & -1, & 0 \\ 0, & \pm 1, & 0 \end{pmatrix}, \quad \begin{pmatrix} 0, & -1, & \pm 1 \\ 0, & \pm 1, & 0 \end{pmatrix}$$

$$\begin{pmatrix} 1, & -1, & -1 \\ 0, & 0, & 0 \end{pmatrix}, \quad \begin{pmatrix} -1, & 1, & -1 \\ 0, & 0, & 0 \end{pmatrix}, \quad \begin{pmatrix} -1, & -1, & 1 \\ 0, & 0, & 0 \end{pmatrix}, \quad \begin{pmatrix} 1, & 1, & 1 \\ 0, & 0, & 0 \end{pmatrix}$$

对于 $D=2$，我们得到条目 276.1 中的 6 个型

$$\begin{pmatrix} 0, & 2, & 0 \\ 0, & \pm 1, & 0 \end{pmatrix}, \quad \begin{pmatrix} 0, & 2, & \pm 1 \\ 0, & \pm 1, & 0 \end{pmatrix}$$

以及条目 276.2 中的 8 个型

$$\begin{pmatrix} 1, & -1, & 2 \\ 0, & 0, & 0 \end{pmatrix}, \quad \begin{pmatrix} -1, & 1, & 2 \\ 0, & 0, & 0 \end{pmatrix}, \quad \begin{pmatrix} 1, & 1, & -2 \\ 0, & 0, & 0 \end{pmatrix}, \quad \begin{pmatrix} -1, & -1, & -2 \\ 0, & 0, & 0 \end{pmatrix}$$

$$\begin{pmatrix} 1, & -2, & 1 \\ 0, & 0, & 0 \end{pmatrix}, \quad \begin{pmatrix} -1, & 2, & 1 \\ 0, & 0, & 0 \end{pmatrix}, \quad \begin{pmatrix} 1, & 2, & -1 \\ 0, & 0, & 0 \end{pmatrix}, \quad \begin{pmatrix} -1, & -2, & -1 \\ 0, & 0, & 0 \end{pmatrix}$$

但在这三种情况下，由这些型所得到的类的个数远小于型的个数。

1. 型 $\begin{pmatrix} 0, & 1, & 0 \\ 0, & 1, & 0 \end{pmatrix}$ 通过代换

$$\begin{Bmatrix} 1, & 0, & 0 \\ 0, & 1, & 0 \\ 0, & 0, & -1 \end{Bmatrix}, \quad \begin{Bmatrix} 0, & 0, & 1 \\ 0, & 1, & -1 \\ \pm 1, & 1, & 0 \end{Bmatrix}, \quad \begin{Bmatrix} 0, & 0, & 1 \\ 0, & 1, & 1 \\ \pm 1, & -1, & -1 \end{Bmatrix}, \quad \begin{Bmatrix} 1, & 0, & -1 \\ 1, & 1, & -1 \\ 0, & -1, & 1 \end{Bmatrix}$$

分别变换成

$$\begin{pmatrix} 0, & 1, & 0 \\ 0, & -1, & 0 \end{pmatrix}, \quad \begin{pmatrix} 0, & 1, & 1 \\ 0, & \pm 1, & 0 \end{pmatrix}, \quad \begin{pmatrix} 0, & 1, & -1 \\ 0, & \pm 1, & 0 \end{pmatrix}, \quad \begin{pmatrix} 1, & 1, & -1 \\ 0, & 0, & 0 \end{pmatrix}$$

并且，型 $\begin{pmatrix} 1, & 1, & -1 \\ 0, & 0, & 0 \end{pmatrix}$ 只是通过互换变量就可以变换成 $\begin{pmatrix} 1, & -1, & 1 \\ 0, & 0, & 0 \end{pmatrix}$ 和 $\begin{pmatrix} -1, & 1, & 1 \\ 0, & 0, & 0 \end{pmatrix}$。那么，我们得出的那 10 个行列式为 1 的三元型就可以简化为这 2 个型：$\begin{pmatrix} 0, & 1, & 0 \\ 0, & 1, & 0 \end{pmatrix}$ 和 $\begin{pmatrix} -1, & -1, & -1 \\ 0, & 0, & 0 \end{pmatrix}$。对于第 1 个型，如果你愿意，可以取 $\begin{pmatrix} 1, & 0, & 0 \\ 1, & 0, & 0 \end{pmatrix}$。并且，由于第 1 个型是不定型，第 2 个型是定型，显然，任何行列式为 1 的不定型都等价于 $x^2 + 2yz$，任何行列式为 1 的定型都等价于 $-x^2 - y^2 - z^2$。

2. 同理，我们发现：任何行列式为 -1 的不定三元型都等价于型 $-x^2 + 2yz$，任何定型都等价于 $x^2 + y^2 + z^2$。

3. 对于行列式 $D = 2$，条目 276.2 中的第 2、第 6 和第 7 个型可以立即排除掉，因为由第 1 个型通过互换未知数就可以导出这三个型。类似地，第 5 个型可以从第 3 个型导出，第 8 个型可以从第 4 个型导出。剩下的 3 个型以及条目 276.1 中的 6 个型就一起构成 3 个类；即型 $\begin{pmatrix} 0, & 2, & 0 \\ 0, & 1, & 0 \end{pmatrix}$ 通过代换

$$\left\{ \begin{matrix} 1, & 0, & 0 \\ 0, & 1, & 0 \\ 0, & 0, & -1 \end{matrix} \right\}$$

变换成 $\begin{pmatrix} 0, & 2, & 0 \\ 0, & -1, & 0 \end{pmatrix}$，且型 $\begin{pmatrix} 1, & 1, & -2 \\ 0, & 0, & 0 \end{pmatrix}$ 通过代换

$$\left\{ \begin{matrix} 1, & 0, & 1 \\ 1, & 2, & 0 \\ 1, & 1, & 0 \end{matrix} \right\}, \left\{ \begin{matrix} 1, & 0, & -1 \\ 1, & 2, & 0 \\ 1, & 1, & 0 \end{matrix} \right\}, \left\{ \begin{matrix} 1, & 0, & 0 \\ 1, & 2, & -1 \\ 1, & 1, & -1 \end{matrix} \right\}, \left\{ \begin{matrix} 1, & 0, & 0 \\ 1, & 2, & 1 \\ 1, & 1, & 1 \end{matrix} \right\}, \left\{ \begin{matrix} 1, & 0, & 0 \\ 0, & 1, & 2 \\ 0, & 1, & 1 \end{matrix} \right\}$$

分别变换成

$$\begin{pmatrix} 0, & 2, & 1 \\ 0, & 1, & 0 \end{pmatrix}, \begin{pmatrix} 0, & 2, & 1 \\ 0, & -1, & 0 \end{pmatrix}, \begin{pmatrix} 0, & 2, & -1 \\ 0, & 1, & 0 \end{pmatrix}, \begin{pmatrix} 0, & 2, & -1 \\ 0, & -1, & 0 \end{pmatrix}, \begin{pmatrix} 1, & -1, & 2 \\ 0, & 0, & 0 \end{pmatrix}$$

因此，任何行列式为 2 的三元型都可以简化为下面 3 个型之一

$$\begin{pmatrix} 0, & 2, & 0 \\ 0, & 1, & 0 \end{pmatrix}, \begin{pmatrix} 1, & 1, & -2 \\ 0, & 0, & 0 \end{pmatrix}, \begin{pmatrix} -1, & -1, & -2 \\ 0, & 0, & 0 \end{pmatrix}$$

并且，如果你愿意，可以用 $\begin{pmatrix} 2, & 0, & 0 \\ 1, & 0, & 0 \end{pmatrix}$ 代替第 1 个型。显然，任何确定的三元型都一定等价于第 3 个型 $-x^2 - y^2 - 2z^2$，因为前两个型是不定型。而每个不定型都与第 1 个或第 2 个型等价：如果它的第 1 个、第 2 个和第 3 个系数都是偶数，就等价于第 1 个型 $2x^2 + 2yz$（显然，这样一个型可以通过任意代换变换成一个类似的型，因而它不可能等价于第 2 个型）；如果它的第 1 个、第 2 个和第 3 个系数不都是偶数，而是有一个、两个或者全都是奇数，那么它就等价于第 2 个型 $x^2 + y^2 - 2z^2$（对于第 1 个型，$2x^2 + 2yz$ 不能通过任何代换变成这个

型）。

根据这个结论，我们可以在条目 273，274 的例子中预知到一个先验，即行列式为 -1 的定型 $\begin{pmatrix} 19, & 21, & 50 \\ 15, & 28, & 1 \end{pmatrix}$ 可以简化为 $x^2+y^2+z^2$，且行列式为 2 的不定型 $\begin{pmatrix} 10, & 26, & 2 \\ 7, & 0, & 4 \end{pmatrix}$ 可以简化为 $2x^2-2yz$ 或者（实际是同样的结果）$2x^2+2yz$。

278

如果一个三元型的未知数是 x，x'，x''，通过给 x，x'，x'' 赋予确定的值，这个型就**表示数**；并且通过代换 $x=mt+nu$，$x'=m't+n'u$，$x''=m''t+n''u$，这个型就表示二元型，其中 m，n，m'，$\cdots$ 是确定的数，t，u 是二元型的未知数。因此，为了得到三元型的完整的理论，我们须要解决下面的问题：

1. 求由给定三元型表示一个给定的数的所有表示法。

2. 求由给定三元型表示给定二元型的所有表示法。

3. 判断具有相同行列式的两个给定三元型是否等价，如果它们等价，求它们之间的所有代换。

4. 判断一个给定的三元型是否包含另一个具有更大的行列式的给定的型，如果包含，求出第 1 个型变换成第 2 个型的所有代换。

由于这些问题比二元型中类似的问题更加困难，我们下次再对它们做更详尽的讨论。

目前，我们把研究范围限定在指出第 1 个问题怎样转化为第 2 个问题，第 2 个问题怎样转化为第 3 个问题。我们会指出怎样在一个非常简单的情况下解决第 3 个问题，这个情况特别诠释了二元型理论。我们不讨论第 4 个问题。

279

引理

给定任意 3 个整数 a，a'，a''（它们不全为 0），求其他 6 个整数 B，B'，B''，C，C'，C''，使得 $B'C'' - B''C' = a$，$B''C - BC'' = a'$，$BC' - B'C = a''$。

解：设 α 是 a，a'，a'' 的最大公约数，取整数 A，A'，A''，使得 $Aa + A'a' + A''a'' = \alpha$。现在，取任意 3 个整数 $\mathbb{C}$，$\mathbb{C}'$，$\mathbb{C}''$，唯一的条件是 $\mathbb{C}'A'' - \mathbb{C}''A'$，$\mathbb{C}''A - \mathbb{C}A''$，$\mathbb{C}A' - \mathbb{C}'A$ 不全等于 0。我们把这些数分别表示为 b，b'，b''，把它们的最大公约数表示为 β。如果设 $a'b'' - a''b' = \alpha\beta C$，$a''b - ab'' = \alpha\beta C'$，$ab' - a'b = \alpha\beta C''$，那么，$C$，$C'$，$C''$ 都是整数。最后，如果选择整数 $\mathbb{B}$，$\mathbb{B}'$，$\mathbb{B}''$，使得 $\mathbb{B}b + \mathbb{B}'b' + \mathbb{B}''b'' = \beta$，设 $\mathbb{B}a + \mathbb{B}'a' + \mathbb{B}''a'' = h$，并且令

$$B = \alpha\mathbb{B} - hA, \quad B' = \alpha\mathbb{B}' - hA', \quad B'' = \alpha\mathbb{B}'' - hA''$$

B，B'，B''，C，C'，C'' 的值就满足所给等式。因为 $aB + a'B' + a''B'' = 0$，$bA + b'A' + b''A'' = 0$，因而，$bB + b'B' + b''B'' = \alpha\beta$。现在，由 C'，C'' 的值，我们得出

$$\alpha\beta\,(B'C'' - B''C') = ab'B' - a'bB' - a''bB'' + ab''B''$$
$$= a\,(bB + b'B' + b''B'') - b\,(aB + a'B' + a''B'')$$
$$= \alpha\beta a$$

因而，$B'C'' - B''C' = a$，同理，$B''C - BC'' = a'$，$BC' - B'C = a''$。这是我们要证明的。

但是，我们这里省去了求得这个解的分析过程，以及由一个解求得所有的解的方法。

280

假设行列式为 D 的二元型 $at^2 + 2btu + cu^2$（记为 φ）可以由三元型 f（它的未知数是 x，x'，x''）通过代换 $x = mt + nu$，$x' = m't + n'u$，$x'' = m''t + n''u$ 来表

示，且 f 的伴随型是未知数为 X，X'，X'' 的型 F。如果我们设 $X = m'n'' - m''n'$，$X' = m''n - mn''$，$X'' = mn' - m'n$，通过计算，我们不难确定（如果型 f，F 的系数用特定的字母表示），或者由条目 268.2 推导出，数 D 可以由型 F 表示。我们就说数 D 的表示是型 φ 由 f 的表示的**伴随**。如果 X，X'，X'' 的值没有公约数，那么我们就称 D 的这个表示是**正常的**；否则的话，就称 D 的这个表示是**反常的**。对于由给出的型 f 伴随的表示，我们也采用同样的名称。

现在，数 D 由型 F 给出的所有正常表示是基于以下考虑：

1. 数 D 由 F 给出的表示一定可以从行列式为 D 的型由 f 的表示推导出来；即所有数 D 由 F 给出的表示都伴随于这种表示。

设给定数 D 由 F 给出的表示为 $X = L$，$X' = L'$，$X'' = L''$。由上个条目的引理，我们选择 m，m'，m''，n，n'，n''，使得

$$m'n'' - m''n' = L, \ m''n - mn'' = L', \ mn' - m'n = L''$$

并且，设 f 通过代换 $x = mt + nu$，$x' = m't + n'u$，$x'' = m''t + n''u$ 变换为二元型 $\varphi = at^2 + 2btu + cu^2$。我们不难发现，$D$ 就是型 φ 的行列式，且 D 由 F 给出的表示与 φ 由 f 给出的表示是伴随的。

例：设 $f = x^2 + x'x' + x''x''$ 以及 $F = -X^2 - X'X' - X''X''$；$D = -209$；D 由 F 给出的表示是 $X = 1$，$X' = 8$，$X'' = 12$。我们求得 m，m'，m''，n，n'，n'' 的值分别是 -20，1，1，-12，0，1，且 $\varphi = 402t^2 + 482tu + 145u^2$。

2. 如果 φ，χ 是正常等价的二元型，那么 D 由 F 给出的每个与型 φ 由 f 给出的某个表示伴随的表示，也就是型 χ 由 f 给出的某个表示的伴随。

设 p，q 是型 χ 的变量，φ 通过正常代换 $t = \alpha p + \beta q$，$u = \gamma p + \delta q$ 变换成 χ，型 φ 由 f 给出的一个表示是

$$x = mt + nu, \ x' = m't + n'u, \ x'' = m''t + n''u \qquad (R)$$

那么，如果设

$$\alpha m + \gamma n = g, \ \alpha m' + \gamma n' = g', \ \alpha m'' + \gamma n'' = g''$$

$$\beta m + \delta n = h, \ \beta m' + \delta n' = h', \ \beta m'' + \delta n'' = h''$$

且令

$$x = gp + hq, \ x' = g'p + h'q, \ x'' = g''p + h''q \qquad (R')$$

型 χ 就可以由 f 表示。通过计算（由于 $\alpha\delta - \beta\gamma = 1$），我们求得

$g'h'' - g''h' = m'n'' - m''n'$，$g''h - gh'' = m''n - mn''$，$gh' - g'h = mn' - m'n$

即 D 由型 F 给出的相同的表示伴随于表示 R，R'。

那么，在上一个例子中，型 φ 等价于 $\chi = 13p^2 - 10pq + 18q^2$。前者可以通过正常代换 $t = -3p + q$，$u = 5p - 2q$ 变换成后者；且型 χ 由 f 给出的表示是：$x = 4q$，$x' = -3p + q$，$x'' = 2p - q$。由此，我们又对数 -209 得出和之前相同的表示。

3. 如果两个行列式为 D 的二元型 φ，χ（具有未知数 t，u；p，q）能够由 f 表示，且 D 由 F 给出的正常表示与 p，q 由 f 给出的两个表示都是伴随的，那么这两个型就是正常等价的。$x = mt + nu$，$x' = m't + n'u$，$x'' = m''t + n''u$，则 φ 由型 f 表示，并且令 $x = gp + hq$，$x' = g'p + h'q$，$x'' = g''p + h''q$，则 χ 由型 f 表示，以及设

$$m'n'' - m''n' = g'h'' - g''h' = L$$
$$m''n - mn'' = g''h - gh'' = L'$$
$$mn' - m'n = gh' - g'h = L''$$

现在，选择整数 l，l'，l''，使得 $Ll + L'l' + L''l'' = 1$，并且令

$$n'l'' - n''l' = M,\ n''l - nl'' = M',\ nl' - n'l = M''$$
$$l'm'' - l''m' = N,\ l''m - lm'' = N',\ lm' - l'm = N''$$
$$gM + g'M' + g''M'' = \alpha,\ hM + h'M' + h''M'' = \beta$$
$$gN + g'N' + g''N'' = \gamma,\ hN + h'N' + h''N'' = \delta$$

由此我们不难推导出

$$\alpha m + \gamma n = g - l\left(gL + g'L' + g''L''\right) = g$$
$$\beta m + \delta n = h - l\left(hL + h'L' + h''L''\right) = h$$

并且，类似地有

$$\alpha m' + \gamma n' = g',\ \beta m' + \delta n' = h'$$
$$\alpha m'' + \gamma n'' = g'',\ \beta m'' + \delta n'' = h''$$

显然，$mt + nu$，$m't + n'u$，$m''t + n''u$ 就可以通过代换

$$t = \alpha p + \beta q,\ u = \gamma p + \delta q \qquad (S)$$

分别变换成 $gp + hq$，$g'p + h'q$，$g''p + h''q$；那么，如果令

$$x = gp + hq,\ x' = g'p + h'q,\ x'' = g''p + h''q,$$

那么，通过代换（S），φ 变成的型与 f 变成的型是相同的型，也就是说，它变成了 χ，因而它们是正常等价的。最后，通过适当的代换，我们得到

$$\alpha\delta - \beta\gamma = (Ll + L'l' + L''l'')^2 = 1$$

因此，代换（S）是正常代换，型 φ，χ 是正常等价的。

对于求 D 由 F 的所有正常表示，我们由上面的结论推导出下面的法则：求所有行列式为 D 的二元型的所有的类，并从每个类中任选一个型；求这些型由 f 给出的所有的正常表示（排除所有不能被 f 表示的型），由这些表示推导出数 D 由 F 给出的表示。由前两条可知，以这种方式我们能得到所有可能的正常表示，因而这个解是完整的；由第 3 条可知，来自不同的类中的型的变换一定会给出不同的表示。

281

至于给定的数 D 由型 F 给出的**反常**表示的研究，我们可以轻松地归结到前面的情况。很明显，如果 D 不能被任何平方数整除（1 除外），就完全没有这种表示，但是，如果 λ^2，μ^2，ν^2，$\cdots$ 都是 D 的平方因子，如果我们求出数 $\dfrac{D}{\lambda^2}$，$\dfrac{D}{\mu^2}$，$\dfrac{D}{\nu^2}$，$\cdots$ 由 F 给出的所有正常表示，并分别用 λ，μ，ν，$\cdots$ 乘以变数的值，就能求出 D 由 F 给出的所有反常变换。

因此，求一个给定的数由一个**与某个三元型伴随的**给定的三元型给出的所有表示取决于第 2 个问题。尽管乍看上去这似乎是一种特殊情况，但其他所有的情况可按照下面的步骤归化为这种情况：设 D 是一个需要由行列式为 Δ 的型 $\begin{pmatrix} g, & g', & g'' \\ h, & h', & h'' \end{pmatrix}$ 表示的数，这个型的伴随型是 $\begin{pmatrix} G, & G', & G'' \\ H, & H', & H'' \end{pmatrix} = f$。那么，$f$ 的伴随型就是 $\begin{pmatrix} \Delta g, & \Delta g', & \Delta g'' \\ \Delta h, & \Delta h', & \Delta h'' \end{pmatrix} = F$。显然，数 ΔD 由 F 给出的表示（可以根据前面的讨论找到）与数 D 由给定的型给出的表示相同。但是，如果型 f 的所有系数具有公约数 μ，那么，型 F 的所有系数就能够被 μ^2 整除，因而，ΔD 就一定能够被 μ^2 整除（否则就不存在这样的表示）。数 D 由给定的型给出的表

示与数 $\dfrac{\Delta D}{\mu^2}$ 由这样的型给出的表示是一样的：这个型是将型 F 的每个系数除以 μ^2 所得到的型，而且它与由型 f 的每个系数除以 μ 得到的型是伴随的。

最后，我们指出，当 $D=0$ 时，第 1 个问题的解法不适用。因为，在这种情况下，行列式为 D 的二元型不能分为有限个数的类。我们后面会通过不同的原理解决这种情况。

282

对行列式不等于 0 [1] 的给定二元型由给定三元型表示的研究取决于下面的观察。

1. 从行列式为 D 的二元型 $(p, q, r)=\varphi$ 由行列式为 Δ 的三元型 f 给出的每一个正常表示，我们能求出整数 B，B'，使得 $B^2 \equiv \Delta p$，$BB' \equiv -\Delta q$，$B'B' \equiv -\Delta r \,(\mathrm{mod}\, D)$，即得到表达式的 $\sqrt{\Delta(p, -q, r)} \,(\mathrm{mod}\, D)$ 一个值。假设我们得出型 φ 由 f 给出的正常表示

$$x = \alpha t + \beta u, \; x' = \alpha' t + \beta' u, \; x'' = \alpha'' t + \beta'' u$$

（这里 x，x'，x''；t，u 表示型 f，φ 的变量）。选择整数 γ，γ'，γ'' 使得

$$(\alpha'\beta'' - \alpha''\beta')\gamma + (\alpha''\beta - \alpha\beta'')\gamma' + (\alpha\beta' - \alpha'\beta)\gamma'' = k$$

k 要么等于 $+1$，要么等于 -1，设 f 可以通过代换

$$\left\{\begin{array}{ccc} \alpha, & \beta, & \gamma \\ \alpha', & \beta', & \gamma' \\ \alpha'', & \beta'', & \gamma'' \end{array}\right\}$$

变换为型 $\begin{pmatrix} a, & a', & a'' \\ b, & b', & b'' \end{pmatrix} = g$，它的伴随型是 $\begin{pmatrix} A, & A', & A'' \\ B, & B', & B'' \end{pmatrix} = G$。那么，显然就

---

〔1〕为了简洁，我们这里忽略对行列式为 0 这种情况的讨论，因为这需要一种不太一样的方法。

有 $a=p$，$b''=q$，$a'=r$，$A''=D$；又，Δ 是型 g 的行列式，因此

$$B^2 = \Delta p + A'D, \quad BB' = -\Delta q + B''D, \quad BB' = \Delta r + AD$$

例如，取 $x = 3t+5u$，$x' = 3t-4u$，$x'' = t$，型 $19t^2 + 6tu + 41u^2$ 就由型 $x^2 + x'x' + x''x''$ 表示；并且，如果设 $\gamma = -1$，$\gamma' = 1$，$\gamma'' = 0$，我们就有 $B = -171$，$B' = 27$，即（ -171，27 ）是表达式 $\sqrt{-(19, -3, 41)} \pmod{770}$ 的一个值。

由此推出，如果 Δ（ p，$-q$，r ）不是 D 的二次剩余，那么 φ 就不能由任何行列式为 Δ 的三元型正常表示，因此，在 Δ 和 D 互质的情况下，Δ 就一定是型的特征数。

2. 由于 γ，γ'，γ'' 可以以无限多种方式确定，所以 B，B' 就会产生不同的值。我们来看一下它们之间有什么样的关系。假设我们也选取 δ，δ'，δ'' 使得 $(\alpha'\beta'' - \alpha''\beta')\delta + (\alpha''\beta - \alpha\beta'')\delta' + (\alpha\beta' - \alpha'\beta)\delta'' = \mathfrak{k}$ 等于 +1 或者 -1，并且，型 f 通过代换

$$\left\{ \begin{array}{ccc} \alpha, & \beta, & \delta \\ \alpha', & \beta', & \delta' \\ \alpha'', & \beta'', & \delta'' \end{array} \right\}$$

变换成 $\begin{pmatrix} \mathfrak{a}, & \mathfrak{a}, & \mathfrak{a} \\ \mathfrak{b}, & \mathfrak{b}', & \mathfrak{b}'' \end{pmatrix} = \mathfrak{g}$，它的伴随型是 $\begin{pmatrix} \mathfrak{A}, & \mathfrak{A}', & \mathfrak{A}'' \\ \mathfrak{B}, & \mathfrak{B}', & \mathfrak{B}'' \end{pmatrix} = \mathfrak{G}$。那么，型 g，$\mathfrak{g}$ 就是等价的型，因而 G 和 $\mathfrak{G}$ 也是等价的。通过应用条目 269 和 270 中的原理[1]，我们就会发现，如果令

$$(\beta'\gamma'' - \beta''\gamma')\delta + (\beta''\gamma - \beta\gamma'')\delta' + (\beta\gamma' - \beta'\gamma)\delta'' = \zeta$$

$$(\gamma'\alpha'' - \gamma''\alpha')\delta + (\gamma''\alpha - \gamma\alpha'')\delta' + (\gamma\alpha' - \gamma'\alpha)\delta'' = \eta$$

型 $\mathfrak{G}$ 就通过代换

---

[1] 我们由型 f 变换成 g 的代换推导出型 g 变换成 f 的代换；由型 f 变换成 $\mathfrak{g}$ 的代换，我们得到型 g 变换成 $\mathfrak{g}$ 的代换；并且，通过转置，我们得到型 $\mathfrak{G}$ 变换成 G 的代换。

$$\begin{Bmatrix} k, & 0, & 0 \\ 0, & k, & 0 \\ \zeta, & \eta, & \mathfrak{k} \end{Bmatrix}$$

变换为 G。那么，我们就有 $B = \eta \mathfrak{k} D + \mathfrak{k} k \mathfrak{B}$，$B' = \zeta \mathfrak{k} D + \mathfrak{k} k \mathfrak{B}'$。

由于 $\mathfrak{k} k = \pm 1$，所以要么 $B \equiv \mathfrak{B}$，$B' \equiv \mathfrak{B}'$，要么 $B \equiv -\mathfrak{B}$，$B' \equiv -\mathfrak{B}'$（mod D）。第 1 种情况，我们就说 (B, B') 和 $(\mathfrak{B}, \mathfrak{B}')$ 是等价的；第 2 种情况，我们说它们是相反的。我们就说型 φ 的表示**属于**表达式 $\sqrt{\Delta(p, -q, r)}$（mod D）的某个值，这个值可以用第 1 种方法由这个表示推导出来。因此，同一个表示所属的所有的值要么是等价的，要么是相反的。

3. 反过来，如果 $x = \alpha t + \beta u$，$\cdots$ 是型 φ 由 f 给出的表示，并且如果这个表示属于值 (B, B')，这个值可以通过代换

$$\begin{Bmatrix} \alpha, & \beta, & \gamma \\ \alpha', & \beta', & \gamma' \\ \alpha'', & \beta'', & \gamma'' \end{Bmatrix}$$

由这个表示推导出来，那么同一个表示就也属于另外一个值 $(\mathfrak{B}, \mathfrak{B}')$，它要么与 $(\mathfrak{B}, \mathfrak{B}')$ 等价，要么与 $(\mathfrak{B}, \mathfrak{B}')$ 相反，即，我们可以取其他的值 δ，δ'，δ'' 分别代替 γ，γ'，γ''，使得下面的等式成立

$$(\alpha'\beta'' - \alpha''\beta')\delta + (\alpha''\beta - \alpha\beta'')\delta' + (\alpha\beta' - \alpha'\beta)\delta'' = \pm 1 \qquad (\Omega)$$

且它们具有这样的性质：通过代换 (S)

$$\begin{Bmatrix} \alpha, & \beta, & \delta \\ \alpha', & \beta', & \delta' \\ \alpha'', & \beta'', & \delta'' \end{Bmatrix}$$

f 所变成的型的伴随型的第 4 和第 5 个系数分别等于 $\mathfrak{B}$，$\mathfrak{B}'$。为此，我们令

$$\pm B = \mathfrak{B} + \eta D, \quad \pm B' = \mathfrak{B}' + \zeta D$$

[在这里以及后面，对应于值 (B, B')，$(\mathfrak{B}, \mathfrak{B}')$ 是相等还是相反，我们分别取正号和负号]；ζ，η 就是整数，并且，通过代换

$$\left\{ \begin{array}{ccc} 1, & 0, & \zeta \\ 0, & 1, & \eta \\ 0, & 0, & \pm 1 \end{array} \right\}$$

g 就变换成行列式为 Δ 的型 g。我们不难发现，伴随型的第 4 个和第 5 个系数就分别等于 $\mathfrak{B}$，$\mathfrak{B}'$。如果我们令

$$\alpha \zeta + \beta \eta \pm \gamma = \delta, \quad \alpha' \zeta + \beta' \eta \pm \gamma' = \delta', \quad \alpha'' \zeta + \beta'' \eta \pm \gamma'' = \delta''$$

不难发现的是，f 就通过代换（S）变换成 g，等式（Ω）就得到满足。证明完毕。

283

通过这些原理，我们可以推导出行列式为 D 的二元型 $\varphi = pt^2 + 2qtu + ru^2$ 由行列式为 Δ 的三元型 f 表示的所有正常表示的方法。

1. 求表达式 $\sqrt{\Delta(p, -q, r)}$（mod D）的所有不同（即不等价）的值。对于 φ 是原始型，且 Δ 和 D 互质的情况，这个问题前面已经解决了（条目233），剩下的情况能够轻松地归结为这个情况。但是囿于篇幅，这里不做充分的解释。我们仅指出，只要 Δ 和 D 互质，表达式 $\sqrt{\Delta(p, -q, r)}$（mod D）就不可能是 D 的二次剩余，除非 φ 是原始型。假设

$$\Delta p = B^2 - DA', \quad -\Delta q = BB' - DB'', \quad \Delta r = B'B' - DA$$

那么

$$(DB'' - \Delta q)^2 = (DA' + \Delta p)(DA + \Delta r)$$

展开括号并用 $q^2 - pr$ 代替 D 后，我们得到

$$(q^2 - pr)(B''B'' - AA') - \Delta(Ap + 2B''q + A'r) + \Delta^2 = 0$$

我们不难判断，如果 p，q，r 具有公约数，它就也能整除 Δ^2，但 Δ 和 D 不可能互质，因此，p，q，r 不可能有公约数，ϕ 是一个原始型。

2. 我们用 m 表示这些值的个数，并且假设在这些值中有 n 个值与它们自身相反（如果不存在这样的值，我们就令 $n = 0$）。那么，显然剩下的 $m - n$ 个值就成对出现，每一对都是互为相反的（因为我们已经假设所有的值都包含

在内）。从每一对相反的值里任意去掉一个值，那么总共就剩下 $\frac{m+n}{2}$ 个值。例如，表达式 $\sqrt{-(19,-3,41)}$（mod 770）有 8 个值，即（39，237），（171，−27），（269，−83），（291，−127），（−39，−237），（−171，27），（−269，83），（−291，127）。我们去掉分别与前面 4 个值相反的最后 4 个值。很明显，如果（B，B'）是与它自身相反的值，$2B$，$2B'$，以及 $2\Delta p$，$2\Delta q$，$2\Delta r$ 就能够被 D 整除。因此，如果 Δ 和 D 互质，$2p$，$2q$，$2r$ 就也能够被 D 整除。在这种情况下 p，q，r 不可能有公约数，所以 2 一定能够被 D 整除。这仅当 $D=\pm1$ 或者 $D=\pm2$ 时才会发生。因此，如果 Δ 和 D 互质，对于所有大于 2 的 D 的值，我们总是有 $n=0$。

3. 显然，型 φ 由 f 给出的任何正常表示都属于剩下的值中的一个，而且仅属于一个值。因此，我们应当依次取这些值，并以此求出属于其中每一个值的表示。为了求出属于一个**给定的值**（B，B'）的表示，我们必须首先确定行列式为 Δ 的三元型 $g=\begin{pmatrix} a, & a', & a'' \\ b, & b', & b'' \end{pmatrix}$，其中 $a=p$，$b''=q$，$a'=r$，$ab-b'b''=B$，$a'b'-bb''=B'$。通过利用条目 276.2 中的等式可以求出 a'，b'，b' 的值。我们不难发现，在 Δ 和 D 互质的情况下，这些值一定是整数（因为当用 D 乘以这 3 个数和用 Δ 乘以这 3 个数时都能得到整数值）。如果 b，b'，b'' 中任何一个数是分数，或者型 f，g 不是等价的型，那么就不存在属于（B，B'）的 φ 由 f 给出的表示。但是，如果 b，b'，b'' 是整数，且型 f，g 是等价的，那么把 f 变换成 g 的任何代换，例如

$$\left\{ \begin{array}{ccc} \alpha, & \beta, & \gamma \\ \alpha', & \beta', & \gamma' \\ \alpha'', & \beta'', & \gamma'' \end{array} \right\}$$

就会给出这样一个表示，即 $x=\alpha t+\beta u$，$x'=\alpha't+\beta'u$，$x''=\alpha''t+\beta''u$，显然，所有这一类的表示都可以由某个变换推导出。因此，第 2 个问题中关于**正常**表示的那部分就归结为第 3 个问题。

4. 那么，型 f 变换成型 g 的不同的代换就给出不同的表示，唯一的例外就是值（B，B'）与它自身相反的情况。在这种情况下，两个代换仅给出一

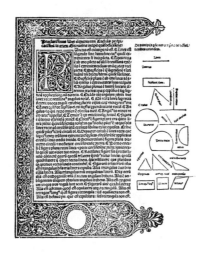

□ 最早的《几何原本》印刷本

9世纪后，一股将希腊著作译成阿拉伯文本的风潮兴起。约1255年，坎帕努斯（？—1296年）参考数种阿拉伯文本及早期的拉丁文本，重新将《几何原本》译成了拉丁文，并于1482年以印刷本的形式在威尼斯出版。图为坎帕努斯译本的第一页。

种表示。假设 f 也通过代换

$$\left\{ \begin{array}{ccc} \alpha, & \beta, & \delta \\ \alpha', & \beta', & \delta' \\ \alpha'', & \beta'', & \delta'' \end{array} \right\}$$

变换成 g（这个代换与上一个代换给出同样的表示），我们用 k，$\mathfrak{t}$，ζ，η 表示条目 281.2 相同的数，就得到

$$B = k\mathfrak{t}B + \eta\mathfrak{t}D, \quad B' = k\mathfrak{t}B' + \zeta\mathfrak{t}D$$

如果假设 k，$\mathfrak{t}$ 都等于 $+1$ 或者都等于 -1，我们发现（已经排除了 $D = 0$ 的情况），$\zeta = 0$，$\eta = 0$，由此推出 $\delta = \gamma$，$\delta' = \gamma'$，$\delta'' = \gamma''$。这两个代换仅当数 k，$\mathfrak{t}$ 其中一个为 $+1$，另一个为 -1 时才可能不同。那么，我们得出，$B \equiv -B$，$B' \equiv -B' \pmod{D}$，也即（B，B'）的值与它自身相反。

5. 由上面（条目 271）我们所说的关于判断定型和不定型的标准可以轻松地推出：如果 Δ 是正数，D 是负数，且 φ 是一个定负型，那么 g 就是定负型；如果 Δ 是正数，D 要么是正数，要么是负数，且 φ 是一个定正型，那么 g 就是一个不定型。现在，除非 f，g 就这一点上是相似的，否则它们一定不能是等价的。显然，行列式为正数的二元型以及定正型都不能由定负的三元型正常表示，且定负的二元型也不可能由行列式为正数的不定的三元型来表示。相反地，第 1 种或第 2 种类型的三元型只能相应地表示第 2 种或第 1 种类型的二元型。同理，我们可以推断，行列式为负数的三元定型（即定正的型）只能表示定正的二元型，而行列式为负数的不定三元型仅能表示行列式为正数的定负的二元型。

284

现在，由三元型 f（它的伴随型是 F）给出的行列式为 D 的二元型 φ 的**反常表示**，我们可以推导出由型 F 给出的数 D 的反常表示。显然，除非 D 包含平方因数，否则 φ 不可能由 f 反常表示。我们假设整除 D 的所有平方数（1 除外）是 e^2，$e'e'$，$e''e''$，$\cdots$。（它们的个数是有限的，因为我们假设 D 不等于 0）。那么，由 f 给出的型 φ 的所有反常表示就可以推导出数 D 由 F 给出的一个表示，其中变数的值以数 e，e'，e''，$\cdots$其中的一个作为最大公约数。因此，我们就简单地说，型 φ 的每个反常表示都属于平方因数 e^2，或者 $e'e'$，或者 $e''e''$，$\cdots$。现在，我们可以利用下面的法则来求出型 φ 属于相同的**给定除数** e^2 的所有表示（我们假设 e^2 的根 e 取正值）。为了简洁，我们给出综合证明，但是由这个证明不难重新获取证明的分析过程。

第一，求出所有行列式为 $\dfrac{D}{e^2}$ 的这样的二元型，它们通过形如 $T = \chi t + \lambda u$，$U = \mu u$ 这样的正常代换可以变换成型 φ，其中 T，U 是这个二元型的变量；t，u 是型 φ 的变量；χ，μ 是正整数（因此它们的积等于 e）；λ 是小于 μ 的正整数（它可以为 0）。这些型以及对应的代换可以通过下面的方法求出。

令 χ 依次等于数 e 的各个正因数（包括 1 和 e），并且令 $\mu = \dfrac{e}{\chi}$；对于 χ 和 μ 的每组确定的值，赋予 λ 从 0 到 $\mu - 1$ 之间的所有整数值，这样我们无疑得到了所有的代换。现在，只要找到 φ 通过代换 $T = \chi t + \lambda u$，$U = \mu u$ 得到的型，我们就求出了被代换 $t = \dfrac{T}{\chi} - \dfrac{\lambda U}{e}$，$u = \dfrac{U}{\mu}$ 变成 φ 的型；这样我们就得到了与每个代换相对应的型。但是，在这些型中只有那些 3 个系数都是整数的型我们才保留下来[1]。

---

　　[1] 如果我们能更充分地讨论这个问题，就能大大简化问题的解。非常明显的是，对于 χ，我们仅需要讨论整除型 φ 的第一个系数的因数，无须考虑 e 的任何其他的因数。我们会保留对这个问题的进一步讨论，留待更合适的时间进行。由这个问题的解我们也可以推导出条目 213 和 214 中的问题更简单的解。

第二，假设 Φ 是这些型中的一个，通过代换 $T = \chi t + \lambda u$，$U = \mu u$ 变换成型 φ；我们接下来确定型 Φ 由 f 给出的所有 **正常** 表示（*如果存在*），并且，用下面的式子来表示它们

$$x = \mathfrak{A}T + \mathfrak{B}U, \quad x' = \mathfrak{A}'T + \mathfrak{B}'U, \quad x'' = \mathfrak{A}''T + \mathfrak{B}''U \qquad (\mathfrak{R})$$

由（$\mathfrak{R}$）中的每个式子我们可以推导出表示

$$x = \alpha t + \beta u, \quad x' = \alpha' t + \beta' u, \quad x'' = \alpha'' t + \beta'' u \qquad (\rho)$$

其中的系数由下列等式给出

$$\alpha = \chi\mathfrak{A}, \quad \alpha' = \chi\mathfrak{A}', \quad \alpha'' = \chi\mathfrak{A}'', \qquad (R)$$

$$\beta = \lambda\mathfrak{A} + \mu\mathfrak{B}, \quad \beta' = \lambda\mathfrak{A}' + \mu\mathfrak{B}', \quad \beta'' = \lambda\mathfrak{A}'' + \mu\mathfrak{B}''$$

对于由第 1 个法则得到的其他的型（*如果还有的话*），我们用与型 Φ 相同的方式讨论它们，因而，由每一个型的每个正常表示就可以推导出其他表示。按照这样的方式，我们就得到了型 φ 的属于除数 e^2 的所有表示，且每个表示只得到一次。

证明

1. 很明显，三元型 f 被每个代换（ρ）变换成 φ，这不需要做更多解释。（ρ）的每个表示都是反常的，且都属于因数 e^2，这一点可以从下面的事实推出：数 $\alpha'\beta'' - \alpha''\beta'$，$\alpha''\beta - \alpha\beta''$，$\alpha\beta' - \alpha'\beta$ 分别等于 $e(\mathfrak{A}'\mathfrak{B}'' - \mathfrak{A}''\mathfrak{B}')$，$e(\mathfrak{A}''\mathfrak{B} - \mathfrak{A}\mathfrak{B}'')$，$e(\mathfrak{A}\mathfrak{B}' - \mathfrak{A}'\mathfrak{B})$，它们的最大公约数就是 e〔*由于（$\mathfrak{R}$）是正常表示*〕。

2. 我们要证明，由型 φ 的任意给定表示（ρ），我们可以求得行列式为 $\dfrac{D}{e^2}$ 的型的正常表示，这个表示包含在用第 1 个法则所求的那些表示中；也就是说，由 α，α'，α''，β，β'，β'' 的给定的值，我们可以推导出满足指定条件的 χ，λ，μ 的整数值，以及满足等式（R）的 $\mathfrak{A}$，$\mathfrak{A}'$，$\mathfrak{A}''$，$\mathfrak{B}$，$\mathfrak{B}'$，$\mathfrak{B}''$，的值，而且仅有唯一一种方式。由（R）中的前三个等式可知，对于 χ，我们应当取 α，α'，α'' 的正的最大公约数（*因为数 $\mathfrak{A}'\mathfrak{B}'' - \mathfrak{A}''\mathfrak{B}'$，$\mathfrak{A}''\mathfrak{B}'' - \mathfrak{A}\mathfrak{B}''$，$\mathfrak{A}\mathfrak{B}' - \mathfrak{A}'\mathfrak{B}$ 没有公约数，所以 $\mathfrak{A}$，$\mathfrak{A}'$，$\mathfrak{A}''$ 也没有公约数*）；因此，我们还可以确定 $\mathfrak{A}$，$\mathfrak{A}'$，$\mathfrak{A}''$ 以及 $\mu = \dfrac{e}{\chi}$（*不难发现，它一定是一个整数*）。我们假设以这样的方式取 3 个整数 $\mathfrak{a}$，$\mathfrak{a}'$，$\mathfrak{a}''$，使得 $\mathfrak{a}\mathfrak{A} + \mathfrak{a}'\mathfrak{A}' + \mathfrak{a}''\mathfrak{A}'' = 1$，并且，

为了简洁，我们用 k 表示 $\alpha \mathfrak{B} + \alpha' \mathfrak{B}' + \alpha'' \mathfrak{B}''$。那么，由（$R$）的最后三个等式可以推出，$\alpha \beta + \alpha' \beta' + \alpha'' \beta'' = \lambda + \mu k$，由此明显可知，$\lambda$ 只有一个值位于界限 0 和 $\mu - 1$ 之间，$\mathfrak{B}$，$\mathfrak{B}'$，$\mathfrak{B}''$ 的值就也确定了。那么，我们仅剩下要证明它们总是整数。现在，我们有

$$\mathfrak{B} = \frac{1}{\mu} \left(\beta - \lambda \mathfrak{A} \right) = \frac{1}{\mu} \left[\beta \left(1 - \alpha \mathfrak{A} \right) - \mathfrak{A} \left(\alpha' \beta' + \alpha'' \beta'' \right) \right] + \mathfrak{A} k$$

$$= \frac{1}{\mu} \left[\alpha'' \left(\mathfrak{A}' \beta - \mathfrak{A} \beta'' \right) - \alpha' \left(\mathfrak{A} \beta' + \mathfrak{A}' \beta \right) \right] + \mathfrak{A} k$$

$$= \frac{1}{\mu} \left[\alpha'' \left(\alpha'' \beta - \alpha \beta'' \right) - \alpha' \left(\alpha \beta' + \alpha' \beta \right) \right] + \mathfrak{A} k$$

显然，这证明了 $\mathfrak{B}$ 是一个整数。同理，我们可以证明 $\mathfrak{B}'$，$\mathfrak{B}''$ 也是整数。由这些讨论我们发现，不可能得出由 f 给出的型 φ 的属于除数 e^2 的反常表示，它不可能由我们所使用的方法得到。

如果我们用同样的方式讨论 D 剩下的平方因数，并且求出属于其中每个因数的表示，那么，我们就会得到型 φ 由 f 给出的所有的反常表示。

由这个解不难推导出，上个条目的结尾给出的关于正常表示的定理也适用于反常表示；也就是说，一般地，不存在具有负的行列式的二元定正型可能被三元定负型表示的情况。这是因为，如果 φ 是这样一个按照定理不能够被 f 正常表示的二元型，那么，所有具有行列式 $\dfrac{D}{e^2}$，$\dfrac{D}{e'e'}$，$\cdots$ 的包含 φ 的型都不能被 f 正常表示。因为所有这些型的行列式与 φ 的行列式具有同样的符号，当这些行列式是负数时，对应于 φ 属于定正型或者定负型，所有这些型就是定正型或者定负型。

285

关于第 3 个问题（我们已经把前两个问题归化为这个问题），即关于判断两个具有相同行列式的给定三元型是不是等价的方法，以及如果这两个三元型等价，求一个型变换成另外一个型的所有变换，我们这里仅能给出少部分内容。原因就是，如果要像我们对二元型的类似问题那样给出完整解，这里会出现更大的困难。因此，我们就把讨论限定于某些特殊情况。

1. 对于行列式 +1，我们上面已证明，所有三元型可以划分为两类，一类包含所有不定型，另一类包含所有（定负的）定型。我们即刻推断出，对于两个行列式为1的三元型，如果它们都是定型或者都是不定型，它们就是等价的；如果一个是定型，另一个是不定型，它们就是不等价的（显然，定理的第 2 部分对于任意行列式的型都成立）。类似地，任意两个行列式为 −1 的型，如果它们都是定型或都是不定型，那么就一定等价。两个行列式为 2 的定型总是等价的；两个行列式为 2 的不定型，如果一个型前三个系数都是偶数，另一个型前 3 个系数不全是偶数，那么它们就不等价；在剩下的情况下（要么它们的前 3 个系数都是偶数，要么前三个系数都不全是偶数），这两个型都是等价的。如果我们在条目 277 中讨论了更多的例子，那就可以给出更多的具有这种特殊性质的定理。

2. 对于所有这些情况，我们可以求出两个等价的三元型 f, f' 由其中一个型变成另一个型的代换。因为，在这些情况下，在三元型的任意类中，我们已经列出了少数几个型，使得这个类中的任意型都能通过统一的方法归化为这几个型中的一个，并且，我们还指出了如何把所有这些型归化为一个单一的型。设 F 是这个类中 f, f' 所属的型，并且通过上面给出的方法，我们可以求出把型 f, f' 变换成 F，以及把 F 变换成 f, f' 的所有代换。然后，由条目 270，我们能推导出把型 f 变换成 f'，以及把 f' 变换成 f 的所有代换。

3. 因此，仅剩下的问题是如何推导出把一个三元型 f 变换成另一个三元型 f' 的代换。这个问题依赖于一个更简单的问题，也就是求把一个三元型 f 变换成它自己的所有代换。如果 f 通过各种代换 (τ), (τ'), (τ''), …变换成它自己，并且 f 通过代换 (t) 变换成 f'，那么，我们可以把代换 (t) 和代换 (τ), (τ'), (τ''), …结合起来，从而给出把 f 变换成 f' 的所有的代换。进而，通过一个简单计算就证明了，任何把型 f 变换成 f' 的代换都可以以这种方式——由一个把型 f 变换成 f' 的给定的代换 (t) 和一个（仅有一个）把型 f 变换成它自己的代换的组合——来给出。因此，由一个把型 f 变换成 f' 的给定的代换和**所有**型 f 变换成它自己的代换，我们就可以得到把型 f 变换成 f' 的**所有**变换。实际上，每个变换仅出现一次。

于是，我们可以把对型 f 变换成它自己的所有代换下：研究限定在这样一种情况的 f 是一个定型，它的第 4、第 5 和第 6 个系数都等于 $0^{[1]}$。因此，设 $f = \begin{pmatrix} a, & a', & a'' \\ 0, & 0, & 0 \end{pmatrix}$，又一般地，设把 f 变换为它自己的所有代换表示为

$$\left\{ \begin{matrix} \alpha, & \beta, & \gamma \\ \alpha', & \beta', & \gamma' \\ \alpha'', & \beta'', & \gamma'' \end{matrix} \right\}$$

使得满足下面的等式

$$a\alpha^2 + a'\,\alpha'\,\alpha' + a''\,\alpha''\,\alpha'' = a \qquad\qquad [1]$$

$$a\beta^2 + a'\,\beta'\,\beta' + a''\,\beta''\,\beta'' = a' \qquad\qquad [2]$$

$$a\gamma^2 + a'\,\gamma'\,\gamma' + a''\,\gamma''\,\gamma'' = a'' \qquad\qquad [3]$$

$$a\alpha\beta + a'\,\alpha'\,\beta' + a''\,\alpha''\,\beta'' = 0 \qquad\qquad [4]$$

$$a\alpha\gamma + a'\,\alpha'\,\gamma' + a''\,\alpha''\,\gamma'' = 0 \qquad\qquad [5]$$

$$a\beta\gamma + a'\,\beta'\,\gamma' + a''\,\beta''\,\gamma'' = 0 \qquad\qquad [6]$$

现在，我们必须区分 3 种情况：

1）当 a，a'，a''（符号相同）都不相等，假设 $a < a'$，$a' < a''$（如果这里的数的大小次序不同，由类似的方法可以得出相同的结论）。那么，等式 [1] 明显要求 $\alpha' = \alpha'' = 0$，因而 $\alpha = \pm 1$；由等式 [4]，[5] 我们就得出 $\beta = 0$，$\gamma = 0$；类似地，由等式 [2] 我们得出 $\beta'' = 0$，因而 $\beta' = \pm 1$；由等式 [6]，$\gamma' = 0$，并且，由等式 [3] 得出，$\gamma'' = \pm 1$，因而（由于其中的正负号可以相互独立地选取）我们就得到了所有 8 个代换。

2）如果数 a，a'，a'' 中有 2 个数相等，例如 $a' = a''$，且第 3 个数和这 2

---

〔1〕如果 f 是确定型，其他情况可以化归为这种情况；但是，如果 f 不是一个确定型，那就必须使用完全不同的方法，且代换的个数就是无限的。

个数不相等，我们假设：

（1）$a < a'$。那么，以和上一种情况中相同的方式，我们就可以得出 $\alpha' = 0$，$\alpha'' = 0$，$\alpha = \pm 1$，$\beta = 0$，$\gamma = 0$；并且由等式 [2]，[3]，[6] 不难推出，要么 $\beta' = \pm 1$，$\gamma' = 0$，$\beta'' = 0$，$\gamma'' = \pm 1$，要么 $\beta' = 0$，$\gamma' = \pm 1$，$\beta'' = \pm 1$，$\gamma'' = 0$。

（2）$a > a'$。由等式 [2]，[3]，我们一定可以得出 $\beta = 0$，$\gamma = 0$，并且要么 $\beta' = \pm 1$，$\gamma' = 0$，$\beta'' = 0$，$\gamma'' = \pm 1$，要么有 $\beta' = 0$，$\gamma' = \pm 1$，$\beta'' = \pm 1$，$\gamma'' = 0$。不论是哪种情况，由等式 [4]，[5]，我们都可以得出 $\alpha' = 0$，$\alpha'' = 0$，并且，由等式 [1] 得出，$\alpha = \pm 1$。因此，对于每种情况，都有 16 种不同的代换。剩下两种情况，$a = a''$ 或者 $a = a'$，可以用完全类似的方式来解决。在 $a = a''$ 的情况，我们只要将字母 α，α'，α'' 分别与 β，β'，β'' 互换即可；在 $a = a'$ 的情况，我们把字母 α，α'，α'' 分别与 γ，γ'，γ'' 互换即可。

3）如果 3 个数 α，α'，α'' 都相等，那么根据等式 [1]，[2]，[3] 的要求，在 3 个数组 α，α'，α''；β，β'，β''；γ，γ'，γ'' 中，每个数组里都有 2 个数等于 0，1 个数等于 ± 1。由等式 [4]，[5]，[6] 不难发现，3 个数 α，β，γ 中只有一个数能等于 ± 1。同样的结论对 α'，β'，γ' 和 α''，β''，γ'' 也成立。因此，只有 6 个可能的组合

α	α	α'	α'	α''	α''	$= \pm 1$
β'	β''	β	β''	β	β'	$= \pm 1$
γ''	γ'	γ''	γ	γ'	γ	$= \pm 1$

剩下的 6 个系数就等于 0。因而，我们一共得出 48 个代换。这个表也包含了上面的情况，当 α，α'，α'' 不都相等时，我们只取第 1 列；当 $a' = a''$ 时，只取第 1 列和第 2 列；当 $a = a'$ 时，只取第 1 列和第 2 列；当 $a = a''$ 时，只取第 1 列和第 6 列。

总之，如果型 $f = ax^2 + a'x'x' + a''x''x''$ 通过代换

$$x = \delta y + \varepsilon y' + \zeta y'', \quad x' = \delta' y + \varepsilon' y' + \zeta' y'', \quad x'' = \delta'' y + \varepsilon'' y' + \zeta'' y''$$

变换成另一个等价的型 f'，那么型 f 变换成 f' 的所有代换都包含在下面的表中

$$
\begin{array}{cccccc|l}
x & x & x' & x' & x'' & x'' & = \pm\,(\,\delta y + \varepsilon y' + \zeta y''\,) \\
x' & x'' & x & x'' & x & x' & = \pm\,(\,\delta' y + \varepsilon' y' + \zeta' y''\,) \\
x'' & x' & x'' & x & x' & x & = \pm\,(\,\delta'' y + \varepsilon'' y' + \zeta'' y''\,)
\end{array}
$$

当 $a=a'=a''$ 时，前面 6 列都要用到；当 $a'=a''$ 时，用第 1 列和第 2 列；当 $a=a'$ 时，用第 1 列和第 3 列；当 $a=a''$ 时，用第 1 列和第 6 列；当 a，a'，a'' 都不相等时，只用到第 1 列。在第 1 种情况下，代换有 48 个，在第 2、第 3 和第 4 种情况下，代换有 16 个，在第 5 种情况下，代换有 8 个。

第35节　如何求出这样一个型，由它加倍可得到给定的属于主族的二元型

286

因为我们已经简洁地阐述了三元型理论的基本原理，现在来讨论它的一些特殊应用。其中最重要的是下面的问题。

问题

给定一个行列式为 D 的二元型 $F = (A, B, C)$，它属于主族，求一个二元型 f，由它加倍可得到型 F。

解：1. 设 F' 与 F 型相反。我们要求 $F' = AT^2 - 2BTU + CU^2$ 由三元型 $x^2 - 2yz$ 给出的正常表示。假设这个表示是 $x = \alpha T + \beta U$，$y = \alpha' T + \beta' U$，$z = \alpha'' T + \beta'' U$。由前面关于三元型的理论可知，这是可以做到的。因为，根据假设，F 属于主族，所以表达式 $\sqrt{(A,B,C)}$（$\mod D$）的值存在，由它可以求得一个行列式为1的三元型 φ，型 $(A, -B, C)$ 作为其中的一个部分出现，且它的所有系数都是整数。同样，φ 显然是一个不定型（根据假设，F 一定不是定负型）；因而，它就一定等价于型 $x^2 - 2yz$。于是，我们可以求出一个把 $x^2 - 2yz$ 变换成 φ 的正常代换，这个代换给出型 F' 由 $x^2 - 2yz$ 给出的一个正常表示。因此，我们得到

$$A = \alpha^2 - 2\alpha'\alpha'',\quad -B = \alpha\beta - \alpha'\beta'' - \alpha''\beta',\quad C = \beta^2 - 2\beta'\beta''$$

进而，如果我们分别用 a，b，c 表示数 $\alpha\beta' - \alpha'\beta$，$\alpha'\beta'' - \alpha''\beta'$，$\alpha''\beta - \alpha\beta''$，那么，$a$，$b$，$c$ 没有公约数，且 $D = b^2 - 2ac$。

2. 借助于条目235的最后一条，我们不难推断，通过代换 $2\beta'$，β，β，β''；$2\alpha'$，α，α，α''，F 就变换成型 $(2a, -b, c)$ 与它自己的乘积，并

且，通过代换 β'，β，β，$2\beta''$；α'，α，α，$2\alpha''$，F 就变换成型（a，$-b$，$2c$）与它自己的乘积。现在，数 $2a$，$2b$，$2c$ 的最大公约数是 2，因此，如果 c 是奇数，数 $2a$，$2b$，c 就没有公约数，所以（$2a$，$-b$，c）就是一个正常原始型；同理，如果 a 是奇数，（a，$-b$，$2c$）就是一个正常原始型。在前一种情况下，F 就由型（$2a$，$-b$，c）加倍得到，在后一种情况下，F 就由型（a，$-b$，$2c$）加倍得到（见条目 235.4）。其中一种情况一定会出现。这是因为，如果 a，c 是偶数，b 就一定是奇数；现在，不难确认的是，$\beta''a+\beta b+\beta'c=0$，$\alpha''a+\alpha b+\alpha'c=0$，由此推出 βb，αb 是偶数，因而 α 和 β 也是偶数。由此可以推出，A 和 C 是偶数，但这与我们的假设矛盾，因为根据假设，F 是属于主族的型，因而属于正常原始层。但是，有可能 a 和 c 都是奇数，在这种情况下，我们立即得到 2 个型，由它们加倍就可以得到 F。

例：假设给定行列式 -151 的型 $F=$（5，2，31）。表达式 $\sqrt{(5,2,31)}$ 的一个值是（55，22）；三元型 $\varphi = \begin{pmatrix} 5, & 31, & 4 \\ 11, & 0, & -2 \end{pmatrix}$。根据条目 272 的方法，我们发现它等价于 $\begin{pmatrix} 1, & 1, & -1 \\ 0, & 0, & 0 \end{pmatrix}$，它通过代换

$$\begin{Bmatrix} 2, & 2, & 1 \\ 0, & -6, & -2 \\ 0, & 3, & 1 \end{Bmatrix}$$

变换成 φ。并且，借助于条目 277 中给出的变换，我们发现 $\begin{pmatrix} 1, & 0, & 0 \\ -1, & 0, & 0 \end{pmatrix}$ 通过代换

$$\begin{Bmatrix} 3, & -7, & -2 \\ 2, & -1, & 0 \\ 1, & -9, & -3 \end{Bmatrix}$$

变换成 φ。因此，$a=11$，$b=-17$，$c=20$。由于 a 是奇数，F 就由型（11，17，40）加倍得到，并且，通过代换 -1，-7，-7，-18；2，3，3，2 变换成这个型与它自己的乘积。

第36节　除了在条目 263 和 264 中已经证明其不可能的那些特征外，其他所有的特征都与某个族相对应

287

对于上个条目所解决的问题，我们补充以下讨论：

1. 如果型 F 通过代换 p，p'，p''，p'''；q，q'，q''，q''' 变换成 2 个型 $(h$，i，$k)$ 和 $(h'$，i'，$k')$ 的乘积（像之前一样，我们假设每个型都取为正常的），我们就可以从条目 235.3 轻松地推导出这些等式

$$p'' h n' - p' h' n - p (in' - i'n) = 0$$

$$(p'' - p')(in' + in') - p(kn' - k'n) + p'''(hn' - h'n) = 0$$

$$p' kn' - p'' k'n - p'''(in' - i'n) = 0$$

以及另外 3 个等式——将数 p，p'，p''，p''' 分别以 q，q'，q''，q''' 代替得到；数 n，n' 分别是型 $(h$，i，$k)$ 和 $(h'$，i'，$k')$ 的行列式被型 F 的行列式除得的商的正的平方根。那么，如果这两个型相同，也就是说，$n = n'$，$h = h'$，$i = i'$，$k = k'$，这些等式就会变成

$$(p'' - p') hn = 0, \quad (p'' - p') in = 0, \quad (p'' - p') kn = 0$$

那么一定有 $p' = p''$，同理，$q' = q''$。因此，如果我们给型 $(h$，i，$k)$ 和 $(h'$，i'，$k')$ 赋予相同的变量 t，u，用 T，U 表示型 F 的变量，那么，F 就可以通过代换

$$T = pt^2 + 2p'tu + p'''u^2, \quad U = qt^2 + 2q'tu + q'''u^2$$

变换成 $(ht^2 + 2itu + ku^2)^2$。

2. 如果型 F 由型 f 加倍得到，那么，它也能由包含在与 f 所在的相同的类中的任何其他型加倍得到；也就是说，型 F 的类可以由型 f 的类加倍得到（参考条目 238）。那么，在上个条目的例子中，$(5$，2，$31)$ 也可以通过与型

（11，17，40）正常等价的型（11，－5，16）加倍得到。对于这样一个类，我们可以由它加倍得到型 F 所在类。借助于条目 260，我们可以求出**所有这**样的类（如果不止一个）。在我们的例子中，不存在其他这样的定正类，因为只存在一个行列式为 －151 的正常原始定正歧类（主类）；并且，由单一定负歧类（－1，0，－151）和（11，－5，16）类的合成，我们可以得到类（－11，－5，－16）——只有从这个定负类的加倍才能得到类（5，2，31）。

　　3. 通过解答上个条目的问题，我们可知：属于主族的任何二元型的正常原始（定正）类都可以由某个具有相同行列式的正常原始类加倍得到。由此我们可以拓展条目 261 的定理——对于给定的非平方数的行列式 D，所有可能的特征中**至少有一半不可能**与（定正的）正常原始族相对应。现在我们可以说：在所有的特征中**正好有一半能**和这样的族相对应，并且另外一半不可能和这样的族相对应（参考该定理的证明）。在条目 264 中，我们把这些特征划分为两个等分的组 P，Q。我们证明了 Q 中的特征都不可能对应于正常原始（定正）型；但不确定是否有族对应于 P 中的每一个特征。现在，这个疑问已经不存在了，我们可以确定地指出在特征 P 中，每一个特征不与这样的族对应。在条目 264 中我们还指出了，对于具有负的行列式的正常原始**定负层**，P 中所有的特征都是不可能的，**只有 Q 中有部分的特征是可能的**。现在，我们可以指出，Q 中**所有**的特征实际上都是可能的。这是因为，如果 K 是 Q 中的任意特征，f 是行列式为 D 的正常原始定负型所属的层中的任意型，K′ 是它的特征，那么 K′ 就在 Q 中；由此，我们不难发现，由 K 和 K′ 合成的特征（根据条目 246 中的规则）就属于 P，因而存在行列式为 D 的正常原始定正型与之相对应。如果这个型和 f 合成，就能得到一个行列式为 D 的正常原始定负型，它的特征就是 K。同理，我们可以证明，在反常原始层中，所有那些按照条目 264.2 和 264.3 中的规则得到的那些**唯一**可能的特征，实际上是可能的，不论它们是在 P 中还是在 Q 中。我们认为这些定理是二元型定理中最优美的，尤其是它们不仅简约，而且还深刻。要严格证明它们必须借助于诸多研究的结论。

　　我们现在转到前面题外话的另一个应用，把数和二元型分解成三个平方数。

第 37 节　把数和二元型分解为三个平方数的理论

288

问题

给定一个正数，求这样的 M：存在行列式为 $-M$ 的定负原始二元型，它是数 M 的二次剩余，或者换句话说，1 是它的一个特征数。

解：用 Ω 表示以下关系所给出的专属特征的总体：1 与 M 的各个（奇）质因数之间的关系，以及 1 与 8 或者 4（当它们能整除 M 时）之间的关系；显然，这些特征就是 $R\,p$，$R\,p'$，$R\,p''$，…（其中 p，p'，p''，…，是质因数，以及）1，4（当 4 整除 M 时）；1，8（当 8 整除 M 时）。而且，我们还将使用 P，Q，它们的含义和上个条目以及条目 264 中的含义相同。现在，我们区分以下几种情况：

1. 当 M 能够被 4 整除时，Ω 就是完整特征，由条目 233.5 可知，1 只能是其特征是 Ω 的那些型的特征数。显然，Ω 是主型 $(1，0，M)$ 的特征，因而它属于 P，且它不能由正常原始定负型给出。对于这个行列式，不存在反常原始型，在这种情况下就不存在行列式是 M 的剩余的定负原始型。

2. 当 $M \equiv 3 \pmod 4$ 时，同样的推理对于下面唯一的例外情况依然成立：反常原始定负层存在，其中对应于 $M \equiv 3$ 和 $M \equiv 7 \pmod 8$，P 分别是可能的或不可能的特征（参考条目 264.3）。因此，在前一种情况，这个层中就存在一个族，它的特征是 Ω，1 是这个族中包含的所有的型的特征数；在后一种情况，不存在任何具有这个性质的定负型。

3. 当时 $M \equiv 1 \pmod 4$ 时，Ω 还不是完整特征，我们必须对它补充一个与数 4 的关系。显然，Ω 必须列入以 1 为特征数的型的特征中。反过来，其特征为 Ω；1，4，或者是 Ω；3，4 的每一个型都应当有特征数 1。现在，Ω；1，4 明显是主族的特征，且这个特征属于 P，因而它不可能在定负的正常原始层中；同理，特征为 Ω；3，4 就属于 Q（条目 263），因此它在定负的正常原始层中存在一个对应的族，这个族的所有的型都以1作为其中一个特征数。在此情况以及下面的情况下，都不存在反常原始层。

4. 当 $M \equiv 2 \pmod 4$ 时，我们必须为 Ω 增补一个它与数 8 的关系，才能得到完整特征。当 $M \equiv 2 \pmod 8$ 时，这些特征就是 1 和 3，8；5 和 7，8。当 $M \equiv 6 \pmod 8$ 时，它们要么是 1 和 7，8，要么是 3 和 5，8。在前一种情况，特征 Ω；1 和 3，8 就显然属于 P，5 和 7，8 就属于 Q。因此，存在与之相对应的定负的正常原始族。同理，在后一种情况，正常原始定负型中就有一个族，它的型具有所要求的性质；也就是说，这个族具有特征 Ω；3 和 5，8。

综上所述，当 M 对于模 8 同余于 1，2，3，5，6 其中一个数时，存在行列式为 $-M$ 的定负的原始型，它的特征数为 1；并且，当 $M \equiv 3 \pmod 8$ 时，它们就属于唯一一个反常的族。但当 $M \equiv 0$，$M \equiv 4$，或者 $M \equiv 7$ 时，不存在这样的型。显然，如果（$-a$，$-b$，$-c$）是特征数为 +1 的原始定负型，（a，b，c）就是特征数为 -1 的定正的原始型。由此可知，在前 5 种情况下（当 M 同余于 1，2，3，4，5，6 时），存在一个定正的原始族，它的型以 -1 作为特征数，并且当 $M \equiv 3$ 时它是**反常的**；但是，在其他三种情况下（当 M 同余于 0，4，7 时），完全不存在这样的定正型。

289

关于二元型由三元型 $x^2 + y^2 + z^2 = f$ 给出的正常表示，由条目 282 的一般理论，我们可以得到下面的结果：

1. 除非二元型 φ 是定正的原始型，且以 -1（也就是型 f 的行列式）作为它的特征数，否则它不可能由 f 正常表示。因此，对于正的行列式，以及对于负的行列式 $-M$，当 M 能被 4 整除或者形如 $8n + 7$ 时，都不存在能够由 f 正常表示的二元型。

2. 如果 $\varphi = (p, q, r)$ 是行列式为 $-M$ 的正常原始型，且 -1 是型 φ 的

特征数——也是与之相反的型（p，$-q$，r）的特征数，那么，存在型 φ 由 f 给出的属于表达式 $\sqrt{-(p,-q,r)}$ 的任意给定值的正常表示。实际上，行列式 为 -1 的三元型 g 的所有系数（条目 283）一定都是整数，型 g 就是定型，因 而它一定等价于 f（条目 285.1）。

3. 由条目 283.3，我们知道，属于表达式 $\sqrt{-(p,-q,r)}$ 的相同的值的表 示的个数等于型 f 变换成型 g 的变换的个数，当 $M=1$ 和 $M=2$ 时除外。根 据条目 285，这个个数等于 48。因此，如果有一个属于给定的值的表示，那 么，另外的 47 个表示就可以通过对变数 x，y，z 的值用一切可能的方式进行 配置以及取所有可能的符号的组合得到。如果我们只考虑这些平方数本身， 而不考虑它们的次序或者它们的平方根的符号的话，那么，所有 48 个表 示只能给出型 φ 分解成三个平方数的**唯一一种**方式。

4. 如果用 μ 来表示整除 M 的所有不同的奇质数的个数，由条目 233 我 们不难推断，表达式 $\sqrt{-(p,-q,r)}$（mod M）的不同的值的个数等于 2^{μ}。并 且，根据条目 283，我们只应当考虑这些值的一半（当 $M>2$ 时）。因此，型 φ 由 f 给出的所有正常表示的个数就是 $48 \times 2^{\mu-1} = 3 \times 2^{\mu+3}$；而分解成 3 个平 方数的不同的分解法的个数等于 $2^{\mu-1}$。

例：设 $\varphi = 19t^2 + 6tu + 41u^2$，所以 $M=770$。这里我们必须考虑（条目 283）表达式 $\sqrt{-(19,-3,41)}$（mod 770）的 4 个值：（39，237），（171， -27），（269，-83），（291，-127）。为了求出属于值（39，237）的 所有表示，我们首先得出三元型 $\begin{pmatrix} 19, & 41, & 2 \\ 3, & 6, & 3 \end{pmatrix} = g$。根据条目 272，275 中的 方法，我们发现 f 可以通过代换

$$\left\{ \begin{array}{rrr} 1, & -6, & -0 \\ -3, & -2, & -1 \\ -3, & -1, & -1 \end{array} \right\}$$

变换成这个型。型 φ 由 f 给出的表示是

$$x=t-6u, \ y=-3t-2u, \ z=-3t-u$$

为了简洁，我们就不写出剩下的 47 个属于同一个值的表示，它们是通过这

些值的置换以及符号的改变得到的。所有 48 个表示给出型 φ 分解成三个平方数

$$t^2 - 12tu + 36u^2,\ 9t^2 + 12tu + 4u^2,\ 9t^2 + 6tu + u^2$$

的相同的分解。

同理，值（171，－27）可以分解成三个平方数 $(3t+5u)^2$，$(3t-4u)^2$，t^2；值（269，－83）可以分解成 $(t+6u)^2$，$(3t+u)^2$，$(3t-2u)^2$；以及值（291，－127）可以分解成 $(t+3u)^2$，$(3t+4u)^2$，$(3t-4u)^2$。这些分解式每一个都相当于 48 个表示；除了这 192 个表示，或者说 48 个分解式之外，不可能再有其他表示了。因为 770 不能被任何平方数整除，所以，对它而言，不存在任何反常表示。

290

行列式为 －1 和 －2 的型存在一些例外，所以我们单独讨论它们。首先，一般地，如果 φ，φ' 是任意两个等价的二元型，Θ 是第一个型变换成第二个型的给定代换，那么，型 φ 由某个三元型 f 给出的任意表示与代换 Θ 组合，就得到了型 φ' 由 f 给出的表示。而且，由 φ 的正常表示，我们能得到 φ' 的正常表示，由 φ 的不同表示可以得到 φ' 的不同表示，且如果取 φ 的所有表示，能得到 φ' 的所有表示。所有这些结论都可以通过非常简单的计算得以证明。因此，φ 与 φ' 可以以同样多种方式由 f 表示。

1. 首先，设 $\varphi = t^2 + u^2$，且设 φ' 是另外任意一个行列式为 －1 的定正的二元型，因此 φ 与 φ' 等价；再设 φ 可以通过代换 $t = \alpha t' + \beta u'$，$u = \gamma t' + \delta u'$，变换成 φ'。令 $x = t$，$y = u$，$z = 0$，型 φ 可以由三元型 $f = x^2 + y^2 + z^2$ 表示。如果置换 x，y，z 的值，可以得到 6 个表示；再由其中每一个表示，改变 t，u 的符号，又能得到 4 个表示。因此，我们总共得到 24 个不同的表示，而与它们对应的只有唯一一个分解成 3 个平方数的方式。不难发现，除了这些表示之外，没有其他表示了。我们断定，型 φ' 也仅有一种方式被分解成 3 个平方数，即 $(\alpha t' + \beta u')^2$，$(\gamma t' + \delta u')^2$，以及 0。这种分解相当

于 24 种表示。

2. 设 $\varphi = t^2 + u^2$，φ' 是行列式为 -2 的其他任意定正的二元型，φ 可以通过代换 $t = \alpha t' + \beta u'$，$u = \gamma t' + \delta u'$ 变换成 φ'。同理，我们断定 φ 和 φ' 只有一种方式分解成三个平方数，即 φ 分解成 $t^2 + u^2 + u^2$，φ' 分解成 $(\alpha t' + \beta u')^2 + (\gamma t' + \delta u')^2 + (\gamma t' + \delta u')^2$。很明显，这种分解相当于 24 种表示。

由所有这些结论我们可以推出，行列式为 -1 和 -2 的二元型由三元型 $x^2 + y^2 + z^2$ 给出表示的个数，与其他二元型完全相似。因为这两种情况下，$\mu = 0$，条目 289.4 中所给的公式就只给出 24 种表示。

为了简洁，我们省略条目 284 中给出的关于反常表示的一般理论在型 $x^2 + y^2 + z^2$ 中的应用。

291

对于求一个给定的正数 M 由型 $x^2 + y^2 + z^2$ 给出的所有正常表示的问题，可由条目 281，首先将它归化为对数 $-M$ 由型 $-x^2 - y^2 - z^2 = f$ 给出正常表示的问题。通过条目 280 的方法，我们可以以下面的方式找出这些表示：

1. 找出行列式为 $-M$ 且可以由型 $X^2 + Y^2 + Z^2 = F$（它的伴随型是 f）正常表示的二元型构成的所有的类。当 M 同余于 0，4 或者 7（mod 8）时，由条目 288 可知，不存在这样的类，因而 M 不可能分解成三个没有公约数的平方数[1]。但是，当 M 同余于 1，2，5 或者 6 时，就存在一个正常原始定正族；当 $M \equiv 3$（mod 8）时，存在一个反常原始族，它们都包含所有这些类。我们用 k 表示这些类的个数。

---

[1] 由三个奇数的平方和一定是同余于 3（mod 8）也可以知道这是不可能的；两个奇数和一个偶数的平方和要么同余于 2，要么同余于 6；一个奇数和两个偶数的平方和要么同余于 1，要么同余于 5；以及最后，三个偶数的平方和要么同余于 0，要么同余于 4；但是，在后一种情况下，表示显然是反常的。

2. 现在，从每一个类中选取一个型，把它们称为 φ, φ', φ'', …；我们要确定所有这些型由 F 给出的所有可能的正常表示。这些表示的个数为 $3 \times 2^{\mu+3}k = K$，其中 μ 是 M 的（奇的）质因数的个数。由每一个这样的表示

$$X = mt + nu, \quad Y = m't + n'u, \quad Z = m''t + n''u,$$

我们得到 M 由 $x^2 + y^2 + z^2$ 给出的表示为

$$x = m'n'' - m''n', \quad y = m''n - mn'', \quad y = mn' - m'n$$

M 的所有这些表示一定都包含于这 K 个表示组成的整体中，我们用 Ω 表示它。

3. 因此，现在只剩下要找出 Ω 中是不是有**相同的**表示。由条目 280.3 可知，Ω 中的这些由不同的型（例如由 φ 和 φ'）得出的表示一定是不同的。现在只剩下这样一个问题：同一个型（例如 φ）由 F 给出的不同的表示是不是能得到数 M 由型 $x^2 + y^2 + z^2$ 给出的相同的表示。显然如果在 φ 的所有表示中，我们找到

$$X = mt + nu, \quad Y = m't + n'u, \quad Z = m''t + n''u \qquad (r)$$

那么，其中就有表示

$$-X = -mt - nu, \quad Y = -m't - n'u, \quad Z = -m''t - n''u \qquad (r')$$

并且，从这两个表示我们得到数 M 的同一个表示，我们称为 (R)。我们来看一看表示 (R) 是否还可以由型 φ 的其他表示得到。根据条目 280.3，设 $\chi = \varphi$，如果把型 φ 变换成它自身的所有正常变换记为

$$t = \alpha t + \beta u, \quad u = \gamma t + \delta u,$$

我们可以推出：型 φ 的所有那些可以推导出 (R) 的表示为

$$x = (\alpha m + \gamma n)t + (\beta m + \delta u)u$$

$$y = (\alpha m' + \gamma n')t + (\beta m' + \delta u')u$$

$$z = (\alpha m'' + \gamma n'')t + (\beta m'' + \delta u'')u$$

但是，根据条目 179 中解释的行列式为负数的二元型的变换理论，我们可以推出，除 $M = 1$ 和 $M = 3$ 两种情况外，在其他所有情况下，只有两种代换把型 φ 变换成它自身，即 α, β, γ, δ 分别等于 1, 0, 0, 1 和 -1, 0, 0, -1（由于 φ 是原始型，我们在条目 179 中用 m 表示的数要么等于 1，要么等于 2，因而，除了特例，条目 179 中的情况 1 在这里一定成立）。因此，表示 (R)

只能从（r），（r'）得到，即数 M 的每个正常表示在 Ω 中只能出现两次；M 的所有不同正常表示的个数就是 $\dfrac{K}{2} = 3 \times 2^{\mu+2}k$。

关于例外的情况，根据条目179，当 $M=1$ 时，型 φ 变换成它自身的正常变换的个数为 4，当 $M=3$ 时为 6；不难确定，数 1 和 3 的正常表示的个数分别是 $\dfrac{K}{4}$ 和 $\dfrac{K}{6}$。也就是说，每个数只能以唯一一种方式分解成三个平方数，1 分解成 $1+0+0$，3 分解成 $1+1+1$。数 1 的分解给出 6 个不同的表示，数3的分解给出 8 个不同的表示。对于 $M=1$，$K=24$（这里 $\mu=0$，$k=1$）；对于 $M=48$，$K=48$（这里 $\mu=1$，$k=1$）。

令 h 表示主族中的类的个数。根据条目 252，这个个数就等于正常原始族中的类的个数。我们指出，当 M 同余于 1，2，5 或者 6（mod 8）时，$k=h$；当 $M \equiv 3$（mod 8）时，$k=\dfrac{h}{3}$；只有一种情况，即 $M=3$ 例外（在这种情况下 $k=h=1$）。因此，**一般地**，对于形如 $8n+3$ 的数，表示的个数等于 $2^{\mu+2}h$，因为对于数 3，这两种例外相互抵消。

292

我们已经把数（*以及在二元型的情况*）分解成三个平方数与由型 $x^2+y^2+z^2$ 给出的表示加以区别；在前一种情况，我们仅注意平方数的大小，在后一种情况，除了平方数的大小外，还要考虑平方根的排列次序和符号。因此，我们认为 $x=a$，$y=b$，$z=c$ 与 $x=a'$，$y=b'$，$z=c'$ 这两种表示是不同的，除非同时满足 $a=a'$，$b=b'$，$c=c'$；并且，如果不计排列次序，$a^2+b^2+c^2$ 和 $a'a'+b'b'+c'c'$ 中的平方数相同，那么，我们就把它们看成是相同的分解方式。由此可知：

1. 数 M 分解成 $a^2+b^2+c^2$，如果所有这些平方数都不等于 0，且它们都不相等，那么这个分解就等价于 48 种表示；如果有一个平方数等于 0 且其他两个平方数不相等，**或者**所有平方数都不等于 0 但是有两个平方数相等，那么这个分解就与 24 种表示等价。一个给定的数分解成三个平方数，如果两个平方数等于 0，**或者**一个平方数等于 0，另外两个平方数相等，**或者**所有平方数都相等，那么这个分解就分别等价于 6 个或 12 个或 8 个表示。除了 $M=1$ 或 $M=2$ 或 $M=3$ 的特殊情况之外，没有正常表示。排除这三种情况，我们假设 M 数分解成三个平方数（它们没有公约数）的所有分解方式的个数是 E，并且在所有这些分解方式中，有一个平方数为 0 的分解方式有 e 个，并且有两个平方数相等的分解方式有 e' 个；前面的分解可以视为分解成两个平方数，后面的分解可以视为分解成一个平方数和另一个平方数的两倍。那么，数 M 由 $x^2+y^2+z^2$ 表示的所有正常表示的个数就等于

$$24\,(e+e')+48\,(E-e-e')=48E-24\,(e+e')$$

但是，由二元型理论不难推出，对应于 -1 是模 M 的二次剩余或者二次非剩余，e 要么等于 0，要么等于 $2^{\mu-1}$；对应于 -2 是模 M 的非剩余或者剩余，e' 要么等于 0，要么等于 $2^{\mu-1}$。这里的 μ 是数 M 的（奇）质因数的个数（见条目 182，我们这里略去更加详细的说明）。由所有这些推论，我们得出：

如果 -1 和 -2 都是 M 的非剩余，那么 $E=2^{\mu-2}k$；如果 -1 和 -2 都是 M 的剩余，那么 $E=2^{\mu-2}\,(k+2)$；如果 -1 和 -2 其中一个是 M 的剩余，另一个是 M 的非剩余，那么 $E=2^{\mu-2}\,(k+1)$。

对例外情况 $M=1$ 和 $M=2$，这个公式将会给出 $E=\dfrac{3}{4}$；对于 $M=3$，我们得到正确的值 $E=1$，因为两种例外相互抵消了。

因此，如果 M 是质数，我们就有 $\mu=1$，因而当 $M\equiv1\,(\bmod 8)$ 时，$E=\dfrac{k+2}{2}$；当 $M\equiv3$ 或者 $M\equiv5$ 时，$E=\dfrac{k+1}{2}$。这些特殊定理是由著名的勒让德通过归纳法发现的，他将其发表在我们常常引用的著名评论杂志上（*Hist Acad Paris*，1785）[1]。如果他让大家看到的定理和这里的定理形式不同的话，这仅仅是因为他没有把正常等价和反常等价区分开，而把相反的类混在一起了。

2. 为了求数 M 分解成三个平方数（没有公约数）的所有方式，没有必要推导出型 φ，φ'，φ'' 的所有正常表示。不难确定，型 φ［这里 $\varphi=(p,\ q,$

---

〔1〕参考 27 页和 105 页。

r）〕的属于表达式 $\sqrt{-(p,-q,r)}$ 的同一个值的所有（48种）表示将给出数 M 的同一个分解，因此，只要我们有了其中的一个表示，或者，只要知道型 f 分解成三个平方数的所有不同的方式就足够了[1]。对于其余的型 φ'，φ''，…，有相同的结论成立。现在，如果 φ 属于一个非歧类，那我们就可以不考虑从与它相反的类中所选取的型，也就是说，对于两个相反的类，只考虑其中的一个就足够了。由于从每一个类中选取什么样的型是任意的，我们假设从一个与包含型 φ 的类的相反的类中选取与型 φ 相反的型 φ'。那么，不难看出，如果型 φ 的正常分解由一般公式

$$(gt+hu)^2+(g't+h'u)^2+(g''t+h''u)^2$$

来表示，那么型 φ' 的所有分解就可以由

$$(gt-hu)^2+(g't-h'u)^2+(g''t-h''u)^2$$

来表示，两者可以得到数 M 的同一个分解。最后，如果 φ 属于歧类，但不属于主类，也不等价于型 $(2, 0, \frac{M}{2})$ 或者 $(2, 0, \frac{M+1}{2})$（对应于 M 是偶数或者奇数），我们可以忽略表达式 $\sqrt{-(p,-q,r)}$ 一半的值。为了简洁，我们就不给出简化的具体方法。当我们想要求 M 由 $x^2+y^2+z^2$ 给出的所有表示时，也可以利用这些简化，因为从平方数的分解可以很轻松地得到这些表示。

作为范例，我们研究一下数 770 分解成三个平方数的所有。这里 $\mu=3$，$e=e'=0$，因而 $E=2k$。因为很容易应用条目 231 中的方法来对行列式为 -770 的定正的二元型进行分类，为了简洁，我们忽略这个过程。我们发现，定正类的个数等于 32。所有这些定正类都是正常原始的，可划分为 8 个族，所以 $k=4$，$E=8$。以 -1 为特征数的族明显对于数 5，7，11 有专属特征 $R5$；$N7$；$N11$，并且由条目 263，关于数 8，我们推断它的特征一定是 1 和 3，8。现在，在以 1 和 3，8；$R5$；$N7$；$N11$ 为特征的族中，我们发现有

---

[1] 当我们把"正常"这个表达从表示中挪用到分解时，一定要理解这个词的含义。

4 个类。从这 4 个类中我们选择下面 4 个型作为它们的代表：（6，2，129），
（6，-2，129），（19，3，41），（19，-3，41）。这里排除掉第 2 个和
第 4 个类，因为它们分别和第 1 个和第 3 个类相反。在条目 289 中，我们给
出了型（19，3，41）的 4 个分解方式。由这些分解方式，我们得到数 770
的 4 种分解：$9+361+400$，$16+25+729$，$81+400+289$，$576+169+25$。类
似地，我们可以求得型 $6t^2+4tu+129u^2$ 分解成

$$(t-8u)^2+(2t+u)^2+(t+8u)^2$$
$$(t-10u)^2+(2t+5u)^2+(t+2u)^2$$
$$(2t-5u)^2+(t+10u)^2+(t+2u)^2$$
$$(2t+7u)^2+(t-8u)^2+(t-4u)^2$$

这些分解分别来自于表达式 $\sqrt{-(6,-2,129)}$ 的值（48，369），（62，-149），
（92，-159），（202，61）。由此，我们得到数 770 的另外 4 种分解 $225+$
$256+289$，$1+144+625$，$64+81+625$，$16+225+529$。除了这 8 种分解方式
之外，不再有其他的分解。

　　关于数分解成有公约数的三个平方数的问题，由条目 281 的一般理论不
难解决，这里没有必要详细阐述。

第 38 节　费马定理的证明：任何整数都能分解成三个三角数或者四个平方数

293

上面的讨论也对下面的著名定理提供了证明：**任何整数都能分解成三个三角数**。费马首先发现这个定理，但直到现在也没有对这个定理的严格证明。很明显，由数 M 表示为三角数的任何分解方式

$$\frac{1}{2}x(x+1)+\frac{1}{2}y(y+1)+\frac{1}{2}z(z+1)$$

可以得出数 $8M+3$ 分解成 3 个奇数的平方和的方式

$$(2x+1)^2+(2y+1)^2+(2z+1)^2$$

反之亦然。通过前面的理论，任意正整数 $8M+3$ 都可以分解成三个奇数的平方和（见条目 291 注解），并且，所有分解方式的个数取决于形如 $8M+3$ 的质因数的个数和行列式为 $-(8M+3)$ 的二元型划分的类别的个数。数 M 表示为三个三角数的分解方式的个数是一样的。我们已经假设了，对于 x 的任意整数值，$\frac{x(x+1)}{2}$ 被视为一个三角数；且如果我们把 0 排除，这个定理就应该按照如下方式改变：任何一个正整数，要么是三角数，要么能够分解成两个或者三个三角数。如果我们把 0 排除在平方数之外，那么对下面的定理也要做出类似的改动。

□ 约瑟夫·拉格朗日

约瑟夫·拉格朗日（1736—1813年），法籍意大利裔数学家、天文学家，在数学、物理和天文三个领域中都有历史性的重大贡献，包括提出著名的拉格朗日中值定理，创立拉格朗日力学，等等。近百年来，数学领域的许多新成就都可以直接或间接地溯源于拉格朗日的工作，因而，他被认为是数学史上对分析数学的发展产生全面影响的数学家之一。

　　由这些相同的原理，我们可以证明费马的另一个定理——**任何正整数可以分解成四个平方数**。如果从一个形如 $4n+2$ 的数中减去任意一个（小于该数的）平方数，从一个形如 $4n+1$ 的数中减去一个偶平方数，或者从一个形如 $4n+3$ 的数中减去一个奇平方数，那么在所有这些情况，减剩下来的数都能分解成三个平方数，从而给定的数就可以分解成四个平方数。最后，一个形如 $4n$ 的数可以表示为 $4^n N$，N 属于前面三种形式之一；且当 N 可以分解为 4 个平方数时，$4^n N$ 就一定也能够分解成四个平方数。我们还可以从形如 $8n+3$ 的数中减去一个被 4 整除的数的平方，从形如 $8n+7$ 的数中减去一个不被 4 整除的偶数的平方，以及从形如 $8n+4$ 的数中减去一个奇数的平方，并且剩下的数都可以分解成三个平方数。这个定理已经被拉格朗日先生证明了（*Nouv.mêm Acad Berlin*，1770，第 123 页）而且欧拉先生在 *Acta acad Petrop.*2 上对这个证明（证明的方法与我们完全不同）做了更充分的解释。费马还有一些其他的定理是前面这些定理的延续，例如，任何整数可以分解成五个五角数，六个六角数以及七个七角数，等等。但这些定理还未得到证明，它们的解决似乎需要完全不同的原理。

第 39 节　方程 $ax^2 + by^2 + cz^2 = 0$ 的解

294

定理

如果数 a，b，c 是互质的，且它们都不等于 0，也都不能被平方数整除，那么方程 $ax^2 + by^2 + cz^2 = 0\cdots$（$\Omega$）没有整数解（除非 $x = y = z = 0$，但我们不考虑这种情况），除非 $-bc$，$-ac$，$-ab$ 分别是 a，b，c 的二次剩余，且这些数有不同的符号；而当这四个条件成立时，方程（Ω）有整数解。

证明

如果方程（Ω）总是有整数解，那么它就能够由不具有公约数的 x，y，z 的值解出。对于满足方程（Ω）的任何值，它们被最大公约数除过之后，得到的数依然满足方程（Ω）。现在，如果我们假设 $ap^2 + bq^2 + cr^2 = 0$，且 p，q，r 没有公约数，那么，它们是彼此互质的。这是因为，如果 q，r 具有公约数 μ，它就与 p 互质，那么 μ^2 整除 ap^2，从而也整除 a，这与假设矛盾。类似地，p，r；p，q 也一定是互质的。因此，通过给 y 和 z 赋予互质的值 q 和 r，$-ap^2$ 就能够被二元型 $by^2 + cz^2$ 表示，那么它的行列式 $-bc$ 就是 ap^2 的二次剩余，因而也是 a 的二次剩余（条目 154）。同理，我们就有 $-ac\,R\,b$，$-ab\,R\,c$。如果 a，b，c 有相同的符号，则（Ω）无解。这个结论非常明显，无须多加解释。

为了证明与构成定理第 2 部分的结论相反的结论，我们**首先**讨论如何求一个等价于 $\begin{pmatrix} a, & b, & c \\ 0, & 0, & 0 \end{pmatrix} = f$ 的三元型，使得它的第 2、第 3 和第 4 个系数能够被 abc 整除；然后，我们再由此推导出方程（Ω）的一个解。

1. 我们先求 3 个没有公约数的整数 A，B，C，使得 A 分别与 b 和 c 互质，B 分别与 a 和 c 互质，C 分别与 a 和 b 互质；且 $aA^2+bB^2+cB^2$ 能够被 abc 整除。我们按照如下的方式去求：令 $\mathfrak{A}$，$\mathfrak{B}$，$\mathfrak{C}$ 分别是表达式 $\sqrt{-bc}$（mod a），$\sqrt{-ac}$（mod b），$\sqrt{-ab}$（mod c）的值，则它们就一定分别与 a，b，c 互质。现在，取任意 3 个整数 $\mathfrak{a}$，$\mathfrak{b}$，$\mathfrak{c}$，只有一个条件，即它们分别与 a，b，c 互质（例如，令它们都等于 1），并确定 A，B，C，使得

$$A \equiv \mathfrak{b}c \ (\text{mod } b) \ \text{且} \ A \equiv \mathfrak{c}\mathfrak{C} \ (\text{mod } c)$$
$$B \equiv \mathfrak{c}a \ (\text{mod } c) \ \text{且} \ B \equiv \mathfrak{a}\mathfrak{A} \ (\text{mod } a)$$
$$C \equiv \mathfrak{a}b \ (\text{mod } a) \ \text{且} \ B \equiv \mathfrak{b}\mathfrak{B} \ (\text{mod } b)$$

那么，我们就得出

$$aA^2+bB^2+cC^2 \equiv \mathfrak{a}^2(b\mathfrak{A}^2+cb^2) \equiv \mathfrak{a}^2(b\mathfrak{A}^2-\mathfrak{A}b^2) \equiv 0 \ (\text{mod } a)$$

因此，它能够被 a 整除，类似地，它也能够被 b，c 整除，因而它能够被 abc 整除。进而，A 一定分别与 b 和 c 互质，B 一定分别与 a 和 c 互质，C 一定分别与 a 和 b 互质。现在，如果 A，B，C 的值具有（最大）公约数 μ，它就一定与 a，b，c 互质，因而也与 abc 互质；因此，如果我们用 μ 除这些值，我们就得到没有公约数的新的值，由它们就能够得到 $aA^2+bB^2+cC^2$ 的一个值，它还是可以被 abc 整除，因此满足所有的条件。

2. 我们以这样的方式确定数 A，B，C，那么，Aa，Bb，Cc 也没有公约数。这是因为，如果它们有公约数 μ，它就一定与 a 互质（因为 a 分别与 Bb 和 b 都互质），类似地，μ 分别与 b 和 c 都互质。因此，μ 就一定整除 A，B，C，这与假设矛盾。因此，我们能求出整数 α，β，γ，使得 $\alpha Aa+\beta Bb+\gamma Cc=1$。我们再取 6 个整数 α'，β'，γ'，α''，β''，γ''，使得

$$\beta'\gamma''-\gamma'\beta''=Aa, \ \gamma'\alpha''-\alpha'\gamma''=Bb, \ \alpha'\beta''-\beta'\alpha''=Cc$$

现在，设 f 可以通过代换

$$\left\{ \begin{matrix} \alpha, & \alpha', & \alpha'' \\ \beta, & \beta', & \beta'' \\ \gamma, & \gamma', & \gamma'' \end{matrix} \right\}$$

变换成 $\begin{pmatrix} m, & m', & m'' \\ n, & n', & n'' \end{pmatrix}=g$（它与 f 等价），那么，m'，m''，n 就一定能够被 abc 整除。因为，如果令

$$\beta''\gamma - \gamma''\beta = A', \quad \gamma''\alpha - \alpha''\gamma = B', \quad \alpha''\beta - \beta''\alpha = C'$$

$$\beta\gamma' - \gamma\beta' = A'', \quad \gamma\alpha' - \alpha\gamma' = B'', \quad \alpha\beta' - \beta\alpha' = C''$$

那么就有

$$\alpha' = B''Cc - C''Bb, \quad \beta' = C''Aa - A''Cc, \quad \gamma' = A''Bb - B''Aa$$

$$\alpha'' = C'Bb - B'Cc, \quad \beta'' = A'Cc - C'Aa, \quad \gamma'' = B'Aa - A'Bb$$

如果把这些值代入等式

$$m' = a\alpha'\alpha' + b\beta'\beta' + c\gamma'\gamma'$$

$$m'' = a\alpha''\alpha'' + b\beta''\beta'' + c\gamma''\gamma''$$

$$n = a\alpha'\alpha'' + b\beta'\beta'' + c\gamma'\gamma''$$

那么，对于模 a，我们得出

$$m' \equiv bcA''A'' (B^2b + C^2c) \equiv 0$$

$$m'' \equiv bcA'A' (B^2b + C^2c) \equiv 0$$

$$n \equiv bcA'A'' (B^2b + C^2c) \equiv 0$$

即 m'，m''，n 能够被 a 整除。同理，我们可以证明，这些数同样也可以被 b，c 整除，因而它们能够被 abc 整除。证明完毕。

3. 为了简洁，我们用 d 表示数 $-abc$，也就是型 f 和 g 的行列式，并且设

$$md = M, \quad m' = Md, \quad m'' = M''d, \quad n = Nd, \quad n' = N', \quad n'' = N''$$

f 通过代换（S）

$$\begin{Bmatrix} \alpha d, & \alpha', & \alpha'' \\ \beta d, & \beta', & \beta'' \\ \gamma d, & \gamma', & \gamma'' \end{Bmatrix}$$

变换成行列式为 d^3 的三元型 $\begin{pmatrix} Md, & M'd, & M''d \\ Nd, & N'd, & N''d \end{pmatrix} = g$，因此，这个型包含于 f 中。那么，型 $\begin{pmatrix} d, & 0, & 0 \\ d, & 0, & 0 \end{pmatrix} = g''$ 一定与 g' 等价。这是因为，$\begin{pmatrix} M, & M', & M'' \\ N, & N', & N'' \end{pmatrix} = g''$ 显然是一个行列式为 1 的三元型，根据假设，a，b，c 不可能具有相同的符号，f 就是一个不定型，那么我们可以轻松地推断出 g' 和 g'' 一定也是不定型。因此，g''' 就等价于型 $\begin{pmatrix} 1, & 0, & 0 \\ 1, & 0, & 0 \end{pmatrix}$（条目 277），且我们可以求出一个

代换（S'）把 g''' 变换成型 $\begin{pmatrix} 1, & 0, & 0 \\ 1, & 0, & 0 \end{pmatrix}$；但是，显然，（$S''$）会把 g' 变换成 g''。因此，g'' 也包含在 f 之中，并且由代换（S）和（S'）的组合我们可以推导出把 f 变换成 g'' 的代换。如果这个代换是

$$\begin{Bmatrix} \delta, & \delta', & \delta'' \\ \varepsilon, & \varepsilon', & \varepsilon'' \\ \zeta, & \zeta', & \zeta'' \end{Bmatrix}$$

显然，我们能够得到方程（Ω）的 2 组解，即 $x = \delta'$，$y = \varepsilon'$，$z = \zeta'$ 和 $x = \delta''$，$y = \varepsilon''$，$z = \zeta''$；同样可知，所有这些值不可能同时为 0，因为

$$\delta \varepsilon' \zeta'' + \delta' \varepsilon'' \zeta + \delta'' \varepsilon \zeta' - \delta \varepsilon'' \zeta' - \delta' \varepsilon \zeta'' - \delta'' \varepsilon' \zeta = d$$

第 2 部分证明完毕。

　　例：设给定的方程是 $7x^2 - 15y^2 + 23z^2 = 0$。因为 $345\ R\ 7$，$-161\ R\ 15$，$105\ R\ 23$，所以它有解。那么，$\mathfrak{A}$，$\mathfrak{B}$，$\mathfrak{C}$ 的值分别是 3，7，6。通过令 $\mathfrak{a} = \mathfrak{b} = \mathfrak{c} = 1$，我们求得 $A = 98$，$B = -39$，$C = -8$，由此得到代换

$$\begin{Bmatrix} 3, & -5, & 22 \\ -1, & 2, & -28 \\ 8, & 25, & -7 \end{Bmatrix}$$

通过这个代换，型 f 变换成型 $\begin{pmatrix} 1\,520, & 14\,490, & -7\,245 \\ -2\,415, & -1\,246, & 4\,735 \end{pmatrix} = g$。因此，我们得出

$$(S) = \begin{Bmatrix} 7\,245, & 5, & 22 \\ -2\,415, & 2, & -28 \\ 19\,320, & 25, & -7 \end{Bmatrix}, \quad (g''') = \begin{pmatrix} 3\,670\,800, & 6, & -3 \\ -1, & -1\,246, & 4\,735 \end{pmatrix}$$

通过代换

$$\begin{Bmatrix} 3, & 5, & 1 \\ -2\,440, & -4\,066, & -813 \\ -433, & -722, & -144 \end{Bmatrix}$$

型 g''' 就变换成型 $\begin{pmatrix} 1, & 0, & 0 \\ 1, & 0, & 0 \end{pmatrix}$。

如果把这个代换与（S）结合，我们便得到代换

$$\begin{Bmatrix} 9, & 11, & 12 \\ -1, & 9, & -9 \\ -9, & 4, & 3 \end{Bmatrix}$$

它可以把 f 变换成 g''。因此，我们得到所给方程的 2 组解：$x=11$，$y=9$，$z=4$，以及 $x=12$，$y=-9$，$z=3$。第二组解的值除以公约数 3 就变得更简单，即 $x=4$，$y=-3$，$z=1$。

295

上个条目中定理的第 2 部分可以按照下面的方法来得到。我们首先求得一个整数 h，使得 $ah \equiv \mathfrak{C} \pmod c$（我们用字母 $\mathfrak{A}$，$\mathfrak{B}$，$\mathfrak{C}$ 表示和上个条目中相同的含义），并且令 $ah^2+b=ci$。不难发现，i 是一个整数，$-ab$ 是二元型 $(ac, ah, i)=\varphi$ 的行列式。这个型不可能是定正型（因为，根据假设，a，b，c 不具有相同的符号，ab 和 ac 不可能同时为正），进而，它以 -1 为特征数。我们可以按照下面的方法证明。确定整数 e，e'，使得 $e \equiv 0 \pmod a$，且 $e \equiv \mathfrak{B} \pmod b$，$ce' \equiv \mathfrak{A} \pmod a$，且 $ce' \equiv h\mathfrak{B} \pmod b$，那么，$(e, e')$ 就是表达式 $\sqrt{-(ac, ah, i)} \pmod{-ab}$ 的一个值。因为，对于模 a，$e^2 \equiv 0 \equiv ac$，$ee' \equiv 0 \equiv -ah$，$c^2e'e' \equiv \mathfrak{A}^2 \equiv -bc \equiv -c^2i$，因而，$e'e' \equiv -i$。但是，对于模 b，$e^2 \equiv \mathfrak{B}^2 \equiv -ac$，$cee' \equiv h\mathfrak{B}^2 \equiv -ach$，因而 $ee' \equiv -ah$，$c^2e'e' \equiv h^2\mathfrak{B}^2 \equiv -ach^2 \equiv -ci$，因而 $e'e' \equiv -i$。而对于模 a，b 中都成立的这 3 个同余式对模 ab 也成立。那么，根据三元型理论，我们不难推断出：φ 能够由型 $\begin{pmatrix} -1, & 0, & 0 \\ 1, & 0, & 0 \end{pmatrix}$ 表示。然后假设

$$act^2+2ahtu+iu^2 = -(\alpha t+\beta u)^2+2(\gamma t+\delta u)(\varepsilon t+\zeta u)$$

上式乘以 c 得

$$a(ct+hu)^2+bu^2+-c(\alpha t+\beta u)^2+2c(\gamma t+\delta u)(\varepsilon t+\zeta u)$$

现在，如果我们赋予 t, u 特定的值，使得要么 $\gamma t+\delta u=0$，要么 $\varepsilon t+\zeta u=0$，我们就得到方程（Ω）的 1 组解，它既能满足

$$x=\delta c-\gamma h,\ y=\gamma,\ z=\alpha\delta-\beta\gamma$$

也能满足

$$x=\zeta c-\varepsilon h,\ y=\varepsilon,\ z=\alpha\zeta-\beta\varepsilon$$

显然，每一组里面的所有的值不可能同时为 0。这是因为，如果 $\delta c-\gamma h=0$，$\gamma=0$，也就有 $\delta=0$，以及 $\varphi=-(\alpha t+\beta u)^2$，由此得 $ab=0$，这与假设矛盾。对于其他值也有类似的结论。在我们的例子中，我们求得型 φ 是（161，-63，24），表达式 $\sqrt{-\varphi}$（mod 105）的值是（7，-51），以及型 φ 由 $\begin{pmatrix}-1,\ 0,\ 0\\1,\ 0,\ 0\end{pmatrix}$ 给出的表示是

$$\varphi=-(13t-4u)^2+2(11t-4u)(15t-5u)$$

这就得到解 $x=7$，$y=11$，$z=-8$；$x=20$，$y=15$，$z=-5$，或者，除以 5 并忽略 z 的符号，得到 $x=4$，$y=3$，$z=1$。

在求解方程（Ω）的两种方法里，第 2 种方法更好，因为它在大多数情况下只用到较小的数。但是，第 1 种方法（可以运用各种技巧简化）似乎更加优雅，因为对于数 a，b，c 做同样的处理并进行排列时，计算并不发生变化。而在第 2 种方法中就不是这样，我们要在 3 个给定的数中令 a 为最小的数，令 c 为最大的数，才能得到最简便的计算过程——就像我们在例子中做的那样。

第 40 节　勒让德先生讨论基本定理的方法

296

我们在上个条目阐释的优雅定理首先是被勒让德先生发现的（*Hist Acad Paris*，1785，第 507 页），他优美地证明（与我们的两个证明完全不同）了这个定理。同时，这位杰出的数学家试图从这个定理推导出与上个条目中基本定理一致的一些命题的证明，但是我们已经在条目 151 中说过，为了这一目的，这种做法并不合适。因此，这里我们要简要地解释一下这个证明（它本身是非常优雅的），并说明我们判断的原因。我们首先指出：**如果数 a，b，c 对于模 4 都同余于 1，那么，方程 $ax^2 + by^2 + cz^2 = 0\cdots$（$\Omega$）不可解**。不难发现，在这种情况下，除非所有 x，y，z 的值同时都是偶数，否则 $ax^2 + by^2 + cz^2$ 的值一定要么同余于 1，要么同余于 2，要么同余于 3（mod 4），因此，如果（Ω）可解，那么仅在 x，y，z 都是偶数时才有可能，但这种假设是不可能出现的。因为任何满足方程（Ω）的一组值在除以它们的最大公约数之后依然满足这个方程，所以这组值中至少有一个值是奇数。那么，这个定理在不同情况下的证明包括以下要点：

1. 如果 p，q 是形如 $4n+3$ 的（不等的正）质数，那么不可能同时有 $p \, R \, q$，$q \, R \, p$。如果这是可能的，通过令 $1 = a$，$-p = b$，$-q = c$，求解方程 $ax^2 + by^2 + cz^2 = 0$ 的所有条件就都满足了（条目 294）。但是，由前面的讨论可知，这个方程无解，因此，我们的假设不成立。由此，我们可以直接推出条目 131 的定理 7。

2. 如果 p 是形如 $4n+1$ 的质数，q 是形如 $4n+3$ 的质数，我们不可能同时得到 $q \, R \, p$，$p \, N \, q$。否则，我们就有 $-p \, R \, q$，且方程 $x^2 + py^2 - qz^2 = 0$ 可解。但是，根据我们前面的讨论可知，这个方程无解。由此，我们推出条目 131 中的第 4 和第 5 种情况。

3. 如果 p，q 是形如 $4n+1$ 的质数，我们不可能同时有 $p\,R\,q$，$q\,N\,p$。取某个形如 $4n+3$ 的质数 r，它是 q 的剩余，p 是它的非剩余。那么，根据上面已经证明的情况，我们就有 $q\,R\,r$，$r\,N\,p$。因此，如果我们有 $p\,R\,q$，$q\,N\,p$，我们就有 $qr\,R\,p$，$pr\,R\,q$，$pq\,N\,r$，从而得出 $-pq\,N\,r$。这就会使方程 $px^2+qy^2-rz^2=0$ 可解，这与前面的讨论矛盾；所以这个假设不成立。由此，我们可见推出条目 131 中的情况 1 和情况 2。

按照下面的方式，我们可更优美地处理这个情况。设 r 是形如 $4n+3$ 的质数，p 是它的非剩余，那么，我们就也有 $r\,N\,p$，因此（假设 $p\,R\,q$，$q\,N\,p$）有 $qr\,R\,p$；除此之外，我们有 $-p\,R\,q$，$-p\,R\,r$，因而也有 $-p\,R\,qr$，所以方程 $x^2+py^2-qrz^2=0$ 就可解，这与前面的讨论矛盾。这一解释对其他类似情况也适用。

4. 如果 p 是形如 $4n+1$ 的质数，q 是形如 $4n+3$ 的质数，我们不可能同时 $p\,R\,q$，$q\,N\,p$。取一个形如 $4n+1$ 的辅助质数 r，它是 p 和 q 的非剩余。那么，我们就有 $q\,N\,r$，并且 $p\,N\,r$，因此，$pq\,R\,r$。如果 $p\,R\,q$，$q\,N\,p$，我们就还有 $pr\,R\,q$，$-pr\,R\,q$，$qr\,R\,p$，因此，方程 $px^2-qy^2+rz^2=0$ 可解，但这是不可能的。由此我们推出条目 131 的情况 3 和情况 6。

5. 如果 p，q 是形如 $4n+3$ 的质数，我们不可能同时有 $p\,N\,q$ 和 $q\,N\,p$。如果假设这是可能的，我们取一个形如 $4n+1$ 的辅助质数 r，它是 p 和 q 的非剩余，我们就有 $qr\,R\,p$，$pr\,R\,q$，进而，$p\,N\,r$，$q\,N\,r$，因而 $pq\,N\,r$ 且 $-pq\,R\,r$，所以方程 $-px^2-qy^2+rz^2=0$ 可解，这与前面的讨论相矛盾。由此，我们推出条目 131 的情况 8。

297

通过仔细考察前面的证明过程，我们不难发现情况 1 和情况 2 如此完美，没有缺陷。但是，其余情况的证明依赖于辅助质数的存在，由于它们是否存在还未得到证明，那么证明的方法显然就失去了力量。即使这些假设看来非常可信，普通的读者也许看不出证明的必要，即使这些假设使我们努力要证明的定理具有最大的**可能性**，但如果我们想要追求数学的严格性，就不能把这些假设视为理所当然。至于条目 296.4 和条目 296.5 中的假设，存在形如 $4n+1$ 的质数 r，它是另外 2 个给定的质数 p，q 的非剩余。由第 4 章不难推断，所有小于 $4pq$ 且与它互质的数［它们的个数是 $2(p-1)(q-1)$］可以相等地被分成 4 类。其中 1 类包含 p 和 q 的非剩余，剩下 3 类包含 q 的非剩余的 p 的剩余，q 的剩余的 p 的非剩余，以及 p 和 q 的剩余。在每个类中，有一半是形如 $4n+1$ 的数，一半是形如 $4n+3$ 的数。因此，在这些数中存在 $\dfrac{(p-1)(q-1)}{4}$ 个形如 $4n+1$ 的数是 p 和 q 的非剩余。我们用 g，g'，g''，…表示这些数，用 h，h'，h''，…表示剩下的 $\dfrac{7(p-1)(q-1)}{4}$ 个数。显然，所有包含于型 $4pqt+g$，$4pqt+g'$，$4pqt+g''$，…(G) 的数就也是形如 $4n+1$ 的 p，q 的非剩余。现在，为了证实我们的假设，仅需要证明型组 (G) 一定包含**质数**。这本身是非常可能的，因为这些型以及型 $4pqt+h$，$4pqt+h'$，…(H) 合起来包含所有与 $4pq$ 互质的数，即包含所有质数（2，p，q 除外）；且没有理由让人认为这一系列的质数不是均等地分布在这些型中，所以 1/8 的质数属于 (G)，剩下的质数属于 (H)。然而，这样的逻辑显然是不符合数学严格性的。勒让德先生自己也承认，对于这样一个定理——"质数一定包含在 $kt+l$（其中 k，l 是给定的互质的数，t 为不确定数）这样的型中"——的证明是非常困难的。他提到了一种方法，也许有用。我们认为，在得到严格的证明之前，有必要进行一些初步研究。关于另一个假设（条目 296.3 中的第 2 个方法）——"存在形如 $4n+3$ 的质数 r，使另一个形如 $4n+1$ 的质数 p 是它的非剩余"——勒让德完全没有对其做补充证明。我们上面（条目 129）已经证明了一定存在使得 p 为其非剩余的质数，但我们的方法似乎还不能够证明这样的质数**也形如** $4n+3$（虽然在我们的第 1 个证明中并不要求满足这个条件）。然而，按照下面的方法，我们就能轻易地证明这个定理的正确性。根据条目 287，存在由行列式为 $-p$ 的二元型组成的定正的族，它的特征是 3，4；Np。设 (a, b, c) 是这样一个型，a 是奇数（这是可以的）。那么，a 就是形如 $4n+3$ 的数，要么它本身是质数，要么它至少包含一个形如 $4n+3$ 的质因数 r。根据已知条件，我们得出 $-pRa$，因而有 pRr，p

Nr。但是，我们一定要注意，条目 263 和条目 287 的定理依赖于基本定理，因此，如果我们使这里讨论的任何部分回到基本定理的话，就会陷入一个恶性循环。最后，条目 296.3 中第 1 个方法假设的很多条件是显而易见的，这里再做补充没有意义。

我们补充一下关于条目 296.5 的讨论，前面的方法并没有给予它充分的证明。如果 $p\,N\,q$，$q\,N\,p$ 同时成立，我们就有 $-p\,R\,q$，$-q\,R\,p$，不难推导出，-1 是型 $(p, 0, q)$ 的特征数，因此（根据三元型理论）这个型可以被 $x^2+y^2+z^2$ 表示。令

$$pt^2+qu^2=(\alpha t+\beta u)^2+(\alpha' t+\beta' u)^2+(\alpha'' t+\beta'' u)^2$$

也即

$$\alpha^2+\alpha'\alpha'+\alpha''\alpha''=p,\quad \beta^2+\beta'\beta'+\beta''\beta''=q,\quad \alpha\beta+\alpha'\beta'+\alpha''\beta''=0$$

那么，由前两个等式我们可以推出，所有的数 α，α'，α''，β，β'，β'' 都是奇数；但是，显然第 3 个等式就不成立了。条目 296.2 可以用类似的方法解决。

298

问题

给定任意数 a，b，c，无论它们是否都不等于 0；求方程 $ax^2+by^2+cz^2=0$ …（ω）可解的条件。

解：设 α^2，β^2，γ^2 是分别整除 bc，ac，ab 的最大的平方数，并且设 $\alpha a=\beta\gamma A$，$\beta b=\alpha\gamma B$，$\gamma c=\alpha\beta C$。那么，A，B，C 就是彼此互质的整数。根据条目 294 中的判断准则，方程（ω）是否可解取决于方程 $AX^2+BY^2+CZ^2=0$…（Ω）是否有解。

证明

令 $bc=\mathfrak{A}\alpha^2$，$ac=\mathfrak{B}\beta^2$，$ab=\mathfrak{C}\gamma^2$，$\mathfrak{A}$，$\mathfrak{B}$，$\mathfrak{C}$ 是不含平方因数的整数，且 $\mathfrak{A}=BC$，$\mathfrak{B}=AC$，$\mathfrak{C}=AB$，因此，$\mathfrak{A}\mathfrak{B}\mathfrak{C}=(ABC)^2$，因而 $ABC=A\mathfrak{A}=B\mathfrak{B}=$

$C\mathfrak{C}$ 一定是整数。设 m 是数 $\mathfrak{A}$, $A\mathfrak{A}$ 的最大公约数，令 $\mathfrak{A}=gm$, $A\mathfrak{A}=hm$，则 g 与 h 互质，并且（因为 $\mathfrak{A}$ 不含平方因数）g 与 m 也互质。现在，我们有 h^2m $=gA^2\mathfrak{A}=g\mathfrak{B}\mathfrak{C}$，因此，$g$ 整除 h^2m ——除非 $g=\pm 1$，否则这是不可能的。所以，$\mathfrak{A}=\pm m$, $A=\pm h$，因而 A 是整数。类似地，B, C 也是整数。第 1 部分证明完毕。由于 $\mathfrak{A}=BC$ 没有平方因数，B, C 一定是互质的；类似地，A, C 和 A, B 分别也是互质的。第 2 部分证明完毕。最后，如果 $X=P$, $Y=Q$, $Z=R$ 满足方程（Ω），方程（ω）就能够被 $x=\alpha P$, $y=\beta Q$, $z=\gamma R$ 解出。反过来，如果 $x=p$, $y=q$, $z=r$ 满足方程（ω），$X=\beta\gamma p$, $Y=\alpha\gamma q$, $Z=\alpha\beta r$ 就满足方程（Ω）。因而，这两个方程要么都可解，要么都不可解。

第 41 节 由三元型表示零

299

问题

给定三元型 $f = ax^2 + a'x'x' + a''x''x'' + 2bx'x'' + 2b'xx'' + 2b''xx'$，判断 0 是否能够被这个型表示（变量的值不全为 0）。

解：1. 当 $a = 0$ 时，x'，x'' 的值可以任意选取，由方程

$$a'x'x' + 2bx'x'' + a''x''x'' = -2x(b'x'' + b''x')$$

可知，x 可以取确定的有理数值。以这种方式，不论何时得到 x 的值为分数，只要将 x，x'，x'' 的值乘以这个分数的分母，我们就得到了整数值。我们必须排除在外的 x'，x'' 的唯一的值，就是那些使得 $b'x'' + b''x' = 0$ 的值——除非它们同时使得 $a'x'x' + 2bx'x'' + a''x''x'' = 0$，在这种情况下可以任意选取。那么，这样就能得到所有可能的解。但是，b' 和 b'' 等于 0 的情况不属于这里的讨论范围，因为这种情况下 x 不出现在 f 中，也就是说，f 是一个二元型，0 是否能够由 f 表示应当由二元型理论决定。

2. 当 a 不等于 0 时，通过设

$$b''b'' - aa' = A'', \quad ab - b'b'' = B, \quad b'b' - aa'' = A'$$

方程 $f = 0$ 就等价于

$$(ax + b''x' + b'x'')^2 - A''x'x' + 2Bx'x'' - A'x''x'' = 0$$

当 $A' = 0$ 且 B 不等于 0 时，显然，如果我们任意取 $ax + b''x' + b'x''$ 和 x'' 的值，则 x 和 x' 就确定为有理数，且当它们不是整数时，可以通过恰当的乘法使它们变成整数。只是对于 x'' 的一个值，即 $x'' = 0$，$ax + b''x' + b'x''$ 的值不是任意的，而是也必须等于 0。但此时可以完全自由地选取 x' 的值，并且由它会推导出一个 x 的有理数值。当 A'' 和 B 同时等于 0 时，如果 A' 是等于 k^2 的一个平方数，方程 $f = 0$ 就能够简化为两个线性方程（它们中的一个一定成

立）

$$ax+b''x'+(b'+k)x''=0, \quad ax+b''x'+(b'-k)x''=0$$

但如果（在相同的假设下）A' 不是平方数，所给方程的解取决于以下条件（两者都必须成立）：$x''=0$，$ax+b''x'=0$。

顺便指出一点，当 a' 或 a'' 等于 0 时，情况 1 中的方法也适用；当 $A'=0$ 的时候，情况 2 中的方法也适用。

3. 当 a 和 A'' 都不等于 0 时，方程 $f=0$ 就等价于

$$A''(ax+b''x'+b'x'')^2-(A''x'-Bx'')^2+Dax''x''=0$$

其中，D 是型 f 的行列式，也即 $Da=B^2-A'A''$。当 $D=0$ 时，方程的解的情况类似于上个情况的结尾处的那样，也就是说，如果 A'' 是等于 k^2 的平方数，所给方程就简化为

$$kax+(kb''-A'')x'+(kb'+B)x''=0$$
$$kax+(kb''+A'')x'+(kb'-B)x''=0$$

如果 A'' 不是平方数，我们一定有

$$ax+b''x'+b'x''=0, \quad A''x'-Bx''=0,$$

当 D 不等于 0 时，我们就简化为方程

$$A''t^2-u^2+Dav^2=0$$

由上个条目可以判断它的可解性。除非我们令 $t=0$，$u=0$，$v=0$，否则这个简化的方程不可解，由此我们推出：除非令 $x=0$，$x'=0$，$x''=0$，否则所要求的方程无解。但是，如果这个方程还有其他解，那么，通过方程

$$ax+b''x'+b'x''=t, \quad A''x'+Bx''=u, \quad x''=v$$

我们至少能够推导出 x，x'，x'' 的有理数值。如果这些值中包含分数，可以通过恰当的乘法使它们成为整数。

一旦求出方程 $f=0$ 的一个整数解，这个问题就可以被归化为情况 1，并且能够按照下面的方法求出所有的解。设 x，x'，x'' 满足方程 $f=0$ 的一些值是 α，α'，α''。我们假设它们没有公约数。现在，（根据条目 40 和条目 279）选择整数 β，β'，β''，γ，γ'，γ''，使得

$$\alpha(\beta'\gamma''-\beta''\gamma')+\alpha'(\beta''\gamma-\beta\gamma'')+\alpha''(\beta\gamma'-\beta'\gamma)=1$$

并且，通过代换

$$x = \alpha y + \beta y' + \gamma y'', \quad x' = \alpha' y + \beta' y' + \gamma' y'', \quad x'' = \alpha'' y + \beta'' y' + \gamma'' y'' \quad (S)$$

型 f 就变换成

$$g = cr^2 + c' y' y' + c'' y'' y'' + 2 dy' y'' + 2 d' yy'' + 2 d'' yy'$$

那么，我们就有 $c = 0$，且 g 就等价于 f。不难推断，方程 $f = 0$ 的所有整数解可以由方程 $g = 0$ 的所有解［通过 (S)］推导出来。并且，由情况 1 可知，方程 $g = 0$ 的所有的解包含于公式

$$y = -z \left(c' p^2 + 2 dpq + c'' q^2 \right), \quad y' = 2z \left(d'' p^2 + d' pq + c'' q^2 \right),$$
$$y'' = 2z \left(d'' pq + d' q^2 \right)$$

其中，p 和 q 是不确定整数，z 是不确定数，且只要 y，y'，y'' 是整数，z 就可以是分数。如果把 y，y'，y'' 的这些值代入 (S)，我们就得到了方程 $f = 0$ 的所有整数解。例如

$$f = x^2 + x' x' + x'' x'' - 4 x' x'' + 2 xx'' + 8 xx'$$

方程 $f = 0$ 的一个解是 $x = 1$，$x' = -2$，$x'' = 1$。通过令 β，β'，β''，γ，γ'，γ'' 分别为 0，1，0，0，0，1，我们得出

$$g = y' y' + y'' y'' - 4 y' y'' + 12 yy''$$

所以方程 $g = 0$ 的所有整数解就包含于公式

$$y = -z \left(p^2 - 4 pq + q^2 \right), \quad y' = 12 zpq, \quad y'' = 12 zq^2$$

且方程 $f = 0$ 的所有的解包含在以下公式中

$$x = -z \left(p^2 - 4 pq + q^2 \right)$$
$$x' = 2z \left(p^2 + 2 pq + q^2 \right)$$
$$x'' = -z \left(p^2 - 4 pq - 11 q^2 \right)$$

第 42 节　二元二次不定方程的有理通解

300

由上个条目的问题，如果我们只想要有理数值的话，我们可立即得出不定方程

$$ax^2 + 2bxy + cy^2 + 2dx + 2ey + f = 0$$

的解。上面（条目 216 及其后）我们已经得到了它的整数解。x，y 的所有有理数值可以用 $\dfrac{t}{v}$，$\dfrac{u}{v}$ 表示，其中 t，u，v 是整数。那么，这个方程的有理数解显然等同于方程

$$at^2 + 2btu + cu^2 + 2dtv + 2euv + fv^2 = 0$$

的解，这个方程与上个条目讨论的方程相同。我们只排除 $v = 0$ 的这些解，但是，当 $b^2 - ac$ 不是整数时，就不存在这样的解。例如，方程

$$x^2 + 8xy + y^2 + 2x - 4y + 1 = 0$$

的所有有理数解（条目 221 已经得到了它的整数通解）就包含于公式

$$x = \frac{p^2 - 4pq + q^2}{p^2 - 4pq - 11q^2} \ , \ y = -\frac{2p^2 + 4pq + 2q^2}{p^2 - 4pq - 11q^2}$$

其中 p，q 是任意整数。我们这里仅仅简单讨论了这两个密切关联的问题，但忽略了很多相关讨论以免冗长。上个条目的问题，我们在基本原理的基础上还有另一个解法，但是我们先不讨论它，因为讨论它须要对三元型做更加深入的研究。

第 43 节 族的平均个数

301

我们现在回过来讨论二元型，它还有许多显著的性质需要讨论。首先，关于正常原始层（如果行列式是负数，则为定正的）中的类和族的个数，我们补充一些讨论。为了使行文简洁，我们把研究限定于以下情况。

所有具有给定的行列式为 ±D 的（定正的正常原始）型族的个数总是 1，2，4 或者 2 的更高次幂。幂的指数取决于 D 的因数，由我们上面的研究可以事先确定。但是，由于在自然数序列中，质数和合数或多或少地混在一起，所以，对于很多连续的行列式，±D，±($D+1$)，±($D+2$)，…，族的个数时而增加，时而减少，在这个序列中似乎毫无规律。尽管如此，如果我们把多个相邻的行列式

$$\pm D, \ \pm (D+1), \ \pm (D+m), \ \cdots$$

所对应的族的个数相加，并把它们的和除以行列式的个数，我们就得到了**族的平均个数**。我们可以把它看作与行列式的平均数 ±($D+\frac{m}{2}$) 对应的族的个数，且这个平均数构成一个非常有规律的序列。但是，我们这里不仅要假设 m 足够大，还要假设 D 比 m 要大得多，这样的话，两端的行列式 D 和 $D+m$ 的比值才接近 1。这个序列的规律性是指：如果 D' 是远远大于 D 的一个数，那么与行列式 ±D' 对应的族的平均个数就要比与行列式 D 对应的族的个数大得多；如果 D 和 ±D' 相差不多，分别与 D 和 D' 对应的族的平均个数就大约相等。与正的行列式 +D 对应的族的平均个数总是大约等于与负的行列式对应的族的平均个数，而且 D 越大，这个结论就越精确，然而对于较小的 D 的值，前者要比后者大一点。通过下面的例子我们可以更好地理解这些讨论。这些例子来自于超过 4 000 个行列式的二元型分类表。在从 801 到 900 之间的这 100 个行列式中，有 7 个行列式仅对应于一个族，32，52，8，

1 分别对应于 2，4，8，16 个族。总计有 359 个族，则族的平均个数是 3.59。从 –900 到 –801 这 100 个负的行列式总共有 360 个族。下面的例子都与负的行列式有关。从 –1 600 到 –1 501，族的平均个数是 3.89；从 –2 500 到 –2 401，族的平均个数是 4.03；从 –5 100 到 –5 001，族的平均数是 4.24；对于从 –9 401 到 –10 000 这 600 个行列式，族的平均数是 4.59。由这些例子可知，族的平均个数的增长速度比行列式自身的增长速度慢得多。但是，我们想要知道这个序列的规律。通过一个十分复杂的理论讨论（这里不做解释，因为它过于冗长），我们已经发现，对应于行列式 $+D$ 或者 $-D$ 的行列式的族的平均个数可以通过公式

$$\alpha \log D + \beta$$

近似计算出来，其中 α，β 是常量，且实际上

$$\alpha = \frac{4}{\pi^2} = 0.405\ 284\ 734\ 6$$

$$\beta = 2\alpha g + 3\alpha^2 h - \frac{1}{6}\alpha \log 2 = 0.883\ 046\ 046\ 2$$

这里 g 是级数 $1 - \log(1+1)$，$\frac{1}{2} - \log\left(1+\frac{1}{2}\right)$，$\frac{1}{3} - \log\left(1+\frac{1}{3}\right)$，$\cdots$ 的和，约等于 0.577 215 664 9（见欧拉 *Inst Calc Diff*，第 444 页），而数 h 等于级数 $\frac{1}{4}\log 2$，$\frac{1}{9}\log 3$，$\frac{1}{16}\log 4$，$\cdots$ 之和，这个和大约等于 0.937 548 254 3。由这个公式可知，如果行列式按照几何序列增加，族的平均个数将按照算术序列增加。当 D 的值分别为 $850 + \frac{1}{2}$，$1\ 550 + \frac{1}{2}$，$2\ 450 + \frac{1}{2}$，$5\ 050 + \frac{1}{2}$，$9\ 700 + \frac{1}{2}$ 时，这个公式的值分别是 3.617，3.86，4.046，4.339，4.604。它们与上面所给的平均个数之间的差别很小。中间的行列式越大，用来计算平均值的行列式的个数越多，则真实值与公式所给的值的差别就越小。借助于这个公式，对于连续的行列式 $\pm D$，$\pm(D+1)$，$\cdots \pm(D+m)$，不论两端的行列式 D 和 $D+m$ 的差距有多大，通过把对应于每个行列式的族的平均个数相加，我们都能近似求出对应于这一系列的行列式的族的平均个数之和。这个和就是

$$\alpha \left[\log D + \log(D+1) + \cdots + \log(D+m) \right] + \beta(m+1)$$

或者，相当精确地，这个和等于

$$\alpha \left[(D+m) \log(D+m) - (D-1) \log(D-1) \right] + (\beta - \alpha)(m+1)$$

以这种方式计算，对于行列式从 – 100 到 – 1，族的个数的和是 234.4，然而这个和实际上是 233。类似地，对于行列式 – 2 000 到 – 1，由这个公式得到族的个数的和是 7 116.6，然而这个和实际上是 7 112。对于行列式 – 10 000 到 – 9 001，由公式得到族的个数的和是 4 594.9，实际上族的个数是 4 595。结果如此的一致，已经超出我们的预期。

第44节　类的平均个数

302

关于**类的个数**（我们总是假定它们是定正的正常原始类），正的行列式与负的行列式的性质完全不同。因此，我们应当把它们分开讨论。这一点它们是一致的：对于给定的行列式，每个族中类的个数是相同的，因此，所有的类的个数就等于族的个数与每个族中所含的类的个数的乘积。

首先，就负的行列式而言，对应于连续的行列式 $-D$，$-(D+1)$，$-(D+2)$，…的类的个数构成一个与族的个数一样的无规律的序列。但是，类的平均个数（这里无须对它下定义）是非常有规律地增加的，从下面的例子可以明显地看出。从 -600 到 -501 这 100 个行列式产生 1 729 个类，所以类的平均个数是 17.29。类似地，在第 15 组的 100 个行列式中，类的平均个数等于 28.26；对于第 24 组到第 25 组的 100 个行列式，我们得到 36.28；对于第 61 组，第 62 组，第 63 组的 100 个行列式，我们得到 58.50；对于从第 91 组到第 95 组这 500 个行列式，我们得到 71.56；最后，对于从第 96 组到第 100 组这 500 个行列式，我们得到 73.54。这些例子表明，类的平均个数的增长速度比行列式的平均个数的增长速度慢得多，但是比族的平均个数的增长速度要快得多。稍加注意我们就会发现，类的平均数的增加与行列式的平方根的增加几乎是成比例的。实际上，通过理论研究我们发现，对应于行列式的类的平均个数可以近似通过 $\gamma\sqrt{D}-\delta$ 来表示。其中，$\gamma = 0.746\ 718\ 311\ 5 = \dfrac{2\pi}{7e}$，$e$ 是级数 1，$\dfrac{1}{8}$，$\dfrac{1}{27}$，$\dfrac{1}{64}$，$\dfrac{1}{125}$，…的和，$\delta = 0.202\ 652\ 367\ 3 = \dfrac{2}{\pi^2}$。这个公式计算出的平均值与我们从分类表记录下来的数值相比，只有很小的差别。借助这个公式，我们也可以近似求出对应于连续行列式 $-D$，$-(D+1)$，$-(D+2)$，…，$-(D+m+1)$ 的所有（定正的正常原始）类的个数，不论两端的两个行列式差距多大。根据公式，我们把

对应于这些行列式的类的平均个数相加，那么，我们就得到这个和等于

$$\gamma \left[\sqrt{D} + \sqrt{D+1} + \cdots + \sqrt{(D+m-1)} \right] - \delta m$$

或者，近似地等于

$$\frac{2}{3} \gamma \left[\left(D + m - \frac{1}{2} \right)^{\frac{3}{2}} - \left(D - \frac{1}{2} \right)^{\frac{3}{2}} \right] - \delta m$$

例如，根据这个公式，对于从 -100 到 -1 这 100 个行列式，这个和就是 481.1，然而实际上是 477；对于从 $-1\,000$ 到 -1 这 1 000 个行列式，按照表查有 15 533 个类，由公式得到 15 551.4 个类；对于第 2 组 1 000 个行列式，按照表查有 28 595 个类，由公式得到 28 585.7 个类；类似地，对于第 3 组 1 000 个行列式，按照表查有 37 092 个类，公式给出 37 074.3 个类；对于第 10 组 1 000 个行列式，按照表查有 72 549 个类，公式给出 72 572 个类。

303

　　分类排列的负行列式的表帮助我们给出很多其他不同寻常的结论。对于形如 $-(8n+3)$ 的行列式，除了行列式 -3 外，类的个数（既指属于所有族的类数，也指属于每个正常原始族中的类数）总是能够被 3 整除。由条目 256.6 可知这个性质的原因。对于对应的型仅属于一个族的行列式，类的个数总是奇数。因为，对于这样的行列式，只存在一个歧类，即主类——其他的类总是成对地作为相反的类出现，所以它们一定是偶数个——因此这些类的总数是奇数。后面这个性质对于正的行列式也成立。进而，对应于相同给定分类（既给定了族的个数，也给定了类的个数）的行列式的序列似乎总是会结束。我们通过一些例子来阐释这一非同寻常的性质（罗马数字表示定正的正常原始族的个数；阿拉伯数字表示包含在每个族中的类的个数；"…"后是对应于这个分类的行列式的序列。为了简洁，我们省略负号）。

　　I．1…1，2，3，4，7

　　I．3…11，19，23，27，31，43，67，163

　　I．5…47，79，103，127

　　I．7…71，151，223，343，463，487

Ⅱ.1…5，6，8，9，10，12，13，15，16，18，22，25，28，37，58

Ⅱ.2…14，17，20，32，34，36，39，46，49，52，55，63，64，73，82，97，100，142，148，193

Ⅳ.1…21，24，30，33，40，42，45，48，57，60，70，72，78，85，88，93，102，112，130，133，177，190，232，253

Ⅷ.1…105，120，165，168，210，240，273，280，312，330，345，357，385，408，460，520，760

ⅩⅥ.1…840，1 320，1 365，1 848

类似地，对应于分类 Ⅰ.9，有 20 个行列式（最大的行列式等于 −1 423），对应于分类 Ⅰ.11 的行列式有 4 个（最大的行列式等于 −1 303）；分类 Ⅱ.3，Ⅱ.4，Ⅱ.5，Ⅳ.2 分别对应于不超过 48，31，44，69 个行列式。最大的行列式是 −652，−862，−1 318，−1 012。由于我们用来举例的表已经扩展[1]到远远超过这里出现的最大的行列式，并且属于这些类的行列式不再有其他的了，所以似乎毫无疑问的是，前面的序列实际上终止了；通过类比，这个结论也可以推广到任意其他分类。例如，由于在第 10 组的全部的 1 000 个行列式中，不存在与少于 24 个类对应的行列式，所以，极有可能的是：分类 Ⅰ.23，Ⅰ.21，…；Ⅱ.11，Ⅱ.10，…；Ⅳ.5，Ⅳ.4；Ⅳ.3，Ⅷ.2 在我们到达数 −9 000 之前就已经完整了，或者至少它们几乎没有接近 −10 000 的行列式。然而，要对这些结论做**严格**证明似乎非常困难。值得注意的是，所有对应的型能被分成 32 个或者更多的族的行列式，在它的每一个族中至少含有两个类，因此根本不存在分类 ⅩⅩⅫ.1，ⅬⅩⅣ.1，等等（这些行列式中最小的是 −9 240，它对应于分类ⅩⅩⅫ.2）。似乎非常有可能的是，随着族的个数增加，更多的分类会消失。在这个方面，上面给出的那 65 个与分类Ⅰ.1，Ⅱ.1，Ⅳ.1，Ⅷ.1，ⅩⅥ.1对应的行列式是非常特殊的，并且，我们

---

〔1〕在本书付梓时，我们把这个表计算至 −3 000，并且也计算出了整个的第 10 组的 1 000 个行列式的表，一些分开的 100 个行列式的表，以及一些仔细挑选出的单个行列式的表。

不难发现，它们，也只有它们具有两个非常显著的性质：所有由属于它们的型构成的类都是歧类；所有包含在同一个族中的型都是既正常等价，又反常等价的。欧拉先生（*在Nouv.mêm Acad Berlin*，1776，第 338 页）已经挑选出了这65 个数（他是在另一个和这里不太一样的问题中提出的，他还提出了一个不难证明的判别法，我们后面会提到）。

304

由具有正的平方数行列式 k^2 的二元型构成的正常原始类的个数是完全可以预先确定的。这个个数就等于与 $2k$ 互质且小于 $2k$ 的数的个数；由这个事实，并通过一个不太困难的推理（我们这里将其省去），我们推导出，属于行列式 k^2 的类的平均个数近似等于 $\frac{8k}{\pi^2}$。但是，在这个方面，正的非平方数行列式呈现出奇特的现象——少量的类，例如，分类 I.1 或 I.3 或 II.1 等，只对于较小的负数或平方数行列式才会出现，并且这个序列很短。反过来，对于正的非平方数行列式，只要它们不是太大，大部分的分类在它的每一个族中只有一个类。因此，像 I.3，I.5，II.2，II.3，IV.2 等这样的分类都是非常稀有的。例如，在不超过 100 的 90 个非平方数的行列式中，有 11 个，48个，27 个行列式分别对应于分类 I.1，II.1，IV.1，仅有 1 个行列式（37）的分类是 I.3，有 2 个（34 和 82）的分类是 II.2；有 1 个（79）的分类是II.3。尽管如此，随着行列式的增大，大的类的个数就会常常出现。因此，从 101 到 200 的 96 个非平方数行列式中，2 个行列式（101，197）有分类I.3，4 个行列式（145，146，178，194）有分类 II.2，3 个行列式（141，148，189）有分类 II.3。在从 801 到 1 000 的 197 个行列式中，3 个行列式有分类 I.3，4 个行列式有分类 II.2，14 个行列式有分类 II.3，2 个行列式有分类 II.5，2 个行列式有分类 II.6，15 个行列式有分类 IV.2，6 个行列式有分类 IV.3，2 个行列式有分类 IV.4，4 个行列式有分类 VIII.2。剩下的 145 个行列式在每个族中只有 1 个类。这是个令人感到好奇的问题，值得数学家花功夫研究：在 1 个族中只有 1 个类的行列式的数量逐渐减少所依赖的规律是什么。到目前为止，我们无法通过理论或者通过观察确定这样的行列式是否只有有限的个数（这看起来似乎不大可能），或者它们**无限**地减少出现的次数，或者它们出现的频率越来越接近一个固定的界限。类的平均个数的增大速度只比族的平均个数增大速度快一点点，而比行列式的平方根的增大速度慢得多。在 800 到 1 000 之间，我们发现类的平均个数等于 5.01。我们可以补充这样一条结论，它在某种程度上恢复了正数和负数行列式之间的类比关系：对于正的行列式 D，与其说它是本身的类的个数，不如说它是与量 $t+u\sqrt{D}$（t 和 u 是除了 1，0 外能满足方程 $t^2-Du^2=1$ 的最小的数）的对数的乘积类似于负的行列式的类的个数，这个乘积的平均值也可以用形如 $m\sqrt{D}-n$ 的公式来表示。可是，到目前为止我们还无法从理论上来确定常量 m，n 的值。如果可以从几百个行列式的比较中得出一个结论的话，那么 m 的值似乎非常接近 $\frac{7}{3}$。但是，我们将在其他合适的场合更详细地论述上述平均值的研究原理，它的增长不服从分析规律，而是渐进地接近这样一个规律。我们接着进入下一个关于具有相同行列式的不同的正常原始类之间的对比的问题，并以此作为如此长的本篇的结束。

第 45 节　正常原始类的特殊算法：
正则和非正则行列式

305

定理

如果 K 是由具有给定行列式 D 的型构成的主类，C 是具有相同行列式的主族中的任意其他类，并且，如果 $2C$，$3C$，$4C$，…是由类 C 通过做加倍，三倍，四倍，…得到的类（像在条目 249 中做的那样）；那么，通过把序列 C，$2C$，$3C$，…继续下去，如果足够长，我们就最终得到一个与 K 相同的类。如果我们假设 mC 是与 K 相同的第一个类，且主族中类的个数等于 n，那么我们就得出：要么 $m=n$，要么 m 是 n 的因数。

证明

1. 由于所有的类 K，C，$2C$，$3C$，…一定都属于主族（条目 247），这个序列 K，C，$2C$，…，nC 中的前 $n+1$ 个类显然不可能都不相同。因此，要么 K 就与 C，$2C$，$3C$，…，nC 中的一个类相同，要么这些类中至少有两个类是相同的。设 $rC=sC$ 且 $r>s$。我们就也有

$$(r-1)C=(s-1)C,\quad (r-2)C=(s-2)C\cdots$$

并且

$$(r+1-s)C=C$$

因此，$(r-s)C=K$。第 1 部分证明完毕。

2. 由此也可以推出，要么 $m=n$，要么 $m<n$。接下来只需要证明，在第 2 种情况下 m 是 n 的因数。因为，在这种情况下，类

$$K,\ C,\ 2C,\ \cdots,\ (m-1)C$$

（我们用 $\mathfrak{C}$ 表示它们的总体）并没有完全取遍主族中所有的类，设 C' 是这个族

拉格朗日的分析力学，是由分析的方法推出包括固体力学和流体力学在内的所有力学。1 788年，《分析力学》正式出版，拉格朗日在书中提出了著名的拉格朗日方程。由虚功原理和达朗贝尔原理可以得到所谓的"力学普遍方程"。在此基础上，拉格朗日进一步引进了广义坐标、广义速度和广义力，将力学普遍方程改造成适用于几乎一切力学系统的拉格朗日方程。可以说，18世纪数学家们创立的分析力学的最终成就，就是拉格朗日方程。

中不包含于 $\mathfrak{C}$ 中的一个类。现在，令 $\mathfrak{C}'$ 表示 C' 与 C 中的每个类合成得到的类的组合，即

$$C',\ C'+C,\ C'+2C,\ \cdots,\ C'+(m-1)C$$

现在，显然 $\mathfrak{C}'$ 中所有的类彼此都不同，而且它们与 $\mathfrak{C}$ 中的类也都不同，它们都属于主族。如果 $\mathfrak{C}$ 和 $\mathfrak{C}'$ 完全取遍这个族，我们就有 $n=2m$，否则的话 $2m<n$。在后一种情况下，设 C' 是主族中既不包含于 $\mathfrak{C}$，也不包含于 $\mathfrak{C}'$ 的任意一个类，并且用 $\mathfrak{C}''$ 表示由 C'' 与 C 中的每个类合成得到的类的组合，即

$$C'',\ C''+C,\ C''+2C,\ \cdots,\ C''+(m-1)C$$

显然，所有这些类彼此都不相同，并且 $\mathfrak{C}$ 与 $\mathfrak{C}'$ 中的所有的类也都不相同，它们都属于主族。现在，如果 $\mathfrak{C},\ \mathfrak{C}',\ \mathfrak{C}''$ 取遍这个族，我们就有 $n=3m$，否则的话 $n>3m$。在这种情况下，就有另外一个类 C''' 包含于这个主族而不包含于 $\mathfrak{C},\ \mathfrak{C}'$，$\mathfrak{C}''$。以类似的方式，我们就发现 $n=4m$ 或者 $n>4m$，以此类推。现在，由于 n 和 m 是有限的数，主族就一定最终能够被取遍，并且 n 就是 m 的倍数，也即 m 是 n 的因数。第 2 部分证明完毕。

例：令 $D=-356$，$C=(5,\ 2,\ 72)$。[1] 我们就有 $2C=(20,\ 8,\ 21)$，$3C=(4,\ 0,\ 89)$，$4C=(20,\ -8,\ 21)$，$5C=(5,\ -2,\ 72)$，$6C$

---

[1] 我们会一直用包含在这些类中的最简单的型来表示它们。

＝（1，0，356）。这里 $m=6$，且对于这个行列式 n 是 12。如果我们取（8，2，45）作为类 C'，$\mathfrak{C}'$ 中剩下的 5 个类就是（9，–2，40），（9，2，40），（8，–2，45），（17，1，21），（17，–1，21）。

306

上一个定理的证明与条目 45 和 49 中的证明非常类似，实际上，类的相乘理论与第 3 章讨论的主题的各个方面都有密切关系。尽管这个理论值得进一步开发，但本书的篇幅不允许我们讨论这个理论。我们这里只补充部分结论，省去那些需要太多细节的证明，留待其他机会再做更加完整的讨论。

1. 如果序列 K，C，$2C$，$3C$，$\cdots$ 延伸到 $(m-1)C$ 以后，我们就再一次得到相同的类

$$mC=K,\quad (m+1)C=C,\quad (m+2)C=2C,\quad \cdots$$

并且，一般地（为了优美性，我们把 K 看作 C），对应于 g 和 g' 对于模 m 同余或者不同余，类 gC 和 $g'C$ 就是相同或者不同的类。因此，类 nC 总是与主类 K 相同。

2. 我们把类 K，C，$2C$，$\cdots$，$(m-1)C$ 的整体（我们上面用 $\mathfrak{C}$ 表示）称为类 C 的**周期**。一定不要把这个表述和条目 186 中讨论的具有正的非平方数行列式的约化型的**周期**混淆。因此，由包含在同一个周期中的任意个数的类作合成，可以得到同样包含在这个周期中的一个类

$$gC+g'C+g''C+\cdots=(g+g'+g''+\cdots)C$$

3. 由于 $C+(m-1)C=K$，所以类 C 和 $(m-1)C$ 就是相反的类，因而 $2C$ 和 $(m-2)C$ 也是相反的类，$3C$ 和 $(m-3)C$ 也是相反的类，$\cdots$因此，如果 m 是偶数，类 $\frac{m}{2}C$ 就与它自身相反，因而是**歧类**。反过来，如果在 $\mathfrak{C}$ 中存在 K 之外的任意其他的类是歧类，例如 gC，我们就有 $gC=(m-g)C$，因而 $g=m-g=\frac{m}{2}$。由此可以推出：如果 m 是偶数，除了 K 和 $\frac{m}{2}C$ 之外，$\mathfrak{C}$ 中不可能存在任何其他的歧类；如果 m 是奇数，只有 K 是歧类。

4. 假设包含在 $\mathfrak{C}$ 中的任意的类 hC 的周期是

$$K, \quad hC, \quad 2hC, \quad 3hC, \quad \cdots, \quad (m'-1)hC$$

显然，$m'h$ 是能够被 m 整除的最小的 h 的倍数。因此，如果 m 和 h 是互质的，我们就有 $m'=m$，并且两个周期包含相同的类，但排列的次序不一样。一般地，如果设 μ 是 m，h 的最大公约数，我们就有 $m'=\dfrac{m}{\mu}$。因此，包含在 $\mathfrak{C}$ 中的任意类的周期中的类的个数要么是 m，要么是 m 的因数。事实上，在 $\mathfrak{C}$ 中有 m 项的周期的类的个数，与序列 $0, 1, 2, \cdots, m-1$ 中与 m 互质的数的个数相同，如果用条目 39 中的符号，即有 φm 个类。一般地，$\mathfrak{C}$ 中有 $\dfrac{m}{\mu}$ 项的类的个数，与序列 $0, 1, 2, \cdots, m-1$ 中与 m 的最大公约数为 μ 的那些数的个数相等。不难发现，这些类的个数是 $\varphi\left(\dfrac{m}{\mu}\right)$。因此，如果 $m=n$，也即整个主族都包含于 $\mathfrak{C}$ 中，那么，在这个族中总共有 φn 个类，它们的周期都包含了整个族；并且有 φe 个类，它们的周期包含 e 个项，其中 e 是 n 的任意因数。当主族中有周期包含 n 个项的任意类时，这个结论普遍成立。

5. 在同一个假设下，排列主族中的类的最好的方法，是取一个有 n 项周期的类作为基，然后按照它们在周期中出现的顺序排列主族中的类。现在，如果我们为主类赋予**指标** 0，为我们取作基的类赋予**指标** 1，等等。那么，只要通过把指标相加，我们就能判断出主族中的任意类的合成所得到的类。下面以行列式 -356 为例子，我们取类 $(9, 2, 40)$ 作为基，得到以下类

0 $(1, 0, 356)$	4 $(20, 8, 21)$	8 $(20, -8, 21)$
1 $(9, 2, 40)$	5 $(17, 1, 21)$	9 $(8, 2, 45)$
2 $(5, 2, 72)$	6 $(4, 0, 89)$	10 $(5, -2, 72)$
3 $(8, -2, 45)$	7 $(17, -1, 21)$	11 $(9, -2, 40)$

6. 尽管与第 3 章类似，尽管我们对多于 200 个负的行列式以及更多的正的非平方数的行列式的研究，使得我们这里所指出的推测看起来似乎对**所有的**行列式都是正确的。然而，当把这个分类表继续扩展下去时，这个结论也有可能是错误的。为了简洁，我们把整个主族都包含于一个周期中的行列式称为**正则**，把不具备这一性质的行列式称为**非正则**。我们只能用一些评论阐述这个课题，它是高等算术里最深奥的秘密之一，也是最为艰深的探索之一。我们从下面的一般性说明开始。

7. 如果 C，C' 是主族中的类，它们的周期由 m，m' 个类构成，M 是能够被 m 和 m' 整除的最小的数；那么，这个族中就存在这样的类，它们的周期包含 M 项。将 M 分解为两个互质的因数 r，r'，其中一个因数（r）整除 m，另一个因数（r'）整除 m'（参考条目73），那么类 $\left(\dfrac{m}{r}\right)C + \left(\dfrac{m'}{r'}\right)C = C''$ 就有所要求的性质。假设类 C'' 的周期包含 g 项，我们就有

$$K = grC'' = gmC + \frac{grm'}{r'}C' = K + \frac{grm'}{r'}C' = \frac{grm'}{r'}C'$$

所以 $\dfrac{grm'}{r'}$ 就一定能够被 m' 整除，也即 gr 能够被 r' 整除，因而 g 能够被 r' 整除。类似地，我们发现 g 能够被 r 整除，因此 g 就能够被 $rr' = M$ 整除。由此推出，（对于给定的行列式）包含在一个周期中的最大的类的个数可以被（包含在同一个主族中的类的）任何一个其他周期中所含的类的个数整除。我们这里可以推导出求具有最大周期的类的方法（对于一个正则行列式，这个周期就包含全部主族）。这个方法与条目 73，74 中的方法完全类似，但是实际上我们可以通过各种技巧简化运算。如果我们用最大周期中类的个数除以 n，那么对于正则的行列式，我们可以得到数 1，对于非正则的行列式，我们就得到比 1 大的整数。这个商非常适合表示各种各样的非正则行列式，因此，我们把它叫作**非正则性指数**。

8. 到目前为止，我们还没有预先区分正则行列式和非正则行列式的一般性法则，尤其是在后者中既有质数又有合数。因此，我们这里添加一些特殊结论就足够了。如果在主族中能够找到多于两个歧类，那么它的行列式一定是非正则的，且非正则性指数是偶数；但是，如果这个族中只有一个或者两个歧类，那么它的行列式就是正则的，至少非正则性指数一定是奇数。所有形如 $-(216k+27)$ 的行列式（除了 -27 外）都是非正则的，并且非正则性指标能够被 3 整除。对于形如 $-(1\,000k+75)$ 和 $-(1\,000k+675)$ 的行列式（-75 除外），同样的结论成立。这个结论也适合于其他无穷多个行列式。如果非正则性指数是质数 p，或者至少可以被 p 整除，那么 n 就能够被 p^2 整除。由此推出，如果 n 不含平方因数，那么这个行列式一定是正则的。只对于正的**平方数**的行列式 e^2，我们可以事先确定它是正则还是非正则的：当 e 是 1，或者 2，或者是奇质数，或者是奇质数的幂时，它们是正则的；在其

他所有情况下，它们都是非正则的。对于负的行列式，随着行列式变大，非正则的行列式就会更加频繁地出现。例如，在第 1 组的 1 000 行列式中，我们找到 13 个非正则行列式（省略负号）：576，580，820，884，900——它们的非正则性指数是 2；243，307，339，459，675，755，891，974——它们的非正则性指数是 3。在第 2 组的 1 000 个行列式中，有 13 个非正则行列式的非正则性指数是 2，15 个非正则行列式的非正则性指数是 3。在第 10 组中，有 31 个非正则行列式的非正则型指数是 2，32 个非正则行列式的非正则型指数是 3。我们还不能确定在到 – 10 000 为止是否有非正则型指数大于 3 的行列式存在，而在超出这个界限之外，我们有可能找到由任何给定指数得出的行列式。随着行列式变大，很有可能负的非正则行列式出现频率与正则行列式出现频率的比值接近一个常数。它值得数学家们努力去确定。对于正的非平方数行列式，非正则行列式非常少见。非正则性指数是偶数的行列式一定有无穷多个（例如，3 026 的非正则性指数是 2）。似乎毫无疑问的是，存在一些非正则性指数是奇数的行列式，但我们必须承认，到目前为止还没有发现这样的行列式。

9. 为了简洁，我们这里不讨论具有非正则行列式的、包含于主族中的类的最实用的排列方法。我们仅指出，由于一个基是不够的，我们必须取两个或者更多的类，利用这些类的乘积和合成得到所有其他的类。因此，我们就得到了**二重指标**或者**多重指标**，对于正则行列式，它们所起的作用和单一指标所起的作用是一样的。但是，我们下次再详细讨论这个主题。

10. 我们最后指出，由于这里以及上个条目讨论的所有性质特别地依赖于数，它所起的作用有点类似于在第 3 章中 $p-1$ 所起的作用，这个数值得我们注意。因此，我们非常想要探索这个数和它所属的行列式之间的一般性联系。并且，我们应当有信心找到答案，因为我们已经成功地确立了（条目 302）n 与族的个数（它可以事先确定）的乘积的平均值的解析公式，至少对于负的行列式是这样。

307

上个条目的讨论仅考虑了主族中的类，因而对于只有一个族的正的行列式和只有一个定正的族的负的行列式——如果我们不讨论定负的族——这些研究已经足够了。那么，我们只需要对于剩下的（正常原始）族补充一些评论。

1. 如果 G' 是和 G 主族（行列式相同）不一样的一个族，G' 中有 1 个歧类，那么 G 中就存在同样多的歧类。设 G 中的歧类是 L，M，N，…（包含主类 K），G' 中的歧类是 L'，M'，N'，…，我们把前一个歧类的组合用 A 表示，把后一个歧类的组合用 A' 表示。显然，由于所有的类 $L+L'$，$M+L'$，$N+L'$，…都是歧类，它们彼此不同且属于 G'，因而一定也包含于 A'，A' 中类的个数不可能少于 A 中类的个数；类似地，由于类 $L'+L'$，$M'+L'$，$N'+L'$，…都彼此不同，是歧类且属于 G，因而它们包含于 A，A 中类的个数不可能少于 A' 中类的个数，因此，A 中类的个数一定等于 A' 中类的个数。

2. 由于所有歧类的个数等于族的个数（条目 261 和 287.3），显然，如果 G 中只有一个歧类，**每个**族中就一定包含一个歧类；如果 G 中存在两个歧类，那么在所有族的一半中，一定有两个歧类，另一半一定没有歧类；最后，如果 G 中包含若干个歧类，例如存在 a 个[1]，所有族的 $\frac{1}{a}$ 部分一定包含 a 个歧类，而剩下部分不包含歧类。

3. 对于 G 包含两个歧类的情况，设 G，G'，G''，…是包含两个歧类的族，且 H，H'，H''，…是不包含歧类的族，我们把第 1 个组合用 $\mathfrak{G}$ 表示，把第 2 个组合用 $\mathfrak{H}$ 表示。由于通过两个歧类的合成总是可以得到一个歧类（条目 249），我们不难发现，由 $\mathfrak{G}$ 中两个族的合成，总是可以得到 $\mathfrak{G}$ 中的一个族。进而，由 $\mathfrak{G}$ 中的一个族和 $\mathfrak{H}$ 中的一个族的合成，我们得到 $\mathfrak{H}$ 中的一个族。这是因为，如果 $G'+H$ 不属于 $\mathfrak{H}$ 而属于 $\mathfrak{G}$，$G'+H+G'$ 一定包含

---

[1] 只有在非正则行列式中才可能发生，且 a 总是 2 的方幂。

于 $\mathfrak{G}$，但这是不可能的。因为 $G' + G' = G$，所以 $G' + H + G' = H$。最后，族 $G + H$，$G' + H$，$G'' + H$，…以及 $H + H$，$H' + H$，$H'' + H$，…都是各不相同的，因此它们的整体就分别与 $\mathfrak{G}$ 和 $\mathfrak{H}$ 相同。但是，由我们刚刚的证明可知，族 $G + H$，$G' + H$，$G'' + H$，…都属于 $\mathfrak{H}$ 并且取尽这个整体。因此，一定有其他的族 $H + H$，$H' + H$，$H'' + H$，…都属于 $\mathfrak{G}$，即由 $\mathfrak{H}$ 中两个族的合成，我们一定能得到 $\mathfrak{G}$ 中的一个族。

4. 如果 E 是 V 族中的一个类，族 V 与主族 G 不同，那么 $2E$，$4E$，$6E$，…都属于 G；且 $3E$，$5E$，$7E$，…都属于 V。因此，如果类 $2E$ 的周期包含 m 项，显然，在序列 E，$2E$，$3E$，…中，与 K 相同的类是 $2mE$，而所有在 $2mE$ 前面的类都不是，也就是说，类 E 的周期包含 $2m$ 个项。因此，在不属于主族的任意类的周期中，项的个数要么是 $2n$，要么是 $2n$ 的因数，其中 n 表示每个族中类的个数。

5. 设 C 是主族 G 中一个给定的类，E 是族 V 中的这样一个类，它加倍可以得到 C（由条目 286 知，总是存在这样一个类），并且设 K，K'，K''，…是具有相同行列式的所有（正常原始）歧类；那么 E（$=E + K$），$E + K'$，$E + K''$ 就是加倍后得到 C 的**所有的**类。我们设这个整体为 Ω。这些类的个数就等于歧类的个数，也即等于族的个数。显然，Ω 中属于族 V 的类的个数和 G 中的歧类的个数是相同的。因此，如果我们把这个个数用 a 表示，那么，在每个族中要么有 Ω 中的 a 个类，要么就一个都没有。因此，当 $a = 1$ 时，每个族就包含 Ω 中的一个类；当 $a = 2$ 时，所有族的其中一半就包含 Ω 中的两个类，另外一半一个类也不包含。实际上，要么所有族的前一半与 $\mathfrak{G}$ 完全相同（按照上面的定义），另一半与 $\mathfrak{H}$ 完全相同，或者是反过来。当 a 是更大的数时，所有族的 $\dfrac{1}{a}$ 部分就包含 Ω 中的类（每部分包含 a 个类）。

6. 我们现在假设 C 是这样一个类，它的周期包含 n 个项。显然，当 $a = 2$ 且 n 是偶数的情况下，Ω 中没有类能属于 G［否则，这个类就会属于类 C 的周期中；那么，如果它是 rC，则可推出 $2rC = C$，我们就得出 $2r \equiv 1 \pmod{n}$，但这是不可能的］。因此，由于 G 属于 $\mathfrak{G}$，Ω 中所有的类一定分布在 $\mathfrak{H}$ 的族之中。因此，（对于正则行列式）G 中总共有 φn 个类，它们的周期有 n 个项；对于 $a = 2$ 的情况，在 $\mathfrak{H}$ 的每个族中有 $2\varphi n$ 个类，它们的周期有 $2n$ 个项，所以它们既包含它们自己所在的族，也包含主族；当 $a=1$ 时，除了主族之外，每个族中都包含 φn 个这样的类。

7. 有了这些结论之后，我们现在可以通过下面的方法来构建由**所有**具有任意给定正则行列式的正常原始类构成的系统（我们把非正则行列式除外）。任意选择一个周期有 $2n$ 项的类 E，这个周期包含它自己的族（我们称为 V）以及主族 G，将这 2 个族中的类按照在周期中出现的顺序排列。如果除了这 2 个族外不再有其他的族，或者似乎没有必要加上它们时（例如，对于只有两个定正的族的负的行列式），那么这项工作就完成了。但是，对于 4 个或者更多的族，剩下的族按照下面的方式处理。令 V' 是剩下的族中的任意一个族，且 $V+V'=V''$。在 V' 和 V'' 中就有两个歧类（要么各含 1 个歧类，要么在 V' 或 V'' 其中一个有 2 个歧类而另一个不含歧类）。任选其中一个歧类作为 A，显然，如果 A 分别与 G 和 V 中的每个类合成，我们就得到了属于 V' 和 V'' 的 $2n$ 个不同的类，它们取尽了这些族中的类，因此，这些族也可以排序。如果除了这 4 个族之外还有其他的族，设 V''' 是剩下的族其中的一个，V''''，V'''''，V'''''' 是V'''分别和 V，V''，V'' 合成所得到的族。这 4 个族 V'''，V''''，V'''''，V'''''' 就包含了 4 个歧类，并且如果选择其中 1 个歧类 A'，并且与 G，V，V''，V''' 中的每个类合成，我们就得到了 V'''，V''''，V'''''，V'''''' 中所有的类。如果还有更多的族，我们就以同样的方式继续合成，直到不存在更多的族。显然，如果要构建的族的个数是 2^μ 个，我们总共就需要 $\mu-1$ 个歧类，并且，这些族中的每个类可以这样来得到：要么通过类 E 的乘积，要么通过 1 个或者多个歧类与由这个乘积得到的类合成。下面举例子来阐释这些步骤。关于这种构建的用法及其简化技巧，我们就不多言了。

1）行列式 – 161 有 4 个定正族；每个族中有 4 个类

G	V
1, 4；$R7$；$R23$	3, 4；$N7$；$R23$
$(1, 0, 161)=K$	$(3, 1, 54)=E$
$(9, 1, 18)=2E$	$(6, -1, 27)=3E$
$(2, 1, 81)=4E$	$(6, 1, 27)=5E$
$(9, -1, 81)=6E$	$(3, -1, 54)=7E$

$$V'$$

3，4；$R7$；$N23$

$(7, 0, 23) = A$

$(11, -2, 15) = A + 2E$

$(14, 7, 15) = A + 4E$

$(11, 2, 15) = A + 6E$

$$V''$$

1，4；$N7$；$R23$

$(10, 3, 17) = A + E$

$(5, 2, 33) = A + 3E$

$(5, -2, 33) = A + 5E$

$(10, -3, 17) = A + 7E$

2）行列式 -546 有 8 个定正族，每个族中有 3 个类

$$G$$

1 和 3，8；$R3$；$R7$；$R13$

$(1, 0, 546) = K$

$(22, -2, 25) = 2E$

$(22, 2, 25) = 4E$

$$V$$

5 和 7，8；$N3$；$N7$；$N13$

$(5, 2, 110) = E$

$(21, 0, 26) = 3E$

$(5, -2, 110) = 5E$

$$V'$$

1 和 3，8；$N3$；$R7$；$N13$

$(2, 0, 273) = A$

$(11, -2, 50) = A + 2E$

$(11, 2, 50) = 4E$

$$V''$$

5 和 7，8；$R3$；$N7$；$R13$

$(10, 2, 55) = A + E$

$(13, 0, 42) = A + 3E$

$(10, -2, 55) = A + 5E$

$$V'''$$

1 和 3，8；$N3$；$N7$；$R13$

$(3, 0, 182) = A'$

$(17, 7, 35) = A' + 2E$

$(17, -7, 35) = A' + 4E$

$$V''''$$

5 和 7，8；$R3$；$R7$；$N13$

$(15, -3, 37) = A' + E$

$(7, 0, 78) = A' + 3E$

$(15, 3, 37) = A' + 5E$

$$V'''''$$

1 和 3，8；$R3$；$N7$；$N13$

$(6, 0, 91) = A + A'$

$(19, 9, 33) = A + A' + 2E$

$(19, -9, 33) = A + A' + 4E$

$$V''''''$$

5 和 7，8；$N3$；$R7$；$R13$

$(23, 11, 29) = A + A' + E$

$(14, 0, 39) = A + A' + 3E$

$(23, -11, 29) = A + A' + 5E$

第6章　前面讨论的若干应用

（第 308～334 条）

308

我们常常指出，关于数学其他分支的真理，通过高等算术的研究也能结出丰富的果实。因此，这里的一些应用值得展开讨论，但我们不要尝试去彻底讨论这些应用，否则就会轻易地占用掉过多的篇幅。本章我们会讨论将分数分解为更简单的分数，以及把普通的分数转化为十进制小数。我们还会讲解一种新的排除法，它对求解二次不等方程有帮助。然后，我们给出把质数与合数区分开，以及求合数的因数的新的简便方法。在其后的章节，我们会确立一种新的函数的一般理论，它对于所有的分析都有广阔的意义，并和高等算术紧密相连。我们尤其要补充一些分圆理论的新成果。到目前为止，人们仅止步于这个理论的最基本的原理。

第 1 节　将分数分解成更简单的分数

309

问题

一个分数 $\frac{m}{n}$ 的分母 n 是两个互质的数 a 和 b 的乘积，将这个分数分解为两个分母分别是 a 和 b 的分数。

解：设要求的分数是 $\frac{x}{a}$ 和 $\frac{y}{b}$，那么我们应当有 $bx + ay = m$；因此，x 就是同余方程 $bx \equiv m \pmod{a}$ 的根。我们可以通过第 2 章中的方法求出这个根，并且 y 就等于 $\frac{m-bx}{a}$。

显然，同余方程 $bx \equiv m$ 有无限多个根，所有的根对于模 a 同余；但是，仅有一个根是正的而且小于 a。y 是负值的情况也是有可能的。顺便要指出的是，我们还能够通过同余方程 $ay \equiv m \pmod{b}$ 求出 y，并且通过等式 $x = \frac{m-ay}{b}$ 求出 x。例如，给定分数 $\frac{58}{77}$，4 就是表达式 $\frac{58}{11} \pmod{7}$ 的一个值，所以 $\frac{58}{77}$ 就能够被分解为 $\frac{4}{7} + \frac{2}{11}$。

310

如果给定分数 $\frac{m}{n}$，分母 n 是任意个互质的因数 a，b，c，d，$\cdots$的乘积，那么，根据上个条目，它首先可以分解成两个分母是 a 和 $bcd\cdots$的分数，然后再把分母是 $bcd\cdots$的分数分解成分母是 b 和 $cd\cdots$的分数，再把分母是 $cd\cdots$的分数继续分解，以此类推，直到给定的分数被分解成这样的形式

$$\frac{m}{n} = \frac{\alpha}{a} + \frac{\beta}{b} + \frac{\gamma}{c} + \frac{\delta}{d} + \cdots$$

显然，我们可以取分子 α，β，γ，δ，$\cdots$为正的并且小于它们的分母，但最

后一个分子除外，因为其余的分子一旦确定，它就不是任意的了——它可能是负的或者大于它的分母（*如果我们不预先假设 n<m*）——在这种情况下，最好是把分数表示为 $\frac{\varepsilon}{e} \mp k$ 的形式，其中 ε 是正的且小于 e，k 是整数。最后，可以取 a，b，c，$\cdots$为质数或者是质数幂。

例：分数 $\frac{391}{924}$，它的分母是 $4 \times 3 \times 7 \times 11$，按照这种方式 $\frac{391}{924}$ 分解成 $\frac{1}{4} + \frac{40}{231}$，$\frac{40}{231}$ 分解成 $\frac{2}{3} - \frac{38}{77}$，$-\frac{38}{77}$ 分解成 $\frac{1}{7} - \frac{7}{11}$，因此，用 $\frac{4}{11} - 1$ 代替 $-\frac{7}{11}$，我们得出：$\frac{391}{924} = \frac{1}{4} + \frac{2}{3} + \frac{1}{7} + \frac{4}{11} - 1$。

311

分数 $\frac{m}{n}$ 只能以唯一一种方式被分解成 $\frac{\alpha}{a} + \frac{\beta}{b} + \cdots \mp k$ 的形式，使得 α，β，$\cdots$都是正的且小于 a，b，$\cdots$，也就是说，如果我们假设

$$\frac{m}{n} = \frac{\alpha}{a} + \frac{\beta}{b} + \frac{\gamma}{c} + \cdots \mp k = \frac{\alpha'}{a} + \frac{\beta'}{b} + \frac{\gamma'}{c} + \cdots \mp k'$$

并且，如果 α'，β' 也是正的，并且小于 a，b，$\cdots$，我们就一定有 $\alpha = \alpha'$，$\beta = \beta'$，$\gamma = \gamma'$，$\cdots$，$k = k'$。这是因为，如果等式两边乘以 $n = abc\cdots$，就有 $m \equiv \alpha bcd\cdots \equiv \alpha'bcd\cdots$（mod a），由于 $bcd\cdots$与 a 互质，一定有 $\alpha \equiv \alpha'$，因此 $\alpha = \alpha'$。那么 $\beta \equiv \beta'$，$\cdots$，立即推出 $k = k'$。因为首先取哪个分母是完全任意的，显然，我们可以像上个条目中求 α 那样来求所有的分子，也就是利用同余方程 $\beta acd\cdots \equiv m$（mod b）来求 β，$\gamma abd\cdots \equiv m$（mod c）来求 γ，$\cdots$。那么，求得的所有分数的和就等于分数 $\frac{m}{n}$，也即它们之间的差就是整数 k。这就给了我们检查计算的一个手段。那么，在前一个条目中，表达式 $\frac{391}{231}$（mod 4），$\frac{391}{208}$（mod 3），$\frac{391}{132}$（mod 7），$\frac{391}{84}$（mod 11）的值就直接给出了对应于分母 4，3，7，11，分子分别为 1，2，1，4，并且这些分数的和比给定的分数大 1。

第 2 节　普通分数转换为十进制数

312

定义

如果把一个普通分数转换为十进制数，那么对于这个十进制数的序列[1]（如果有整数部分，就把它排除在外），不论它是有限的还是无限的，我们都将它称作分数的**尾数**。我们所采取的方法一直以来只用于对数的表达，这里我们拓展了它的用处。例如，分数 $\frac{1}{8}$ 的尾数是 125，分数 $\frac{35}{16}$ 的尾数是 1 875，分数 $\frac{2}{37}$ 的尾数是无限重复的 054 054 …。

由这个定义立即可知，分母相同的分数 $\frac{l}{n}$ 和 $\frac{m}{n}$，对应于分子对于模 n 是同余还是非同余，就有相同或者不同的尾数。在一个有限尾数的右边添加任意多个 0 不改变这个尾数。分数 $\frac{10m}{n}$ 的尾数可以通过去掉 $\frac{m}{n}$ 的尾数的第一个数字来得到；一般地，分数 $\frac{10^v m}{n}$ 的尾数可以通过去掉 $\frac{m}{n}$ 的尾数的前 v 个数字来得到。如果 n 不大于 10，分数 $\frac{1}{n}$ 的尾数直接从一个有意义（即不等于 0）的数开始；如果 n 大于 10 且不等于 10 的方幂，当组成 n 的数字的个数等于 k 时，$\frac{1}{n}$ 的尾数的前 $k-1$ 个数字是 0，并且第 k 个数字就是有意义的。因此，如果 $\frac{l}{n}$，$\frac{m}{n}$ 有不同的尾数（l, m 对于模 n 不同余），那么这两个尾数的前 k 个数字一定不相同，至少第 k 个数字一定不同。

---

[1] 为了简洁，我们把后面的讨论限定于常用的十进制体系，但这个讨论也可以轻松地拓展到其他情况。

313

问题

给定分数 $\dfrac{m}{n}$ 的分母及其尾数的前 k 位数字，求分子 m，假定它小于 n。

解：我们把这 k 位数字看作一个整数，把它乘以 n，然后把乘积除以 10^k（把最后 k 个数字舍去）。如果商是一个整数（舍去的数字都是 0），显然，它就是我们要求的数，并且给定的尾数是完整的，否则的话我们要求的分子就是第二大的整数，也即这个商舍去后面的十进制数字后加 1。由上个条目结尾的说明我们可以轻松地理解这个规则，不需要更加详细的解释。

例：如果我们知道一个以 23 为分母的分数尾数的前 2 位数字是 69，我们有乘积 $23 \times 69 = 1\,587$。舍去最后两位数字，再加上1，我们就得到要求的分子是数 16。

314

我们先来讨论分母是质数或者质数幂的那些分数，然后我们来证明如何把剩下的分数化归为这种情况。我们立即发现，当 $p = 2$ 或者 $p = 5$ 时，分数 $\dfrac{a}{p^\mu}$ 的尾数（我们假设它的分子 a 不能被质数 p 整除）是有限的且由 μ 个数字构成；当 $p = 2$ 时，这个被看作整数的尾数就等于 $5^\mu a$，当 $p = 5$ 时，它就等于 $2^\mu a$。这是非常显然的，无须过多解释。

但是，如果 p 是其他的质数，那么不论 r 取值多么大，$10^r a$ 都无法被 p^μ 整除。因此，分数 $F = \dfrac{a}{p^\mu}$ 的尾数一定是无限的。我们假设 10^e 是数 10 对于模 p^μ 同余于 1 的最小方幂［参考第 3 章，在那里我们证明了 e 要么等于数 $(p-1)p^{\mu-1}$，要么等于它的因数］。显然，$10^e a$ 是序列 $10a$，$100a$，$1\,000a$，…对于同一个模 p^μ 同余于 a 的第 1 个数。现在，按照条目 312，我们通过分别去掉分数 F 的尾数的第一个数字，前 2 个数字，…，前 e 个数字，便可以得到分数的尾数。显然，在分数 $\dfrac{10a}{p^{\mu}}$，$\dfrac{100a}{p^{\mu}}$，$\dfrac{10^{e}a}{p^{\mu}}$，…的尾数中，只有在这前 e 个数字之后（不能在它们之前），同样的数字才会重复。我们可以把这前 e 个数字称为尾数或者分数 F 的**周期**，它们自身通过无限次重复构成了这个尾数。这个周期的位数，即这个周期中的数字的个数（就等于 e），完全独立于分子 a，由分母单独决定。例如，分数 $\dfrac{1}{11}$ 的周期是 09，分数 $\dfrac{3}{7}$ 的周期是 $428\,571$[1]。

315

因此，当我们知道了某个分数的周期，我们就可以得到这个分数的尾数的任意多位数字。现在，如果 $b \equiv 10^{\lambda}a \,(\mathrm{mod}\,p^{\mu})$，如果我们将分数 F 的周期的前 λ 个数字（我们假设 $\lambda < e$，这是可以的）写在剩下的 $e - \lambda$ 个数字之后，就能得到分数 $\dfrac{b}{p^{\mu}}$ 的周期。因此，与分数 F 的周期一起，我们同时也得到了所有这样的分数的周期：它们的分子对于分母 p^{μ} 同余于数 $10a$，$100a$，$1\,000a$，…。例如，由于 $6 \equiv 3 \times 10^{2}\,(\mathrm{mod}\,7)$，分数 $\dfrac{6}{7}$ 的周期可以立即从分数 $\dfrac{3}{7}$ 的周期推导出来，这个周期是 $857\,142$。

因此，如果 10 是模 p^{μ} 的原根（条目 57，89），由分数 $\dfrac{1}{p^{\mu}}$ 的周期，我们可以立即推导出任意其他分数 $\dfrac{m}{p^{\mu}}$ 的周期（如果分子 m 不能被 p 整除）。我们这样求解：从原周期的左边起，取出与以 10 为基时，m 对于模 p^{μ} 的指标的大小相同的数字，写到它的右边。由此，我们可知，在这种情况下为什么数 10 总是取作表 1 中的基（见条目 72）。

---

[1] 罗伯特森（《关于循环十进制分数理论》，哲学学报，伦敦，1769 年，第 207 页）通过在第 1 个数字和最后 1 个数字上面加一个点来表示周期的开始和结尾。我们认为这里没有这个必要。

如果 10 不是原根，我们就能够由分数 $\frac{1}{p^\mu}$ 的周期推导出其周期的分数是哪些分子对于模 p^μ 同余于 10 的某个方幂的分数。设 10^e 是对于模 p^μ 同余于 1 的 10 的最低次幂，并设 $(p-1)p^{\mu-1}=ef$，并且取这样的一个原根 r 作为基，使得 f 是数 10 的指标（条目 71）。在这个系统下，其周期能够由分数 $\frac{1}{p^\mu}$ 的周期推导出来的，它的分子就具有指标 f, $2f$, $3f$, $\cdots$, $ef-f$。同理，由分数 $\frac{r}{p^\mu}$ 的周期，我们能推导出这样的分数的周期，它们的分子是 $10r$, $100r$, $1\,000r$, $\cdots$，分别对应于指标 $f+1$, $2f+1$, $3f+1$, $\cdots$；由分子为 r^2（它的周期是 2）的分数的周期，我们可以推导出这样的分数的周期，它们的分子具有指标 $f+2$, $2f+2$, $3f+2$, $\cdots$，以及一般地，由分子为 r^i 的分数的周期，我们可以推导出这样的分数的周期，它们的分子具有指标 $f+i$, $2f+i$, $3f+i$, $\cdots$。因此，只要我们得到了以 1, r, r^2, r^3, $\cdots$, r^{f-1} 为分子的分数的周期，借助于下面的法则，只是通过移项，我们就能得到其他分数的周期：在取 r 作为基的系统中，令 i 是给定分数 $\frac{m}{p^\mu}$ 的分子 m 的指标［假设 i 小于 $(p-1)p^{\mu-1}$］；它被 f 除之后，我们得到 $i=\alpha f+\beta$，其中 α, β 是正整数（或者 0），且 $\beta<f$；这样做以后，通过把前 α 个数字放到其余的数字之后（当 $\alpha=0$ 时我们保持周期不变），我们可以由以 r^β（当 $\beta=0$ 时它是 1）为分子的分数的周期得到分数 $\frac{m}{p^\mu}$ 的周期。这就解释了为什么在构建表 1 时，我们采用了条目 72 中的法则。

316

按照这些原理，我们已经为小于 1 000 的形如 p^μ 的所有的分母构建了一张表。有机会的话，我们会完整地发表它，甚至对它做进一步的解释。在目前，我们给出表 3 作为样本，仅限于 100 以内，这不需要解释。对于以 10 作为原根的分母，表里给出了分子为 1 的分数的周期（例如 7, 17, 19, 23, 29, 47, 59, 61, 97）；对于其余的分母，表中给出了分别以 1, r, r^2, r^3, $\cdots$, r^{f-1} 为分子的分数 f 的个周期。我们用数字（0），（1），（2），…来区分它们，我们总是取与表 1 中相同的原根作为基 r。因此，从表 1 推导出分子的指标后，任何分子包含于这张表的分数的周期都可以通过上个条目给出的法则计算出来。然而，对于非常小的分母，不通过表 1 我们也能计算出它所属的分数的周期。如果我们按照条目 313，通过普通除法计算出必要个数的尾数中的开头数字，从而将它和具有相同分母的分数的尾数区别开来（对于表 3，必要的数字不超过 2 个）。现在，我们检查对应于给定分母的所有周期，直到求出这些开头数字，它们标志着这个周期的开始。我们必须记住，这些数字可能是分开的，某个（或很多个）数字出现在一个周期的结尾，其他数字出现在周期的开头。

例：求分数 $\frac{19}{12}$ 的周期。由表 1，对于模 19，我们有 $\mathrm{ind}\ 12 = 2\,\mathrm{ind}\ 2 + \mathrm{ind}\ 3 = 39 \equiv 3\ (\mathrm{mod}\ 18)$（条目 57）。对于这种情况，由于只有一个周期和分子 1 对应，我们必须把它的前三个数字移到末尾，才能得到要求的周期：631 578 947 368 421 052。由前两个数字 63 同样可以简单地求出这个周期的开头。

假设我们想求分数 $\frac{45}{53}$ 的周期。对于模 53，$\mathrm{ind}\ 45 = 2\,\mathrm{ind}\ 3 + \mathrm{ind}\ 5 = 49$。这里周期的个数是 $4 = f$，以及 $49 = 12f + 1$。因此，从记为（1）的周期，我们必须把前 12 个数字移到最后的位置，从而我们要求的周期是 8 490 566 037 735。

开始的数字 “84” 在表中是分开的。

我们这里指出——像我们在条目 59 中承诺的那样——借助于表 3 我们还能够求出对应于给定指标的数（在表中模是作为分母列出的）。由前文可知，我们可以求出这样一个分数的周期，给定指数对应于它的分子（尽管未知），取与这个周期中的分母中的数字同样多的开头数字就足够了。根据条目313，由这些数字我们能推导出分子，也即对应于给定指数的数。

317

通过前面的方法，对于任何这样的分数（它的分母是表内的质数或者质数

幂），它的余数不用计算就能得出任意多位数字。但是，借助于我们在本章
的开始所说的方法，我们可以把这个表的使用范围扩大，把那些分母是表内
质数或质数幂的乘积的分数也包括进去。由于这样的分数可以分解成分母是
其因数的其他分数，所以，这些分数可以被转换为十进制小数，我们只需要
对这些十进制小数求和即可。显然，这个和的末尾的数字可能比它正确的数
字小；但这个误差不可能超过被加分数的个数。所以，只要在计算这些分数
时，所取的数字个数比我们对所给分数要求计算的位数更多一些，就是恰
当的。例如，求分数 $\dfrac{6\ 099\ 380\ 351}{1\ 271\ 808\ 720} = F^{[1]}$。它的分母是数 16，9，5，49，

13，47，59 的乘积，根据上面所给的法则，我们得到

$$F = 1 + \frac{11}{16} + \frac{4}{9} + \frac{4}{5} + \frac{22}{49} + \frac{5}{13} + \frac{7}{47} + \frac{52}{59}$$

这些单个分数转换成十进制小数如下

$1 = 1$

$\dfrac{11}{16} = 0.687\ 5$

$\dfrac{4}{5} = 0.8$

$\dfrac{4}{9} = 0.444\ 444\ 444\ 444\ 444\ 444\ 444\ 4$

$\dfrac{22}{49} = 0.448\ 979\ 591\ 836\ 734\ 693\ 877\ 5$

$\dfrac{5}{13} = 0.384\ 615\ 384\ 615\ 384\ 6153\ 846$

$\dfrac{7}{47} = 0.148\ 936\ 170\ 212\ 765\ 957\ 446\ 8$

$\dfrac{52}{59} = 0.881\ 355\ 932\ 203\ 389\ 830\ 508\ 4$

$F = 4.795\ 831\ 523\ 312\ 795\ 416\ 617$

---

［1］这个分数是接近 23 的平方根的那些分数中的一个，在 12 位十进制小
数中，超出部分少于 7 位。

　　这个和与正确值之间的误差一定小于十进制小数展开中在第 22 位上的 5 个单位，因此它的前 20 位的数字不可能改变。如果取更多位数字来计算，那么代替最后两位数 17，我们得到数 189 393 6…。显然，这种把普通分数转换成十进制数的方法，对我们要求很多个十进制数时非常有用；但当我们要求很少几位数字时，普通除法或者对数法一样好用。

318

　　由于我们已经把分母是由若干个质数构成的分数，化归为分母是质数或质数幂的情况，那么我们只需要对它们的尾数补充一些说明。如果分母不包含因数 2 和 5，那么尾数依然由周期构成，因为，在这种情况下，在序列 10，100，1 000，…中，我们最终会遇到这样一个项，它对于分母同余于 1。同时，这个项的指数——可以通过条目 92 中的方法轻松地确定——就表明周期的位数，只要分子和分母互质，这个位数就与分子无关。如果分母形如 $2^{\alpha}5^{\beta}N$，N 表示与 10 互质的数，α 和 β 至少有一个不等于 0，这个分数的尾数，在前 α 或者 β（取两个中较大的）个数字之后，就是周期性的。这些周期的长度与分母为 N 的分数的周期相同。这是因为，原来的分数可以分解为分母分别是 $2^{\alpha}5^{\beta}$ 和 N 的另外两个分数，其中第 1 个分数的尾数在前 α 或者 β 个数字后就结束了。关于这个主题，我们还可以补充其他结论，尤其是关于构建像表 3 那样的表格的技巧的结论。但是，为了简洁，我们就省却这一讨论，因为关于它的很多内容罗伯特森已经发表了（见 *loc cit*），伯努利也发表过（*Nouv.mêm Acad Berlin*，1771，第 273 页）。

第 3 节　通过排除法求解同余方程

319

关于同余方程 $x^2 \equiv A \pmod{m}$（它等价于不定方程 $x^2 \equiv A + my$），在第四章（条目 146）我们已经讨论过它的可能性，似乎不需要进一步讨论了。然而，为了求出变量本身，我们在前面（条目 152）指出过，间接方法比直接方法好。如果 m 是质数（其他情况可以轻松地化归为这种情况），我们为此可以使用指数表 1（按照条目 316 的说明，结合表 3），我们在条目 60 中已经一般性地说明了这一点。但这个方法局限于表的范围。因此，我们希望下面的具有一般性且简洁的方法可以令爱好算术的读者感到高兴。

首先，我们指出，只考虑 x 的那些不大于 $\frac{m}{2}$ 的值就足够了，因为其他的值对于模 m 同余于这些值。对于 x 的这样的值，y 的值一定包含于 $-\frac{A}{m}$ 和 $\frac{m}{4} - \frac{A}{m}$ 的范围内。因此，在这里面的明显的方法是，对于包含于这个范围内的 y 的每一个值（我们把它们的总体记为 Ω），我们计算 $A + my$（我们把它记为 V），并且我们只保留那些使得 V 是平方数的值。当 m 是一个小的数（比如小于 40），那么试验的次数很少，不需要简便方法，但是，当 m 比较大时，通过下面的**排除法**，就可以尽可能地减少计算量。

320

设 E 是一个与 m 互质的大于 2 的任意整数，它的所有不同的（对于模 E 不同余的）二次非剩余是 a，b，c，$\cdots$；并且，设同余方程

$$A + my \equiv a, \ A + my \equiv b, \ A + my \equiv c, \ \cdots$$

对于模 E 的根分别是 α，β，γ，$\cdots$，它们都是正的且小于 E。设 y 有这样一

个值，它对于模 E 同余于数 α，β，γ，…其中的一个数。那么，由此得到的 $V=A+my$ 的值就同余于 a，b，c，…其中的一个，因而它是 E 的非剩余，所以它不是平方数。因此，我们可以立即将 Ω 中包含于形如 $Et+\alpha$，$Et+\beta$，$Et+\gamma$，…中没有用的值排除掉，测试剩下的值就足够了，我们称它们的组合为 Ω'。在这个运算中，数 E 可以称为排除数。

如果我们取另外一个合适的排除数 E'，以同样的方式我们可以求出和 E 的不同的二次非剩余一样多的数 α'，β'，γ'，…；y 对于模 E' 不能同余于这些数。现在，我们可以再一次从 Ω' 中去掉形如 $E't+\alpha'$，$E't+\beta'$，$E't+\gamma'$，…的所有的数。以这种方式，我们继续排除数，直到测试包含在 Ω 中的数不再比做一次新的排除更加困难。

例：给定等式 $x^2=22+97y$，y 的值的范围就是从 $-\dfrac{22}{97}$ 到 $\dfrac{97}{4}-\dfrac{22}{97}$。那么（由于值 0 显然是没有用的），$\Omega$ 就包含数 1，2，3，…，24。对于 $E=3$，它只有一个非剩余，$a=2$；所以 $\alpha=1$，且我们必须从 Ω 中排除所有形如 $3t+1$ 的数；Ω' 中剩下的数就是 16 个。类似地，对于 $E=4$，我们有 $a=2$，$b=3$，因而 $\alpha=0$，$\beta=1$；并且我们必须排除掉形如 $4t$ 和 $4t+1$ 的数。剩下的 8 个数是 2，3，6，11，14，15，18，23。那么，对于 $E=5$，我们发现必须去掉形如 $5t$ 和 $5t+3$ 的数，因而还剩下 2，6，11，14。取 $E=6$，就排除所有形如 $6t+1$ 和 $6t+4$ 的数，但是这些数已经被去掉过了（因为它们也是形如 $3t+1$ 的数）。取 $E=7$，排除掉所有形如 $7t+2$，$7t+3$，$7t+5$ 的数，还剩下 6，11，14。如果我们用这些值代入 y，我们得到的 V 值分别是 604，1 089，1 380，其中只有第 2 个数是平方数，所以 $x=\pm33$。

321

在使用排除数 E 的运算中，从 V 的值中（Ω 中对应的 y 的值）只是去掉了所有 E 的二次非剩余的值，但是作为 E 的剩余的值并没有去掉。很明显，如果是 E 奇数，使用 E 和使用 $2E$ 没有区别，因为在这种情况下 E 和 $2E$ 有相同的剩余和非剩余。因此，如果我们依次取 3，4，5，…作为排除数，那么我们可以省略不能被 4 整除的偶数 6，10，14，…这些多余的数。并且，使用 E 和 E' 作为排除数的两个运算去掉了所有这样的 V 的值，即同时是 E 和 E' 两者的非剩余以及它们其中之一的非剩余的那些值，而同时是 E 和 E' 两者的剩余的那些值就被留了下来。现在，由于在 E 和 E' 没有公约数的情况下，被去掉的数是乘积 EE' 的所有非剩余，而留下来的数是乘积 EE' 的剩余，显然，使用排除数 EE' 和使用两个排除数 E 和 E' 的效果是一样的，所以使用排除数 EE' 是多余的。因此，我们可以忽略所有能够分解成两个互质的因数的排除数，并且使用那些要么本身是质数（不能整除 m），要么是质数幂的排除数就足够了。最后，在使用以质数 p 的幂 p^μ 作为排除数后，排除数 p 和 $p^\nu(\nu<\mu)$ 就是多余的了。因为，使用排除数 p^μ 后，V 中留下的仅是它的剩余的那些值，一定不存在 p 或者较低次幂 p^ν 的非剩余。如果在 p^μ 之前使用 p 和 p^ν，那么使用排除数 p^μ 时，显然只能去掉 V 的这样的值：它们同时既是 p（或者 p^ν）的剩余，也是 p^μ 的非剩余。因此，我们只要取 p^μ 的这种非剩余作为 a，b，c，…就够了。

322

通过以下方式，对应于任意给定排除数 E，求数 α，β，γ，…的计算可以很大程度地被简化。设 $\mathfrak{A}$，$\mathfrak{B}$，$\mathfrak{C}$，…是同余方程 $my \equiv a$，$my \equiv b$，$my \equiv c$，…$(\bmod E)$ 的根，k 是同余方程 $my \equiv -A$ 的根，那么，$\alpha \equiv \mathfrak{A}+k$，$\beta \equiv \mathfrak{B}+k$，$\gamma \equiv \mathfrak{C}+k$，…。现在，如果有必要通过解这些同余方程求 $\mathfrak{A}$，$\mathfrak{B}$，$\mathfrak{C}$，…，那么这种求 α，β，γ，…的方法就不比我们上面使用的方法简单；但求解这些同余方程并不是必须的。这是因为，如果 E 是一个质数，m 是 E 的二次剩余，由条目 98 可知，$\mathfrak{A}$，$\mathfrak{B}$，$\mathfrak{C}$，…，即表达式 $\frac{a}{m}$，$\frac{b}{m}$，$\frac{c}{m}$，…$(\bmod E)$ 的值是 E 的不同的非剩余；因而，如果不考虑它们的排列次序（这个次序反正也是无关紧要的），它们就与 α，β，γ，…完全相同。如果其他假设不变，m 是 E 的非剩余，那么数 $\mathfrak{A}$，$\mathfrak{B}$，$\mathfrak{C}$，…就与 E 的所有二次剩余相同，0 除外。如果 E 是一个（奇）质数的平方数 p^2，且 p 已经被用作排除数，

那么根据上个条目，只要取以下这些数作为 a，b，c，$\cdots$ 就足够了：它们是模 p 的剩余中的模 p^2 的非剩余，即数 p，$2p$，$3p$，$\cdots$，p^2-p（所有被 p 整除且小于 p^2 的数，0 除外）。因此，我们一定可以得到这些数作为数 $\mathfrak{A}$，$\mathfrak{B}$，$\mathfrak{C}$，$\cdots$，只有次序不同。同理，如果我们在取过排除数 p 和 p^2 之后，再取 $E=p^3$，那么，取模 p 的各个非剩余和 p^2 的乘积作为 a，b，c，$\cdots$ 就足够了。因此，当 m 是模 p 的非剩余时，$\mathfrak{A}$，$\mathfrak{B}$，$\mathfrak{C}$，$\cdots$ 就是同样的这些数；当 m 是模 p 的非剩余时，它们就是模 p 的除 0 以外的每个剩余和 p^2 的乘积。一般地，如果我们取任意一个质数幂作为 E，比如 p^μ，且在此之前已经使用过所有比 p^μ 低的幂作为排除数，那么，当 μ 是偶数时，$\mathfrak{A}$，$\mathfrak{B}$，$\mathfrak{C}$，$\cdots$ 就是 $p^{\mu-1}$ 和所有小于 p 的数（0 除外）的乘积；当 μ 是奇数且 $m\,R\,p$ 时，$\mathfrak{A}$，$\mathfrak{B}$，$\mathfrak{C}$，$\cdots$ 就是 $p^{\mu-1}$ 和所有模 p 的非剩余中小于 p 的数的乘积；当 μ 是奇数且 $m\,N\,p$ 时，$\mathfrak{A}$，$\mathfrak{B}$，$\mathfrak{C}$，$\cdots$ 就是 $p^{\mu-1}$ 和所有模 p 的剩余中小于 p 的数的乘积。如果 $E=4$，且 $a=2$，$b=3$，那么对应于 $m\equiv1$ 或者 $m\equiv3\,(\mathrm{mod}\,4)$，我们就有 2 和 3，或者 2 和 1 分别是 $\mathfrak{A}$，$\mathfrak{B}$。如果在使用过排除数 4 之后，取 $E=8$，我们就有 $\alpha=5$，那么对应于 $m\equiv1$，$m\equiv3$，$m\equiv5$，$m\equiv7\,(\mathrm{mod}\,8)$，$\mathfrak{A}$ 就是 5，7，1，13。一般地，如果 E 是 2 的更高次幂，比方说 2^μ，并且所有的比 2^μ 更低的幂都已经使用过了，当 μ 是偶数时，我们应当令 $a=2^{\mu-1}$，$b=3\times2^{\mu-2}$，那么，我们就得到了 $\mathfrak{A}=2^{\mu-1}$，对应于 $m\equiv1$ 或 $m\equiv3$，分别有 $\mathfrak{B}=3\times2^{\mu-2}$ 或者 $\mathfrak{B}=2^{\mu-2}$。但是，当 μ 是奇数时，我们应当令 $a=5\times2^{\mu-3}$，则对应于 $m\equiv1$，$m\equiv3$，$m\equiv5$，$m\equiv7\,(\mathrm{mod}\,8)$，$\mathfrak{A}$ 就等于 $2^{\mu-3}$ 分别与 5，7，1，3 的乘积。

　　不过，熟练的数学家会轻松地找到一种方法，在用足够的排除法计算出 α，β，γ，$\cdots$ 之后，**简单地**从 Ω 中去掉那些没有用的 y 的值即可。但是我们没有足够的篇幅讨论它以及其他简化计算的技巧了。

第 4 节　用排除法解不定方程 $mx^2+ny^2=A$

323

在第 5 章，我们给出了通过二元型 mx^2+ny^2 求给定的数 A 的所有表示法的一般性方法。当然，它和求不定方程 $mx^2+ny^2=A$ 的解是一样的。如果我们已经得到了表达式 $\sqrt{-mn}$ 对于模 A 本身，以及以 A 被它的平方因数除得的数为模的全部的值，那么，从简洁的角度来说，这个方法没有什么需要改进的了。然而，对于 mn 是正数的情况，我们给出一个方法，当那些值还没有被计算出来时，这个方法比直接法简便得多。我们假设数 m，n，A 是正数且彼此互质，其他的情况可以轻而易举地被化归为这种情况。我们只要推导出 x，y 的正值就够了，因为其他的值可以由这些值通过改变符号导出。

显然，x 一定要使得 $\dfrac{A-mx^2}{n}$（我们用 V 表示）是正整数，而且是平方数。第 1 个条件要求 x 不大于 $\sqrt{\dfrac{A}{m}}$；第 2 个条件要求当 $n=1$ 时成立，n 不等于 1 时就要求表达式 $\dfrac{A}{m}$（$\bmod n$）是 n 的二次剩余。并且，如果我们用 $\pm r$，$\pm r'$，$\cdots$ 表示 $\sqrt{\dfrac{A}{m}}$（$\bmod n$）的各个不同的值，那么 x 就一定包含于形如 $nt+r$，$nt-r$，$nt+r'$，$\cdots$ 的数中。最简单的方法是用所有小于界限 $\sqrt{\dfrac{A}{m}}$ 的这些形式的数（我们把它们的整体记作 Ω）代替 x，只保留它们中使得 V 是平方数的那些数。在下面的条目中，我们将指出如何尽可能地减少试验的次数。

324

如在前面的讨论中一样，我们下面用到的排除法涉及任意若干个数，我们同样称它们为**排除数**。下一步，我们将求出这样的 x 的值，使得 V 的值成为排除数的非剩余，再将这样的 x 的值从 Ω 中去掉。这里的推理和条目 321 中的推理完全类似，因此，我们应当只使用质数和质数幂作为排除数。对于质数幂是排除数的情况，假如我们已经对这个质数的所有较低次幂使用了排除法的话，我们只需要在 V 的值中排除掉那些非剩余，它们是所有较低次幂的剩余。

设排除数是 $E = p^{\mu}$（我们可以有 $\mu = 1$），p 是质数且不能整除 m，并且假设[1] p^{ν} 是能整除 n 的 p 的最高次幂，设 a，b，c，…是 E 的二次非剩余（当 $\mu = 1$ 时，取全部；当 $\mu > 1$ 时，只取必要的那些，即较低次幂的剩余），计算同余方程

$$mz \equiv A - na, \; mz \equiv A - nb, \; mz \equiv A - nc, \; \cdots, \quad (\bmod \, Ep^{\nu} = p^{\mu+\nu})$$

的根，并用 α，β，γ，…记这些根。不难发现，如果对于 x 的某些值，$x^2 \equiv \alpha \, (\bmod \, Ep^{\nu})$，那么，对应的 V 的值就同余于 $a \, (\bmod \, E)$，即模 E 的非剩余。类似地，对于剩下的数 β，γ，…，这个结论也成立。反过来，不难发现，如果 x 的某个值使得 $V \equiv a \, (\bmod \, E)$，那么对于这个值我们就有 $x^2 \equiv \alpha \, (\bmod \, Ep^{\nu})$。因此，$x$ 的所有这样的值（它使得 x^2 对于模 Ep^{ν} 不同余于 α，β，γ，…中任何一个数）就能导出 V 的这样的值（它对于模 E 不同余于 a，b，c，…中任何一个数）。现在，从数 α，β，γ，…中选择所有是 Ep^{ν} 的二次剩余的数，并且记为 g，g'，g''，…。计算表达式 $\sqrt{g}$，$\sqrt{g'}$，$\sqrt{g''}$，…$(\bmod \, Ep^{\nu})$ 的值，把它们记为 $\pm h$，$\pm h'$，$\pm h''$，…。这样做完之后，就可以安全地把形如 $Ep^{\nu}t \pm h$，$Ep^{\nu}t \pm h'$，$Ep^{\nu}t \pm h''$，…的所有的数从 Ω 中去掉，在做完这个排除之后，所有形如 $Eu + a$，$Eu + b$，$Eu + c$，…的 V 的值不可能对应于 Ω 中 x 的任何值。显然，当数 α，β，γ，…都不是 Ep^{ν} 的二次剩余时，Ω 中没有任何 x 的值能够导出这样的 V 的值。因此，在这种情况下，数 E 不能当作排除数

---

[1] 为了简洁，我们把 n 能够被 p 整除和 n 不能被 p 整除的两种情况一起考虑；在后一种情况下，我们应当令 $\nu = 0$。

□ 《九章算术》书影

　　《九章算术》，我国现存最早的古代数学代表作之一，全书共9卷，分为246题202术。此书作者已不可考，一般认为是经历代各家增补修订，而逐渐成为现今定本。书中总结了自先秦以来的中国古代数学，既包含了以前已经解决的数学问题，又有汉朝时新发现的数学成就。在数学史上，它标志着我国古代数学体系的形成。

使用。以这种方式，我们想使用多少个排除数都可以，从而可随意地减少 Ω 中的数。

　　我们现在来看一下是不是可以使用整除 m 的质数和它们的幂作为排除数。设 B 是表达式 $\frac{A}{n}$（mod m）的值，显然，不论我们给 x 取什么值，V 总是对于模 m 同余于 B。因而，为使所给方程可解，B 必须是模 m 的二次剩余。设 p 是 m 的任意奇质因数。由假设可知，它不整除 n 或者 A，因而也不整除 B。对于 x 的任意值，V 不但是 p 的剩余，也是 p 的任意次幂的剩余；因此，p 以及它的任意次幂都不能被取作排除数。类似地，如果 m 能够被 8 整除，为使所给方程可解，必须有 $B \equiv 1$（mod 8），因而对于 x 的任意值，V 都同余于 1（mod 8），并且 2 的方幂就不适合作为排除数。如果 m 能够被 4 整除但不能被 8 整除，我们一定有 $B \equiv 1$（mod 4），

并且表达式 $\frac{A}{n}$（mod 8）的值就是 1 或者 5，我们记作 C。对于 x 的偶数值，我们有 $V \equiv C$；对于 x 的奇数值，有 $V \equiv C+4$（mod 8）。因而，当 $C=5$ 时必须把偶数值去掉，当 $C=1$ 时必须把奇数值去掉。最后，当 m 能够被 2 整除但不能被 4 整除时，像前面那样设 C 是表达式 $\frac{A}{n}$（mod 8）的值，它就是 1，3，5 或 7，并且设 D 是表达式 $\frac{m}{2n}$（mod 4）的值，它就是 1 或 3。现在，由于 V 的值总是同余于 $C-2Dx^2$（mod 8），所以对于 x 的偶数值，它同余于 C，对于 x 的奇数值，它同余于 $C-2D$，由此推出，当 $C=1$ 时，x 的所有奇数值都要去掉，当 $C=3$ 且 $D=1$，或者 $C=7$ 且 $D=3$ 时，x 的所有偶数值都要去掉。剩下的 x 的所有值都能导出 $V \equiv 1$（mod 8），也就是说，V 是 2 的任意次幂的剩余。最后剩下的情况是，当 $C=5$，或者 $C=3$ 且 $D=3$，或

者 $C=7$ 且 $D=1$ 时，不论 x 是奇数还是偶数，我们得出 V 等于 3，5 或者 7（mod 8）。由此推出，在这些情况下，所给方程根本无解。

现在，通过排除法求 x 的值的方法也能用来求 y 的值。因此，应用排除法来解所给的问题总是有两种方式（除了 $m-n=1$，这时两种方式相同）。我们通常应当选择使得 Ω 中项的个数更少的那个方式，而这个个数是可以预先估计的。顺便要指出的是，在几轮排除之后，如果 Ω 中所有的数都被排除了，这就意味着所给方程是不可解的。

325

例：设所给方程是 $3x^2+455y^2=10\,857\,362$。我们用两种方式求解：首先考察 x 的值，然后考察 y 的值。这里 x 的上界是 $\sqrt{\dfrac{10\,857\,362}{3}}$，它处于 1 902 和 1 903 之间，表达式 $\dfrac{A}{3}$（mod 455）的值是 354，表达式 $\sqrt{354}$（mod 455）的值是 ±82，±152，±173，±212。所以，Ω 是由以下 33 个数构成：82，152，173，212，243，282，303，373，537，607，628，667，698，737，758，828，992，1 062，1 083，1 122，1 153，1 192，1 213，1 283，1 447，1 517，1 538，1 577，1 608，1 647，1 668，1 738，1 902。

在这种情况下，数 3 不能用作排除数，因为它整除 m。对于排除数 4，我们得出 $a=2$，$b=3$，所以，$\alpha=0$，$\beta=3$，$g=0$，且表达式 $\sqrt{g}$（mod 4）的值是 0 和 2，因此，所有形如 $4t$ 和 $4t+2$ 的数，即所有的偶数必须从 Ω 中排除。我们把剩下的 16 个数的总体记为 Ω'。对于 $E=5$，它也整除 n，同余方程 $mz\equiv A-2n$ 和 $mz\equiv A-3n$（mod 25）的根是 9 和 24，它们都是 25 的剩余。表达式 $\sqrt{9}$ 和 $\sqrt{24}$（mod 25）的值是 ±3，±7。如果我们从 Ω' 中排除所有形如 $25t\pm3$ 和 $25t\pm7$ 的数，那么还剩下这 10 个数（记为 Ω''）：173，373，537，667，737，1 083，1 213，1 283，1 517，1 577。对于 $E=7$，同余方程 $mz\equiv A-3n$，$mz\equiv A-5n$，$mz\equiv A-6n$（mod 49）的根是 32，39，18。它们都是 49 的剩余，且表达式 $\sqrt{32}$，$\sqrt{39}$，$\sqrt{38}$（mod 49）的值分别是 ±9，

±23，±19。当我们从 Ω'' 中排除所有形如 $49t \pm 9$，$49t \pm 19$，$49t \pm 23$ 的数之后，还剩下这 5 个数（Ω'''）：537，737，1 083，1 213，1 517。对于 $E = 8$，我们有 $a = 5$，所以，$\alpha = 5$，即 α 是模 8 的非剩余。因此，数 8 不能作为排除数。和排除数 3 的理由相同，数 9 同样不能作为排除数。对于 $E = 11$，数 a，b，$\cdots$ 分别为 2，6，7，8，10，$\nu = 0$，所以数 α，β，$\cdots$ 分别为 8，10，5，0，1。这些数中，0，1，5 是 11 的剩余。因此，我们从 Ω''' 中排除形如 $11t$，$11t \pm 1$，$11t \pm 4$ 的数，还剩下数 537，1 083，1 213。如果我们试用这些数，那么相应地得到 V 值 21 961，16 129，14 161，只有第 2 个值和第 3 个值是平方数。因此，所给方程有 2 组正整数解 x，y，即 $x = 1 083$，$y = 127$；$x = 1 213$，$y = 119$。

其次，如果我们想用排除法来求这个方程的另一个未知数，那么就调换 x 和 y，把方程写作 $455x^2 + 3y^2 = 10 857 362$，这样我们就能保留条目 323，324 里的记号。那么，x 的值的上限位于 154 和 155 之间，表达式 $\frac{A}{m}$（mod n）的值是 1，$\sqrt{1}$（mod 3）的值是 +1 和 -1。因此，Ω 包含所有形如 $3t + 1$ 和 $3t - 1$ 的数，即直到 154（含154）的所有不能被 3 整除的数，一共有 103 个这样的数。对于排除数 3，4，9，11，17，19，23，使用上面给出的法则，我们必须排除形如 $9t + 4$；$4t$，$4t \pm 2$（也即所有的偶数）；$27t \pm 1$，$27t \pm 10$；$11t$，$11t \pm 1$，$11t \pm 3$；$17t \pm 3$，$17t \pm 4$，$17t \pm 5$，$17t \pm 7$；$19t \pm 2$，$19t \pm 3$，$19t \pm 8$，$19t \pm 9$；$23t$，$23t \pm 1$，$23t \pm 5$，$23t \pm 7$，$23t \pm 9$，$23t \pm 10$ 的数。在删除了所有这些数之后，我们还剩下数 119，127，它们都使得 V 是平方数，并得到和上面相同的解。

326

前面的方法如此简洁，几乎没有什么需要补充的了。但是，还有很多可以简化计算的技巧。我们这里只介绍几个，并把讨论限定在排除数是不能整除 A 的奇质数，或者是这样的质数的幂的情况。剩下的情况可以通过类似的方式来讨论，或者化归为这种情况。我们**首先**假设，排除数 $E = p$ 是不能整除

m，n 的质数，表达式 $\dfrac{A}{m}$，$-\dfrac{na}{m}$，$-\dfrac{nb}{m}$，$-\dfrac{nc}{m}$，$\cdots$（mod p）的值分别是 k，$\mathfrak{A}$，$\mathfrak{B}$，$\mathfrak{C}\cdots$。由同余方程 $\alpha \equiv k+\mathfrak{A}$，$\beta \equiv k+\mathfrak{B}$，$\gamma \equiv k+\mathfrak{C}$，$\cdots$（mod p）导出数 α，β，γ，$\cdots$。实际上，通过在条目 322 中使用过的一个技巧，不用计算同余方程，我们就能确定数 $\mathfrak{A}$，$\mathfrak{B}$，$\mathfrak{C}$，$\cdots$。对应于表达式 $-\dfrac{m}{n}$（mod p）的值，也即数 $-mn$（它们是一回事）是 p 的剩余或者非剩余，这些数就与 p 的所有非剩余或者所有剩余（0 除外）相同。因此，在上个条目的例子中，对于 $E=17$，我们有 $k=7$，$-mn=-1\,365\equiv 12$ 是 17 的非剩余；因此数 $\mathfrak{A}$，$\mathfrak{B}$，$\mathfrak{C}$，$\cdots$就是 1，2，4，8，9，13，15，16，且数 α，β，$\cdots$就是 8，9，11，15，16，3，5，6。这些数中的剩余是 8，9，15，16，所以 $\pm h$，$\pm h'\cdots$等于 ± 5，± 3，± 7，± 4。对于那些经常要解这类问题的人，如果他们同时要对若干个质数 p ——在双重假设（即 $-mn$ 是模 p 的剩余或者非剩余）下——对应于各个值 k（1，2，3，$\cdots$，$p-1$）去计算值 h，h'，$\cdots$，那么，他们就会发现这种方法极其有用。当数 k 和 $-mn$ 都是 p 的剩余或者都是 p 的非剩余时，数 h，$-h$，h'，$\cdots$的个数总是等于 $\dfrac{p-1}{2}$；当 k 是 p 的剩余，$-mn$ 是 p 的非剩余时，这个个数总是等于 $\dfrac{p-3}{2}$；当 k 是 p 的非剩余，$-mn$是 p 的剩余时，这个个数总是等于 $\dfrac{p+1}{2}$。但为了简洁，我们此处必须略去这个定理的证明。

其次，我们可以非常快速地解释 E 是整除 n 的质数的情况，或者是这种情况：E 是（奇）质数的幂，不论它能不能整除 n。我们把这些情况放在一起讨论，保留条目 324 的符号，令 $n=n'p^{\nu}$，使得 n' 不能被 p 整除。对应于 μ 是偶数或者奇数，数 a，b，c，$\cdots$就是 $p^{\mu-1}$ 乘以所有小于 p 的数（0 除外）或者 $p^{\mu-1}$ 乘以所有模 p 的非剩余中小于 p 的数。我们用 $up^{\mu-1}$ 来表示它们，u 是不确定的数。设 k 是表达式 $\dfrac{A}{m}$（mod $p^{\mu+\nu}$）的值，它不能被 p 整除，因为 A 不能被 p 整除。所有的数 α，β，γ，$\cdots$就对于模 p 同余于 k，因此，如果 $k\,N\,p$，则 p^{μ} 不会把任何数从 Ω 中排除出去；但是，如果 $k\,R\,p$，从而 $k\,R\,p^{\mu+\nu}$，设 r 是表达式 $\sqrt{k}$（mod $p^{\mu+\nu}$）的值（所以 r 不能被 p 整除），并且设 e 是表达式 $-\dfrac{n'}{2mr}$（mod p）的值，那么，我们就有 $\alpha \equiv r^2+2erap^{\nu}$（mod

$p^{\mu+\nu}$），显然，α 就是 $p^{\mu+\nu}$ 的剩余，且表达式 $\sqrt{a}$（mod $p^{\mu+\nu}$）的值就是 $\pm$（$r+eap^{\nu}$）。因此，所有的数 h，h'，h''，$\cdots$就可以由 $r+uep^{\mu+\nu-1}$ 表示，其中，u 的取值有几种情况：当 μ 是偶数时，u 是所有小于 p 的数（0 除外）；当 μ 是奇数且 eRp 时（也即当 $-2mrn'Rp$ 时），u 是所有模的 p 非剩余中小于 p 的数；当 μ 是奇数且 $-2mrn'Np$ 时，u 是所有的剩余（0 除外）。

但是，正像我们对每个排除数求出数 h，h'，h''，$\cdots$一样，我们可以通过机械计算来完成排除法本身。如果这看起来有用，读者就可以轻而易举地运用这种技巧。

最后，我们应当指出，所有这样的方程 $ax^2+2bxy+cy^2=M$ ——其中 b^2-ac 是负值，记为 $-D$ ——可以轻而易举地化归为我们在上个条目中讨论的形式。如果我们设 m 是数 a，b 的最大公约数，并且设

$$a=ma',\ b=mb',\ \frac{D}{m}=a'c-mb'b'=m,\ a'x+b'y=x'$$

方程就等价于 $mx'x'+ny^2=a'M$。这个方程可以按照我们上面给出的法则解出。只有这样的解——其中 $x'-b'y$ 能够被 a' 整除，即可以给出 x 的整数值——要保留下来。

第 5 节　当 A 是负数时，解同余方程 $x^2 \equiv A$ 的另一种方法

327

第 5 章里方程 $ax^2 + 2bxy + cy^2 = M$ 的直接解法，是假设我们知道表达式 $\sqrt{(b^2 - ac)}$（mod M）的值。反过来，只要 $b^2 - ac$ 是负数，上面的间接解法给出了求这些值的一个非常快速的方法，当 M 的值比较大时，这种方法也比条目 322 及其后条目中的方法更好。但是，我们要假定 M 是质数，或者如果它是合数，它的因数是未知的。如果知道质数 p 整除 M，并且 $M = p^\mu M'$，使得 M' 不包含因数 p，那么，更加方便的是分别去求表达式 $\sqrt{(b^2 - ac)}$ 对于模 p^μ 的值，以及对于模 M' 的值（由它对于模 p 的值可得到它对于模 p^μ 的值，条目 101），然后由它们的组合就可以推导出对于模 M 的值（条目 105）。

因此，我们来求表达式 $\sqrt{-D}$（mod M）的所有的值，其中 D 和 M 是正数，且 M 包含于 $x^2 + D$ 的因数的形式中（条目 147 及其后）——否则的话，我们就预先知道不存在任何数满足这个表达式。我们要求的这些值总是成对存在且彼此相反。设它们是 $\pm r$，$\pm r'$，$\pm r''$，…，且 $D + r^2 = Mh$，$D + r'r' = Mh'$，$D + r''r'' = Mh''$，…，我们用 $\mathfrak{C}$，$-\mathfrak{C}$，$\mathfrak{C}'$，$-\mathfrak{C}'$，$\mathfrak{C}''$，$-\mathfrak{C}''$，…分别表示型 (M, r, h)，$(M, -r, h)$，(M, r', h')，$(M, -r', h')$，(M, r'', h'')，$(M, -r'', h'')$，…所属的类，并且用 $\mathfrak{G}$ 表示这些类的总体。一般来说，这些类要按照未知的类来讨论。很清楚的是，**首先**，它们都是定正的和正常原始的类。**其次**，它们都属于同一个族，其**特征**容易由数 M 的性质来确定，即由它与 D 的每个质因数（以及必要时它同 4 或者 8）之间的关系来确定（参考条目 230）。由于我们假设了 M 包含于 $x^2 + D$ 的因数的形式中，我们可以预先确定，一定存在一个行列式为 $-D$ 的定正的正常原始族对应于这个特征，即使表达式 $\sqrt{-D}$（mod M）的值不存在。因此，由于这个族是已知的，我们可以求出属于这个族的所有的类，并分别用 C，C'，C''，…

表示，用 G 表示它们的整体。那么可知，每个类 $\mathfrak{C}$，$-\mathfrak{C}$，…一定与 $\mathfrak{G}$ 中的某个类相同。还可能出现这样的情况：$\mathfrak{G}$ 中的若干个类彼此相同，因此都和 G 中的同一个类相同。那么，如果 G 中只包含一个类，$\mathfrak{G}$ 中的所有的类必定都和这个类相同。因此，如果我们从类 C，C'，C''，…（每个类）中选择一个最简单的型 f，f'，f''，…，那么 $\mathfrak{G}$ 中的每个类中将只包含这些型中的一个。现在，如果 $ax^2 + 2bxy + cy^2$ 是包含于 $\mathfrak{C}$ 中的一个型，那么就有两种属于值 r 的由这个型给出的 M 的表示法，且如果其中一个是 $x = m$，$y = n$，另一个就是 $x = -m$，$y = -n$。唯一的例外是当 $D = 1$ 时，在这种情况下，就存在 4 种表示（见条目 180）。

由此推出，如果我们求出数 M 由每个型 f，f'，f''，…给出的所有表示（使用上个条目中的间接法），并且由它们推导出属于各个表示的表达式 $\sqrt{-D}$（$\bmod M$）的所有的值（条目 154 以及其后），我们会得到这个表达式的所有的值。实际上，它们每个都出现 2 次，或者，如果 $D = 1$，就出现 4 次；问题解决。如果我们在 f，f'，…中不能找到任何表示出 M 的型，这就意味着它们不属于 $\mathfrak{G}$ 中的任何一个类，因而应当被排除掉。但是，如果 M 不能被所有这些型表示，那么 $-D$ 一定是 M 的二次剩余。关于这些运算，我们应当记住以下这些结论：

1. 我们这里使用的数 M 由型 f，f'，…给出的表示，是那些与未知数的值互质的表示；如果存在其他的表示，其中这些值有公约数 μ（当 μ^2 整除 M 时这是可能发生的，当 μ^2 整除 $-DR\dfrac{M}{m^2}$ 时一定会发生），那么，为了我们现在的目的，一定要完全排除这些表示，即使在其他情况下它们可能是有用的。

2. 其他条件相同的情况下，显然，类 f，f'，f''，…的个数越少，涉及的计算量就越少。那么，当 D 是条目 303 中讨论的 65 个数其中的一个时，计算量最少，因为它们每个族中只有一个类。

3. 由于 $x = m$，$y = n$ 和 $x = -m$，$y = -n$ 这两个表示总是属于同一个值，显然，我们讨论其中 y 是正的那个表示就足够了。不同的表示总是对应表达式 $\sqrt{-D}$（$\bmod M$）的不同的值，且所有不同的值的个数就等于这种表示的个数（我们总是排除 $D = 1$ 的情况；$D = 1$ 时，第 1 个个数就是第 2 个个数的一半）。

4. 只要我们知道了两个相反数 r，$-r$ 中的一个，就立即知道另一个，运算就可以在一定程度上被简化。如果从 M 由包含在类 C 中的型给出的表示可以导出值 r，即 $\mathfrak{C}=C$，那么，相反的值 $-r$ 显然是由与 C 相反的类中包含的型给出的表示法导出，除非 C 是歧类，否则，这个相反的类总是和 C 不一样。由此推出，当 G 中的所有的类不全为歧类时，只需要考虑剩下的类中的一半。我们可以排除掉每对相反的类的其中一个，只计算一个值，就可以立即写出另外一个相反的值。如果 C 是歧类，两个值 r 和 $-r$ 就会同时出现，也就是说，如果我们从 C 中取歧型 $ax^2+2bxy+cy^2$，那么，值 r 就从表达式 $x=m$，$y=n$ 得到，值 $-r$ 就从表达式 $x=-m-\dfrac{2bn}{a}$，$y=n$ 得到。

5. 对于 $D=1$ 的情况，只有 1 个类，从中我们可以选取型 x^2+y^2。如果从表达式 $x=m$，$y=n$ 可以得到值 r，那么这个值也可以从 $x=-m$，$y=-n$；$x=n$，$y=-m$；$x=-n$，$y=m$ 得到，并且相反的值 $-r$ 就由 $x=m$，$y=-n$；$x=-m$，$y=n$；$x=n$，$y=m$；$x=-n$，$y=-m$ 得到。因此，在这些只构成 1 个分解的 8 个表达式中，只要一个表达式就足够了，我们把由它得到的值及其相反的值结合起来就可以得到其他表达式。

6. 根据条目 155，表示 $M=am^2+2bmn+cn^2$ 所属的表达式 $\sqrt{-D}$（$\mathrm{mod}\,M$）的值是 $\mu(mb+nc)-v(ma+nb)$ 或任何对于模 M 和它同余的数。取这样 μ，v 的值，使得 $\mu m+vn=1$。如果我们用 v 表示这个值，我们就有

$$m v \equiv \mu m(mb+nc)-v(M-mnb-n^2c) \equiv (\mu m+vn)(mb+nc)$$
$$\equiv mb+nc \,(\mathrm{mod}\,M)$$

因此，v 是表达式 $\dfrac{mb+nc}{m}$（$\mathrm{mod}\,M$）的值；同理，我们发现它也是表达式 $-\dfrac{ma+nb}{n}$（$\mathrm{mod}\,M$）的值。这些公式往往比导出这些公式的原公式更好用。

328

例：1. 求表达式 $\sqrt{-1\,365}$（$\mathrm{mod}\,5\,428\,681=M$）的所有的值。对于模 4，3，5，7，13，数 M 同余于 1，1，1，6，11，因而它就包含于式 x^2+1，x^2+3，x^2-5 的除数型，以及式 x^2+7，x^2-13 的非除数型中，即它包含于

式 $x^2 + 1\,365$ 的除数型。类 $\mathfrak{G}$ 所在的族的特征就是 1，4；R 3；R 5；N 7；N 13。这个族中只包含一个类。从这个类中我们选择型 $6x^2 + 6xy + 229y^2$，为了求出数 M 由这个型给出的所有表示，我们设 $2x + y = x'$，那么我们有 $3x'x' + 455y^2 = 2M$。这个方程有 4 个 y 为正值的解，即 $y = 127$，$x' = \pm 1\,083$；$y = 119$，$x' = \pm 1\,213$。由这些解我们得到方程 $6x^2 + 6xy + 229y^2 = M$ 的 4 组 y 为正值的解

x	478	-605	547	-666
y	127	127	119	119

第 1 个解给出了 v 是表达式 $\dfrac{30\,517}{478}$（$\mathrm{mod}\, M$）或 $\dfrac{3\,249}{127}$（$\mathrm{mod}\, M$）的值，这个值是 $2\,350\,978$，第 2 个解给出了相反的值 $-2\,350\,978$，第 3 个解给出了值 $2\,600\,262$，第 4 个解给出了相反的值 $-2\,600\,262$。

2. 求表达式 $\sqrt{-286}$（$\mathrm{mod}\, 4\,272\,943 = M$）的值。类 $\mathfrak{G}$ 所在的族的特征就是 1 和 7，8；R 11；R 13。因此，它是主族，包含 3 个类，它们由型（1，0，286），（14，6，23），（14，-6，23）代表。我们可以忽略第 3 个型，因为它和第 2 个型相反。由型 $x^2 + 286y^2$，我们可以求得数 M 的两个 y 是正值的表示，即 $y = 103$，$x = \pm 1\,113$。由此我们推出所给表达式的值：$1\,493\,445$，$-1\,493\,445$。我们发现，M 不能用型（14，6，23）表示，所以我们推断该表达式只有这两组值。

3. 给出表达式 $\sqrt{-70}$（$\mathrm{mod}\, 997\,331 = M$）的值，类 $\mathfrak{G}$ 一定包含于特征为 3 和 5，8；R 5；N 7 的族中。这个族中只有一个类，它的代表型是（5，0，14）。我们在计算时会发现数 $997\,331$ 不能由型（5，0，14）表示，因而 -70 一定是数 $997\,331$ 的二次非剩余。

第 6 节　将合数同质数区分开来并确定它们的因数的两种方法

329

将质数同合数区分开来，并且将合数分解成它们的质因数，这是算术中最重要和最有用的问题之一。它令数学界为之着迷，古代和当代的数学家都进行过这个问题的研究，所以这里我们再做长篇大论就未免多余。然而，我们必须承认，到目前为止被提出的方法，要么局限于特殊情况，要么过于复杂冗长，即使在著名数学家所构造的表内的数字（这些数字不需要精巧的方法），也令最熟练的计算者感到厌烦，而且这些方法几乎不适用于更大的数字。即使这些表格每个人都能得到，且事实上对于大多数情况来说足够用了，但我们仍希望它们继续拓展，以便训练有素的计算员从大数分解成因数的过程中获益，从而节省时间。而且，科学自身的崇高性也要求人们去探索解决这样优雅的著名问题的所有可能的方法。因此，我们并不怀疑以下两个方法。从我们长期的经验来看，它们是有效的、简洁的，一定能给数学爱好者们丰厚的回报。随着数字变大，**任何**方法都会越来越冗长，这是这个问题本身的性质所决定的。尽管如此，按照下面的方法，随着数字的增大，计算的困难度增加得很慢，我们已经成功处理了7位数，8位数甚至更多位的数字，处理的速度超出了我们的预期。而以前的方法对最不知疲倦的计算员来说，所需的计算量也是难以忍受的。

在使用下面的方法之前，可以先用除法简化数字，我们用一些较小的质数——例如 2，3，5，7，…，一直到 19 或比 19 大一点——来除所给的数。

这是非常有用的，可以避免使用精密的人为的方法[1]。并且，当除法不成功时，第 2 种方法的应用可以充分利用由这些除法导出的**剩余**。例如，如果我们对数 314 159 265 分解因数，两次成功除以 3，再除以 5 和 7 之后，我们就得到 314 159 265 = 9 × 5 × 7 × 997 331，那么，我们只要用更精密的方法研究数 997 331 就可以了，它不能被 11，13，17，19 整除。类似地，给定数 43 429 448，我们可以去掉因数 8，再对商 5 428 681 应用更加精密的方法。

330

　　第 1 个方法的基础是这样一个定理：**任何是数 M 的二次剩余的正数或者负数，也是 M 的任意因数的剩余。**

　　每个人都知道，如果 M 不能被小于 $\sqrt{M}$ 的质数整除，则 M 一定是质数；但是，如果所有小于这个界限且整除 M 的质数是 p，q，…，那么，数 M 仅由这些质数（或者是它们的方幂）构成，或者还有另一个大于 $\sqrt{M}$ 的质数，这个质数可以通过 M 尽可能多地被 p，q，… 整除得到。因此，如果我们把所有小于 $\sqrt{M}$ 的质数整体（不包括那些我们已知不能整除 M 的数）记为 Ω，显然，求出包含在 Ω 中的所有 M 的质因数就足够了。现在，如果我们通过某种方式知道数 r（不是平方数）是 M 的二次剩余，则以 r 为非剩余的所有的质数都不可能是 M 的因数；因此，我们可以从 Ω 中去掉所有这种类型的质数（它们通常构成 Ω 中一半的数）。并且，如果知道另一个非平方数 r' 是 M 的剩余，我们就能从 Ω 中剩下的数中排除掉那些以 r' 为非剩余的数。如果剩余 r 和 r' 是相互独立的（只有在二者都是某些数的剩余时它们相互不独立——当 rr' 是平方数时会发生这种情况），我们就能再一次把这些数去掉大约一半。如果我们还知道 M 的其他剩余 r''，r'''，…，它们中的每一个都和其他所有

---

〔1〕而且，一般来说，由于在任意给定的 6 个数中，几乎不存在不能被 2，3，5，…，19 中的某个质数整除的数。

的相互独立[1]，我们可以对它们中的每一个分别进行类似的排除。那么，Ω 中的数的个数就会快速减少，直到所有的数都被排除，在这种情况下剩下的数就一定是一个质数。如果 Ω 中的数还剩下几个（显然，M 中的所有质因数——如果存在这样的质因数的话，它们都会出现在其中），那么用剩下的数做除法就不再困难。对于一个不超过 1 000 000 的数，通常 6 到 7 次排除就够了；对于一个 8 位数或者 9 位数，9 到 10 次排除一定足够。现在我们还剩下两件事要做：**第一**，求足够多的合适的剩余；**第二**，用最方便的方式做排除。但是，我们需要改变问题的讨论次序，因为第二个问题能为我们指出最合适的剩余是哪些。

331

在第 4 章中，我们用了大量的篇幅指出如何将以给定的 r 作为剩余的质数（假设 r 不能被平方数整除）和以给定 r 作为非剩余的质数区别开；也就是说，如何区分表达式 $x^2 - r$ 的因数和非因数。表达式 $x^2 - r$ 的因数都包含于形如 $rz + a$, $rz + b$, …, 或者 $4rz + a$, $4rz + b$, …的式子中，$x^2 - r$ 的非因数也都包含于类似的式子中。当 r 是一个非常小的数时，借助于这些公式我们能够进行排除。例如，当 $r = -1$ 时，就排除了所有形如 $4z + 3$ 的数；当 $r = 2$ 时，就排除了所有形如 $8z + 3$ 和 $8z + 5$ 的数。但是，由于我们并不总是一定能够求得像这样的数 M 的剩余，并且当 r 的值比较大时，这个公式的应用不太方便。如果我们有这样一张表，表中包含了足够多的不能被平方数整除的正的和负的数 r，那么排除的工作量就能够大大减少。这个表应当把以 r 为剩余

---

[1] 如果任意个数 r, r', r'', …的乘积是平方数，它们中的每个数，例如 r，就是任意这样的质数的剩余（它不能整除它们中的任意一个数），这些质数是其他的数 r', r'', …的剩余。因此，对于独立的剩余，它们中不存在 2 对，3 对，…的乘积是平方数。

的质数同以 r 为非剩余的质数分开。这样一张表可以按照我们之前描述的位于本书结尾的范例那样排布。但为了使其符合我们现在的目的，表上的质数（模）应当延展到很大的数，如 1 000 或者 10 000。如果把合数和负数列在最上面就更加方便了，但由第 4 章可知，这不是绝对必要的。如果这样来构造这张表，则它的用处最大：每个竖向的列是活动的，可以重新装在板或条上（像纳皮尔表一样）。这样的话，那些在每种情况下必需的列，即那些对应于给定的数的剩余 r，r'，r''，…的列就可以分别考察了。如果把它们**适当地**放在表格中由模构成的第 1 列旁边（将每个条中对应于第 1 列中同一个质数的位置，摆放在与这个质数同一直线的方向上，换句话说，就是放在同一水平线上），那么在做完 Ω 对应于 r，r'，r''，…的排除之后，剩下的质数就一目了然了：它们是第 1 列中的相邻的条上都有横线的数。凡是相邻的条上是空白的质数都要去掉。下面的例子可以对此做较好的诠释。如果我们知道数 -6，$+13$，-14，$+17$，$+37$，-53 是 997 331 的剩余，那么就把第 1 列（在此情况下，要把第 1 列延续到数 997，即小于 $\sqrt{997\,331}$ 的最大的质数）和最上面的数为 -6，$+13$，…的那些列结合起来。我们给出这张表的一部分：

	-6	+13	-14	+17	+37	-53
3	——	——	——		——	——
5	——		——	——		
7	——		——		——	
11	——					
13		——	——	——		——
17		——		——		——
19						
23		——	——			——
			……			
113						
127	——	——	——	——	——	——
131	——	——				
			……			

通过观察表，在按照剩余 − 6，+ 13，⋯做完排除后，**在包含于这部分表的质数里，** Ω 中只有数 127 剩下来。延伸到数 997 的完整表格显示，Ω 中没有其他的数剩下来。我们试一下，就会发现 127 确实能够整除 997 331。按照这种方式，我们发现这个数可以分解成质因数 127×7853。

由这个例子我们知道，那些不是很大的剩余，或者至少可以分解成质因数的剩余是非常有用的。因为，这张表直接使用的数不超过每栏最上方列出的数，它间接使用的是只包含表中能够分解成因数的那些数。

332

我们将给出三种求给定的数 M 的剩余的方法，但在解释这些方法之前，我想指出两条结论，当我们的剩余不太适合时，这两条结论将帮助我们确定更简单的剩余。**第一**，如果能够被平方数 k^2 整除的数 ak^2（我们假设它与 M 互质）是 M 的剩余，那么 a 就也是它的剩余。因此，能够被大的平方数整除的剩余与小的剩余一样有用，并且对于下面的方法提供的所有剩余，应当立即去除平方因数。**第二**，如果有两个或者更多的剩余，它们的积也是剩余。将这条结论与上一条结论结合起来，只要这些剩余有大量的公约数，我们常常可以由几个不够简单的剩余推导出简单的剩余。因此，由很多不大的因数构成的剩余就非常有用了，我们还要把这些剩余立即分解为它们的因数。通过例子和频繁的使用，我们还可以更好地理解这些结论的力量。

1. 对通过频繁实践变得熟练的人来说，最简单和最方便的方法在于把 M，或者更一般地，把 M 的倍数分解为两部分，即 $kM = a + b$（两部分都为正的，或者一个是正的，一个是负的）。它们的乘积取负号就是 M 的剩余；因为 $− ab \equiv a^2 \equiv b^2 \,(\mathrm{mod}\, M)$，因而 $− ab\, R\, M$。应当这样取数 a，b，使得它们的乘积能够被大的平方数整除，且它们的商是比较小的数，或者至少能够被分解成比较小的因数。这不难做到。我们尤其要推荐的是，取 a 是一个平方数，或者是平方数的 2 倍，3 倍，⋯，它和 M 的差是一个比较小的数，或者是一个能够分解成合适的因数的数。例如，$997\,331 = 999^2 −$

$2 \times 5 \times 67 = 994^2 + 5 \times 11 \times 13^2 = 2 \times 706^2 + 3 \times 17 \times 3^2 = 3 \times 575^2 + 11 \times 31 \times 4^2$
$= 3 \times 577^2 - 7 \times 13 \times 4^2 = 3 \times 578^2 - 7 \times 19 \times 37 = 11 \times 229^2 + 2 \times 3 \times 5 \times 29 \times 4^2 =$
$11 \times 301^2 + 5 \times 12^2 \cdots$。因此，我们得到以下剩余：$2 \times 5 \times 67$，$-5 \times 11$，$-2 \times 3 \times 17$，
$-3 \times 11 \times 31$，$3 \times 7 \times 13$，$3 \times 7 \times 19 \times 37$，$-2 \times 3 \times 5 \times 11 \times 29$。最后一个分解
产生的剩余 -5×11 前面已经有了。对于剩余 $-3 \times 11 \times 31$，$-2 \times 3 \times 5 \times 11 \times 29$，
我们可以替换为 $3 \times 5 \times 31$，$2 \times 3 \times 29$，这是它们和 -5×11 相结合得到的。

2. 第 2 和第 3 种方法是基于这样的事实：如果具有相同行列式 M，
$-M$，或者更一般地，$\pm kM$ 的两个二元型 (A, B, C) (A', B', C')，
属于同一个族，那么数 AA'，AC'，$A'C$ 就是 kM 的剩余。这不难发现，因为
其中一个型的特征数，比如说 m，也是另一个型的特征数，因而 mA，mC，
mA'，mC' 都是 kM 的剩余。因此，如果 (a, b, a') 是一个具有正的行列
式 M，或者更一般地，是 kM 的约化型，且 (a', b', a'') (a'', b'', a''')
是它的周期中的型，那么它们一定和 (a, b, a') 等价，并一定属于同一个
族。此外，数 aa'，aa''，aa''' 就是 M 的剩余。借助于条目 187 中的算法，
我们可以计算出这个周期中大量的型。最简单的剩余通常是通过设 $a = 1$，然
后去掉那些因数太大后得出的剩余。下面是行列式为 997 331，1 994 662 的
型 $(1, 998, -1327)$ 和 $(1, 1412, -918)$ 的周期中开始部分的一些型

$(1, 998, -1327)$	$(1, 1412, -918)$
$(-1327, 329, 670)$	$(-918, 1342, 211)$
$(670, 341, -1315)$	$(211, 1401, -151)$
$(-1315, 974, 37)$	$(-151, 1317, 1723)$
$(37, 987, -626)$	$(1723, 406, -1062)$
$(-626, 891, 325)$	$(-1062, 656, 1473)$
$(325, 734, -1411)$	$(1473, 817, -901)$
$(-1411, 677, 382)$	$(-901, 985, 1137)$
$(382, 851, -715)$	$\cdots$

因此，所有的数 -1327，670，$\cdots$ 都是数 997 331 的剩余，去掉那些有
太大因数的数，我们得到这些剩余：$2 \times 5 \times 67$，37，13，-17×83，
$-5 \times 11 \times 13$，$-2 \times 3 \times 17$，-2×59，-17×53。我们在上面已经找到了剩

余 $2 \times 5 \times 67$ 和 -5×11，其中 -5×11 是由 13 和 $-5 \times 11 \times 13$ 结合起来得到的。

3. 设 C 是不同于主类的类，它具有负行列式 $-M$，或者更一般地，$-kM$，并且设它的周期是 $2C$，$3C$，…（条目 307）。那么，类 $2C$，$4C$，…就属于主族；类 $3C$，$5C$，…属于与 C 相同的族。因此，如果 (a, b, c) 是 C 中（最简单）的型，且 (a', b', c') 是这个周期中的某个类（例如，nC）中的任意一个型；那么，对应于 n 是偶数或者奇数，a' 或者 aa' 就是 M 的剩余（在 n 是偶数的情况下，c' 也是剩余；在 n 是奇数的情况下，ac'，ca' 和 cc' 是剩余）。当 a 非常小时，尤其是当 $a = 3$ 时 [当 $kM \equiv 2 \pmod 3$ 时这是可以的]，周期的计算，即它的类中最简单的型的计算是极其容易的。下面是包含型 $(3, 1, 332\,444)$ 的类的周期的开始部分

C	$(3, 1, 332\,444)$	$6C$	$(729, -209, 1428)$
$2C$	$(9, -2, 110\,815)$	$7C$	$(476, 209, 2187)$
$3C$	$(27, 7, 36\,940)$	$8C$	$(1\,027, 342, 1085)$
$4C$	$(81, 34, 12\,327)$	$9C$	$(932, -437, 1275)$
$5C$	$(234, 34, 4109)$	$10C$	$(425, 12, 2347)$

在去掉那些没有用的剩余之后，我们得到剩余 3×476，$1\,027$，$1\,085$，425，或者（去掉平方因数），$3 \times 7 \times 17$，13×79，$5 \times 7 \times 31$，17。如果我们明智地把这些剩余同上面找到的 8 个剩余相结合，就得到以下 12 个剩余：-2×3，13，-2×7，17，37，-53，-5×11，79，-83，-2×59，$-2 \times 5 \times 31$，$2 \times 5 \times 67$。前 6 个剩余与我们在条目 331 中使用过的剩余一样。如果我们愿意，还可以补充剩余 19 和 -29，它们是我们在第 1 种情况中找到的，那里的其他剩余依赖于我们这里找到的剩余。

333

对一个给定的数 M 进行因数分解的第 2 个方法，是基于对表达式 $\sqrt{-D}$ $(\bmod M)$ 的值的讨论，以及基于下面的观察。

1. 当 M 是质数或者是奇质数（它不整除 D）的幂时，对应于 M 是包含于 $x^2 + D$ 的因数的型还是非因数的型中，$-D$ 就是 M 的剩余或者非剩余。在前一种情况下，表达式 $\sqrt{-D} \pmod{M}$ 就只有 2 个不同的值，它们相反。

2. 当 M 是合数，即它等于 $pp'p'' \cdots$ 时，其中数 p，p'，p''，$\cdots$ 是不同的奇质数（都不整除 D）或者是这样的奇质数的幂，那么，只有当 $-D$ 是 p，p'，p''，$\cdots$ 每个数的剩余时，即，当所有这些数包含于 $x^2 + D$ 的因数的型中时，它才是 M 的剩余。现在，如果分别用 $\pm r$，$\pm r'$，$\pm r''$ 表示表达式 $\sqrt{-D}$ 对于模 p，p'，p''，$\cdots$ 的每个值，那么，通过推导对于 p 同余于 r' 或者 $-r'$ 的数，我们就得到了这个表达式对于模 M 的所有的值。它们的个数就等于 2^μ，其中 μ 是因数 $pp'p'' \cdots$ 的个数。现在，如果这些值是 R，$-R$，R'，$-R'$，R''，$\cdots$，我们立即能发现，对于所有的数 p，p'，p''，$\cdots$，$R \equiv R'$。但是对于这些数，都没有 $R \equiv -R'$。因此，M 就是数 M 和 $R - R'$ 的最大公约数，且 1 是 M 和 $R + R'$ 的最大公约数。既不相同也不相反的两个值，例如 R 和 R'，对于 p，p'，$p'' \cdots$ 其中一个或几个数，一定是同余的，但不会对它们所有的数都同余。对于其他数，就有 $R \equiv -R'$。因此，前面的数的乘积就是数 M 和 $R - R'$ 的最大公约数，后面的数的乘积就是 R 和 $R + R'$ 的最大公约数。由此推出，如果我们求出表达式 $\sqrt{-D} \pmod{M}$ 的各个值与某个给定值的差和 M 的所有最大公约数，那么，它们全体就包含数 1，p，p'，p''，$\cdots$ 以及这些数中的所有 2 个数的乘积，3 个数的乘积，$\cdots$。**那么，以这种方式，我们可以由这个表达式的值求出数 p，p'，p''，$\cdots$。**

现在，由条目 327 中的方法我们把这些值归结为表达式 $\dfrac{m}{n} \pmod{M}$ 的值，这里分母 n 与 M 互质，但计算它们不是我们现在的目的。数 M 与 $R - R'$（它们对应于 $\dfrac{m}{n}$ 和 $\dfrac{m'}{n'}$）的最大公约数，显然也是数 M 和 $nn'(R - R')$ 的最大公约数，也即是 M 和 $mn' - mn'$ 的最大公约数，因为后者对于模 M 同余于 $nn'(R - R')$。

334

我们可以以两种方式把上面的观察应用于当前的问题：第 1 种方法不仅能判断给定的数 M 是质数还是合数，而且，当 M 是合数时，还能给出它的因数；第 2 种方法更好，因为它使得计算更快捷，但只有反复使用这个方法才能得到合数的因数。不过第 2 种方法可以将这些数和质数区分开。

1. 我们首先确定 M 的二次负剩余数 $-D$。为了这个目的，我们可以使用条目 332.1 和 332.2 中给出的方法。本质上，选择什么剩余是任意的，而且不像前面的方法，这里也不需要 D 是一个很小的数。但是，当行列式为 $-D$ 的每个正常原始族中包含的二元型的类的个数较少时，计算过程就更短。因此，如果这些剩余出现的话，从条目 303 列举的 65 个剩余中取数就会比较有帮助。所以，对于 $M = 997\,331$，剩余 -102 就是上面给出的所有负剩余中最合适的。现在，求表达式 $\sqrt{-D} \pmod{M}$ 的不同的值。如果仅有 2 个（相反的值），M 就一定是质数或者质数幂，如果有许多个值，例如 2^μ，M 就包含 μ 个质数或者质数幂。这些因数可以通过上个条目中的方法找到。我们可以直接判断这些因数是质数还是质数幂，但是求表达式 $\sqrt{-D}$ 的值的方式会得到整除 M 的质数。因为，如果 M 能够被质数 π 的平方整除，那么这个计算就一定能得出数 $M = am^2 + 2bmn + cn^2$ 的一个或多个表示，在这些表示里面数 m，n 的最大公约数是 π（因为，在这种情况下，$-D$ 也是 $\dfrac{M}{\pi^2}$ 的剩余）。但是，当不存在 m，n 有公约数的数 M 的表示时，这就表明 M 不能被平方数整除，因而，所有的数 p，p'，p''，$\cdots$ 都是质数。

例：通过上面所给的方法，我们发现表达式 $\sqrt{-408} \pmod{997\,331}$ 有 4 个值，它们与 $\pm \dfrac{1\,664}{113}$，$\pm \dfrac{2\,824}{3}$ 的值相同，$997\,331$ 与 $3 \times 1\,664 - 113 \times 2\,824$ 以及与 $3 \times 1\,664 + 113 \times 2\,824$（或与 $314\,120$ 和 $324\,104$）的最大公约数，分别是 $7\,853$ 和 127，所以 $997\,331 = 127 \times 7\,853$，与前面所得相同。

2. 我们取负数 $-D$ 使得 M 包含于表达式 $x^2 + D$ 的因数型中。本质上，选择这一类数中的哪一个是任意的，但是，使得在行列式为 $-D$ 的族中的类的个数尽可能少的这样的数最有利。找到这样的数并不困难，因为在任意个尝试过的数中，出现数 M 是因数形式和非因数形式的个数差不多。因此，从条目 303 中的 65 个数开始尝试（从最大的数开始），只有当它们都不合适时（一般地，16 384 种情况中会发生一次），我们才继续尝试去找这样的数，即每个族中只包含两个类。这时，我们应当研究表达式 $\sqrt{-D}$（mod M）的值，并且，如果我们求出它的值，按照和前面相同的方式可以由它推导出 M 的因数；但是，如果求不到这样的值，也就是说 $-D$ 是 M 的非剩余，M 就一定既不是质数也不是质数幂。如果是这种情况，我们想要求出它们的因数，就必须对 D 使用其他的值进行重复相同的运算，或者尝试其他的方法。

例如，我们发现 997 331 包含于 $x^2 + 1\,848$，$x^2 + 1\,365$，$x^2 + 1\,320$ 的非因数的形式中，且包含于 $x^2 + 840$ 的因数形式中；从表达式 $\sqrt{-840}$（mod 997 331）的值，我们得到 $\pm\,\dfrac{1\,272}{163}$，$\pm\,\dfrac{3\,288}{125}$，并且由此我们可以推导出和前面一样的因数。更多的例子可以参考条目 328，那里第 1 个例子证明了 5 248 681 = 307 × 17 683，第 2 个例子证明了 4 272 943 是质数，第 3 个例子证明了 997 331 一定包含不止一个质数。

本书的篇幅只允许我们介绍每种求因数的方法的基本原理，下次，我们再做更深入的讨论，并附上辅助表以及其他辅助工具。

第 7 章　分圆方程

（第 335~366 条）

335

当代数学家使数学得到了长远的发展，其中圆函数的理论毫无疑问占据了非常重要的位置。我们常常在各种情况下提到这个不同寻常的量，基本数学的各个部分都通过某种方式以它为基础。由于最杰出的现代数学家已经用他们的勤勉和聪慧，使之成为内涵丰富的学科，人们很难看到这个学科再有拓展，尤其是此学科的基础更难有拓展。我提到的理论是关于可以与周长公度的圆弧的三角函数理论，即正多边形理论。这个理论只有一小部分得到了发展，阅读本章就会发现这一点。读者可能会感到惊讶，因为你们会发现本主题讨论的似乎是与本书的主要部分无关的课题；但是考察讨论本身就会发现，本主题与高等算术有密切的内在联系。

我们很快要解释的这个理论的原理实际上比我们在这里提到的要广泛得多。因为，它们不仅可以应用于圆函数，还能应用于其他的超越函数，例如，基于 $\int \dfrac{1}{\sqrt{1-x^4}}\, \mathrm{d}x$ 的那些函数，以及各种类型的同余方程。但是，由于我们正在准备一本关于这些超越函数的巨著，并且我们准备在《算术研究》的后续著作中详细地讨论同余方程，我们决定这里只讨论圆方程。虽然我们对这些函数是做一般性讨论，但在下面的条目中，我们不是把它们化归为最简单的情况，一方面为了简洁，另一方面为了这个理论的新原理更容易被人理解。

第 1 节　讨论把圆分成质数份的最简单情况

336

如果我们把周角，即 4 个直角之和表示为 P，且如果 m，n 是整数，n 是质因数 a，b，c，…的乘积；那么，按照条目 310 中的方法，可以把角 $A = \frac{mP}{n}$ 化归为型 $A = [\,(\alpha/a) + (\beta/b) + (\gamma/c) + \cdots\,] P$，利用已知的方法，这个角的三角函数可以用各个角 $\frac{aP}{a}$，$\frac{\beta P}{b}$，…的三角函数来求出。因为我们可以取 a，b，c，…是质数或者质数幂，所以，讨论把圆分成质数份或者质数幂份就够了，从 a 边形，b 边形，c 边形，…可以立即得到 n 边形。然而，我们把讨论限定于把圆分成（奇）质数份的情况，主要是因为：对应于角 $\frac{mP}{p^2}$ 的圆函数可以通过解 p 的二次方程从角 $\frac{mP}{p}$ 的圆函数推导出来；通过解三次方程，由这些导出属于角 $\frac{mP}{p^3}$ 的圆函数，…。因此，如果我们已经有了一个正 p 边形，那么，为了确定正 p^λ 边形，我们一定要求 p 的 $\lambda - 1$ 次方程。虽然下面的理论也可以拓展到这种情况，但我们不能避免这多个 p 次方程，且当 p 是质数时也无法降低它们的次数。例如，下面证明正十七边形可以用几何方法作出，但为了得到 289 边形，是没有办法避免解 17 次方程的。

第2节 关于圆弧（它由整个圆周的一份或若干份组成）的三角函数的方程并化归为方程 $x^n - 1 = 0$ 的根

337

大家知道，所有的形如 $\dfrac{kP}{n}$ 的角的三角函数可以由 n 次方程的根来表示，其中 k 一般地表示所有的数 $0，1，2，\cdots，n-1$。**正弦**由方程（Ⅰ）的根表示

$$x^n - \frac{1}{4}nx^{n-2} + \frac{1}{16}\frac{n(n-3)}{1\times 2}x^{n-4} - \frac{1}{64}\frac{n(n-4)(n-5)}{1\times 2\times 3}x^{n-6} + \cdots \pm \frac{1}{2^{n-1}}nx = 0 \tag{Ⅰ}$$

余弦由方程（Ⅱ）的根表示

$$\begin{aligned}x^n - \frac{1}{4}nx^{n-2} &+ \frac{1}{16}\frac{n(n-3)}{1\times 2}x^{n-4} - \frac{1}{64}\frac{n(n-4)(n-5)}{1\times 2\times 3}x^{n-6} \\ &+ \cdots \pm \frac{1}{2^{n-1}}nx - \frac{1}{2^{n-1}} = 0\end{aligned} \tag{Ⅱ}$$

以及**正切**由方程（Ⅲ）的根表示

$$x^n - \frac{n(n-1)}{1\times 2}x^{n-2} + \frac{n(n-1)(n-2)(n-3)}{1\times 2\times 3\times 4}x^{n-4} - \cdots \pm nx = 0 \tag{Ⅲ}$$

对于 n 的任意奇数值，这些方程都成立，且方程Ⅱ对于偶数值也成立。如果我们设 $n = 2m+1$，它们可以轻而易举地化归为 m 次方程。对于方程Ⅰ和Ⅲ，需要两边先除以 x，再用 y 代替 x^2。而方程Ⅱ包含 $x = 1 (= \cos 0)$，其余的根可以分成两两相等的值 $\left[\cos\dfrac{P}{n} = \cos\dfrac{(n-1)P}{n}，\cos\dfrac{2P}{n} = \cos\dfrac{(n-2)P}{n}，\cdots\right]$。因此，左边可以被 $x-1$ 整除，并且商是一个平方式。如果我们从此平方式中取出平方根，那么方程Ⅱ就可化归为下面的方程

$$\begin{aligned}x^m &+ \frac{1}{2}x^{m-1} - \frac{1}{4}(m-1)x^{m-2} - \frac{1}{8}(m-2)x^{m-3} \\ &+ \frac{1}{16}\frac{(m-2)(m-3)}{1\times 2}x^{m-4} + \frac{1}{32}\frac{(m-3)(m-4)}{1\times 2}x^{m-5} - \cdots = 0\end{aligned}$$

它的根是角 $\dfrac{P}{n}$，$\dfrac{2P}{n}$，$\dfrac{3P}{n}$，$\cdots$，$\dfrac{mP}{n}$ 的余弦。到目前为止，对于 n 是质数的情况，这些方程还没有任何进一步简化。

尽管如此，这些方程像 $x^n-1=0$ 那样可以提取，以适合我们的目的。它的根与上面的根联系密切，也就是说，如果我们为了简洁，用 i 表示假想的量 $\sqrt{-1}$，方程 x^n-1 的根就是

$$\cos\frac{kP}{n}+\mathrm{i}\sin\frac{kP}{n}=r$$

这里 k 是我们取的所有的数 0，1，2，$\cdots$，$n-1$。由于 $\dfrac{1}{r}=\cos\dfrac{kP}{n}-\mathrm{i}\sin k\dfrac{P}{n}$，所以方程 I 的根就是 $\dfrac{1}{2\mathrm{i}}\left(r-\dfrac{1}{r}\right)$ 或者 $\mathrm{i}\dfrac{1-r^2}{2r}$，方程 II 的根就是 $\dfrac{1}{2}\left(r+\dfrac{1}{r}\right)=\dfrac{1+r^2}{2r}$，最后，方程 III 的根就是 $\dfrac{\mathrm{i}(1-r^2)}{1+r^2}$。因此，我们的研究要基于对方程 $x^n-1=0$ 的讨论，并且假设 n 是奇质数。为了不打断研究的次序，我们首先讨论下面的引理。

338

问题

给定方程 $z^m+Az^{m-1}+\cdots=0$（W），求这样一个方程（W'），使得它的根是方程（W）的根的 λ 次幂，这里 λ 是给定的正整数指数。

解：如果我们用 a，b，c，$\cdots$ 表示方程 W 的根，用 a^λ，b^λ，c^λ，$\cdots$ 表示方程 W' 的根。利用牛顿著名的定理，由方程 W 的系数，我们可以求出根 a，b，c，$\cdots$ 的任意次幂的和。因此，我们求出和

$$a^\lambda+b^\lambda+c^\lambda+\cdots,\quad a^{2\lambda}+b^{2\lambda}+c^{2\lambda}+\cdots,\quad\cdots,\quad a^{m\lambda}+b^{m\lambda}+c^{m\lambda}+\cdots$$

并且，按照同一个定理，通过相反的步骤导出方程 W' 的系数。第 2 部分证明完毕。同时可知，如果 W 中所有的系数是有理数，那么 W' 中所有的系数也是有理数。并且，通过另一个方法可以证明，如果 W 中所有的系数都是整数，那么 W' 中所有的系数也都是整数。我们这里不会再花更多时间讨论，因为对于我们的目的来说这不是必要的。

339

方程 $x^n-1=0$（我们总是假设 n 是一个奇质数）只有一个实根，$x=1$；剩下的由方程

$$x^{n-1}+x^{n-2}+\cdots+x+1=0$$

给出的 $n-1$ 个根都是虚根；我们用 Ω 表示它们的整体，并且用 X 表示方程

$$x^{n-1}+x^{n-2}+\cdots+x+1$$

因此，如果 r 是 Ω 中的任意一个根，我们就有 $1=r^n=r^{2n}\cdots$，并且一般地，对于 e 的任意正整数值或者任意负整数值，有 $r^{en}=1$。因此，如果 λ，μ 是对于模 n 彼此同余的整数，我们就有 $r^\lambda=r^\mu$。但是，如果 λ，μ 对于模 n 彼此不同余，那么 r^λ 和 r^μ 就是不相等的；因为，在这种情况下，我们可以求得一个整数 v 使得 $(\lambda-\mu)v\equiv1\pmod n$，所以 $r^{(\lambda-\mu)v}=r$，且 $r^{\lambda-\mu}$ 一定不等于 1。因此，由于所有的值 1（即 r^0），r，r^2，$\cdots r^{n-1}$ 都是不同的，所以它们就给出了方程 $x^n-1=0$ 的所有的根，因而数 r，r^2，r^3，$\cdots$，r^{n-1} 的总体和 Ω 相同。那么，更一般地，如果 e 是不能被 n 整除的任意正整数或者负整数，Ω 就和 r^e，r^{2e}，r^{3e}，$\cdots$，$r^{(n-1)e}$ 相同。因此，我们有

$$X=(x-r^e)(x-r^{2e})(x-r^{3e})\cdots[x-r^{(n-1)e}]$$

并且，由此推出

$$r^e+r^{2e}+r^{3e}+\cdots+r^{(n-1)e}=-1$$

即

$$1+r^e+r^{2e}+\cdots+r^{(n-1)e}=0$$

如果我们得出像 r 和 $\frac{1}{r}$（即 r^{n-1}）的2个根，或者一般地，r^e 和 r^{-e}，那么，我们就称它们为**互为倒数的根**。显然，两个单因式 $x-r$ 和 $x-\frac{1}{r}$ 的乘积是实数，并且等于 $x^2-2x\cos\omega+1$，其中角 ω 要么等于角 $\frac{P}{n}$，要么等于它的某个倍数。

340

如果用 r 表示 Ω 中的一个根，我们就可以用 r 的方幂表示方程 $x^n - 1 = 0$ 的所有的根，这个方程的若干个根的乘积可以由 r^λ 表示，其中 λ 要么等于 0，要么为正数且小于 n。因此，如果我们用 $\varphi(t, u, v, \cdots)$ 表示未知数 $t, u, v, \cdots$ 的有理代数函数，它是形如 $ht^\alpha u^\beta u^\gamma \cdots$ 的项的和；显然，如果我们用方程 $x^n - 1$ 所有的根替换 $t, u, v\cdots$，例如 $t=a, u=b, v=c, \cdots$，那么，$\varphi(a, b, c, \cdots)$ 可以简化为下面的形式

$$A + A'r + A''r^2 + A'''r^3 + \cdots + A^\nu r^{n-1}$$

用这样的方式，系数 $A, A', \cdots$（其中一些系数不出现，因而等于 0）就是确定的量。并且，如果 $\varphi(t, u, v, \cdots)$ 中的所有系数（即所有的 h）都是整数，那么所有这些系数 $A, A', A'', \cdots$ 就都是整数。如果我们再分别用 $a^2, b^2, c^2, \cdots$ 代替 $t, u, v, \cdots$，那么已经简化为 r^σ 的每一项现在就变成 $r^{2\sigma}$，因而

$$\varphi(a^2, b^2, c^2, \cdots) = A + A'r^2 + A''r^4 + A'''r^6 + \cdots + A^\nu r^{2n-2}$$

并且，一般地，对于任意的整数值

$$\varphi(a^\lambda, b^\lambda, c^\lambda, \cdots) = A + A'r^\lambda + A''r^{2\lambda} + \cdots + A^\nu r^{(n-1)\lambda}$$

这个定理非常重要，是以后讨论的基础。由此，我们还可以推出

$$\varphi(1, 1, 1, \cdots) = \varphi(a^n, b^n, c^n, \cdots) = A + A' + A'' + \cdots + A^\nu$$

以及

$$\varphi(a, b, c, \cdots) + \varphi(a^2, b^2, c^2, \cdots) + \varphi(a^3, b^3, c^3, \cdots) + \varphi(a^n, b^n, c^n, \cdots) = nA$$

因此，这个和是整数，并且当 $\varphi(t, u, v, \cdots)$ 中所有的系数都是整数时，它能够被 n 整除。

第 3 节　方程 $x^n - 1 = 0$ 的根的理论（假定 n 是质数）

341

定理

如果函数 X 能够被更低次的函数

$$p = x^\lambda + Ax^{\lambda-1} + Bx^{\lambda-2} + \cdots + Kx + L$$

整除，那么系数 A，B，$\cdots$，L 不可能全为整数。

证明

设 $X = PQ$，且 $\mathfrak{P}$ 是由方程 $P = 0$ 的根构成的总体，$\mathfrak{Q}$ 是由方程 $Q = 0$ 的根构成的总体，那么 Ω 就由 $\mathfrak{P}$ 和 $\mathfrak{Q}$ 构成。进一步设 $\mathfrak{R}$ 是 $\mathfrak{P}$ 中的根的相反的根构成的总体，$\mathfrak{G}$ 是 $\mathfrak{Q}$ 中的根的相反的根构成的总体，并且设包含于 $\mathfrak{R}$ 中的根是方程的根 $R = 0$〔这个方程也就是 $x^\lambda + (Kx^{\lambda-1}/L) + \cdots + (Ax/L) + (1/L) = 0$〕，并设那些包含于 $\mathfrak{G}$ 中的根是方程 $S = 0$ 的根。显然，如果我们把 $\mathfrak{R}$ 和 $\mathfrak{G}$ 中的根合在一起，就得到了总体 Ω 以及 $RS = X$。现在，我们必须区分四种情况：

1. 如果 $\mathfrak{P}$ 和 $\mathfrak{R}$ 相同，那么 $P = R$。在这种情况下，显然 $\mathfrak{P}$ 中成对的根总是互为倒数，因而 P 就是 $\frac{\lambda}{2}$ 对形如 $x^2 - 2x\cos\omega + 1$ 的因式的乘积；因为这样的因式等于 $(x - \cos\omega)^2 + \sin^2\omega$，由此可知，对于 x 的任意真实值，P 一定有真实正值。设方程 $P' = 0$，$P'' = 0$，$P''' = 0$，$\cdots$，$P^v = 0$ 的根分别是 $\mathfrak{P}$ 中根的平方，三次方，四次方，$\cdots$，$n-1$ 次方，并且设 $x = 1$ 时，函数 P，P'，P''，$\cdots$，P^v 的值分别是 p，p'，p''，$\cdots$，p^v，那么，由我们上面所说的可知，p 就是正的量，同理，p'，p''，$\cdots$也是正的量。因此，p 是函数 $(1-t)$ $(1-u)(1-v)\cdots$ 在以 $\mathfrak{P}$ 中的根代替 t，u，v 时所取的值；p' 是这个函数在以 $\mathfrak{P}$ 中的根的平方代替 t，u，v，$\cdots$时所取的值；$\cdots$；以及 0 是当 $t = 1$，u

$=1$，$\upsilon=1$，……时函数的值；那么，$p+p'+p''+\cdots+p^{\upsilon}$ 的值就是能够被 n 整除的整数。而且，乘积 $PP'P''\cdots$ 就等于 X^{λ}，因而 $pp'p''\cdots=n^{\lambda}$。

现在，如果 P 中所有的系数都是有理数，根据条目 338，P'，P''，……中所有的系数就也是有理数。但是，根据条目 42，所有这些系数一定是整数。因此，p，p'，p''，……也是整数。并且，由于它们的积是 n^{λ}，并且它们的个数是 $n-1>\lambda$，所以它们中的一些（至少有 $n-1-\lambda$ 个）一定等于 1，并且剩下的要么等于 n，要么等于 n 的方幂。并且，如果它们中的 g 个等于 1，那么它们的和 $p+p'+\cdots$ 就同余于 $g\ (\mathrm{mod}\ n)$，因而一定不能被 n 整除。因此，我们的假设是不成立的。

2. 如果 $\mathfrak{P}$ 和 $\mathfrak{R}$ 不相同，但是包含一些公共的根，设 $\mathfrak{T}$ 是公共的根的总体，且 $T=0$ 是以它们为根的方程，那么，（由方程理论可知）T 就是函数 P，R 的最大公因式。$\mathfrak{T}$ 中成对的根就是互为倒数的，并且和我们之前看到的那样，T 中不是所有的系数都是有理数。但是，从我们求最大公因式的运算的本质就可以知道，如果 P 的系数都是有理数，因而 R 的系数也都是有理数，那么 T 的系数一定是有理数。因此，我们的假设是荒谬的。

3. 如果 $\mathfrak{Q}$ 和 $\mathfrak{S}$ 要么相同，要么有共同的根，我们可以用完全相同的方式证明 Q 中的所有的系数不全是有理数；但是，如果 P 的系数都是有理数，则 Q 的系数都是有理数，所以这是不可能的。

4. 如果 $\mathfrak{P}$ 和 $\mathfrak{R}$ 没有共同的根，且 $\mathfrak{Q}$ 和 $\mathfrak{S}$ 也没有共同根，那么 $\mathfrak{P}$ 中的所有的根一定能够在 $\mathfrak{S}$ 中找到，$\mathfrak{Q}$ 中的所有的根一定能够在 $\mathfrak{R}$ 中找到。因此，$P=S$ 且 $Q=R$。因而，$X=PQ$ 就是 P 和 R 的乘积，即

$$\left(x^{\lambda}+Ax^{\lambda-1}\cdots+Kx+L\right)\left(x^{\lambda}+\frac{K}{L}x^{\lambda-1}\cdots+\frac{A}{L}x+\frac{1}{L}\right)$$

那么，令 $x=1$，我们得出

$$nL=\left(1+A\cdots+K+L\right)^{2}$$

现在，如果 P 中的所有系数是有理数，那么根据条目 42，它们也是整数，那么 L 应当整除 X 中的最后一项系数，即整除 1；所以 L 一定等于 ±1，因而 n 就是平方数。但这与假设矛盾，所以这个假设不成立。

因此，根据这个定理可知，不论 X 怎样分解因式，至少有一些系数是无理数，所以它只能通过高于一次的方程确定。

第4节　以下讨论的目的之声明

342

关于以下讨论的目的，并不是没有意义的。我们的目的是，把 X 逐渐地分解成越来越多的因式，使得它们的系数能用次数尽可能低的方程确定。在这个过程中，我们最后会得到单因式，也就是 Ω 中的根。我们要证明的是，如果数 $n-1$ 可以以任意方式分解成整因数 α，β，γ，$\cdots$（我们可以假定它们每个都是质数），那么 X 就能分解成 α 个次数为 $\frac{n-1}{\alpha}$ 的因式，它们的系数由次数为 α 的方程决定。每一个因式，借助于次数为 β 的方程，又可以把 Ω 分解为 β 个 $\frac{n-1}{\alpha\beta}$ 次的因式。因此，如果我们用 ν 表示因数 α，β，γ，$\cdots$的个数，那么对 Ω 中的根的确定就化归为去解次数分别为 α，β，γ，$\cdots$的 ν 个方程。例如，当 $n=17$ 时，$n-1=2\times2\times2\times2$，所以要解4个二次方程；对于 $n=73$，要解3个二次方程和 2 个三次方程。

在下面的内容中，我们必须经常考虑根 r 的方幂，它的指数也是方幂。这种表达式是难以排版的。因此，为了简化，我们就使用下面的缩写。对于 r，r^2，r^3，$\cdots$，我们记作 [1]，[2]，[3]，$\cdots$，并且一般地，把 r^λ 记为 [λ]，这里 λ 是任意整数。这些表达式不是完全确定的，但只要我们从 Ω 中取一个特定的根作为 r，也即 [1]，那么这些表达式就是确定的

□ 尺规作图

尺规作图是起源于古希腊的数学课题。这是一种只使用无刻度的圆规和直尺，且只准许使用有限次，来解决不同的平面几何作图题的方法。尺规作图的研究促成了多个数学领域的发展。对尺规作图的探索推动了对圆锥曲线的研究，并发现了一批著名的曲线。高斯在此章中就讨论了以尺规作圆内接多边形的方法。图为圆内接正五边形的尺规作图示例。

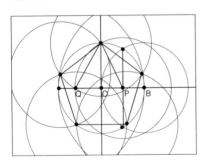

了。一般地，对应于对于模同余或者不同余，$[\lambda]$，$[\mu]$ 就分别相等或者不相等。进而，$[0]=1$；$[\lambda]\cdot[u]=[\lambda+u]$；$[\lambda]^{v}=[\lambda v]$。对应于 λ 能不能够被 n 整除，和 $[0]+[\lambda]+[2\lambda]\cdots+[(n-1)\lambda]$ 就要么等于 0，要么等于 n。

第5节 Ω 中所有的根可以分为某些类（周期）

343

如果对于模 n，g 是我们在第三章中所谓的原根，那么 1，g，g^2，$\cdots$，g^{n-2} 这 $n-1$ 个数就对于模 n 同余于数 1，2，3，$\cdots$，$n-1$。两个序列的次序虽然不同，但是第 1 个序列中的每个数同余于第 2 个序列中的每个数。由此立即可以推出，根 $[1]$，$[g]$，$[g^2]$，$\cdots$，$[g^{n-2}]$ 和 Ω 相同。同理，当 λ 是不能被 n 整除的任意整数时，$[1]$，$[\lambda g]$，$[\lambda g^2]$，$\cdots$，$[\lambda g^{n-2}]$ 就与 Ω 相同。进而，由于 $g^{n-1} \equiv 1 \,(\mathrm{mod}\, n)$，不难发现，两个根 $[\lambda g^\mu]$，$[\lambda g^\nu]$ 对应于 μ，ν 对于 $n-1$ 是否同余，分别是相同的和不同的。

因此，如果 G 是另一个原根，$[1]$，$[g]$，$[g^2]$，$\cdots$，$[g^{n-2}]$ 就也和 $[1]$，$[G]$，$[G^2]$，$\cdots$，$[G^{n-2}]$ 除次序不同外都相同。进而，如果 e 是 $n-1$ 的因数，并且我们令 $n-1=ef$，$g^g=h$，$G^g=H$，那么 f 个数 1，h，h^2，$\cdots$，h^{f-1} 就对于 n 同余于1，H，H^2，$\cdots$，H^{f-1}（无关次序）。这是因为，假设 $G \equiv g^\omega \,(\mathrm{mod}\, n)$，且 μ 是一个小于 f 的任意正数，以及 ν 是 $\mu\omega \,(\mathrm{mod}\, f)$ 的最小剩余；那么，我们就有 $\nu e \equiv \mu\omega e \,(\mathrm{mod}\, n-1)$，因而 $g^{\nu e} \equiv g^{\mu\omega e} \equiv G^{\mu e} \,(\mathrm{mod}\, n)$，也即 $H^\mu \equiv h^\nu$；即在第 2 个序列 1，H，H^2，$\cdots$ 中的任意数就同余于序列 1，h，h^2，$\cdots$ 中的一个数，反之亦然。因此，f 个根 $[1]$，$[h]$，$[h^2]$，$\cdots$，$[h^{f-1}]$ 就和 $[1]$，$[H]$，$[H^2]$，$\cdots$，$[H^{f-1}]$ 相同。同理，更一般的序列 $[\lambda]$，$[\lambda h]$，$[\lambda h^2]$，$\cdots$，$[\lambda h^{f-1}]$ 和 $[\lambda]$，$[\lambda H]$，$[\lambda H^2]$，$\cdots$，$[\lambda H^{f-1}]$ 相同。我们用 (f, λ) 表示这 f 个根 $[\lambda]$，$[\lambda h]$，$[\lambda h^2]$，$\cdots$，$[\lambda h^{f-1}]$ 的和。由于取不同的原根 g 不会改变这个和，那么它就与 g 无关。我们就称这些根的总体为**周期**（f，

λ），且不计根的次序[1]。为了列出这样一个周期，我们将每个根简化为它最简单的表达式，即用 λ，λh，λh^2，…对于模 n 的最小剩余来代替它们，并且我们可以按照这些剩余的大小对这些项进行排序。

例如，对于 $n = 19$，2 是原根，且周期（6，1）包含根［1］，［8］，［64］，［512］，［4 096］，［32 768］；或者［1］，［7］，［8］，［11］，［12］，［18］。类似地，周期（6，2）包含根［2］，［3］，［5］，［14］，［16］，［17］。周期（6，3）与前一个周期相同。周期（6，4）包含根［4］，［6］，［9］，［10］，［13］，［15］。

---

［1］下面我们也把这个和称作周期的数值，在不会发生歧义的情况下，简称周期。

第6节　关于这些周期的各种定理

344

我们现在给出下列关于这类周期的结论：

1. 因为 $\lambda h^f \equiv \lambda$，$\lambda h^{f+1} \equiv \lambda$，$\cdots (\bmod n)$，可知 (f, λ)，$(f, \lambda h)$，$(f, \lambda h^2)$，$\cdots$是由相同的根构成的。因此，一般地，如果我们用 $[\lambda']$ 表示 (f, λ) 中的任意根，这个周期就和 (f, λ') 完全相同。因此，如果两个有相同个数的根的周期（我们就称它们为**相似的**周期）有一个共同的根，那么它们就是相同的。因此，这样的情况不可能出现，即两个根属于同一个周期，但它们中只有一个能够在另一个相似的周期中找到。进而，如果两个根 $[\lambda]$，$[\lambda']$ 属于同一个有 f 项的周期，那么表达式 $\dfrac{\lambda'}{\lambda} (\bmod n)$ 的值就同余于 h 的某个方幂；也就是说，我们可以假定 $\lambda' \equiv \lambda g^{ve} (\bmod n)$。

2. 如果 $f = n-1$，$e = 1$，周期 $(f, 1)$ 就和 Ω 相同。在剩下的情况中，Ω 就是由周期 $(f, 1)$，(f, g)，(f, g^2)，$\cdots$，(f, g^{e-1}) 构成。因此，这些周期彼此是完全不同的，并且可知，如果 $[\lambda]$ 属于 Ω，即 λ 如果不能被 n 整除，那么，任意其他相似的周期 (f, λ) 就和这里的周期其中的一个相同。显然，周期 $(f, 0)$ 或周期 (f, kn) 包含 f 个 1。还有，如果 λ 是不能被 n 整除的任意数，e 个周期的总体 (f, λ)，$(f, \lambda g)$，$(f, \lambda g^2)$，$\cdots$，$(f, \lambda g^{e-1})$ 就也和 Ω 相同。例如，对于 $n = 19$，$f = 6$，Ω 就包含3个周期 $(6, 1)$，$(6, 2)$，$(6, 4)$。除了 $(6, 0)$ 之外的任意其他相似的周期都可以被简化为这几个周期中的一个。

3. 如果 $n-1$ 是 3 个正数 a，b，c 的乘积，那么显然，每个有 bc 项的周期是由每个有 c 项的 b 个周期所组成的。例如，(bc, λ) 由 (c, λ)，$(c, \lambda g^a)$，$(c, \lambda g^{2a})$，$\cdots$，$(c, \lambda g^{ab-a})$ 构成。因此，我们可以说后面这些周期是包含于前面的周期中。那么，对于 $n = 19$，周期 $(6, 1)$ 由 3

个周期构成：（2，1），（2，8），（2，7）。第 1 个周期含根 r, r^{18}；第 2 个周期含根 r^8, r^{11}；第 3 个周期含根 r^7, r^{12}。

345

定理

设 (f, λ)，(f, μ) 是两个相似而不一定相同的周期，并且设 (f, λ) 包含根 $[\lambda]$，$[\lambda']$，$[\lambda'']$，…。那么，(f, λ) 和 (f, μ) 的乘积就是 f 个相似的周期的和，即 $(f, \lambda + \mu) + (f, \lambda' + \mu) + (f, \lambda'' + \mu) + \cdots$，记为 W。

证明

像上面一样令 $n - 1 = ef$；g 是模 n 的原根，且 $h = g^e$。由我们上面所说的，有 $(f, \lambda) = (f, \lambda h) = (f, \lambda h^2) = \cdots$，以及我们要求的乘积就等于

$$[\mu] \cdot (f, \lambda) + [\mu h] \cdot (f, \lambda h) + [\mu h^2] \cdot (f, \lambda h^2) + \cdots$$

即

$$[\lambda + \mu] + [\lambda h + \mu] + \cdots + [\lambda h^{f-1} + \mu]$$
$$+ [\lambda h + \mu h] + [\lambda h^2 + \mu h] + \cdots + [\lambda h^f + \mu h]$$
$$+ [\lambda h^2 + \mu h^2] + [\lambda h^3 + \mu h^2] + \cdots + [\lambda h^{f+1} + \mu h^2] + \cdots$$

这个表达式总共包含 f^2 个根。并且，如果我们把竖列相加，就会得到

$$(\lambda h + \mu) + (f, \lambda h + \mu) + \cdots + (f, \lambda h^{f-1} + \mu)$$

这个表达式和 W 相同，因为根据假设，数 λ，λ'，λ''，… 对于模 n 同余于 λ，λh，λh^2，…，λh^{f-1}（我们这里不考虑次序），因此

$$\lambda + \mu, \quad \lambda' + \mu, \quad \lambda'' + \mu, \quad \cdots$$

就同余于

$$\lambda + \mu, \quad \lambda h + \mu, \quad \lambda h^2 + \mu, \quad \cdots, \quad \lambda h^{f-1} + \mu$$

证明完毕。

我们对此定理补充以下推论：

1. 如果 k 是任意整数，$(f, k\lambda)$ 和 $(f, k\mu)$ 的乘积就等于

$$[f, k(\lambda+\mu)] + [f, k(\lambda'+\mu)] + [f, k(\lambda''+\mu)] + \cdots$$

2. 由于 W 中的单项要么与 $(f, 0)=f$ 相同，要么与 $(f, 1)$，(f, g)，(f, g^2)，$\cdots$，(f, g^{e-1}) 中的某一项相同，因此 W 可以化归为以下形式

$$W = af + b(f, 1) + b'(f, g) + b'(f, g^2) + \cdots + b^\varepsilon(f, g^{e-1})$$

其中系数 a, b, b', $\cdots$ 是正整数（有的甚至等于 0）。进而可知，$(f, k\lambda)$ 和 $(f, k\mu)$ 的乘积就等于 $af+b(f, k)+b'(f, kg)+\cdots+b^\varepsilon(f, kg^{e-1})$。

那么，例如，对于 $n=19$，和 $(6, 1)$ 与它自身的乘积，即这个和的平方就等于 $(6, 2) + (6, 8) + (6, 9) + (6, 12) + (6, 13) + (6, 19)$，也等于 $6+2(6, 1) + (6, 2) +2(6, 4)$。

3. 由于 W 中的单个项和相似的周期 (f, v) 的乘积可以化归为一个类似的型，那么显然，3 个周期 (f, λ)，(f, μ)，(f, v) 的乘积就可表示为 $cf+d(f, 1) + \cdots + d^\varepsilon(f, g^{e-1})$，并且系数 c, d, $\cdots$ 就是正整数（或者等于 0），并且对于 k 的任意整数值，我们有

$$(f, k\lambda) \cdot (f, k\mu) \cdot (f, kv) = cf+d(f, k) +d'(f, kg) + \cdots$$

这个定理可以推广到任意多个相似的周期的乘积的情况，且这些周期是全不相同，还是部分相同，还是全部相同，都没有区别。

4. 由此推出，如果在任意有理代数函数 $F=\varphi(t, u, v, \cdots)$ 中，我们用相似的周期 (f, λ)，(f, μ)，(f, v)，$\cdots$ 分别代入未知数 t, u, v, $\cdots$，它的值就可以化归为这样的形式

$$A+B(f, 1) +B'(f, g) +B''(f, g^2) \cdots B^\varepsilon(f, g^{e-1})$$

并且，如果 F 中所有的系数都是整数，则系数 A, B, B', $\cdots$ 就是整数。如果我们再用 $(f, k\lambda)$，$(f, k\mu)$，(f, kv)，$\cdots$ 分别代入 t, u, v, $\cdots$，F 的值，就可以将其化归为 $A+B(f, k) +B'(f, kg) +\cdots$ 这样的形式。

346

定理

如果 λ 是一个不能被 n 整除的数，并且为了简洁，我们把 (f, λ) 记作 p，那么任意其他相似的周期 (f, μ)（μ 不能被 n 整除）就可以化归为型 $\alpha + \beta p + \gamma p^2 + \cdots + \theta p^{e-1}$，其中系数 α，β，$\cdots$ 是确定的有理数值。

证明

我们用 p，p''，p'''，$\cdots$ 表示周期 $(f, \lambda g)$，$(f, \lambda g^2)$，$(f, \lambda g^3)$，$\cdots$ 一直到 $(f, \lambda g^{e-1})$。它们的个数就是 $e-1$ 个，且其中一个周期一定和 (f, μ) 相同。我们立即就得到等式

$$0 = 1 + p + p' + p'' + p''' + \cdots \qquad （\text{I}）$$

现在，如果按照上个条目的法则，我们计算出 p 的方幂一直到 p^{e-1}，就得到另外 $e-2$ 个等式

$$0 = p^2 + A + ap + a'p' + a''\,p'' + a'''\,p''' + \cdots \qquad （\text{II}）$$

$$0 = p^3 + B + bp + b'p' + b''\,p'' + b'''\,p''' + \cdots \qquad （\text{III}）$$

$$0 = p^4 + C + cp + c'p' + c''\,p'' + c'''\,p''' + \cdots \qquad （\text{IV}）$$

$$\cdots$$

所有的系数 A，a，a'，$\cdots$；B，b，b'，$\cdots$；$\cdots$ 都是整数，并且由上个条目立即可以推出，它们与 λ 无关，也就是说，不论我们给 λ 取什么值，这些等式都成立。只要 λ 不能被 n 整除，这个结论也可以推广到等式 I。我们假设 $(f, \mu) = p'$，不难发现，如果 (f, μ) 与任何其他周期 p''，p'''，$\cdots$ 相同，那么我们可以用完全类似的方式做出如下论证。因为方程 I，II，III，$\cdots$ 的个数是 $e-1$，通过已知的方法可以把个数为 $e-2$ 的量 p''，p'''，$\cdots$ 排除掉，下面所得的方程 (Z) 就不含这些量

$$0 = \mathfrak{A} + \mathfrak{B}p + \mathfrak{C}p^2 + \cdots + \mathfrak{M}p^{e-1} + \mathfrak{N}p'$$

我们可以使得所有的系数 $\mathfrak{A}$，$\mathfrak{B}$，$\cdots$，$\mathfrak{N}$ 都是整数，且一定不全为 0。现在，如果 $\mathfrak{N}$ 不等于 0，p' 就可以按照定理那样确定。因此，接下来我们还要证明

$\mathfrak{R}$ 不等于 0。

假设 $\mathfrak{R}=0$，方程 Z 就变成 $\mathfrak{M}p^{e-1}+\cdots+\mathfrak{B}p+\mathfrak{A}=0$。因为它的次数不可能超过 $e-1$，所以不可能有多于 $e-1$ 个值的 p 满足这个方程。但是，由于推导 Z 方程与 λ 无关，可以推出 Z 也与 λ 无关，因而，不管为 λ 取什么样的不能被 n 整除的数，它都成立。因此，$(f,1)$，(f,g)，(f,g^2)，$\cdots$，(f,g^{e-1}) 中任意一个都可以满足这个方程。由此我们可以立即推出，这些和不是全不相等的，其中至少有两个一定是相等的。设两个相等的和其中之一包含根 $[\zeta]$，$[\zeta']$，$[\zeta'']$，$\cdots$，另外一个包含根 $[\eta]$，$[\eta']$，$[\eta'']$，$\cdots$。我们就假设（这样是可以的）所有的数 ζ，ζ'，ζ''，$\cdots$；η，η'，η''，$\cdots$ 都是正的且小于 n。显然，所有的数都是各不相同的，且它们都不等于 0。我们用 Y 表示函数

$$x^{\zeta}+x^{\zeta'}+x^{\zeta''}+\cdots-x^{\eta}-x^{\eta'}-x^{\eta''}-\cdots$$

它的最高次项的方幂不能超过 x^{n-1} 的方幂，那么当 $x=[1]$ 时 $Y=0$。因此，Y 包含因式 $x-[1]$，它是前面 X 表示的函数的公因式。要证明这是不可能的并不难，因为，如果 Y 和 X 有公因式，那么函数 X，Y 的最大公因式（它的次数不可能是 $n-1$，因为 Y 能够被 x 整除）的系数就全是有理数。可以从求两个系数全为有理数的函数的最大公因式的运算的性质推出这一点。但是，在条目 341 中我们证明了 X 没有系数为次数小于 $n-1$ 的有理数的因式。因此，假设 $\mathfrak{R}=0$ 不成立。

例：对于 $n=19$，$f=6$，我们有 $p^2=6+2p+p'+2p''$。由于 $0=1+p+p'+p''$，我们导出 $p'=4-p^2$，$p''=-5-p+p^2$。因此

$$(6,2)=4-(6,1)^2, \quad (6,4)=-5-(6,1)+(6,1)^2$$
$$(6,4)=4-(6,2)^2, \quad (6,1)=-5-(6,2)+(6,2)^2$$
$$(6,1)=4-(6,4)^2, \quad (6,2)=-5-(6,4)+(6,4)^2$$

347

定理

如果 $F = \varphi(t, u, v, \cdots)$ 是 f 个未知数 $t, u, v, \cdots$ 的对称[1]有理代数函数，我们用包含在周期 (f, λ) 中的 f 个根代入这些未知数，并且根据条目 340 的法则，F 的值可以化归为

$$A + A'[1] + A''[2] + \cdots = W$$

那么，这个表达式中属于同一个由 f 项组成的周期的根就有相等的系数。

证明

设 $[p]$，$[q]$ 是属于同一个由 f 项组成的周期中的两个根，并且假设 p, q 都是正数且小于 n。我们必须要证明 $[p]$，$[q]$ 在 W 中具有相同的系数。设 $q \equiv pg^{ve} \pmod{n}$；并且设 (f, λ) 中包含的根是 $[\lambda]$，$[\lambda']$，$[\lambda'']$，$\cdots$，其中 $\lambda, \lambda', \lambda'', \cdots$ 都是正的且小于 n；最后，设数 λg^{ve}，$\lambda' g^{ve}$，$\lambda'' g^{ve}$，$\cdots$ 对于模 n 的最小正剩余是 $\mu, \mu', \mu'', \cdots$。显然，它们的次序也许和 $\lambda, \lambda', \lambda'', \cdots$ 不同，但它们的值是相同的。由条目 340 可知

$$\varphi([\lambda' g^{ve}], [\lambda' g^{ve}], [\lambda'' g^{ve}], \cdots) \qquad (\text{I})$$

可以化归为 $A + A'[g^{ve}] + A''[2g^{ve}] + \cdots$ 或者 $A + A'[\theta] + A''[\theta'] + \cdots = (W')$。这里 $\theta, \theta', \cdots$ 是数 $g^{ve}, 2g^{ve}, \cdots$ 对于模 n 的最小剩余，所以我们发现，$[q]$ 在 (W') 中和 $[p]$ 在 (W) 中的系数是一样的。我们扩展表达式（I），和扩展表达式 $\varphi([\mu], [\mu'], [\mu''], \cdots)$ 得到的结果是一样的，因为 $\mu \equiv \lambda g^{ve}$，$\mu' \equiv \lambda' g^{ve}$，$\cdots \pmod{n}$。后一种表达式和 φ

---

[1] 对称函数是指，它的所有的未知数都以相同的方式出现，或者更清楚地说，不论未知数怎样排列，函数都不变。例如，未知数的和，它们的积，它们成对的乘积之和，等等。

（［λ］，［λ'］，［λ''］，…）给出同样的结果，因为数 μ，μ'，μ''，… 和数 λ，λ'，λ''，…只是次序不同，而这在对称函数中是没有影响的。因此，W' 与 W 完全相同，所以根［q］就和［p］在 W 中的系数相同。证明完毕。

因此，我们发现 W 可以化归为形如

$$A + a\,(f,\,1) + a'\,(f,\,g) + a''\,(f,\,g^2) \cdots + a^\varepsilon (f,\,g^{e-1})$$

的式子；并且，如果 F 中所有的有理系数都是整数，那么系数 A，a，…，a^ε 就是确定的数以及整数。因此，比如说，如果 $n = 19$，$f = 6$，$\lambda = 1$ 且函数 φ 表示这些未知数的两两乘积之和，那么 φ 的值可以化归为 $3 +$（6，1）+（6，4）。

一般地，如果用另一个周期 $(f,\,k\lambda)$ 的根代入 t，u，v，…，那么 F 的值就成为

$$A + a\,(f,\,k) + a'\,(f,\,kg) + a''\,(f,\,kg^2) + \cdots$$

348

在方程

$$x^f - \alpha x^{f-1} + \beta x^{f-2} - \gamma x^{f-3} - \cdots = 0$$

中，系数 α，β，γ，…是对称函数的根；也就是说，α 是所有的根的和，β 是一次取 2 个根的乘积的和，γ 是一次取 3 个根的乘积的和。因此，在一个根是周期 $(f,\,\lambda)$ 的根的方程中，第 1 个系数就等于 $(f,\,\lambda)$，其他的系数可以化归为

$$A + a\,(f,\,1) + a'\,(f,\,g) \cdots + a^\varepsilon (f,\,g^{e-1})$$

的形式，其中所有的数 A，a，a'，…都是整数。而且，很明显，根包含于另一个周期 $(f,\,k\lambda)$ 中的方程可以通过上面的方程导出：对于它的每个系数，用 $(f,\,k)$ 代替 $(f,\,1)$，$(f,\,kg)$ 代替 $(f,\,g)$，一般地，用 $(f,\,kp)$ 代替 $(f,\,p)$。以这种方式，只要我们知道 $(f,\,1)$，$(f,\,g)$，$(f,\,g^2)$，… 这 e 个和，或者一旦我们找出其中一个和，我们就可以指出根分别

是属于 $(f,1)$，(f,g)，(f,g^2)，… 中的 e 个方程 $z=0$，$z'=0$，$z''=0$，…。因为，根据条目 346，其余所有的根都可以通过其中一个和进行有理推导得到。在这之后，函数 X 就分解为 e 个 f 次幂的因式，因为显然函数 z，z'，z''，… 的乘积就是 X。

例：对于 $n=19$，周期 $(6,1)$ 中所有根的和 $\alpha=(6,1)$；它们中一次取 2 个根的乘积之和 $\beta=3+(6,1)+(6,4)$；类似地，一次取 3 个根的乘积之和 $\gamma=2+2(6,1)+(6,4)$；一次取 4 个根的乘积之和 $\delta=3+(6,1)+(6,4)$；一次取 5 个根的乘积之和 $\varepsilon=(6,1)$；所有的根的乘积等于 1。因此，方程

$$z=x^6-\alpha x^5-\beta x^4-\gamma x^3-\delta x^2-\varepsilon x+1=0$$

就包含了 $(6,1)$ 中的所有的根。并且，如果我们在系数 α，β，γ，… 中分别用 $(6,2)$，$(6,4)$，$(6,1)$ 代替 $(6,1)$，$(6,2)$，$(6,4)$，我们就得到包含根 $(6,2)$ 的方程 $z'=0$。如果再做一次同样的置换，我们就得到包含根 $(6,4)$ 的方程 $z''=0$，那么，乘积 $zz'z''=X$。

349

由根的方幂的和推导系数 β，γ，… 时，通常使用牛顿定理是更加方便的，尤其是当 f 是一个较大的数时。那么，包含于 (f,λ) 中的根的平方的和就等于 $(f,2\lambda)$，立方的和就等于 $(f,3\lambda)$，…。如果我们用 q，q'，q''，… 分别表示 (f,λ)，$(f,2\lambda)$，$(f,3\lambda)$，…，我们就有

$$\alpha=q,\ 2\beta=\alpha q-q',\ 3\gamma=\beta q-\alpha q'+q'',\ \cdots$$

这里，根据条目 345，两个周期的乘积就立即转化为周期的和。那么，在我们的例子中，如果我们用 p，p'，p'' 分别表示 $(6,1)$，$(6,2)$，$(6,4)$，我们就有 q，q'，q''，q'''，q''''，q''''' 分别等于 p，p'，p'，p''，p'，p''，因此

$$\alpha=p$$
$$2\beta=p^2-pp'=6+2p+2p''$$

$$3\gamma = \left(3+p+p''\right)p - pp' + p = 6 + 6p + 3p'$$

$$4\delta = \left(2+2p+p'\right)p - \left(3+p+p''\right)p' + pp' - p'' = 12 + 4p + 4p''$$

$$\cdots$$

但是，按照这样的方式计算一半的系数就够了，因为不难证明，后一半系数以相反的次序等同于前一半系数；也就是说，最后 1 个系数等于 1，倒数第 2 个系数等于 α，倒数第 3 个系数等于 β，…；即后面的系数可以由前面的系数用周期 $(f,-1)$，$(f,-g)$，…，或者 $(f,n-1)$，$(f,n-g)$，…代替 $(f,1)$，(f,g)，…来得到。当 f 是偶数时，使用周期 $(f,-1)$，$(f,-g)$，…；当 f 是奇数时，使用周期 $(f,n-1)$，$(f,n-g)$，…。最后 1 个系数总是等于 1。这种方法的基础是条目 79 的定理，但为了简洁起见，我们就不探讨它的证明过程了。

350

定理

令 $n-1$ 是三个正整数 α，β，γ 的乘积，并且设具有 $\beta\gamma$ 项的周期 $(\beta\gamma,\lambda)$ 是由 β 个具有 γ 项的较小的周期 (γ,λ)，(γ,λ')，(γ,λ'')，…构成；我们进一步假设，在具有 β 个未知数的函数（和条目 347 中的一样），即 $F = \varphi(t,u,v\cdots)$ 中，我们分别用 (γ,λ)，(γ,λ')，(γ,λ'')，…代替未知数 t,u,v，…，那么按照条目 345 中的法则，这个函数的值就可以化归为

$$A + a(\gamma,1) + a'(\gamma,g)\cdots + a^\zeta(\gamma,g^{\alpha\beta-\alpha})\cdots + a^\theta(\gamma,g^{\alpha\beta-1}) = W$$

那么，我们可以断言，如果 F 是一个对称函数，那么包含在同一个具有 $\beta\gamma$ 项的周期中 W 的周期 [一般地，周期 (γ,g^μ) 和周期 $(\gamma,g^{\alpha\nu+\mu})$，$\nu$ 是任意整数] 就具有相同的系数。

证明

由于周期 $(\beta\gamma,\gamma g^\alpha)$ 与 $(\beta\gamma,\lambda)$ 相同，所以构成前者的较小的周期

$(\gamma, \lambda g^{\alpha})$, $(\gamma, \lambda' g^{\alpha})$, $(\gamma, \lambda'' g^{\alpha})$, …就一定与构成后者的那些较小的周期相同，尽管次序不同。并且，如果我们假设 F 可以通过前面的这些量分别代入 t, u, v, …变成 W'，那么 W' 就和 W 相同。但是，根据条目 347，我们有

$$W' = A + a(\gamma, g^{\alpha}) + a'(\gamma, g^{\alpha+1}) \cdots + a^{\zeta}(\gamma, g^{\alpha\beta}) \cdots + a^{\theta}(\gamma, g^{\alpha\beta+\alpha-1})$$

$$= A + a(\gamma, g^{\alpha}) + a'(\gamma, g^{\alpha+1}) \cdots + a^{\zeta}(\gamma, 1) \cdots + a^{\theta}(\gamma, g^{\alpha-1})$$

所以这个表达式一定和 W 相同，并且 W 中的第 1 个系数，第 2 个系数，第 3 个系数，…（从 α 开始），一定与第 $\alpha+1$ 个系数，第 $\alpha+2$ 个系数，第 $\alpha+3$ 个系数，…相同。那么，一般地，周期 (γ, g^{μ}), $(\gamma, g^{\alpha+\mu})$, $(\gamma, g^{2\alpha+\mu})$, …, $(\gamma, g^{\nu\alpha+\mu})$（分别是第 $\mu+1$ 个，$\alpha+\mu+1$ 个，$2\alpha+\mu+1$ 个，…，第 $\nu\alpha+\mu+1$ 个）的系数一定彼此相同。证明完毕。

因此可知，W 可以化归为下面的形式：

$$A + a(\beta\gamma, 1) + a'(\beta\gamma, g) \cdots + a^{\varepsilon}(\beta\gamma, g^{\alpha-1})$$

其中，当 F 的所有系数都是整数时，所有的系数 A, a, …都是整数。假设在这之后我们用 β 个由 γ 项构成的周期代替 F 中的未知数，这些周期又构成了另一个包含 $\beta\gamma$ 项的周期。如果包含于 $(\beta\gamma, \lambda k)$ 中的 β 个周期是 $(\gamma, \lambda k)$, $(\gamma, \lambda' k)$, $(\gamma, \lambda'' k)$, …，那么，得到的值就是

$$A + a(\beta\gamma, k) + a'(\beta\gamma, gk) \cdots + a^{\varepsilon}(\beta\gamma, g^{\alpha-1}k)$$

显然，这个定理还可以扩展到 $\alpha=1$ 或者 $\beta\gamma = n-1$ 的情况。在这种情况下，W 中所有的系数就是相等的，W 就能够被化归为 $A + a(\beta\gamma, 1)$。

351

沿用上个条目中的术语，可知，根是 β 个和 (γ, λ), (γ, λ'), (γ, λ''), …的方程的单个系数可以化归为这样的形式

$$A + a(\beta\gamma, 1) + a'(\beta\gamma, g) + \cdots + a^{\varepsilon}(\beta\gamma, g^{a-1})$$

且数 A, a, …都是整数。并且，如果我们用 $(\beta\gamma, k\mu)$ 代替每个周期 $(\beta\gamma, \mu)$，那么就可以由此推导出根是包含在另一个周期 $(\beta\gamma, k\lambda)$ 中的

β 个有 γ 项的周期的方程。因此，如果 $\alpha = 1$，那么所有由 γ 项构成的 β 个周期将由一个 β 次方程来确定，且每个系数就是 $A + a\,(\,\beta\gamma,\ 1\,)$ 的形式。由于 $(\,\beta\gamma,\ 1\,) = (\,n-1,\ 1\,) = -1$，它们都是**已知的量**，如果 $\alpha > 1$，那么，只要所有由 $\beta\gamma$ 项构成的 α 个周期的数值都是已知的，这样的一个方程（它的根是包含于一个给定的 $\beta\gamma$ 项的周期中的所有由 γ 项构成的周期）的系数也就是已知的。像我们在条目 349 中做的那样，如果我们能首先求根的方幂的和，再由这些和通过牛顿定理推导出系数，那么这些方程的系数的计算常常是很容易的，特别是当 β 不是很小时。

例：1. 对于 $n = 19$，我们求根是和（6，1），（6，2），（6，3）的方程。如果我们分别用 p，p'，p''，…表示这些根，我们要求的方程就是

$$x^3 - Ax^2 + Bx - C = 0$$

我们得到

$$A = p + p' + p'',\ B = pp' + pp'' + p'p'',\ C = pp'p''$$

那么

$$A = (\,18,\ 1\,) = -1$$

并且

$$pp' = p + 2p' + 3p'',\ pp'' = 2p + 3p' + p'',\ p'p'' = 3p + p' + 2p''$$

所以

$$B = 6\,(\,p + p' + p''\,) = 6\,(\,18,\ 1\,) = -6$$

最后

$$C = (\,p + 2p' + 3p''\,)\,p'' = 3\,(\,6,\ 0\,) + 11\,(\,p + p' + p''\,) = 18 - 11 = 7$$

因此，我们要求的方程就是

$$x^3 + x^2 - 6x - 7 = 0$$

使用另一个方法，我们得出

$$p + p' + p'' = -1$$

$$p^2 = 6 + 2p + p' + 2p'',\ p'p' = 6 + 2p' + p'' + 2p,\ p''p'' = 6 + 2p'' + p + 2p'$$

因此

$$p^2 + p'p' + p''p'' = 18 + 5\,(\,p + p' + p''\,) = 13$$

并且类似地有

$$p^3 + p'^3 + p''^3 = 36 + 34 \left(p + p' + p'' \right) = 2$$

由此，以及牛顿定理，我们可以推导出和前文相同的方程。

2. 对于 $n=9$，我们求根是和（2，1），（2，7），（2，8）的方程。如果我们分别用 q，q'，q'' 表示这些根，我们发现

$$q + q' + q'' = \left(6，1 \right)$$

$$qq' + qq'' + q'q'' = \left(6，1 \right) + \left(6，4 \right)$$

$$qq'q'' = 2 + \left(6，2 \right)$$

因此，保留和前面一样的符号，我们要求的方程就是

$$x^3 - px^2 + \left(p + p'' \right) x - 2 - p' = 0$$

这个根是包含在（6，2）中的和（2，2），（2，3），（2，5）的方程，可以从前面的方程推导出，只要用 p'，p''，p 分别替换 p，p'，p'' 即可。如果我们再做一次同样的替换，就会得到根是包含于（6，4）中的和（2，4），（2，6），（2，9）的方程。

第 7 节　由前面的讨论解方程 $X = 0$

352

前面的定理以及它们的推论包含了整个理论的基本原理，我们现在可以讨论一下求 Ω 中的根的值的方法。

首先，我们必须取模 n 的原根 g，并且求出直到 g^{n-2} 的 g 的各次方幂对于模 n 的最小剩余。如果我们想把问题化归为最低可能次数的方程，就要把 $n-1$ 分解成质因数。设这些（次序是任意的）质因数是 α，β，γ，$\cdots$，ζ，并且设

$$\frac{n-1}{\alpha} = \beta\gamma\cdots\zeta = a, \quad \frac{n-1}{\alpha\beta} = \gamma\cdots\zeta = b, \quad \cdots$$

把 Ω 所有的根分成 α 个有 a 项的周期，这些周期中的每一个再分成 β 个有 b 项的周期，把这些周期的每个再分成 γ 个周期，等等。像上个条目一样，确定一个 α 次的方程（A），它的根是 α 个包含 a 项构成的和，它们的值可以通过解这个方程来确定。

但是，这里出现了一个困难——应当使得哪个和等同于方程（A）的哪个根，似乎是不确定的，也就是说，哪个根应当用（a，1）来表示，哪个根应当用（a，g）来表示，等等。我们可以按照下面的方式解决这个困难。我们可以用（a，1）表示方程（A）的任意的根。这是因为，这个方程的根是 Ω 中 a 个根的和，且 Ω 中哪个根是用［1］表示完全是任意的，我们可以假设［1］表示构成方程（A）的根的其中一个，因此，方程（A）的这个根就是（a，1）。但是，根［1］还不是完全确定的，因为从组成（a，1）的根里我们选择哪一个作为［1］是完全任意的（也就是不确定的）。一旦把（a，1）确定下来，所有剩下的 a 项的和都可以由它推导出来（条目 346）。因此，我们只需要求解出方程的一个根。为了同样的目的，我们还可以使用下面的非直接的方法。取一个确定的根作为［1］，即令 $[1] = \cos\dfrac{kP}{n} + i\sin\dfrac{kP}{n}$，整

数 k 可任意选取，但它不能被 n 整除。在此之后，［2］，［3］，…也是确定的根，且和 $(a, 1)$，(a, g) 是确定的值。现在，如果用一张精确度足够高的正弦表来算出这些值，使得我们能判定哪些和是较大的，哪些和是较小的，那么关于怎样区分方程 (A) 的每个根的问题就不会存在任何疑问。

当我们用这种方法求出了所有 α 个 a 项的和之后，我们就用上个条目的方法确定 β 次方程 (B)，它的根是包含于 $(a, 1)$ 的 β 个 b 项的和。这个方程的所有系数就都是已知的数。由于在这个阶段包含于 $(a, 1)$ 的 $a = \beta b$ 中哪一个根是［1］还是任意的，那么方程 (B) 的任意一个根都可以表示为 $(b, 1)$，因为从这个方程的 b 个根中假设其中一个是［1］是没有问题的。因此，我们就去求解方程 (B) 来确定其中的任意一个根。设这个根是 $(b, 1)$，根据条目 346，可由它导出所有剩下的 b 项的和。以这种方式，我们同时得到了一个判断计算的正确性的方法，因为就所有 b 项（构成 a 项的任意一个周期）的和来说，它们这些和的和是已知的。在某些情况下，构建 $\alpha - 1$ 个 β 次的其他方程也是同样容易的。这些方程的根是这样的 β 个和，每个和有 b 项，且所有这些项是相应地分别包含在其余的有 a 项的周期 (a, g)，(a, g^2)，…中，我们可以通过解这些方程和方程 (B) 来求出**所有的根**。那么，同上，借助于正弦表，我们可以确定哪一个由 b 项组成的周期与哪一个用这样的方法所求出的根是相等的。为了做出这种判断，我们还可以使用其他的方法，但这里就不详细解释了。其中一种方法在 $\beta = 2$ 的情况下特别有用，我们在下面的例子中使用这种方法。

在我们用这种方法求出所有 $\alpha\beta$ 个 b 项的和的值之后，我们可以用一种类似的方法，通过 γ 次方程确定所有 $\alpha\beta\gamma$ 个 c 项的和。也就是说，**要么**，按照条目 350 我们只能求出一个 γ 次方程，它的根是 γ 个包含于 $(b, 1)$ 的 c 项的和，并解这个方程求出一个根，令它是 $(c, 1)$，且最后通过条目 346 中的方法可以推导出所有剩下的和；**要么**，我们用类似的方法求出 $\alpha\beta$ 个 γ 次的方程，它们的根分别是这样的 γ 个和，每个和有 c 项，每一项都包含于有 b 项的每个周期中。我们可以求解所有这些方程，得到它们的根，并且和之前一样，在正弦表的帮助下确定根的次序。但是，对于 $\gamma = 2$ 的情况，我们可以使用下面的方法。

如果我们用这种方法继续下去，最终会得到所有的 $\dfrac{n-1}{\zeta}$ 个 ζ 项的和；并且，如果我们用条目 348 中的方法求出这样的 ζ 次方程，它们的根是 Ω 中的属于 $(\zeta, 1)$ 的 ζ 个根，那么它的所有系数就是已知数。并且，如果解这个方程求得它的任意一个根，那么就可以令这个根是 $[1]$，且它的方幂就给出了 Ω 中所有其余的根。如果我们愿意，我们可以求出这个方程的所有的根。然后，通过解其他的 $\dfrac{n-1}{\zeta}-1$ 个 ζ 次方程（它们中的每一个方程的根是属于每个有 ζ 项的周期中的 ζ 个根），我们便可以求出 Ω 中所有剩下的根。

显然，一旦我们解出第 1 个方程 (A)，也就是一旦我们得到了所有 α 个 a 项的和的值之后，按照条目 348，我们也就把函数 X 分解成 α 个 a 次因式。进而，在解方程 (B)，也就是求出所有 $\alpha\beta$ 个 b 项的和的值之后，这些因式又可以再一次分解出 β 个因式，因而函数 X 就分解成 $\alpha\beta$ 个 b 次因式，等等。

第 8 节　以 $n=19$ 为例，运算可以简化为求解两个三次方程和一个二次方程

353

第1个例子： $n=19$。因为 $n-1=3\times3\times2$，求根 Ω 就化归为解两个三次方程和一个二次方程。这个例子更加容易理解，因为大部分必要的运算都已经在上面讨论过了。如果我们取 2 作为原根 g，那么它的各次方幂就有下面的最小剩余（指数在第 1 行，剩余在第 2 行）

0 1 2 3　4　5　6　7　8　9　10 11　12 13 14 15 16 17

1 2 4 8　16 13 7　14 9　18 17 15 11　3　6　12 5　10

根据条目 344 和 345，我们可以轻松地推导出 Ω 中所有的根在 3 个周期（每个周期含 6 个项）中的分布，这 3 个周期各自又可以划分为 3 个周期（每个周期含 2 个项）：

$\Omega=(18,1)$				
	(6, 1)	(2, 1)	…	[1]，[18]
		(2, 8)	…	[8]，[11]
		(2, 7)	…	[7]，[12]
	(6, 2)	(2, 2)	…	[2]，[17]
		(2, 16)	…	[3]，[16]
		(2, 14)	…	[5]，[14]
	(6, 4)	(2, 4)	…	[4]，[15]
		(2, 13)	…	[6]，[13]
		(2, 9)	…	[9]，[10]

其根是和 (6, 1)，(6, 2)，(6, 4) 的方程 (A) 就是 $x^3+x^2-6x-7=0$，其中一个根是 $-1.221\,876\,162\,3$。如果我们取这个根作为 (6, 1)，就

可得

$$(6, 2) = 4 - (6, 1)^2 = 2.507\ 018\ 644\ 1$$

$$(6, 4) = -5 - (6, 1) + (6, 1)^2 = -2.285\ 142\ 481\ 8$$

因此，如果替换在条目 348 中的值，函数 X 就分解为 3 个六次因式。

其根是和（2，1），（2，7），（2，8）的方程（B）就是

$$x^3 - (6, 1) x^2 + [(6, 1) + (6, 4)] x - 2 - (6, 2) = 0$$

也即

$$x^3 + 1.221\ 876\ 162\ 3x^2 - 3.507\ 018\ 644\ 1x - 4.507\ 018\ 644\ 1 = 0$$

其中一个根是 -1.354 563 143 3，我们取它作为（2，1）。根据条目 346 中的方法，我们求出以下等式［为了简洁，我们用 q 表示（2，1）］。

$$(2, 2) = q^2 - 2$$
$$(2, 3) = q^3 - 3q$$
$$(2, 4) = q^4 - 4q^2 + 2$$
$$(2, 5) = q^5 - 5q^3 + 5q$$
$$(2, 6) = q^6 - 6q^4 + 9q^2 - 2$$
$$(2, 7) = q^7 - 7q^5 + 14q^3 - 7q$$
$$(2, 8) = q^8 - 8q^6 + 20q^4 - 16q^2 + 2$$
$$(2, 9) = q^9 - 9q^7 + 27q^5 - 30q^3 + 9q$$

对于这种情况，下面的方法比条目 346 中的方法更加方便。假设

$$[1] = \cos\frac{kP}{19} + i\ \sin\frac{kP}{19}$$

就得

$$[18] = \cos\frac{18kP}{19} + i\ \sin\frac{18kP}{19} = \cos\frac{kP}{19} - i\ \sin\frac{kP}{19}$$

因而

$$(2, 1) = 2\cos\frac{kP}{19}$$

并且一般地

$$[\lambda] = \cos\frac{\lambda kP}{19} + i\ \sin\frac{\lambda kP}{19}$$

因而

$$(2, \lambda) = [\lambda] + [18\lambda] = [\lambda] + [-\lambda] = 2\cos\frac{\lambda kP}{19}$$

因此，如果 $\frac{q}{2} = \cos\omega$，我们就得到（2，2）= $2\cos 2\omega$，（2，3）= $2\cos 3\omega$，…，并且从已知的关于各倍角的余弦关系式，我们可以推出和上面相同的公式。现在，由这些公式我们推出以下的数值

（2，2）= − 0.161 586 909 　　（2，6）= 0.490 970 974 3

（2，3）= 1.578 281 018 8 　　（2，7）= − 1.758 947 502 4

（2，4）= − 1.972 722 606 8 　　（2，8）= 1.891 634 483 4

（2，5）= 1.093 896 316 2 　　（2，9）= − 0.803 390 849 3

（2，7），（2，8）的值也可以由方程（B）求出，它们是方程（B）的剩下 2 个根。至于哪个根是（2，7），哪个根是（2，8）的问题，可以按照上面给出的公式做近似计算，或者通过正弦表解决。粗略地查看正弦表我们发现，如果令 $\omega = \frac{7P}{19}$，那么（2，1）= $2\cos\omega$，因而可得（2，7）= $2\cos\frac{49}{19}P = 2\cos\frac{8}{19}P$，以及（2，8）= $2\cos\frac{26}{19}P = 2\cos\frac{P}{19}$。类似地，我们还可以通过方程

$$x^3 - (6,2)x^2 + [(6,1)+(6,2)]x - 2 - (6,4) = 0$$

求出和（2，2），（2，3），（2，5）它们是这个方程的根。至于哪一个根对应于哪一个和，可以按照和之前完全相同的方式解决。最后，可以通过公式

$$x^3 - (6,4)x^2 + [(6,2)+(6,4)]x - 2 - (6,1) = 0$$

求出和（2，4），（2，6），（2，9）。

[1] 和 [18] 是方程 $x^2 - (2,1)x + 1 = 0$ 的根。其中一个根为 $\frac{1}{2}$（2，1）$+ i\sqrt{1 - \frac{1}{4}(2,1)^2} = \frac{1}{2}$（2，1）$+ i\sqrt{\frac{1}{2} - \frac{1}{4}(2,2)}$

另一个根为

$$\frac{1}{2}(2,1) - i\sqrt{\frac{1}{2} - \frac{1}{4}(2,2)}$$

它们的数值就是

$$- 0.677\ 281\ 571\ 6 \pm 0.735\ 723\ 910\ 7i$$

剩下的 16 个根可以通过计算其中一个根的方幂，或通过解另外 8 个类似的方程得到。在使用第 2 个方法时，为了确定哪个根的虚部取正号，哪个根的

虚部取负号，我们可以使用正弦表，或者用在下面的例子中介绍的方法。用后面这种方法我们可以求出以下值，其中，±的上层符号对应第 1 个根，±的下层符号对应第 2 个根

$$[1] 和 [18] = -0.677\ 281\ 571\ 6 \pm 0.735\ 723\ 910\ 7i$$
$$[2] 和 [17] = -0.082\ 579\ 345\ 5 \mp 0.996\ 584\ 493\ 0i$$
$$[3] 和 [16] = 0.789\ 140\ 509\ 4 \pm 0.614\ 594\ 590\ 3i$$
$$[4] 和 [15] = -0.986\ 361\ 303\ 4 \pm 0.164\ 594\ 590\ 3i$$
$$[5] 和 [14] = 0.546\ 948\ 158\ 1 \mp 0.837\ 166\ 478\ 3i$$
$$[6] 和 [13] = 0.245\ 485\ 487\ 1 \pm 0.969\ 400\ 265\ 9i$$
$$[7] 和 [12] = -0.879\ 473\ 751\ 2 \mp 0.475\ 947\ 393\ 0i$$
$$[8] 和 [11] = 0.945\ 817\ 241\ 7 \mp 0.324\ 699\ 469\ 2i$$
$$[9] 和 [10] = -0.401\ 695\ 424\ 7 \pm 0.915\ 773\ 326\ 7i$$

第9节 以 $n=17$ 为例，运算可以简化为求解四个二次方程

354

第2个例子：$n=17$。$n-1=2\times2\times2\times2$，因此这里的计算就化归为求解 4 个二次方程。我们取数 3 为原根。以下是它的方幂对于模 17 的最小剩余

0	1	2	3	4	5	6	7	8	9	10	11	12	13	14	15
1	3	9	10	13	5	15	11	16	14	8	7	4	12	2	6

由此我们推导出根的总体 Ω 可以这样划分：各有 8 项的 2 个周期；各有 4 项的 4 个周期，各有 2 项的 8 个周期

$\Omega=(16,1)$	$(8,1)$	$(4,1)$	$[2],[1]$	$\cdots$	$[1],[16]$
			$[2],[13]$	$\cdots$	$[4],[13]$
		$(4,9)$	$[2],[9]$	$\cdots$	$[8],[9]$
			$[2],[15]$	$\cdots$	$[2],[15]$
	$(8,3)$	$(4,3)$	$[2],[3]$	$\cdots$	$[3],[14]$
			$[2],[5]$	$\cdots$	$[5],[12]$
		$(4,10)$	$[2],[10]$	$\cdots$	$[7],[10]$
			$[2],[11]$	$\cdots$	$[6],[11]$

根据条目 351 的法则我们可以求出，其根是和（8，1），（8，3）的方程（A）是 $x^2+x-4=0$。它的根是 $-\dfrac{1}{2}+\dfrac{\sqrt{17}}{2}=1.561\,552\,812\,8$ 和 $-\dfrac{1}{2}-\dfrac{\sqrt{17}}{2}=-2.561\,552\,812\,8$。我们令第 1 个根是（8，1），那么第 2 个根就一定是（8，3）。

其根是和（4，1）和（4，9）的方程（B）是 $x^2-(8,1)x-1=0$。它的根是

$$\frac{1}{2}(8,1)\pm\frac{1}{2}\sqrt{4+(8,1)^2}=\frac{1}{2}(8,1)\pm\frac{1}{2}\sqrt{12+3(8,1)+4(8,3)}$$

　　我们把平方根前是正号的那个根作为（4，1），它的值是 2.049 481 177 7。那么，平方根前是负号的那个根就是（4，9），它的值是 – 0.487 928 364 9。剩下的有 4 个项的（4，3）与（4，10）的和可以用两种方式计算。第 1 种方式，利用条目 346 中的方法可以得到以下公式，为了简洁我们用 p 表示（4，1）

$$（4，3）= - \frac{3}{2} + 3p - \frac{1}{2}p^3 = 0.344\ 150\ 731\ 4$$

$$（4，10）= \frac{3}{2} + 2p - p^2 - \frac{1}{2}p^3 = - 2.905\ 703\ 544\ 2$$

这个方法还可以给出公式（4，9）$= - 1 - 6p + p^2 + p^3$，由此可以得到和上面一样的值。第 2 种方式，我们通过求解以和（4，3），（4，10）为根的方程来确定它们的值。这个方程就是 $x^2 -（8，3）x - 1 = 0$。它的根是

$$\frac{1}{2}（8，3）\pm \frac{1}{2}\sqrt{4 +（8,3）^2}$$

也即

$$\frac{1}{2}（8，3）+ \frac{1}{2}\sqrt{12 + 4（8,1）+ 3（8,3）}$$

和

$$\frac{1}{2}（8，3）- \frac{1}{2}\sqrt{12 + 4（8,1）+ 3（8,3）}$$

并且，我们可以用条目 352 中提到的方法去判断哪一个根是（4，3），哪一个根是（4，10）。计算（4，1）–（4，9）与（4，3）–（4，10）的乘积，它就等于 2（8，1）– 2（8，3）[1]。显然，这个表达式的值是正的，等于 $+ 2\sqrt{17}$。并且，由于这个乘积的第 1 个因数是正的，即（4，1）–（4，9）$= + \sqrt{12 + 3（8,1）+ 4（8,3）}$，那么另一个因式（4，3）–（4，10）也一定是正的。因此，（4，3）就等于平方根前是正号的第 1 个根，而

---

　　[1] 这个技巧的真正基础是，我们能够预知这个乘积不是包含 4 项的和，而是包含 8 项的和。训练有素的数学家能轻松地明白这里的原因，为简洁起见，我们这里将其省略。

（4，10）就等于第 2 个根。由此，我们可以得到和上面相同的数值。

在求出了所有这些均由 4 项构成的和之后，我们继续来求那些均由 2 项构成的和。其根是和（2，1），（2，13）［它们包含于（4，1）］的方程（*C*）就是 $x^2 -$（4，1）$x +$（4，3）$= 0$。它的根是

$$\frac{1}{2}（4，1）\pm \frac{1}{2}\sqrt{-4(4,3)+(4,1)^2}$$

也即

$$\frac{1}{2}（4，1）\pm \frac{1}{2}\sqrt{4+(4,9)-2(4,3)}$$

如果我们取平方根前是正号的那个根为（2，1），就得到它的值是 1.864 944 458 8，因而另一个根就是（2，13），它的值是 0.184 536 718 9。如果按照条目 346 中的方法求剩下的由两项构成的和，那么对于（2，2），（2，3），（2，4），（2，5），（2，6），（2，7），（2，8），我们可以用上个例子中对于类似的量的相同的关系式，也就是说（2，2）［或（1，15）］=（2，1）$^2 - 2\cdots$。但是，如果通过解二次方程来成对地求出它们看起来更好，那么对于（2，9），（2，15），我们得到方程

$$x^2 -（4，9）x +（4，10）= 0$$

它的根是

$$\frac{1}{2}（4，9）\pm \frac{1}{2}\sqrt{4+(4,1)-2(4,10)}$$

我们可以按照前面的方式确定使用哪个符号。计算（2，1）-（2，13）与（2，9）-（2，15）的乘积，我们可得 -（4，1）+（4，9）-（4，3）+（4，10）。由于这个式子是负的，且因式（2，1）-（2，13）是正的，则（2，9）-（2，15）一定是负的。那么，对于（2，15）我们应当使用正号，对于（2，9）我们应当使用负号。由此我们得到（2，9）= - 1.965 946 199 4，（2，15）= 1.478 017 834 4。那么，由于在计算（2，1）-（2，13）与（2，3）-（2，5）的乘积时，我们得到正的量（4，9）-（4，10），所以因式（2，3）-（2，5）一定是正的。通过和前面类似的计算，我们得到

$$（2，3）= \frac{1}{2}（4，3）+ \frac{1}{2}\sqrt{4+(4,10)-2(4,9)} = 0.891 476 711 6$$

$$(2,5) = \frac{1}{2}(4,3) - \frac{1}{2}\sqrt{4+(4,10)-2(4,9)} = -0.547\,325\,980\,1$$

最后，通过完全类似的运算我们可以得到

$$(2,10) = \frac{1}{2}(4,10) - \frac{1}{2}\sqrt{4+(4,3)-2(4,1)} = -1.700\,434\,271\,5$$

$$(2,11) = \frac{1}{2}(4,10) + \frac{1}{2}\sqrt{4+(4,3)-2(4,1)} = -1.205\,269\,272\,8$$

接下来我们要求 Ω 本身的根。根为 [1] 和 [16] 的方程 (D) 是 $x^2 - (2,1)x+1 = 0$，它的根是 $\frac{1}{2}(2,1) \pm \frac{1}{2}\sqrt{(2,1)^2-4}$，也即 $\frac{1}{2}(2,1) \pm \frac{1}{2}i\sqrt{4-(2,1)^2}$ 或者 $\frac{1}{2}(2,1) \pm \frac{1}{2}i\sqrt{2-(2,15)}$。我们取正号作为 [1]，取负号作为 [16]。为了得到剩下的 14 个根，我们可以通过计算 [1] 的方幂，也可以通过计算 7 个二次方程来得到：解每个方程将会得到 2 个根，并且根式的符号可以通过和前面同样的方法来确定。那么 [4] 和 [13] 就是方程 $x^2 - (2,13)x+1$ 的根，因而它们等于

$$\frac{1}{2}(2,13) \pm i\sqrt{2-(2,9)}$$

但是，通过计算 [1] - [16] 和 [4] - [13] 的乘积，我们得到 (2,5) - (2,3)，它是真实的负数。由于 [1] - [16] 是 $+i\sqrt{2-(2,15)}$，即虚数 i 和一个正实数的乘积，[4] - [13] 也一定是 i 与一个正实数的乘积，因为 $i^2 = -1$。因此，我们就取根号前面是正号的那个数作为 [4]，取根号前面是负号的那个数作为 [13]。类似地，对于根 [8] 和 [9]，我们得到

$$\frac{1}{2}(2,9) \pm \frac{1}{2}i\sqrt{2-(2,1)}$$

由于 [1] - [16] 和 [8] - [9] 的乘积是 (2,9) - (2,10)，它是负数，我们必须取正号作为 [8]，取负号作为 [9]。那么，如果我们计算剩下的根，就得到以下数值，其中，± 取正号时为第1个根，取负号时为第 2 个根

[1]，[16] ⋯ $0.932\,472\,229\,4 \pm 0.361\,241\,666\,2i$

[2]，[15] ⋯ $0.739\,008\,917\,2 \pm 0.673\,695\,643\,6i$

[3]，[14] ⋯ $0.445\,738\,355\,8 \pm 0.895\,163\,291\,4i$

[4]，[13] ⋯ $0.092\,268\,359\,5 \pm 0.995\,734\,176\,3i$

[5]，［12］… − 0.273 662 990 1 ± 0.961 825 643 2 i

[6]，［11］… − 0.602 634 636 4 ± 0.798 018 227 3 i

[7]，［10］… − 0.850 217 135 7 ± 0.526 432 162 9 i

[8]，［9］… − 0.982 973 099 7 ± 0.183 749 517 8 i

　　前面的内容足够用来求解方程 $x^n - 1 = 0$，因此也足够用来求出对应于这样的弧长的三角函数，它与圆周长是可公度的。但是，这个课题如此的重要，我们必须补充一些关于它的结论。这些结论可以把这个课题阐释得更加清楚。我们还要补充一些与这个课题有关，或者以它为基础的例子。在这些例子中，我们特意选择那些不依赖于其他研究工具就能解决的问题。这里，我们只把它们作为这个广阔理论的**例子**来讨论，之后我们将更加详细地讨论这些理论。

第 10 节　关于根的周期的进一步讨论——
有偶数个项的和是实数

355

由于我们总是假设 n 为奇数，所以 2 总是出现在 $n-1$ 的因数中，并且总体 Ω 就是由 $\dfrac{n-1}{2}$ 个由两项组成的周期构成。这样的周期（2，λ）就是由根 [λ] 和 [$\lambda g^{\frac{n-1}{2}}$] 构成，其中 g 和前面一样代表模 n 的原根。$g^{\frac{n-1}{2}} \equiv -1\,(\mathrm{mod}\, n)$，因而 $\lambda g^{\frac{n-1}{2}} \equiv -\lambda$（见条目 62），并且 [$\lambda g^{\frac{n-1}{2}}$] = [$-\lambda$]。因此，如果我们假设 [$\lambda$] = $\cos\dfrac{kP}{n}$ + i $\sin\dfrac{kP}{n}$，并且 [$-\lambda$] = $\cos\dfrac{kP}{n}$ - i $\sin\dfrac{kP}{n}$，就得到和（2，λ）= $2\cos\dfrac{kP}{n}$。在这时我们只得到结论：任意由两项构成的和的值都是实数。因为每个由偶数项（令它等于 $2a$）组成的周期都可以分解为 a 个由两项构成的周期，那么一般地，任何由偶数项组成的和的值总是实数。因此，在条目 352 中，如果在因数 α，β，γ，… 中我们保留两个因数直到最后，那么所有的运算都是实数运算，直到我们得到两项的和，并且，当我们从这些和转而考虑根本身时，才会引入虚数。

第 11 节　关于根的周期的进一步讨论——
把 Ω 中的根分成两个周期的方程

356

我们应当对辅助方程特别关注，通过这些辅助方程，对于 n 的任意值，我们可以确定 Ω 的整体的和。这些方程与 n 的最深奥的性质以一种令人惊奇的方式相联系。这里我们仅限于讨论以下两种情况：**第一**，根是 $\frac{n-1}{2}$ 项的和的二次方程；**第二**，$n-1$ 具有因数 3，我们讨论根是 $\frac{n-1}{3}$ 项的和的三次方程。

为了简洁，我们用 m 表示 $\frac{n-1}{2}$，并且用 g 表示模 n 的某个原根，则总体 Ω 就包含 2 个周期 $(m, 1)$ 和 (m, g)。$(m, 1)$ 就包含根 $[1]$，$[g^2]$，$[g^4]$，$\cdots$，$[g^{n-3}]$；(m, g) 就包含根 $[g]$，$[g^3]$，$[g^5]$，$\cdots$，$[g^{n-2}]$。我们假设数 g^2，g^4，$\cdots$，g^{n-3} 对于模 n 的最小正剩余（不计次序）是 R，R'，R''，$\cdots$；数 g，g^3，$g^5\cdots$，g^{n-2} 对于模 n 的最小正剩余（不计次序）是 N，N'，N''，$\cdots$。那么，组成周期 $(m, 1)$ 的根与 $[1]$，$[R]$，$[R']$，$[R'']$，$\cdots$ 重合，组成周期 (m, g) 的根与 $[N]$，$[N']$，$[N'']$ 重合。显然，所有的数 1，R，R'，R''，$\cdots$ 都是数 n 的**二次剩余**。由于它们都各不相同且小于 n，并且由于它们的个数是 $\frac{n-1}{2}$，因而它们等于 n 的全部小于 n 的正剩余的个数，那么，这些剩余就与这些数完全重合。所有的数 N，N'，N''，$\cdots$ 彼此不同，并且它们与数 1，R，R'，R''，$\cdots$ 也各不相同，所以它们合起来就是数 1，2，3，$\cdots$，$n-1$。由此推出：数 N，N'，N''，$\cdots$ 一定与 n 的所有小于 n 的正的**二次非剩余**重合。现在，如果我们假设根是和 $(m, 1)$，(m, g) 的方程是

$$x^2 - Ax + B = 0$$

那么就可得到

$$A = (m, 1) + (m, g) = -1, \quad B = (m, 1) \times (m, g)$$

根据条目 345，$(m, 1)$ 和 (m, g) 的乘积就为

$$(m, N+1) + (m, N'+1) + (m, N''+1) + \cdots = W$$

因而它就化归为 $\alpha(m, 0) + \beta(m, 1) + \gamma(m, g)$ 的形式。为了确定系数 α，β，γ，我们**首先**指出 $\alpha + \beta + \gamma = m$（因为 W 中和的个数等于 m）。**其次**，$\beta = \gamma$〔这是由条目 350 推出的，因为乘积 $(m, 1) \times (m, g)$ 是 $(m, 1)$ 与 (m, g) 的对称函数，更大的和 $(n-1, 1)$ 是由 $(m, 1)$ 与 (m, g) 合成的〕。**再次**，由于所有的数 $N+1$，$N'+1$，$N''+1$，$\cdots$ 是严格包含于界限 2 和 $n+1$ 之内的，**要么**在 W 中没有和可以化归为 $(m, 0)$，因而 $\alpha = 0$（当 $n-1$ 不出现在数 N，N'，N''，$\cdots$ 中时就是这种情况）；**要么**有一个和，设为 (m, n) 可化为 $(m, 0)$（当 $n-1$ 出现在数 N，N'，N''，$\cdots$ 中时就是这种情况），这时 $\alpha = 1$。因此，在前一种情况下，我们可得 $\alpha = 0$，$\beta = \gamma = \dfrac{m}{2}$；在后一种情况下可得 $\alpha = 1$，$\beta = \gamma = \dfrac{m-1}{2}$。并且，由于数 β 和 γ 一定是整数，由此推出，当 m 是偶数时，即 n 是形如 $4k+1$ 的数时，前一种情况成立，也就是说 $n-1$（或者，同样地，-1）不是模 n 的非剩余；当 m 是奇数时，即 n 是形如 $4k+3$ 的数时，后一种情况成立，也就是说 $n-1$ 或 -1 是模 n 的非剩余[1]。现在，由于 $(m, 0) = m$，$(m, 1) + (m, g) = -1$，所以在前一种情况下我们得出的乘积就等于 $-\dfrac{m}{2}$；在后一种情况下，这个乘积就等于 $\dfrac{m+1}{2}$。因此，在前一种情况下，方程就是 $x^2 + x - \dfrac{n-1}{4} = 0$，它的根是 $-\dfrac{1}{2} \pm \dfrac{\sqrt{n}}{2}$；在后一种情况下，方程就是 $x^2 + x + \dfrac{n+1}{4} = 0$，它的根是 $-\dfrac{1}{2} \pm i\dfrac{\sqrt{n}}{2}$。

令 $\mathfrak{R}$ 表示 n 的所有小于 n 的正的二次剩余，$\mathfrak{N}$ 表示所有这样的非剩余。

---

〔1〕以这样的方式，我们就给出了以下定理的新证明：-1 是所有形如 $4k+1$ 的质数的剩余，以及所有形如 $4k+3$ 的质数的非剩余（条目 108，109，262）。我们已经用各种方法证明了这个定理。如果这个定理成立，那么就无须区分这两种情况，因为 β 和 γ 已经是整数。

那么，不论 Ω 中的哪个根取作 $[1]$，对于 $\sum$ $[\Re]$ 与 $\sum[\mathfrak{N}]$ 之差，当 $n \equiv 1 \pmod{4}$ 时就是 $\pm\sqrt{n}$；当 $n \equiv 3 \pmod{4}$ 时就是 $\pm i\sqrt{n}$。由此推出，如果 k 是不能被 n 整除的任意整数，那么，对于 $n \equiv 1 \pmod{4}$，我们就得到

$$\sum \cos\frac{k\Re P}{n} - \sum \cos\frac{k\mathfrak{N}P}{n} = \pm\sqrt{n}$$

以及

$$\sum \sin\frac{k\Re P}{n} - \sum \sin\frac{k\mathfrak{N}P}{n} = 0$$

另一方面，对于 $n \equiv 3 \pmod{4}$，第 1 个差就等于 0，第 2 个差就等于 $\pm\sqrt{n}$。这些定理如此的优美，值得特别注意。我们注意到，当我们为 k 取 1 或者 n 的二次剩余时，总是取正号；当 k 是 n 的二次非剩余时，总是取负号。当我们把这个定理推广到 n 是合数的情况时，它还是一样优美，甚至更加优美。但这些问题需要更高层次的研究，我们下次再做讨论。

□ 阿德里安·马里·勒让德

阿德里安·马里·勒让德（1752—1833年），法国数学家，其主要研究领域是分析学（尤其是椭圆积分理论）、数论、初等几何与天体力学，他在统计学、数论、抽象代数与数学分析上都颇有贡献。单就数论而言，他提出了二次互反律、连分数理论和素数分布律等，为后来者开辟了前进道路。图为如今仅存的勒让德肖像。

第 12 节   证明第 4 章中提到的一个定理

357

设根是周期（m，1）中的 m 个根的 m 次方程是

$$x^m - ax^{m-1} + bx^{m-2} - \cdots = 0$$

或者表示为 $z = 0$。这里 $a = (m, 1)$，且剩下的系数 b，$\cdots$，每个的形式都是 $\mathfrak{A} + \mathfrak{B}(m, 1) + \mathfrak{C}(m, g)$，$\mathfrak{A}$，$\mathfrak{B}$，$\mathfrak{C}$ 都是整数（条目 348）。如果我们用 z' 表示 z 经过如下代换得到的函数：对于 z 中所有的（m，1），我们用（m，g）代入；对于 z 中所有的（m，g），我们用（m，g^2）代入，也即用（m，1）代入，那么方程 $z' = 0$ 的根就是（m，g）的根，且乘积

$$zz' = \frac{x^n - 1}{x - 1} = X$$

因此，z 可以化归为 $R + S(m, 1) + T(m, g)$ 的形式，其中 R，S，T 是 x 的整数函数，它们所有的系数也是整数。这样我们就有

$$z' = R + S(m, g) + T(m, 1)$$

并且，为了简洁，我们分别用 p 和 q 表示（m，1）和（m，g），那么

$$2z = 2R + (S+T)(p+q) - (T-S)(p-q)$$
$$= 2R - S - T - (T-S)(p-q)$$

同理

$$2z' = 2R - S - T + (T-S)(p-q)$$

因此，如果我们令

$$2R - S - T = Y, \ T - S = Z$$

我们就有 $4X = Y^2 - (p-q)^2 Z^2$，并且，由于 $(p-q)^2 = \pm n$，可得

$$4X = Y^2 \mp nZ^2$$

当 n 是形如 $4k+1$ 的数时取负号，当 n 是形如 $4k+3$ 的数时取正号。这就是我们在条目 124 中承诺要证明的定理。不难发现，在函数 Y 中次数最高的两

项总是 $2x^m + x^{m-1}$，并且在函数 Z 中次数最高的项总是 x^{m-1}。剩下的所有系数都是整数，它们因为数 n 的性质不同而不同，无法给出一个一般性的解析表达式。

例：对于 $n = 17$，根据条目 348 的法则，其根包含于（8，1）中的 8 个根的方程就是

$$x^8 - px^7 + (4+p+2q)x^6 - (4p+3q)x^5 + (6+3p+5q)x^4$$
$$- (4p+3q)x^3 + (4+p+2q)x^2 - px + 1 = 0$$

因此

$$R = x^8 + 4x^6 + 6x^4 + 4x^2 + 1$$
$$S = -x^7 + x^6 - 4x^5 + 3x^4 - 4x^3 + x^2 - x$$
$$T = 2x^6 - 3x^5 + 5x^4 - 3x^3 + 2x^2$$

以及

$$Y = 2x^8 + x^7 + 5x^6 + 7x^5 + 4x^4 + 7x^3 + 5x^2 + x + 2$$
$$Z = x^7 + x^6 + x^5 + 2x^4 + x^3 + x^2 + x$$

下面是一些其他的例子：

n	Y	Z
3	$2x + 1$	1
5	$2x^2 + x + 2$	x
7	$2x^3 + x^2 - x - 2$	$x^2 + x$
11	$2x^5 + x^4 - 2x^3 + 2x^2 - x - 2$	$x^4 + x$
13	$2x^6 + x^5 + 4x^4 - x^3 + 4x^2 + x + 2$	$x^5 + x^3 + x$
19	$2x^9 + x^8 - 4x^7 + 3x^6 + 5x^5 - 5x^4 - 3x^3 + 4x^2 - x - 2$	$x^8 - x^6 + x^5 + x^4 - x^3 + x$
23	$2x^{11} + x^{10} - 5x^9 - 8x^8 - 7x^7 - 4x^6 + 4x^5 + 7x^4 + 8x^3 + 5x^2 - x - 2$	$x^{10} + x^9 - x^7 - 2x^6 - 2x^5 - x^4 + x^2 + x$

第 13 节　把 Ω 中的根分成三个周期的方程

358

我们现在继续讨论三次方程，当 n 是形如 $3k+1$ 的数时，利用它可以确定 3 个均由 $\dfrac{n-1}{3}$ 项组成的和，这些项合起来构成 Ω。设 g 是对于模的任意原根，且 $\dfrac{n-1}{3}=m$ 是一个偶数。那么，构成 Ω 的 3 个和就是 $(m, 1)$，(m, g)，(m, g^2)，我们分别用 p，p'，p'' 表示。显然，第 1 个和包含根 $[1]$，$[g^3]$，$[g^6]$，$\cdots$，$[g^{n-4}]$，第 2 个和包含根 $[g]$，$[g^4]$，$\cdots [g^{n-3}]$，以及第 3 个和包含根 $[g^2]$，$[g^5]$，$\cdots$，$[g^{n-2}]$。我们假设要求的方程是

$$x^3 - Ax^2 + Bx - C = 0$$

我们就得到

$$A = p+p'+p'', \quad B = pp'+p'p''+pp'', \quad C = pp'p''$$

以及 $A = -1$。设数 g^3，g^6，$\cdots$，g^{n-4} 对于模 n 的最小正剩余分别是 $\mathfrak{A}$，$\mathfrak{B}$，$\mathfrak{C}$，$\cdots$，不计次序，并且设 $\mathfrak{R}$ 是这些剩余和数 1 的总体。类似地，设 $\mathfrak{A}'$，$\mathfrak{B}'$，$\mathfrak{C}'$，$\cdots$是数 g，g^2，g^5，g^8，$\cdots$，g^{n-2} 对于模 n 的最小正剩余，$\mathfrak{R}'$ 是它们的总体；最后，设 $\mathfrak{A}''$，$\mathfrak{B}''$，$\mathfrak{C}''$，$\cdots$是数 g^2，g^5，g^8，$\cdots$，g^{n-2} 对于模 n 的最小正剩余，$\mathfrak{R}''$ 是它们的总体。那么，$\mathfrak{R}$，$\mathfrak{R}'$，$\mathfrak{R}''$ 中所有的数就是各不相同的，且它们的总体与 $1, 2, 3, \cdots, n-1$ 重合。首先，我们这里必须指出，数 $n-1$ 一定在 $\mathfrak{R}$ 中，因为，不难发现，它是 $g^{\frac{3m}{2}}$ 的剩余。由此还可以推出，两个数 h，$n-h$ 一定可以在 $\mathfrak{R}$，$\mathfrak{R}'$，$\mathfrak{R}''$ 其中的某一个总体中找到。这是因为，如果一个数是数 g^λ 的剩余，那么另一个数就是 $g^{\lambda+\frac{3m}{2}}$ 或者 $g^{\lambda-\frac{3m}{2}}$（如果 $\lambda > \dfrac{3m}{2}$）的剩余。我们用 $(\mathfrak{R}\mathfrak{R})$ 表示序列 $1, 2, 3, \cdots, n-1$ 中这样的数的个数：它们自身属于 $\mathfrak{R}$，并且加上 1 之后也属于 $\mathfrak{R}$；用 $(\mathfrak{R}\mathfrak{R}')$ 表

示同一个序列中这样的数的个数：它们本身属于 $\mathfrak{R}$，但是加上 1 之后就属于 $\mathfrak{R}'$。那么，符号（$\mathfrak{R}\mathfrak{R}''$），（$\mathfrak{R}'\mathfrak{R}$），（$\mathfrak{R}'\mathfrak{R}'$），（$\mathfrak{R}'\mathfrak{R}''$），（$\mathfrak{R}''\mathfrak{R}$），（$\mathfrak{R}''\mathfrak{R}'$），（$\mathfrak{R}''\mathfrak{R}''$）的含义就显而易见了。**首先**，我要指出的是，（$\mathfrak{R}\mathfrak{R}'$）=（$\mathfrak{R}'\mathfrak{R}$）。这是因为，假设 h，h'，h''，…是序列 1，2，3，…，$n-1$ 中属于 $\mathfrak{R}$ 的数，$h+1$，$h'+1$，$h''+1$，…是属于 $\mathfrak{R}'$ 的数，那么，根据定义，它们的个数是（$\mathfrak{R}\mathfrak{R}'$）。显然，所有的数 $n-h-1$，$n-h'-1$，$n-h''-1$，…都属于 $\mathfrak{R}'$，而比它们各大 1 的数 $n-h$，$n-h'$，…都属于 $\mathfrak{R}$；并且，由于总共有（$\mathfrak{R}'\mathfrak{R}$）个这样的数，所以，一定不存在（$\mathfrak{R}'\mathfrak{R}$）<（$\mathfrak{R}\mathfrak{R}'$）。同理，我们能证明不可能存在（$\mathfrak{R}\mathfrak{R}'$）<（$\mathfrak{R}'\mathfrak{R}$）。那么，这两个数一定是相等的。以完全相同的方式，我们可以证明（$\mathfrak{R}\mathfrak{R}''$）=（$\mathfrak{R}''\mathfrak{R}$），（$\mathfrak{R}'\mathfrak{R}''$）=（$\mathfrak{R}''\mathfrak{R}'$）。**其次**，由于除了最大的数 $n-1$ 外，$\mathfrak{R}$ 中的任意数加 1 后，要么属于 $\mathfrak{R}$，要么属于 $\mathfrak{R}'$，要么属于 $\mathfrak{R}''$，所以（$\mathfrak{R}\mathfrak{R}$）+（$\mathfrak{R}\mathfrak{R}'$）+（$\mathfrak{R}\mathfrak{R}''$）一定等于 $\mathfrak{R}$ 中所有数的个数减 1，也就是等于 $m-1$。由于类似的原因，可得出

$$（\mathfrak{R}'\mathfrak{R}）+（\mathfrak{R}'\mathfrak{R}'）+（\mathfrak{R}'\mathfrak{R}''）=（\mathfrak{R}''\mathfrak{R}）+（\mathfrak{R}''\mathfrak{R}'）+（\mathfrak{R}''\mathfrak{R}''）=m$$

做好这些准备后，根据条目 345 的规则，我们把乘积 pp' 扩展为（m，$\mathfrak{A}'+1$）+（m，$\mathfrak{B}'+1$）+（m，$\mathfrak{C}'+1$）+…。这个表达式可以被轻松地简化为（$\mathfrak{R}'\mathfrak{R}$）$p$ +（$\mathfrak{R}'\mathfrak{R}'$）$p'$ +（$\mathfrak{R}'\mathfrak{R}''$）$p''$。根据条目 345.1，通过分别用量（$m$，$g$），（$m$，$g^2$），（$m$，$g^3$）代替（$m$，1），（$m$，$g$），（$m$，$g^2$），也就是用量 p'，p''，p 分别代替 p，p'，p''，我们可以由此得到乘积 $p'p''$。那么我们就有 $p'p''$ =（$\mathfrak{R}'\mathfrak{R}$）$p'$ +（$\mathfrak{R}'\mathfrak{R}'$）$p''$ +（$\mathfrak{R}'\mathfrak{R}''$）$p$。类似地，$p''p$ =（$\mathfrak{R}'\mathfrak{R}$）$p''$ +（$\mathfrak{R}'\mathfrak{R}'$）$p$ +（$\mathfrak{R}'\mathfrak{R}''$）$p'$。由此，我们立即得到

$$B=m（p+p'+p''）=-m$$

同样，我们还可以把 pp'' 简化为（$\mathfrak{R}''\mathfrak{R}$）$p$ +（$\mathfrak{R}''\mathfrak{R}'$）$p'$ +（$\mathfrak{R}''\mathfrak{R}''$）$p''$。由于这个表达式一定同前面的表达式相同，所以一定有（$\mathfrak{R}''\mathfrak{R}$）=（$\mathfrak{R}'\mathfrak{R}'$）以及（$\mathfrak{R}''\mathfrak{R}''$）=（$\mathfrak{R}'\mathfrak{R}$）。现在，如果我们令

$$（\mathfrak{R}'\mathfrak{R}''）=（\mathfrak{R}''\mathfrak{R}'）=a$$

$$（\mathfrak{R}''\mathfrak{R}''）=（\mathfrak{R}'\mathfrak{R}）=（\mathfrak{R}\mathfrak{R}'）=b$$

$$（\mathfrak{R}'\mathfrak{R}'）=（\mathfrak{R}''\mathfrak{R}）=（\mathfrak{R}\mathfrak{R}''）=c$$

我们就可以得到 $m-1$ =（$\mathfrak{R}\mathfrak{R}$）+（$\mathfrak{R}\mathfrak{R}'$）+（$\mathfrak{R}\mathfrak{R}''$）=（$\mathfrak{R}\mathfrak{R}$）+$b$ +c。并且，

由于 $a+b+c=m$，（$\mathfrak{RR}$）$=a-1$，9 个未知数就简化为 3 个，即 a，b，c；又由于 $a+b+c=m$，未知数也可以简化为 2 个。最后，平方数 p^2 就变成了（m，$1+1$）$+$（m，$\mathfrak{A}+1$）$+$（m，$\mathfrak{B}+1$）$+$（m，$\mathfrak{C}+1$）$+\cdots$。在这个表达式的项中有（m，n），它可以简化为（m，0）或者 m，剩下的项简化为（$\mathfrak{RR}$）$p+$（$\mathfrak{RR'}$）$p'+$（$\mathfrak{RR''}$）p''，那么我们就有 $p^2=m+$（$a-1$）$p+bp'+cp''$。

由此，我们得到以下化简式

$$p^2=m+（a-1）p+bp'+cp''$$
$$pp'=bp+cp'+ap''$$
$$pp''=cp+ap'+bp''$$
$$p'p''=ap+bp'+cp''$$

以及条件方程

$$a+b+c=m \qquad （\text{Ⅰ}）$$

并且，我们还知道这些数都是整数。因此，我们有

$$C=p\,p'p''=ap^2+bpp'+cpp''$$
$$=am+（a^2+b^2+c^2-a）p+（ab+bc+ac）p'+（ab+bc+ac）p''$$

但是，由于 $pp'p''$ 是 p，p'，p'' 的对称函数，所以，在前面的表达式中它们所乘的系数一定是相等的（条目 350），那么我们得到新的等式

$$a^2+b^2+c^2-a=ab+bc+ac \qquad （\text{Ⅱ}）$$

由此，我们得到 $C=am+$（$ab+bc+ac$）（$p+p'+p''$），或者［由（Ⅰ）以及 $p+p'+p''=-1$］得到

$$C=a^2-bc \qquad （\text{Ⅲ}）$$

现在，即使 C 取决于 3 个变数，我们也只有 2 个关系式。但是，因为条件 a，b，c 都是整数，它们就完全足够决定 C 了。为了证明这一点，我们把等式（Ⅱ）变为

$$12a+12b+12c+4=36a^2+36b^2+36c^2-36ab-36ac-36bc-24a+12b+12c+4$$

由等式（Ⅰ），左侧就可化为 $12m+4=4n$，右侧就可化为（$6a-3b-3c-2$）$^2+27$（$b-c$）^{2}。

或者，如果我们用 k 表示 $2a-b-c$，右侧就化为（$3k-2$）$^2+27$（$b-c$）^{2}。那

么，数 $4n$（任意形如 $3m+1$ 的质数的 4 倍）就可以用 x^2+27y^2 的形式表示。当然，这一点我们也可以通过二元型的一般理论毫不费力地推导出来。但不同寻常的是，这样的分解和 a，b，c 的值有关系。那么，数 $4n$ 总是能以唯一的方式被分解成一个平方数和另一个平方数的27倍之和。我们按照如下的方式来证明[1]。假设

$$4n = t^2 + 27u^2 = t't' + 27u'u'$$

我们得到**式一**

$$(tt' - 27uu')^2 + 27(tu' + t'u)^2 = 16n^2$$

式二

$$(tt' + 27uu')^2 + 27(tu' - t'u)^2 = 16n^2$$

式三

$$(tu' + t'u)(tu' - t'u) = 4n(u'u' - u^2)$$

由第 3 个等式可以推出，由于 n 是质数，它能整除数 $tu' + t'u$ 或 $tu' - t'u$；然而，由第 1 个和第 2 个等式可知，这些数都小于 n，所以 n 整除的这个数一定等于 0。因此 $u'u' - u^2 = 0$，所以 $u'u' = u^2$ 以及 $t't' = t^2$；即，这两个分解是相同的。现在，假设 $4n$ 分解成一个平方数和一个平方数的 27 倍是已知的（可以通过第 5 章中的直接法，或者通过条目 323，324 中的间接法证明），那么，我们就得到 $4n = M^2 + 27N^2$，平方数 $(3k-2)^2$ 和 $(b-c)^2$ 就可以确定，并且我们就得到 2 个等式来代替等式（II）。显然，不仅平方数 $(3k-2)^2$ 可确定，它的根 $3k-2$ 也可确定。因为它要么等于 $+M$，要么等于 $-M$，符号的不确定性可以轻松地处理。由于 k 一定是整数，所以对应于 M 是 $3z+1$ 或者 $3z+2$ 的形式[2]，就有 $3k-2 = +M$ 或者 $3k-2 = -M$。现在，由于 $k = 2a - b - c = 3a - m$，我们就得到 $a = \dfrac{m+k}{3}$，$b+c = m-a = \dfrac{2m-k}{3}$，因而

---

〔1〕这条定理可以通过第 5 章的原理更加直接地证明。

〔2〕显然，M 不可能是 $3z$ 的形式，否则，$4n$ 就能够被 3 整除。关于 $b-c$ 必须等于 N 还是必须等于 $-N$ 的问题，这里没有必要讨论，且由这个问题的本质可知，这个问题是不能被确定的，因为它取决于对原根 g 的选择。对于某些原根，$b-c$ 是正的；对于另外一些原根，$b-c$ 是负的。

$$C = a^2 - bc = a^2 - \frac{1}{4}(b+c)^2 + (b-c)^2$$

$$= \frac{1}{9}(m+k)^2 - \frac{1}{36}(2m-k)^2 + \frac{1}{4}N^2 = \frac{1}{12}k^2 + \frac{1}{3}km + \frac{1}{4}N^2$$

这样我们就求出了方程所有的系数。第 1 部分完成。如果我们用由等式（$3k$ $-2)^2 + 27N^2 = 4n = 12m + 4$ 得到的 N^2 的值代入上式，经过计算，我们得到

$$C = \frac{1}{9}(m+k+3km) = \frac{1}{9}(m+kn)$$

这个值还可以化归为 $(3k-2)N^2 + k^3 - 2k^2 + k - km + m$。尽管这个表达式不是太有用，但它立即指出 C 是一个整数，正如它本就应当是整数。

例：对于 $n = 19$，我们得到 $4n = 49 + 27$，所以 $3k - 2 = +7$，$k = 3$，$C = \frac{6+57}{9} = 7$，我们要求的方程就是 $x^3 + x^2 - 6x - 7 = 0$，这和我们前面得到的一样（条目 351）。类似地，对应于 n 取值分别为 7，13，31，37，43，61 和 67，k 的值分别是 1，-1，2，-3，-2，1 和 -1，C 的值分别是 1，-1，8，-11，-8，9 和 -5。

尽管我们在本条目中解决的问题非常复杂，但我们不想省去对这个问题的讨论，因为这个问题的解非常优美，而且这个问题提供了机会让我们使用各种技巧，这些技巧在其他研究中也应用广泛。

第 14 节 把求 Ω 中根的方程化为最简方程

359

前面的讨论与辅助方程的**发现**有关。现在，我们来解释关于它们的**解**的一个不同寻常的性质。人人都知道，最杰出的数学家在寻找高于四次方程的通解上，或者（更加精确地定义这项研究）说在把**复杂方程简化为最简方程**上，至今未取得成功。毋庸置疑的是，这个问题超越了当代分析学的能力范围。尽管如此，对于无数的任意次的复杂方程，一定存在最简方程。我们相信，如果能证明辅助方程总是属于这一类，那么数学家将会感到高兴。但是，因为这个讨论比较冗长，我们这里只给出最重要的原理以证明化简是可能的；我们把这个课题值得讨论的完整内容留到下一次进行。我们首先给出关于方程 $x^e - 1$ 的一般结论，它也包括了 e 是合数的情况。

1. 这些根（由基本教科书知道）是由 $\cos\frac{kP}{e} + i\sin\frac{kP}{e}$ 给出的，其中我们取 e 个数 0, 1, 2, 3, $\cdots$, $e-1$，或者取对于模 e 同余于这些数的任意其他的数作为 k。对应于 $k=0$ 或者任意能够被 e 整除的 k，这个根就等于 1；对于 k 的其他值，存在一个不同于 1 的根。

2. 由于 $\left(\cos\frac{kP}{e} + i\sin\frac{kP}{e}\right)^{\lambda} = \cos\frac{\lambda kP}{e} + i\sin\frac{\lambda kP}{e}$，如果 R 是这样的一个根——它对应的 k 的值与 e 互质，那么，在序列 R, R^2, R^3, $\cdots$ 中，第 e 项等于 1 并且所有前面的项的值都不等于 1。由此，我们可以立即推出，所有 e 个数 1, R, R^2, R^3, $\cdots$, R^{e-1} 都是不相等的数，并且，由于它们都满足方程 $x^e - 1 = 0$，所以它们给出了这个方程的全部的根。

3. 在同样的假设下，对于不能被 e 整除的整数 λ 的任意值
$$1 + R^{\lambda} + R^{2\lambda} \cdots R^{\lambda(e-1)} = 0$$
因为，它就等于 $\frac{1 - R^{\lambda e}}{1 - R^{\lambda}}$，这个分数的分子等于 0 而分母不等于 0。如果 λ 能

够被 e 整除，那么显然，这个和就等于 e。

360

设 n 像之前一样是质数，g 对于模 n 是原根，$n-1$ 是 3 个正整数 α，β，γ 的乘积。为了简洁，我们把 $\alpha=1$ 或者 $\gamma=1$ 的情况包括在内。当 $\gamma=1$ 时，我们就用根 [1]，[g]，…代替和 $(\gamma,1)$，(γ,g)，…。因此，假设所有 α 个 $\beta\gamma$ 项的和 $(\beta\gamma,1)$，$(\beta\gamma,g)$，$(\beta\gamma,g^2)$，…$(\beta\gamma,g^{\alpha-1})$ 是已知的，我们想要求 γ 项的和。我们已经把上面的运算简化为一个 β 次的复杂方程。现在，我们要指出如何通过一个同样次数的最简方程解这个复杂方程。为了简洁，我们分别用 a，b，c，…，m 表示包含于 $(\beta\gamma,1)$ 中的和 $(\gamma,1)$，(γ,g^{α})，$(\gamma,g^{2\alpha})$，…，$(\gamma,g^{\alpha\beta-\alpha})$；用 a'，b'…，m' 表示包含于 $(\beta\gamma,g)$ 中的和 (γ,g)，$(\gamma,g^{\alpha+1})$，…，$(\gamma,g^{\alpha\beta-\alpha+1})$；用 a''，b''…，m'' 表示 (γ,g^2)，$(\gamma,g^{\alpha+2})$，… $(\gamma,g^{\alpha\beta-\alpha+2})$；直到包含于 $(\beta\gamma,g^{\alpha-1})$ 的那些和也用同样的方式表示。

1. 设 R 是方程 $x^{\beta}-1=0$ 的任意根，并且，根据条目 345 的法则，我们假设函数 $t=a+Rb+R^2c+\cdots+R^{\beta-1}m$ 的 β 次幂是

$$N+Aa+Bb+Cc\cdots+Mm$$
$$+A'a'+B'b'+C'c'\cdots+M'm'$$
$$+A''a''+B''b''+C''c''\cdots+M''m''+\cdots=T$$

其中，所有的系数 N，A，B，A'，…都是 R 的有理函数。我们还假设另外两个函数

$$u=R^{\beta}a+Rb+R^2c+\cdots+R^{\beta-1}m$$
$$u'=b+Rc+R^2d+\cdots+R^{\beta-2}m+R^{\beta-1}a$$

的 β 次幂分别是 U 和 U'，不难发现，由于 u' 是用 b，c，d，…，a 分别代替 a，b，c，…，m 得到的，根据条目 350，我们得到

$$U'=N+Ab+Bc+Cd\cdots+Ma$$
$$+A'b'+B'c'+C'd'\cdots+M'a'$$

$$+A''b''+B''c''+C''d''\cdots+M''a''+\cdots$$

由于 $u=Ru'$，我们就有 $U=R^{\beta}U'$。并且，由于 $R^{\beta}=1$，所以 U 和 U' 中对应的系数相等。最后，由于 t 和 u 的区别仅在于，在 t 中 a 被乘以 1，而在 u 中 a 被乘以 R^{β}；那么，T 和 U 中所有对应的系数（那些乘以同样的和的系数）就是相等的，因而 T 和 U' 对应的系数就是相等的。因此，$A=B=C=\cdots=M$；$A'=B'=C'=\cdots$；$A''=B''=C''=\cdots$；$\cdots$。所以，T 可以化归为以下的形式

$$N+A\left(\beta\gamma,\ 1\right)+A'\left(\beta\gamma,\ g\right)+A''\left(\beta\gamma,\ g^{2}\right)+\cdots$$

这里的系数 N，A，A'，$\cdots$的形式是

$$pR^{\beta-1}+p'R^{\beta-2}+p''R^{\beta-3}+\cdots$$

p，p'，p''，$\cdots$是给定的整数。

2. 如果我们取 $x^{\beta}-1=0$（我们假设已经得到了它的解）的某个确定的根作为 R，并且，它的任何低于 β 次的幂都不等于 1，那么，T 就是一个确定的量，并且由它我们可以通过解方程 $t^{\beta}-T=0$ 得到 t。由于这个方程有 β 个根，它们是 t，Rt，$R^{2}t$，$\cdots$，$R^{\beta-1}t$，所以关于应当选择哪个根还存在问题。但是，这是任意的。我们一定要记住，在确定了所有 $\beta\gamma$ 项的和之后，根〔1〕是这样定义的，即包含于 $\left(\beta\gamma,\ 1\right)$ 中的 $\beta\gamma$ 个根其中的一个由这个符号表示，所以，构成 $\left(\beta\gamma,\ 1\right)$ 的 β 个根中哪一个用 a 表示完全是任意的。如果这些和中的一个用 a 表示后，我们假设 $t=\mathfrak{T}$，不难发现，我们现在用 b 表示的那个和可以改成 a，那么之前的 c，d，$\cdots$，a，b 现在变成了 b，c，$\cdots$，m，a，并且 $t=\mathfrak{T}/R=\mathfrak{T}R^{\beta-1}$。类似地，如果我们现在决定令 a 等于一开始是 c 的那个和，t 的值就变为 $\mathfrak{T}R^{\beta-2}$，以此类推。那么，t 可以认为等于 $\mathfrak{T}$，$\mathfrak{T}R^{\beta-1}$，$\mathfrak{T}R^{\beta-2}$，$\cdots$其中的任意一个，即等于方程 $x^{\beta}-1=0$ 中的任意根，对应于我们令 $\left(\gamma,\ 1\right)$ 表示 $\left(\beta\gamma,\ 1\right)$ 中的某个和。证明完毕。

3. 在以这样的方法确定数的值之后，我们必须确定其他的 $\beta-1$ 个值，依次用 R^{2}，R^{3}，R^{4}，$\cdots$，R^{β} 代替 t 中的 R 就可以得到它们

$$t'=a+R^{2}b+R^{4}c\cdots+R^{2\beta-2}m$$

$$t''=a+R^{3}b+R^{6}c\cdots+R^{3\beta-3}m$$

$$\cdots$$

我们已经得到了最后一个式子，$a+b+c\cdots+m=\left(\beta\gamma,\ 1\right)$。其他的式子可以

通过以下的方式求得。我们用条目 345 中的方法求乘积 $t^{\beta-2}t'$，正如我们在前面求得 t^{β} 一样。那么，我们用和前面一样的方法来证明，由此我们得到这样的形式

$$\mathfrak{R}+\mathfrak{A}(\beta\gamma,\ 1)+\mathfrak{A}'(\beta\gamma,\ g)+\mathfrak{A}''(\beta\gamma,\ g^2)+\cdots=T'$$

这里 $\mathfrak{R}$，$\mathfrak{A}$，$\mathfrak{A}'$，… 是 R 的有理函数。因而 T' 是已知量，且 $t'=\dfrac{T't^2}{T}$。以完全相同的方式，我们通过计算乘积 $t^{\beta-3}t''$ 求出 T''。这个表达式就有类似的形式，并且由于它的值是已知的，我们可以导出 $t''=\dfrac{T''t^3}{T}$。同理，t''' 可以通过方程 $t'''=\dfrac{T'''t^4}{T}$ 得到，这里 T''' 同样是一个已知的数，等等。

如果 $t=0$，这种方法就不适用了，因为这时 $T=T'=T''=\cdots=0$。但是，我们可以证明这是不可能的，但这个证明过于冗长，我们这里必须省去。还有一些把分数 $\dfrac{T'}{T}$，$\dfrac{T''}{T}$，… 变成 R 的有理**整**函数的特殊技巧，以及在 $\alpha=1$ 的情况下求 t'，t''，… 的值的简单方法，我们这里就不讨论了。

4. 最后，一旦我们通过条目 359.3 中的结论求得 t，t'，t''，…，就立即得到 $t+t'+t''+\cdots=\beta a$。这样就得到了 a 的值，根据条目 346，由此我们可以推导出所有剩下的 γ 项的和的值。稍加研究就可以发现，b，c，d，… 还可以通过以下的方程求出

$$\beta b=R^{\beta-1}t+R^{\beta-2}t'+R^{\beta-3}t''+\cdots$$
$$\beta c=R^{2\beta-2}t+R^{2\beta-4}t'+R^{2\beta-6}t''+\cdots$$
$$\beta d=R^{3\beta-3}t+R^{3\beta-6}t'+R^{3\beta-9}t''+\cdots$$
$$\cdots$$

关于在前面的讨论中所提到的诸多结论，我们只强调这一条：关于最简方程 $x^{\beta}-T=0$ 的解，显然，在很多情况下 T 有虚值 $P+iQ$，所以这个解一部分基于一个角（它的正切值等于 $\dfrac{Q}{P}$）等分为 β 份，一部分基于一个比值 $(1/\sqrt{P^2+Q^2})$ 的 β 次根。并且，不同寻常的是（我们这里不讨论这个主题），$\sqrt[\beta]{P^2+Q^2}$ 的值总是可以由已知的数**有理地**表示。因此，除了求平方根之外，解这个方程**唯一**需要做的就是等分某个角，例如，对于 $\beta=3$，只要三等分某个角即可。

最后，由于没有什么限制，我们取 $a=1$，$\gamma=1$，因而 $\beta=n-1$。很明

显，解方程 $x^n - 1 = 0$ 可以立即化归为解 $n - 1$ 次的最简方程 $x^{n-1} - T = 0$。这里，T 是由方程 $x^{n-1} - 1 = 0$ 的根决定的。因此，把整个圆周划分为 n 等份需要：**第一**，将圆周划分为 $n - 1$ 等份；**第二**，把某段弧分成 $n - 1$ 等份，而这段弧在第一个等分实现后就可以构造出来；**第三**，求出一个平方根，可以证明这个平方根总是 $\sqrt{n}$。

第15节 以上研究在三角函数中的应用——
求对应于 Ω 中每个根的角的方法

361

我们还要更加仔细地研究 Ω 中的根与角 $\dfrac{P}{n}$，$\dfrac{2P}{n}$，$\dfrac{3P}{n}$，…，$\dfrac{(n-1)P}{n}$ 的三角函数之间的关系。我们用来求 Ω 中的根的方法（除非我们查正弦表，但这样就是间接法）还不能让我们知道**哪一个**根对应于所给的角，即哪一个根等于 $\cos\dfrac{P}{n}+\mathrm{i}\sin\dfrac{P}{n}$，哪一个根等于 $\cos\dfrac{2P}{n}+\mathrm{i}\sin\dfrac{2P}{n}$，等等。但是，只要我们想到角 $\dfrac{P}{n}$，$\dfrac{2P}{n}$，$\dfrac{3P}{n}$，…，$\dfrac{(n-1)P}{n}$ 的余弦是不断递减的（如果注意到正负号），并且这些正弦都是正的，那么我们可以轻松地解决这种不确定性。另一方面，角 $\dfrac{P}{n}$，$\dfrac{2P}{n}$，$\dfrac{3P}{n}$，…，$\dfrac{(n-1)P}{n}$ 和前面的这组角的余弦分别相等，但是第 2 组角的正弦都是负的，尽管它们和第 1 组角的正弦的绝对值分别相等。因此，在 Ω 的根中有最大实部（它们彼此相等）的两个根所对应的角是 $\dfrac{P}{n}$，$\dfrac{(n-1)P}{n}$。前者的系数对应于虚量 i 乘以一个正值的那个根，而第 2 个角对应于虚量 i 乘以一个负值的那个根。在剩下的 $n-3$ 个根中，有最大实部的根对应于角 $\dfrac{2P}{n}$，$\dfrac{(n-1)P}{n}$，等等。一旦知道角 $\dfrac{P}{n}$ 对应的那个根，对应于其他的角的根就可以由这个根确定。假设这个根为 $[\lambda]$，根 $[2\lambda]$，$[3\lambda]$，$[4\lambda]$，…就对应于角 $\dfrac{2P}{n}$，$\dfrac{3P}{n}$，$\dfrac{4P}{n}$，…。那么，在条目 353 的例子中，我们发现对应于角 $\dfrac{P}{19}$ 的根一定是 $[11]$，而 $[8]$ 对应于角 $\dfrac{18P}{19}$。类似地，根 $[3]$，$[16]$，$[14]$，$[5]$，…就对应于角 $\dfrac{2P}{19}$，$\dfrac{17P}{19}$，$\dfrac{3P}{19}$，$\dfrac{16P}{19}$，…。在条目 354 的例子中，根 $[1]$ 就对

应于角 $\dfrac{P}{17}$，［2］对应于角 $\dfrac{2P}{17}$，…。通过这样的方法，角 $\dfrac{P}{n}$，$\dfrac{2P}{n}$，…的余弦和正弦就完全确定了。

第16节 以上研究在三角函数中的应用——不用除法 从正弦和余弦导出正切、余切、正割以及余割

362

这些角的剩下的三角函数，当然可以通过众所周知的方法从对应的正弦和余弦推导出来。因此，正割和正切可以分别由 1 和正弦被余弦去除来求得；余割和余切可以分别由 1 和余弦被正弦去除来求得。但是，往往下面的公式更好用，我们可以只用加法而不用除法来得到这些量。设 ω 是角 $\dfrac{P}{n}$，$\dfrac{2P}{n}$，$\cdots$，$\dfrac{(n-1)P}{n}$ 中的任意一个角，并且令 $\cos\omega + \mathrm{i}\sin\omega = R$，所以 R 是 Ω 中的一个根，那么

$$\cos\omega = \frac{1}{2}\left(R + \frac{1}{R}\right) = \frac{1+R^2}{2R}$$

$$\sin\omega = \frac{1}{2\mathrm{i}}\left(R - \frac{1}{R}\right) = \frac{\mathrm{i}(1-R^2)}{2R}$$

由此得到

$$\sec\omega = \frac{2R}{1+R^2} \qquad\qquad \tan\omega = \frac{\mathrm{i}(1-R^2)}{1+R^2}$$

$$\operatorname{cosec}\omega = \frac{2R\mathrm{i}}{R^2-1} \qquad\qquad \cotan\omega = \frac{\mathrm{i}(R^2+1)}{R^2-1}$$

现在，我们来演示这 4 个分数的分子变形，使它们能够被分母整除。

1. 由于 $R = R^{n+1} = R^{2n+1}$，我们得到 $2R = R + R^{2n+1}$。因为 n 是奇数，这个表达式可以被 $1+R^2$ 整除。我们得到

$$\sec\omega = R - R^3 + R^5 - R^7 + \cdots + R^{2n-1}$$

［由于 $\sin\omega = -\sin(2n-1)\omega$，$\sin 3\omega = -\sin(2n-1)3\omega$，$\cdots$，我们得到 $\sin\omega - \sin 3\omega + \sin 5\omega - \cdots + \sin(2n-1)\omega = 0$］因而

$$\sec\omega = \cos\omega - \cos 3\omega + \cos 5\omega - \cdots + \cos(2n-1)\omega$$

最后 [由于 $\cos\omega = \cos(2n-1)\,\omega$, $\cos3\omega = \cos(2n-3)\,\omega\cdots$] 得到

$$2\,(\cos\omega - \cos3\omega) + \cos5\omega\cdots \mp \cos(n-2)\,\omega \pm \cos n\omega$$

对应于 n 是 $4k+1$ 或者 $4k+3$ 的形式，分别取上面或者下面的符号。显然，这个公式还可以表示为

$$\sec\omega = \pm\ [\,1 - 2\cos2\omega + 2\cos4\omega\cdots \pm 2\cos(n-1)\,\omega\,]$$

2. 同理，用 $1 - R^{2n+2}$ 替换 $1 - R^2$，我们得到

$$\tan\omega = \mathrm{i}\,(1 - R^2 + R^4 - R^6 + \cdots - R^{2n})$$

也即（由于 $1 - R^{2n} = 0$, $R^2 - R^{2n-2} = 2\mathrm{i}\,\sin2\omega$, $R^4 - R^{2n-4} = 2\mathrm{i}\sin4\omega\cdots$）

$$\tan\omega = 2\,[\,\sin2\omega - \sin4\omega + \sin6\omega - \cdots \pm \sin(n-1)\,\omega\,]$$

3. 由于 $1 + R^2 + R^4 + \cdots + R^{2n-2} = 0$，我们得到

$$n = n - 1 - R^2 - R^4 - \cdots - R^{2n-2}$$
$$= (1-1) + (1-R^2) + (1-R^4) + \cdots + (1-R^{2n-2})$$

它的每个项都可以被 $1 - R^2$ 整除，所以

$$\frac{n}{1-R^2} = 1 + (1+R^2) + (1+R^2+R^4) + \cdots + (1+R^2+R^4\cdots+R^{2n-4})$$
$$= (n-1) + (n-2)\,R^2 + (n-3)\,R^4 + \cdots + R^{2n-4}$$

上式两边乘以 2，然后减去

$$0 = (n-1)\,(1+R^2+R^4\cdots+R^{2n-2})$$

两边再乘以 R，我们得到

$$\frac{2nR}{1-R^2} = (n-1)\,R + (n-3)\,R^3 + (n-5)\,R^5\cdots - (n-3)\,R^{2n-3} - (n-1)\,R^{2n-1}$$

由此我们立即得到

$$\operatorname{cosec}\omega = \frac{1}{n}\,[\,(n-1)\sin\omega + (n-3)\sin3\omega\cdots - (n-1)\sin(2n-1)\,\omega\,]$$
$$= \frac{2}{n}\,[\,(n-1)\sin\omega + (n-3)\sin3\omega + \cdots + 2\sin(n-2)\,\omega\,]$$

这个公式可以表示为

$$\operatorname{cosec}\omega = \frac{2}{n}\,[\,2\sin2\omega + 4\sin4\omega + 6\sin6\omega + \cdots + (n-1)\sin(n-1)\,\omega\,]$$

4. 如果在上面给出的值 $\dfrac{n}{1-R^2}$ 上乘以 $1+R^2$，然后减去

$$0 = (n-1)\,(1+R^2+R^4+\cdots+R^{2n-2})$$

我们就得到

$$\frac{n(1+R^2)}{1-R^2} = (n-2)R^2 + (n-4)R^4 + (n-6)R^6\cdots - (n-2)R^{2n-2}$$

由此立即可以推出

$$\cotan\omega = \frac{1}{n}\big[(n-2)\sin 2\omega + (n-4)\sin 4\omega + (n-6)\sin 6\omega\cdots$$
$$- (n-2)\sin(n-2)\omega\big]$$
$$= \frac{2}{n}\big[(n-2)\sin 2\omega + (n-4)\sin 4\omega + \cdots + 3\sin(n-3)\omega$$
$$+ \sin(n-1)\omega\big]$$

并且，这个公式也可以表示成

$$\cotan\omega = -\frac{2}{n}\big[\sin\omega + 3\sin 3\omega\cdots + (n-2)\sin(n-2)\omega\big]$$

第17节 以上研究在三角函数中的应用——
对三角函数逐次降低次数的方法

363

当 $n-1=ef$ 时，一旦我们知道所有由 f 项构成的 e 个和的值，函数 X 就可以分解成 e 个 f 次因式的乘积（条目 348）。同理，如果我们假设 $Z=0$ 是一个 $n-1$ 次方程，它的根是角 $\dfrac{P}{n}$，$\dfrac{2P}{n}$，$\cdots$，$\dfrac{(n-1)P}{n}$ 的正弦或者任意其他三角函数，那么函数 Z 可以用下面的方式分解为 e 个 f 次因式的乘积。

设 Ω 是由 e 个均有 f 项的周期构成，$(f,1)=P$，P'，P''，$\cdots$，并且设周期 P 由根 $[1]$，$[a]$，$[b]$，$[c]$，$\cdots$构成；设 P' 由根 $[a']$，$[b']$，$[c']$，$\cdots$构成；设 P'' 由根 $[a'']$，$[b'']$，$[c'']$，$\cdots$构成；等等。设角 ω 对应于角 $[1]$，那么角 $a\omega$，$b\omega$，$\cdots$就对应于根 $[a]$，$[b]$，$\cdots$；角 $a'\omega$，$b'\omega$，$\cdots$就对应于根 $[a']$，$[b']$，$\cdots$；角 $a''\omega$，$b''\omega$，$\cdots$就对应于根 $[a'']$，$[b'']$，$\cdots$。不难发现，所有这些角作为整体在一起，关于三角函数[1]，就与角 $\dfrac{P}{n}$，$\dfrac{2P}{n}$，$\dfrac{3P}{n}$，$\cdots$，$\dfrac{(n-1)P}{n}$ 相同。现在，如果我们把所讨论的函数表示为角的前面加上字符 φ，并且设 Y 是 e 个因式 $x-\varphi\omega$，$x-\varphi a\omega$，$x-\varphi b\omega$，$\cdots$的乘积，且 Y' 是因式 $x-\varphi a'\omega$，$x-\varphi b'\omega$，$\cdots$的乘积，Y'' 是 $x-\varphi a''\omega$，$x-\varphi b''\omega$，$\cdots$的乘积，那么，一定有乘积 $YY'Y''\cdots=Z$。现在我们还要证明，函数 $YY'Y''\cdots$中所有的系数都可以化归为下面的形式

---

[1] 如果两个角的差等于周角，或者是周角的整数倍，那么我们就说这两个角相同。如果我们想在更广的意义上使用术语"同余"，那么可以说这两个角对于周角同余。

$$A+B\,(f,\,1)+C\,(f,\,g)+D\,(f,\,g^2)+\cdots+L\,(f,\,g^{e-1})$$

这样一来，一旦我们知道所有 f 项的和的值，显然，我们就知道了所有这些系数的值。我们用以下的方法来证明。

如果 $\cos\omega=(\,[1]/2\,)+(\,[1]^{n-1}/2\,)$，$\sin\omega=-(\,i[1]/2\,)+$ $(\,i[1]^{n-1}/2\,)$，那么，由上个条目可知，剩下的角 ω 的三角函数可以化归为 $\mathfrak{A}+\mathfrak{B}\,[1]+\mathfrak{C}\,[1]^2+\mathfrak{D}\,[1]^3+\cdots$ 的形式；且不难发现，角 $k\omega$ 的函数就变成 $=\mathfrak{A}+\mathfrak{B}\,[k]+\mathfrak{C}\,[k]^2+\mathfrak{D}\,[k]^3+\cdots$，这里 k 是任意整数。现在，Y 中的每个系数都是 $\varphi\omega,\ \varphi a\omega,\ \varphi b\omega,\ \cdots$ 的对称有理函数，所以，如果我们对这些量以它们的值代入，每个系数就变成 $[1],\ [a],\ [b],\ \cdots$ 的对称有理函数。因此，根据条目 347，它们就被简化为 $A+B\,(f,\,1)+C\,(f,\,g)+\cdots$ 的形式；$Y',\ Y'',\ \cdots$ 中的系数也可以简化为类似的形式。证明完毕。

364

关于上个条目的问题我们补充几条结论。

1. Y' 中的每个系数是包含于周期 p' 中的根的函数 [我们令它等于 $(f,\,a')$]，正如 P 中的根的函数给出了所有对应的 Y 中的系数。因此，由条目 347 可知，我们可以这样由 Y 导出 Y'：用 $(f,\,a')$，$(f,\,a'g)$，$(f,\,a'g^2)$，$\cdots$ 分别代替 Y 中所有的 $(f,\,1)$，$(f,\,g)$，$(f,\,g^2)$，$\cdots$。同理，Y'' 可以这样从 Y 中推导出来：用 $(f,\,a'')$，$(f,\,a''g)$，$(f,\,a''g^2)$，$\cdots$ 分别代替 Y 中所有的 $(f,\,1)$，$(f,\,g)$，$(f,\,g^2)$，$\cdots$。因此，一旦我们得到了函数 Y，就可以轻松推导出剩下的函数 $Y',\ Y'',\ \cdots$。

2. 假设

$$Y=x^f-\alpha x^{f-1}+\beta x^{f-2}-\cdots$$

那么，系数 α 等于方程 $Y=0$ 的根的和，即量 $\varphi\omega,\ \varphi a\omega,\ \varphi b\omega,\ \cdots$ 的和，β 等于它们两两的乘积之和，$\cdots$。不过，通过与条目 349 类似的方法，我们可以更加轻松地求得这些系数，也就是通过计算根 $\varphi\omega,\ \varphi a\omega,\ \varphi b\omega,$

…的和，它们的平方和，它们的立方和，…，并且由牛顿定理推导出我们要求的系数。当 φ 表示正切、正割、余切、余割时，我们还有其他的方法简化计算过程，但这里就不讨论了。

3. f 是偶数的情况值得我们特别讨论，因为，这时每个周期 P，P'，P''，…都是 $\frac{f}{2}$ 个由 2 项组成的周期所组成的。设 P 包含周期（2，1），（2，a），（2，b），（2，c），…；那么数 1，a，b，c，…和数 $n-1$，$n-a$，$n-b$，$n-c$，…合在一起，就与数 1，a，b，c，…重合，或者至少（实际上是一样的）对于模 n 与它们同余。而且，$\varphi(n-1)\omega=\pm\varphi\omega$，$\varphi(n-a)\omega=\pm\varphi a\omega$，…，当 φ 表示余弦或者正割时，取正号，当 φ 表示正弦、正切、余切或者余割时，取负号。由此推出，在前两种情况中，构成 Y 的因式是两两相等的，因而 Y 是一个平方，即 $Y=y^2$，假设 y 等于 $x-\varphi\omega$，$x-\varphi a\omega$，$x-\varphi b\omega$，…的乘积。在同样的情况下，其他的函数 Y'，Y''，…也是平方。假设 P' 包含（2，a'），（2，b'），（2，c'），…；P'' 包含（2，a''），（2，b''），（2，c''），…；等等。并且，设因式 $x-\varphi a'\omega$，$x-\varphi b'\omega$，$x-\varphi c'\omega$，…的乘积等于 y'，因式 $x-\varphi a''\omega$，$x-\varphi b''\omega$，…的乘积等于 y''；…。那么，$Y'=yy'$，$Y''=y''y''$，且函数 Z 也是一个平方（参考条目 337），而它的平方根是 y，y'，y''，…的乘积。显然，像我们在情况1中所说的 Y'，Y''，…可以由 Y 推导出一样，y'，y''，…也可以由 y 推导出来。进而，y 中的每个系数可以化归为下面的形式

$$A+B(f,1)+C(f,g)+\cdots$$

这是因为方程 $y=0$ 的根的各次幂的和等于方程 $Y=0$ 的根的相同次幂的和的一半。但是，在后四种情况下，Y 就是以下因式的乘积

$$x^2-(\varphi\omega)^2,\ x^2-(\varphi a\omega)^2,\ x^2-(\varphi b\omega)^2,\ \cdots$$

因而它属于这样的形式

$$x^f-\lambda x^{f-2}+\mu x^{f-4}-\cdots$$

显然，系数 λ，μ，…可以由根 $\varphi\omega$，$\varphi a\omega$，$\varphi b\omega$，…的平方和，四次方和，…推出。对于函数 Y'，Y''，…也有同样的结论。

例1：令 $n=17$，$f=8$，并且令 φ 表示余弦，那么，我们就得到

$$Z=\left(x^8+\frac{1}{2}x^7-\frac{7}{4}x^6-\frac{3}{4}x^5+\frac{15}{16}x^4+\frac{5}{16}x^3-\frac{5}{32}x^2-\frac{1}{32}x+\frac{1}{256}\right)^2$$

因而 $\sqrt{Z}$ 就分解成 2 个四次因数 y，y'。周期 $P=(8,1)$ 就包含（2，1），

（2，9），（2，13），（2，15），所以 y 就是因式

$$x-\varphi\omega,\ \ x-\varphi 9\omega,\ \ x-\varphi 13\omega,\ \ x-\varphi 15\omega$$

的乘积。用 $\frac{1}{2}[k]+\frac{1}{2}[n-k]$ 代替 φkw，我们得到

$$\varphi\omega+\varphi 9\omega+\varphi 13\omega+\varphi 15\omega=(8,1)/2$$

$$(\varphi\omega)^2+(\varphi 9\omega)^2+(\varphi 13\omega)^2+(\varphi 15\omega)^2=2+[(8,1)/4]$$

类似地，三次方的和等于 $\frac{3}{8}(8,1)+\frac{1}{8}(8,3)$，四次方的和等于 $\frac{3}{2}+$

$\frac{5}{16}(8,1)$。那么，根据牛顿定理，y 中的系数就是

$$y=x^4-\frac{1}{2}(8,1)x^3+\frac{1}{4}[(8,1)+2(8,3)]x^2-\frac{1}{8}[(8,1)$$

$$+3(8,3)]x+\frac{1}{16}[(8,1)+(8,3)]$$

由 y 中（8，1）和（8，3）的互换可以推导出 y'。因此，如果我们用 $-\frac{1}{2}+$

$\frac{\sqrt{17}}{2}$，$-\frac{1}{2}-\frac{\sqrt{17}}{2}$ 替换（8，1），（8，3），我们可得到

$$y=x^4+\left(\frac{1}{4}-\frac{1}{4}\sqrt{17}\right)x^3-\left(\frac{3}{8}+\frac{1}{8}\sqrt{17}\right)x^2+\left(\frac{1}{4}+\frac{1}{8}\sqrt{17}\right)x-\frac{1}{16}$$

$$y'=x^4+\left(\frac{1}{4}+\frac{1}{4}\sqrt{17}\right)x^3-\left(\frac{3}{8}-\frac{1}{8}\sqrt{17}\right)x^2+\left(\frac{1}{4}-\frac{1}{8}\sqrt{17}\right)x-\frac{1}{16}$$

类似地，$\sqrt{Z}$ 可以分解成 4 个二次因式。第 1 个因式是 $(x-\varphi\omega)(x-\varphi 13\omega)$，第 2 个因式是 $(x-9\omega)(x-\varphi 15\omega)$，第 3 个因式是 $(x-\varphi 3\omega)(x-\varphi 15\omega)$，第 4 个因式是 $(x-\varphi 10\omega)(x-\varphi 11\omega)$，且这些因式的所有系数可以用 4 个和（4，1），（4，9），（4，3），（4，10）来表示。显然，第 1 个因式和第 2 个因式的乘积就是 y，第 3 个因式和第 4 个因式的乘积就是 y'。

例2：假设 φ 表示正弦，其他条件都不变，使得

$$Z=x^{16}-\frac{17}{4}x^{14}+\frac{119}{16}x^{12}-\frac{221}{32}x^{10}+\frac{935}{256}x^8-\frac{561}{512}x^6+\frac{357}{2\,048}x^4$$

$$-\frac{51}{4\,096}x^2+\frac{17}{65\,536}$$

分解成 2 个八次因式的乘积，分别用 y，y' 表示它们。那么，y 就是 4 个二次

因式

$$x^2 - (\varphi\omega)^2, \ x^2 - (\varphi9\omega)^2, \ x^2 - (\varphi13\omega)^2, \ x^2 - (\varphi15\omega)^2$$

的乘积。现在，由于

$$\varphi k\omega = -\frac{1}{2}\mathrm{i}[k] + \frac{1}{2}\mathrm{i}[n-k]$$

我们得到

$$(\varphi k\omega)^2 = -\frac{1}{4}[2k] + \frac{1}{2}[n] - \frac{1}{4}[2n-2k] = \frac{1}{2} - \frac{1}{4}[2k] - \frac{1}{4}[2n-2k]$$

那么，根 $\varphi\omega$，$\varphi9\omega$，$\varphi13\omega$，$\varphi15\omega$ 的平方的和就是 $2 - \frac{1}{4}(8,1)$；它们的四次方和的值等于 $\frac{3}{2} - \frac{3}{16}(8,1)$；它们的六次方的和等于 $\frac{5}{4} - \frac{9}{64}(8,1) - \frac{1}{64}(8,3)$；它们的八次方的和等于 $\frac{35}{32} - \frac{27}{256}(8,1) - \frac{1}{32}(8,3)$。由此我们可得

$$
\begin{aligned}
y = x^8 &- \left[2 - \frac{1}{4}(8,1)\right]x^6 + \left[\frac{3}{2} - \frac{5}{16}(8,1)\right] + \frac{1}{8}(8,3)x^4 \\
&- \left[\frac{1}{2} - \frac{9}{64}(8,1) + \frac{5}{64}(8,3)\right]x^2 + \frac{1}{16} - \frac{5}{256}(8,1) \\
&+ \frac{3}{256}(8,3)
\end{aligned}
$$

在 y 中把 $(8,1)$，$(8,3)$ 互换就得到 y'，因此，代入这些和的值，我们得到

$$
\begin{aligned}
y = x^8 &- \left(\frac{17}{8} - \frac{1}{8}\sqrt{17}\right)x^6 + \left(\frac{51}{32} - \frac{7}{32}\sqrt{17}\right)x^4 \\
&- \left(\frac{17}{32} - \frac{7}{64}\sqrt{17}\right)x^2 + \frac{17}{256} - \frac{1}{64}\sqrt{17}
\end{aligned}
$$

$$
\begin{aligned}
y' = x^8 &- \left(\frac{17}{8} + \frac{1}{8}\sqrt{17}\right)x^6 + \left(\frac{51}{32} + \frac{7}{32}\sqrt{17}\right)x^4 \\
&- \left(\frac{17}{32} + \frac{7}{64}\sqrt{17}\right)x^2 + \frac{17}{256} + \frac{1}{64}\sqrt{17}
\end{aligned}
$$

那么，Z 就可以分解成 4 个因式，它们的系数可以由 4 项构成的和表示；其中 2 个因式的乘积等于 y，另外 2 个因式的乘积等于 y'。

第18节 以上研究在三角函数中的应用——通过解 二次方程或者尺规作图能够实现的圆周的等分

365

通过前面的讨论，我们已经把将圆周等分为 n 份的问题（如果 n 是质数）化归为解如下方程：它们的个数 $n-1$ 就等于数的因数，方程的次数是由因数的值决定的。因此，当 $n-1$ 是数 2 的方幂时，即 n 的值是 3，5，17，257，65 537，…时就属于这种情况，圆的划分就可被简化为求解二次方程，且关于角 $\dfrac{P}{n}$，$\dfrac{2P}{n}$，…的三角函数就可以通过不同复杂程度的（复杂程度取决于 n 的大小）二次根式来表示。那么，在这些情况下，圆周分成 n 等份或者作正 n 边形就可以通过尺规作图来实现。

例如，对于 $n=17$，根据条目 354，361，我们得到角 $\dfrac{P}{17}$ 的余弦表达式为

$$-\frac{1}{16}+\frac{1}{16}\sqrt{17}+\frac{1}{16}\sqrt{34-2\sqrt{17}}+$$
$$\frac{1}{8}\sqrt{17+3\sqrt{17}-\sqrt{34-2\sqrt{17}}-2\sqrt{34+2\sqrt{17}}}$$

这个角的倍数的余弦有类似的形式，但是正弦就要多一层根号。尽管在欧几里得的时代，人们就已经知道可以用尺规作图把圆分成 3 等份和 5 等份，但是之后两千年来再也没有新的发现，这的确令人感到惊讶。所有的数学家都声称，除了这些等分，以及直接可以由它们推导出的等分（也就是将圆划分成 15，$3\times2^{\mu}$，$5\times2^{\mu}$ 以及 2^{μ} 等份）之外，没有其他的等分能够通过尺规作图实现。

不难证明，如果质数 $n=2^m+1$，那么指数 m 除了 2 之外不可能有其他质因数，因而它等于 1 或者 2，或者 2 的更高次幂。假设 m 能够被任何奇数 ζ（大于1）整除，使得 $m=\zeta\eta$，那么 2^m+1 一定能够被 $2^{\eta}+1$ 整除，因而它一

定是合数。因此，n 的所有的能够化归为二次方程的值都属于 $2^{2^v}+1$ 的形式。因此，如果取 $v=0$，1，2，3，4，即 $m=1$，2，4，8，16，就得到 n 的 5 个值：3，5，17，257，65 537。但是，并不是对于属于这个形式的所有的数，都能通过尺规作图实现对圆的等分，而是仅适用于其中的质数。费马受到他的归纳法的误导，断言所有属于这种形式的数都是质数；但是，杰出的欧拉第一个发现对于 $v=5$，即 $m=32$，这个法则是错误的，因为 $2^{32}+1=$ 4 294 967 297 包含因数 641。

当 $n-1$ 包含 2 之外的质因数时，就一定会出现更高次数的方程，即：如果 3 在 $n-1$ 的质因数中出现一次或者若干次，就会出现 1 个或者更多个三次方程，如果 $n-1$ 能够被 5 整除，就会出现五次方程，等等。**我们可以严格证明这些高次方程是不可能以任何方式避免的，也不可能化归为低次方程**。尽管篇幅受限，这里不给出这个证明，但我们提出这样的忠告，以免有人试图用尺规作图将圆等分成我们的理论中认为不可能的那些份数（*例如，7，11，13，19，等等*），这只会浪费他们的时间。

366

如果要把圆周等分成 a^α 份，这里 a 是质数，那么，当 $a=2$ 时，这显然可以用几何方法完成。但是如果 $\alpha>1$，那么对于 a 的任何其他值来说，这件事都不能用几何方法来完成，因此，除了要解对应于把圆周分成 a 份的方程之外，还要解其他 $\alpha-1$ 个 a 次方程——这是不可避免的，而且这些方程也不能简化。因此，一般地，方程的次数可以由数 $(a-1)a^{\alpha-1}$ 的质因数来得知（*也包括 $\alpha=1$ 的情况*）。

最后，如果要把圆周等分成 N 份，$N=a^\alpha b^\beta c^\gamma\cdots$，这里 a，b，c，…是不相等的质数，那么，只要能实现把圆周等分成 a^α，b^β，c^γ，…份就能做到（条目336）。因此，为了知道所需的方程的次数，我们一定要考虑数 $(a-1)a^{\alpha-1}$，$(b-1)b^{\beta-1}$，$(c-1)c^{\gamma-1}$，…的质因数，也即考虑它们的乘积的质因数。我们指出，这个乘积显示出与 N 互质且小于 N 的数的个数（条目

38），因此，只有当这个数是 2 的方幂时，才能够用几何方法实现等分。但是，如果因数包含除了 2 之外的质数，比如说 p，p'，…，那么解次数为 p，p'，…的方程就是不可避免的。因此，一般地，为了能够用几何方法把圆等分成 N 份，N 要么是 2 或者 2 的更高次幂，要么是形如 2^m+1 的质数，要么是这种形式的几个质数的乘积，要么是一个或者几个这种不同的质数的乘积再乘以 2 或 2 的更高次幂。简而言之，N 既不能包含非形如 2^m+1 的奇质数，也不能包含超过一个的形如 2^m+1 的质因数。下面是 N 小于 300 的 38 个值

2，3，4，5，6，8，10，12，15，16，17，20，24，30，32，34，40，48，51，60，64，68，80，85，96，102，120，128，136，160，170，192，204，240，255，256，257，272

附注

条目 28

不定方程 $ax = by \pm 1$ 的解最早并不是由杰出的欧拉给出的（*如同本节中所说过的那样*），而是由 17 世纪的数学家巴歇·德·梅齐里亚克给出，他是丢番图著作的著名编辑和评论家。杰出的拉格朗日将这份荣誉归功于欧拉（*见欧拉的* Algèbre *第 525 页，他还同时指出了这个方法的本质*[1]）。巴歇在他的著作 *Problèmes plaisants et délectables qui se font par les nombres* 的第 2 版（1624）中发表了他的发现。该书在第 1 版（*Lyon*, 1612）中没有收录这个发现，仅仅是有提到，我只见到过这个版本。

条目 151，296，297

著名的勒让德在他的杰出的著作 *Essai d'une théorie des nombres*（第 214 页及其后）中再一次给出了他的证明，但这个证明和之前的证明没有什么区别。所以，我们在条目 297 中提出的反对意见对这个方法依然有效。诚然，相对于原先的那个定理（*前一个假设是以这个定理为基础*），即"如果 k 和 l 没有公约数，那么任意数列 l, $l + k$, $l + 2k$, …包含质数"，这一次他叙述得更加充分（*见第 12 页及其后*），但似乎表述得不够严密。即使这个定理得到了充分证明，还有另一个假定未证（*即存在形如 $4n + 3$ 的质数，使得给定的正的形如 $4n + 1$ 的质数是它的二次非剩余*）。而且，我怀疑如果不先假定基本定理成立，那么就无法**严格**证明这后一个假定。但必须说明的是，勒让德没有默认

---

〔1〕见该书第 11 页注释。

这后一个假定是成立的，也没有试图隐藏这个事实（第 221 页）。

条目 288—293

这里的问题是作为三元型理论的特殊应用提出的，且这个问题就它的严格性和普遍性而言堪称登峰造极，似乎不能再对它有所要求了。著名的勒让德在他的作品的第 3 部分（第 321 页到第 400 页[1]）中对其做了更加充分的讨论。他使用的原理和方法与我们的大相径庭，但他的方法使得他遇到很多困难，无法为这些著名的定理提供严格的证明。他诚恳地指出了这些困难。但是，如果我没有错，这些定理就可以通过刚刚提到的定理（开头是"在任意数学级数中"的那个）更加容易地证明（第 371 页的脚注）。

条目 306.8

在第 3 组 1 000 个负行列式中，有 37 个是非正则的；其中 18 个非正则指数是 2，另外 19 个非正则指数是 3。

条目 306.10

我们最近成功地充分证明了这里提出的问题。我们很快会在本书的续本中发表该讨论。它完美地诠释了高等算术和分析数学中的很多内容。这个解法证明了条目 304 中的系数 $m = \gamma \pi = 2.345\ 884\ 761\ 6$，其中 γ 是和条目 302 中的同一个量，π 是半径为 1 的圆的周长的一半。

---

[1] 想必读者已经无须我们提醒，不会将我们所说的三元型与勒让德所说的 "*forme ternaire d'un nombre*" 相混淆，后者是指将一个数表示为三个平方数之和。

附表

表1（条目58，91）

	2	3	5	7	11	13	17	19	23	29	31	37	41	43	47	53	59	61	67	71	73	79	83	89
3	2	1																						
5	2	1	3																					
7	3	2	1	5																				
9	2	1	*	5	4																			
11	2	1	8	4	7																			
13	6	5	8	9	7	11																		
16	5	*	3	1	2	1	3																	
17	10	10	11	7	9	13	12																	
19	10	17	5	2	12	6	13	8																
23	10	8	20	15	21	3	12	17	5															
25	2	1	7	*	5	16	19	13	18	11														
27	2	1	*	5	16	13	8	15	12	11														
29	10	11	27	18	20	23	2	7	15	24														
31	17	12	13	20	4	29	23	1	22	21	27													
32	5	*	3	1	2	5	7	4	7	6	3	0												
37	5	11	34	1	28	6	13	5	25	21	15	27												
41	6	25	15	22	39	3	31	33	9	36	7	28	32											
43	28	39	17	5	7	6	40	16	29	20	25	32	35	18										
47	10	30	18	17	38	27	3	42	29	39	43	5	24	25	37									
49	10	2	13	41	*	16	9	31	35	32	24	7	38	27	36	23								
53	26	25	9	31	38	46	28	42	41	39	6	45	22	33	30	8								
59	10	25	32	35	44	45	23	14	22	27	4	7	41	2	13	52	28							
61	10	47	42	14	23	45	20	49	22	39	25	13	33	18	41	40	51	17						
64	5	*	3	1	10	5	15	12	7	14	11	8	9	14	13	12	5	1	3					
67	12	19	9	39	8	61	23	8	26	20	22	43	44	19	63	64	3	54	5					
71	62	58	18	14	33	43	27	7	35	5	4	13	30	55	44	17	59	29	37	11				
73	5	8	6	1	33	55	59	21	62	46	35	11	64	4	51	31	53	5	58	50	44			
79	29	50	71	34	19	70	74	9	10	52	1	76	23	21	47	55	7	17	75	54	33	4		
81	11	25	*	35	22	1	38	15	12	5	7	14	24	29	10	13	45	53	4	20	33	48	52	
83	50	3	52	81	24	72	67	4	59	16	36	32	60	38	49	69	13	20	34	53	17	43	47	
89	30	72	87	18	7	4	68	82	53	31	29	57	77	67	59	34	10	45	19	32	26	68	46	27
97	10	86	2	11	53	82	83	19	27	79	47	26	41	71	44	60	14	65	32	51	25	20	42	91	18

表2（条目99）

	−1	+2	+3	+5	+7	+11	+13	+17	+19	+23	+29	+31	+37	+41	+43	+47	+53	+59	+61	+67	+71	+73	+79	+83	+89	+97
3			−		−		−			−			−	−		−			−	−		−	−			−
5	−			−	−				−		−	−		−				−	−		−		−		−	
7		−			−	−				−	−		−		−		−			−	−		−			
11			−	−	−				−			−					−	−	−			−	−		−	−
13	−		−				−	−		−	−					−			−				−			
17	−	−					−	−	−						−	−		−			−				−	−
19			−		−	−		−	−	−					−	−				−		−		−	−	
23		−	−			−				−			−			−	−				−	−				
29	−			−	−					−								−	−				−			
31		−																								−
37	−		−			−										−					−	−			−	
41	−			−						−				−							−	−				
43							−	−	−		−			−		−		−		−			−			−
47		−	−		−					−					−			−		−	−	−		−	−	−
53	−				−	−	−	−					−				−	−	−		−				−	−
59			−	−	−					−	−		−				−	−			−		−			
61	−			−	−					−						−				−	−				−	−
67							−	−	−	−				−			−			−	−	−		−	−	
71		−		−	−					−		−			−	−						−	−	−		
73	−	−							−	−					−	−				−	−					
79		−			−		−	−			−			−									−		−	
83			−				−	−			−		−	−					−				−			
89	−	−				−			−			−						−	−			−	−			−
97	−	−	−			−						−				−	−	−			−			−	−	−

表3（条目316）

3	（0）..3；（0）..6；
7	（0）..142857
9	（0）..1；（1）..2；（2）..4；（3）..8；（4）..7；（5）..5.
11	（0）..09；（1）..18；（2）..36；（3）..72；（4）..45.
13	（0）..076923；（1）..461538.
17	（0）..0588235294 117647.
19	（0）..0526315789 47368421.
23	（0）..0434782608 06956521739 13.
27	（0）..037；（1）..074；（2）..148；（3）..296；（4）..592；（5）..185
29	（0）..0344827586 2068965517 24137931.
31	（0）..032280645 16129；（1）..5483870967 74193.
37	（0）..027；（1）..135；（2）..675；（3）..378；（4）..891；（5）..459；（6）..297； （7）..486；（8）..432；（9）..162；（10）..810；（11）..054；
41	（0）..02439；（1）..14634；（2）..87804；（3）..26829；（4）..60975；（5）..65853 （6）..95121；（7）..70731；
43	（0）..0232558139 5348837209；（1）..6511627906 9767441860 4.
47	（0）..0212765957 4468085106 3829787234 0425531914 893617.
49	（0）..0204081632 6530612244 8979591836 7346938775 51.
53	（0）..0188679245 283；（1）..4905660377 358；（2）..7547169811 320； （3）..6226415094 399；
59	（0）..0169491525 4237288135 5932203389 8305084745 7627118644 06779661
61	（0）..0163934426 2295081967 2131147540 9836065573 7704918032 7868852459
67	（0）..0149253731 3432835820 895522388 597；（1）..17910044776 1194029850 7462686567 164.
71	（0）..0140845070 4225352112 6760563380 28169； （1）..8732394366 1971830985 9154929577 46478.
73	（0）..01369863；（1）..06849315；（2）..34246575；（3）..71232876；（4）..56164383； （5）..80821917；（6）..04109589；（7）..20547945；（8）..02739726；
79	（0）..0126582278 481；（1）..3670886075 949；（2）..6555696020 631； （3）..7215189873 417；（4）..9240506329 113；（5）..7974683544 303；
81	（0）..012345679；（1）..135802469；（2）..493827160；（3）..432098765；（4）..753086419； （5）..283950617；
83	（0）..0120481927 7108433734 9397590361 4457831325 3； （1）..6024096385 5421686746 9879518072 2891566265 0
89	（0）..0112359550 5617977528 0898876404 4943820224 7191； （1）..3370786516 8539325842 6966292134 8314606741 5730；
97	（0）..0103092783 5051546391 7525773195 87628865979 381443298 9690721649 4845360824 7422680412 3711340206 185567；

文化伟人代表作图释书系全系列

第一辑

《自然史》
〔法〕乔治·布封 / 著

《草原帝国》
〔法〕勒内·格鲁塞 / 著

《几何原本》
〔古希腊〕欧几里得 / 著

《物种起源》
〔英〕查尔斯·达尔文 / 著

《相对论》
〔美〕阿尔伯特·爱因斯坦 / 著

《资本论》
〔德〕卡尔·马克思 / 著

第二辑

《源氏物语》
〔日〕紫式部 / 著

《国富论》
〔英〕亚当·斯密 / 著

《自然哲学的数学原理》
〔英〕艾萨克·牛顿 / 著

《九章算术》
〔汉〕张苍 等 / 辑撰

《美学》
〔德〕弗里德里希·黑格尔 / 著

《西方哲学史》
〔英〕伯特兰·罗素 / 著

第五辑

《菊与刀》
〔美〕鲁思·本尼迪克特 / 著

《沙乡年鉴》
〔美〕奥尔多·利奥波德 / 著

《东方的文明》
〔法〕勒内·格鲁塞 / 著

《悲剧的诞生》
〔德〕弗里德里希·尼采 / 著

《政府论》
〔英〕约翰·洛克 / 著

《货币论》
〔英〕凯恩斯 / 著

第六辑

《数书九章》
〔宋〕秦九韶 / 著

《利维坦》
〔英〕霍布斯 / 著

《动物志》
〔古希腊〕亚里士多德 / 著

《柳如是别传》
陈寅恪 / 著

《基因论》
〔美〕托马斯·亨特·摩尔根 / 著

《笛卡尔几何》
〔法〕勒内·笛卡尔 / 著

第七辑

《蜜蜂的寓言》
〔荷〕伯纳德·曼德维尔 / 著

《宇宙体系》
〔英〕艾萨克·牛顿 / 著

《周髀算经》
〔汉〕佚 名 / 著　赵 爽 / 注

《化学基础论》
〔法〕安托万–洛朗·拉瓦锡 / 著

《控制论》
〔美〕诺伯特·维纳 / 著

《月亮与六便士》
〔英〕威廉·毛姆 / 著

第八辑

《人的行为》
〔奥〕路德维希·冯·米塞斯 / 著

《福利经济学》
〔英〕阿瑟·赛西尔·庇古 / 著

《纯数学教程》
〔英〕戈弗雷·哈罗德·哈代 / 著

《数沙者》
〔古希腊〕阿基米德 / 著

《量子力学》
〔美〕恩利克·费米 / 著

《量子力学的数学基础》
〔美〕约翰·冯·诺依曼 / 著

中国古代物质文化丛书

《长物志》
〔明〕文震亨 / 撰

《园冶》
〔明〕计 成 / 撰

《香典》
〔明〕周嘉胄 / 撰
〔宋〕洪 刍　陈 敬 / 撰

《雪宧绣谱》
〔清〕沈 寿 / 口述
〔清〕张 謇 / 整理

《营造法式》
〔宋〕李 诫 / 撰

《海错图》
〔清〕聂 璜 / 著

《天工开物》
〔明〕宋应星 / 著

《工程做法则例》
〔清〕工 部 / 颁布

《髹饰录》
〔明〕黄 成 / 著　扬 明 / 注

《文房》
〔宋〕苏易简　〔清〕唐秉钧 / 撰

"锦瑟"书系

《浮生六记》
刘太亨 / 译注

《老残游记》
李海洲 / 注

《影梅庵忆语》
龚静染 / 译注

《生命是什么?》
何 滟 / 译

《对称》
曾 怡 / 译

《智慧树》
乌 蒙 / 译

《蒙田随笔》
霍文智 / 译

《叔本华随笔》
衣巫虞 / 译

《尼采随笔》
梵 君 / 译